누룩의 과학

정 동 효 편저

도서출판 유한문화사

머리말

술 제조에 관여하는 미생물은 누룩을 만들어 자연계에서 생육시켰다. 누룩의 품질은 술 제조에 있어서 일차적으로 영향을 미치는 요인이 된다. 우리나라에서는 『고려도경(高麗圖經)』에 처음 누룩에 관한 기록이 보이는 데 『삼국유사(三國遺事)』 『삼국사기(三國史記)』 등이 문헌에 기록이 보이는 것으로 미루어 삼국시대에 누룩이 있었을 것으로 추측된다. 그리고 구체적인 제조법은 『사시찬요초(四時纂要抄)』, 『규곤시의방(閨壼是議方』 등 조선시대의 문헌에도 많이 수록되어 있는 바, 이에 의하면 누룩의 재료로는 밀과 쌀, 녹두, 보리 등이 이용되었다. 한말(韓末)에 이르러서는 밀가루로 만드는 분국(粉麴), 그리고 밀과 밀기울을 섞어서 만드는 조국(粗麴)으로 나누어 용도를 달리 하였고, 함경도 지방에서는 귀리, 겉보리, 피 등을 술지게미와 섞어서 찐 것을 원료로 하기도 하였다.

누룩의 제조는 대부분 농가에서 부업으로서 여름철과 가을철에 소규모로 하였으나, 1927년부터는 회사를 설립하여 생산공업으로 자리를 굳히게 되었다. 그 후 소주를 생산하는 지방에서는 누룩이 소주제조용 흑국(黑麴)으로 바뀜에 따라 누룩 생산이 감소하여 약주, 약주용으로만 남게 되었다. 1940년대 들어 와서 개량식 제국법으로 통일화되었으며, 1950년 이후부터는 누룩개량법이 다각도로 시도되었다. 요즈음에는 밀가루로 만든 분국(粉麴)과 밀을 세 조각으로 깨어서 얻은 가루와 밀가루로 만든 조국(粗麴)으로 나누어 그 용도를 달리 하고 있다. 분국은 약주, 과하주용으로 쓰고, 조국은 탁주, 소주용으로 쓰고 있다. 여기에 누룩의 효소역가를 높여 술의 생산량과 주질 개량의 차원에서 순수 누룩곰팡이를 한두 종류를 혼합 접종하여 사용하는 양조장도 있다.

누룩이란 술을 빚을 때 사용하는 발효제로서 효소를 생산하는 곰팡이를 곡류에 번식시킨 것이다. 누룩곰팡이는 그 빛깔에 따라 황국균(黃麴菌), 흑국균(黑麴菌), 홍국균(紅麴菌) 등이 있다. 한국의 막걸리나 약주에 쓰이는 것은 주로 황국균이다.

누룩은 한문으로 국(麴), 또는 국(麯)으로 표기한다. 국(麴)은 살균한 배지에 원하는 미생물을 인공적으로 접종한 경우에 사용되고, 국(麯)은 미생물을 자연 접종한 경우에 사용되나 문헌에는 이 두 자를 혼동해서 사용한 경우가 많고, 고지(koji)를 개량 국자라 부르기도 한다. 누룩을 한방에서는 신국(新麴)이라고 하는데 소화제의 구실도 해왔다. 누룩곰팡이는 녹말 분해효소, 단백질 분해효소 등을 생산하므로 그만한 근거가 있는 것이다.

누룩은 밟은 시기에 따라 춘국(春麴 : 1~3월), 하국(夏麴 : 4~6월), 추국(秋麴 : 8~10월), 동국(冬麴 : 11~12월)으로 구별하기도 한다. 누룩이 처음에 만들어진 것은 중국의 춘추전국시대로 알려져 있다. 우리나라에서는 삼국시대 이전으로 보고 있다.

이상과 같이 누룩에 관한 기초연구가 체계적이고 종합적으로 연구한 것이 적어 전통주 발효의 의의와 우리나라 고전 속의 누룩을 정리하면서 한편으로는 일본의 미국(米麴) 그리고 중국의 국(麴, 麯)의 제조방법을 비교 연구하고, 한편으로는 최근 누룩국균의 분자생물학적인 연구 결과를 보는 것이 한국의 전통주 발효식품의 발전에 도움이 될 것으로 생각하여 이 책을 편집하게 되었다.

이 책이 술을 공부하는 학생, 주류공장에 종사하시는 분, 그리고 주류 발효식품을 연구하시는 분들에게 조금이라도 도움이 된다면 다시없는 영광으로 생각하겠다. 끝으로 이 책을 출간함에 있어서 출판을 맡아주신 유한문화사 천승배 사장님 그리고 직원 여러분께 깊은 감사를 드리는 바이다.

2012년 7월 27일
79회 생일 아침

편저자 정 동 효

차 례

제 I 편 한국 누룩(麯·麴) / 17

제1장 한국 누룩(麯·麴) / 19

제2장 누룩의 역사 / 21

제5장 최근의 누룩 / 69

제6장 근대의 누룩과 발효제 / 89

제 7 장 누룩 속의 미생물 / 135

제 8 장 1900년 이후 전통누룩의 미생물 연구 / 169

제 II 편 일본 국(麴: koji) / 185

제1장 종국(種麴) / 187

제2장 국균(麴菌) ······ 203

제 3 장 제국법 / 305

제 III 편 중국 누룩(麯·麴) / 411

제1장 중국술의 개요 / 413

제2장 중국 발효식품의 미생물 / 419

제3장 중국술의 당화제와 중국 국(麯·麴) / 435

제 4 장 백주의 주국[酒麯(麴)] / 451

제 5 장 황주의 주국[酒麯(麴)] / 465

제 IV 편 국균(麴菌)의 분자생물학 / 469

제 1 장 청주용 국균의 유전자 조작기술 / 471

제 2 장 소주용 국균의 분자생물학적 해석 / 485

제 3 장 청주용 국균 amylase 유전자의 promoter 해석 / 495

제 4 장 청주 국균의 고체배양에서 대량으로 발현하는 glucoamylase 유전자 / 509

제 I 편

한국 누룩(麯 · 麴)

제 1 장

한국 누룩(麯 · 麴)

1. 누룩의 개요

술 제조에 관여하는 미생물은 누룩을 만들어 자연계에서 생육시켰다. 누룩의 품질은 술 제조에 있어서 일차적으로 영향을 미치는 요인이 된다. 누룩이란 술을 빚을 때 사용하는 발효제로서 효소를 생산하는 곰팡이를 곡류에 번식시킨 것이다. 누룩곰팡이는 그 빛깔에 따라 황국균(黃麴菌), 흑국균(黑麴菌), 홍국균(紅麴菌) 등이 있다. 우리의 막걸리나 약주에 쓰이는 것은 주로 황국균이다.

누룩은 한문으로 국(麴), 또는 국(麯)으로 표기한다. 국(麴)은 살균한 배지에 원하는 미생물을 인공적으로 접종한 경우에 사용되고, 국(麯)은 미생물을 자연 접종된 경우에 사용되나 문헌에는 이 두 자를 혼동해서 사용한 경우가 많고, 고지(koji)를 개량 국자라 부르기도 한다. 누룩을 한방에서는 신국(神麴)이라고 하는데, 소화제의 구실도 해왔다. 누룩곰팡이는 녹말 가수분해 효소, 단백질 가수분해 효소 등을 생산하므로 그만한 근거가 있는 것이다.

누룩은 밟은 시기에 따라 춘국(春麴 : 1～3월), 하국(夏麴 : 4～6월), 추국(秋麴 : 8～10월), 동국(冬麴 : 11～12월)으로 구별하기도 한다. 누룩이 처음에 만들어진 것은 중국의 춘추전국시대로 알려져 있다. 우리나라에서는 삼국시대 이전으로 보고 있다.

1.1 막 누룩의 일반 제법

누룩의 제조 시기는 초복 이후가 가장 좋으며, 중복 뒤나 말복 뒤는 그 다음으로 좋다. 막 누룩의 일반적인 제법은 다음과 같다.

① 밀을 거칠게 빻아서 고운체로 밀가루를 1/5 정도 빼고 남은 밀기울에 물을 조

금 부어 바슬바슬하게 고루 버무린다.

② 밀기울이 겨우 엉킬 정도로 물을 넣고(2할 정도) 비빈 것을 누룩 틀(고지 : 한글사전에 있는 누룩 틀의 우리말)이나 그릇 같은 것에 보자기를 싸서 눌러 발로 단단히 밟아서 누룩의 형을 만든다. 누룩을 반죽할 때 물기가 많아서 질면 술이 붉고, 곡자 냄새가 난다. 그러므로 물을 적게 사용하도록 하고, 처음부터 물을 다 넣지 말고 반죽을 하면서 조절한다.

③ 짚을 깔고 디딘 누룩을 펴놓고 그 위에 또 짚을 덮어 띄운다. 양력 7~8월 날이 더울 때는 헛간에 짚을 깔고 가마니 등으로 살짝 덮어 바람이 설렁설렁 들게 하고 자주 뒤집어 준다.

④ 3일간 띄우면 40℃ 정도의 열을 내어 열 오르기 10일, 또 열 내리기 10일, 총 20일 정도 완성시킨 후 건조한 곳에 2~3개월 저장 숙성시킨 후 사용하면 좋다. 저장기간은 최소한 1개월 이상이라야 한다. 이것을 일반적으로 곡자라 한다.

제 2 장

누룩의 역사

1. 고대 중국의 누룩

고대 중국의 누룩을 기술한 고문헌들을 문헌(연대별), 찬자, 연대, 주요 내용을 정리하여 표 2-1에 나타내었다.

1.1 중국 고문 『서경(書經)』·『설문해자(說文解字)』 속의 고대 중국 누룩

1) 국얼(麴蘖)

『서경(書經)』에서 술을 만들자면 국얼(麴蘖)을 쓴다고 하였다. 麴(누룩 → 국)은 『설문해자(說文解字)』에서는 술의 어머니라 하였고, 『석명(釋名)』에서는 곰팡이의 균사에 덮여서 후패(朽敗, 朽 : 썩을 → 후)한 것이라고 하였다. 따라서 재료와 형태가 어떤 것인지는 몰라도 麴이 누룩이란 것은 틀림없다. 또 蘖(그루터기에서 돋는 싹→얼)은 『설문해자』에서 아미(芽米, 芽 : 싹→아)라 하였고, 『석명』에서는 보리를 침지하여 아(芽)를 나게 한 것이라고 설명하고 있다. 그런데 이 아(芽)에 대한 견해의 차이가 있다.

야마사키(山崎百治)는 『설문해자』의 아미(芽米)는 낟알에 곰팡이의 포자가 붙어있는 상태이므로 얼(蘖)이란 산국(散麴 : 흩임 누룩)이고, 국(麴)은 병국(餠麴 : 막 누룩)이라고 보았다. 그러나 시노다(篠田統)는 얼(蘖)이란 『석명』의 설명에서 명백한 것처럼 맥아라고 보았다.

그리하여 그 당시 맥아로써 곡물을 당화시켜 술을 빚고 있었으나 누룩과 맥아를 비교해 보면 맥아는 당화밖에 시킬 수 없어 알코올 발효에는 효모의 작용을 받아야 하겠지만 누룩은 당화력과 동시에 스스로 알코올 발효능력을 가지고 있었으므로 어

표 2-1. 고대 중국의 누룩을 기술한 고문헌

책 명	편 자	연 대	주요 내용
(1) 서경(書經, 28권)	공자(孔子)	전국시대 (BC 300~500년)	유교 경전의 하나. 중국 고대 최초 산문 모음집. 중국 요순시대부터 주시대까지의 정사(政事)에 관한 문서를 공자가 편찬 수집한 책.
(2) 설문해자 (說文解字, 15권)	허진(許愼)	주한시대 (AD 100년)	중국 주한시대의 사전. 한자의 형성 및 발전과정, 뜻풀이를 설명한 옥편이다.
(3) 석명(釋名)	유희(劉熙)	후한시대 (AD 200년)	후한시대의 사전. 석천(釋天), 석지(釋地) 등을 27로 나누어 설명.
(4) 방언(方言)	양웅(楊雄)	후한시대 (AD 17년)	후한의 여러 지방 방언을 모아 상세히 설명한 사전이다.
(5) 제민요술 (齊民要術, 10권)	태수 가사협 (太守 賈思勰)	북위(남북조)시대 (AD 530~550년)	북위시대의 농업종합서. 산둥성을 비롯한 화북일대의 밭농사 기술뿐만 아니라 농산 가공, 저장, 조리기술도 설명하고 있다. 신국(神麴), 백료국(白醪麴), 분국(笨麴), 와국(臥麴), 분국(粉麴), 조국(粗麴)
(6) 주례(周禮)	주공차 (周公且)	전국시대 후기 (BC 3세기)	경국(經國)의 전범(典範)

느 정도의 알코올 발효능력을 가지고 있는 *Rhizopus*, *Mucor*에 의한 아밀로(amylo)적 효과를 가지고 있으므로 이것에 밀려 남북조(南北朝, 420~589년)까지에는 이미 술 빚기에서 탈락되고 말았다. 그리하여 중국에서는 얼(糵)은 곧 맥아(麥芽)가 엿 만드는 데 전용으로 쓰이게 된 것이라고 설명하고 있다.

맥아에 의한 술 빚기는(맥주뿐만 아니라) 아프리카에서는 이집트 시대로부터 오늘날에 이르고, 유럽 전역에도 널리 퍼졌으나 동양에서는 중국·한국·일본 다 같이 끝내 그 발전을 보지 못하였다.

1.2 『방언(方言)』 속의 고대 중국 누룩 · 병국과 산국

한 시대(漢 時代)에 밀이 들어오게 되어 밀로써 국(麴)을 만들게 되었다. 『방언(方言)』에 麮(가루 떡→과)는 국(麴)이라 하였고, 진대(晋代)의 곽박(郭璞)의 밀의 국(麴)을 과(麮)라고 풀이하였다. 이로써 밀이 들어옴에 따라 중국에서는 막 누룩(餠麴)이 본격화한 것으로 보겠고, 이것이 화북지방 술빚기의 주종을 이룬 것이다.

『주례(周禮)』 주(註)에 양국(梁麴, 梁 : 차조→량)이란 말이 나온다. 이것은 작은 낟알인 조로 만든 산국(散麴 : 흩임 누룩)인 것 같고, 남부 중국에서는 쌀로써 산국(散麴)을 만들었을 것이지만 당시의 구체적인 문헌은 보이지 않는다.

1.3 『제민요술』에 수록되어 있는 고대 중국의 누룩의 종류와 제법

1) 삼곡맥국(三斛麥麴)

칠월 갑인일(甲寅日)에 보리 서 섬을 준비하여 한 섬은 찌고, 한 섬은 볶고, 한 섬은 날것대로 각각 곱게 갈은 것을 반죽하여 지름 두 치 닷 푼, 두께 아홉 푼의 원형으로 만들어서 21일간 초가에서 숙성시켜 조주법(造酒法) 1, 나미주(糯米酒), 출서미주(秫黍米酒)에 이용하였다.

2) 신국(神麴) ①

칠월 상인일(上寅日)에 보리 서 섬을 준비하여 한 섬은 찌고, 한 섬은 볶고, 한 섬은 날것대로 갈아서 되게 반죽하여 지름 닷 치, 두께 한 치 닷 푼의 구멍 뚫은 원형으로 만들어 문이 동향으로 열리는 집에서 21일간 숙성시켜 신국 서미주(黍米酒)에 이용하였다.

3) 신국(神麴) ②

칠월 상인일(上寅日)에 보리 서 섬을 준비하여 한 섬은 찌고, 한 섬은 볶고, 한 섬에 한 말을 더한 날것으로 각각 곱게 갈아서 되게 반죽하여 지름 서 치, 두께 두 치로 원형을 만들어 서쪽에 동향 문이 있는 집에서 21일간 숙성시켜 조주법(酒造法) 2, 신국갱미주(神麴粳米酒)에 이용하였다.

4) 신국(神麴) ③

칠월 중순 전에 소맥을 세 등분하여 1/3은 찌고, 1/3은 볶고, 1/3은 날것으로 도꼬마리즙액을 넣어 되게 반죽하여 원형으로 빚어 26일간 숙성시켜 신국주와 청국주에 이용하였다.

5) 하동신국(河東神麴)

칠월 칠일에 보리 한 섬 중 서 말은 찌고, 엿 말은 볶고, 한 말은 날것으로 곱게 갈아 뽕잎, 창이, 쑥, 수유의 끓인 즙을 넣어 구멍 뚫은 방형으로 만들어 실내에서 28일간 숙성시켜 조주법 3에 이용하였다.

6) 백료국(白醪麴)

칠월에 보리 서 섬을 한 섬은 찌고, 한 섬은 볶고, 한 섬은 날것으로 도꼬마리 즙액으로 반죽하여 지름 닷 치, 두께 한 치의 원형으로 만들어 실내에서 21일간 숙성시켜 백료주에 이용하였다.

7) 진주춘주국(秦州春酒麴)

칠월에 소맥을 볶아서 되게 반죽하여 네 변이 각 한 자, 두께 두 치로 구멍 뚫은 방형으로 만들어 실내에서 21일간 숙성시켜 춘주와 법주를 만드는 데 이용하였다.

8) 와국(臥麴)

칠월이나 구월에 소맥을 볶아서 되게 반죽하면 네 변 각 한 자, 두께 두 치의 구멍 뚫은 방형으로 만들어 실내에서 21일간 숙성시켜 이주, 하동 이백주, 상락주 등에 이용하였다.

9) 대주백타국(大州白墮麴)

곡 서 섬 중 두 섬은 찌고, 한 섬은 날것으로 각각 갈아서 뽕잎, 호시 잎, 쑥 즙과 냉수를 섞어 반죽하여 실내에서 28일간 숙성시켜 상락주에 이용하였다.

2. 중국 고문헌 『제민요술(齊民要術)』 속의 삼국 및 신라통일시대 누룩

2.1 누룩의 형태상의 분류

삼국 및 통일신라시대를 통하여 우리나라의 누룩에 관한 문헌이 거의 없어서 『제민요술(齊民要術)』에서 당시의 누룩을 추측해 볼까 한다. 『제민요술』 속의 누룩은 병국류(餠麴類)와 산국류(散麴類)로 대별된다.

(1) 술이나 장을 만들자면 우선 누룩을 만들어야 한다. 누룩은 그 형태에 따라서 떡처럼 둥글넓적하게 만든 막 누룩(餠麴·麯子)과 곡물의 낟알이나 초국(草麴 : 곡물가루를 뭉쳐서 전체적으로 흩어져 있는 상태로 만든 것)과 같은 흩임 누룩(散麴 : 낟알누룩)으로 나누었다.

(2) 중국의 『주례(周禮)』에 조로 만든 흩임 누룩이 나오고, 한 시대(漢 時代)에는 막 누룩이 본격적으로 나타나지만 그 정체를 알 수가 없으며, 삼국시대에도 누룩이 있기는 하였으나 역시 그 정체를 알 수가 없다.

2.2 막 누룩류(餠麴類)

『제민요술』에서 말하는 국(麴)이란 주로 밀을 제분·가수하여 뭉쳐서 만든 막 누룩(餠麴, 麯子)이다. 막 누룩(餠麴)은 밀의 가공형태인 볶음(炒), 찜(蒸), 날것(生)의 혼합방식에 따라 분국(笨麴, 笨 : 대속→분)과 신국(神麴)으로 나뉜다.

1) 분국(笨麴)

분국은 볶은 밀을 제분하여 쓰는 것으로 신국(神麴)보다 발효 역가는 1/2～1/4 정도이다.

2) 신국(神麴)

(1) 신국은 볶은 밀, 찐 밀, 날 밀을 각각 같은 량(量)씩 혼합하여 쓴다. 따라서 신국의 특색은 날 밀이 반드시 들어간다는 것이고, 볶은 밀은 분국·신국의 양쪽에 들어간다.

(2) 신국은 날 밀을 쓰기 때문에 분국보다 국균(麴菌)의 번식은 용이하겠지만 제국(製麴)에 기간과 조작 규정이 까다롭다. 도꼬마리, 보릿짚, 뽕나무 잎을 누룩에 덮어서 식물체에 붙어 있는 곰팡이, 효모가 부착하여 번식되도록 하고 또 도꼬마리·뽕나무 잎, 쑥, 수유(茱萸) 등을 달인 즙(汁)으로 반죽을 한다.

3) 병국(餠麴)의 미생물

야마사키(山崎百治)와 모리모토(森本 巖)의 병국(餠麴)에 대한 미생물학적인 조사에 의하면 *Rhizopus*속과 효모(yeast)가 많고, *Mucor*속이 다음 차례를 이룬다고 하였다.

2.3 흩임 누룩류(散麴類)

『제민요술』에 의하면 산국은 곡물 낟알이나 곡분으로 만든 것으로서 흩어져 있는 누룩이다. 산국에는 황의(黃衣)와 황증(黃蒸)이 있다.

1) 황의(黃衣)

① 황의를 여국(女麴)이라고도 한다.

② 황의(여국)는 밀알을 침지한 후 쪄서 2촌(寸) 정도의 두께로 펴놓고 물 억새나 도꼬마리 같은 식물의 잎으로 덮은 다음 7일이 지나서 노랗게 포자(胞子)가 덮이면 꺼내어 햇볕에 말려서 얻는다. 이와 같이 황의는 곡물의 낟알을 그대로 이용하여 만든다.

③ 『제민요술』에는 남조계(南朝系)의 식차(食次)란 식경(食經)을 인용하여 찹쌀로 황의(여국)를 만들어 이것을 병국(餠麴)과 찹쌀을 섞어서 술을 빚는 방법을 설명하고 있다. 『제민요술』 속에 기록되어 있는 찹쌀황의는 오늘날 일본의 쌀누룩(koji)에 해당한다고 볼 수 있다.

2) 황증(黃蒸)

① 황증을 가루 산국(散麴)이라고도 한다.

② 황증은 밀을 제분하여 가수한 것을 쪄낸 다음 고루 펴서 식히고 양손으로 어루만져 부수어서 황의를 만드는 방법으로 하여 7일 정도이면 얻어진다. 이와 같이 황증은 곡물을 일단 가루를 내어서 만든 것이다.

③ 진대(晉代)의 『남방초목상(南方草木狀)』에 초국(草麴)이란 말이 나온다. 이것은 쌀가루에 여러 약초를 찧은 것을 섞어서 칡 즙(汁)으로 반죽하여 달걀만 한 크기로 만든 다음 이것을 쑥 속에 묻어서 미생물을 번식시킨 것으로, 약 1개월이면 산국(散麴)이 만들어진다.

3) 산국(散麴)의 용도

① 야마자키(山崎百治)의 조사에 의하면 산국(散麴)에는 *Rhizopus*속, *Mucor*속이 많고, 다음으로 *Aspergillus*속의 차례이다. 특히 중국 남방계의 초국(草麴)에는 *Aspergillus*속이 많다.

② 황의는 소금물에 그대로 넣어서 숙성시킨 다음 맥장(麥醬)으로서 먹는다. 따라서 이것은 간장메주의 일종이라고 볼 수 있겠다.

③ 황증은 이것을 다시 소금물에 반죽하여 한 번 찐 다음 퇴비 속에서 띄운 후 작

- 『제민요술』 속의 누룩
  - 병국(餠麴)
    - 분국계(笨麴系 : 볶은 밀가루)
    - 신국계(神麴系 : 볶음, 찜, 생밀가루)
  - 산국(散麴)
    - 황의(黃衣)[여국(女麴)・맥국(麥麴)] : 밀 낟알 황의(黃衣)
찹쌀 낟알 황의(黃衣)
    - 황증(黃蒸)[가루누룩(散麴)] : 밀가루 산국(散麴),
쌀가루 산국(散麴)

은 단자(團子)모양으로 만들어 햇볕에 말려 이것을 물속에서 우려내어서 그 즙(汁)을 조미료로 쓴다. 따라서 밀로 만든 시(豉)라고 볼 수 있겠으며, 이것을 맥시(麥豉)라고도 한다.

④ 산국은 그 자체가 최종 조성품으로서 부식 또는 조미료가 되는 일도 있고 초・저(醋・菹) 등과 같은 술 이외의 양조에도 널리 쓰인다. 따라서 산국은 누룩인 동시에 메주라고 하겠다.

3. 조선시대의 누룩 고문헌

조선시대의 누룩을 기술한 고문헌들을 문헌(연대별), 찬자, 연대, 주요 내용을 정리하여 표 2-2로 나타내었다.

3.1 조선시대 고문헌 속의 누룩

1) 『사시찬요초(四時纂要抄)』와 『음식디미방』 속의 누룩(1688년경)

『사시찬요초』(成宗代)에서 누룩 만들기를 다음과 같이 설명하고 있다.

"복중(伏中)에 누룩을 만든다. 누룩이 좋지 않으면 술의 맛이 박하다. 보리 열 말, 밀가루 두 말로 누룩을 만든다. 녹두 즙(汁)에 여뀌와 더불어 반죽하여 밟아서 떡처럼 만들어 연잎과 도꼬마리 잎으로 싸서 바람이 잘 통하는 곳에 걸어서 말린다. 누룩은 반죽을 단단하게 하고 강하게 밟아야만 좋은 누룩이 된다. 그렇지 않으면 좋은 술이 되지 않는다"는 것이다. 보리와 밀가루를 섞어서 만든 막 누룩이다.

다음은 『음식디미방』(1680년)의 누룩 만들기를 알아보자.

"시기는 6월과 7월 초순이 좋다. 누룩의 분량은 밀기울 닷 되에 물 한 되씩을 섞어 꽉꽉 밟아 디디고, 비 오는 날이면 더운물로 디딘다. 더울 때이니 마루방에 두

표 2-2. 조선시대의 누룩을 기술한 고문헌

책 명	찬 자	연 대	주요 내용
사시찬요초(四時纂要抄)	강희맹(姜希孟)	성종대(1469~1494)	농업서적, 식품자료 생산서, 세종의 명으로 편찬, 조국(造麴)
음식디미방(飮食知味方) 규곤시의방(閨壼是議方)	안동 장씨(安東 張氏)	1680년,1870년 숙종 대 초엽	일반요리, 식품가공서, 술 51종, 주국(酒麴)
동국세시기(東國歲時記)	홍석모(洪錫謨)	현종 15년(1849)	시문집, 연중행사 및 풍속을 설명
고사촬요(故事撮要)	어숙권(魚叔權) 박희현(朴希賢) 증보	명종 9년(1613)	식생활 종합서, 식품가공서, 술 10종, 내국향온법(內局香醞法)
증보산림경제(增補山林經濟)	유중임(柳重臨)	영조 42년(1767)	식생활 종합서, 가정백과전서, 술 62종, 조국(造麴, 造麯吉日), 녹두국, 미국(米麯), 추모국(秋麰麯),국말(麴末), 요국(蓼麯), 진면국(眞麪麯), 국말(麯末)
태상지(太尙志)	이근명(李根命)	1873년	정법(政法), 예법서, 조국(造麴), 양주, 조맥아
임원십육지(林園十六志)	서유거(徐有渠)	순조 27년(1827)	식생활 종합서, 가정백과전서, 술 284종, 치국법(治麴法), 배부비전국(內府秘傳麴), 맥국(麥麴), 여국(蓼麴), 미국(米麴), 여국(女麴), 연화국(蓮花麴), 백국(白麴), 금경로국(金莖露麴), 면국(麵麴), 이양국(裏陽麴)
농정회요(農政會要)	최한기(崔漢綺)	1830년경	백국(白麯), 내부비전국(內府秘傳麯), 연화국(蓮花麯), 홍국(紅麯), 신국(紳麯), 금경로국(金莖露麯), 연화국(蓮花麯), 이양국(裏陽麯), 동양주구(東陽酒麯)

(계속)

책 명	찬 자	연 대	주요 내용
조선무쌍신식요리제법 (朝鮮無双新式料理製法)	이용기(李用基)	1924년	내부비전국, 미국, 백국, 모국, 홍국, 소맥국, 맥국
온주법(蘊酒法)	?	1700년대 후기	조국법(造麴法), 녹두국
군학회등(群學會騰)	?	1800년	일반요리, 식품가공서 , 조곡법, 조곡길일, 녹두곡, 요곡, 미곡
오주연문장전산고 (五州衍文長箋散稿)	이규경(李圭景)	1850년	기타 총서, 녹두국, 홍국
산림경제(山林經濟)	홍만선(洪萬選)	숙종 41년(1915)	식생활 종합서, 가정백과전서, 요국(蓼麴), 신국, 향온국
고사십이집(攷事十二集)	서명응(徐命應)	정조 11년(1787)	식생활 종합서, 가정백과전서, 미국(米麴), 요국(蓼麴)
감서종식법(甘緖種植法)	유중임(柳重臨)	1766년	구황서, 서류서, 요국(蓼麴), 소국주(小麴酒)
고사신서(攷事新書)	서명호(徐命浩)	영조 47년(1771)	식생활서, 가정백과전서, 요국
학음잡록(鶴陰雜錄)	보 유	1800년 말엽	식생활 종합서, 가정백과전서, 조곡(造麯)
농가월령가(農家月令歌)	찬자 미상	순조 16년(1861)	농서, 월령시, 누룩디디기, 미국
산림경제촬요(山林經濟撮要)	찬자 미상	1800년대 중엽	식생활 종합서, 가정백과전서, 조국(造麯)
조선주조요제(朝鮮酒造要提)	조선주조협회	1935년	이화주국, 미국

(계속)

책 명	찬 자	연 대	주요 내용
본초강목(本草綱目)	이세진(李世珍)	1568년	신국, 백국, 미국, 모국, 홍국, 면국
민천집설(民天集說)	강희맹(姜希孟)	1752~1822년	식품자료 종합서, 가정백과전서, 조국(造麴), 신국(紳麴), 소국주(小麴酒)
동의보감(東醫寶鑑)	허준(許浚)	1610년	응용영양서, 의서, 신국(神麯), 반하국(半夏麯)
부방문(酒方文)	하생원(河生員)	1600년 말엽	무국주(無麴酒, 이성우 교수도 무국주로 읽음)
색경(穡經)	박세당(朴世堂)	1676년	식품재료 생산서, 신국(神麯)
치생요람(治生要覽)	강와(姜窩)	1691년	일반 농서, 조국(造麴), 소국주(小麴酒)
산림경제(山林經濟)	홍만선(洪萬選)	1715년	일반농서, 조국(造麯), 요국(蓼麯), 소국주(小麴酒)
해동농서(海東農書)	서호수(徐浩修)	1799년	일반농서, 주국(造麯), 조국길일(粗麴吉日), 백주국(白酒麴), 소국주(小麯酒), 세국(細麴), 말국(末麴), 진국(眞麴), 국말(麯末), 국말(麴末)
주찬(酒饌)	찬자 미상	1800년대 초엽	말국(末麴), 진말국(眞末麴), 국말(麴末), 상국말(常麴末), 소국주(小麴酒)
농정찬요(農政纂要)	찬자 미상	1800연대 초엽	조국법(造麴法)

두레씩 매달아 자주 뒤적거리고, 썩을 우려가 있을 때는 한두 차례씩 바람벽에 세운다. 날씨가 서늘하면 고석(짚방석)을 깔고 서너 두레씩 늘어놓고 위에 또 고석을 덮어놓고 썩지 않게 자주 골고루 뒤집어 가며 띄운다. 거의 다 뜬 것을 하루쯤 볕에 쬐어 다시 거두어 더 뜨게 한다. 이것을 여러 날 두고 밤낮으로 이슬을 맞히는데 비가 올듯하면 거두어들인다."고 하였다. 이것도 막 누룩이다. 하여튼 막 누룩(餅麴)은 잘 밟아야 한다.

이에 관한 고사(故事) 하나를 소개한다.

고려 말의 문신인 조운흘(趙云仡)은 조선 초에 강릉태수(江陵太守)가 되었다. 태수(太守)로 있으니 손(客)이 끊일 사이 없고, 그 때마다 술대접을 해야 한다. 술이 좋으면 손이 더욱 찾게 되니 하인(下人)들이 말하기를 "누룩을 잘 밟으면 단단해져 술맛이 좋다. 강릉태수의 술이 잘 되었다 하면 손이 더 모여들게 된다. 슬슬 밟아서 술맛이 나쁘도록 하라"는 것이다.

그 후 그렇게 만든 누룩으로 술을 빚으니 술맛이 약하고 산미가 많다. 손이 오면 이러한 술을 두어 잔 권하고는 술맛이 나빠서 권할 수 없다면서 술상(床)을 물리고 하였다는 것이다. 그런데 조선 명종대(明宗代)의 김안국(金安國)은 여주에 은둔하고 있을 때 조운흘(趙云仡)의 고사를 생각하고 누룩을 잘 밟지 않고 이것으로 술을 만들어 쓰니 술맛이 시고 텁텁하였다. 손과 술을 나누면서 한 수의 시로서 풍자하였다.

"누룩은 풍미(風味)로서 만드는데
이다지도 신술이 나오나
이 술이야 어찌 그대의 근심을 덜겠나
강릉태수(江陵太守)의 축객(祝客)을 비웃을 때
촌노(村老)로 하여금 그 법을 가르칠 뿐이지."

2) 『동국세시기(東國歲時記)』와 『고사촬요(攷事撮要)』 속의 조선시대의 누룩(1500년경)

『동국세시기』에서는 6월 유두곡(流頭麯)이라 해서 6월은 술보다 누룩을 빚는 데 적당한 달로서 옛날부터 유듀일(流頭日)을 맞아 누룩을 만드는 행사가 중요하다고 하였다. 『고사촬요』에는 소면곡(小麵麯)을 만드는 법이 나오는데 "밀을 갈아서 가루를 치지 말고 반드시 반 두레에 한 말씩 넣고 빻아온 녹두를 한 홉씩 섞어 만들어라."라고 하였다.

3) 『증보산림경제(增補山林經濟)』(조선시대 1700~1800년) 속의 누룩

『증보산림경제』(1767년)의 구체적 누룩 만들기는 『음식디미방』의 경우와 거의 같고, 여기서는 국(麴)을 곡(麯)이라고 표기하였다. 국과 곡은 같은 뜻의 자(字)이다. 그리고 술맛의 좋고 나쁨은 오직 누룩의 좋고 나쁨에 있다고 하였다.

(1) 조국(造麯)의 길일(吉日)

신미(辛未), 을미(乙未), 경자(庚子)는 누룩 만들기의 길일(吉日)이다. 삼복(三伏) 중에 만들면 벌레가 생기지 않고, 초복(初伏)이 지난 후가 가장 좋으며, 중복(中伏) 뒤나 말복(末伏) 전이 다음이다. 한편, 목일(木日)에 누룩을 만들면 술이 시어진다. 또 매월 삭일(朔日 : 초하룻날)에 만들면 좋다.

(2) 국(麯)의 종류

진면국(眞麵麯) : 밀가루를 단단히 반죽하고 원판모양으로 하되 작게 하고, 도랑이 있다. 여기서는 조국(粗麯 : 밀가루, 밀기울을 섞어 만든 막 누룩)과 분국(粉麯 : 밀가루 막 누룩)을 나누어 설명하지 않고 있다.

(3) 요국(蓼麯)

쌀 알맹이에 밀가루를 부착하여 종이 주머니에 넣어 곰팡이 번식을 꾀하니 주머니 속에서 균사(菌糸) 때문에 약간 단단한 덩이 모양이 된다. 그러나 막 누룩과 달리 쉽게 낱알 모양으로 환원할 것이니 낱알 흩임 누룩(準散麯 : 준산곡)이라 볼 수 있겠다.

(4) 녹두국〔綠豆麯(麴)〕

백미와 녹두 각 한 말씩 갈아서 누룩을 만들어 원판은 작고 얇아야 한다.

(5) 미국〔米麯(麴)〕

쌀가루를 약간 쪄서 누룩을 디디고 솔잎에 묻어 띄운다.

(6) 추모국〔秋麰麯(麴)〕

가을보리로서도 누룩을 디디지만 술맛이 세지 않다.

(7) 이화주법(梨花酒法)의 국(麯)

쌀가루를 달걀만한 덩이로 하여 독 속에서 솔잎으로 격을 지어 넣는다. 7일 지나서 꺼내어 반일(半日) 말리곤 하는 일을 되풀이해서 매우 건조하면 종이 주머니에 넣어둔다. 이화(梨花)가 핀 후 곧 여름이 지나서 술 빚는데 쓴다.

(8) 국(麯)의 재료

재료는 밀과 쌀이 주가 되고 녹두가 다음이며 보리는 드물다.

밀은 잘게 쪼갠 알맹이, 쌀은 곱게 가루 내어 사용하고 쌀 알맹이에 밀가루를 부착시킨 것도 있고 녹두는 즙액(汁液) 또는 난도물(爛搗物)이 사용된다. 재료처리는 가볍게 찐 것도 있기는 하나 거의 전부 날 것이 쓰이고 있다.

(9) 국(麯)의 성형

반죽한 것을 헝겊·짚·풀잎 등으로 싸서 발로 밟는 일이 많고, 헝겊·짚·풀잎을 깐 누룩 틀(고지: 국어사전에 있는 표준말)에 넣어서 밟는 일도 있다. 형태는 원판상이 대부분이고 이른바 막 누룩(散麴)이다.

(10)『농가월령가(農家月令歌)』속에서 조선시대의 누룩(1800년경)

『농가월령가』(1813년)에서는 “밀기울 한데 모아 누룩을 디디어라”란 구절이 나온다.

3.2 『태상지(太常志)』와 『임원십육지(林園十六志)』 속의 조선시대의 누룩(1800년경)

『태상지』(1873년)의 조국법(造麴法)을 보면 밀 15석(石)에 녹두 엿 말, 엿 되 닷 홉을 반죽하여 잘 디딘다고 하였다. 『임원십육지』(1823년)에는 맥국법(麥麴法)·면국법(麵麴法)·홍국(紅麴)·황의(黃衣)·여국(女麴)의 제법 등을 주로 중국 문헌을 이용하여 소개하고 있다. 그런데 조선시대의 궁중용 누룩 만들기는 술빚기와 더불어 내자사(內資寺)에서 다스리고 있었다.

3.3 문헌에 기록된 조선시대 누룩의 종류(이성우 외 1991년)

조선시대 누룩의 종류는 진면국(眞麵麯), 요국(蓼麯), 미국(米麴), 추모국(秋麰麯), 이화주국(梨花酒麯), 동양주국(東陽酒麯), 홍국(紅麴), 신국(神麯) 등이 있었다. 그리고 기록된 문헌은 표 2-3과 같다.

표 2-3. 조선시대의 누룩의 종류와 문헌

누룩 종류	문　헌
내부비전국(內府秘傳麴)	임원십육지, 농정회요, 조선무쌍신식요리제법
녹두국(綠豆麴)	증보산림경제, 온주법, 농정회요, 군학회등, 농가월령가
동양주국(東陽酒麴)	농정회요, 오주연문장전산고
맥국법(麥麴法)	태상지, 임원십육지
요국(蓼麴)	산림경제, 고사십이집, 증보산림경제, 감서종식법, 고사신서, 임원십육지, 농정회요, 학음잡록, 군학회등, 농가월령가
미국(米麴)	본초강목, 증보산림경제, 임원십육지, 농정회요, 조선주조요제, 군학회등, 산림경제제요, 조선무쌍신식요리제법, 농가월령가
백국(白麴)	본초강목, 임원십육지, 농정회요, 조선무쌍신식요리제법
모국(麰麴)	증보산림경제, 본초강목, 임원십육지, 농정회요, 조선무쌍신식요리제법
신국(神麴)	본초강목, 봉의보감, 색경, 산림경제, 민천집설, 농정회요
이화주국(梨花酒麴)	음식디미방, 주방문, 산림경제, 고사십이집, 증보산림경제, 감자종식법, 고사신서, 온주법, 해동동서, 규합총서, 주방, 주찬, 임원십육지, 농정회요, 양주방, 김승지댁주방문, 음식방문, 역주방문, 조선무쌍신식요리제법, 농가월령가
면국(麵麴)	본초강목, 증보산림경제, 임원십육지, 조성무쌍신식요리제법
홍국(紅麴)	본초강목, 임원십육지, 농정회요, 오주연문장전산고, 조선무쌍신식요리제법
향온국(香醞麴)	음식디미방, 산림경제, 임원십육지

3.4 문헌에 기록된 麴자와 麯자로 기록된 고문헌

「麴」과 「麯」은 한자사전에 따라 다 같이 「국」으로 읽음.

(1) 「麴」으로 기록된 고문헌

중국 고문헌 『제민요술(齊民要術)』(450년경)에는 신국(神麴), 백료국(白醪麴), 분국(苯麴), 와국법(臥麴法), 산국(散麴), 병국(餠麴), 분국(粉麴), 조국(糟麴) 등이 기록되어 있다. 麯자는 쓰지 않았다. 조선시대의 고문헌 『산가요록(山家要錄)』(1450년)에는 무국주(無麴酒), 소국주(小麴酒), 조국법(造麴法) 등이 기록되어 있다. 麯자는 쓰지 않았다. 중국의 고문헌 『거가필용(居家必用)』(13세기 말경)에는 주국류(酒麴類), 조국류(造麴類), 홍국(紅麴), 동양주국(東陽酒麴), 조국모(造麴母), 조국길일(造麴吉日) 등이 기록되어 있다. 麯자는 쓰지 않았다.

조선시대 고문헌 『색경(穡經)』(1676년)에는 신국법(神麴法)이, 『산림경제(山林經濟)』(1715년)에는 조국(造麴), 요국(蓼麴), 소국주(小麯酒) 등이, 『고사십이집(攷事十二集)』(1787년)에는 미국(米麴), 요국(蓼麴) 등이, 『온주법(蘊酒法)』(1700년대 말엽)에는 조국법(造麴法)이, 『임원십육지(林園十六志)』에는 국얼(麴糵), 맥국(麥麴), 면국(麪麴), 백국(白麴), 미국(米麴), 내부비전국(內復秘傳麴), 연화국(蓮花麴), 금경로국(金莖露麴), 요국(遼麴), 여국(女麴), 양릉(襄陵), 홍국(紅麴) 등이 기록되어 있다.

(2) 「麯」으로 기록된 고문헌

조선시대의 고문헌 『치생요람(治生要覽)』(1691년)에는 조국(造麯), 소국주(小麯酒) 등이, 『민천집설(民天集說)』(1752～1822년)에는 주국(造麯), 조신국(造神麯), 소국죽(小麯酒) 등이, 『감저종식법(甘藷種植法)』(1766년)에는 麴과 麯이 혼용되고 있다. 『증보산림경제(增補山林經濟)』(1767년)에는 조국길일(造麯吉日), 진면국(眞麪麯), 요국법(蓼麯法), 맥국(麥麹), 미국(米麯), 주모국(秋麰麯), 조국(造麴), 국말(麴末), 국말(麯末) 등으로 麴과 麯이 혼용되어 있다. 『농정회요(農政會要)』(1830년)에는 답국(遝麯), 조국(造麯), 백국(白麯), 내부비전국(內府秘傳麯), 연화국(蓮花麯), 금경로국(金經露麯), 홍국(紅麯), 신국(神麯), 양릉(襄陵), 동양주국(東陽酒麯) 등이 기록되어 있고 麴자를 쓰지 않았다. 『농정찬요(農政纂要)』(1800년 초엽)에는 조국법(造麯法)이, 『주찬(酒饌)』(1800년)에는 말국(末麯), 진말국(眞末麯), 국말(麯末), 상국말(常麯末) 등으로 기록되어 있다.

4. 누룩의 종류에 따른 누룩 디디기

4.1 국(麴)

1) 『음식디미방』

6월에 밀기울 닷 되에 물 한 되로 반죽하여 누룩 틀(고지: 국어사전에는 고지로 되어 있음)에 베 보자기를 깔고 누룩 감을 넣고 싸서 발뒤꿈치로 단단히 밟는다. 자주 뒤슬러서 썩지 않게 고루 띄운다. 띄운 후에 볕에 말려 재운 뒤 다시 뜨거든 여러 날 이슬 맞힌다. 특히 비올 때는 물을 끓여 쓴다.

2) 『산림경제』

여뀌를 따서 녹두즙액 열 근, 밀가루 두 근을 섞어 반죽한다. 누룩을 단단히 디뎌서 한 덩이마다 연잎이나 도꼬마리 잎으로 꼭 싼다. 서늘한 곳에 매달았다가 10월에 갈무리해 둔다. 초복 후, 중복 후, 또는 말복 전에 디딘다.

3) 『온주법(蘊酒法)』

초복과 중복의 경우에 재료를 물에 넣고 갈아 기울을 섞어서 틀에 넣어 디딘다. 말복에는 녹두만 거피하여 여뀌 잎 두 섬과 섞어 맷돌에 갈아 그 즙에 기울을 섞어 디딘다. 초복, 중복, 말복에 디딘 누룩은 닥 잎으로 잘 싼 후 다시 잣 잎으로 싸서 바람 없는 음지에서 여러 날 뜨게 한 후 햇살 드는 곳에 둔다.

술빚을 때에 누룩을 밤낮으로 볕에 5~6일간 바래어 깨끗이 한 후 가루를 내어 쓴다. 녹두가 적거든 날씨에 따라 한 되씩 더 넣는다. 초복에는 기울 한 근, 녹두 한 되, 중복에는 기울 한 근, 녹두 두 되, 말복에는 기울 한 근, 녹두 서 되이고, 여뀌 잎은 두 섬이다.

4) 『임원십육지』

『증보산림경제』를 인용하여 나무로 작은 되 크기만 하게 만든 우물 정자의 틀에 베 보자기를 편 후 피마자 잎으로 다시 덮고 보자기로 싸서 문철(門凸) 모양으로 단단히 밟는다. 누룩의 가운데가 우묵하지 않으면 물기가 모여 썩을 염려가 있다.

『옹회잡지』를 인용하여 8~9월에 짚을 이어 겨를 담고 한 덩이에 한 냥쭝의 누룩을 담아 따뜻한 곳에 둔 지 5~6일 만에 바람 부는 곳에 내었다가 곧 도로 덮어 놓은 지 21일 만에 띄워진다. 50~60일이면 쓸 수 있다.

4.2 내부비전국(內府秘伝麴)

밀가루, 녹두에다 황미(黃米)를 가루 내어 함께 섞어 빚는데, 둥글게 빚지 않고 네모난 모양(方麴)으로 빚는다.

1) 『임원십육지』

『준생팔전』을 인용하여 삼복 안에 녹두 서 말을 먼저 갈아 까불러 껍질을 물에 담가놓고 누런 쌀 네 말을 갈아서 밀가루 백 근과 녹두가루를 녹두껍질 물을 쳐가며 반죽을 되게 하여 밟아서 네모진 모양으로 만든다. 대광주리에 넣어 햇빛에 바랜 지 60일이면 완성된다.

4.3 녹두국(綠豆麴)

쌀과 녹두를 각 한 말씩 갈아서 작고 얇게 디딘다. 『온주법』에는 녹미주국(綠米酒麴), 『양주방』에는 백수환동주 누룩으로 표기되었다.

1) 『증보산림경제』

쌀과 녹두를 물에 담가 하룻밤 지난 후 녹두를 멍석 위에서 반 정도 건조시킨 다음 물 머금은 쌀과 찐 녹두를 돌절구에 넣고 찧어 누룩 덩어리를 작고 얇은 모양으로 단단히 디딘다. 만약 습기가 있으면 좀이 살아서 오래 두고 쓰기 곤란하므로 물을 적게 넣는다. 여름 양조용으로 쌀 한 말에 누룩 두 되를 넣어 빚으면 청량하지만 쌀을 닷 되만 사용해도 된다. 밀가루를 사용할 때는 소량을 쓰고 찹쌀을 사용할 수도 있다.

2) 『온주법』

▸ 재 료: 찹쌀 닷 되, 거피녹두 한 말, 솔잎

찹쌀을 하룻밤 물에 담갔다가 가루 낸 것과 거피하여 찐 녹두를 섞은 후 다시 찧어 오리알 크기로 쥐어서 솔잎으로 짠 것을 띄운다. 바람 부는 곳에 가끔 내놓았다가 21일 만에 볕에 말려 술 빚는데 사용한다.

봄 양조용으로 사용된다.

3) 『양주방』

▸ 재 료: 녹두 한 말, 찹쌀 닷 되, 솔잎

정월 초열흘 전에 녹두를 맷돌에 타서 껍질을 벗겨 겨우 익을 만큼 쪄서 찧은 것과 가루 낸 찹쌀을 켜켜로 넣어 한데 섞이거든 이화주국만 한 크기로 쥐어서 솔잎에 재워 두었다가 7일 만에 뒤적이고, 14일 만에 바람 쐬어 21일 만에 말려둔다.

여름 양조용으로 사용된다.

4.4 동양주국(東陽酒麴)

연꽃, 도꼬마리, 담죽(淡竹)의 잎, 날삼 등을 큰 병에 받아 물을 넣어서 77일간 둔 후 잘 이겨 거르고, 그 즙으로 녹두를 삶아 둔다. 다음 도인(桃仁 : 복숭아씨 알갱이), 천오두(川烏頭 : 중국 사천성에서 나는 약재. 오두의 원뿌리), 행인(杏仁 : 살구 씨의 껍데기 속의 알갱이) 등을 잘라서 밀가루와 녹두를 섞어 밟아낸 것을 뽕나무 잎에 싸서 바람이 잘 통하지 않는 곳에서 3∼5일간 두었다가 누룩방의 문을 열고 통풍시키면서 건조시켜 얻는다.

1) 『농정회요』

▸ 재 료: 밀가루 백 근, 복숭아씨 서 근, 살구 씨 서 근, 바곳뿌리 한 근, 녹두 닷 되, 목향 네 냥, 품질 좋은 육계(肉桂) 여덟 냥, 매운 여뀌 열 근, 매화 열 근, 도꼬마리 열 근

밀가루, 복숭아씨, 살구 씨, 바곳뿌리, 바곳을 껍질 벗겨 준하고 목향, 육계, 매운 여뀌는 물에 7일 동안 담갔다가 매화에 물이 스미게 하고 창이 잎을 준비한다. 목향, 육계, 매운 여뀌 담근 물에 녹두를 삶아내어 빚는다. 여뀌 등 세 가지 맛이 녹두를 삶을 때 함유되도록 빚는다. 한 섬의 쌀에 누룩 열 되를 넣어 술을 빚으면 술이 많이 나오고 독하지 않다.

4.5 요국(蓼麴)

찹쌀, 밀가루, 달인 여뀌 즙을 사용하여 디디지 않고 만드는 흩임 누룩(散麴)으로 주머니 속에서 균사가 생겨 약간 단단한 덩어리 형태가 되는 누룩이다.

1) 『산림경제』

▸ 재 료: 찹쌀, 밀가루, 여뀌 즙, 종이 봉지

『신은(新隱)』을 인용하여 찹쌀을 달인 여뀌 즙에 하룻밤 담갔다가 건져내어 밀가루와 고루 섞어 종이 봉지에 담는다. 바람 드는 곳에 저장하며 한여름에 만든다. 두 달이면 쓸 수 있다. 이 누룩으로 술을 빚으면 진한 술이 된다.

4.6 미국(米麴)

쌀가루를 약간 쪄서 여뀌 즙으로 반죽하여 누룩을 디디고, 닥나무 잎, 솔잎에 묻어서 띄운 것이다. 특별히 찹쌀가루로 디뎌서 눈같이 흰 누룩을 설향국(雪香麴)이라 한다.

1) 『본초강목』

▸ 재 료: 찹쌀가루 한 말, 천연 여뀌 즙, 닥나무 잎

찹쌀가루를 천연 여뀌 즙과 반죽하여 둥글게 만든 것을 닥나무 잎으로 싸서 바람 드는 곳에 매달아 두면 49일 후에는 쓸 수 있다.

2) 『증보산림경제』

정월 초하루에 쌀이나 찹쌀을 물에 담갔다가 가루 내어 약간 찐 후 단단히 디딘 것을 솔잎에 싸서 띄운다. 술을 빚을 때 쌀 한 말에 누룩가루 두 되를 넣으면 맛이 독하다.

4.7 백국(白麴)

밀가루에 찹쌀가루를 더 넣어 빚은 누룩이다.

1) 『본초강목』

▸ 재 료: 밀가루 닷 근, 찹쌀가루 한 말, 닥나무 잎, 밀가루

찹쌀가루를 우물물로 반죽하여 체에 친 후 누룩을 디딘다. 닥나무 잎으로 싸서 바람 드는 곳에 매달아 둔다. 50일 후면 쓴다.

2) 『임원십육지』

『준생팔전』을 인용하여 밀가루 한 상(相), 찹쌀가루 한 말을 축축하게 버무려 냉건습을 고루 조절하여 체에 받힌 가루를 단단히 디디고 종이로 싸서 바람 부는 곳에 50일 동안 걸어 두었다가 낮에는 볕에 말리고, 밤에는 이슬을 맞혀 바랜다.

4.8 모국(麰麴)

보리를 이용하여 디딘 누룩이다. 『증보산림경제』에 추모국(秋麰麴)이라 하고, 봄보리보다는 가을보리를 이용하여 디딘 누룩이 술맛이 독하지 않다고 하였다. 『임원십육지』는 『증보산림경제』를 인용하여 춘모국, 추모국, 『본초강목』을 인용하여 맥국(麥麴)이라 하고 맥국은 6월 6일에 디딘다고 하였다.

4.9 신국(神麴)

중국 누룩으로 여섯 신의 색과 비슷한 여섯 가지 식물이나 곡물을 넣어서 신들이 모여 회의하는 날인 6월 6일에 디디는 누룩이다.

◆ 육신의 누룩

백호(白虎) - 백출(白朮)　　청룡(靑龍) - 청호(菁蒿)
구진(句陳) - 창이(蒼耳)　　현무(玄武) - 행인(杏仁)
등사(螣蛇) - 야요(野蓼)　　주작(朱雀) - 적두(赤豆)

1)『본초강목』

▸ 재 료 : 밀가루 백 근, 청호 자연즙 서 되, 붉은 팥 서 되, 행인 서 되, 창이 즙, 들여뀌 즙

『제민요술』을 인용하여 신들이 모여서 회의하는 날인 5월 5일, 6월 6일 혹은 삼복 일에 재료를 배합하는데, 이는 육신인 백호(西), 구진(中央), 등사(中央), 청룡(東), 현무(北), 주작(南)의 배합이다. 이 즙과 밀가루, 콩, 행인을 섞어 떡을 만들어 닥 잎이나 마 잎으로 싼다. 생황이 입히기를 기다리며 자주 들여다본다.

2)『동의보감』

6월 6일에 기울 섞인 메밀가루 스물 닷 근, 창이 자연즙 한 되, 여뀌 잎 자연즙 한 되 세 홉, 청호(제비 쑥) 자연즙 한 되, 행인(연한 것) 한 되 서 홉, 붉은팥(삶아 찧어 연한 것) 한 되를 삼복 안의 상인일(上寅日)에 단단히 닫는다.

4.10 이화주국(梨花酒麴)

쌀가루를 알 크기만큼씩 쥐어서 짚이나 솔잎으로 싸서 가마니로 덮어 놓았다가 7일마다 뒤적거리고 잘 띄워지면 꺼내어 볕에 말렸다가 거풍하며 양조할 때에 고운 가루를 내어 사용한다고 하였다.

1)『음식디미방』

쌀 세 말을 가루로 하여 크기는 주먹크기로 뭉쳐서 짚으로 싸 빈 가마니에 담아 더운 구들에 두고 자주 뒤슬러서 누렇게 띄운다.

2)『산림경제』

『신은(新隱)』을 인용하여 1월 1일 3일 전에 찹쌀을 여뀌 즙에 하룻밤 담갔다가 건져내어 마른 밀가루와 고루 섞어 드는 것은 체로 건져버리고 종이봉지에 담아 바람맞이에 저장하여 한여름에 만든다. 두 달이면 쓸 수 있으니 술을 빚으면 아주 진국술이 된다고 하였다.

4.11 면국(麵麴)

밀가루를 반죽하여 누룩 틀(고지)에 넣고 밟은 것으로 밀가루로만 만든 것을 분국(粉麴)이라 하고, 밀가루와 밀기울을 섞어서 만든 것을 조국(粗麴)이라고 한다.

1) 『증보산림경제』

5~6월 상인일(上寅日)에 밀가루를 원형으로 작고 얇고 굳게 디딘다.

2) 『임원십육지』

밀을 깨끗이 맷돌에 갈아 놓고 또 녹두를 맷돌에 갈아 두부같이 물을 짜고 여뀌 잎을 짓이겨 녹두 물에 비비면 쑥물같이 물빛이 맑고 또 맵다. 그때 그것을 밀가루와 합해서 한 덩어리에 닷 되씩 틀에 넣고 단단히 밟는다. 시렁 위에 짚을 깔고 짚 위에 마른 쑥을 두껍게 깔아 누룩 디딘 것을 동여매어 쑥 위에 놓고 쑥을 다시 두껍게 펴고, 또 짚을 덮어 삼칠일(21일) 동안 띄운 후에 말려서 바람 통하는 곳에 달아둔다.

3) 『조선무쌍신식요리제법』

6월 6일에 밀 누룩은 보리누룩과 같이 만드는데, 껍질째 물에 씻어서 볕에 바싹 말린 후 6월 6일에 맷돌에 갈아서 밀 뜨물에 반죽하여 덩어리를 만들어 닥나무 잎으로 싸서 바람 통하는 곳에 달아 두었다가 70일이면 쓴다. 칠일주(七日酒)에 밀 누룩이나 밀기울 누룩을 가루 내어 쓴다.

4.12 홍국(紅麴)

중국 누룩인 홍국의 제법은 그 시대의 다른 누룩 제법에 비하여 방법을 과학적으로 표현하였으며, 특이한 사항은 우선 국모(麴母 : 찹쌀과 홍국에 물을 넣어 풀처럼 만든 것)를 찐 멥쌀에 섞어서 띄운다는 것이며, 그 이후의 제조과정은 일본식 청주용 누룩 제법과 비슷한 형식의 흩임 누룩 제조법이었다.

이렇게 빚은 누룩에는 주로 붉거나 노란 곰팡이가 생기기 때문에 홍국(紅麴)이라 불려 왔으며, 주로 술 이외에도 초나 젓 담그는 데도 사용되었다. 천대홍주(天台紅酒)에는 홍국이 사용되지만 관서감홍로(關西甘紅露)에는 지초를 사용해서 붉은 기를 낸다고 쓰여 있으며, 현재도 지초는 전통적인 진도 홍주를 양조할 때에 사용되고 있다.

1) 『본초강목』

멥쌀 한 석 닷 말을 물에 하룻밤 담갔다가 밥을 만들어 15덩이로 나누어서 국모(麴母) 서 근을 집어넣고 한 곳에 모은 후 위를 덮어 둔다. 열이 많이 나면 곧 덮은 보자기를 젖히고 온도가 내려가도록 고루 섞어 주고 다시 보자기로 덮어 둔다.

제 2일째 낮에 3덩이로 만든 후 1시간당 다섯 덩이 → 한 덩이 → 다섯 덩이 → 한 덩이로 만드는 일을 여러 차례 반복하여 제 3일째 만들어진 국을 대광주리에 담아 새로 길은 물에 50～60% 정도 담는다. 제 4일째에도 똑같은 일을 반복하여 햇빛 있는 날 말리고, 쌀 깊숙이까지 생황(生黃)이 생기도록 한다.

2)『임원십육지』

『본초강목』과 『거가필용』을 각각 인용하여 홍국을 만들 때 긴요한 것은 처음에 헝겊을 덮고 그 위에 두꺼운 빈 가마니 같은 것으로 다시 덮고 아래는 풀로 싼다. 만일 더우면 곧 덮었던 것을 벗겨 하룻밤이라도 자지 말고 항상 들여다보면서 온도에 유의한다. 붉은색은 자초(紫草), 향온주국(香醞酒麴)이 쓰이고 향온주, 관서감홍로 등은 이 홍국을 이용하여 만든 술이다.

4.13 향온국(香醞麴)

향온국(香醞麴)은 보릿가루와 녹두가루를 섞어 누룩을 만드는 방법으로 녹두국(綠豆麴) 제법대로 빚으면서 쌀 대신에 보리를 이용한 것이다. 이 누룩은 향온주와 내국홍로 방에 사용된다.

1)『음식디미방』

▸ 재료 : 밀가루 한 말, 녹두 한 홉

한 두레당 갈은 밀을 한 말씩 넣고 물을 더 넣지 말고 녹두 빻은 것을 한 홉씩 섞어 만든다.

2)『임원십육지』

『고사촬요』를 인용하여 보리를 갈아서 체에 거르지 않은 가루와 녹두 간 것을 섞어서 디딘 국인데 한 덩이당 보릿가루 한 말, 녹두 한 홉이 된다.

이상과 같이 누룩의 원료는 본래 밀인데, 밀을 갈아서 사용하거나 밀기울, 밀가루로 사용하고 그밖에 녹두, 콩, 황미(黃米), 쌀가루, 찹쌀가루, 보릿가루, 메밀가루, 적소두 등으로 누룩을 디딘다.

누룩의 재료로 밀가루를 사용하거나 또는 술을 빚을 때 밀가루를 넣으면 유기산 생성이 빠르며, 쌀로만 빚은 술보다 산도가 좋다. 유기산은 술맛과 산성도를 조정하여 주는 역할을 하여 부패균 등의 잡균의 살균 및 발육을 억제하는 작용이 있다고 한다.

곡식 가루에 물을 넣어 반죽하거나 녹두 즙, 여뀌 즙, 쑥물을 넣어 반죽하기도 하였다. 또 복숭아씨, 살구 씨, 바곳뿌리, 목향, 육계, 여뀌, 칭호, 창이, 연화, 백출, 천초, 당밀, 당귀, 축사, 방향, 복령, 관계, 단향, 백지, 오수유, 감초, 행인, 백단, 감과 등을 넣기도 하였다. 특히 홍국을 만들 때 붉은 색을 내기 위해서는 자초를 넣었다.

누룩의 모양은 네모, 둥근 모양, 달걀 크기, 주먹 크기로 빚어서 띄울 때는 여뀌 잎, 연잎, 도꼬마리 잎, 닥나무 잎, 잣나무 잎, 피마자 잎, 짚, 솔잎, 창이 잎, 쑥, 가마니풀 등을 덮어서 21일, 49일, 50일, 70일간 띄웠다. 누룩을 디디는 시기는 정월 초하루, 정월 초열흘 전, 여름, 삼복 안, 초복, 중복, 말복, 5～6월 상인일, 6월 6일 등이었다.

이밖에 국자, 분국, 조국, 흑국이라고 부르는 누룩이 있으나 일제하에 발간된 책 속에 기록된 것이다.

- 국자(麴子) : 『조선주조요제』(1935년), 『조선주양조법개요』(1936년), 『주조독본』(1938년), 『한국주류조사서』(1908년), 『조선산업지』(1910년), 『조선주의 양조법』(1912년), 『조선소주양조법』(1925년), 『조선주제조방법』(1933년)
- 분국(粉麴) : 『조선주조요제』, 『주조대요』, 『조선주 제조법』
- 조국(粗麴) : 『조전주조요제』, 『주조대요』
- 흑국(黑麴) : 『조선주조요제』, 『조선주조사』, 『조선주 개량독본』

4.14 중국식 누룩

금경로국, 연화국, 양능국, 백주국, 만전향주국, 여국 등이 있으나 중국식 누룩이다.

- 금경로국(金莖露麴) : 『임원십육지』, 『농정회요』
- 연화국(蓮花麴) : 『임원십육지』, 『농정회요』
- 양릉국(襄陵麴) : 『임원십육지』, 『농정회요』
- 백주국(白酒麴) : 『임원십육지』, 『오주연문장전산고』
- 만전향주국(滿殿香酒麴) : 『임원십육지』, 『오주연문장전산고
- 여국(女麴) : 『본초강목』, 『임원십육지』

1) 금경로국(金莖露麴)

밀가루, 녹두, 찹쌀을 가루 내어 반죽하여 디디는 제법으로 내부비전국(內府秘傳麴)의 재료와 비교해서 황미(黃米) 대신에 찹쌀을 사용하는 것만 다르다. 『임원십

육지』에는 『준생팔전』을 인용하여 밀가루 열 닷 근, 녹두 서 말, 찹쌀 서 말을 가루 내어 디딘다. 『농정회요』에도 『임원십육지』와 같다.

2) 연화국(蓮花麴)

주재료는 흰 밀가루, 녹두, 찹쌀가루 등으로 금경로국의 재료와 같으며, 부재료로 연꽃과 천초를 넣어 일반 누룩 제법으로 제조하였다. 『역주방문』의 연화주는 누룩을 사용하지 않고 밥을 지은 후 도꼬마리에 싸서 야생 곰팡이와 야생 효모를 생성시켜 만든 주본(酒本)에 덧술하여 양조한다고 하였으므로 연화국이 반드시 연화주에 사용된 것은 아닌 듯하다.

『임원십육지』에는 『준생팔전』을 인용하여 재료는 연화 서 근, 백출 백오십 냥, 녹두 서 말, 찹쌀가루 서 말 여덟 냥으로 일반 제법으로 디뎌서 만든다. 연화주는 보통 누룩가루를 사용하고 연잎을 항아리 밑에 깐다. 『농정회요』에도 『임원십육지』와 같다.

3) 양릉국(襄陵麴)

주재료로 밀가루, 찹쌀가루를 사용하고 부재료로 당밀, 천초를 넣어 일반 제법으로 빚는다. 『임원십육지』에는 『준생팔전』을 인용하여 밀가루 백오십 근, 찹쌀 서 말, 당밀 닷 근, 천초 여덟 냥으로 일반 제법으로 디딘다. 『농정회요』에도 『임원십육지』와 같다.

4) 백주국(白酒麴)

찹쌀에 부재료로 여러 가지 생약 성분을 첨가하여 디뎌서 띄운 중국 누룩이다.

『임원십육지』에는 『거가필용』을 인용하여 재료는 당귀 한 냥, 축사 한 냥, 목향 한 냥, 방향 한 냥, 복령향 한 냥, 천초 한 냥, 백출 한 냥, 관계 서 냥, 단향 한 냥, 백지 한 냥, 오수유 한 냥, 감초 한 냥, 행인 한 냥, 찹쌀 한 말로 띄운다.

봄에 찹쌀을 곱게 가루 내어 푸른 여뀌 자연즙과 섞어 고운 가루를 낸 약들과 섞어 반죽한 후 건습을 맞추어 찧어서 600~700개의 덩어리를 이화주국 만큼의 크기로 빚어서 중심을 오목하게 만든다.

짚으로 싸서 날씨가 추운지 더운지를 보아 대자리에 펴서 4일 후 청백색으로 누룩이 띄워지면 새로운 풀로 바꾸어 덮고, 전체가 다 띄워졌으면 풀을 제고하고 거두어들인다. 7일 만에 거두어들인 것을 광주리에 담아서 매달아 두었다가 습기 많은 밤에 이슬 맞혀서 21일간 건조시킨다.

5) 만전향주국(滿殿香酒麴)

밀가루와 찹쌀가루에 여러 가지 생약 성분을 첨가하여 디뎌서 띄운 중국 누룩이다. 『임원십육지』에는 『거가필용』을 인용하여 재료는 밀가루 백 근, 찹쌀가루 닷 근, 연화 이백 타, 백지, 정향, 광복령향 각 두 냥 반, 목향, 반냥, 백단, 축사, 감초, 단향 닷 냥, 백출 열 냥, 감과 백 개를 모두 갈아서 분말 낸 것에 밀가루와 연화 즙을 고루 섞어서 디딘다. 덩어리마다 종이로 싸서 봉하여 매달아 49일 후에 사용한다.

6) 여국(女麴)

『본초강목』에는 밀가루, 『임원십육지』에는 찹쌀을 사용하였다. 『임원십육지』에는 『제민요술』을 인용하여 찹쌀 세 말을 푹 쪄서 식힌 후 누룩 만들듯이 떡 모양으로 만들어 제비 쑥으로 위아래를 싸서 매단다. 맥국법(麥麴法)과 같이 21일간 놓아두면 노랗게 포자가 생기는데, 다 띄워지면 건조시킨다.

5. 누룩 성형과 모양

곡물의 가루나 알갱이에 물을 넣고 반죽한 것을 헝겊, 짚, 풀잎 등으로 싸서 발로 밟거나 헝겊, 짚, 풀잎을 깐 누룩 틀에 넣어서 밟는다. 누룩의 모양은 지방에 따라 다르며, 크기와 품질도 다르다. 대개 원형, 원판형, 네모형 또는 원판형이나 네모형 가운데 구멍이 뚫린 모양이다. 그런데 일제 때 누룩회사에 전매제도가 시행되면서 통일되어 일반적으로 원료 한 되로 만든 원판형의 것이 보급되었다.

누룩의 직경이 너무 작으면 수분이 쉽게 발산되어 균의 침투가 좋지 않아 숙성이 잘 안 되고, 너무 얇으면 단시일에 숙성되어 빛깔은 좋지만 향미가 좋지 않을 뿐만 아니라 술지게미가 많아 주량이 적어진다. 반대로 너무 두꺼우면 내부의 수분 발산이 곤란하여 품온이 높아질 가능성이 있고, 제조 후 건조가 어렵다. 그래서 표 2-4와 같은 크기로 만들 것을 권장하였다.

표 2-4. 권장한 누룩의 크기

원료 및 수량	형 태	크 기
조국 두 되	원반형	직경 한 자 닷 푼, 두께 한 치 두 푼
조국 한 되	원반형	직경 여덟 치, 두께 한 치 한 푼
분국 한 되 반	원반형	직경 일곱 치, 두께 한 치 세 푼

6. 누룩 디디기 좋은 날

(1) 『증보산림경제』에는 누룩 만드는 좋은 날은 일전에 신미(辛未), 을미(乙未), 경자(庚子)일이며 또 제(除), 만(滿), 개(開)의 성일(成日)도 좋다고 하였다. 성일(成日)은 12성문이라 하여 위(違), 제(際), 만(滿), 평(平), 정(定), 집(執), 파(破), 위(危), 성(成), 수(收), 폐(閉)가 있는데 지지수(支持數)와 같이 일진(日辰)에 배열하여 행하고 있다.

여름 삼복중에 누룩을 만들면 벌레가 생기지 않는데, 초복 후에서 말복 전 사이가 그 다음으로 좋다. 매달 초하룻날은 누룩 만드는 좋은 날이라고 하였다. 또 목일-일진(日辰)에 육갑(六甲)에 납갑(納鉀)을 붙여 갑자일(甲子日), 을축일(乙丑日), 해중금일(海中金日)은 금일(金日)에 누룩을 만들면 술맛이 시다고 하였다.

(2) 『고려대 규곤요람』에는 대체로 술에는 누룩이 으뜸이요, 음식에는 장이 으뜸이다. 누룩과 장을 부디 제때에 만들어 두고 써야 한다고 하였다. 문헌에 기록된 누룩 만들기는 다음과 같다.

(3) 『사시찬요초』에는 "복중에 누룩을 만든다. 누룩이 좋지 않으면 술의 맛이 박(薄)하다. 보리 열 말, 밀가루 두 말로 누룩을 만든다. 녹두 즙에 여뀌와 더불어 반죽하여 밟아서 떡처럼 만들어 연잎, 도꼬마리 잎으로 싸서 바람이 잘 통하는 곳에 걸어서 말린다. 누룩은 반죽을 단단하게 하고 강하게 밟아야만 좋은 누룩이 된다. 그렇지 않으면 좋은 술이 되지 않는다."고 하였으니 보리와 밀가루를 섞어서 만든 막 누룩이다. 그리고 누룩을 잘 디디는 비결은 전적으로 되게 반죽하여 꼭꼭 밟는 데 있다고 하였다.

(4) 『음식디미방』에는 주국방문(酒麴方文)이라 하고 "누룩은 6월에 디디면 좋고, 7월 초생도 좋다. 누룩의 분량은 밀가루 닷 되에 물 한 되씩을 섞어 꽉꽉 밟아 디디고, 비 오는 날이면 더운물로 디딘다. 더울 때이니 마룻방에 두 두레씩 매달아 자주 뒤적이고, 썩을 우려가 있을 때는 한두 차례씩 바람벽에 세운다.

날씨가 서늘하면 고석을 깔고 서너 두레씩 들어 놓고, 또 고석을 덮어 놓고 썩지 않게 자주 골고루 뒤집어가며 띄운다. 거의 다 뜬 것을 하루쯤 볕에 쬐여 다시 거두어 더 뜨게 한다. 이것을 여러 날 두고 밤낮으로 이슬을 맞히는데 비가 올 듯하면 거두어들인다."고 하였으니 이것도 막 누룩이다. 그리고 꽉꽉 밟으라고 하였다.

(5) 『증보산림경제』에서는 밀가루를 원판모양으로 반죽하여 베보자기를 고지(누룩

틀)에 깔고 여기에 피마자 잎을 깔고는 베보자기로 싸서 발로 밟는다고 하였다. 『증보산림경제』의 누룩 만들기는 『음식디미방』과 거의 같고, 국(麴)을 곡(麯)이라고 표기하였으니 국과 곡은 같은 뜻이다. 그리고 술맛의 좋고 나쁨은 오직 누룩의 좋고 나쁨에 있다고 하였다.

(6) 『태상지』의 조국법은 "밀 열 닷 석에 녹두 엿 말 여섯 되 닷 홉을 반죽하여 잘 디딘다."고 하였다.

(7) 『임원십육지』에는 막국법, 면국법, 홍국, 황의, 여국 등의 제법이 주로 중국 문헌을 인용하여 소개되고 있다.

(8) 『주방문』에는 단술 누룩법(감주국조법)이라 하여 밀을 가루 내어 누룩을 만드는 법이 기록되었다.

(9) 『음식디미방』의 이화주 누룩법은 "백미 서 말을 희게 씻어 물에 하룻밤 재워 다시 씻어 곱게 빻아 주먹만큼 만들어 짚으로 싸고 공석에 담아 더운 구들에 두고 자주 뒤쳐서 누렇게 뜨면 좋다. 쓸 때 껍질 벗기고 가루로 만들어 쓴다. 처음에 만들 때 물을 많이 하면 썩어서 좋지 않다."고 하였다.

(10) 『수운잡방』의 이화주조국법은 "배꽃이 필 때 백미를 희게 씻어 밤재워 담갔다가 가루로 만들어 체로 쳐서 물을 약간 뿌려 오리알 크기로 단단하게 만들어 공석에 볏짚을 깔고 두었다가 7일 후에 뒤집어서 21일 후에 빛깔을 보아 황백색의 곰팡이가 서로 섞여 있으면 바로 내어 잠깐 바람에 쏘였다가 저장해 두고 쓴다."고 하였다.

(11) 『임원십육지』와 『김승지댁 주방문』에는 이화주국법이라고 하여 누룩 만드는 법이 기록되어 있다.

(12) 『음식디미방』의 이화주 누룩 법은 "백미 서 말을 희게 씻어 물에 하룻밤 재워 다시 씻어 곱게 빻아 주먹만큼 만들어 짚으로 싸고 공석에 담아 더운 구들에 두고 자주 뒤쳐서 누렇게 뜨면 좋다. 쓸 때 껍질 벗기고 가루로 만든다."고 하였다. 이들은 모두 병국이고, 산국에 관한 기록은 1400년대의 문헌에 여국이라 하여 쌀 낟알을 여뀌 즙에 하룻밤 담갔다가 밀가루를 묻혀 종이 주머니에 넣어 곰팡이를 번식시킨 것이다.

(13) 『조선주조협회지』에는 우리나라 북부 지방에서는 소주를 많이 마시므로 흑국균에 의한 소주 만들기를 도입하였다고 한다.

조선시대의 궁중용 누룩 만들기와 술 빚기는 내자시(內資寺)에서 맡아 다스렸다.

7. 누룩의 분류

- 누룩
  - 떡 누룩(餠麴)
    - 분국(粉麴) : 곡물을 가루 내어 덩어리로 만든 누룩 (이화국, 미국, 백국, 녹미주국)
    - 조국(粗麴) : 곡물을 거칠게 갈아서 덩어리로 만든 누룩 (소맥국, 분국)
    - 초국(草麴) : 여뀌 잎, 닥나무 잎 등 약초를 넣거나 그 즙에 반죽하여 덩어리로 만든 누룩 (만전향주국)
  - 흩임 누룩(散麴) : 곡물의 낱알이 흩어져 있는 상태의 누룩 (홍국, 요국)

표 2-5. 『제민요술』에 수록된 누룩의 분류

누룩의 분류		누룩의 이름
병국(餠麴)	분국(粉麴)	삼곡맥국(三斛麥麴), 신국(神麴) 1, 2, 3, 하동신국(河東神麴)
	조국(粗麴)	진주춘주국(秦州春秋麴), 이국(頤麴), 대주백타국(大州白墮麴), 백료국(白醪麴)
산국(散麴)		황의(黃衣), 황증(黃蒸), 얼(糱), 여국(女麴)

병국에 번식하는 곰팡이는 내부까지 기어드는 발효형(醱酵型)이고, 거미줄곰팡이(*Rhizopus*속), 효모, 솜털곰팡이(*Mucor*속)도 많다. 산국에 번식하는 곰팡이는 표면에만 번식하는 호흡형(呼吸型)이고, 누룩곰팡이(*Aspergillus*속)가 많다. 분국(粉麴)은 약주용으로 쓰이고, 조국(粗麴)은 탁주용, 소주용으로 쓰인다.

누룩은 떡 누룩이 98%로 대부분이고, 흩임 누룩은 10% 정도이다. 떡 누룩은 가루로 하여 디디는 경우가 80%로 많고, 물이나 즙액에 우려내는 물 누룩의 경우는 20%이다. 또 누룩에 맥아를 섞기도 한다. 『제민요술』에서는 표 2-5와 같이 분류하였다.

8. 한말의 곡자(麯子 : 한말에도 곡자로 읽음)

빻은 밀을 물과 반죽하여 보자기에 싸서 고지(누룩 틀)에 놓고 성형한 다음 쑥으로 싸서 부엌의 시렁이나 온돌방의 벽에 매달아 놓고 띄운다. 누룩제조 중에 3～4회의 헤치기(적환)를 하여 미생물의 성장을 균일하게 한다. 출국까지의 시간은 누룩의 크기에 따라 다르기는 하지만 20～30일 걸린다.

농가에서는 각자 소량씩의 곡자(麯子)를 만들어 시장에 내어 팔고, 팔다 남은 것은 도매상에 맡긴다. 그리고 곡물상에서도 대개 부업으로 곡자를 판매하였다.

1) 분곡(紛麯)과 조곡(粗麯 : 한말에는 곡으로 읽음)

곡자에는 분곡[粉麯 : 밀가루 막 누룩]과 조곡[粗麯 : 밀가루, 밀기울 막 누룩] 2종류가 있다. 분곡(粉麯)은 밀가루로 만들고 주로 약주·과하주용이며, 조곡(粗麯)은 밀을 세 조각으로 타서 얻은 가루와 밀기울을 함께 그대로 써서 만든 것으로 탁주·소주용이다. 또 조곡은 밀가루를 2～4할을 체에 밭쳐낸 나머지로 만드는 일도 있는데, 충청도·경상도에 많았다. 또 밀기울만으로 만드는 경우도 있었다. 이밖에 함경도 지방에서는 귀리·겉보리·피 등을 술지게미와 섞어서 찐 것을 원료로 하는 경우도 있었다.

2) 곡자(麯子)의 제법과 시기

서울 및 영남지방의 조곡은 원료를 반죽하여 헝겊에 싸서 틀에 넣어 단단히 밟아 청초(靑草) 또는 짚으로 싸서 온돌에 퇴적하여 만드는데 이것은 편원형이다. 한편 호남이나 충청도 지방에서는 퇴적하는 대신에 실내에 매달아 두었다. 이것은 원주형 또는 모자형이다. 퇴적한 것은 4～5일로 만들어지는데 비하여 매달아 만드는 것은 10～30일쯤 걸린다.

분곡은 보통 조곡보다 저온 발효시키는 것이니 퇴적하는 것보다 매달아서 만드는 것이 만들기 쉽고 품질이 좋았다. 곡자는 1·2·3월에 만든 것을 춘곡(春麯), 4·5·6·7월에 만든 것을 하곡(夏麯), 8·9·10월에 만든 것을 절곡(節麯), 11·12월에 만든 것을 동곡(冬麯)이라 한다. 밀을 수확한 후의 8～9월에 만드는 절곡(節麯)이 가장 많았다.

3) 곡자 분류

- 제조시기 : 춘곡(春麯), 하곡(夏麯), 절곡(節麯), 동곡(冬麯)
- 용 도 : 탁주용, 약주용, 소주용, 과하주용
- 원료의 처리방법 : 조곡(粗麯), 분곡(紛麯)
- 제조방법 : 퇴적, 매어달기
- 형상과 용량 : 크고 두꺼운 것, 작고 얇은 것
- 형상 : 편원형, 원주형, 만두형, 각형, 컵형, 장방형, 방형, 모자형, 월형, 원반형

4) 곡자의 명산지와 사원

(1) 평양 · 원산 · 공덕리의 곡자(麯子)

곡자로서 유명한 것은 북부지방의 평양곡자, 원산곡자(만두형)가 있고, 중부지방으로서는 고양군 공덕리의 것이 가장 오랜 역사를 갖고 있었다. 남는 가루를 제거하지 않고 곱게 가루 내어 만들었으니 약 · 탁주에 아울러 사용하기에 알맞다.

(2) 남한산의 산성 곡자(山城 麯子)

남한산의 산성 안은 둘레의 산 때문에 절구의 밑바닥처럼 되어 있었고, 4계절의 변화가 온화하여 수질이 좋고 밀의 생산이 많아서 곡자 제조에 천혜의 조건을 갖추고 있었다. 그 역사도 비교적 오랜 것이다.

(3) 유천(榆川) · 선산(善山) 곡자(麯子)

남부지방으로서는 경북 유천곡자가 수백 년의 역사로서 알려져 있었다. 대구지방에 쓰이는 곡자는 거의가 이곳의 것이다. 이것은 약 · 탁주에 아울러 사용할 수 있지만 주로 탁주용이 된다. 그리고 경북 선산의 분곡이 또한 유명하였다.

(4) 동래의 산성 곡자

경남 동래군 구포면 산성리에서 생산되는 산성 곡자도 잘 알려진 것이다. 이곳은 동래 온천 뒤쪽의 산속에 남한산의 산성처럼 성벽에 둘러싸인 한촌이다. 산성인 관계로 논이 없어서 수백 년 이래 마을사람 모두가 곡자로써 생계를 유지하고 있다는 것이다. 이곳의 뒷산에서 솟아나오는 샘물이 매우 좋은 약수로서 이것으로 곡자를 만든다. 이곳의 곡자는 탁주 전용이다.

이곳에서는 마을에 밀이 들어오면 집집 아낙네들은 밤을 새워 맷돌질을 하여 가루가 된 것을 구시(나무 반죽통)에 넣어 반죽을 한다. 반죽한 것을 정성껏 힘 있게 밟아 모양을 뜬다. 동네 큰 처녀 8명이 한 조가 되어 구른다. 한번 눌러 큰 거랑(大川)이 생기고, 두 번 굴러 작은 거랑(小川)이 생긴다는 가사를 『베틀가』 곡조에 맞추어 가면서 누룩을 디딘다.

"큰 거랑 작은 거랑 사시사철 넘나들다
달걀 같은 내 뒤꿈치 발두렁이 되누나
이 누룩 빚은 술 어느 님 마실까만
주홍에 답 못하는 이내 몸만 늙는구나."

누룩 디디기에 혼기 놓친 노처녀의 탄식이 막걸리 맛만큼이나 씁쌀음하게 저려온다고 하였다.

(5) 그밖의 지방의 곡자

경북 오지에 각형, 전남 목포에는 서 홉 컵 형의 곡자가 만들어지고 있었고, 온양과 평택의 곡자도 유명하였다.

(6) 사원의 곡자

경상도에서는 고려시대 유풍(遺風)을 받아 사원에서 스님의 내직(內職)으로서 곡자를 만들어 판매하는 일이 있었는데 동래 범어사, 양산 통도사, 산성군 원청사, 합천군 해인사, 산청군 대원사, 사용군 옥천사 등이 그 보기이다. 그 가운데서 통도사가 가장 유명하고 범어사, 옥천사도 유명하다. 범어사에서는 해마다 200～300석 이상의 밀을 써서 곡자를 만들어 부산지방에 판매하였으며, 통도사에서는 이보다 규모가 컸다는 것이다. 부산지방의 범어사에서는 곡자를 직접 술 만드는 집에 가져가서 팔기도 하였다는 것이다.

제 3 장

일제하의 주세법과 누룩

약주와 탁주(막걸리)는 한국 고유의 전통주라고 할 수 있다. 그 역사는 1,000년이 넘는 것으로 추정되고 있으며, 한국 특유의 누룩이 만들어져 왔었는데 일제 강점기 때 국법(麴法)이 도입되면서 약주·탁주(막걸리)의 형이 한국의 고유한 형에서 변형되고 말았다.

약주와 탁주(막걸리)는 1940년대에 들어와서 전국적으로 보급되었다. 개량식은 밀가루 한 되에 물을 섞어 원판형으로 덩어리를 만든 것을 약 10일간 40℃에서 발효시킨 후 건조실에 옮겨서 서서히 건조시키면 9일~13일 정도 걸린다. 이후 누룩회사가 생긴 후부터는 국자실을 이용하여 온도와 습도를 조절할 수 있게 됨에 따라 어느 계절이나 같은 품질의 누룩을 만들 수 있게 되었다.

옛날부터 우리나라 사람들은 약주(藥酒)·탁주(濁酒), 소주(燒酒)를 널리 애음하였고, 특히 남부지방에서는 탁주를 거의 곡식(穀食)과 마찬가지로 상음하고 또 조상의 제사용으로 없어서는 안 될 생활필수품이기에 간단한 자가제법이 널리 보급되어 있어서 그 생산량의 파악이 어렵고 품질이 집집마다 특이하였다. 한편 북부에서는 소주가 상용되고, 중부지방의 상류층에서는 약주가 상용되었다. 그리고 주조업은 천업으로서 부녀자들이나 하는 일로서 경시하였고, 제법도 전통의 고수를 벗어나지 않았으며, 온돌이나 가옥의 한쪽 구석을 이용하여 제조장으로 삼고 있었을 뿐이었다.

이러한 가운데 북부의 국경지대에서는 중국의 고량주(高粱酒 : 배갈)의 수입이 많았고, 원산·인천 등지가 개항됨에 따라 주정(酒精 : 알코올)을 일본에서 수입하여 재래의 소주에 혼합하여 판매하게 되어 재래 소주제조업이 크게 압박을 받게 되었다. 1876년의 강화도조약이 체결된 이후 일본이 이 땅에 건너오기 시작하였다. 그리하여 1876년에 일본 사람들이 부산에서 일본식 탁주(濁酒)를 만들었고, 1884년에는 일본청주를 만들게 되었으며, 1897년경부터 점차 마산·인천·서울에서도 일본청주가 만들어지게 되었다. 그러나 일본청주의 질이 좋지 않아서 일부 노동자 계급의 수요에 쓰였을 뿐이고, 정종(正宗, 마사무네) 등 일본 수입 주에 완전히 압도되어 있어서 '정종'이란 상품명이 일본청주를 가리키는 통칭명이 되었다.

1905년의 술 수입량을 보면 청주 27,500석, 맥주 8,700석에 이르고 있으며, 맥주는 주로 삿포로 맥주인 까닭에 '삿포로'란 맥주의 상품명이 맥주의 통칭명이 되기도 하였다. 1901년에 궁내부(宮內府)에 맥주가 납입되었다는 기록도 남아 있다.

1. 주세법의 발포

우리나라에서는 옛날부터 술에 세금을 물게 한 적이 없고 자가 양조에 대하여 정부로서는 거의 방임상태에 있었다. 마침 1904년(광무 8년) 8월 한일협약 성립의 결과로서 일본 정부의 추천에 의해 재정고문이 취직하게 된데 이어서 1906년(광무 10년) 통감부(統監府)의 설치를 보기에 이르렀다. 여기에 있어서 한국 제정고문은 주세를 창설하는 방침 하에 우선 주법의 상태에 대한 조사를 시도한 다음 심중 심의결과 1909년(융희 3년) 2월에 법률 제3호로서 주세법발포(총 제8조로 구성)를 보기에 이르렀다.

즉, 술의 양조를 자가용·판매용을 가리지 않고 무제한 면허제로 하여 해마다 11월까지 다음 해에 양조할 생산량을 소속 세무서에 신고하면, 그 생산량에 따라 양성주(釀成酒)·증류주(蒸溜酒)·혼성주(混成酒)의 3종으로 구분하여 각 종별로 과세하는 간접세였다. 이 주세는 연초세(煙草稅)와 더불어 우리나라에 있어서의 최초의 간접세였다. 한편, 이 주세법의 발포와 동시에 재래주의 과학적인 검토와 개량을 위하여 서울 아현리에 1904년 10월(광무 8년) 양조시험소(釀造試驗所)가 설립되었다.

양조시험소는 정부수립과 함께 1949년 6월 재무부 양조시험소로 재출발하였고, 1966년 2월 국세청 양조시험소로 개편되었다. 1970년 2월 국세청 기술연구소로 개편하여 국세행정의 과학화에 기여하고 있다. 1997년 12월에 국세청 기술연구소 88년사를 발간하였다.

주세법이 생기기 이전에는 자가 제조 및 판매가 자유로웠던 관계로 술도 다양하였으며, 제조하는 장소 또한 무수하였다. 주세법 창설 당시 제조장 수는 155,832장(場)이나 되었다. 그러나 국권이 일본으로 넘어가고 조선 총독부 정치로 이어지면서 일제 수탈 작업의 일환으로 주세가 세금 원으로 이용되면서 전통 향토주는 그 자취를 감추게 되고, 신식 술이라는 획일적인 술들이 일제의 통제 하에 제조되기 시작한다.

그래도 밀주가 성행하게 되자 1916년 1월에 주류 단속이 강화되는 가운데 모든 주류를 약주, 탁주, 소주로 획일화 시켰다. 이로 인하여 전래의 전통주는 몰살을 당하고, 1917년부터는 주류 제조업의 정비가 시작되면서 자가 양조는 전면적으로 금지되고, 각 지방마다 대단위 주류 제조업 공장이 새로 선정되었다. 여기에 수반하여 1920년을 기점으로 신기술이 도입되어 재래식 누룩을 사용하던 방법에서 흑국, 황국의 배양균을 사용하는 입국법이 활용됨과 동시에 전통주는 완전히 맥이 끊기게 되었다.

주세법[법률 3호, 1909년(메이지 429년, 융희 3년)]의 주요 조문은 아래와 같다.

◆ 주세법[1909년(융희 3년) 2월 3일 법률 제3호]

제1조: 주류를 제조하는 자에게는 본법에 의거 주세를 과함

제2조: 본법에 있어 주류의 칭함은 다음 3류로 한다.

제1류: 양성주(醸成酒): 청주, 약주, 백주, 탁주, 과하주, 기타 양조제성 할 수 있는 주류

제2류: 증류주(蒸溜酒): 소주, 기타 증류 제성한 주류

제3류: 혼성주(混成酒): 증류주가 아닌 주정함유 음료

제3조: 주류를 제조할 자는 제조장 일개소마다 정부의 면허를 받을 것.
기 제조를 폐지할 시는 면허의 취소를 구해야 한다.
전항에 의거 면허를 받은 자에게는 감찰을 교부한다.

제4조: 주류 제조자는 제조장에 잘 볼 수 있는 곳에 감찰을 항상 제시할 것

제5조: 주류 제조자는 매년 11월 말일 내에 다음해 제조할 주류 및 제조 수량을 정하여 제조장을 관할하는 재무서에 신고할 것

제6조: 주세는 주류 제조장 1개소마다 제조 수량에 준하며, 다음 수량별로 매년 이에 납부한다(이하 생략).

한편, 주세령(총 제53조)은 1916년(대정 5년 7월 25일) 법률 제30호 제1조와 제2조에 의해 공포되었다.

주세령(종래의 주세법을 개정한 것으로)의 주요 조문은 다음과 같다.

◆ 주세령[1916년(대정 5년), 법률 제30호]

제1조: 본령에 있어 주류라 함은 주정 및 주정을 함유한 음료를 말한다. 본령에서 조선주라고 칭함은 조선 재래의 방법에 의하여 제성한 탁주, 약주 및 소주를 말한다.

제2조: 주류를 나누어 다음 3종류로 한다.

(1) 양성주: 청주, 탁주, 약주, 맥주로 칭하는 류로서 요(醪) 및 기타의 발효액에서 제성한 것

(2) 증류주: 소주, 고량주, 주정 등을 말하며, 요(醪) 및 기타의 발효액, 주류, 주박, 기타의 것에서 증류하여 제성한 것

(3) 재제주: 백주, 미림, 송로주, 감홍주, 이강주 등으로 양조주 또는 증류주의 1종으로 타 주류와 타 주류를 혼합하여 제성한 것(청주 또는 양조주인 과실주에 조선총독부가 정한 것에서만 혼합하여 제성된다는 음료는 양조주라 하고, 재제주의 1종과 타의 주류 기타의 것도 혼합하여 제성한 음료는 이것을 재제주라고 한다)

그 후 주세령(酒稅令)은 1919년(대정 8년 3월 27일) 3월, 1920년(대정 9년 8월 27일) 8월, 1922년(대정 11년 4월 21일) 4월에 개정하였다. 소화 시대(1925년)에 들어와서 조선 내의 주조업은 일대 약진하여 주세의 세제상에 지위는 나날이 향상되었다. 1927년(소화 2년 3월 1일) 주세령을 개정하여 세율이 증가되었고, 한편으로는 문묘 제사용 주류의 면세제도를 도모하는 방침 아래 1934년(소화 9년 6월 25일) 다시 주세령을 개정하여 세율의 인상과 함께 주세 행정상 다년의 현안이었던 자가용 주 면허 제도를 폐지하였고, 조선소주 또는 비조선조수의 구분철폐 그리고 자가용 곡자의 면허 제도의 창설 등을 이루어 주세 제도를 확립하였다.

이와 같이 주세령은 5차에 걸쳐 개정되어 주세에 의한 착취가 지능화하고, 자가용 술의 면허 제도를 극도로 억제하여 1932년에는 자가용 술 면허 자가 단 1명 남았고, 1934년에는 그것마저 완전히 없어졌다. 그러니 천업으로서 여겨왔던 주조업에 양반계급이 다투어 종사하게 됨에 따라 주조업자가 비대해가고, 술의 품질이 주세를 위하여 규격화 되어감에 따라 그 그늘에서 우리의 여러 가지 명주가 사라지고, 심한 주세에 백성들의 원성이 높아졌으며, 밀주의 성행과 일제의 악질적 단속의 악순환이 되풀이되었다.

여기서 을사보호조약이 체결되었을 때 쓴 『시일야방성대곡(是日也放聲大哭)』이란 사설로 유명한 장지연(張志淵)의 주세에 관한 시 한 구절을 읽어보자.

"주세가 오르니 마시는 세도 오르니
이제는 행화촌(杏花村)의 봄 술도 적어지네.
저 유령(劉伶)과 완적(完籍) 등도 흥미를 잃으니
쓸쓸한 가을 방에서 이소경이나 읽세."

정성들여 빚어서 조상에 올리는 제주나 산신제에 쓰는 조리 술마저도 이제 만들 수 없게 되었다. 우리네 전통의 고래주도 차츰 그 자취를 감출 수밖에 없었던 것이다. 풍류가 깃들었던 우리 조상의 술 빚기도 없어졌다.

1916년 7월 주세령 시험결과 점차 특수지방에 동업자 단체가 설립되어 1928년(소화 3년)에는 부군에 129개의 조합이 생겨 이것이 또 도의 조합연합회를 조직한 것이 194개 단체가 되었다. 따라서 1929년 9월 1일 회원 2,200명으로 조선주조협회가 설립되었다. 회칙은 제18조로 구성되었고, 설립목적은 주조에 관한 개량발전에 두고 주조에 관한 학술연구, 주조에 관한 잡지 발행, 주조 종사자의 양성, 기타 주조에 관한 개량 발전사업 등으로 세분화 하였다

2. 일제하의 곡자

곡자의 제조는 소수의 전업자 이외에는 대부분이 농가의 부업으로 여름・가을철에 소규모로 이루어지고 있었으므로 그 품질・형상이 가지가지였다. 소맥을 분쇄하여 물로 반죽한 다음 틀에 넣고 발로 밟아서 따뜻한 장소에 놓아두거나 방안에 매달아 두면 공기 중의 곰팡이가 번식하여 전분에 당화효소가 생성되어 누룩으로 사용한다. 이것이 일제하에 들어감에 따라 판매용 곡자의 제조는 면허제도로 바뀌고, 주조업자 스스로 곡자를 만드는 일이 많아졌다.

1927년부터 종래의 소규모의 제조에서 탈피하여 곡자제조업자나 주조업자가 모여서 곡자제조회사를 조직・설립하였다. 최초의 것은 1927년의 금천개량곡자조합이다. 그 결과 공장설비의 완비를 기하고, 종래 적기 작업만 하던 것이 4계절의 제조가 가능해졌다. 따라서 품질도 점차 향상되고, 제품도 균일화하고, 생산량이 늘어나서 생산 공업으로서 자리를 굳히게 되었다.

2.1 중요 지역의 누룩 제조

1) 경성 부근의 누룩제조(1906년경)

누룩제조 시기는 8～10월경에 주로 제조하여 사용하였다. 제조법을 보면 소맥을

분쇄하여 한 되 닷 홉(약 2.4 kg)쯤을 취하여 물을 닷~엿 홉(약 1 ℓ)을 가하여 반죽하고 보자기에 쌓아 밟아 굳혀 덩어리를 만들고, 보자기를 풀어 이를 실내에 놓고 풀 돗자리나 볏짚 등으로 싸서 가끔 포개어 두기를 하여 3~7일 간쯤에는 저장 후 숙성시키면서 누룩을 완성한다.

2) 평양의 누룩제조(1906년경)

주로 소주용으로 제조하였으며 약·탁주에도 사용하였다. 보통 원료 소맥 일곱 말 닷 되(약 120 kg)를 직경이 서 자(90 cm)쯤 되는 돌절구로 인부 5~6명이 소맥 입자가 2~3분 될 정도로 분쇄하여 따뜻한 실내에서 물을 가하여 닷 홉(약 900 g)쯤을 보자기에 싸서 직경 여섯 치(18 cm), 두께 한 치(약 3 cm) 가량의 오목한 형을 만들어 오목판에 부어 새끼를 넣어 한 개씩 묶은 후에 15~16매를 쌓아 올려 7~8줄로 세워서 돗자리나 짚으로 외측을 쌓고 윗부분에 짚을 덮어 실내온도를 높여준다.

다음 날 다시 쌓아 올려 높이를 2등분하여 전날과 같이 한다. 그 다음 날 누룩을 횡으로 2단 쌓아 올려 보온하여 제5일째에는 새끼를 빼서 바꿔 쌓고, 이후에 일 1~2회 바꿔쌓아 누룩과 누룩 사이의 온도가 일정하게 보통 3평 정도의 한옥 가옥에서 주로 봄, 가을 두 계절에 제조한 것으로 발효 제조기간은 10일간쯤이나 겨울철에는 2주 이상을 필요로 한다.

3) 누룩제조회사의 제조법(신의주 삼흥주조사, 1906년경)

두 종류의 누룩을 제조하였는데, 한 종류는 소맥만을 사용하여 제조한 것이며, 다른 한 종류는 옥수수, 대맥, 대두 등을 사용하여 제조하였으므로 주로 고량주용으로 제조하였다.

제조법은 옥수수 서 섬(480 kg), 대맥 서 섬, 소맥 두 섬, 대두 두 섬을 혼합하여 이것을 맷돌에 조분쇄하여 또 한 번 가는 맷돌로 가늘게 빻아 물을 가하여 굳히며, 장방형의 고지(누룩 틀)에 밟아 굳혀서 연화형으로 제조실에 일렬로 10개씩 쌓아 각 열 사이를 두어 30~40열로 놓고, 그 위에 옥수수 대를 끼워 3중으로 쌓아 올려 이것을 4조로 만든다. 2~3일 후에 모양이 단단하게 굳어짐에 따라 7~8종으로 쌓아서 20~30일쯤 걸려 누룩을 완성한다. 처음에는 곡자실의 문을 닫아 온도 하강을 방지하고 매일 1~2번 바꾸어 쌓기를 한다. 곡자실 내의 온도는 30℃ 정도로 맞추고, 품온은 32~38℃쯤 맞추어 누룩이 완성되면 곡자실을 환기시켜 품온을 하강시킨다.

4) 개량 곡자조합의 제조법(1927년경)

인위적으로 적당한 온도와 습도를 주어 연중 똑같은 품질의 누룩을 제조하는 방법이다. 1927년에 경북 김천개량곡자조합이 설립되어져 시령식으로 선반을 만들어 제조하기 시작하였으므로 현재에 있어서도 전부 이 방법으로 누룩을 만든다.

우선 원료소맥을 성선하여 도정기에 깎아 제분기로 분쇄한 것을 일정량 냉수를 가하여 반죽하고 일정량의 성형 틀(고지)을 이용하여 성형하여 제국실에 넣어 적당한 온도와 습도(40% 내외)를 유지하게 한다.

국실의 온도는 처음 22℃ 내외로 서서히 균이 발육함에 따라 품온이 올라가 최고 46℃ 내외로 되어 그 후에는 점차 누룩의 수분이 발산함과 동시에 품온도 강하하는 것으로 제조기간 동안 적당하게 뒤지기와 갈아쌓기를 반복하여 온도를 조절함과 동시에 누룩균이 균등하게 생육될 수 있게 하여 준다.

제조기간은 성형, 곡자실 인입량, 도온제국, 저온제국 등에 따라 일정하지 않으나 대체로 2주간 내외이다. 제국이 끝나면 다시 건조실로 이동하여 누룩의 건조와 후숙을 도모하는 것으로 그 수요 일수는 약 2주간 전후이다. 건조가 끝나면 누룩은 거의 완성된 것이며, 또 다시 누룩저장고에 저장 후에 각 주조업자에게 배급하였다. 그러나 소주를 생산하는 지방에서는 곡자가 소주 제조용의 흑곡(黑麴)으로 바뀜에 따라 곡자 생산이 점차 감소하여 곡자는 약・탁주용으로만 남게 되었다.

제 4 장

누룩의 변형과 개량

1. 1900년 초기의 누룩

이제까지 누룩의 개요, 누룩의 역사, 그리고 한말・일제하의 누룩에 관하여 설명하였으나, 여기에서는 1900년 이후의 누룩의 변형과 개량에 관하여 알아본다.

우리 조상들은 곡류와 같은 전분질에서 술을 만들 때 필요한 미생물을 자연계에서 수집, 배양시키기 위하여 누룩(麯子)을 만들어 왔다. 이러한 누룩이 일본으로 건너가 그대로 이용되다가 메이지 시대(명치시대: 1868~1912년)에 이르러 미생물학적 연구가 이루어졌고, 일본 청주를 만들기 위하여 국(麴: koji, 고지)을 새로이 고안하게 된 것이다. 일본 국(麴: 고지)이란 곡류를 살균한 후 *Aspergillus*속 균(麴菌, 고지 균)이라 부르는 곰팡이를 순수 배양한 것을 말하며, 원료에 따라 쌀 고지(米麴), 보리 고지(麥麴), 밀기울 고지(麬麴), 콩고지(大豆麴)라고 부른다.

따라서 국(麯)자는 미생물을 자연 접종한 경우에 사용하고, 국(麴)자는 살균한 배지에 원하는 미생물을 인공적으로 접종한 경우에 사용하여야 할 것이다. 그러나 문헌상에서는 이 두 가지를 혼돈해서 사용하는 경우가 많고, 고지(麴)를 개량고지(koji)라고 부르기도 한다. 일반적으로 이렇게 우리나라를 비롯한 동남아 몬순(monsoon)지대에서는 습도가 높기 때문에 곰팡이가 자라는 최적의 조건이라 할 수 있다. 유럽과 같이 습도가 낮은 지역은 자연의 환경에서 곰팡이를 생육시킨다는 것은 어려운 일일 것이다.

그런데 麯과 麴은 약간의 혼돈되고 있다. 대부분의 식품 전공자는 「麯」은 「곡」, 「麴」은 「국」이라고 읽고, 교과서에서도 「麯」은 「곡」, 「麴」은 「국」이라고 기록하고 있다. 실은 한자사전에는 「麯」과 「麴」은 같은 글자라고 하고 있다. 그리고 컴퓨터 자판에 「麯」과 「麴」은 「국」에서 변환할 수 있다. 그리고 한자사전 자음 색인에서도 「麯」과 「麴」은 공히 「국」에 수록되어 있다. 하는 수 없이 한문학회에 문의한 바도 「麯」과 「麴」은 다 같이 「국」이라는 것이 옳다고 한다.

1.1 국(麴)과 맥아(麥芽)

양조식품에서는 곡물, 고구마, 대두 등을 원료로 하는 것이 많아 그 수단으로서 koji(麴, 麯)나 맥아를 사용한다. 국(麴)은 아시아의 식품에, 맥아는 유럽계의 식품의 제조에 많이 사용된다.

맥아(麥芽)는 보리(大麥)에 수분과 공기를 주어 발아시키고 나서 건조하여 어린 뿌리를 제거한 것이다. 맥아는 맥아즙 제조에 필요한 다수의 효소원이 있는 동시에 주요한 전분 자원이다. 따라서 맥아제조의 요점은 발아와 더불어 배유의 전분이나 단백질의 소화를 가능한 한 억제시키면서 보리에 충분한 효소를 생성한 것이다. 국(麴, koji)은 곡류나 두류에 곰팡이를 번식한 것으로, 그 결과 그 균체 내에 많은 효소들이 생성된다.

국(麴)을 사용하는 제1의 목적은 이 효소들을 이용하는 것이다. 또한 국(麴, koji)에 축적된 다수의 성분이 효모, 그 이외의 유용미생물의 증식, 발효의 영양원이 되고, 또한 양조식품의 풍미에 미묘한 영향을 준다. Koji는 대별하여 중국계 koji와 일본계 koji로 나눌 수 있다. 일본계 koji는 곡물 등을 일단 증자 살균한 다음 koji 균을 그 표면 또는 내부에 증식한 것으로 산국(散麴)이라 한다. 한편 중국계 koji는 생 곡물(삶지 않은 곡물) 등을 분쇄하여 적당한 수분을 가하여 반죽하여 벽돌모양으로 성형한 것에 자연의 곰팡이[*Mucor*속(솜털곰팡이 속), *Rhizopus*속(거미줄곰팡이 속), 일부 *Aspergillus*속(누룩곰팡이 속)]을 증식한 것으로 병국(餠麴)이라 한다.

중국의 고문헌 『제민요술(齊民要術)』(450년경), 『거가필용(居家必用)』(13세기 말경), 『신은(神隱)』(1400년대 초엽), 『사시찬요초(四時纂要抄)』(1460~1494년), 그리고 조선시대 고문헌 『산가요록(山家要綠)』(1450년경), 『색경(穡經)』(1676년), 『산림경제(山林經濟)』(1715년), 『임원십육지(林園十六志)』(1827년)에는 제국법(製麴法), 국(麴)의 종류가 기술되어 있으나, 『치생요람(治生要覽)』1691년), 『민천집설(民天集說)』(1752~1822년), 『증보산림경제(增補山林經濟)』(1767년), 『농정회요(農政會要)』(1830년), 『주찬(酒饌)』(1800년경)에는 국(麴)자를 쓰지 않고 모두 국(麯)자를 쓴 제국법(製麯法)과 국(麯)의 종류가 나온다. 현재 우리나라에서는 누룩하면 거의 대부분의 학자들이나 국어사전에서도 곡(麯) 또는 곡자(麯子, 曲子)라 하나 잘못된 것 같다.

1.2 국(麴)과 국자(麴子, 麯子), 곡자(曲子, 중국의 麯字 간자체)

국(麴)과 국(麯)은 다 같이 누룩을 말한다. 위에서 설명한 것과 같이 역사적으로 고문헌에서 보아도 국(麯)자보다 국(麴)자가 먼저 쓰이고 있었다. 그런데 麴은 일본누룩, 고지(koji)로 풀이하고 있고, 우리나라 누룩은 국(麯)자를 써서 국자(麯子)라고 한다. 국어사전에도 麯을 곡자로 읽고 있다.

국(麴)은 우리나라 주세법에서도 누룩을 말한다. 이는 1910년 이후 일본의 통치하에서 주세법에서 온 것으로 생각한다. 현재 우리나라의 주세법에서도 전분질 또는 전분질과 기타의 물료를 섞은 것에 곰팡이를 번식시킨 것 또는 효소로서 당화할 수 있는 것을 말한다고 규정하고 있다.

1.3 국자[麯子 : 국어사전에서는 곡자(麴子) 또는 곡자(曲子)]

우리나라의 술 양조에 사용되는 병국(餠麴)으로 누룩을 국자(麯子, 曲子)라고 하나 몇 차례 언급되었으나 麯자는 麴자와 같은 글자라고 하므로 麯을 麴으로 읽어야 할 것이다. 거칠게 마쇄한 소맥에 물을 20~25% 살수하여 잘 반죽하여 나무틀('누룩고리'라고 하나, 우리 국어사전에는 '고지'라고 한다)에 넣어 눌러 굳게 하여 원반모양이거나 각형으로 성형한다.

이것을 따뜻한 곳(제국실)에서 10~15일간 자연의 미생물을 번식시킨 다음에 건조실(30~35℃)에서 건조한다. 북부지방에서는 연맥, 대맥 등을 사용한다. 누룩의 미생물은 자연계에서 오는 것으로 *Mucor*속, *Rhizopus*속, *Absidia*속과 효모가 발견된다. 현재는 황국곰팡이 *Aspergillus oryzae*나 *Aspergillus kawachii* 등의 종균(種菌) 곰팡이에 의하여 만든 산국(散麴 : 물료를 굳게 하지 않는 국)을 누룩 대신으로 많이 쓰고 있다.

1.4 중국의 국(麴), 국(麯), 곡(曲)

중국의 『제민요술(齊民要術)』(450년경)은 중국 최초이면서 최고의 농서(農書)이고 식품가공서이다. 여기에는 발효식품이 수많이 기록되어 있으며, 그러나 이 중에는 국(麴)자 들어간 발효식품이고, 국(麯)자가 들어간 발효식품은 없다. 그러나 최근의 중국 누룩을 국(麯)으로 쓰고 있고, 오늘날에는 간자체로 曲자를 쓰고 있으나 우리나라에서는 받아드릴 수 없는 글자이다. 일본에서 사용하는 麴자는 쓰지 않고 오직 간자체 曲자를 쓰고 있다. 여기에서는 曲의 정자체인 麯을 쓰기로 하고 국으로 읽기로 한다. 일본의 麴과 중국의 麯의 차이를 비교 설명한 것이 있다. 이를 소개하면 다음과 같다.

누룩의 제조공정을 균류학적으로 정의하면 국(麯)은 곡물에 균류가 자연으로 번식한 균체 덩어리이고, 국(麴)은 곡물을 살균하여 불필요한 균을 제거하고 나서 여기에 필요한 순수한 균류만을 접종 배양한 균체 덩어리이다. 따라서 옛날에는 자연의 균류를 이용하였지만, 양조학의 발달에 따라서 순수 균류를 사용하게 되어 국(麯) 대신으로 국(麴)을 사용하는 것으로 사료된다.

중국은 국토가 넓고 인구도 많아 술의 양조는 일찍부터 발달하여 중국 누룩을 살펴보기로 한다. 대부분의 병국(餠麴)에는 황주(黃酒)용과 백주(白酒)용의 두 가지가 있다. 황주국(黃酒麯)에는 맥국(麥麯), 소국(小麯), 미국(米麯)의 세 종류가 있으며, 백주국(白酒麯)에는 대국(大麯), 소국(小麯), 부국(麩麯)의 세 종류가 있다.

곰팡이에 의한 분류로는

① 홍국(紅麯) : 주로 쌀에 홍국곰팡이(*Monascus* sp.)를 접종한 홍색 국으로 남방의 술에 사용한다.

② 백국(白麯) : 쌀겨에 쌀가루, 물을 가하여 증기 살균한 다음 *Rhizopus*와 효모의 배양액을 첨가한 입상으로 성형하여 곳간에서 제국(製麴) 한다.

③ 황국(黃麯) : 보리, 쌀 밀기울 등을 황국곰팡이로 제국을 한 것이다. 각종의 국이 있으나 상품(제품)에 따라 각각의 독특한 제조방법이 취해지고 있다.

1.5 중국 국(麯)의 제조방법

1) 맥국(麥麯)

거칠게 분쇄한 소맥에 물을 가하여 섞고, 이기고 나서 나무틀에 넣어서 선형하고 곳간에서 약 1개월간 제국을 하는데 품질이 좋다. 발로 밟아 굳게 디디므로 답국(踏麯), 압국(壓麯)이라 한다. 최근에는 기계로 눌려 굳힌다. 주요 균은 *Monascus*속, *Rhizopus*속이다.

2) 소국(小麯)

주약(酒藥), 백약(白藥), 주병(酒餠)이라고도 한다. 쌀가루에 버들여뀌의 분말이나 약초와 물을 혼합하고 3~4 cm의 둥근 떡 모양으로 으깨 굳히고 곳간에 넣어 1개월간 제국(製麴) 한다.

3) 미국(米麯)

쌀가루에 홍국곰팡이 혹은 흑국곰팡이를 번식시킨 국(麯)이다.

4) 대국(大麯)

대맥, 소맥, 연맥 등의 가루를 혼합하고 벽돌모양으로 밟아 굳히고 곳간에서 넣어 1개월 이상 제국한다. 답국(踏麯), 괴국(塊麯)이라고 한다. 주요 균은 *Monascus*속, *Rhizopus*속이다.

5) 부국(麩麯)

해방 후의 신기술로 부(麩 : 밀기울)에 증류박과 왕겨를 혼합하여 출국한다. 지금까지의 국(麯)에 비하여 단기간으로 제국(製麴)이 되므로 쾌국(快麯)이라 부른다. 일반용의 백주(白酒)에 널리 사용된다. 한편 장류의 경우도 그 지방, 생산품, 특징 그리고 계절에 따라 여러 다른 명칭과 통명을 쓰고 있다.

오늘날 국은 오랫동안 사용한 국실, 국상, 대나무 소쿠리 등에 부착한 미생물을 부착시켜 제국하는 천연국(天然麯)과 순수 배양한 종균을 접종한 인공국(人工麯)의 두 가지로 나누기도 한다. 국의 원료인 곡물에 따라 분류하면 그림 4-1과 같다.

1.6 다른 나라들의 누룩(麴 : koji)

한국의 누룩(麯, 麴), 일본의 국(麴 : koji), 중국 누룩(麯)의 이용 역사는 오래이나 일본이 그 연구가 앞서 있다. 술 그리고 장류 등에는 *Aspergillus oryzae*가 주요 균이고, 소주에는 *Asp. niger* 곰팡이가 주요 균이었다. 일본에서는 효소의 역가 등

- 국(麴)
  - 천연국(麴)
    - 대국(大麴) : 고온대국(高溫大麴), 저온대국(低溫大麴)
    - 소국(小麴) : 맥국(麥麴), 백국(白麴), 미소국(米小麴), 약국(葯麴)
    - 장국(醬麴) : 두국(豆麴), 두부국(豆腐麴), 두면국(豆麵麴)
  - 인공국(麴)
    - 부국(麸麴)
    - 액체국(液體麴)
    - 미국(米麴) : 백미국(白米麴) 홍국(紅麴), 오의홍국(嗚衣紅麴)
    - 인공소국(人工小麴) : 맥국(麥麴), 백국(白麴), 미분국(米粉麴), 약국(葯麴)
    - 인공장국(人工醬麴) : 두부국(豆腐麴), 두면국(豆麵麴), 두부국(豆麸麴), 장유국(醬油麴), 면국(麵麴)

그림 4-1. 중국 국의 분류와 종류

으로 산국(散麴)을 만들어 왔고, 병국(餠麴)은 별로 만들지 않았다. 그러나 우리나라에서는 산국(散麴)과 병국(餠麴)을 공히 만들고 있다. 그리고 아시아 각국에는 다음과 같은 koji를 만들고 있다.

필리핀에는 Gubod, Hinudbudan, Anka가 있고, 태국에는 Loop-paeng / Luk-paemg, Klao-daeng(홍국), 인도네시아에는 Usar, Ragi, 말레이시아에는 Jui-paeng, Ragi-tapai 그리고 라오스에는 Sia lao 등을 만들어 그 나라의 전통 발효식품을 만들고 있다. 국(麴)을 일본에서는 고지(koji), 옛날에는 코오지라고 발음하였다.

누룩은 원료의 분쇄도에 따라 분국(紛麯)과 조국(粗麯)으로 나눈다, 분국(粉麯)은 밀을 빻아 가루로 만들고, 주로 약주용에 쓰인다. 조국(粗麯)은 거칠게 부순 밀로 만든 것으로, 주로 탁주·소주용으로 쓰인다. 또 그를 만든 시기에 따라 춘국(春麯 : 1～3월), 하국(夏麯 : 4～6월), 절국(節麯 : 8～10월), 동국(冬麯 : 11～12월)으로 구별하기도 한다.

누룩의 재래식 제법은 분쇄 밀은 물과 반죽하여 보에 담아 고지(누룩 틀)에 넣고 성형한 다음 쑥으로 싸서 부엌 시렁이나 온돌방에 매달아 놓고 띄웠다. 그러나 누룩 제조회사가 생기고 나서부터 곡자실을 이용하게 되었고, 온도와 습도를 조절할 수 있게 됨에 따라 어느 계절이나 같은 품질의 누룩을 만들 수 있게 되었다.

2. 1920년 이후의 누룩연구

우리나라에서 누룩의 제조에 관한 연구를 보면 1924년 함경남도, 평양북도지방에서 귀리(연맥), 조, 보리 등이 많이 생산되어 그때까지만 해도 밀만으로 만들던 누룩에 이들 원료를 사용하여 흑국(黑麴)을 만들었다고 한다. 이때 종국(種麴)을 가하였고, 검은 포자가 나온 것으로 보아 흑국균(黑麴菌)을 사용한 것이다.

연맥을 이용한 흑국의 개선된 방법으로서 누룩의 당화력을 강화하고 술지게미를 줄이기 위하여 쌀과 좁쌀 등을 이용하였다. 사용되는 원료의 종류 이외에도 누룩의 형태가 품질에 영향을 주므로 이에 착안하여 새로운 제조법을 고안한 바 있다. 즉 누룩의 직경이 너무 작으면 수분이 쉽게 발산하여 균의 침투가 불량하고 따라서 숙성도가 불량하며, 너무 얇으면 단시일에 숙성되어 빛깔은 좋지만 향미가 좋지 않을 뿐만 아니라 술지게미가 많아져 주량이 적어진다. 반대로 너무 두꺼우면 내부의 수분 발산이 곤란하여 품온이 높아질 가능성이 있고, 제조 후 건조가 어렵기 때문에 이때 권장된 누룩은 조곡(2되, 원반형), 조곡(1되, 원반형), 분곡(1.5되, 원반형)이었다고 한다.

1929년 당시 종균을 쓰지 않는 순 재래식 곡자(광주식 분곡)와 개량식 곡자의 제조방법을 보면 다음과 같다.

즉, 재래식 누룩제조 중에서는 3~4회 헤치기(뒤지기)를 행하여 미생물의 성장을 균일하게 하고 출국[出麯(麴)]까지의 시간은 누룩의 크기에 따라 다르기는 하지만 20~30일간이 소요되는 반면, 개량식의 경우에는 9~13일간으로 단축할 수 있었다. 개량식의 또 다른 점은 곡자실에는 보온설비가 있고, 생초(生草) 대신에 볏짚을 이용하여 연중 만들 수 있다는 점이다. 그 후 1940년대에 들어와서 전국적으로 개량식 제곡법이 통일되어 밀가루에 물을 섞어 원반상으로 덩어리를 만든 것을 약 10일간 40℃에서 발효시킨 후 건조실에 옮겨서 서서히 건조시키는 방법이 이용되었다.

재래식 누룩의 제조방법은 여기에 오는 오염 미생물의 종류에 따라 품질에 영향을 미치는 것을 고려하여 원료를 증기, 열풍, 직화(直火) 등으로 단시간 살균처리하여 원하는 미생물을 접종하여 소주용 누룩을 만든 방법을 일본에 특허 출원한 바도 있다.

이상과 같이 누룩제조 방법은 오랜 역사를 가졌지만 이렇다 할 진전은 없었다가 1950년 이후부터 적극저인 방법으로 누룩의 개량이 시도된 많은 특허가 출원되었다. 즉 *Rhizopus*속 중 fumaric acid 생성 균의 1종 또는 수종을 제국(製麴) 시에 첨가함으로써 fumaric acid와 당화효소의 발효작용을 이용하여 방부능력이 있고, 장기 저장이 가능한 우량 제성주를 만들기 위한 제국법이 개발되었다. 또한 종래부터 사용하던 국균인 *Asp. oryzae* 대신으로 *Rhizopus*속 균을 사용하므로 발효작용은 물론 항생물질의 생성으로 주류의 산패를 방지할 수 있다고 하였다.

혼합균종을 사용하기 시작하면서부터 *Aspergillus*속과 *Rhizopus*속 중에서 선별된 몇몇 미생물을 첨가하여 성형하고 표면에는 유산용액을 살포하면 오염을 방지할 수 있다고 하며, 이와 유사한 방법으로 *Aspergillus*와 *Rhizopus*속 균의 배양 도중에 효모와 적당량의 유기산을 첨가하여 배양하거나 *Aspergillus* 또는 *Rhizopus*속 균 단독으로 배양한 후에 효모와 유기산을 적당량 첨가하여 종국(種麴)을 제조하였다. 이와 같은 유기산 이외에 인산나트륨, 인산칼륨, 탄산칼륨 등 토금속의 인산염이나 탄산염의 몇 가지를 원료에 첨가하여 증자 접종, 배양 등의 공정을 거쳐서 제국(製麴)하므로 이상발효를 저지할 수 있다고 하였다.

강력한 유산균의 존재 시에는 막걸리의 산패가 일어나기 때문에 *Aspergillus usamii* 그리고 *Aspergillus oryzae*의 조효소제에 *Streptococcus lactis*를 배합 사용하면 적당한 산패가 생기므로 막걸리 발효공정이 안전하고 향미기 좋은 막걸리를 제조할 수 있다고 하였다.

밀기울로 분국을 만들 때는 이를 살균하는 데에 많은 열량이 들어가므로 가열살균하지 않고 밀기울을 밀폐용기에 넣어 ethylene oxide로 가스 살균한 후에 누룩을 만들면 당화력과 액화역가는 다소 떨어지나 양분을 적당히 첨가하므로 효소역가가 높아졌다고 한다. 또 밀기울에 30% 이상의 수분을 가하고 균을 접종하여 뚜껑이 있는 바트에서 70시간 배양하면 잡균의 번식 없이 증자 살균하지 않더라도 당화력이 강한 고체 국을 만들 수 있다고 한다.

분국(粉麯) 또는 입국(粒麯) 등의 고체가 아니고 액체국을 이용한 제국법이 1960년 후반부터 적용되기 시작되었다. 그 한 예로서 국균포자를 살균수 내에서 heat shock한 후에 살균제와 아미노산 등이 첨가된 액체 배지에 배양하여 비발아 직전 또는 발아 직후의 상태까지 생육시킨 배양액을 발아종국으로 사용하여 제국(製麴)한 것도 있다.

한편 종국으로 단일 균종을 사용하지 않고 두 가지 이상의 균주를 혼합 배양하여 효소역가가 높은 누룩을 만들고자 *Aspergillus awamori* var. *fumeus*, *Asp. niger*. *Asp. usamii* 등을 액체 천연배지에 혼합 접종하여 배양한 결과 전분 당화력은 *Asp. awamori* var fumeus가 0.07인데 비하여 *Asp. awamori*는 24시간 배양 후 Asp. niger를 다시 접종하여 48시간 진탕 배양한 경우 역가가 상당히 상승하였고, 전분 당화력도 단일 균종 중 가장 높은 *Asp. niger*보다도 *Asp. usamii*를 이식하여 24시간 28℃에서 충분히 배양 후 다시 *Asp. niger*를 2차 접종하여 만든 것은 42%나 상승하였다고 한다.

그밖에 여러 가지 원료와 혼합균종을 사용하여 제국(製麴)한 바 있고, 종래의 고체 국 제조에 사용되는 나무상자는 번식열의 발산이 불량하여 품온의 급상승을 조절하기 어렵고 또한 여러 복잡한 잡균의 침입이 많은 등 여러 가지 결점을 가지고 있다 하여 나무상자(麴蓋) 대신 뚜껑이 있는 4각형의 금속 바트를 사용하면 훨씬 좋은 제품을 얻을 수 있다 하였다. 또 제국조작의 일관된 자동화를 꾀한 방법으로 액체 종국 또는 발아 종균을 고지(麴)에 접종하여 균의 번식에 필요한 온습도가 조절된 무균공기를 강제 순환시키는 배양법을 고안한 바 있으며, 국즙(麴汁)의 당화액을 고도로 농축하고 유산, 인산, 구연산, 숙신산 등을 첨가하여 변질을 막고 여기에 산성 인산칼륨, 인산암모늄 등 효모의 영양물질을 첨가하고 이에 건조효모를 넣어 발효케 하는 간이 주모제조 방법을 개발하였다.

이상의 연구 노력은 일본에서의 고지(麴)는 단일균주를 순수 배양한 것임에 반하여 우리나라의 누룩은 여러 가지 미생물이 혼합 배양한 것이기 때문에 그의 개량도 이러한 측면에서 시도되고 있는 것 같다.

제 5 장

최근의 누룩

1. 최근의 누룩

1.1 최근 전통누룩 만들기(Ⅰ)

시울시 무형문화재 권희자 씨의 전통누룩 만들기를 소개한다.

1) 누룩(곡자)의 정의

우리나라의 전통누룩은 밀이나 보리 등 곡류를 분쇄하여 물과 반죽하여 성형 후 여기에 자연상태의 야생 곰팡이와 효모 등 기타 균류를 번식시켜 각종 효소를 생성 분비시키고 있는 발효제의 일종이다.

누룩은 한문으로 국(麴)·국(麯)으로 표시하는데, 국(麴)은 살균한 배지에 원하는 미생물을 인공적으로 접종하는 데 사용하고, 국(麯)은 미생물이 자연 상태에서 전분질 원료에 부착된 미생물이 번식한 경우이다. 麴을 국으로 읽고, 그리고 麯을 곡으로 읽으나 한문사전에는 다 같은 글자라고 한다. 그러나 이 두 글자는 혼동하여 사용하는 경우가 많고, koji(고지)는 개량국자라고 부르기도 한다.

2) 누룩의 분류

(1) 떡 누룩(餠麴)

- 분국(粉麴) : 곡물을 분쇄하고 밀기울을 30% 정도 제거하여 만든 누룩
- 조국(粗麴) : 곡물을 거칠게 갈아서 덩어리로 만든 누룩
- 백국(白麴) : 하얀 밀가루로만 만든 누룩
- 초국(草麴) : 연잎, 닥나무 잎 등 약초를 넣거나 그 주액을 넣어 만든 누룩

(2) 흩임 누룩(散麴)

그밖에 누룩은 만드는 시기에 따라서 봄에 만들면 춘국(春麯), 여름에 만들면 하국(夏麯), 가을에 만들면 추국(秋麯), 겨울에 만들면 동국(冬麯)이라 부르기도 한다. 그러나 여름 삼복중에 누룩을 만들면 가장 좋은 누룩을 만들 수 있다.

3) 전통누룩의 제조공정

누룩 제법상의 누룩의 크기와 형태에 따라 누룩 품질에 많은 영향을 줄 수 있다.

(1) 누룩의 크기가 너무 작거나 두께가 너무 얇으면 곰팡이가 충분히 번식하지 못한 상태에서 건조되어 품질이 좋은 누룩을 얻을 수가 없다.

(2) 누룩이 너무 두꺼우면 역으로 수분 발산이 곤란하여 중심 부분이 썩기 쉬우므로 좋은 누룩을 얻을 수 없다(그림 5-1 참조).

4) 누룩제조 실습

(1) 재료와 분량(누룩 한 개분)

- 통밀(거칠게 분쇄한 것) : 1.3 kg
- 물(생수) : 300 mℓ
- 누룩고지(누룩 고리, 누룩 틀: 고지는 국어사전에 있는 우리말), 무명보자기, 신문지

(2) 누룩제법

통밀을 깨끗이 씻은 후 건져 물기를 뺀 후 분쇄한다. 분량의 물을 가하여 단단하게 뭉쳐질 수 있도록 잘 버무리고 치댄다.

(3) 누룩 디디기

누룩고지에 무명보자기를 깔아 준다. 반죽한 밀을 다져 넣는다. 무명보자기 끝을 여며 단단히 디딘다. 단단히 디딘 누룩을 누룩고지에서 꺼낸다.

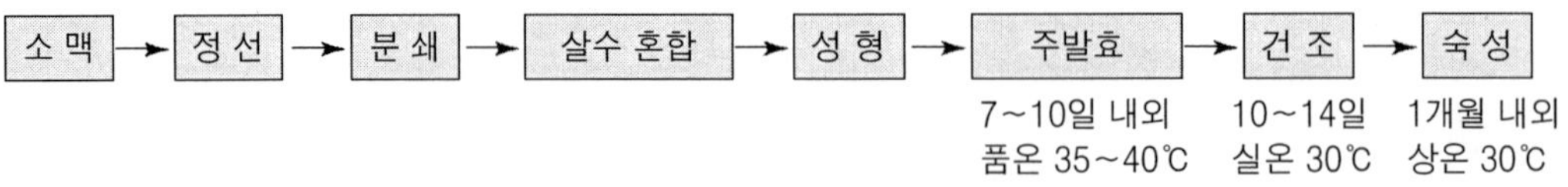

그림 5-1. 누룩제조 공정도

(4) 누룩 띄우기

누룩을 35℃ 안팎의 온도에서 쑥이나 볏짚을 덮어 3~4일 발효시킨다. 품온은 너무 오르지 않도록 뒤집어 주면서 45℃를 넘지 않도록 한다. 누룩을 잘 건조시켜 숙성시킨다.

(5) 누룩의 법제

누룩을 사용하기 전에 콩이나 도토리 알 크기로 부순 다음 2~3일간 햇볕과 이슬을 맞혀 법제하여야 한다. 햇빛과 이슬은 누룩의 잡균을 살균하고 나쁜 냄새를 제거하며, 누룩의 빛깔을 바래게 하고, 누룩이 가지고 있는 효소와 효모를 활성화시킨다.

1.2 전통누룩 만들기(Ⅱ)

(신라대학교 막걸리 세계화 연구소 소장: 배송자 교수)

1) 배료와 준비물

- 물 400 mℓ, 통밀 2 kg, 고지(누룩 틀), 체, 볏짚, 보자기

2) 누룩 반죽하기

① 통밀을 깨끗이 씻어 건조시킨 후 가루를 내고 체로 친다.
② 가루 낸 통밀에 따뜻한 물을 넣어 단단하게 반죽한다.

3) 누룩 디디기

① 고리에 보자기를 펴 놓는다.
② 밀가루 반죽을 고지에 넣는다.
③ 단단하게 뭉친 후 누룩을 꺼낸다.

4) 누룩 띄우기

① 누룩방에 약 20 cm 정도 간격의 높이로 대나무 발을 층층이 연결시키고 각 층마다 볏짚이나 가마니를 깔아 디딘 누룩을 서로 엉키지 않게 놓는다. 이때 누룩방 안의 온도는 체온과 비슷하게 유지시켜 주어야 한다.

② ①과 같이 적당한 온도가 유지되는 누룩방에서 약 15일간 누룩을 발효 → 숙성 → 건조시킨다. 잘 띄운 누룩은 표면이 까칠까칠하며 잡냄새가 없다.

③ 술을 담금 전에는 잡균 등을 제거하기 위하여 법제과정을 반드시 거쳐야 하며, 누룩 표면의 곰팡이를 솔로 잘 털어서 사용한다.

5) 누룩 법제하기

① 잘 띄운 누룩을 잘게 부순다.
② 바람이 잘 통하고 햇볕이 잘 드는 곳에 내놓아 2~3일 정도 건조시킨다.
③ 법제는 술은 빚기 2~3일 전에 시작하는 것이 좋다.

1.3 전통누룩 만들기(Ⅲ)

(막걸리학교 교장 : 허시명 씨)

곡물로 술을 빚으려면 누룩이 있어야 한다. 지금도 누룩이 흔하게 사용되는데 지역이나 술에 따라 쌀누룩, 보리누룩, 좁쌀누룩 등도 쓰이고, 한방약에서는 약재를 넣은 누룩을 사용한다. 요즘 양조장에서는 밀가루나 쌀가루를 찐 뒤에 균을 접종하여 만든 흩임 누룩을 많이 사용하고 있다.

누룩은 시장에서 한 개 2~3,000원에 구입할 수도 있지만 집적 띄워서 술을 빚으면 자기만의 술을 빚을 수 있다. 누룩 속에 내려앉은 곰팡이나 효모는 지역이나 계절에 따라 약간씩 형태를 달리하기 때문이다. 높은 온도를 유지해야 하고 제조기간도 길기 때문에 누룩 만들기는 까다로운 작업이지만 누룩을 손수 만들면 그만큼 성취감도 커진다.

누룩은 날 곡류를 분쇄하여 물에 갠 다음 형태를 잡는다. 누룩을 정확하게 정의하면 곰팡이와 효모가 번식하여 각종 효소를 생성, 분비하고 있는 발효제의 한 가지이다. 밀, 멥쌀, 보리쌀 등의 곡물로도 만들 수 있고, 녹두나 도꼬마리 따위의 부재료를 넣기도 한다. 누룩 속에는 거미줄곰팡이(*Rhizopus*), *Aspergillus kawachii*, 솜털곰팡이(*Mucor*) 등의 곰팡이와 효모가 들어있는데, 이들은 전분과 단백질, 지방을 분해하고 당을 알코올로 만드는 기능을 한다.

누룩은 둥글거나 네모나고 손바닥만큼 작은 것이 있는가 하면 쟁반이나 맷돌만큼 큰 것도 있는 등 그 형상이나 크기가 다양하다. 소주를 많이 만드는 북쪽 지방 누룩은 곡물을 거칠게 분쇄해서 큰 덩어리로 만든다. 중부나 남부에서는 대체로 지름 18 cm 내외, 가로×세로 16 cm 내외, 두께 5 cm 정도 크기로 만들어 사용한다. 부산 금정산성 마을에서 만드는 누룩은 커다란 피자 모양인데, 제주 누룩은 호떡 크기만 하다. 각 지방의 온도와 습도에 따라 독특한 형태의 누룩이 만들어 진다고 할 수 있다.

1) 재료와 준비물

- 통밀 6 kg(누룩 7장 분량), 물, 고지, 누룩 틀, 면 보자기, 함지, 바닥 깔개용 돗자리, 볏짚 또는 마른 쑥, 종이상자

2) 누룩 만들기

① 통밀을 씻어 물기를 뺀다.

② 물기가 빠진 통밀은 방앗간에서 빻는다. 대체로 1～2번 정도 빻아서 사용하는데 맑은 술을 얻으려면 곱게 빻아야 하고, 탁주나 소주용으로 준비할 때는 거칠게 빻는다. 예전에는 곡식이 귀할 때는 빻은 밀은 체로 걸러낸 뒤 밀가루는 수제비를 해 먹고 밀기울로 누룩을 만들었다.

③ 빻은 밀 1 kg 분량에 물 200 mℓ를 부어 골고루 비빈 다음 반죽을 한다. 밀반죽은 한 줌 쥐었을 때 부서지지 않고 손에 질척한 물기가 남지 않은 정도라야 한다. 물을 섞어 반죽 뒤 곧바로 누룩모양으로 만들 수 있지만, 수분이 골고루 흡수되도록 1～2시간 천으로 덮어 두었다가 만들기도 한다.

④ 고지 안에 보자기를 깔고 고지 안쪽부터 밀반죽을 한 움큼씩 뭉쳐서 꼭꼭 눌러 담는다.

⑤ 고지 안에 밀반죽을 가득 담은 뒤 면보자기로 이를 감싼다. 이때 면보자기의 네 귀를 합쳐서 마치 상투를 틀듯하여 밀반죽의 중앙에 오게 한다. 이렇게 하면 누룩의 가운데가 오목하게 들어가 중앙으로 모이는 것을 피할 수 있다.

⑥ 면보자기로 잘 감싼 누룩을 발뒤꿈치로 힘껏 밟아서 단단하게 뭉친다. 누룩 만들기를 누룩 디딘다고 표현하는 것은 이렇게 발로 밟기 때문에 생긴 말이다.

⑦ 누룩의 모양이 단단하게 잡히면 면보자기를 벗겨 낸다. 그리고는 볏짚을 깐 종이상자에 누룩을 넣고 그 위에 볏짚을 덮은 다음 다시 누룩을 올리고 볏짚을 덮는다. 누룩은 한 번 만들 때는 종이상자에 가득 담을 수 있는 분량(6장 정도)을 만들어 띄우는 게 좋다. 이때 볏짚 외에 마른 쑥을 채워 넣기도 하는데 이렇게 하면 누룩이 너무 빨리 마르지도 않고 볏짚이나 마른 쑥에 많이 들어 있는 누룩곰팡이나 효모 덕을 볼 수 있다.

⑧ 누룩을 담은 상자를 전기방석 위에 올려놓고 천으로 덮어준다. 누룩은 32～42℃ 사이에서 잘 띄어지는 것은 누룩 균이 좋아하는 평균 온도가 사람 체온과 같은 36.5℃라고 생각하면 된다. 2～3일에 한 번씩 종이상자 속의 누룩 위치를 바꿔준다. 이렇게 15～20일 정도 유지하면 누룩이 단단하게 마르면서 완성된다.

잘 띄어진 누룩은 겉이 하얗고 노란 빛이 보인다. 붉은 색이나 검은 색이 도는 것은 술 빛깔을 짙게 만들어 좋지 않다. 누룩이 잘 뜨이어졌으면 수분 없이 단단하게 건조시켜 공기가 통하지 않게 밀봉하여 보관하였다가 필요할 때마다 꺼내 사용한다.

누룩은 빻아서 사용한다. 예전에는 누룩을 빻은 뒤 밤이슬을 맞혔다가 낮에 햇볕에서 말리는 법제과정을 거친 뒤에 사용하였다. 이렇게 하면 누룩의 잡내가 줄어드는데, 지금은 환경이 오염되어 밤이슬을 맞추기는 어렵고 분무기로 이슬처럼 물을 뿌려 법제하기도 한다. 지역이나 가정에 따라서는 은근하게 달군 가마솥에서 누룩을 볶은 뒤 사용하기도 하고, 물에 하룻밤 정도 불렸다가 사용하는 경우도 있다.

마지막으로 누룩의 쓰임새와 기능에 대하여 살펴보기로 한다.

① 곡물로 술을 빚을 때는 반드시 누룩이 있어야 한다.

② 잘 띄워진 누룩을 사용해야 좋은 술을 빚을 수 있다.

③ 누룩의 양을 적게 쓰면 누룩 향이 없는 대신 술 빚기가 까다롭고, 누룩의 양이 늘면 술 빚기는 쉽지만 누룩 향이 강해질 수 있다. 즉, 누룩의 사용량에 따라 술맛이 달라지므로 누룩의 양을 잘 계량하여 술을 빚어야 한다. 누룩의 양은 술밥의 10～20%가 적당한데, 여러 번 술을 빚으면서 입맛에 맞는 적절한 분량을 찾아내는 것도 흥미로운 작업이 될 것이다.

1.4 대학 교과서에서 최근 전통누룩 만들기(Ⅳ)

곡류와 같은 전분질에서 술을 만들 때는 포도당 같은 단당으로 전환시켜야 하는데 여기에서 필요한 것이 효소이다. 이 효소는 미생물이나 곡물의 씨앗이 발아 할 때 생성된다. 전자의 대표적인 것이 누룩(麯)이고, 후자는 맥아(엿기름)이다. 국자(麯子 : 누룩)는 미생물을 자연으로 번식시킨 것이며, 국(麴 : 일본에서 개발된 koji)은 인위적으로 접종한 경우에 사용하나, 이 두 가지 이름은 혼돈하여 사용하는 경우가 많다. koji를 개량 국자라고 한다.

■ **1955년도 (고)김호식 선생님의 발효공업 강의 내용 중 일반 누룩(麯子)과 소주용 흑국(黑麴)의 제조법을 소개하면 다음과 같다.**

1) 일반 누룩(누룩회사)

누룩의 자원은 한약의 신국(神麴)에서 유래되었으며 그 역사는 오래이다. 원료는 주로 밀인데, 밀의 생산량이 부족한 지방에서는 밀에 보리를 섞기도 한다(전남). 그밖에 옥수수, 콩, 팥, 귀리, 호밀을 섞는 지방도 있었다(북한 그리고 강원도 산간 지방).

(1) 누룩 종류

누룩은 지방에 따라 그 형상, 크기, 품질 등이 매우 다르다. 그러나 일제시대의 누룩회사의 전매제도를 시행한 뒤로는 대개 통일되어 원료 한 되로서 만든 원판형의 것이 일반적인 것이었다.

누룩은 앞에서도 설명되었으나 밀의 분쇄도에 따라 분국(粉麯)과 조국(粗麯)으로 나눈다. 분국(粉麯)은 밀을 분쇄한 가루로 만든 것으로 밀기울이 섞기지 않은 순 밀가루만으로 만든 것으로 그 색이 희다하여 누룩을 백국(白麯)이라 하며, 이들 분국(粉麯)은 주로 약주 양조용으로 사용하였다. 조국(粗麯)은 백국용 밀가루를 빼고 남은 밀기울이나 혹은 거칠게 분쇄한 밀로 밀가루를 빼지 않으므로 거친 분말로 만든 것으로 일반적으로 누룩하면 조국을 뜻한다. 조국은 주로 탁주(막걸리), 소주용으로 사용하였다.

조국 중에서 특히 소주용으로 증류를 쉽게 하기 위하여 원료를 아주 거칠게 만할하여 만든 것을 추국(麤麯)이라 하여 탁주용으로 구별하고 있다. 또 탁주용 누룩에는 밀가루를 뺀 밀기울만으로 만든 것과 분쇄한 밀에 밀기울을 더하여 만든 것이 있다. 그밖의 소주 누룩으로 밀 이외에 옥수수, 콩, 보리, 보릿겨 등을 혼합하여 만든 것, 귀리만으로 만든 것, 소주 박에 조를 섞어서 만든 것도 있다. 누룩은 그 만든 시기에 따라 춘국(春麯 : 1, 2, 3월), 하국(夏麯 : 4, 5, 6월), 절국(節麯 : 8, 9, 10월), 동국(冬麯 : 11, 12월)으로 구별하기도 한다.

재래식 제법은 원래 밀을 깨끗이 씻어서 충분히 말리고 곡편이 5～6조각될 정도로 조쇄한다. 분쇄한 밀에 대하여 25～30% 정도의 물을 가하여 반죽하고 잘 혼합하여 1～2시간 재워둔 후 수분이 균일하게 흡수되면 보에 싸서 누룩 틀(고지)에 넣어 성형한 다음 쑥으로 싸서 부엌 시렁에 매달아 두거나 온돌방의 벽에 매달아 놓고 띄었다. 누룩의 크기는 건조제품으로서 0.8 kg 또는 1.6 kg 되도록 납작하게 만든다. 우리나라의 전통 누룩제조 방법은 (4)의 누룩제조와 같이 종국(種麴)을 사용하지 않았다.

공장에서 다량으로 만들 때는 보온이 잘 되어 있는 국자실(누룩방)에서 띄우게 되므로 그 공정은 그림 5-2에 나타내었다. 이와 같이 옛날식으로 만든 누룩이라도 쪼갰을 때 속에 까지 담황색 또는 회백색을 띠는 곰팡이가 잘 번식되어 있고 특유의 향기가 있어야 좋은 것이며, 부패 취나 메주냄새가 나고 속이 갈색으로 되어 있는 것은 좋지 않다.

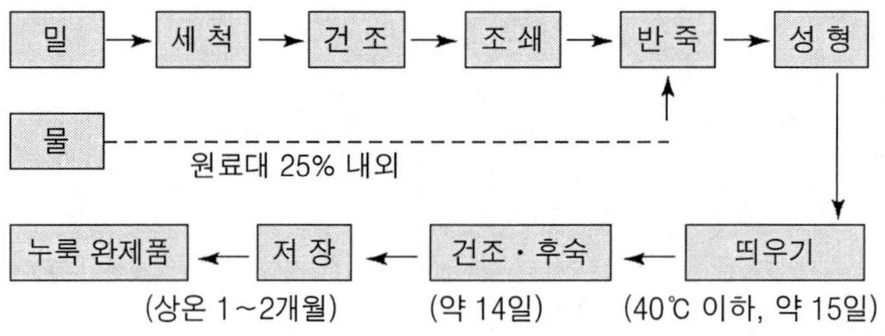

그림 5-2. 누룩의 제조공정

누룩에서는 *Rhizopus*, *Aspergullus*, *Mucor* 등의 곰팡이와 *Saccharomyces*속의 효모와 고초균(*Bacillus subtilis*), 젖산균(*Lactobacillus*속) 등이 검출되고 있다. 이들 미생물은 특별히 접종한 것이 아니며 원료나 제조과정에서 오염으로 들어간 야생균이다. 따라서 누룩의 제조지역이나 제조방법에 따라서 미생물 상(相)은 달라질 수 있으므로 각기 특색이 있는 누룩이 될 수 있다. 또 같은 지역이라 할지라도 계절에 따라 그 환경의 미생물 상(相)에 차이가 있으므로 당연히 누룩의 제조시기에 따라 특색이 달라진다.

그러나 일본의 제국법이 우리나라에 들어 와서 누룩 제조 시에 *Asp. oryzae*나 *Asp. kawachii* 등이 곰팡이의 종국(種麴)을 접종하여 만든 전통적인 누룩이라 할 수 없으나 양조학의 발달에 따라 사용하지 않을 수 없으며, 이런 누룩을 국(麴, koji)라고 한다. 지금의 누룩과 뒤에서 설명되는 입국(粒麴), 분국(粉麴) 등을 합하여 발효제(醱酵劑)라고 한다.

(2) 국자실(麯子室)

그러나 일제시대부터 종국을 사용하게 되고, 누룩회사가 조직된 뒤로부터는 국자실(麯子室)을 이용하게 되었다. 이 국자실의 목적은 인위적으로 알맞은 온도와 습도를 조절하여 사계절을 통하여 어느 때이고 같은 품질의 누룩을 다량으로 만드는데 있다.

이와 같은 목적을 위하여 두꺼운 천정과 벽을 이중으로 한 장방형의 방으로서 국실(麴室)과 비슷한 구조의 것이 알맞다. 이때 온도와 습도를 임의로 조절하기 위하여 천정과 벽에는 창을 내고 또 이중벽 사이에는 열의 절연재료인 왕겨나 짚, 톱밥 등을 넣는 것이 좋다.

국자실(麯子室)의 면적은 제조할 누룩의 양에 따라서 정해지는데 대략 2~3섬에 대하여 3.3m^2(1평)의 비율이면 좋다. 그러나 국자실의 모양과 내부의 배치 관계로 다소의 차이가 있다. 국자실이 너무 넓으면 보온하기가 곤란하며, 이와 반대로 너무 좁으면 온도 상승이 급격하게 되기 쉬워서 알맞지 않다. 바닥은 콘크리트로 하는 것이 좋다. 외벽은 토벽이나 벽돌로 쌓으며, 내벽은 보통 파장으로 한다. 이중벽 사이에는 약 30～60 cm로 하여 절연재료를 채워 넣는다. 보온 재료로서는 짚, 왕겨, 톱밥 순서로 하며, 천정도 판장으로 하고 그 위에 전충 재료를 둔다. 내부에는 양편 벽에 높이 약 30 cm 가량의 사이를 둔 시렁을 메고 중앙의 통로만을 남겨 시렁 너비를 정한다. 방의 입구는 이중문으로 하되, 바깥문은 여는 문으로, 앞문은 미닫이로 한다.

(3) 원료처리

원료인 밀을 씻어서 충분히 말린 뒤 제분기로 가루를 만든다. 옛날에는 이 작업을 연자나 물레방아로 하였으므로 제분도가 좋지 못하였다. 빻은 밀은 사용목적에 따라 그대로 쓰거나 체로 쳐서 사용한다.

(4) 누룩제조

제국의 순서는 반죽, 성형(成形), 입국(入麯). 뒤바꾸기(積換) 그리고 출국(出麯)으로서 국자실의 구조와 제국(製麯)의 계절, 지방 등에 따라 그대로 쓰거나 체로 쳐서 사용한다.

먼저 분쇄한 밀을 자리나 아연판 위에 널어 40% 내외의 물을 살포하면서 잘 이긴다. 잠시 방치한 후 충분히 이겨졌으면 일정량을 떠서 덩어리로 뭉친 다음 보에 싸서 고지(누룩 틀)에 넣어 밟아서 평원판상으로 성형(成形)한다. 성형한 것은 종국(種麹 : *Asp. oryzae*)을 섞은 밀가루를 발라서 표면접종을 한 다음 입국(入麯)한다. 입국은 국자실에 설치한 가마(미리 살균한 것)를 깐 시렁 위에 얹고 그 위에 또 살균한 가마로 덮는다.

입국한 다음 날이면 미생물의 번식이 왕성하게 되고, 이때 따라 품온이 올라가며 탄산가스가 집적되므로 매일 또는 하루걸러 뒤바꾸기를 하여 온도의 균일화와 통풍을 꾀한다. 품온이 너무 올라가는 경우에는 덮었던 가마를 벗기며, 이와 반대로 품온이 내려가면 숯불을 피워서 보온을 한다.

제4일에 품온이 40℃ 이상으로 올라가면 가마를 모두 벗기고 뒤바꾸기를 한다. 제 4～5일에 품온이 최고로 되며, 그 후는 점차로 낮아지므로 그대로 방치하여 두었다가 8～9일이 될 때 출국한다. 여기에서 제국의 경과를 보면 표 5-1과 표 5-2와 같다.

표 5-1. 조국(粗麯) 제조 중 경과

일순	작업	시각	실온(℃)		품온(℃)	적요
			건구	습구		
1	입 국	오후 6.00				가마로 덮는다.
2		오전 2.00	28	26	-	품질 유연
		오후 6.00	30	28	32	흰 균사가 보인다.
3	뒤바꾸기	오전 6.00	34	32	33	
		오후 6.00	37	35	39	아래 위 전부를 뒤바꾸기 한 장
4	뒤바꾸기	오후 6.00	39	36	40	소에 뒤지기 정도로 한다.
5	뒤바꾸기	오후 6.00	41	39	43	황색 균의 발생이 보인다.
6	뒤바꾸기	오후 6.00	40	37	46	외부 건조
7	뒤바꾸기	오후 6.00	38	34	44	
8	뒤바꾸기	오후 6.00	38	34	44	
9	뒤바꾸기	오후 6.00	35	30	43	
10	뒤바꾸기	오후 6.00	36	30	44	
11	뒤바꾸기	오후 6.00	36	30	44.5	
12	출 국	오후 6.00	36	30	43	내부의 습한 곳 20% 가량
						건조실로 보내어 10~15일 말림

표 5-2. 분국(粉麯) 제조 중 경과

일순	작업	시각	실온(℃)		품온(℃)	적요
			건구	습구		
1	입 국	오전 6.00	26	24	22	가마로 덮는다.
2	입 국	오전 6.00	30	26	29	
3	입 국	오전 6.00	29	25	35	
	뒤바꾸기	오후 6.00	30	28	35	아래 위 모두 뒤바꾸기
4	뒤바꾸기	오후 6.00	30	25	41	
5	뒤바꾸기	오후 6.00	33	29	38	외부 건조
6	뒤바꾸기	오후 6.00	36	22	33	
7	뒤바꾸기	오후 6.00	29	26	42	내부는 아직 유연
8	뒤바꾸기	오전 6.00	28	22	41	
9	뒤바꾸기	오전 6.00	30	26	40	
	뒤바꾸기	오후 6.00	27	22	37	
10	출 국	오전 6.00	30	26	41	이것을 33~36℃ 건조실로
						보내어 10~20일간 말린다.

(5) 건조와 저장

위와 같이 제조한 누룩은 다시 건조실에 옮겨 누룩을 말리는 동시에 숙성시킨다. 건조실에 누룩을 포개어 쌓아서 약 2주간 건조시키고 숙성시킨 후에 다시 2개월간 건조한 저장고에 두었다가 사용하는 것이 보통이다.

(6) 감 정

누룩의 중요한 녹말 액화균과 녹말 당화균은 국(麯) *Aspergillus oryzae*이며, 그 밖에도 *Rhizopus, Mucor, Absidia* 등의 곰팡이가 들어 있다. *Rhizopus*로서는 *Rhizopus tritici, Rhizopus oligosporus*이며, 그밖에 *Monascus prurpureus*와 효모로서는 *Saccharomyces coreanus*(보유하고 있는 곳이 없다)가 관계하고 있다.

누룩의 감정법으로서

① 밀은 가급적 가늘게 분말하는 것이 좋다. 물론 조국(粗麯)과 분국(粉麯)은 그 품질이 같지 않으나 조국(粗麯)일 경우에는 각각의 부스러기가 부드러운 것이 좋다.
② 누룩 덩어리의 표면이나 뒷면 그리고 주변에 균등하게 균사가 발육하고 담황색을 띠며, 다른 빛이 나지 않는 것이 좋다.
③ 덩어리는 충실하며 갈라졌거나 조밀하지 않고 건조가 충분하여 단단한 것, 그 파쇄 면은 착색되지 않고 균사나 포자가 속까지 들어간 것이 좋다.

2. 소주용 흑국(黑麴)

1920년경부터 쓰기 시작한 흑국(黑麴)은 1927년 전국으로 전파되었다. 처음에는 황국(黃麴)과 반반씩 섞어서 썼으나 그 후로는 황국을 쓰지 않고 흑국(黑麴)만을 쓰게 되었다. 흑국은 원래 일본의 규수 남쪽이나 오키나와에서 고구마로 소주를 만드는 데 사용하였다. 그 균은 *Asp. awamori*로 황국균과 다르다

2.1 흑국실

국자실과 비슷하나 다른 점은 흑국상자(30～45 cm × 15～20 cm)를 쓰므로 실내에 시렁을 맬 필요가 없으며, 상자를 쌓아 둘 상(床 : 평상) 높이를 45 cm 정도로 하는 것들이다. 국실의 면적은 원료 5말에 대하여 3.3 m^2(1평) 정도이다

2.2 흑국의 제조

흑국용 원료로는 조, 쌀, 수수, 옥수수, 귀리, 보리 등이며, 북한에서는 옥수수와 수수가 사용되고, 남한에서는 싸라기가 주로 사용되었다. 제국순서는 다음과 같다.

1) 섞 기

원료를 하룻밤 물에 담갔다가 증자하여 50℃로 식히고 종국을 원료 1섬에 대하여 1홉의 비율로 섞어서 재우기를 한다. 곧 찐쌀을 덩어리로 껴 가면서 종국을 뿌려 비비면서 골고루 섞는다. 다음 구상(丘狀)으로 쌓아서 보나 가마로 덮어서 보온한다. 이때의 품온은 28～31℃가 알맞다.

2) 뒤지기

섞은 후 12～14시간 지나면 곰팡이는 찐쌀 표면에 약간 번식하게 되며, 따라서 품온이 올라간다. 쌀알에 반점이 생기면 주걱이나 손으로 쌀 덩어리를 끄며 헤쳐서 품온의 강하와 축적된 탄산가스를 비산시킨다. 뒤지기 후의 품온은 30℃ 내외가 된다.

3) 담 기

뒤지기 후에 3～5시간 경과하면 표면은 흰 빛의 반점이 나타난다. 이때 퇴적한 것을 잘 혼합하고 1되 정도씩 국상에 담아서 구상(丘狀)으로 봉긋하게 한다. 이런 상자를 7～8개씩 봉상(棒狀)으로 쌓아둔다. 담기의 목적은 찐쌀은 분해하여 공기와의 접촉을 충분하게 하며, 곰팡이의 번식에 따라 온도의 상승을 막는 데 있다. 담을 때의 품온은 32～33℃로 한다.

4) 헤치기

담은 후 8～9시간 지나면 균사의 번식이 70～80%나 되며, 품온도 37～38℃로 된다. 쌀은 덩어리로 되고 amylase의 분비로 다소 단맛이 생긴다. 이때의 물량을 잘 섞어서 봉긋하게 쌓았던 것을 헤친다. 이와 같이 하여 온도의 상승을 막는다.

5) 뒤바꾸기

헤치기 후 7～8시간이 지나면 곰팡이의 발육이 가장 왕성하여 폼온도 최고 38～42℃로 올라간다. 그러므로 경우에 따라서는 창문을 열어서 실온을 낮추며 상자를 엇바꾸어 쌓아 둔다.

6) 출 국

뒤바꾸기 후 그대로 두면 흑국균의 포자로 덮여 꺼멓게 된다. 이때에 출국한다. 이상 제국중의 경과는 표 5-3과 같다.

표 5-3. 제국 중의 경과

(가) 싸라기(2월 10일)					
일 순	시 각	작 업(℃)	품온(℃)	실온(℃)	적 요
1	오후 4.00	섞 기	37	28	종국을 혼화한다.
2	오전 6.00	뒤지기	44	28	특유한 향기가 있고, 35℃로 품온이 강하한다.
3	오전 8.00	뒤지기	42	29	담기의 시기이지만 알갱이 표면의 반만이 희게 되었으므로 다시 뒤지기를 한다.
3	오전 10.00	담 기	43	28	알갱이 표면 80%가 희게 되었으며 35℃에서 담기를 한다.
3	오후 4.00	헤치기	43	29	담황색의 포자가 많이 생긴다.
3	오후 6.30	뒤바꾸기	45	30	담황색 포자가 많아지고 산미가 많아진다.
4	오전 7.00	출 국	38	29	흑자색 포자가 생기기는 하나 아직 많지 않으며 산미가 있다.

(나) 조(3월 2일)					
일 순	시 각	작 업	품온(℃)	실온(℃)	적 요
1	오전 4.00	세척 침지	-	-	만주산 조 1.2섬을 세척, 침지
1	오후 2.00	증 강	-	-	정오부터 건지고 오후 2시부터 증강한다. 오후 3시에 끝낸다.
1	오후 4.30	섞 기	-	-	
1	오후 6.00	섞 기	31	24	종국을 혼합한다.
2	오전 10.00	뒤지기	45	20	희끗희끗한 것이 9% 가량 된다.
2	오전 11.00		34	20	뒤지기를 끝낸다.
2	오후 0.30	담 기	36	23	
2	오후 4.00	헤치기	36	24	벽돌쌓기로 한다.
2	오후 7.00		30	24	발열 개시
3	오전 9.00	뒤바꾸기	30	26	흑색 포자가 생긴다.
3	오후 7.00		25	23.5	
4	오전 11.00	출 국	25	24	

3. 고량주 누룩

고량주 누룩은 팥에다 경우에 따라서는 밀, 호밀, 검은콩, 옥수수 등을 혼합하고 연쇄(碾碎)한 것에 물을 가하고 틀에 넣어서 벽돌 모양으로 성형하고 적당한 상태로 보존하여 원료의 당화와 발효에 필요한 여러 가지 미생물을 번식시킨 것이다. 제국(製麴)은 대체로 음력 3~8월에 걸쳐 한다.

3.1 원료 배합

보리 10에 대하여 팥 3의 비율로 혼합하는 것이 일반적이다. 그러나 지방과 기술자에 따라서 다르나 그 대표적인 것을 보면 표 5-4와 같다.

3.2 제련(製練)

누룩은 국자방(麯子房)에서 만든다. 국자방은 제련공장과 국자실로 나누어져 있다. 제련공장(製錬房)에서는 앞에서 설명한 것과 같이 분쇄한 원료를 말(들이 약 2되)로 일정한 양을 취한 다음 소걸(小楶, 약 5~6홉)로 여기에 물을 가하고, 철제의 연발(練鉢) 내에서 이겨 뭉치고 이것을 국막자(麯模子)라는 정행상(正桁狀)의 틀에 넣어 발로 밟아서 벽돌모양으로 만들어 이것을 국자실(麯子室)로 보낸다. 혼화수 양은 성형상 또는 균류의 번식상 관계가 있으므로 특별한 주의가 필요하다 .

3.3 국자실의 작업

국자실은 목조 단층으로 허리까지 60~90 cm 높이는 벽돌로 쌓고 그 위는 들보까지 전부 창으로 하며, 기름을 먹인 창호지로 발라서 여닫이를 자유자재로 한다. 대개 3~4간 마다 벽돌의 중벽을 두어 한 방으로 하며, 한편 구석에 호구(戶口)가

표 5-4. 고량주 누룩의 원료 배합비율

	보 리	팥	메 밀	밀	옥수수
A	10	3~4			
B	10	6	10		
C	10	3	1	1	
D	10	3	1	10	
E	10	10			
F	10	9			10

있다. 천정을 응결 수적의 낙하를 막기 위하여 누룩을 3층으로 적당히 올려 쌓는다. 각 누룩의 간격을 3 cm로 하며, 각층 사이에는 수수 대를 깐다. 대개 한 방에 5~6천 개를 넣는다. 창을 꼭 닫아 두면 각종 미생물의 발육과 아울러 실온이 전차 상승하며, 제2일에는 벌써 백색 균사의 발육을 볼 수 있다.

이때 뒤바꾸기를 하여 층의 위아래를 바꾼다. 제3일째에는 균사의 발육이 뚜렷해져서 품온이 점점 올라간다. 이때에 또 다시 뒤바꾸기를 하며, 층도 4층으로 올린다. 이와 같이 하여 수시로 뒤바꾸기를 반복하여 창의 여닫기로 습도와 온도를 조절하면서 차차로 층을 높여 제16일 경에는 8층으로 하며, 각 줄 사이의 거리도 차차 넓게 하여 15 cm 가량으로 한다. 그 후로는 층을 올리지 말고 20일경에 품온이 최고(50℃ 부근)로 도달하며, 누룩의 수분은 점차로 증발하여 충분히 굳게 된다. 입국에서부터 약 40일 전후로 제국이 끝나면 다음 저장실로 옮긴다.

3.4 미생물

누룩을 연성할 때 특히 기성 누룩가루를 넣지 않기 때문에 그 미생물은 주로 보리와 그밖의 원료, 제조용기 그리고 국자실의 공기 중에서 들어오며, 또한 제조기간이 40여 일이라는 장기간이므로 그 사이에 각종 미생물의 번식에 장애가 있을 수 있고, 공장이나 시기에 따라 그 종류가 일정하지 않다. 누룩에서 분리된 미생물은 다음과 같다.

- 자낭균 : *Aspergillus albus*, *Asp. fumigatus*, *Endomyces hordei*, *Monascus purpureus*, *Penicillium glaucum*,
- 조상균 : *Mucor*, *racemosus*, *Rhizopus japonicus*, *Rhizopus tonkinensis*
- 불완전균 : *Cladosporium herbarum*, *Oidium lactis*
- 효 모 : *Saccharomyces mandshuricus*, *Pichia membranefaciens*, *Willia anomala*

3.5 제국 중의 성분 변화

제국 중의 성분 변화를 보면 표 5-5와 같다.

3.6 저장과 감정

누룩의 저장실은 깊이 약 36 m의 방으로 한 방에 약 1만 개의 누룩을 넣어 둔다. 완숙된 누룩은 이곳에 쌓아 두었다가 수시로 사용한다. 누룩의 감정으로는 누룩의

표 5-5. 제국의 성분 변화

	수 분	총산 (젖산)	당분 (포도당)	녹말과 호정	총 질소	단백질 질소	비단백질 질소
제 1 일	44.6	0.153	1,230	–	1.18	1.15	0.023
제 3 일	43.1	0.720	1.67	21.7	1.41	1.36	0.051
제10일	39.5	0.990	1.75	31.6	1.50	1.41	0.084
제15일	36.8	0.900	1.05	35.1	1.57	1.42	0.156
제25일	30.7	0.270	1.24	34.0	2.35	1.65	1.703
제35일	23.7	0.027	0.84	35.2	2.78	1.79	0.986
제80일	15.2	흔적	0.08	37.6	3.06	2.18	0.880

전면이 회색이며, 특유한 곰팡이의 냄새를 낸다. 건조가 양호하고 쪼개진 면은 희백색으로 보이며, 암색 부분이 적은 것이 품질이 좋은 누룩이다.

이상과 같이 누룩은 옛날 누룩(麯)에서 일제시대에 들어 와서 개량 누룩(麴)으로 변환되어 그 전통을 잃고 말았다.

4. 개량 누룩

건국 이후 우리나라 전통 술을 재현하기 위하여 평생 동안 연구와 개발에 노력하신 배상면 박사님의 연구 업적을 소개하지 않을 수 없다.

누룩에 사용되는 원료의 종류 이외에도 품질에 영향을 미치는 데 착안하여 새로운 누룩 제조법을 고안하였다. 즉 누룩의 직경이 너무 적으면 수분이 발산하여 균의 침투가 불량하고 따라서 숙성도 불량하고, 너무 얇으면 단시일 내 숙성되어 빛깔은 좋지만 향미가 좋지 않을 뿐만 아니라 주박(술지게미)이 많아 수율이 떨어진다. 반대로 너무 두꺼우면 내부의 수분 증산이 곤란하여 품온이 높아질 가능성이 있고 제조 후 건하기가 어렵다. 따라서 표 5-6과 같은 크기로 만들 것을 권장하고 있다.

표 5-6. 누룩의 크기

종 류	중량(kg)	형 태	직경(cm)	두께(cm)
조국(粗麴)	3.2	원반형	32	3.3
조국(粗麴)	1.6	원반형	24	3.3
분국(粉麴)	2.4	원반형	21	4.0

누룩의 원료 소맥을 깨끗이 골라 빻은 다음 물을 뿌려(원료에 대하여 20~25%) 잠시 1~2시간 방치하였다가 일정량을 보자기에 싸서 누룩 틀(고지)에 넣고 원형으로 성형한다. 이것을 누룩 배양실에서 보온 배양하면 4일째에는 품온이 45℃ 이상으로 상승되므로 그 이상 품온이 상승하지 않도록 하여 미생물의 성장을 균일하게 해준다. 출구까지의 시간은 누룩의 크기에 따라 다르지만 재래식 누룩의 경우는 보통 20~30일간이 소요되는데, 개량식의 경우에는 9~13일 정도로 줄일 수 있다. 이렇게 만들어진 누룩은 밀가루 입자나 크기와 종류에 따라 발효상태가 다르고 당화력에도 차이가 나며, 제품의 인산 함량이나 아미노산 함량에도 차이가 생긴다.

완성된 누룩은 그 단면이 내부까지 미생물이 충분히 번식하여 백색이며, 곡자 특유의 향기가 난다. 이렇게 만들어진 누룩은 *Aspergillus*, *Rhizopus*, *Absidia*, *Mucor* 속의 곰팡이와 효모 등이 번식하면서 각종 효소를 분비 생산하고, 밀 자체에 함유된 효소도 함유되어 있다. 효모도 많이 증식하여 술밑의 종 효모 역할도 하게 된다. 사용할 때는 이들 효소가 잘 추출되도록 분쇄하여 사용해야 한다.

4.1 누룩의 개량 제조

아래 그림 5-3에 누룩 제조공정을 나타내었다.

1) 밀 선별과 정선

일반적으로 알갱이가 크고 꽉 찬 것을 사용하며, 분쇄하기 전에 선별기를 이용하

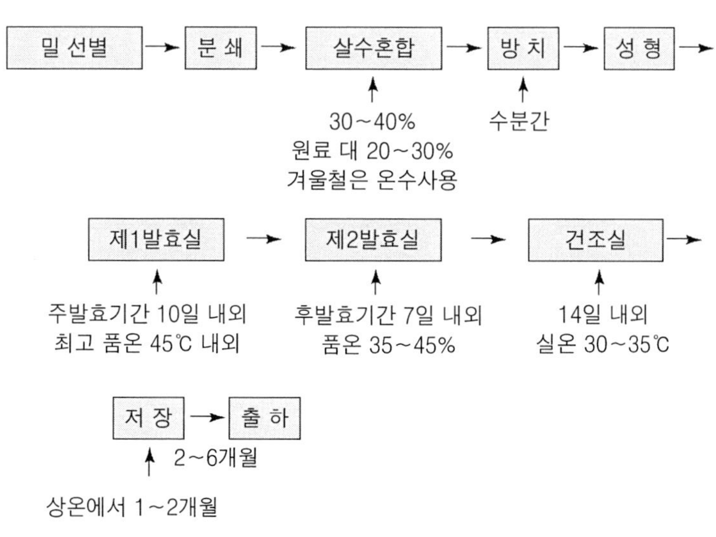

그림 5-3. 누룩 제조공정

여 이물질을 제거한다. 다음에는 물에 침지하여 세척한다. 이것은 밀 알갱이에 붙어 있는 오염물질을 제거하고 비중이 무거운 돌을 분리할 수 있다. 밀 알갱이에 붙어 있는 오염물질은 양에 따라 누룩의 성능이 좌우 될 수 있다.

2) 분 쇄

누룩의 사용하는 용도에 따라 분쇄 정도를 결정한다. 일반적으로 약주제조에 사용되는 누룩은 분국(粉麴)을 곱게 분쇄하여 사용하고, 탁주와 소주에 사용하는 누룩은 조국(粗麴)으로 거칠게 분쇄하여 사용한다. 분쇄 정도는 밀 알갱이 정도로 한다.

3) 살수·혼합

원료에 대하여 20～25%의 지하수를 사용하는데 겨울철에는 약간 데워서 사용하면 좋다. 샘물이 지표수로 오염되었을 때는 끓여서 사용한다.

4) 방 치

분쇄한 밀에 살수·혼합한 후 수분 간 방치하는 것은 물이 고루 흡수되도록 하는데 있으며, 만약 그대로 성형할 경우에는 물이 많이 뿌려진 곳은 배양 도중 부패의 우려가 있고, 반대로 적게 뿌려진 곳은 보슬거려서 성형이 되지 않거나 부서지거나 성형이 되어도 유익한 미생물이 번식하지 못하고, 배양이 끝나도 좋은 누룩을 만들기 어렵다.

5) 성 형

수분 간 방치가 끝나면 일정량씩 무게를 달아 고리에 넣고 단단하게 밟아 준다. 단단하게 밟아 줄수록 좋은 누룩이 만들어진다. 단단하게 밟지 않으면 내부에 공기층이 생겨 배양 도중에 부풀어 오르게 되어 공간이 생기면 유해균이 번식되어 양질의 누룩이 될 수 없다.

6) 주 배양

실내 온도 25℃ 정도로 조절된 배양실에 성형된 누룩을 15개씩 평평하게 쌓아 배양한다. 품온이 상승하기 시작되어 40℃ 정도로 오르면 7～8개씩 쌓으면서 위, 아래의 누룩을 갈아쌓기 하는데 최고 품온이 45℃가 넘지 않도록 품온을 조절한다. 품온이 45℃ 정도로 되면 3～4개씩 쌓아 둔다. 입국 제조 시와 같은 방법으로 틈을 벌려 주면서 온도가 45℃ 이상 올라가지 않게 약 10일간 배양한다.

7) 제2배양

약 10일간 배양이 끝나면 실내 온도를 약간 내려 35～40℃로 유지시켜 약 7～8일 배양한다. 만약 품온이 상승하지 않을 때는 실내온도를 높여 주어야 한다(특히 겨울철).

8) 건 조

실내 온도를 30～35℃로 높여 서서히 누룩을 건조시킨다. 건조기간은 약 15일 정도이다. 너무 빨리 건조시키면 표면은 말라도 내부는 수분이 너무 많아 부패할 염려가 있다. 건조기간은 약 15일 정도이다.

9) 숙 성

건조가 끝난 후 약 2～3개월 숙성시켜 사용하는 것이 누룩의 특유의 풍미를 갖는 술맛을 느낄 수 있다. 표 5-7에 한 누룩 제조공장의 제국 중의 경과를 나타내었다.

표 5-7. 인천의 한 누룩 제조공장의 제국 경과

일 순	조 작	시 각	품온(℃)	건 구	습 구	적 요
1	생 누룩	오전 5	26.6	25	24.5	5～1개 포갬
2	제1쌓기	오전 8	33～35	26	25.5	7～8개 포갬
2	제2쌓기	오후 6	37～39	26	24.5	3개 길이로 포갬
3	제3쌓기	오전 8	36～46	26	25	5개 길이로 포갬
4		오전 9～정오	45～49	26～28	25～26	
5		오전 8～정오	42～44	26	24	
6	방치 검온	오후 3	48	26	25	
7		오후 3	43	27	22	
8		오후 4	38	25	21	
9	숙성 출국	오전 8	36	25	21	

제 6 장

근대의 누룩과 발효제

1. 최근의 누룩과 발효제

고문헌에서는 여러 종류의 누룩을 찾아 볼 수 있다. 그러나 일제 강점기 이후에 거의 누룩은 많이 개량되었다.

여기에서는 최근의 누룩과 입국(粒麴) 그리고 조효소제 만을 설명한다. 이들의 발효제는 여러 종류의 성분을 함유하고 있으며, 이 중 효소는 술밑이나 술덧 중에서 중요한 역할을 한다. 즉 amylase(당화효소)는 녹말을 가수분해하여 포도당을 생성하고 protease(단백질 분해효소)는 단백질을 분해하여 아미노산을 생성한다. 포도당은 알코올 발효의 기질이 되고 그리고 효모의 영양으로 섭취되어 효모를 증식시킨다. 그리고 아미노산도 역시 효모의 영양으로 섭취되고 일부는 맛과 향기성분을 형성한다.

약・탁주(막걸리) 제조에 사용되는 발효제의 종류는 우리나라 고유의 전통적인 누룩과 해방 후부터 점차 사용 확대 되어온 입국(粒麴)과 1960년대 이후에 개발되어 실용화된 분국(粉麴)이 있고, 1970년대에 이르러서는 주류제조에 적합한 고단위 순수 효소제품 등이 개발되어 사용하고 있는 실정이다.

1.1 누 룩

1) 누룩의 의의

누룩은 생 곡류 자체가 함유하고 있는 효소와 여기에 *Rhizopus*, *Mucor*, *Aspergillus*, *Absidia*속 등의 곰팡이와 효모 그리고 기타 균류가 번식하여 각종 효소를 생성하여 분비하고 있는 발효제이며 많은 효소를 가지고 있으므로 술밑(주모)의 모체 역할을 겸한 발효제의 일종이다.

누룩을 사용하여 만든 약・탁주(막걸리)의 풍미는 독특한 향미가 있고, 술맛이 유순한 점 등의 여러 가지 특성을 갖는 전통주이다. 누룩의 종류에는 소맥의 분질로만 만든 분국(粉麴, 粉麯)이 있고, 옛날에는 찹쌀을 원료로 하는 약주제조에는 분국을 주로 사용하여 왔으나 주류 제조방법의 변천에 따라 지금은 그 형태를 볼 수 없게 되었다. 현재 주로 사용하고 있는 누룩은 조국(粗麴, 粗麯)이며, 이는 소맥, 호맥 등을 분쇄하여 만든 것으로 순곡 특호누룩으로 부른다.

2) 누룩의 제조공정

국세청 기술연구소(2011년 1월, 국세청 주류면허 지원센터로 개명)의 누룩의 제조공정은 그림 6-1과 같다.

3) 품 질

누룩의 단면은 속까지 황백색 또는 회백색의 상태로 균이 충분히 번식되고, 누룩 특유의 구수한 향기가 나는 것이 품질이 좋은 것이다. 단면이 자갈색 부분이 많거나 메주 냄새가 나는 것, 균이 누룩 속까지 번식하지 않고 원색상태로 겉마른 것 등은 좋지 않다.

누룩의 규격은 표 6-1과 같다.

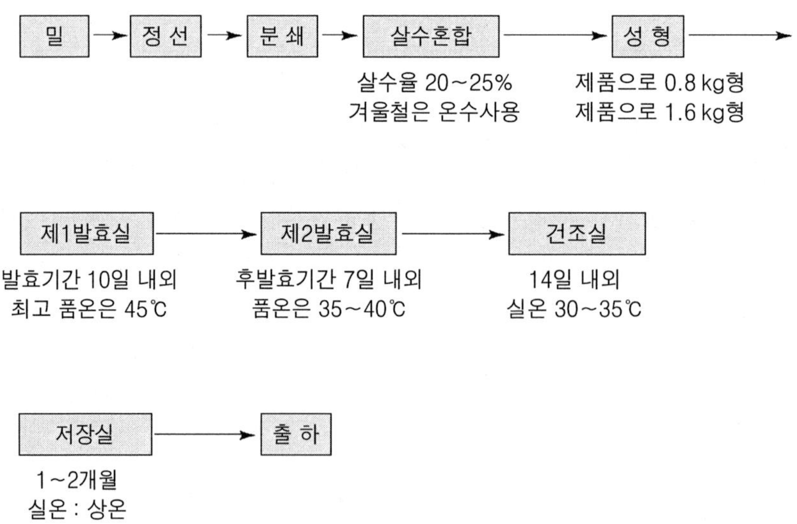

그림 6-1. 누룩의 제조공정

표 6-1. 누룩의 규격

중량(kg)	수분(%)	당화력(SP)
0.8 kg, 1, 6 kg	12%	300 이상

4) 사용요령

누룩을 사용할 때에는 누룩에 함유된 효소를 빨리 침출시키기 위하여 밤알 크기 정도로 빻아서 쓴다. 누룩은 내산성 당화력이 아주 약하므로 입국만으로 담금 하는 1단 담금(초단 담금)에서는 사용하지 않고 산의 농도가 많이 희석되는 2단 담금(본 단금)때만 사용하여야 한다.

1.2 입국(粒麴)

1) 개 요

(1) 입국의 역할

약·탁주용 입국은 전부 백국(白麴)을 사용하고 있다. 이는 황국균과 달라서 산 생성이 강하므로 술덧에서 잡균의 오염을 방지할 수 있다. 오늘날 사용하고 있는 백국균은 흑국균의 변이균주로서 *Aspergillus kawachii*이다. 입국은 다음과 같은 여러 가지의 중요한 역할을 한다. 즉 ① 녹말의 당화, ② 향기성분의 부여, ③ 술덧 오염의 방지 등이다.

(2) 입국의 품질

입국의 역가는 입국 자체의 분해와 효소역가의 총합으로서 결정되며, 관능적으로는 파정상태와 노국(老麴) 등으로 표현된다. 일반적으로 노국이 당화력과 산의 생산이 많아 술덧은 안전하나 입국 자체의 녹말 손실이 많아져서 주질에 있어서 색깔이 나쁘므로 주의하여야 한다.

입국의 파정(破精) 상태에 따라 다음과 같이 부른다.

① 총 파정(破精) : 균사가 곡립 전체 부분에 고루 깊숙이(깊이 1/2～1/3 정도) 침투하여 들어간 상태

② 겉발림 파정[도파정(塗破精)] : 균사가 곡립 전체에 침투하여 들어가지 못하고 표면에만 들어간 상태

③ 바보파정: 균사가 곡립 중심부까지 침투하지 못하고 표면에만 번식된 상태
④ 돌파정(突破精): 균사가 곡립에 부분적으로 깊숙이 침투하여 들어간 상태
⑤ 미파정(未破精): 균사가 곡립 표면에 전혀 침투하여 들어가지 못한 상태

일반적으로 총 파정이 보통이며, 파정상태가 다를 때에는 효소역가 그리고 조성 성분이 달라지고 제품의 품질에도 차이가 생긴다.

총 정형의 입국은 당화력, 단백질 분해력이 강하고 주류 제조용에 가장 적합하다. 바보 파정형의 입국은 입자가 무르고 잡균의 오염의 우려가 많으며, 수분이 많거나 너무 연해진 증미를 사용하였을 때 이러한 현상이 많다. 이런 입국은 부패의 원인이 되며, 감주국(甘酒麴)이라 부른다. 미파정형의 입국은 제국 조작의 불균형에서 생기는 것으로 지나친 건조나 냉각 등이 원인이 되며, 효소역가가 아주 낮을 뿐만 아니라 자체 용해, 당화와의 부진으로 제품의 품질에도 영향을 미친다.

(3) 입국 제조 중의 이화학적 변화

① 중량과 용량의 변화

입국은 제국 중에 수분의 증발과 분해물의 생성에 의하여 표 6-2와 같은 중량의 변화가 일어나고, 원료에 대하여 출국 시에 있어서 1.5배 내외가 된다.

② 입국의 성분 변화

입국은 제조시간의 경과에 따라 국균이 생성하는 여러 가지 효소에 의하여 성분의 내용이 변화되는데, 표 6-3과 같이 출국 시의 산도, 당화역가를 100으로 볼 때 제2손질에서 당화역가는 70%에 달하고 있으나 산도는 약 30%에 지나지 않는다. 따라서 제2손질 후의 제국관리 여하에 따라 입국의 생산량에 많은 영향을 주는 것을 알 수 있다.

제2손질 후의 품온 경과에 따른 효소역가, 성분 등의 차이는 표 6-4에 나타낸 바와 같으며, 제국 방법에 따라 효소역가는 고온경과가 강하고, 산 생산성은 저온경과가 높으며, 녹말 소비량에 있어서는 거의 차가 없다. 특히 제국조작은 당화력 위주보다 산 생산력에 중점을 두는 방향으로 유도하는 것이 좋다.

표 6-2. 입국 제조 중의 중량 변화

원료(kg)	보쌈(재우기)	출국(kg)	사용 시(kg)
100	135～145	115～125	110～120

표 6-3. 입국 제조 중의 산도와 당화역가의 변화

	시 각	품온(℃)	산 도		당화력	
			A	B	A	B
보쌈(재우기)	14 : 00	36	-	-	-	-
뒤지기(뒤집기)	4 : 30	42	-	-	-	-
뒤지기(뒤집기)	7 : 30	42	-	-	-	-
입상(담기)	8 : 30	41~43	0.1	0.2	7.1	7.5
제1손질	11 : 00	42	0.7	0.8	14.3	15.5
제2손질)	16 : 00	40~41	1.7	1.8	15.1	14.7
-	19 : 00	38	3.8	3.7	16.7	18.9
-	23 : 00	-	4.3	4.3	16.9	21.4
-	4 : 00	-	5.8	5.8	20.3	21.4
출 국		33~31	5.8	5.9	20.3	21.7

표 6-4. 제국 중 품온 경과와 입국 성분

제2손질 후 고온 경과 제품(최저온도 39℃)				
산도(㎖)	직당(%)	당화력	녹말 소비(%)	출국 수분(%)
평균 3.6	10.9	11.13	13.3	17.8
최대 5.0	13.9	14.0	18.2	28.0
최소 1.3	7.4	9.3	5.7	12.0
제2손질 후 저온 경과 제품(최고온도 36℃)				
평균 7.06	7.3	11.3	13.3	17.8
최대 8.8	10.0	14.0	18.2	28.0
최소 5.1	5.4	9.3	5.7	12.0

그러기 위하여서는

① 증미의 흡수율을 40% 내외로 조절할 것, ② 제2손질까지는 총 파정 상태로 진행할 것, ③ 제2손질 이후는 품온을 37℃ 이하로 하여 점차 품온을 내려 물료의 건조를 도모한다.

일반적으로 입국의 산도는 증미 흡수율과 관계가 있으며, 증미 흡수율이 높으면 산도가 많고, 반대로 낮으면 산도는 적다. 따라서 산도 부족의 입국이 되기 쉬울 적에는 살수 등의 방법으로 증미 흡수율을 높일 필요가 있다.

2) 종 국

종국은 포자가 잘 착생되어 있고, 불쾌한 산취가 없어야 하며 신선한 것이어야 한다. 국은 저장기간에 따라 발아율이 현저하게 떨어진다. 백국인 경우 1개월 저장에 80%, 2개월 저장에 65% 정도로 발아율이 떨어지며, 황국인 경우는 2개월 저장에 80% 내외로 발아율이 떨어진다.

백국균은 황국균에 비하여 번식력이 약하다. 황국균은 저온(30℃ 정도)에서도 번식이 활발하나, 백국균은 저온에서 번식이 잘 되지 않으므로 같은 제조상 내에서도 백국균과 황국균을 같이 취급하는 경우 황국균에 백국균이 오염되지 않으나 백국균에는 국균이 오염되므로 주의가 필요하다. 가급적이면 단일 균종을 취급하는 것이 좋다.

황국균과 백국균의 amylase의 조성을 비교하면 황국균일 때에는 α-amylase가 많고 비 내산성인데 비하여, 백국균일 때에는 주로 당화형의 내산성 amylase로서 1단 담금 술덧의 pH는 3.2~3.4 정도로서 술덧의 안정도를 높일 수 있으므로 매우 편리하다. 종국은 서늘하고 건조한 곳에 보존하여야 한다.

종국의 간이검사는 다음과 같이 행한다.

① 삼각플라스크에 우물을 넣고 솜 마개를 한 다음 살균한다.
② 소량의 종국을 삼각플라스크에 넣은 다음 30℃에서 3일간 물 배양을 한다.
③ 부패 취가 없으면 좋다.
④ 때에 따라서는 요오드포름과 같은 냄새가 나는 것은 상관없다.
⑤ 입국 향기가 나는 것은 건전한 것이다.
⑥ 액이 빨리 혼탁 되거나 산취, 부패 취 등이 발생하는 것은 좋지 않다.
⑦ 액이 혼탁 되고 기포를 발생하여 빨리 침전물을 생성하는 것은 효모 때문이다.
⑧ 종국은 40℃에서 10시간 정도의 건조공정을 거치므로 효모는 거의 존재하지 않는 것이 보통이다.

3) 국실(麴室)

(1) 설계 기준

국실의 조건은 보온, 환기 그리고 습도를 자유롭게 조절할 수 있어야 하고, 외기의 영향을 직접 받지 않도록 하여야 한다. 국실의 면적은 제국량의 규모에 따라 설계되어야 하고, 제국량(제국 원료) 10 kg당 1.3 m^3(0.43평)를 표준으로 하고, 천정의 높이는 2.1~2.4 m 정도로 한다.

천정에는 국실의 규모에 따라 2~4개의 환기장치를 설치하고 흡기구로서 벽 하부에 지창(地窓)을 각각 마주보게 2개소를 설치한다. 지창의 역할은 여름철의 외기 온도가 높을 때 이른 새벽 시원한 공기를 들여보내서 환기와 실온을 조정하게 한다. 국실의 단열 방법으로는 건조 톱밥 등을 사용하였으나 스티로폼 등의 화학합성 보온 재료를 이용하면 벽 면적을 절약할 수 있고 청결하며 반영구적으로 사용할 수 있는 이점이 있다. 내부는 판자 또는 하드보드 등으로 시공하면 좋다.

국실의 보온은 스팀 파이프(4.5~6.0 cm)를 벽에 둘러 장치하면 좋으나 그렇지 못한 곳은 스토브를 설치하고 반드시 연통을 부설하여 배기가스가 외부로 배출되도록 하여야 하고 불조심에 유의하여야 한다.

(2) 입국 제조 용구

입국 제조 용구로서는 국 상자(국개 : 麴蓋), 보온용 광목 보, 마대, 가마니, 됫박, 실온계, 품온 측정용 유점온도계 등이 있다. 국개(국 상자)는 잡균의 오염을 받기 쉬우므로 7~10일마다 깨끗한 물로 씻은 다음 1% 과산화수소 용액에 담근 후 건조시켜 사용하면 좋다.

광목 보, 마대 등은 물로 깨끗하게 씻은 후에 햇볕에 말려서 사용하고, 가마니도 햇볕에 말려서 국실을 살균할 때 같이 살균하면 좋다. 국개(국 상자)의 규격은 소형과 대형으로 구별되며, 대형 상자보다 더 크게 한 것으로서 보쌈 대를 대형 상자로 사용하는 방법도 있다(표 6-5).

(3) 국실의 살균

국실은 입국제조 시작하기 전에 깨끗이 청소하고 국실용 기구, 보자기, 가마니 등

표 6-5. 국상자의 크기와 입상 원료량

원료량	규 격(cm)			비 고	
	세 로	가 로	깊 이		
1.5	30	44	5	옛날 1되 소형 상자	
2.25	32	45	7	옛날 1.5되 소형 상자	
7.5	60	90	9	대형 상자	대형 상자는 밑바닥에 철망을 하고 그 밑에 판자 미닫이 셔터를 하며, 공기유통을 시키고 상자 내부에는 광목천을 깔아 사용한다.
15.0	60	100	10	대형 상자	
20.0	70	120	11	대형 상자	
30.0	75	150	13	대형 상자	
45.0	85	163	13	대형 상자	

을 국실 내에 넣은 다음 밀폐하여 살균한다. 살균방법은 다음과 같다.

① 국실 1 m^3(0.3평)에 대하여 10 g 정도의 formalin을 2～3배의 물로 희석하여 화로 또는 전열기 위에 얹어 가열 증발시키거나 실내에 고루 뿌려서 자연히 증발되도록 한다. 과망간산칼리(formalin 500 g에 대하여 과망간산칼리 약 10 g)를 혼합하여 증발시켜도 무방하다.

② 황 훈증 : 국실 1 m^3(0.3평)에 대하여 황 20 g 정도를 쇠 냄비에 넣은 다음 태워서 아황산가스를 발생시켜 살균한다. 실온이 높을 때가 효과적이나 특히 불조심을 하여야 한다.

③ 과산화수소 : 국실 1 m^3에 대하여 1% 과산화수소 용액 50mℓ 정도를 분무하거나 바른다.

④ 차아염소산나트륨 : 4% 차아염소산나트륨 용액으로 실내를 닦는다.

일반적인 주의사항은 다음과 같다.

㉠ 사용 중의 실내 공기를 항상 살균하기 위하여 자외선 등을 사용하는 것도 좋다. 사용기준은 국실 면적 10～15 m^3(3～4.5평)에 대하여 15W 램프 하나 정도를 사용한다. 살균 등은 입국이나 사람의 눈에 직접 조사되지 않도록 주의하여야 한다.

㉡ 살균은 1주야 동안 하고 2～3일간 냄새를 발산시킨다.

㉢ 약제는 손에 닿지 않게 고무장갑을 착용하는 것이 좋다.

(4) 국실의 온도

국실의 온도는 국균의 종류, 사용 원료 등에 따라 달리 하나 백국균을 사용하는 경우 항상 28℃를 표준으로 하고 표준과 많은 차가 없도록 항상 실온을 유지하는 것이 좋으며, 제국량에 따라 품온의 영향을 받아 실온이 지나치게 좌우되어서는 안되며, 환기구 등을 이용하여 적절히 실온을 조절한다.

4) 입국제조(국개법, 麴蓋法)

(1) 증미 냉각

증미를 완료한 증미는 바람이 직접 닿지 않는 장소에서 덩어리를 풀고 고루 냉각(40℃ 내외)시킨 다음 국실 재우기 마루(보쌈 대, 미리 광목 보를 깔아 놓는다) 위에 옮긴다.

(2) 종균접종과 보쌈(재우기)

증미의 품온과 수분이 고루 되었을 때 덩어리를 풀고 종국을 증미의 표면에 고루 살포한 다음 혼합한다. 종국의 사용량은 알코올에 대하여 원료 100 kg당 종국 100~150 g, 분상 원료에 대하여 원료 100 kg당 종국 200~250 g을 사용한다.

신속하게 증미의 덩어리를 풀어 엷게 펼친 다음 소요량의 종국을 몇 차례로 나누어 증미 표면에 살포하고, 살포할 때마다 아래 위를 고루고루 뒤집어 가면서 포자가 균일하게 섞이도록 한다. 이때 종균 접종 시의 재우기(보쌈) 온도는 예정 품온보다 내려가지 않도록 작업을 신속하게 하여야 한다.

종균 접종작업을 마친 다음 재우기 마루(보쌈 대) 위에 퇴적하여 검온한 후 재운다(보쌈을 한다). 보온을 위하여 마대나 가마니로 위를 덮어 둔다. 재우는 온도(보쌈 온도)는 34~36℃를 기준으로 하고, 여름철에는 약간 낮게 한다.

(3) 뒤집기(뒤지기)

① 제1차 뒤집기(뒤지기)

종균 접종 후 1시간 경과 후의 국균은 발아, 번식하게 된다. 그대로 방치하면 국균이 번식 열로 품온이 상승하고, 증미의 표면과 중심부는 온도차가 생기므로 손질을 해야 한다. 종균 접종으로부터 12~14시간 경과하면 증미 표면은 부유스름하게 되고, 품온은 종균 접종 때보다 4~5℃ 상승한다.

퇴적하여 둔 증미의 덩어리를 부셔서 외부와 내부를 고루 혼합한 다음 다시 모아서 전과 같이 퇴적하여 둔다. 조작 후의 품온은 재우기 온도(보쌈 온도)보다 약간 높게 하여 둔다.

① 제2차 뒤집기(뒤지기)

제1차 뒤바꾸기 조작으로부터 3시간 후에 품온이 다시 40~42℃로 상승하였을 때와 같은 조작을 하여 품온을 2~3℃내린다. 이때의 증미의 수분이 부족할 때는 제국 원료 중량의 5% 정도에 해당하는 물을 고루 살수하여 수분을 보충한다.

재우기(보쌈) 후 파정(破精) 상태가 고루 빨리 진행되었을 때는 제2차 뒤지기를 생략하여도 무방하다.

(4) 입상(담기)

뒤지기 다음의 조작이 담기조작(입상조작)이며, 이때의 품온은 보통 40~42℃ 정도가 된다. 담기(粒箱) 시기의 결정은 어디까지나 품온과 파정상태에 따라 결정하여야 한다. 담기(입상) 시기가 빠르면 미파정(未破精)이 많고 단단한 입국이 되기 쉬우며, 늦으면 조작 후의 품온은 상승이 빨라지며 이취를 발생하는 경우가 생기고, 좋은 입국을 만들기 어렵다.

조작방법은 퇴적하여 둔 증미의 덩어리를 풀어 상하 내부를 고루 섞어서 품온을 균일하게 한 다음 국개(麴蓋 : 국 상자)에 오목 또는 볼록하게 담는다. 이때 과습, 과온 상태이면 국개(국 상자) 바닥 전면에 평면으로 담아서 수분의 발산을 도모하고 이후의 과온 경과를 방지한다.

담는 양은 보통 1.5~2.3 kg 정도이고, 담은 국개(국 상자)는 6~8개씩 바로 쌓은 다음 윗부분에 빈 상자를 한 개 얹어 선반에 나란히 정렬한다. 정렬한 국개와 국개(국 상자)와의 간격은 그때의 형편에 따라 적절히 조절하지만 5 cm 정도를 표준으로 한다. 담기(입상) 조작을 마친 다음 검온하고 광목 보를 덮어서 보온한다. 담기(입상) 조작으로 품온은 4~5℃ 정도로 내린다.

(5) 뒤바꾸기(갈아쌓기)

담기(입상) 후 2시간 정도는 38℃ 이하로 억제시킨다. 그 후 점차 균의 발육이 진행됨에 따라 품온이 상승하여 국개(국 상자) 상하부의 온도 차가 생기므로 국개의 상하를 갈아 쌓아서 파정과 품온을 평균화시킬 필요가 있다. 이때 품온, 파정상태의 속도가 느릴 때는 뒤바꾸기를 생략하여도 된다.

(6) 제1손질(첫손질)

뒤바꾸기 한 후 약 2시간 정도가 경과하면 품온은 40~42℃로 되어 거의 입자 전면에 걸쳐 파정이 진행되고 바슬바슬하게 된다. 증미 당시의 탄력성이 적고 증미 표면이 질척한 것은 품온만 급히 상승되고 균사가 중심까지 침투하지 못하고 표면에만 번식하여 도파정(塗破精)의 입국이 되기 쉽다.

제1손질 할 때의 조작은 국개(麴蓋) 안의 입국을 섞어서 전후좌우로 흔들어 체에서 상자 중심에 오목하게 하거나, 품온이 급상하는 경향일 때에는 편편하게 널어서 깔아 둔다.

품온이 높고 파정상태가 많이 진행된 입국은 이러한 조작을 많이 하여 품온을 내리고, 반대로 품온이 낮은 입국은 이 조작에서 품온의 급냉을 피하여야 한다. 조작 후 품온은 2~3℃ 내리는 것이 보통이나 조작 후 보온이 어려울 때는 이 조작을 신속하게 하여 품온이 내리지 않도록 노력하여야 할 것이다.

(7) 뒤바꾸기(갈아쌓기)

제1손질 후 2~3시간 만에 품온을 균등하게 하기 위하여 쌓아 둔 국개(麴蓋 : 국

상자)의 상・하부를 갈아 쌓는다. 상・하부의 품온이 고를 때는 이 조작을 생략하는 경우도 있다.

(8) 제2손질(두 벌 손질)

제1손질 후 국균의 번식이 더욱 왕성해지며 탄산가스와 수분의 발산도 많아지므로 손질을 할 필요가 있다. 제1손질 후 4～5시간 경과하면 품온은 40～42℃ 정도로 되며, 균사가 길어지고 맛은 산미를 느낄 수 있다. 이때의 산도는 1.5～2.0 정도이다.

조작방법은 국개(麴蓋 : 국 상자) 안의 입국은 손으로 잘 섞어서 품온을 균일하게 하고, 품온 상승을 막기 위하여 국미를 전면으로 엷게 깔고 몇 줄의 골을 타 둔다. 국개(국 상자)는 벽돌쌓기, 엇갈림 쌓기, 십자 쌓기 등으로 쌓아서 제2손질 후는 38℃ 정도로 유지하였다가 점차 품온을 내리게 한다.

제2손질 후 품온이 상승하였을 때에는 산도 부족의 입국이 되기 쉽고 녹말의 소비도 많아짐으로 유의여야 한다.

(9) 뒤바꾸기(갈아쌓기)

제2손질 후 2～3시간 만에 품온의 균등을 위하여 국개(국 상자)의 상・하부를 갈아 쌓는다. 작업이 번잡하므로 상・하 품온 차는 심하지 않을 때는 이 조작은 생략하여도 무방하다.

(10) 출 국

출구 시기는 입국의 상태(균사와 포자의 착생 상태, 색깔 등)와 향미에 의하여 판단된다. 보통 제2손질 후 6～8시간 내외로서 그때의 품온은 36℃ 내외로 한다. 제2손질의 시기가 빠르면 출국 때까지 장시간이 필요하고, 반대로 국균의 번식상태가 빠르면 짧은 시간에 출국시켜야 한다.

출국의 상태는 탄력성 있게 카스테라 상태로 잘 엉켜 파정이 충만하고 백색의 포자가 착생할 정도로서 그 색깔은 순백색이고, 맛은 강한 산미와 약간의 쓴맛을 낸다. 노국(老麴)에 속하며, 이러한 노국을 사용하면 제성주의 색깔이 나빠지므로 유의하여야 한다. 종균 접종으로부터 출국까지 36～38시간을 표준으로 한다. 40시간 이상 경과하면 노국이 된다.

(11) 출국 후의 관리

여름철에는 국실의 바깥에서 냉각시킨 후 담금하고, 겨울철에는 국실이나 담금실

안에서 국개(국 상자)로부터 털은 즉시 담금을 하여 담금 온도와 입국 온도를 조절하면 편리하다.

출국한 입국은 장시간 동안 방치하면 국미(麴米) 자체의 노화(老化) 현상과 기온이 높을 때는 포자의 착생으로 회갈색으로 되어 제품의 질을 저하시키므로 반드시 출국 즉시 담금을 하도록 하여야 한다. 제1단 담금(수국 담금)을 하여 둔 입국 물료는 상당기간 (3∼5시간) 방치하여 두었다가 본 담금(제2담금)을 하여도 무방하다. 출국한 입국은 술덧의 안전 편리상 산도 4.0 이상이 필요하다. 이보다 부족할 때에는 변패의 우려가 있으므로 담금 시에는 보산(補酸)할 필요가 있다.

위에서 산도란 입국 20 g을 물 100 mℓ를 가하고 실온에서 3시간 침출한 추출액의 산도를 말한다.

5) 간이 제국법

간이 제국법에는 대형 국 상자 제국법(대형 국개법)과 보쌈 대 제국법(상국법: 箱麴法)의 두 가지의 방법이 있다. 대형 국 상자 제국법은 원료 10∼45 kg의 대형의 국 상자(대형 국개)에 입상(담기)하여 제국하는 방법이며, 보쌈 대 제국법(箱麴法)은 제국의 모든 조작을 처음부터 끝까지 보쌈 대(재우기 마루) 위에서 행하는 방법이다. 이들 조작은 그다지 숙련이 필요하지 않고 노동력이 절감되는 점 등의 유리한 점이 있다.

(1) 대형 국 상자 제국법

① 제국설비

종래의 일반 국실을 사용할 수 있다. 온도, 건습 차, 환기의 관리가 잘 되어야 한다. 제국량은 면적 1 m^3(0.33평)당 10 kg을 표준으로 하나 국 상자(麴蓋)의 다단 쌓기 등의 방법에 따라서는 제국량을 늘릴 수 있다.

대형 국 상자(대형 국개)의 모양은 장방형으로서 상자 밑판에는 철망이나 참 대발, 나무발 등을 장치하고 그 밑판에는 판자로 만든 미닫이 셔터를 장치하여 입상량(入箱量, 담기량)이 많을 때는 통풍과 품온의 조절을 용이하게 한다. 입상량(담기량)이 10∼15 kg 정도일 때는 상자바닥을 판자로 만들어도 무방하다.

일반적으로 입상량을 많이 하면 상자 수도 적게 들고 작업도 단축되지만 상자 취급이 불편하다. 입상(담기)할 때는 국 상자(국개) 바닥에 보를 깐다. 상자 위에 덮는 보는 직접 입국에 닿지 않도록 공간을 둔다. 여기에 사용되는 보는 항상 균학적으로 깨끗하여야 한다.

② 제국관리

종균 접종에서 뒤지기 조작까지는 종래 방법과 같이 다룬다. 입상 조작은 국 상자(국개) 철망바닥 위에 보를 깔고 일정한 양을 담는다. 국미(麴米)의 경연, 파정(破精) 상태에 따라 두께를 가감하거나 경우에 따라서는 한편으로 모아 두거나 소복하게 모아 두는 때도 있다.

입상조작(담기조작)으로 품온이 3～4℃ 내리게 되나, 내렸다가 시간이 경과됨에 따라 균사의 발육이 진행되면 품온이 상승되어 상자의 중심부와 주변은 2～3℃ 정도의 온도차가 생긴다. 이대로 두면 온도차와 성분의 변화가 크게 되므로 제1손질을 한다.

손질은 국미를 혼합시켜 수분의 발산을 돕고 물료를 균일하게 한다. 국미(麴米)가 연할 때는 상자 밑바닥에 설치한 미닫이 셔터를 열고 공기의 유통을 자유롭게 하여 건조시킨다. 국실 온도는 항상 일절하게 하고, 입국 품온에 따라 실온이 좌우되어서는 안 된다. 제1손질 후 몇 시간이 경과하면 균의 번식은 더욱 왕성해지며, 품온은 급히 상승하므로 제2손질을 한다. 이 조작은 제1손질과 마찬가지며, 입국의 두께를 2 cm 정도로 널리 골을 타서 표면적을 넓게 한다. 입국의 층을 두껍게 하면 제2손질 후 품온이 올라 양질의 입국을 만들기 어렵다. 출국 시기는 상태와 향미로 판단한다.

(2) 보쌈 대 제국법

① 제국설비

보쌈 대 제국법은 대형 상자제국법의 규모를 크게 한 것으로서 제국조작을 보쌈대(재우기 마루)에서 행하는 방법으로 대형 국 상자국 법보다 한층 더 작업이 간단하다. 그러나 국실 면적이 좁으면 실시하기 어렵다. 제국량은 보쌈 대(재우기 마루) 면적 1 m^3(0.33평)당 8 kg가 표준이며, 이 면적은 국미(麴米) 두께로 널었을 때에 넓게 된다.

이 방법은 보쌈으로부터 출국 때까지 하나의 보쌈 대(재우기 마루)에서 제국하는 방법과 보쌈에서 입상(담기)까지의 입상(담기) 후 출국까지의 보쌈 대를 구별하는 방법이 있다.

후자의 방법에 의한 시설로서는 ① 종균 접종을 하는 보쌈 대는 국실의 한쪽 편으로 설치한다. 장소는 환기구가 있는 하부구가 있는 것이 좋다. ② 입상(담기) 조작부터 국미를 펼치는 보쌈 대는 바닥에 대나무 목재로 발을 만들거나 발 대신에 철망으로 장치하여 이 부분을 튼튼하게 하여야 한다.

표 6-6. 입국제조 경과(보기 1)

일 시	경과시간	조 작	실 온
1일 15 : 00	30분	종균 접종	-
15 : 30	13시간	보쌈(재우기)	26~28℃
2일 4 : 30	3시간	뒤지지	25~27℃
7 : 30	4시간 내외	입상(담기)	25~27℃
11 : 30	4시간 내외	제1손질	25℃ 내외
15 : 30	3시간	제2손질	28℃ 내외
18 : 30	보쌈으로부터	뒤바꾸기	28℃ 내외
3일 5 : 30	38시간	출 국	

표 6-7. 입상제조 경과(보기 2)

경과시간	조 작	실 온	품 온
-	보쌈(재우기)	26℃	36℃
보쌈으로부터 14시간	뒤지기	28℃	40℃
19시간	입상(담기)	27℃	42℃
22시간	갈아쌓기(뒤바꾸기)	27℃	39℃
25시간	손 질	27℃	42℃
30시간	갈아쌓기(뒤바꾸기)	26.5℃	40℃
38시간	출 국	26℃	37℃

국미(麴米) 두께는 균등하게 되도록 발의 틈을 좁혀야 한다. 발밑은 30 cm 정도의 공간을 만들어 바람이 통할 수 있도록 한다. 발 위에 까는 천은 대형 국상자 제국법과 같다. 입국을 긁어모았다가 펼치는 데에는 고무래를 이용하면 편리하다.

② 제국관리

제국방법은 대형 국 상자 제국법과 별 차이가 없다. 뒤바꾸기(뒤집기) 조작까지는 대형 국 상자제국법과 같은 조작으로 하고, 제1손질 이후는 보쌈 대(재우기 대)에 펼쳐서 손질을 할 때마다 입국 층의 두께를 엷게 한다. 보통 입상(담기)때의 조작을 제1손질, 제1손질을 제2손질, 제2손질 때의 손질을 제3손질이라 한다. 조작의 방법은 제1손질에서는 덩어리를 충분히 보쌈 대(재우기 마루)에 펼친다. 제2손질, 제3손질에서는 국미(麴米)를 충분히 혼합한 다음 중심부로 모았다가 도로 펼친다.

각 조작대의 입국 층의 두께는 입국의 경연, 파정의 정도에 따라 가감하여야 하나 제3손질 때의 입국 층의 두께는 2 cm 내외로 한다.

6) 입국제조 경과

입국제조 경과는 표 6-6, 표 6-7과 같다.

1.3 분국(紛麴)

1) 분국의 의의

분국은 분상 상태의 입국에 해당하는 한 종류로서 밀기울과 약간의 녹말질을 보충 혼합한 다음 가열살균하거나 날것 그대로를 약품 살균하여 과학적인 제조관리 방법으로 만들어진 제품으로 효소역가가 높은 입국(밀기울 고지)을 말한다.

2) 분국의 제조

분국의 제조방법은 다음과 같다.

밀기울 → 살수・혼합 → 퇴적・흡수 → 사 별 → 증 자 → 사 별 →
냉 각 → 종균 접종 → 담기(입상) → 전 발효 → 본 발효 → 후 발효 →
건 조 → 분 쇄 → 검 시 → 포 장

밀기울을 증자 살균하지 않고 날 밀기울을 그대로 사용할 때는 약품살균을 한다.

3) 분국의 품질

정상적인 제조관리로 만들어진 분국은 독특하고 구수한 향취를 풍기는 회백색의 과립 상태의 제품이며, 이 냄새가 발생하는 것은 좋지 못하다. 분국의 규격은 표 6-8과 같다.

표 6-8. 분국의 규격

수 분	당화력(SP)	내산성 당화력	사용비율(단용 시)
110%	600 이상	300 이상	5%

4) 분국의 사용법

분국은 내산성의 당화력을 분비하고 있으므로 1단 담금[수국(수국 또는 초단 담금)] 시에 사용하거나 본 담금(2단 담금) 시에 사용하여도 무방하다. 분국은 자가제국의 불균일성에서 오는 역가를 보강하여 발효의 안전도를 높이는 데 사용한다.

2. 조효소제

조효소제, 일명 분국은 탁주, 주정공업에서 자체 제조의 어려움에 대처하기 위하여 피국(皮麴)을 전문 업체에서 제조하여 1차적으로 주정공업에서 사용하였고, 다음은 탁주 입국 대체용으로 종래는 자체적으로 제국하면서 자가 제품으로 입국의 품질과 성능이 미달 시 보충용으로 사용되었던 것이다.

2.1 조효소제(피국 또는 분국) 제조의 필요성

피국(皮麴) 제조는 일반 곡류(쌀, 보리, 옥수수)에 비하여 미생물 배양의 필수 성분이 유효적절한 성분구성으로 같은 균으로 밀기울 배양기가 당화효소 생성량이 월등히 많으므로 종래 대 원료 20~25% 사용하였던 것이 불과 2~3%로서도 거의 주모(酒母) 곡류의 주정발효가 가능하게 되었다.

따라서 주정공업에서는 자체제조는 폐지하고 피국 전문 업체로부터 공급받아 쓰고, 탁주업계에서도 자체 생산하는 입국의 부족량의 보충용으로 이용하고 있다. 피국의 전문 업체인 범한식품(주)과 삼공산업(주)에서 개발하여 우리나라 주정공업에 이바지하였다(표 6-9 참조).

표 6-9 누룩과 발효제 생산업체

제조상품	제 조 장
전통누룩	송학곡자제조공장(전화 : 062-942-8447)
전통누룩	상주곡자주식회사(전화 : 054-532-6888)
전통누룩	진주곡자주식회사(전화 : 055-753-4002)
전통누룩	부산산성누룩(전화 : 051- 517-4004)
개량누룩(증자용, 무증자용)	한국효소주식회사(전화 : 031-357-4938)
백국균(수원종국)]	수원발효식품연구원(전화 : 031-352-1987)
백국균(충무종국)	충무발효주식회사(전화 : 052-264-4810)
배양효모	송천효모개발연구소(전화 : 041-942-1013)

2.2 제조방법(균 배양법)

1) 사용균주(*Asp. usamii, Rhizopus*)

*Asp. usamii*는 *Asp. awamori*(일본소주용)의 변종이다. *Asp. usamii*의 특성은 내열성 당화효소의 생산역가가 높고, 내열성이 강하며, 산을 많이 생산하여 부패방지 효과도 강하다. *Rhizopus*는 재래 누룩에 널리 분포되어 있고, 누룩의 특유한 향기를 내며, 생 녹말을 분해하는 glucoamylase를 생산하여 무증자 전분질 원료를 당화할 수 있으므로 주류공업에서는 중요한 균이다. 이 균은 포자 번식이 어렵고 균사 번식방법으로 배양한다.

2) 배양방법

*Asp. usamii*의 최적배지는 밀기울을 15 mm 시험관에 0.5% 염산 용액 100 mℓ를 가하여 잘 혼합하여 사면배지를 만든다. 다음 120℃에서 15분간 살균한다. 30℃ 항온기에서 7일간 배양 후 별도의 액체세균배지에 이식하여 오염 여부를 확인한다.

3) 확대배양

500 mℓ Sakaguchi 플라스크에 분쇄한 밀기울 15g에 0.5% 염산용액 150 mℓ를 첨가한 것 10개 내외를 오토클레이브에서 115℃에서 15분간 살균한다. 이것을 냉각 후 무균상자 또는 clean bench에서 전술한 시험관(사면배지)의 균을 접종하여 진탕기에서 2~3일간 배양 후 종균 증식 확대 배양균으로 한다.

종균 제조용 바트(0.3 mm × 45 cm × 5 cm 스테인리스 강철) 20장으로 원료상자와 뚜껑상자를 각각 30개씩 만든다. 이 상자는 사용할 때마다 물 안에서 삶는다.

4) 종균제조

밀기울 10~20 kg에 0.5% 염산 용액 10~20 ℓ를 첨가하여 혼합한 후 상술한 스테인리스 스틸 상지에 0.5~1.0 kg씩 담아 증자한다. 증자 온도는 대기압(상압)에서 증기로 30~40분 증지하고, 40℃까지 냉각되면 배양실에 옮겨 상자마다 접종하여 선반 위에 쌓아 놓는다.

(1) 배양방법

입상한 후 배양실 온도를 35℃ 전도로 하여 배양온도가 35℃까지 가능한 한 빨리 올라가게 실온을 조정한다. 접종 후 8~12시간이 되면 응고현상이 일어나기 시작하고, 12~15시간이 되면 자체 발생 열로 배양온도가 유지되게 된다. 이때부터

30℃가 되게 조절하고 30℃ 이상 올라가면 종균으로서 가치가 떨어지게 된다. 배양시간은 72시간이다. 번식이 끝나면 30～40℃에 건조한다. 건조시간은 12시간 내외이다. 이것이 종균 역할을 한다.

5) 조효소제 제조

(1) 조효소제(분국)의 본 발효법

원료는 밀기울이고 균은 상기 2종류 중 하나이다. 원료 밀기울 100 kg을 준비하고 여기에 증자를 위한 반죽을 100% 내외 즉 100 ℓ에 진한 염산(35%) 용액 1,500 ㎖를 첨가하여 잘 혼합하고 증자 시루에 투입한다. 투입하는 요령은 증기를 주입하여 시루의 전면에서 증기가 올라오면 삽으로 투입을 시작한다. 이때 전부를 투입하지 말고 5～10 cm 정도의 두께로 투입하고 증기 빠져나오는 곳을 덮어 가면서 투입하여 전부 들어가면 마대로 이중으로 덮고 40～50분간 증자한다.

여기에서 주의해야 할 사항은 증기 중의 결로 수를 분리하는 장치를 하여 물하고 증기가 혼합해서 들어가지 않게 한다.

(2) 냉 각

시루 하부로부터 환풍기로서 여과된 공기를 불어 넣어 50～40℃로 냉각되면 상기 분쇄된 종균을 원료 대 0.3～0.5%를 균등하게 살포하여 접종한다. 종균 접종방법은 밀가루 반죽기 또는 스크류 컨베이어 식으로 500 rpm/min로 혼합하여 나일론 그물로 깐 상자에 입상한다. 이때 입상 두께가 지나치게 엷은 경우는 빨리 건조되어 역가가 떨어지고, 또한 지나치게 두꺼우면 과열하여 번식이 불량해진다. 일반적으로 3 cm 이하가 적당하다. 배양 총 시간은 48시간을 기준으로 하고, 최고 온도는 *Asp. usamii*의 경우는 37℃ 이상은 가능한 한 피하고, *Rhizopus*는 30℃ 이상에서 효소생성이 불량하다.

(3) 건 조

건조 목적은 출국시간을 지연시키면서 포자가 착생되어 출국 때 포자가 먼저 발생하여 작업환경이 나빠지기 때문에 포자가 본격적으로 발생하기 전에 건조하여 효소활성도 떨어지지 않고 장기간 보관을 하기 위함이다.

건조온도는 출국 때 수분함량이 많을 때는 90℃ 되는 열풍을 불어 넣어 배양물의 품온이 10℃ 이하이므로 역가가 떨어지지 않고 건조 진행되면서 품온이 상승되거나 건조 후기에는 열풍온도를 40～50℃가 되게 조절한다. 보통 건조시간은 강제

통풍으로 2시간에 수분 10% 내외까지 건조하게 된다.

3. **개량 누룩**[일본의 국(koji)]

3.1 국의 중요성

탁주 제조에서 원료의 선택과 제조과정, 탁주 제조의 기본은 당화와 발효라는 두 가지 공정의 이화학적 그리고 미생물학적 변화가 혼합적으로 이루어져 주질(酒質)이 좌우하게 된다. 탁주에서는 당화와 발효가 동시 이루어지는 즉 병행복발효주라는 것이 큰 특징의 하나이고, 단행발효주의 양조보다 만들기 어려운 술이다. 이 두 가지 변화 중에 당화의 역할을 하는 것이 국(麴)이다. 우선 국의 작용을 그림으로 설명한 것이 그림 6-2이다.

당화라는 것은 전분이 포도당까지 분해하는 변화를 말하는 것이며, 국 안에 있는 전분 분해효소인 amylase를 중심으로 이루어진다. 즉 찐쌀에 국균을 접종시켜 전분 분해효소인 amylase, 단백질 분해효소인 protease, 그리고 지방질 분해효소인 lipase

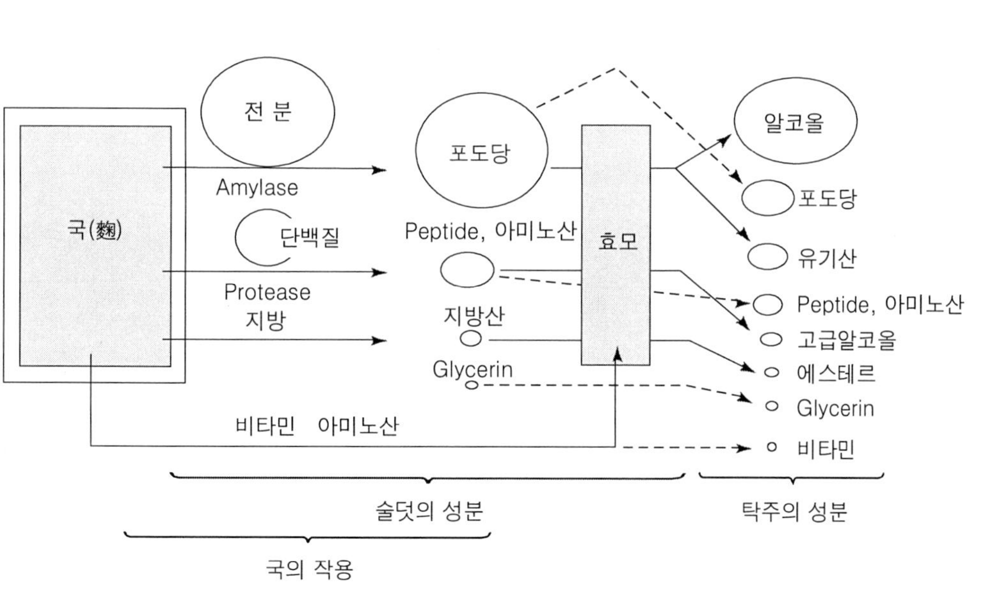

그림 6-2. 국의 작용

실선: 효모 등에 의한 화학적 변화를 받은 것

점선: 변화를 받지 않고 제성주로 옮겨지는 것

등이 분비 생산되도록 하는 것이며 또한 향기 성분도 생성하게 된다. 뿐만 아니라 국균이 번식할 때 생성되는 여러 가지 물질(비타민, 아미노산, 당류 등)은 직접 효모의 영양이 되든지 술의 풍미를 내는 데 큰 역할을 하고 있다.

국(麴)은 주모(酒母)와 술덧(醪)의 일부로 사용되나 그 품질은 술 자체에 관계된다. 국의 품온이 정상경과를 밟지 않아 당화력이 부족한 경우에는 충분한 효모의 증식이 이루어지지 않으며, 발효력이 약한 주모가 되거나 술덧에서 주질(酒質)이 단순하고 박이 많아져 원료의 이용률이 떨어지는 술이 된다.

이와 같이 국(麴)은 주조에 있어서 출발이 되는 것으로 그 품질이 매우 중요하며 주모의 육성, 술덧의 관리에 영향을 미치는 정도에 있어서 첫째가 국(麴)이고, 둘째가 주모(酒母), 그리고 셋째가 술덧(酒醪)이라는 것은 양조 가에서 오래 전부터 알려진 사실이다.

3.2 국의 색과 종류

1) 황국(黃麴)

황국균을 사용하여 만든 황국은 탁주, 약주, 간장, 된장의 국으로서 널리 사용되고 있다.

2) 흑국(黑麴)

흑국균을 사용하여 만든 흑국은 당화력도 강하고 산도 많이 생산하나 색깔이 검기 때문에 옛날부터 소주용으로 사용되어 왔다.

3) 홍국(紅麴)

홍국균을 사용한 국은 중국, 말레이시아에서 사용되고 있다. 일본에서는 적색 색소 제조에 많이 사용하고 있다.

4) 백국(白麴)

흑국균의 변이균주를 사용한 국으로 성질은 흑국과 같으나 색이 희다는 점에서 귀중히 여기며 탁주국과 소주국으로 사용하고 있다. 중국, 대만, 한국, 동남아 등에서 국을 만들 때는 분쇄한 생 곡류를 물이나 약초즙액으로 반죽하면 거미줄곰팡이(*Rhizopus*)나 솜털곰팡이(*Mucor*)가 많은 병국(餠麴)을 사용하고 있는 것이 특징이다. 병국은 자연계의 효모도 상당히 함유되어 있어 국(麴)과 동시에 주모의 역할도 하는 것이 많다.

3.3 제국 설비

1) 국실의 구조

국실로서 갖추어야 할 조건은 ① 국균의 생육에 필요한 온도와 습도가 비교적 용이하게 조절될 수 있는 것, ② 찐쌀의 입실과 출국이 편리하고 청결한 환경과 적당한 크기를 가질 것 등이다.

(1) 크 기

국실의 바닥 면적은 국개법(麴蓋法, 소형 국개법), 대형 국개법, 대형 상자법, 기계국법 등 어느 것을 택하느냐에 따라 달라지지만 기계국 이외는 제조량 100 kg당 13～14 m^2가 적당하며, 이것보다 좁으면 보온에는 적합하나 작업이 어렵고 또한 너무 넓으면 실내가 건조하며 열의 보온이 어렵다. 그림 6-3은 1500 kg을 매일 제조(제국량 300 kg) 할 때의 각각의 제조업에서의 보쌈 대(상 : 床 : 마루, 평상)와 선반(붕 : 棚 : 선반, 시렁)의 배치를 일례로서 나타낸 것이다.

보쌈 대(床 : 마루, 평상)의 크기는 100 kg당 3 m^2 정도가 필요하며, 선반(棚)은 국개법과 대형 국개법의 구조가 다르므로 국개법의 선반은 깊이는 60 cm 전면을 송판으로 붙이고 100 kg당의 길이는 6 m 이상을 필요로 하고 있다.

대형 국개법의 선반(棚)은 큰 상자를 놓은 틀(큰 선반) 구조로 된 것으로서 이동이 가능한 것이 좋고, 또 상자국법일 때에는 선반 전체가 평상(床)과 같이 되어 있

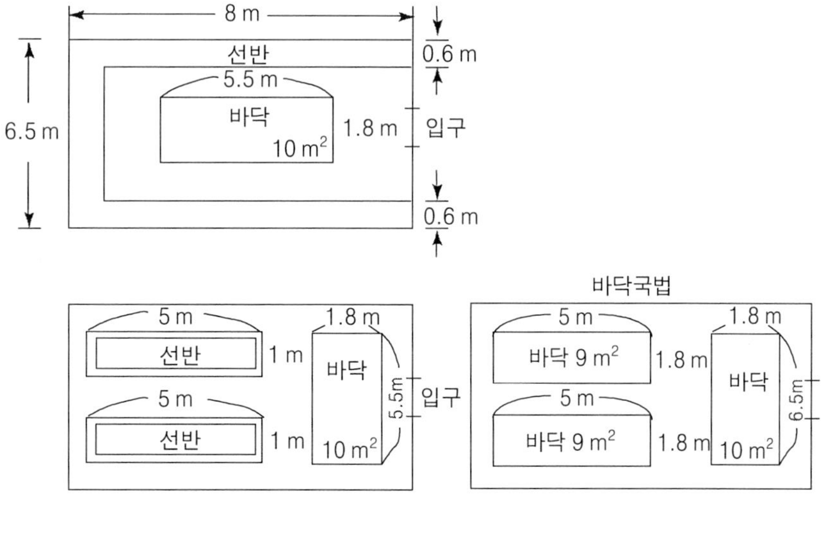

그림 6-3. 각종 자재 국법에서 바닥의 배치

어 그 크기는 100 kg당 4～4.5 m^2를 필요로 한다. 평상(床)과 선반(棚)의 높이는 사람이 약간 구부려서 일할 수 있는 65～70 cm 정도가 적당하다.

(2) 단열구조

벽, 평상, 천정 등 어느 것이나 단열구조를 갖추어야 한다. 종래의 국실은 왕겨 또는 짚을 넣어 보온을 하였으나 이들 재료는 흡수성이 높아 어느 정도의 흡수를 조절하는 작용은 있으나 단열효과가 나쁘고 쉽게 불결해지는 점 등의 이유로 최근에는 표 6-10과 같은 단열재로 바꾸어 가고 있다. 단열재의 두께는 왕겨 등에서는 60～90 cm인 것이 글라스 울 등을 15～20 cm로 단열재가 실내 외부에 유효하게 사용될 수 있는 이점이 있다. 내벽은 판자가 바꾸어 베니어판 등 압착 보드 판이 많이 사용되고 있다(내습용 합판).

(3) 환 기

환기방식은 천정을 사용하는 자연환기와 송풍구를 사용하는 강제 환기의 두 가지가 있다(그림 6-4).

표 6-10. 단열재의 종류와 그 성상

단열재	제조법 및 성상
글라스 울	유리를 양털과 같이 주름잡아 벨트모양으로 만든 것
발포 스티로폼	폴리우레탄은 부탄, 펜탄 등의 발포제의 작용으로 발포시킨 것
폴리우레탄	폴리우레탄을 만들 때 물이나 프레온을 사용한 것은 연질폼과 경질폼이 있다. 단열재로는 경질폼이 사용된다. 불에 타면 유독가스 포스겐이 나온다.

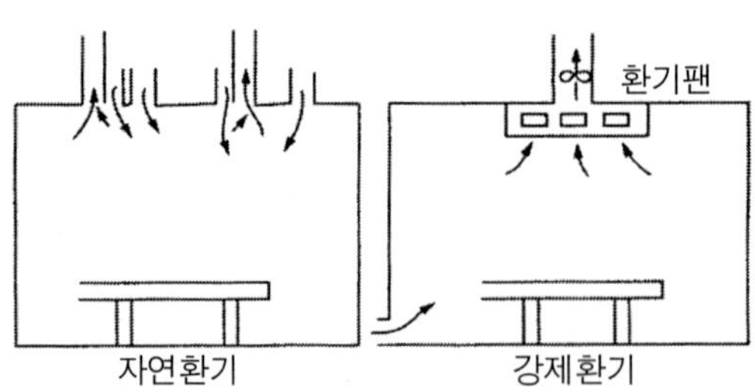

공기는 천정의 짧은 곳으로부터 들어와서 긴 곳으로 나간다.

그림 6-4. 환기의 방법

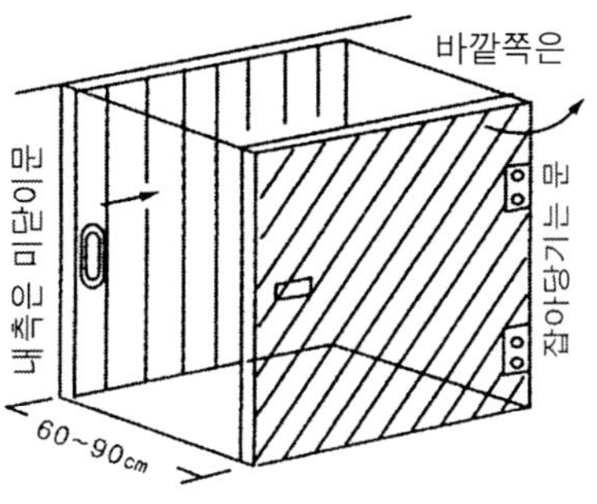

그림 6-5. 입구의 2중문의 약도

환기의 목적은 온도와 습도를 조절하는 데 있다. 예를 들어 건조시키려면 국실내의 공기를 배출하고 신선한 공기를 흡입시키면 좋다. 단 온도가 내려가면 충분한 준비가 필요한 것이다.

천정은 결로가 생기기 쉬므로 물방울이 내부에 흘러나오지 못하도록 물방울 바디를 설치하든가 천정 내부에 온상선(溫床線)을 넣는 등 대책이 필요하다. 또 천정의 밑부분에 미닫이문을 달아 면적을 자유로이 바꿀 수 있도록 만들어 놓는 것이 좋은 방법이다. 천창의 수는 5 m^2의 국실(1500 kg × 하루 제조량)에 0.3 × 0.3 m의 크기로 4개가 필요하다.

(4) 입 구

전실(직접 찬 공기가 닿지 않도록 국실 입구에 접해서 만든 조그만 한 방)이 있는 경우에는 미닫이문이 한 개라도 좋으니 전실이 없는 경우에는 이중문으로 문을 만들어 여는 문과 안쪽 문을 미닫이로 한다(그림 6-5).

출입문의 사이에는 사람이 들어가기에 충분한 공간을 만들어 여기서 위생복을 갈아입고 손의 세척, 살균 등을 행할 수 있도록 하는 것이 좋다. 입구의 크기는 높이 1.8～2 m 정도가 작업하기 편리하다. 미닫이와 인출 문에 기밀을 가지게 스펀지 백킹을 하는 것이 좋다.

2) 제국 기구

(1) 온도계

유점 온도계(최고 온도가 되면 온도가 내려가도 그대로 최고온도를 지시하고 있는 온도계)와 건습온도계 2개를 준비한다.

(2) 절반기(갈아 뒤집는 뒤집기를 하는 기계)

쌀의 덩어리를 으깨어 체에 쳐서 낱알로 하는 기계, 뒤집기를 하는 기계이다. 뒤집기를 하는 데는 입실 12～14시간째에 행하며, 이 시기는 찐쌀이 뭉그러져 기계를 사용하지 못한다. 갈아 뒤집기를 실제로 하는 것은 보쌈시기(담기) 후 22～24시간째하는 수가 많다. 뒤집기 기계를 사용하면 350～400 kg을 약 30분간에 처리할 수 있다.

(3) 가열기

열원으로서 전열기가 부착되어 있는 송풍기 또는 온상선(溫床線)을 사용하는 것이 보통이다. 연탄, 석유스토브는 화재뿐만 아니라 산소결핍을 초래하므로 정전 등 불가피한 경우를 제외하고 사용하지 않는 것이 좋다(그림 6-6).

(4) 참나무로 만든 큰 주걱과 입상용 됫박

주걱은 쌀의 덩어리를 떼는 데 사용하는 것으로 뒤집기 기계에 투입 전에 우선 먼저 빻을 때 필요한 것이다. 입상 됫박은 국 상자(국개)에 담을 때 사용한다(그림 6-7).

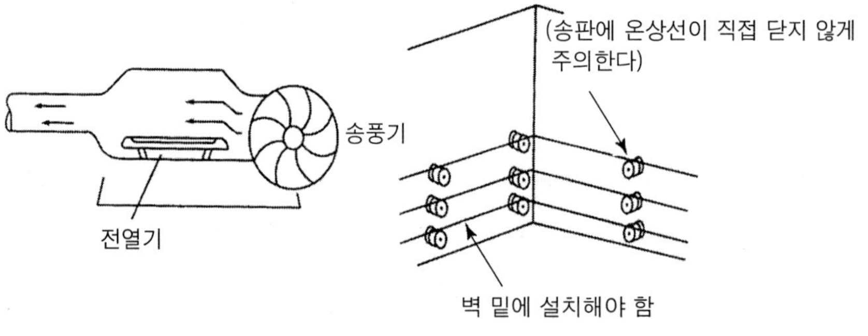

그림 6-6. 가열기구와 장치

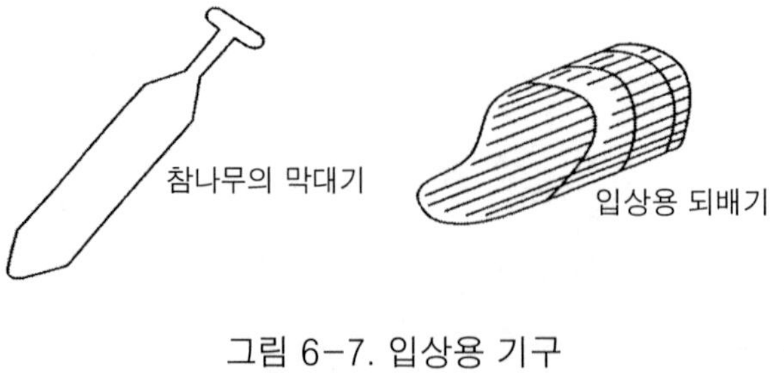

그림 6-7. 입상용 기구

(5) 까는 천, 덮는 천

마(삼), 무명(목화), 혼방제의 천이 시판되고 있다. 까는 천과 덮은 천은 모두 3벌 정도 분비하여 언제나 세탁을 깨끗이 하고 일광 건조할 수 있게 여분을 구비하여야 한다.

(6) 살균등(자외선 등)

자외선 등으로 잡균을 살균한다. 그늘진 부분이나 1 m 이상 떨어져 있는 곳은 효과가 적다 자외선은 눈을 다치게 되므로 실내에는 사람이 없을 때만 사용한다.

(7) 제국방법에 따라 달라지는 용구

① 소형 국개(麴蓋 : 작은 국 상자)

뚜껑을 덮는 국법을 사용하는 작은 상자로 1.5 kg 정도를 담을 수 있는 크기를 말한다. 2.5 kg 담는 것은 깊이만 6 cm 된다(그림 6-8).

② 대형 국개(麴蓋 : 큰 국 상자)

30 kg을 담을 수 있는 큰 상자이다(그림 6-9, 그림 6-10).

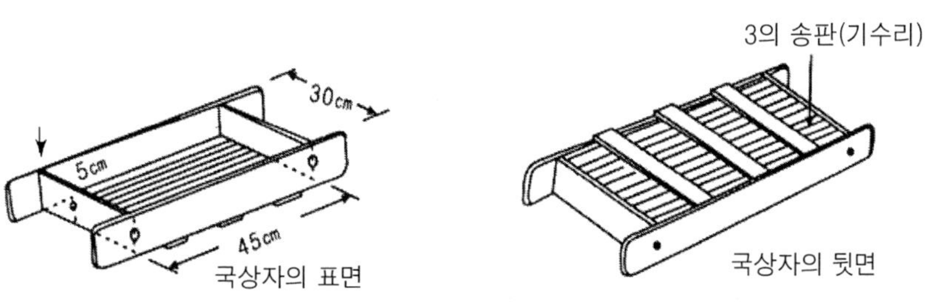

그림 6-8. 작은 국 상자(소형 국개)

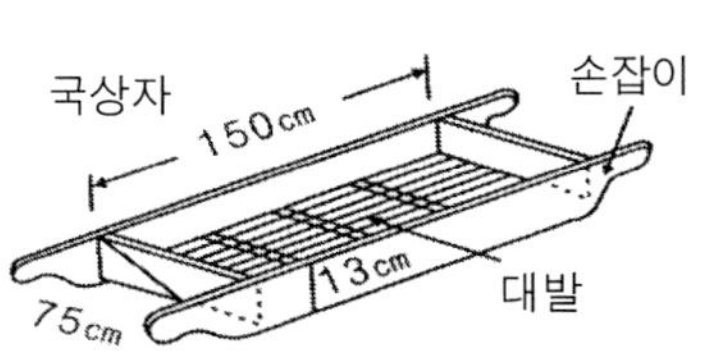

그림 6-9. 대형 국개

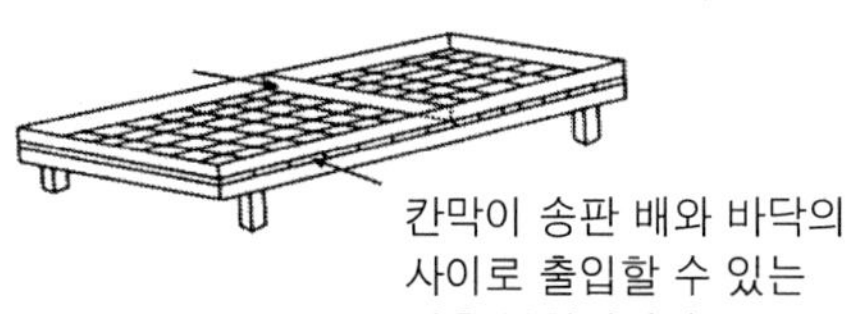

그림 6-10. 상자

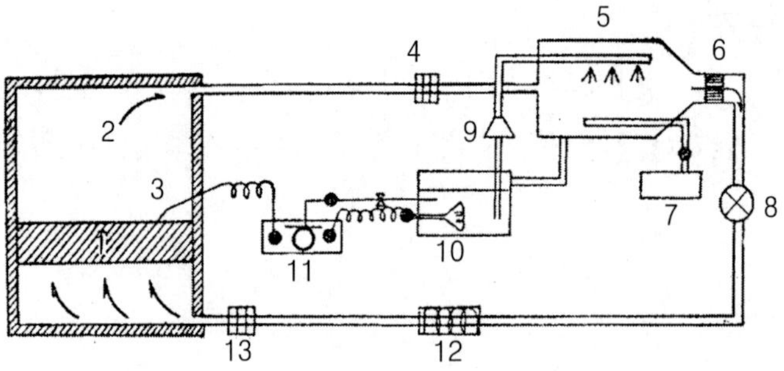

그림 6-11. 기계제국기의 단면도

1. 국층(麴層) 2. 온도계 3. 제국실 4. 담파 5. 샤와
6. Eliminator 7. 보일러 8. 변속기 달린 fan 9. 펌프
10. 온수조 11. 자동 온도제어기 12. 히터 13. 담파

③ 대형 상자

밑부분은 금속성의 그물이나 나무로 된 것 어느 것이나 좋다.

④ 기계제국기

각종 기계가 있으나 원리는 통풍에 의하여 품온 조절을 하는 것이다. 국의 층은 두껍게 담을 수 있으므로 좁은 면적으로 대량의 제국이 되는 이점이 있다. 청주 등과 같이 쌀을 원료로 하는 경우에는 편리하나 밀가루를 원료로 사용하는 경우에는 통기 효과가 떨어져 아직 사용되지 못하고 있다(그림 6-11).

3.4 국실의 살균

옛날에는 잡균으로 오염된 국(麴)을 사용하여 술덧의 변질 또는 부패되었을 때 국실을 조사하여 보면 일반적인 상태는 재래식이나 기계식에 관계없이 습기가 과다한 방으로 구석 등에 물방울이 생기고 있는 곳이 흔히 있다. 이러한 곳은 잡균들의 서식처이다.

국실을 2개 가지고 있는 곳에서는 자주 살균할 수 있어 좋지만 대부분 방이 하나밖에 없으므로 살균방법도 제한할 수밖에 없다. 표 6-11과 같은 포르말린, 아황산가스, PPS 등의 각 약제는 어느 것이나 가스 상태이므로 효과를 낼 수 있다. 그러나 이들은 사람에 유독하므로 제조 전·후 또는 정월 전휴가 있을 때 제국을 중단할 때만 사용해야 한다. 그러나 과산화수소는 매일 또는 3일에 한번 닦아주어도 살

표 6-11. 국실제와 살균법

살균제	표준 사용량	사용방법	사용상의 주의
역성세제	500~800배	분무, 닦기(걸레)	더러움이 있으면 효과는 감소되고, 걸레로 닦을 때에는 고무장갑을 낀다.
포르말린	100~150 g/10 m^2	물로 2~3배 가량 희석하여 가열증발	눈의 점막 등을 손상시킨다. 불결하면 효과는 감소된다.
황	100~200 g/10 m^2	가열하여 훈증	금속의 부식, 불결하면 효과는 감소된다.
PPS	100~150 g/10 m^2	가열하여 훈증	금속의 부식, 불결하면 효과는 감소된다.

균 효과를 기대할 수 있다.

3.5 종균의 선택

1) 시판 종국

시중에 판매되고 있는 종국(種麴)은 좁쌀 또는 쇄미(碎米)에 포자가 부착된 입상의 것과 국균의 포자와 전분을 혼합한 가루 형태의 두 종류가 있다. 전자는 사람의 손으로 접종할 때 사용되며, 후자는 접종을 기계식으로 균등하게 접종할 때 사용한다. 탁주용 *Asp. kawachii* 균이라도 한 가지 균종의 종균이 모든 조건을 갖추기 어렵고 당화력이 강한 것, 산생성이 높은 것, 단백질 분해력이 강한 것이 있으므로 서로의 장점을 보완하기 위하여 2~3종을 혼용하는 것이 이상적이다.

우리나라 종국 제조장에서는 이와 같은 2종 이상으로 판매하는 것은 없는 것 같다. 현행 탁주용 양조는 3~4일 만에 미숙된 술 상태로 제성하므로 어느 회사의 것이나 품질에 큰 차이가 있다고 할 수 없다. 이상적인 것으로는 당화력이 강한 것, 산 생성능력이 강한 것을 각자가 검사할 줄 알아야 탁주 주질(酒質)의 안전성을 확보할 수 있을 것이다.

2) 종국의 보존

종국은 흡습하면 급속히 오염되어 균이 사멸되는 수가 있다. 일본의 시판 종국은 건조하여 통조림으로 밀폐, 방습하므로 개봉하지 않으면 저온에서 장기간 보존이 가능하다. 그러나 종균의 포자도 1년 이상이 지나면 발아율이 낮아진다는 보고가 있으므로 1년 정도 경과한 것이라면 20~30% 종균 양을 평상시보다 많게 하는 것이 안전하다. 한번 개봉한 것은 가능한 한 빨리 사용하는 것이 바람직하고, 좋은 종국을 만들기 위해서는 방안을 잘 건조시키고 출입하는 사람의 손, 외복을 깨끗이 하는 것에 유의해야 할 것이다.

3.6 제국 공정

술을 만드는 요점은 극단적으로 말하면 온도관리 여하에 따라 결정적으로 좌우된다고 할 수 있다. 국 제조도 온도관리에 따라 품질의 차이가 생기게 된다.

1) 소형 국개법(麴蓋法 : 작은 상자국법)

(1) 입 실

34～36℃로 냉각된 증미를 국실에 넣는 것을 말한다. 증미의 경연에 따라 다음 공정의 종균 접종 후 온도를 어떻게 할 것인가를 결정한다(표 6-12).

(2) 종국 접종

입실 후 전체의 증미온도가 균일하게 되도록 잘 섞어서 목표의 온도가 되면 곧바로 종국을 접종하고 재차 잘 섞어준다. 이것은 종균 접종(파종)이라 한다. 종균 접종이 끝나면 온도가 내려가지 못하도록 한 곳에 모아 덮은 천으로 싸준다. 파종(접종)이 끝났을 때의 증미온도를 접종 직후의 온도라고 하고, 또한 이때의 증미의 수분은 34%가 되도록 한다. 종국의 양은 백미 100 kg당 탁주는 200 g 내외이고, 청주 등은 100～120 g, 청주 덧 국은 60～90 g이다.

(3) 뒤지기(뒤집기)

접종 후 약 10시간 경과하였을 때 증미를 헤쳐서 덩어리를 부순다. 이것을 뒤지기(뒤집기)라고 한다. 이때의 품온은 접종 후 온도가 30～32℃일 경우에는 10시간까지 거의 오르지 않으나 그 이상일 경우에는 0.5～1℃ 정도 높아져 있는 것이 보통이며, 증미의 상태는 접종 직후와 비교하여 약간 광택을 잃은 정도이다. 뒤집기

표 6-12. 증미의 상태와 온도

증미의 상태	입실(온도, ℃)	종균 접종 직후(온도, ℃)
연하다.	32～34	30～31
보 통	34～36	31～32
단단하다.	36～38	32～33

(뒤지기)의 시기가 접종 12～14시간 정도 경과되면 품온이 0.5～2℃로 올라간다.

어느 것이나 뒤지기의 목적은 다음 조작(입상, 담기)까지 방치해 둘 때 증미 층의 내부 품온이 너무 많이 올라가고 또 표면 부분은 너무 건조해져서 균사 생육이 좋지 못한 국이 되므로 덩어리를 부수어줌으로써 품온을 0.5～1℃ 가량 낮추어 품온 급상승을 방지하여 전체의 품온을 균일하게 하는 것과 또한 산소를 공급하는 것이다. 뒤집기(뒤지기) 후에는 재차 증미를 모아 싸주고 덮개를 덮는다.

(4) 입상(담기)

뒤집기(뒤지기) 후 12시간(접종 후 22시간)이 경과하면 증미는 광택을 잃고 표면에 하얀 반점이 군데군데 보이게 되며, 품온은 접종할 때보다 1～2℃가 높아진다. 국균의 증식이 가속적으로 왕성하게 되기 시작하는 시기이므로 이 이상 방치하여 두면 품온이 심하게 올라가고 수분 발산이 부진하므로 국개(麴蓋)에 옮겨 왕성한 균의 증식을 촉진시킴과 동시에 균의 성장 상태와 온도상승 동향 등을 조사하게 된

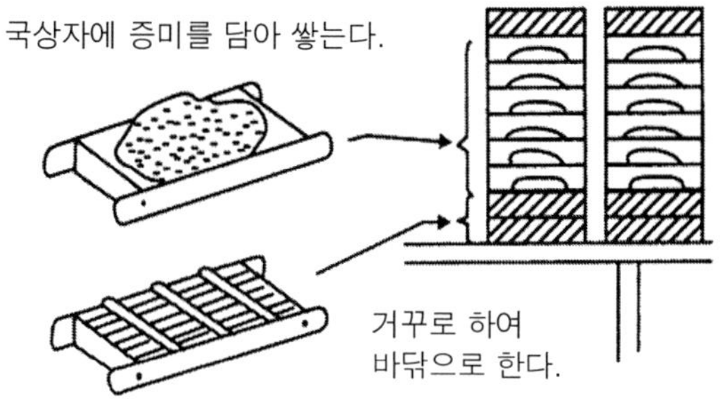

그림 6-12. 담기방법과 갈아쌓기

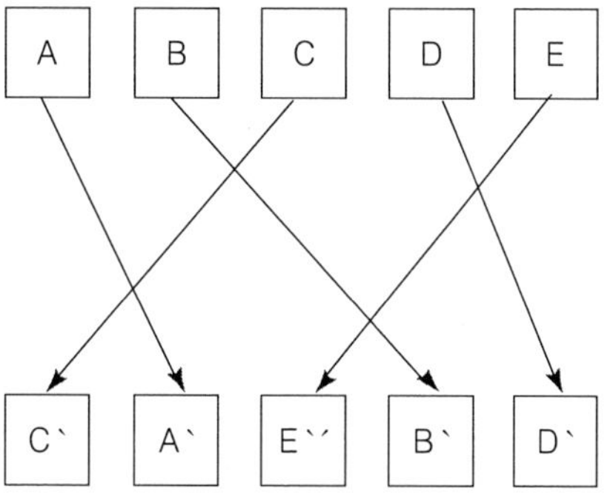

그림 6-13. 갈아쌓기 방법

다. 이것이 입상(담기)이다.

한 개의 국개(국 상자)에 담은 양은 1.5～2.5 kg으로서 국 상자(국개)는 그림 6-12와 같이 선반 위에 6～8개를 포개고 담기 후의 품온은 1℃ 정도 내려가 대략 접종 직후의 온도와 같이 되는 것이 보통이다. 그림 6-12와 같이 쌓고 나면 전체를 광목, 융(린넨)과 같은 덮개를 씌워서 보온과 동시에 지나친 건조를 방지한다.

(5) 갈아쌓기

담기 후 3～4시간 지나면 균사의 발육도 진행되며, 품온이 1～2℃가 오르고 상단과 하단의 국개에서 온도의 차이가 생기게 된다. 그래서 6장을 포개놓았으면 상하 3장씩 위아래를 바꾸어 온도가 상승함을 균일화시킨다. 바꾸기 할 때 국개(국 상자)를 180도 회전하여 앞뒤를 거꾸로 한다. 이것이 상자 바꾸기이다.

이때의 품온의 상승이 둔화되면서 상단과 하단이 차이가 없어지면 바꾸기 시간을 늦춘다. 또한 그림 6-13과 같이 줄에 따라 온도의 차이가 있는 경우는 품온이 낮은 것을 열의 중앙에(즉 A, E가 낮은 경우는 A-A, E-E'의 위치로) 이동시키는 것도 필요한 것이다(그림 6-13).

(6) 골 파주기

담기(입상) 후 6～8시간이 지나면 점점 국균의 활동이 활발해져서 이대로 방치하면 증미의 내외에서 품온이나 균의 성장상태에 상당한 차가 생기므로 중앙에 골을 파주어 산소의 공급(탄산가스의 배제)과 동시에 수분의 확산을 도모하는 것이다. 이것이 골 파주기 작업이다.

골 파주기 작업은 품온이 34～36℃로 균 성장률이 약 30～40%이며, 향기는 특유한 냄새를 낸다. 이때 증미가 더욱더 단단해지는 것이 상례이다. 접종의 온도가 높아졌을 경우 이 시기에 특유한 향기를 내며, 표면의 습기가 극단으로 많아져 문지르면 부서지는 증미까지 생기게 된다.

평탄하게 까는 법은 증미를 쌓아 올린 곳에 손을 넣어 잘 섞어서 국개(국 상자)를 앞뒤 양면으로 키질을 하였다가 국개(국 상자)의 중심부로 재차 끌어 모아 오목하게 만든다. 이것은 중앙부 품온의 급상을 막기 위함이다. 작업이 끝나면 국 상자(국개)는 그림 6-14와 같이 빈 국개를 한 개씩 얹어 같은 짝의 상자(국개)로 6～8개를 포개 놓는다. 이것도 품온의 급상을 막기 위함이다.

이 작업이 끝난 후에 갈아쌓는 방법은 1, 2, 3, 4, 5, 6의 순으로 되어 있는 것을 6, 5, 4, 3, 2, 1의 순으로 쌓아놓으면 된다. 또한 품온은 1～1.5℃ 정도 낮아지는 것이 표준이다.

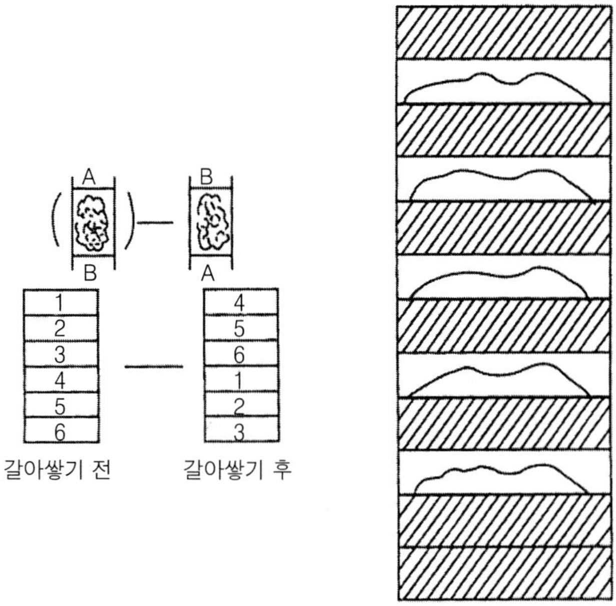

그림 6-14. 골 파주기 후의 갈아쌓기와 상자 쌓기

(7) 갈아쌓기

골 파주기 작업 후 3시간 지나면 갈아쌓기를 한다. 방법은 (5)와 같이 한다.

(8) 마무리 작업

(7)의 갈아쌓기 하는 작업 후 7~8시간쯤에서 국균의 번식은 더욱 왕성해지며 품온은 37~39℃가 된다. 균 번식상태가 60~70%쯤 되어 국의 모양을 형성하게 된다. (6)의 작업 시 독특한 냄새는 사라지고 국 특유의 향이 나타난다.

조작법은 엉켜 있는 국을 풀어 주면서 잘 섞어 그 때의 품온에 따라서 상자 면에 엷게 펴든가 하여 적당히 조절한다. 이 시기 이후에 수분의 발산 양은 극히 많아지므로 덮개천은 되도록 씌우지 말고 스스로의 힘으로 온도가 오르도록 실온은 어느 정도 높게 잡고 건습 차를 그 때보다 1~2℃ 높게 잡아준다. 주의해야 할 것은 조작에 의하여 품온을 지나치게 내리지 말 것이며, 1.5℃ 이내로 끝내어야 한다(그림 6-15).

(9) 갈아쌓기

끝마무리 작업 후 3~4시간 지나면 품온이 상승하여 장소에 따라 차가 생기게

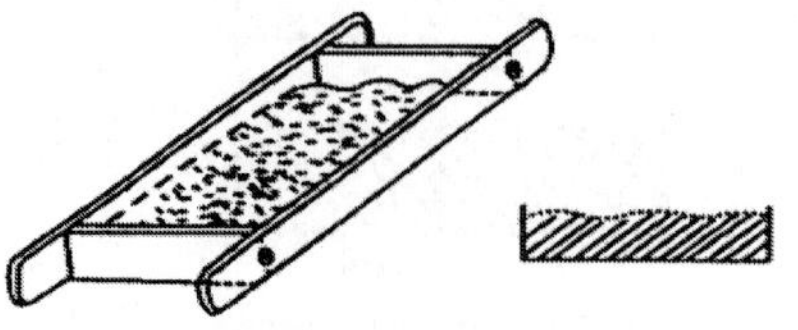

그림 6-15. 끝마무리 작업

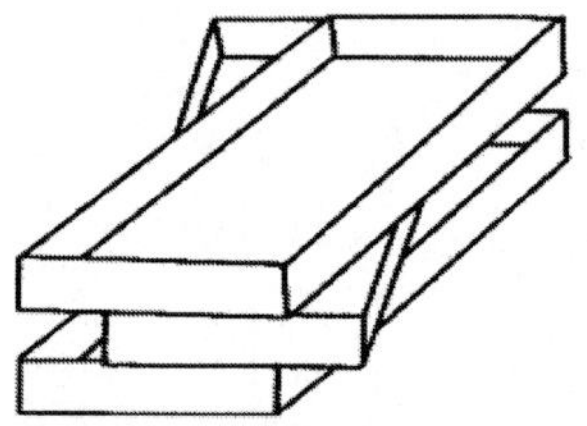

그림 6-16. 우물 정(井)자 상자 쌓기

되므로 (5)의 갈아쌓기(그림 6-16)의 요령으로 갈아쌓기를 시작한다. 이때의 국 만들기 과정에서 제일 높은 온도가 될 때이므로 최고 갈아쌓기 또는 최후의 갈아쌓기라고 한다. 더욱 이 시기에 목표의 최고 온도에 도달되어 있으므로 그 이상 품온의 상승을 바랄 수 없을 때에는 그림 6-16과 같이 빈 상자와 국이 들어 있는 상자를 우물 정(井)자형으로 쌓아 열의 발산을 도울 수 있도록 하는 것이 필요하다. 품온이 떨어지는 것은 바람직하지 않으므로 실온과의 균형을 이루게 조절한다. 또한 갈아쌓기 후에는 균 번식이 왕성하고 방향을 내게 된다.

끝마무리 작업 후 6~8시간 접종할 때부터 통상 출국까지 시간은 36~40시간이다. 국상자의 국을 광목 위에 털고 더운 기운을 충분히 제거하고 국실 앞에 얇게 펴서 식힌다.

식힐 때 국의 표면에 응축수가 생기면 건조하는 도중에 잡균이 번식할 우려가 있으므로 건강상태에서 식히는 것이 좋다. 최근 출국의 열기를 강제통풍에 의하여 냉각하는 곳도 꽤 많이 볼 수 있다.

2) 대형 국개법(麴蓋法 : 큰 상자국법)

국개법은 상자의 용량이 적으므로 담기를 편편하게 하는 작업에 많은 노력을 필요로 하며 또한 상자의 갈아쌓기 조작이 필요하다. 큰 상자국법(대형 국개법)은 뚜껑을 큰상자로 바꿈으로써 성력화를 위하여 사용하는 방법이다. 담는 양은 15~45 kg(30 kg 전후가 많다)까지 되므로 뚜껑 상자의 약 10~30배가 되고 더욱 갈아쌓기 조작은 전연 불필요하다는 점이 다르다. 그러나 제국의 방법은 뚜껑상자법과 조금도 다르지 않다. 대형 국개법에서의 경과는 그림 6-17과 같다.

종균 접종에서 담기까지는 조작 면에서는 거의 같다. 담기 이후에 있어서는 상국법의 조작과 주의할 점은 다음과 같다.

(1) 입 상

상자 크기의 약 70%되는 곳에 칸막이 판 조각을 넣어 헝겊을 덮는다. 이것은 품온은 내리지 않고 국균의 증식을 돕기 위함이다(그림 6-18).

(2) 평탄하게 까는 작업

편편하게 하는 작업 후 9~10시간 경과하면 품온이 34~26℃로 상승하므로 증미를 잘 섞어서 국개 전체에 고루 펴 놓는다.

(3) 끝마무리

중간 마무리 후 7시간 쯤 경과하면 37~39℃로 품온이 올라간다. 손질을 하면서 동시에 국개법과 같이 높고 낮은 기복 층(그림 6-18)을 만들어 표면적을 크게 만들고 수분의 발산을 도우며 또한 상자 밑바닥의 판자(망 또는 나무나 대나무로 만든 품온의 저하를 막기 위하여 넣어둔 판자)를 빼고 품온이 급격히 올라가는 현상을 막는 동시에 상자 위에 짜임새가 엉성한 천을 덮어둔다.

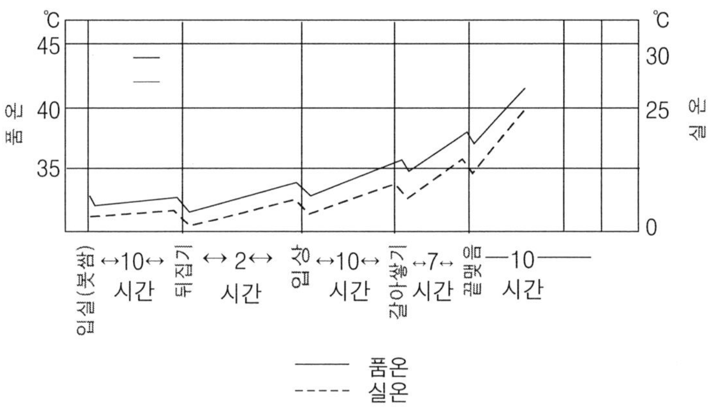

그림 6-17. 상국법 과정 중의 경과

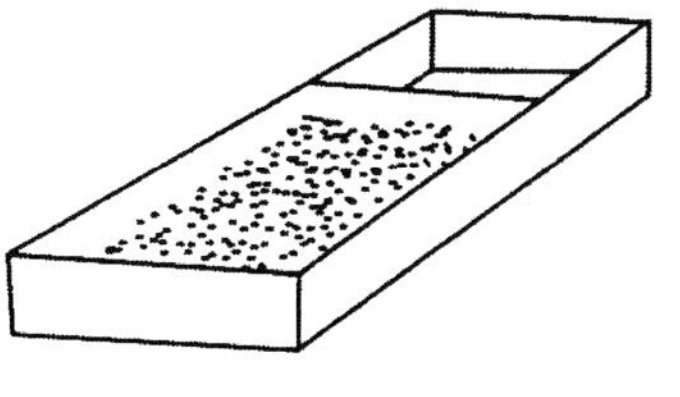

그림 6-18. 대형 국개법의 담기

(4) 출 국

끝마무리 작업을 마치고 8～10시간 후에 출국을 한다. 출국할 때 주의할 점은 국개법과 같다.

3) 상국법(상자국법)

큰 상자 국법의 상자를 더욱 크게 한 것이라 하겠다. 상자(箱子)의 밑바닥에는 망을 치고 망의 밑에는 판자(설합식)를 넣어 통기(통풍)가 잘 되게 하는 것도 상자 때와 마찬가지이다. 조작도 국개법과 같으나 찐쌀 층의 두께는 입상을 10～20 cm로 편편하게, 다음에는 6～7 cm, 끝마무리 할 때는 5～6 cm가 표준이다. 움직일 수가 없으므로 국의 어느 부분이 온도가 내려가기 쉬운지 또는 너무 올라가기를 잘 하는가를 알아서 층의 두께를 가감할 필요가 있다. 층의 두께를 고르게 하는 것은 그림 6-19와 같은 도구를 만들어 두고 사용하면 편리하다.

4) 기계국법

재래의 제국법에서는 국균의 번식과 더불어 발생되는 열을 증미 수분의 증발에 빼앗기는 형으로 품온의 조절을 하면서 제국을 해왔다. 따라서 재래법에 있어서 제국의 요점은 어떻게 증미의 수분을 증발시키는 환경을 만들어 주느냐 이고 그렇기 때문에 담는 양으로 조정한다든가 층을 엷게 한다든가 실내를 건조시킨다든가 하여 품온이 높아질 시기에 손질을 해야 하는 것이다. 기계에 의한 제국도 이 원리는 같고, 종종 제국기의 공통점은 사람의 손을 사용하지 않고 강제(자동) 통풍으로 증미의 수분의 증발을 촉진시켜 그것에 의하여 품온의 조절을 꾀하는 것이다.

기계제국의 이점은 통풍에 의하여 품온을 조절할 수 있으므로 상당히 두꺼운 층의 증미를 담을 수 있음은 물론 기계화가 되는 것 또한 일정한 조건만 결정해 놓으면 별다른 숙련도 필요치 않고 고른 품질의 것으로 얻을 수 있다.

제국기의 통풍방식은 다음과 같다.

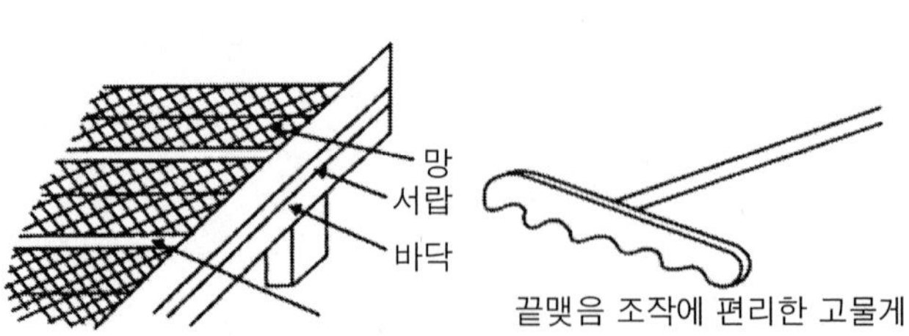

그림 6-19. 상국법의 상자

(1) 연속 통풍방식

상당히 큰 제국이 사용되는 방식으로 처음부터 통풍 온도를 경제적으로 설정하여 놓고 통풍하는 것, 평시에 일전한 습도의 공기를 통풍하는 것. 증미의 품온으로 부터 통풍량을 자동적으로 억제하며 일정 온도의 공기를 통풍하는 것 등이다.

제작비도 높이 책정되므로 대기업 형이다. 이 제국기는 습한 공기를 보내기 위한 온수조 그리고 샤워가 내부에 장치되어 있어 그 때문에 주의하지 않으면 안 되는 것이 두 가지이다.

① 제국층을 빠지는 공기를 완전히 살균하여 샤워실로 되돌아오게 함과 동시에 샤워실을 살균 소독할 것.

② 담은(입실) 증미의 품온이 낮으면 습기가 많은 공기가 송풍되는 결과 증미의 표면에서 수분이 저절로 흡수되어 비정상적인 냄새가 생기므로 제국기의 보온 그리고 증미의 온도를 적당히 유지할 것 등이다.

(2) 단속 통풍방식

이 방식은 중소기업의 기계제국에 사용되고 있으며, 기계는 국실 내에 설치된 것이 많고, 국의 품온 상승에 따라 팬(fan)이 돌기 시작하여 품온이 내려가면 저절로 중단되는 단속 통풍이다. 샤워실이 있는 곳은 위에서 말한 주의가 필요하다. 국실 내에 설치하는 것으로 샤워실이 딸려 있지 않는 기종에 대하여서는 제국기 내의 옆 벽과 밑부분이나 닥트(공기 유통관)의 내부에 모이는 드레인을 잘 닦아 놓으면 잡

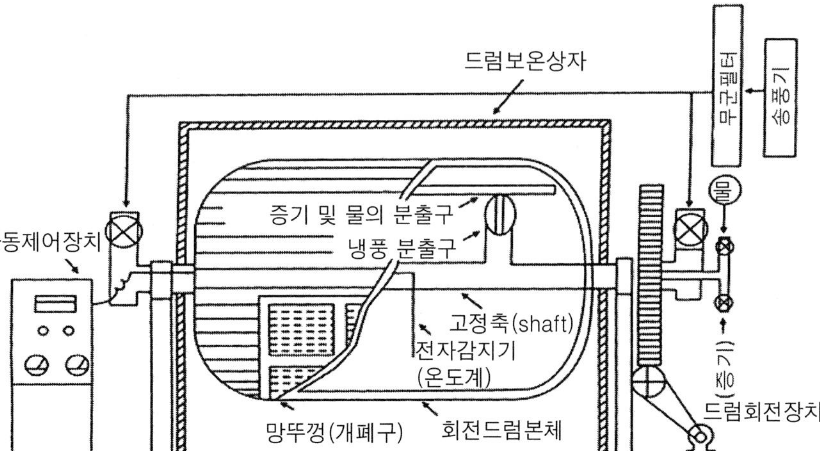

그림 6-20. 회전드럼식 자동 제국장치

균의 오염이 일어나기 어렵다.

5) 자동 제국장치

제국기 중 가장 간단한 기계이며, 품온이 상승하면 팬 모터가 작동하여 국 층의 하부에서 송풍하고 일정온도가 중단하였다가 다시 품온이 상승하면 상층으로부터 하층으로 흡입한다(그림 6-20).

3.7 출국의 품질 감정

1) 정상 국

빛깔은 순백색으로 손안에 쥐었을 때 보슬보슬한 상태로서 향기도 국 특유의 밤 향기를 가지고 있는 것이 정상적인 국이라 할 수 있다. 미국(米麴 : 쌀 국) 국균의 번식상태인 총파정(總破精)과 돌파정(突破精)을 그림으로 나타내면 그림 6-21, 6-22와 같다. 그림에서 검은 부분은 국균이 번식 침투한 것이며, 검은 부분이 많은 총파정 국은 당화력과 단백질 분해력이 강하여 주모용(술밑용) 또는 술덧용으로 좋다. 술지게미 비율은 적어 주정의 수율을 높이므로 경제적이다.

2) 비정상 국

전체가 순백색이 아니고 어딘지 모르게 거무스름해 있거나 손에 쥐면 경단과 같이 된다든가 끈적끈적한 낱알이 혼합되어 달콤한 냄새가 나고 텁텁한 냄새가 나는 것은 비정상 국(또는 이상국)이다.

(1) 겉발림 파정〔도파정(塗破精)〕

쌀 알갱이의 표면에만 균사가 자라고 내부의 균 번식상태가 나쁜 국을 돌파정(突破精)이라고 한다. 국을 반으로 쪼개어(절단) 보면 균의 번식이 속까지 침투하지 않는 부분이 하얗게 심으로 남아 있다. 이와 같은 국은 원료의 증미에 증자가 잘 안 되어 내부가 단단하다든지 또는 증미의 상태는 좋았으나 기계제국의 경우에는 층이

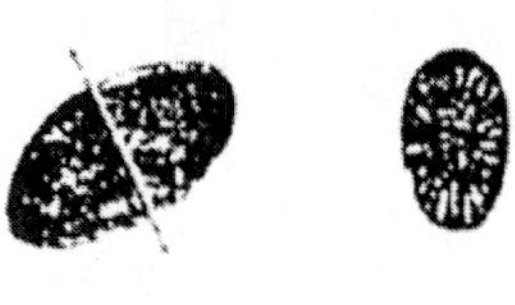

그림 6-21. 총파정

그림 6-22. 돌파정

너무 두꺼워 지나친 통풍으로 인하여 쌀 알갱이의 표면에만 균사가 번식했을 때에 나타난다. 효소역가는 약하고, 술 맛은 좋지 않고 술지게미 비율은 높다.

(2) 과 파정(過 破精)

증미의 중심부까지 균의 번식이 침투하여 손으로 비비면 연하게 가루가 된다. 이는 국균의 번식이 과도하게 진행되기 때문이다.

(3) 파정 누락

균사가 쌀 알갱이의 표면이나 내부에 번식하지 않고 마치 밥풀이 마른 것과 같은 상태의 것을 파정 누락이라 한다. 단단한 증미에 적은 양의 종국을 접종한 경우나 종균 접종, 뒤집기, 담기 등의 조작을 조잡하게 할 경우에 생긴다. 또 시루 가장자리에 생기는 응축수를 흡수하여 몇 개의 밥알이 덩어리가 되어 내부로 균사가 번식하지 못하여 덩어리 속의 쌀 알갱이가 파정되지 못한 경우이다. 그러나 이러한 독특한 경우 이외에 국 상자법에서는 거의 볼 수 없다. 이러한 국은 국으로서의 기능은 전혀 없고 발효하지 않고 그대로 남게 된다.

(4) 잡균 오염 국

① 달라붙는 오염 국: 입상 때부터 국의 표면이 조금 끈적거릴 때에는 비누칠을 한 것 같이 미끄럽고 심할 때에는 손에 묻어 떨어지지 않는 상태일 때가 있다. 또한 출국하여 손으로 쥐면 경단과 같이 된다. 이것은 고초균이 번식하여 접착성 물질을 표면에 생성하기 때문이다. 이 국은 점성을 갖는 국이 된다.

이와 같은 국이 되었을 때는 보자기를 풀기가 없게 깨끗이 씻고 증자 살균한다든가 기구와 방안 살균을 해야 한다. 증미는 되도록 단단하게 쪄내고 종균은 평상시보다 약 두 배 사용하며, 접종 후에는 국미 100 kg당 젖산 완충용액(젖산 7.7 g과 젖산나트륨 13 g을 혼합한 것에 1.8 ℓ의 물에 희석한 것) 100 mℓ를 분무기로 뿌려 잘 섞어서 쌓아 모아둔 후 재빨리 입상함으로써 방지할 수 있다. 점국(粘麴)의 효소역가는 정상적인 것에 비하면 약하나 담금 때 쓸 수 없는 정도는 아니다.

② 산 생성 오염 국: 제국 중에 유산균 등의 산을 생산하는 세균이 많이 번식하여 세균 수가 많으면 곧 부패하게 된다. 특히 김치 같은 것을 만진 손으로 종균을 접종하면 유산균을 증미에 접종하는 것과 같으므로 국의 유산균 수도 급격하게 증가하게 된다. 이럴 때는 역성비누 등을 사용하여 손을 깨끗이 씻어야 한다. 그 외 국실, 기구, 보자기 등의 소독 살균에 신경을 써야 하고, 작업복도 청결하

여야 한다. 이들의 세균은 국균보다 증식이 빠르므로 국균이 성장하기 전에 영양분을 빼앗아 국균의 성장을 억제시키므로 종균 접종 후에 오염되지 않도록 하는 것이 중요하다. 기계제국에서는 기계 내부에 부착한 응결수나 샤워실을 청소하지 않고 계속 사용하는 경우 부패성 유산균 등의 성장을 도와주는 결과가 되므로 자주 청소하고 소독을 하여야 한다.

③ 야생효모 오염 국: 국이 야생효모에 오염되면 이를 사용한 주모가 야생효모로 오염되어 다음의 술덧과정이 오염되어 점차 오염이 확대되므로 술맛을 버리게 된다. 야생효모는 잡균과 같이 공기 중에 분산되어 양조용 기구, 보자기, 벽 등에도 부착되어 있으므로 세균과 같이 이들을 소독 그리고 살균하여야 하고 동시에 손을 깨끗이 씻고 작업복도 청결하여야 한다. 공기 중의 야생효모는 제조장 자체가 야생효모에 오염되어 있지 않지만 그 수도 적고 가령 증미 냉각기에 부착한다고 하더라도 국균의 번식에 억눌려 큰 문제가 되지 않는다.

3) 효소생산

제국의 목적은 곰팡이를 이용한 양조에 필요한 효소의 생산이 주목적이다. 따라서 국은 쌀 전분질을 포도당으로 분해함과 동시에 단백질을 아미노산으로 분해하여 효모가 발효하는 데 필요한 물질을 생성하는 것이며, 전분이나 단백질을 분해하는 것은 모두 국으로 생성되는 효소의 작용이다.

따라서 국의 품질을 말할 때는 본질적으로 효소역가가 술은 만드는 데 있어서 충분한가의 여부를 알아보아야 한다. 그러나 효소역가를 나타내는 방법은 측정하는 사람에 따라 달라지면 그 결과가 나와도 비교하기 어려우므로 국 1 g이 일정한 조건에서 어느 정도의 전분을 포도당으로 분해하는지 또는 카세인(단백질의 일종으로 수용성이고 효소의 기질)이 아미노산으로 분해하는지 등 생성되는 포도당이나 아미노산의 중량을 가지고 국의 효소역가를 나타내는 방법이 사용되고 있다. 이것이 효소역가이고, 국 중의 효소는 국세청의 소정의 분석법으로 역가 측정의 표준방법이 정해져 있다.

국균에서 수십 종의 각종 효소가 생성되지만 중요한 것은 쌀의 당화에 직접 관계하는 효소로서는 α-amylase, glucoamylase이고, 단백질 분해효소로서는 산성 protease이다.

(1) 전분질 가수분해효소(당화효소)

당화효소에는 앞에서 설명한 것과 같이 α-amylase, glucoamylase가 있다. α-Amylase는 액화형 amylase라고 하며 점성이 강한 전분 풀을 점성이 적은 유동성의

표 6-13. 제국온도와 효소역가의 관계

효소역가 / 제국온도	α-Amylase	Glucoamylase	산성 protease
30℃	약 함	약 함	강 함
35℃	조금 약함	강 함	강 함
40℃	강 함	강 함	약 함

액체로 만든다. 이때 전분은 분해하여 분자량이 작은 dextrin과 소량의 맥아당도 생성된다. Glucoamylase는 당화형 amylase라고 하며, 전분 분자의 환원성 말단에서부터 포도당 단위로 절단하여 포도당을 생성한다. 따라서 전분은 포도당으로 변하기 때문에 환원성은 증가되고 감미가 증가한다. 효모는 전분에 이용되지 못하지만 포도당을 이용하여 알코올을 생산할 수 있다.

국세청 소정 분석법 그리고 그 외의 방법으로 측정할 때의 효소역가는 국 1 g당으로 환산하여 덧밥 국에서는 α-amylase는 1000 정도, glucoamylase 당화력은 25 정도이다.

(2) 단백질 가수분해효소

당화효소 다음으로 중요한 효소로서 protease가 있다. 산성 protease와 산성 carboxypeptidase의 두 가지가 있다. 산성 protease는 단백질을 가수분해하여 저분자의 수용성의 peptone을 생성하여 탁주의 구수한 맛을 생성하고 동시에 쌀 전분의 당화를 촉진하는 작용이 있다.

한편, 산성 carboxypeptidase는 단백질이나 peptone의 carboxy 말단에서 점차 아미노산으로 가수분해하여 수십 종의 아미노산이 생성되어 정미성분이 되고 효모의 영양으로 되어 발효력을 높이고, 효모의 작용을 받아 고급 알코올 등의 향기성분이 되기도 한다. 산성 protease의 역가는 국세청 소정 분석법으로 측정하여 국 1 g당 tyrosine 생성량으로 4000 정도이다.

이상의 2종의 효소는 제국온도에 따라 효소역가가 달라진다(표 6-13).

3.8 현재의 기업형 누룩 제조회사

1980년대까지만 해도 광주곡자, 송학곡자, 원주곡자, 진주곡자, 상주곡자, 제천중앙곡자 등 여섯 곳이었으나 현재 기업형으로 제조하여 시판하는 회사는 상주곡자주식회사, 진주곡자공업연구소, 광주시 송학곡자주식회 등 세 회사가 있으나 판매량이 많지 않아 어려움을 접하고 있다. 이들 회사의 누룩제조법은 차이는 있으나 일반적인 제조법에서 크게 벗어나지 않고 각 회사의 실정에 맞게 운영되고 있다.

상주곡자는 밀가루 반죽을 수동으로 하여 성형도 아낙네들이 직접 밟아서 성형하고, 진주곡자와 송학곡자는 기계식으로 반죽하고 성형하고 있다. 판매는 곡자를 모두 분쇄하여 판매하고 있다고 한다.

1) 상주곡자(주) 누룩 제조

▸ 소재지: 경북 상주시 중덕동 659-14, 전화: 054 - 532 - 6888

제조공정은 다음과 같다.

① 원료의 정선과 조분쇄: 원료 밀은 수입 밀이며, 원료 밀은 정선하지 않고 조분쇄 한다.

② 밀가루의 반죽: 물로 반죽한다.

③ 성 형: 반죽을 보자기에 넣고 고지에 담아 발로 밟아 성형한다.

④ 누룩발효: 발효실은 6단의 단상으로 되어 있다. 37～40℃로 유지하면서 7～10일간 발효한다. 여름철에는 살충제를 살포한다.

⑤ 건조·후숙: 40℃ 정도의 건조실에 7～10일간 후숙과 수분 12% 정도까지 건조한다. 이때 누룩의 당화력은 300～390SP이다

⑥ 상품화: 파쇄기로 분쇄하여 10 kg씩 포장하여 시판한다.

2) 진주곡자(공업연구소) 누룩 제조

▸ 소재지: 경남 진주시 상평동 159-8, 전화: 055 - 753 - 4002

제조공정은 다음과 같다.

① 원료의 정선과 조분쇄: 원료 밀은 수입 밀이며, 원료 밀은 정선하지 않고 분쇄기로 조분쇄 한다.

② 밀가루의 반죽: 물이 자동 유입되는 반죽기에서 반죽한다.

③ 성 형: 반죽을 보자기에 넣고 실리콘 누룩 틀에 담아 압착기로 눌러 성형한다.

④ 누룩발효: 국실은 양쪽 선반형으로 7단이고, 미닫이식 선반이라 앞으로 뺄 수 있다. 누룩은 여름철에는 30℃ 정도, 겨울철에는 35℃, 15일간 발효한다. 누룩의 품온이 45℃ 이상이면 뒤집기를 한다.

⑤ 건조·후숙: 국실에서 그대로 실온으로 하여 건조와 숙성을 45일 정도 한다.

⑥ 상품화: 완성된 누룩(밑지름 22 cm, 윗지름 20 cm × 5 cm, 무게 1,450 g)은 2되 무게로 분쇄하여 시판 또는 10 kg로 포장하여 시판한다.

3) 송학곡자(제조장) 누룩 제조

▶ 소재지: 전남 광주시 광산구 삼거동 48-4, 전화: 062-942-8447

① 원료의 정선과 조분쇄: 원료 밀은 수입 밀이며, 원료 밀은 정선하지 않고 분쇄기로 조분쇄 한다.

② 밀가루의 반죽 : 조쇄 밀가루 40 kg와 물 18 ℓ 를 혼합하여 반죽기로 반죽한다.

③ 성 형: 밀가루 반죽은 자동성형기로 누룩 틀에 연속적으로 성형된다. 이 성형기는 1시간당 220개의 생 누룩을 생산할 수 있다.

④ 누룩발효: 발효실 규모는 2,200개 정도 들어 갈 수 있으며, 높이 2.9 m, 깊이 7 m 정도이고, 보온과 통풍을 위하여 창이 있다. 발효실 선반은 양쪽으로 있으며 선반간의 거리, 간격 등이 규정되어 있다. 발효실 온도는 겨울철 35℃, 여름철에는 30℃가 되게 보온한다. 발효기간은 3～4주 정도, 발효실은 1년에 1～2회 황 훈증으로 살균한다.

⑤ 건조·후숙: 별도의 건조실은 없고 발효실에서 2～3개씩 비스듬히 포개서 최소 30일 이상 건조·숙성하여 제품화한다.

⑥ 상품화: 파쇄기로 분쇄하여 10 kg씩 포장한다. 시판 누룩의 수분함량 10～13%, 당화력 300SP이다.

3.9 문화재보호법에 따른 무형문화재의 전통주 누룩과 그 외 허가를 받은 일부 지역의 향토주 누룩

1) 문배주의 누룩

국가 중요무형문화재 제86-1호인 문배주는 평안도 지방에서 전승되어 온 술로 밀누룩, 좁쌀, 수수와 물을 원료로 하여 빚은 술이지만 술의 향기가 문배(돌배)에서 야생 돌배 꽃향기가 난다 하여 붙여진 이름이다.

문배주는 소주이므로 소주누룩으로 띄어야 한다. 즉 알이 잘 익은 국산 통밀을 사용해야만 문배주의 독특한 맛과 향기가 나는 술을 빚을 수 있다. 통밀은 정선하고, 통밀 2말을 물 5되의 물에 5시간 담갔다가 물을 빼고 맷돌로 거칠게 간 밀가루에 물을 부어 가면서 알맞게 반죽을 한다. 밀가루 반죽은 보자기에 싸서 누룩 틀에 넣고 아주머니들이 발로 중앙에서부터 가장자리로 단단히 밟아 가면서 디뎌 원반형(지름 20 cm, 높이 5 cm의 원판모양)으로 성형한다.

단단히 디딘 누룩은 내부의 수분이 증발되는 공기구멍이 줄어들어 건조를 방지할 수 있어서 곰팡이와 효모가 잘 번식할 수 있다. 성형된 누룩은 25℃ 정도의 서늘한 곳에서 포대기에 싸서 10일 정도 띄우면 황색의 곰팡이가 잘 번식하여 문배주 누룩이 된다. 잘 띄어진 누룩은 절구에서 거칠게 빻아서 사용한다. 통밀 2말로 만든 분쇄한 누룩에 3말의 물을 넣어 잘 혼합하여 물 누룩으로 사용한다.

그러나 현재의 문배주의 누룩은 백국균(*Aspergillus kawachii*)의 종균을 인위적으로 첨가하여 제조하고 있다. 즉 좁쌀 2말을 물에 8시간 담그고 물을 뺀 후 시루에 쪄서 좁쌀 고두밥을 만들고 25℃까지 냉각시켜 50 g의 백국균의 종국을 뿌려 잘 혼합하여 35℃ 정도에서 하루 동안 띄운다. 잘 띄운 누룩은 독에 넣고 물 2말과 혼합하여 물 누룩을 만들고, 4일 후에 밑술로 바로 사용한다. 이 방법은 옛 전통방법은 아니므로 생각해야 할 것이다.

2) 면천 두견주의 누룩

국가 중요무형문화재 제86-2호인 면천 두견주는 충남 전역에서 양조되며, 특히 당진군 면천면 성상리 안샘 근방에서 빚은 술이 일품이다. 진달래 꽃잎을 섞어 담은 향기 나는 술로 진달래꽃을 두견화라고도 하므로 두견주라고 한다.

통밀을 깨끗이 씻어 말린 것을 거칠게 갈아서 굵은 체로 밀가루를 분리하지 않고 전부를 밀가루를 만들고, 여기에 20~25% 정도의 따뜻한 물로 바슬바슬하게 고루 비빈다. 이것을 보자기에 1되 정도 싸서 손으로 다진 후 발로 잘 밟아 원판형의 누룩 형태로 성형한다. 짚을 깔고 이 생 누룩을 펴 놓고 그 위에 또 짚을 덮어 놓고 띄운다. 띄우는 온도는 45℃ 정도이며, 15일간 띄우고 다시 30~35℃에서 1주일 정도 띄우고 25~30℃에서 2주간 띄우며, 전체 띄우는 기간은 40일 정도이다. 잘 뜬 누룩은 1~2개월 정도 숙성·저장한다. 특히 누룩을 띄울 때 누룩 사이에 쑥을 끼우고 띄울 수 있으며, 저장·숙성은 시원하고 통풍이 잘 되는 건조한 선반 위에 보관한다.

3) 경주 교동법주의 누룩

국가 중요무형문화재 제86-3호인 경주 교동법주는 경북 경주시 교동에 있는 최부자 집에서 대대로 빚어 온 순수한 곡주로 술의 맛이 신비로운 비주라 한다. 법주란 예로부터 사찰 주변에서 빚어졌던 방법대로 혹은 법식대로 빚은 술로, 또는 사찰에서 전통적으로 제주를 빚어 일반인에게 전해져 내려온 술로서 우리나라 전통주에 속한다.

누룩은 우리나라 재래종인 통밀을 사용하는데, 누룩을 띄울 때 보릿대나 약쑥을 이용하기도 한다. 통밀을 맷돌로 갈고 체로 쳐서 쌀가루로 묽게 만든 흰죽으로 반죽하여 성형한다. 누룩의 성형은 직경 약 35 cm, 두께 중심부 1 cm, 둘레 두께 1.3 cm 정도의 원반형으로 생 누룩을 만든다. 보릿대나 약쑥을 겹겹이 쌓아 그 위에 생 누룩을 놓고 20일간 띄운다. 잘 뜬 누룩은 1개월 정도 저장·숙성시킨 후 사용한다.

경주 누룩의 일반적인 특징은 생 밀기울만을 사용하지만, 경주 교동법주에 사용하는 누룩은 통밀을 곱게 갈아서 쌀가루 흰죽으로 반죽하여 띄운 독특한 형태의 누룩이다.

4) 안동소주의 누룩

시·도 무형문화재 제12호인 안동소주는 경북 안동시 신안동 276-6에 있는 증류식 소주이다.

누룩은 생밀을 씻어 말린 다음 적당히 분쇄한 후에 물을 가하여 손으로 반죽한다. 누룩의 성형은 원형의 누룩 틀에 모시 보자기를 깔고 일정량의 밀가루 반죽을 모시 보자기 위에 놓고 그 위에 별도의 보자기를 한 장 더 얹어 발로 디딘 후 다시 뒤집어 넓적하게 발로 꼭꼭 디뎌 성형한다. 누룩 틀에서 생 누룩을 꺼내어 20일 정도 띄운 다음 콩알 정도 크기로 파쇄한 후 건조시켜 누룩 냄새가 나지 않도록 하룻밤 이슬을 맞힌 후 사용한다.

5) 진도 홍주소주의 누룩

시·도 무형문화재 제26호인 진도홍주는 전남 진도군 군내면 송산리 7477-4호에 있는 소주이다.

누룩은 두 단계로 띄운다. 먼저 1단계로 보리쌀 1kg을 분쇄하여 보리쌀 대비 20% 정도의 물을 혼합하여 둥글게 생 누룩을 성형한다. 2단계는 보리쌀 1.75 kg을 1시간 이상 물에 담근 후 1시간 이상 충분히 찐다. 찐 보리쌀은 2.9 kg 정도 되는데 여기에 1단계에서 성형된 생 누룩 200 g을 혼합하여 사각형의 누룩 틀에 넣어 성형하여 7일간 띄운다. 잘 뜬 누룩은 노랗게 되고 독특한 향기가 난다.

6) 김천 과하주의 누룩

시·도 무형문화재 제11호인 김천 과하주는 경북 감천시 성내동 190-4에 있는 수백 년 내려온 김천의 명주이다. 이곳의 물로 술을 빚으면 여름이 지나도 술이 변하지 않는다 하여 과하주라는 이름이 붙어졌다고 한다.

누룩은 통밀이며, 맷돌로 잘 갈아 과하천의 샘물로 반죽한다. 반죽을 보자기에 싸서 누룩 틀에 넣어 직경이 약 35 cm, 두께 1～1.5 cm 정도의 원판형으로 성형한다.

만든 생 누룩은 누룩방에서 짚을 깔고 그 위에 생 누룩을 놓고 쑥과 황국화 꽃을 겹겹이 놓아 30일 정도 띄운다. 띄울 때 온도가 높아지면 골고루 뒤집어 잘 뜨도록 한다. 잘 뜬 누룩은 하루 낮 동안 햇볕에 건조시키고 다시 짚으로 덮어 띠운다. 밤이슬을 맞혀가면서 숙성시킨다. 과화주 누룩을 만드는 시기는 6~7월경이 제일 좋다고 한다. 과하주 누룩은 볏짚, 약쑥과 황국화 꽃잎으로 싸서 띄우므로 누룩에서 독특한 향취를 느낄 수 있다.

7) 김제 송순주의 누룩

시·도 무형문화재 제6-1호인 김제 송순주는 전북 김제군 김제읍 요천리 384-24에 있는 발효시킨 술을 증류하여 얻은 소주를 붓고 후숙시킨 혼양주이다.

누룩의 원료는 통밀을 사용하며, 밀을 깨끗이 씻어 불순물을 제거하고 2일 정도 말려서 사용한다. 밀을 분쇄기로 분쇄하여 체로 쳐서 밀기울을 제거한다(술밑용의 누룩은 체로 쳐서 가루만 사용하지만, 덧술용 누룩은 체로 치지 않고 밀기울과 함께 그대로 사용한다). 밀가루 10말에 물 2~3말 정도의 비율로 반죽한다.

밀가루 반죽은 2말 들이 누룩 틀에 보자기를 깔고 누룩의 중앙에 구멍을 내기 위하여 원통형의 나무틀을 놓아 보자기 위에 반죽을 놓고 보자기로 잘 싸서 반죽 부분을 발로 잘 밟아 중앙에 구멍이 난 생 누룩을 성형한다. 생 누룩은 짚이나 돗자리 위에 두어 2일 정도 생 누룩 표면의 수분을 약간 건조하기 위하여 말린다. 말린 생 누룩은 보온과 보습이 잘 되는 선반 위에 짚이나 가마니를 깔고 그 위에서 띄운다. 방안 온도는 25~30℃ 정도가 좋으며, 누룩의 품온이 40℃ 이상 오르면 뒤집어 가면서 7~10일간이 되면 품온이 서서히 내려가고, 그 후 7일 정도 더 띄워서 실내에서 약 2주간 숙성시킨다.

김제 송순주 외에 대전 송순주는 시·도 무형문화재 제9호이며, 역사가 오래인 가양주이다. 누룩의 제법은 김제 송수주 누룩의 제조법과 비슷하다.

8) 중원 청명주의 누룩

시·도 무형문화재 제2호인 중원 청명주는 충북 청원군(충주시로 행정구역 변경) 가금면 창동리 243에서 빚은 약주이다.

누룩의 원료는 충북 지방에서 생산되는 통밀을 원료로 하며, 다른 부원료는 전혀 사용하지 않는다. 통밀을 곱게 분쇄하여 체로 쳐서 순수한 밀가루만을 사용하며, 청명일에 반죽하여 두 주먹 크기(직경 10~12 cm 정도)의 구형으로 성형하여 깨끗한 무명천으로 싸서 2~3개월간 띄운다. 청원 청명주 누룩은 오래 띄울수록 좋은 누룩이 된다. 누룩의 표면은 백색이며, 누룩 내부는 노란색으로 미생물에 의하여 독특한 색깔과 향취가 난다. 누룩은 서늘한 곳에서 보관하면서 사용한다.

9) 안동 송화주의 누룩

시·도 무형문화재 제20호인 안동 송화주는 경상북도 안동시 임동면 수곡리 1037에서 빚은 가향주이다.

누룩의 원료는 묵은 밀과 햇 멥쌀이며, 누룩은 밀 1되와 백미 반 홉을 곱게 빻아 반죽하고 삼베보자기로 싸서 원형의 누룩 틀에 넣고 두 치~세 치로 만들어 따뜻한 방 아랫목에 발을 깔고 5일 정도 띄운다. 이것을 낮은 온도의 방에 두었다가 30여 일이 지난 후 꺼내어서 서늘한 곳에 후숙하여 황백색이 나게 한다. 완성된 누룩은 곱게 빻아서 10일 정도 거풍하여 사용한다.

10) 국순당 이화주의 쌀누룩

국순당이 복원한 이화주는 색이 희면서 주질(酒質)은 숟가락으로 떠먹을 수 있을 정도로 걸죽해서 마치 죽과 같은 독특한 특성을 지닌 고급 막걸리로 전통막걸리 특유의 깊고 풍부한 신맛과 단맛이 잘 어우러져 있을 뿐만 아니라 쌀로 빚은 고급탁주 고유의 맛과 향을 느낄 수 있다고 한다.

국순당에서 띄우는 쌀누룩은 국내산 쌀을 깨끗이 씻어 충분히 침지하여 건져내어 물기를 완전히 제거한다. 이때 쌀누룩에 사용하는 물에 불린 생쌀에 수분이 많으면 누룩을 띄울 때 곰팡이 증식이 나빠질 뿐만 아니라 누룩을 띄운 후에도 부패하기 쉬워서 수분 조절에 특별히 신경을 써야 한다. 물기를 뺀 생쌀을 곱게 갈아서 오리알 크기로 잘 뭉쳐서 공 모양으로 성형하여 생 누룩을 만든다.

생 누룩은 솔잎을 깔고 그 위에 놓고 다시 솔잎으로 덮어 25℃ 정도로 발효 3일 정도에서 뒤집기를 하여 7주일쯤 띄우면 좋은 쌀누룩이 된다. 쌀누룩은 6~7조각으로 내어 햇볕에 하루 정도 건조시켜 이취를 제거하면서 완전히 건조하여 사용한다.

11) 농촌진흥청 양조연구소 이화주의 쌀누룩

쌀 1 kg을 물에 충분히 불린 다음 체로 걸러 물기를 제거하여 믹서로 곱게 간다. 누룩 틀에 광목을 깔고 그 위에 곱게 간 쌀가루를 넣어 발로 틈이 없도록 잘 디딘다. 이렇게 성형된 생 누룩은 그늘에서 말리면서 공기가 잘 통하도록 3일마다 뒤집어 주면서 10일간 띄운다. 누룩 표면에 곰팡이가 보이면 건조한 곳에 보관하면서 충분히 건조시키고 숙성시킨다. 20일이 지나면 곱게 갈아 밑술로 사용할 수 있다.

제 7 장

누룩 속의 미생물

누룩은 술의 원료로서 술을 만드는 효소를 생산하는 곰팡이를 곡류에 번식시킨 것이다. 분쇄한 밀이나 쌀, 밀기울 등을 반죽하여 모양을 만들고 적당한 온도에서 숙성시켜 만든다. 누룩곰팡이는 그 빛깔에 따라 황국균(黃麴菌), 흑국균(黑麴菌), 홍국균(紅麴菌) 등이 있다. 막걸리나 다른 양조에 쓰이는 것은 주로 황국균이다.

1. 누룩 제조법

분쇄한 밀이나 쌀, 녹두즙액 등을 반죽해서 헝겊, 짚, 풀잎 등에 싸서 발로 밟거나 누룩 틀에 넣어서 밟는다. 이것을 누룩방이나 온돌 또는 헛간에 적당히 배열하여 짚이나 쑥으로 덮어 놓고 썩지 않게 골고루 뒤집으며 누룩곰팡이가 뜨기를 기다리는데 짧게는 1주일, 길게는 40일 이상이 걸린다. 지방에 따라 모양이나 제조법에 차이가 있어 서울과 영남지방에서는 원료를 반죽하여 헝겊에 싸서 누룩 틀(고지)에 넣고 단단히 밟아 짚으로 싼 다음 온돌에 퇴적하여 만들고, 호남이나 충청도 지방에서는 퇴적하는 대신에 실내에 매달아 둔다. 형태도 서울과 영남지방의 것은 편원형이 많고, 호남이나 충청도 지방은 원추형이나 모자형이 많다.

보통 퇴적한 것은 4～5일, 매달아 둔 것은 10～30일쯤 걸려서 만들어진다. 개량식의 경우는 밀가루에 물을 섞어 원반형태의 덩어리를 만들고 약 10일간 40℃에서 발효시킨 후 건조실에 옮겨서 서서히 건조시킨다. 이것은 재래방법에 비하여 시간을 단축시킬 수 있고, 연중 만들 수 있다는 이점이 있다.

누룩은 사용되는 원료의 종류뿐만 아니라 형태가 품질에 영향을 미치고 있는데 누룩의 지름이 너무 짧으면 수분이 쉽게 발산되어 균이 잘 침투하지 않아서 숙성이 불량하고, 너무 얇으면 단시일에 숙성되나 향미가 좋지 않고 주박이 많아 주량이 적어진다. 너무 두꺼우면 내부의 수분이 발산되기 어려워 내부 온도가 높아질 가능성이 있고, 제조 후 건조도 어렵다.

이와 같이 제법이 까다로워 신미, 을미, 경자에 만들면 좋고, 목일(木日)에 만들면 술이 시어진다는 금기가 있었다. 또한 누룩은 밟는 정도에 따라서도 질에 차이가 있으며, 누룩의 질은 술맛과 직결된다.

2. 누룩 미생물

누룩은 술 제조에 중요한 것으로 증자하지 않은 곡류 분쇄물, 밀기울 등에 수분을 30% 내외로 가한 다음 성형(원판형, 직경 24~130 cm, 높이 4 cm 내외) 숙성시켜 만든 것으로 여러 종류의 미생물들이 모여들어 증식하고, 이들에 따라 그 대사물질로서 갖가지 효소들도 생산하게 되었다.

누룩에서 분리 동정된 주요 미생물은 표 7-1과 같다.

표 7-1. 누룩에서 분리된 미생물(곰팡이, 효모, 세균)

1) 곰팡이류	
Aspergillus oryzae	*Absidia spinosa*
Aspergillus glaucus	*Absidia* sp.
Aspergillus niger	*Sachsia* sp.
Monascus purpureus	*Memmoniella* sp.
Penicillium glaucum	*Cephalosporium* sp.
Rhizopus tritici	*Neurospora* sp.
Rhizopus tamari	*Thamnidium* sp.
Rhizopus japonicus	*Circinella* sp.
Mucor circinelloides	*Zygorrhychus* sp.
Mucor plumbeus	*Helicosporium* sp.
Mucor racemosus	*Alternaria* sp.
Dematium pullons	
2) 효모류	
Saccharomyces coreanus(saito)	*Candida melinii*
Saccharomyces coreanus forma	*Candida solani*
Saccharomyces tomentosus kanomata	*Candida fabinii*
Saccharomyces sake	*Candida famata*
Saccharomyces themantitanum	*Candida hydrocarbofumarica*
Saccharomyces mandshuricus	*Candida silvicola*
Saccharomyces cerevisiae	*Candida steatolytica*

(계속)

2) 효모류	
Saccharomyces ellipsoideus	*Candida tropicalis*
Saccharomyces bayanus	*Hansenula anomala*
Saccharomyces jorgenseii	*Hansenula subpelliculosa*
Saccharomyces major	*Hansenula sydowiorum*
Saccharomycopsis fibianii	*Schizosaccharomyces* sp.
Schwanniomyces occidentalis	*Oidium* sp.
Willia anomala	*Rhodotorula* sp.
Endomyces sp.	*Mycoderma* sp.
Pichia sp.	*Torula* sp.
3) 세균류	
Micrococcus varians	*Bacillus ambignus*
Micrococcus conglmeratur	*Bacillus leutus*
Micrococcus epimetheru	*Bacillus subtilis*
Micrococcus subflavescens	*Bacillus megaterium*
Micrococcus flavus	*Bacillus cereus* var. *mycoides*
Aerobacter cloacae	*Pseudomonas cerevisiae*
Lactobacillus brevis	*Lactobacillus coprophilus*
Lactobacillus collinoides	*Lactobacillus pentosus*
Lactobacillus subsp. *lactis*	*Pediococcus damnosus*
pediococcus pentosaceus	*Lactobacillus plantarum*

이상의 미생물이 누룩에서 분리된 것들은 연구자, 누룩 제조지역, 제조원료, 누룩 제조 숙성의 온도, 상대습도, 산도 요구성의 조건에 따라 착생, 증식된 미생물의 분포가 차이가 나는 것으로 추측된다.

우리나라 전통주류인 약주, 탁주는 이들 누룩 미생물들과 그들이 생산한 여러 효소에 의하여 찹쌀, 멥쌀을 원료로 빚어졌으므로 가정마다 술도가마다 획일적 주질이 보장되기는 어려웠던 것이지만 산미가 강한 약주, 탁주로서 한국인의 기호에 맞는 전통주였다. 이들 중 amylase 생산성이 우수한 *Rhizopus oryzae*, *Asp. niger* 그리고 산 생산 우수 균주인 *Rhizopus oryzae*, *Rhizopus*속(lactic acid, fumaric acid, 어떤 분리 균주 *Rhizopus*속은 L-lactic acid만을 생성), *Asp. niger*(citric acid, gluconic acid) 등은 술 제조 시 산성 조건하에서도 amylase 활성을 잃지 않는 우수 균주로 선발을 통해 한국인의 기호도에 맞는 산미가 조화된 한국형 청주로 개발해야 되겠고, 전통누룩 중에서 mycotoxin 생산성 균주인 *Asp. flavus*가 발견되었으므로 전통약주, 탁주 제조에서 누룩 대신 누룩에서 분리된 우수 균주들을 선발하여

표 7-2. 누룩과 술덧에서 분리된 곰팡이류

Aspergillus candidus	*Amylomyces beta*
Aspergillus foetidus	*Amylomyces gama*
Aspergillus nidulans	*Monascus purpureus*
Aspergillus fumigatus	*Monascus pullulans*
Aspergillus oryzae	*Monascus fromtyosen*
Aspergillus flavus	*Monascus frommansyupurpureus*
Aspergillus flavus columnaris	*Penicillium fellutanum*
Aspergillus glaucus	*Penicillium glaucum*
Aspergillus niger	*Penicillium mandshuricum*
Aspergillus ochraceus	*Penicillium* sp.
Aspergillus sp.	*Mucor mucedo*
Aspergillus penicilloides	*Mucor plumbeus*
Aspergillus parasitcus	*Mucor racemosus*
Aspergillus pulverulentus	*Mucor circlnelloides*
Aspergillus clavatus	*Mucor javanicus*
Aspergillus terreus	*Mucor pusillus*
Aspergillus versicolor	*Mucor tyrolyoines*
Aspergillus wentii	*Mucor spinosus*
Aspergillus sydowi	*Mucor* sp.
Rhizopus cohnii	*Absidia corymbiferma*
Rhizopus tritici	*Absidia lichtheimi*
Rhizopus tamari	*Absidia ramosa*
Rhizopus chinensis	*Absidia spinosa*
Rhizopus trubini	*Absidia* sp.
Rhizopus arrhizus	*Dermatium pullans*
Rhizopus formosensis	*Thermoascus aurantiacus*
Rhizopus pseudochinensis	*Circinella mucoriodes*
Rhizopus achlamydosporus nov. sp.	*Cladosporium herbarum*
Rhizopus oryzae	*Verticrllium glaucum*
Rhizopus chiuniang	
Rhizopus chungkuoensis	
Rhizopus thermosus	
Rhizopus japonicus	
Rhizopus delemar	
Rhizopus peka	
Rhizopus nodosus	
Rhizopus mochi	
Rhizopus semarangensis nov. sp.	
Rhizopus bahrnensis nov. sp.	
Rhizopus gavanicus nov. sp	
Rhizopus sp.	

표 7-3. 누룩과 술덧에서 분리된 효모류

Saccharomyces bayanus	*Candida fabianii*
Saccharomyces cerevisiae	*Candida famata*
Saccharomyces coreanus	*Candida hydrocarbofumarica*
Saccharomyces coreanus Forma *major*	*Candida melinii*
Saccharomyces coreanus major	*Candida silvicola*
Saccharomyces coreanus Saito var.	*Candida solani*
Saccharomyces ellipsoideus	*Candida steatolytica*
Saccharomyces mandshuricus	*Candida tropicalis*
Saccharomyces marxianus	*Candida sp.*
Saccharomyces pasterianus	*Endomyces horderi*
Saccharomyces pretoriencis	*Endomyces linderi*
Saccharomyces rouxii	*Phichia polymorpha*
Saccharomyces sake	*Phichia* sp.
Saccharomyces thermantitonum	*Willia anomala*
Saccharomyces tomentonus	*Willia* sp.
Saccharomyces tomentonus kanomata	*Rhodotorula*
Saccharomyces validus	*Oidium* sp.
Saccharomyces sp.	*Monilia* sp.
Saccharomycopsis fibuligera	*Mycoderma* sp.
Schwanniomyces occidentalis	*Torulopsis* sp.
Schizosaccharomyces	*Torula* sp.
Hansenula anomala	
Hansenula subpelloiculosa	
Hansenula sydowiorum	
Hansenula sp.	

표 7-4. 누룩과 술덧에서 분리된 세균류

Bacillus ambignus
Bacillus casei
Leuconostoc mesenteroides
Micrococcus conglomeratus
Micrococcus epimerheus
Micrococcus varianus
Micrococcus subflavenscens

이들에 의한 생물공학적 방법으로 획일적 제품화, 대량 생산화, 고품질화를 기할 수 있는 효율적 발효공정 개선 연구가 절실히 요구된다.

한편, 다른 연구 논문(1997년)에서 누룩과 술덧에서 분리되어 보고된 곰팡이는

12속 54종이고, 효모는 15속 48종이다(표 7-2, 표 7-3, 표 7-4).

이상과 같이 누룩이나 술덧에 미생물을 분리 동정한 바 있으나 종까지 동정하지 못한 것도 상당히 있다. 더욱이 이들 균종의 특성을 연구한 것은 찾아볼 수 없다. 여기에서는 동아시아 발효식품에서 연구된 것을 참고로 소개한다.

3. 누룩 미생물의 일반적인 특성

다음 미생물들은 일반 발효식품에서 알려진 특성이고, 꼭 누룩에서 한정되는 것은 아니다(분류상의 위치, 응용되는 보기의 순서).

3.1 곰팡이 과학

1) 개 요

곰팡이는 진균류를 구성하는 조상균류, 자낭균류, 불완전균류, 담자균류의 4강 중에서 주로 무성생식을 하는 효모를 제외한 군으로서 균체가 사상(絲狀)인 균을 말한다. 대부분의 진균류는 사상의 영양세포인 균사가 분지하여 균사체와 포자를 착생한 자실체로 되고, 이의 발육 전체를 콜로니라 한다.

균사체는 영양균사이고 자실체는 생식기관이다. 균사는 영양분의 섭취나 생육에 관여하는 것으로 그 중 기질만으로 침투해 들어가거나 표면에 밀착하여 뻗어가는 것을 기중균사(基中菌絲) 또는 영양균사라고 하며, 공기 중으로 뻗어 가는 것을 기균사(氣菌絲)라고 한다. 이들 균사에는 막이 있는 것(자낭균류)과 없는 것(조상균류)이 있어서 곰팡이 분류의 한 지표가 된다.

2) 형 태

곰팡이는 너무나 종류가 많아 일률적으로 다 설명할 수 없으므로 여기에서는 발효식품에 관여되는 중요 곰팡이의 형태를 설명한다.

(1) *Mucor*(솜털곰팡이)속의 형태 : 퇴비, 과물 등에 발생하며 균총은 솜털모양이다. 중국에서는 옛날부터 유부(乳腐) 등의 제조에 이용된 곰팡이다. 이 속의 모양은 그림 7-1과 같이 균사에서 포자낭병이 직립하고 그의 선단이 팽대하여 중축(中軸 : columella)으로 되고, 그 주위에 구상의 포자낭이 되어 내부에 다수의 포자낭포자를 형성한다. 포자낭의 막은 엷어 성숙되어 포자가 비산하면 중축만 남는다. 여러 균체를 감별하는 기준은 포자낭병의 분지의 유무, 그 방법, 길이와 지름, 포자낭의 색깔과 그 크기, 포자낭 벽의 성질, 중축의 크기와

형상, 접합포자 그리고 후막포자의 형성 유무와 그 특징, 콜로니의 특징 그리고 색깔과 기균사의 길이 등이다. 포자낭의 표면은 대체로 수산화석회의 피막을 가진다. 이 속의 포자형성은 무성포자 형성이나 때로는 유성포자를 만든다. 또 포자낭병은 균사에서 단독으로 뻗어나 부분지하지 않는 것(Monomucor형), 방상으로 분지한 것(Racemomucor형), 가축상으로 분지한 것(Cynomucor형)이 있다(그림 7-1, 그림 7-2).

(2) *Rhizopus*(거미줄곰팡이)속 : 이 속은 생육이 빠른 점에서 *Mucor*속과 비슷하지만 수 cm까지 되는 포복지(葡萄枝 : stolon)를 가진 점과 포복지에 가근(假根 : rhizoid)을 형성하는 점에서 *Mucor*속과 구별된다. 곧 포복지를 뻗어 빨리 번식하며, 여기에 1본 또는 수본의 포자낭병을 형성한다. 그 맨 끝은 팽대

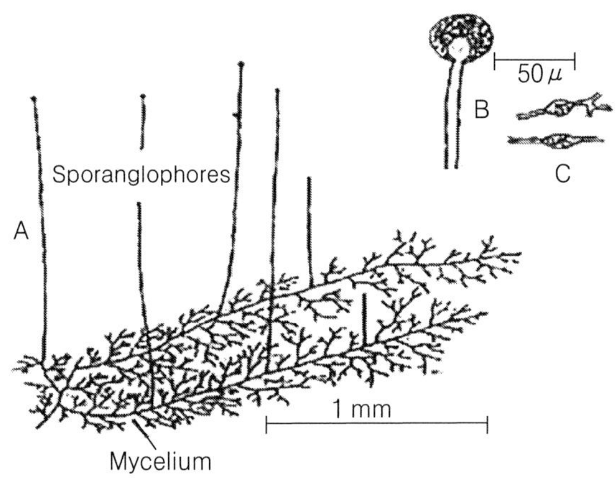

그림 7-1. *Mucor hiemalis* 발육과정(1)

A : 전형적인 생육상태 B : 포자낭병과 포자낭포자
C : 후막포자

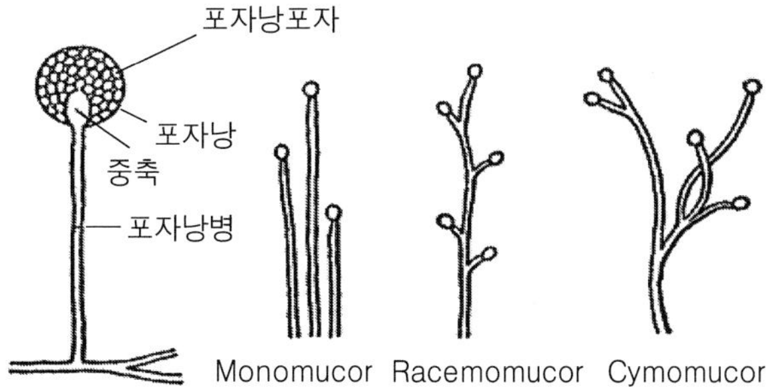

그림 7-2. *Mucor*속의 형태

하여 중축으로 되고, 이것을 싸서 포자낭을 형성한다(그림 7-3, 그림 7-4).

중축은 반구형, 포자낭은 거의 구형이고 포자낭병은 그 크기가 같지 않고 구형 또는 다각형으로 벽이 두꺼우며, 표면에 주름이 있고 회갈색 또는 회록색이다. 균사의 중간이 부분적으로 후막화 하여 생긴 후막포자가 때로는 발견되며, 분열자도 발견된다.

(3) *Aspergillus*(고지곰팡이)속 : 청주, 포성주, 간장, 된장 등의 제조에 고지균으로서 이용되는 곰팡이류는 거의 이 속에 속한다. 이 속의 형태는 그림 7-5와 같이 균사의 일부가 팽대하여 병족세포(柄足細胞 : foot cell)에서 분생자병(分生子柄)이 수직하여 정낭(頂嚢 : vecicle)을 형성한다. 다시 정낭의 표면에

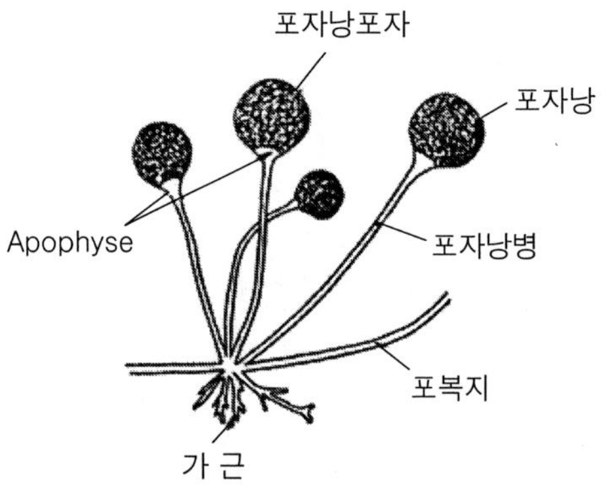

그림 7-3. *Rhizopus nigricans*의 형태

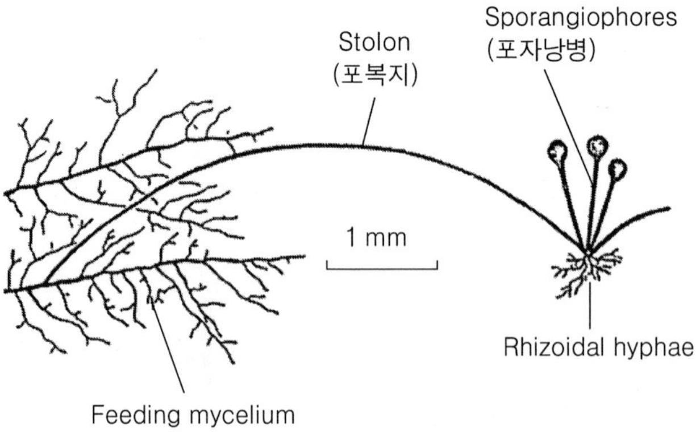

그림 7-4. *Rhizopus stolonifer*의 포복지와 가근

는 다수의 경자(梗子 : sterigmata)가 방사상으로 착생하여 그 끝에 분생자(分生子 : conidia)를 연쇄상으로 착생한다.

분생자병은 표면이 평활한 것과 돌기를 가진 것도 있다. 정낭의 모양은 플라스크형, 곤봉형 등이 있고, 경자는 그림 7-6과 같이 2단으로 된 것도 있다. 이들의 특징은 이 속의 세분의 기준이 되고 분생자의 표면도 평활한 것, 돌기를 가진 것, 또 그 색도 종류에 따라 백황, 갈색, 흑색 등 다양하다. 또 균종에 따라 피자기(被子器), 균핵을 형성하는 것도 있다.

(4) *Penicillium*(푸른곰팡이)속 : 자연계에 널리 분포되어 있고 과실, 떡, 빵 등에 잘 번식하고 황변미의 원인이 되는 곰팡이로 유해한 것도 많으나 치즈의 숙성이나 penicillin의 생성에 사용되는 곰팡이도 많다. 균총은 녹색이 많으므

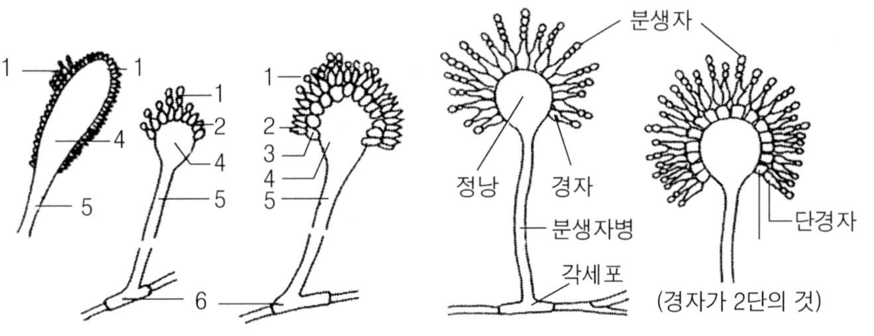

그림 7-5. *Aspergillus*속의 형태구조

1. 분생자 2. Phialide 3. Metulae
4. 정낭 5. 분생자병 6. 병족세포

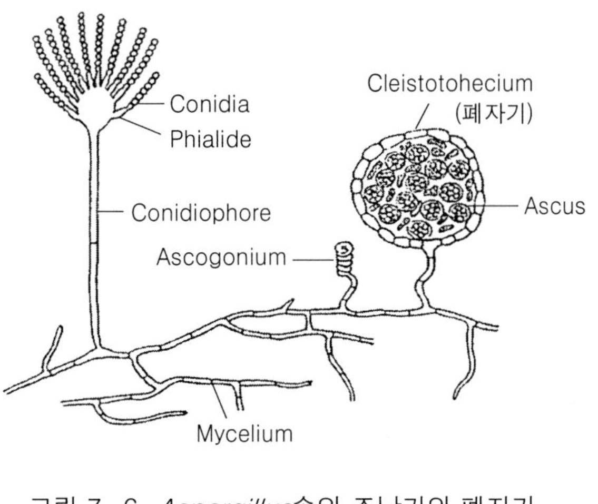

그림 7-6. *Aspergillus*속의 조낭기와 폐자기

로 푸른곰팡이라고 하지만 회색, 황갈색 등을 띠는 것도 있다.

*Penicillium*속과 *Aspergillus*속은 그림 7-7과 그림 7-8과 같이 분생자병의 선단에는 정낭을 형성하지 않고 직접 분지한 경자(梗子)가 빗자루와 같은 모양(취상)으로 배열하고 소위 추상체(箒狀体 혹은 분생아포자두, penicillus)를 형성하는 것이 다르다. 경자의 상단에는 분생자가 사슬모양으로 착생하여 있고, penicillus가 분지하지 않는 것을 단륜생(monoverticillata), 분지하여 2단으로 된 것을 쌍륜생(biverticillata)라고 하고, 다시 좌우 대칭의 것(symetrica)과 비대칭(asymmetrica) 등 4군으로 나눈다(그림 7-8).

분생자병은 직립, 1～수개 또는 수십 개가 결속되어 결속사(coremium)를 형성한다. 이 병(柄)은 격막을 가지며 표면은 평활하다. 특히 penicillus가 1회 이상 분지할 때는 그 기저의 경자는 metulae(기저경자)라 하며, metulae를 지지

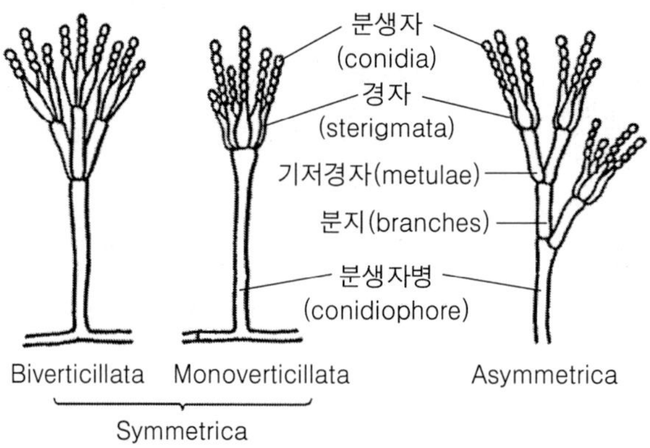

그림 7-7. *Penicillium*속의 형태(A)

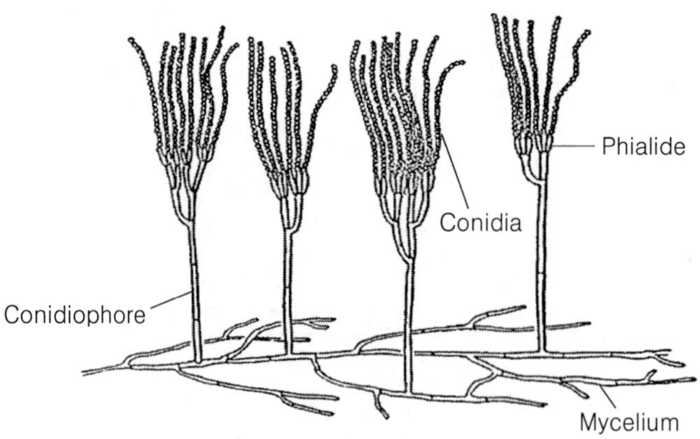

그림 7-8. *Penicillium*속의 형태(B)

하는 가지를 ramulus라 하고, 그 아래 가지를 ramus라고 한다.

3) 생육조건

생육 최적온도(중온성 곰팡이, 고온성 곰팡이), 생육 최적수분, 내열성, 생육 최적 pH, 방사선 조사, 산소 요구도(산소성)도 각기 다르다.

4) 증식방법

주로 포자에 의하여 증식한다. 포자는 적당한 환경에서만 발아하여 자실체가 형성되고 곧 이어 균사체를 형성한다. 이 포자는 형성하는 기관이 자실체이다. 포자는 유성적으로 형성하는 유성포자와 무성적으로 형성하는 무성포자가 있다.

① 유성포자: 난포자, 접합포자, 담자포자, 자낭포자(폐자기, 자낭구, 피지기, 나자기, 위자낭각)

② 무성포자: 포자낭 포자, 분생자(분생포자), 유주자, 후막포자, 분열자

5) 유익 곰팡이

① 유익 *Mucor*속(솜털곰팡이속): *Mucor hiemalis*(pectinase 생산)

② *Mucor pusilus*(응유효소 생산)

③ 유익 *Aspergillus*속(누룩곰팡이속): *Aspergillus usamii*(녹말 당화효소 생산), *Asp. sojae*(간장 메주용 종균), *Asp. oryzae*(국 제조용 종균, 메주용 종균)

④ 유익 *Penicllium*속(푸른곰팡이속): *Penicllium camemberti*(Camemberti cheese 숙성), *Pen. chrysogenum*(페니실린 생산균), *Pen. roquerforti*(Roquerforti cheese 숙성)

6) 유해 곰팡이

Rhizopus nigricans(고구마 연부병), *Aspergillus flavus*(aflatoxin 생산균), *Penicllium citrinum*(황변미 원인균), *Penicllium italicum*(귤의 연부병)

7) 알코올 발효곰팡이

① *Mucor*속: *Mucor racemosus*(Amylo process 균, 당화효소 생산, 알코올 발효), *Mucor rouxii*(알코올 발효), *Mucor javanicus*(자바 누룩, 알코올 발효, pectinase 생산)

② *Rhizopus*속: *Rhizopus delemar*(중국 곡자, Amylo process 균, 전분 당화효소, 알코올 발효), *Rhi. japonicus*(중국 곡자, 고량주 곡자, Amylo process, 알

코올 발효, 녹말 당화효소 생산, Ragi 곡자 종균), *Rhi. tonkinensis*(중국 곡자, 고량주 곡자, 전분 당화효소, 알코올 발효), *Rhi. tritici*(소흥주, 누룩, 과즙 청징 효소)

③ *Aspergillus*속 : *Aspergillus awamori*(오키나와 포성주 양조), *Asp. niger*(구연산 생산, pectinase 생산, 녹말 당화효소), *Asp. oryzae*[국 제조용 종균, 각종 효소생산(amylase, protease, tannase)]

8) 술과 관계있는 다른 곰팡이

① *Botrytis cinerea* : 포도의 부귀(腐貴), 고급포도주 양조

② *Monascus anka* : 홍곡제조, 홍주양조, 홍색색소 생성

③ *Monascus peurpureus* : 홍국(Ang-kak), 홍주(Ang-chu)양조, 홍색 색소생성(monascorbin)

9) 주요 곰팡이의 이용

(1) *Actinomucor*속 : (접합균류) 단백질 분해효소 생성하여 중국, 동남아지역의 전통 발효식품 Sufu제조에 사용한다.

(2) *Aspergillus* sp. : (불완전균류) Hemicelluase를 생성하여 과즙, 과실, 채소, 곡류의 가공에 사용한다. 나이지리아, 서아프리카에서는 옥수수의 분해와 향미 부여 전통 발효식품인 Ogi 제조에 사용한다. 당밀, 고구마 등의 당질에서 구연산을 발효 생산한다. Sucrose의 fructose에 다른 sucrose의 fructose를 β-1,2-전달 결합하는 β-fructofaranosidase를 생성하여 ketose, nistose, fructo-sylnitose 제조에 사용한다.

이는 저우촉성(底齲觸性) *Bifidus*균의 증식활성, 지방 저하작용으로 감미료, 건강보조식품으로 사용한다. Xylan을 분해하는 xylanase를 생성하여 식품의 부가가치 향상에 기여한다. 전분을 분해하는 glucoamylase를 생산한다.

(3) *Aspergillus awamori*(흑국균) : (불완전균류) 토양이나 식물에서 발견된다. 녹말 분해효소인 amylase, glucoamylase를 생성하여 glucose 제조에 사용한다. Glucoamylase는 녹말의 α-1,4, α-1,6-glucoside 결합을 가수분해한다. 때로는 생 녹말을 분해한다. 이들의 당화력을 이용하여 소주, 알코올, 청주, 제조에 사용한다. 때로는 대사산물로서 구연산을 생산하여 산미료로 사용한다. 녹말의 당화, 단백질의 분해효소인 amylae와 protease를 생산하여 국(麴)제조에 사용한다. 특히 일본 Okinawa에서는 소주, 포성(泡盛) 양조에 사용한다.

(4) *Aspergillus usamii* : (불완전균류) 토양, 국(麴)에서 발견된다. Pectin 분해

효소인 pectinase를 생성하여 과즙의 청징에 사용한다. Pectinase 중 maceration enzyme은 protoplast 조제에 필수이다.

녹말의 당화력이 강하여 국(麴)제조에 사용한다. 특히 일본 Okinawa에서는 소주, 포성 양조에 사용한다. 이 균의 인공변이 균주인 *Asp. usamii* mut. *shirousamii*는 Kagoshima 소주, 액체국용의 균이다 그리고 많은 인공변이 균주가 개발되어 특히 *Asp. awamorii* var. *fumeus* AF1은 액체국의 기본 실용균주이다. 막걸리 곡자의 중요 곰팡이 하나이다.

(5) *Aspergillus niger*: (불완전균류) 식품, 토양에서 발견된다. Sucrose의 당전달반응을 촉매하는 효소인 β-fructofuranosidase를 생성하여 fructooligo 당 제조에 사용한다. 이 올리고당은 감미료, 건강보조식품, 항우촉성(抗齲觸性) 감미료로 사용한다. Fructooligo 당은 비칼로리 감미료, Bifidus 인자, 식품용 소재, 사료첨가물로 널리 이용된다.

Fructooligo 당은 감미료뿐만 아니라 저침식성, 난소화성, Bifidus균의 선택적 증식촉진, 체내 지방 저하작용 등의 생리적 기능이 있다. 녹말의 당화효소인 α-amylase를 생성하여 알코올, 청주 제조에 사용한다. 전분의 당화효소인 glucoamyase를 생성하여 glucose 제조나 제과, 제빵, 청주, glucose syrup, high conversion syrup, 감미료 제조에 사용한다. Cellulose 분해효소인 cellulase를 생성하여 대두단백질 추출, 한천 제조, 양조공업, 의약(소화제), 사료(silage), 연구용 효소, 과즙, 과실, 야채, 곡물의 cellulose 분해 등 식품공업에 사용한다. Naringin(여름밀감의 고미성분) 분해효소인 naringinase를 생성하여 감귤류의 고미 제거, 여름밀감의 통조림, grape fruit등의 가공에 사용한다.

Hesperidin 분해효소인 hesperidinase를 생성하여 온주밀감의 백탁 방지에 사용한다. Anthocyanin 색소 분해효소인 anthocyanase를 생성하여 식품가공에 사용한다. Pectin 분해효인 pectinase를 생성하여 과즙 청징, 여과촉진, 과즙 착즙률 향상에 사용한다. Lactase 분해효소인 β-galactosidase(lactose)를 생성하여 glactooligo당 제조, 제빵, 제당, 유당분해, 시럽제조, 유아용 밀크, 건강보조식품의 제조에 사용한다.

α-1,6-결합 전달작용(maltose에서 isomaltose, panose 등의 분지 올리고당을 만든다.)을 하는 효소 α-glucosidase를 생성하여 건강보조식품(Bifidus 인자) 제조, 청주, 비발효성 당 함유 물엿의 제조에 사용한다. Lipase를 생성하여 유제품제조, 유지분해, 식품첨가물(유화제, 개량제, 전분노화방지)로 사용한다. Catalase를 생성하여 수산가공에 사용한다.

Glucose에서 gluconic acid로 전환효소인 glucose oxidase를 생성하여 식품의

탈산소, 탈색방지, 과즙 갈색방지, 액체음료의 보존(산소제거), glucose 측정용 biosensor 제조에 사용한다. 당질, 녹말 원료, 사탕수수를 발효하여 구연산을 생산하여 산미료, 조미료로 사용한다. Glucose를 발효하여 gluconic acid를 생산하여 식품제조, 의약, 피혁, 제조에 사용한다.

(6) *Aspergillus kawachii*(白麴菌) : (불완전균류) 식품, 토양에서 발견된다. 탄수화물, 단백질 등의 각종의 효소를 생성하여 국(麴)제조에 사용한다. 특히 Okinawa에서는 전통 양조식품 포성주(泡盛酒) 제조에 사용한다.

(7) *Aspergillus oryzae*(黃麴菌) : (불완전균류) 식품, 곡물, 토양, 국(麴) 사료에서 발견된다. DL-Amino acid의 광학분할, L-amino acid(L-lysine, L-tryptophan, L-valine, L-phemylalanine)를 생산하는 amoinoacylae를 생성하여 amino acid 제조에 사용한다.

L-Acylamino acid를 입체적으로 가수분해하여 유기산과 amino acid를 생산하는 aminoacylase를 생성하여 amino acid 제조에 사용한다. 녹말의 당화효소 α-amylase를 생성하여 알코올, 청주의 제조에 사용한다. 녹말을 분해하여 올리고당, dextrin을 생산하는 α-amylase를 생성하여 maltose syrup제조에 사용한다. 녹말의 α-1,4-glycosyl 결합을 가수분해하는 효소인 α-amylase를 생성하여 소화제, 물엿 제조에 사용한다.

단백질의 분해와 녹말의 당화효소인 protease와 α-amylase를 생성하여 청주양조와 장류 양조에 사용한다. α-Amylase를 생성하여 제과, 제빵, 청주제조에 사용한다. Anthocyanin 색소 분해효소인 anthocyanase를 생성하여 식품가공에 사용한다. α-1,6-결합에 전달작용(maltose에서 isomaltose, panose 등의 분지 올리고당을 만든다)을 생산하는 α-glycosidase를 생성하여 전강보조식품(Bifidus 인자)제조에 사용한다. 곡물 단백질을 가수분해하는 효소 protease를 생성하여 청주, 간장, 된장의 제조, 제빵 등의 식품가공에 사용한다.

5'-Adenylic acid를 5'-inosinic acid로 전환하는 효소 deaminase를 생성하여 핵산계 조미료 제조에 사용한다. β-Galactosidase를 생성하여 glactooligo당 제조, 유제품 가공, 제빵 제조에 개용한다. 우유 중의 lactose를 분해하는 lactase (β-galactosidase)를 생성하여 low lactose 우유제조에 사용한다. 당 전달반응을 촉매하는 lactose에 작용하여 galalctosyllactose를 합성하는 lactase를 생성하여 건강보조식품(Bifidus균 증식효과), 난우촉성(難齲觸性), 감미료의 제조에 사용한다. Galactooligo당을 함유하는 유아용 분유가 시판되고 있다.

α-1,6 Glycoside결합을 절단하는 α-1,6-glycosidase를 생성하여 청주 제조에 사용한다. 청주 제조에 있어서 효소제의 사용은 주세법에 제한되어 있다.

α-Galactosidase를 생성하여 glalctooligo당 제조에 사용한다. 유아용 분유(Bifidus균 증식), 경제영양식 제조에 사용한다. 대사산물로서 L-malic acid를 생산하여 음료, 식품첨가물(청량음료, 샤베트, 아이스크림, 추잉 검, 마말레이드, 잼, 무염간장), 아미노산 수액, 간기능 부전 치료에 사용한다. 액체배양으로 당에서 생산하며 대당 수율은 30% 정도이다.

일본, 중국, 동남아시아에서는 대두단백질 분해력을 이용하여 납두 제조에 사용한다. 중국에서는 Tou-shin, 필리핀에서는 Tao-si, 인도에서는 Tao-tjo라고 한다. 일본에서는 전분 당화력을 이용하여 감주제조에 사용한다. 우리나라, 일본에서는 단백질 분해력과 전분 당화력을 이용하여 미국(米麴), 대두국(大豆麴)을 제조하여 청주, 장류한다. 우리나라의 누룩곰팡이의 하나이다.

(8) *Aspergillus tamari*(黃麴菌) : (불완전균류) 토양, 식품 등에서 발견된다. 전분의 당화, 단백질의 분해력으로 국(麴)제조에 사용하여 된장, 간장 제조에 사용한다.

(9) *Monascus* sp. : (자낭균류) 식품, 토양에서 발견된다. 단백질 분해력과 색소를 생산하여 유부(乳腐 : 홍유부) 제조에 사용한다. 알코올 발효와 색소를 생산하여 홍주양조에 사용한다. 홍색의 천연색소(적색의 monascorbin, 적자색소의 monascorflavin, 황색의 monasin, ankaflavin)을 생산하여 식품첨가물로 사용한다.

(10) *Mucor* sp. : (접합균류) 균체 내에 triacylglycerol(지질)을 축적하여 식용 지방자원으로 사용한다. 녹말의 당화효소를 생성하여 국(누룩)을 제조하여 막걸리 양조에 사용한다. 인도에서는 쌀 녹말을 당화하여 만든 전통 알코올음료인 murcha 제조에 사용한다.

인도네시아에서는 Ragi를 제조하여 Tape, Brem 케이크, Brem 와인 등의 알코올 발효식품 제조의 스타터로 사용한다. 단백질 분해효소, peptide와 유리아미노산을 생산하여 중국, 대만과 동남아시아에서는 전통 발효식품 Sufu 제조에 사용한다.

(11) *Mucor racemosus* : (접합균류) 토양, 식품, 곡류(대두)에서 발견된다. 단백질 분해효소, peptide와 유리아미노산을 생산하여 중국, 동남아의 전통 발효식품 Sufu 제조에 사용한다. 우리나라 누룩의 주요 곰팡이의 하나이다.

(12) *Penicillium* sp. : (불완전균류) Naringin 분해효소인 naringinase를 생성하여 감귤류 탈고미제로 사용한다. Hesperidin 분해효소인 hesperidinase를 생성하여 온주밀감의 백탁 방지에 사용한다. β-Galactosidase를 생성하여 유제품

가공, 제빵, galactooligo당 제조에 사용한다. 나이지리아 서아프리카에서 옥수수 분해와 향미 부여 전통 발효식품인 Ogi제조에 사용한다. 고점성 다당을 생산하여 식품공업, 의약품이나 공업원료의 소재로 사용한다.

(13) *Penicillium glaucum* : (불완전균류) 토양, 과실, 식품, 공기 중에서 발견된다. Tannin의 분해효소인 tammase를 생성하여 홍차음료의 백탁 방지의 목적으로 사용한다.

(14) *Rhizopus* sp. : (접합균류) Pectin을 생산하여 과즙, 채소, 곡류의 가공에 사용한다. Fumarid acid를 생산하여 조미료로 사용한다. 당질원료(glucose, 전분, 당밀, 유청)를 발효하여 유산을 생산한다. 이는 식품의 사료, 방부제, 청주양조, 유산석회로서 의약품, 피혁제조의 탈회제, polyacrylic acid ester 제조의 원료로 사용한다. 전분 당화효소를 생성하여 국(麴)제조에 사용하여 막걸리, 고량주 양조에 사용한다. Glucoamylase를 생성하여 녹말의 당화와 청주양조에 사용한다. 인도에서는 쌀 녹말을 당화하여 만든 전통음료(원료 : 쌀)인 murcha 제조에 사용한다.

(15) *Rhizopus arrhizus* : (접합균류) 토양, 식품, 곡류, 식물, 공기 중 사람에서 발견된다. 인도네시아, 말레이시아, 뉴기니아 등의 동아시아에서 대두단백질의 분해효소, peptide, 유리아미노산의 생산으로 전통 발효식품 tempeh 제조에 사용한다. Cellulose 분해효소인 cellulase를 생성하여 식품가공(대두단백질 추출, 한천제조), 양조공업, 의약(소화제), 사료(silage) 연구 등에 사용한다.

Pectin 분해효소인 pectinase를 생성하여 과즙의 청징, 과즙의 착즙률 향상의 목적으로 사용한다. 인도네시아에서 Ragi(양조용 종균으로 사용하고 있는 발효미생물 함유한 공모양의 건조물)를 제조하여 Tabe(cassava의 전통 발효식품), Tempeh, Ontjom, Brem 와인, Brem 케이크 등의 발효식품 제조에 사용한다. 단백질 가수분해효소를 사용하여 Usa을 제조하여 Tempeh(대두발효식품) 제조에 스타트로서 사용한다.

(16) *Rhizopus oryzae* : (접합균류) 토양, 식품, 곡류, 식물, 공기 중에서 발견된다. 전분의 당화효소인 glucoamylase를 생성하여 glucose 제조에 사용한다. 단백질 분해효소, peptide, 유리아미노산의 생산으로 인도네시아에서 Lao-chao 제조에 사용한다. 원료(cassavca)의 당화로 인도네시아에서 Tape 제조에 사용한다. 단백질 분해효소 생성으로 일본에서는 간장제조에 사용한다.

(17) *Rhizopus japonicus* : (접합균류) 토양, 식품, 곡물, 공기, 식물에서 발견된다. 전분의 당화와 알코올발효를 동시에 행하는 알코올 발효에 사용한다. 전분

의 당화효소를 생성하여 국(麴)을 제조하여 알코올발효에 사용한다. 이 균의 분리원은 자바 곡자이고, 알코올 발효공업에서는 amylo법의 당화 균이다.

3.2 효모의 과학

1) 개 요

효모란 진핵세포 구조를 가진 고등미생물로 생활의 대부분을 구형, 난형 등의 단세포로 지내고, 주로 출아(出芽)에 의하여 증식하는 균류의 총칭이나 곰팡이, 버섯류의 이름과 같이 분류학상의 엄밀한 명칭은 아니다. 그러나 같은 진균류에 속하는 곰팡이나 버섯과는 상당히 다르므로 보통 이들 균류와는 구별하여 다룬다. 그래서 효모는 자낭포자(ascospoore)를 형성하는 자낭포자효모((endomycetaceae), 사출포자(ballistospore)를 형성하는 사출포자효모(Sporobolomycetaceae), 포자를 형성하지 않는 무포자 효모(Cryptococcaeae) 등이 있다.

2) 형 태

효모의 모양은 종류에 따라 다르고 같은 종류라도 배양조건이나 시기, 세포 나이, 세포의 영양상태, 공기의 유무 등 물리적 조건에 따라 다를 뿐만 아니라 증식법에 따라서도 다르다. 기본적인 형태는 원형, 구형, 타원형, 신장형, 원통형, 레몬형 등이다(그림 7-9).

3) 생육조건

생육 최적온도(중온도 효모), 내열성, 생육 최적수분, 생육 최적 pH, 방사선조사, 산소 요구도(산소성, 조건 무산소성), 삼투압의 영향(식염, 당용액 등)

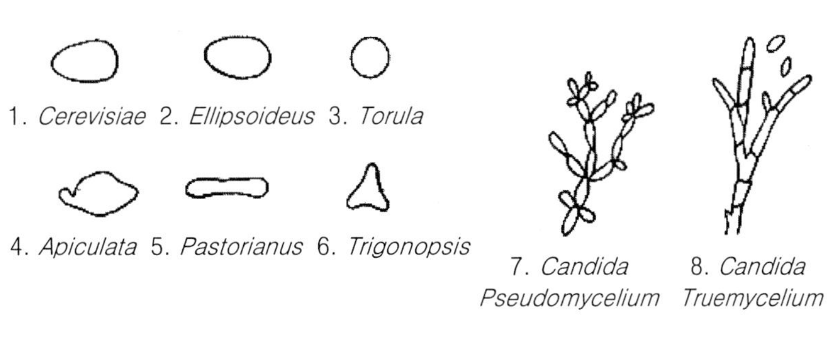

그림 7-9. 효모의 기본형

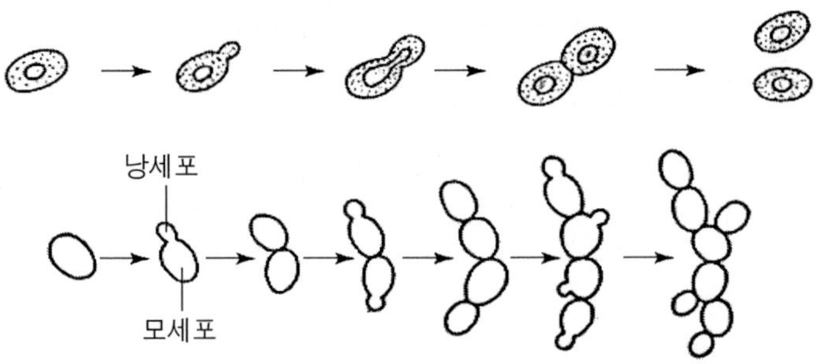

그림 7-10. 효모의 출아 연결

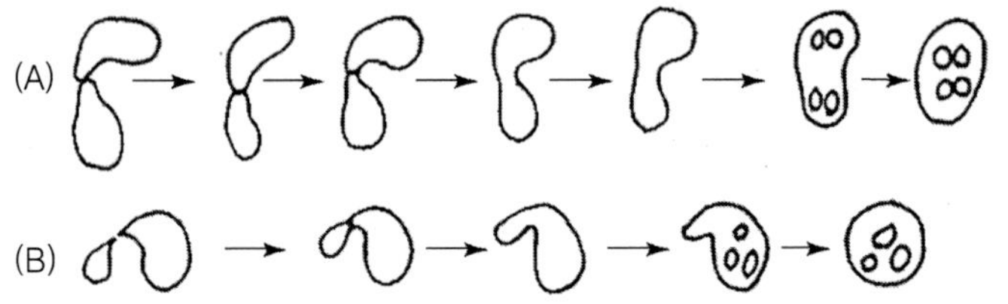

그림 7-11. 효모의 접합양식
A : Isogamy, B : Heterogamy

4) 증식방법

① 무성생식
- 출아법(그림 7-10), 출아연결
  양극출아, 다극출아
- 분열법
- 사출포자, 후막포자, 아출포자, 절아자

② 유성생식 : 효모의 유성포자(자낭포자) 형성(그림 7-11)

5) 유익 효모(알코올 발효)

Candida lipolytica(탄화수소 이용균, 균체 생산), *Can. utilis*(식사료 효모, pentose 자화 효모), *Hansenula anomela*(청주 후숙 효모), *Lipomyces starkeyi*(유지생산 효모), *Saccharomyce carlsbergensis*(하면발효맥주), *Sacch. cerevisiae*(상면발효맥주, 양조효모), *Sacch. elipsoideus*(포도주 양조효모), *Sacch. fragilis*(유주효모), *Sacch. sake*(청주효모), *Sacch. rouxii*(간장 숙성효모), *Sacch. robustus*(당밀 발효효모), *Sacch. formosensis*(대만 당밀 발효효모), *Sacch. diastaticus*(녹말의 당화효소 생성), *Schizo-saccharomyces pombe*(Pombe 술 발효효모), *Kluveromyces fragilis*(유당분해효소, 마

유주(馬乳酒) 생산

6) 유해 효모

Candida albicnas(피부병 원인균), *Hansenula marakii*(양조 유해균, 피막효모), *Pichia fermenttans*(산막효모), *Pichia membranefaciens*(산막효모)

7) 편의적인 분류

① 상면효모와 하면효모
② 배양효모와 야생효모
③ 산막효모와 비산막효모
④ 유색효모

8) 주요 효모의 이용

(1) *Candida* sp. : (불완전균류) 인도에서는 Gram 콩을 발효한 Waries 제조에 사용한다. 다른 향신료와 혼합하여 조미료로 사용한다. *n*-Paraffin을 자화하여 단세포단백질을 생산한다. 이는 사료, 식품첨가물, 일부 식품으로 사용한다. *n*-Paraffin에서 구연산을 생산하다. 이는 산미료로서 사용한다. Xlyose를 자화하여 xylobiose를 생산한다.

이는 식품의 부가가치 향상(보수효과, 저감미 부동효과)에 크게 기여한다. 단계적으로 배양하여 glucose에서 변환하여 xylitol을 생산한다. 이는 감미료(당뇨환자), 식이감미료(구미에서는 추잉 검, 초콜릿 수액, 주사액으로 사용한다. 균체 내에 triacylglycerol(지질)을 축적하여 식용 지방자원으로 사용한다. Tea fungus로 발효차 제조에 관여하는 효모의 하나이다.

(2) *Pichia* sp. : (자낭균 효모) *n*-Paraffin을 자화하여 균체 단백질을 생산한다. 이는 식사료로서 사용한다.

(3) *Saccharomyces* sp. : (자낭균 효모) 중앙아시아에서 전통 알코올발효 음료인 Bussa(맥주원료 : 사탕수수, 사탕, 자연발효 맥주로 효모의 알코올 발효와 유산균의 유산발효를 주체로 함)의 알코올 발효에 사용한다. 영국, 노르만, 스위스에서 전통 알코올 발효음료(원료 : 사과)인 cider의 알코올발효에 사용한다.

(4) *Saccharomyces cerevisiae* : (자낭균효모) 식품(포도주, 맥주, 치즈, 과즙), 과채류, 수목, 사탕수수, 토마토, 사람 등 포유류에서 발견된다. Sucrose

의 fructose에 다른 sucrose에 fructose를 전달하는 효소인 β-fructofuranosida를 생성하여 fructooligo당 제조에 사용한다. 이는 건강보조식품에 사용한다. 효모에서 RNA를 추출하여 5'-inosinic acid를 제조하여 핵산 조미료로 사용한다. 포도주 양조에서 주 발효(알코올)에 사용한다.

Fruit wine 양조에서 알코올 발효를 한다. 맥주 양조에서 알코올발효에 사용한다. 청주양조에서 알코올발효에 사용한다. 소주양조에서 알코올 발효에 사용한다. 위스키양조에서 알코올 발효에 사용한다. 멕시코의 Tequila 양조에서 알코올 발효에 사용한다. Vodka 양조에서 알코올 발효에 사용한다. 중남미, 필리핀의 Rum주 양조에서 알코올발효에 사용한다. Sherry주 양조에서 알코올 발효에 사용한다.

발효에 의하여 탄산가스 발생으로 반죽을 팽창하여 반죽을 숙성하고 향미를 생성하여 빵 제조에 사용한다. 필리핀에서는 찹쌀의 분해 발효한 전통조미료인 Puto 제조에 사용한다. 인도에서는 Gram콩을 발효한 전통 발효식품인 Warries 제조에 사용한다. 다른 향신료와 혼합하여 조미료로 사용한다. 인도네시아에서는 카사바(cassava)의 전통 발효식품인 Tape 제조 시 스타트로서 사용하는 효모의 하나이다. 나이지리아, 서아프리카에서는 옥수수의 분해와 향미를 부여하는 전통 발효식품인 Ogi 제조에 사용한다.

폐당밀을 자화하여 균체 단백질, 지방 등을 축적하여 미생물 단백질로서 식용에 사용한다. 균체 내에 비타민 D를 축적하여 비타민 D의 자원이 되고, 이는 식용 착색제, 사료용 강화제로 사용한다. Sucrose를 glucose와 fructose로 분해하는 효소인 invertase를 생성하여 식품공업에 사용한다. 우리나라 누룩 중의 주요 효모의 하나이다.

(5) *Saccharomyces chevalieri* : (자낭균효모) 식품(포도주, 맥주, 치즈, 과즙), 과실 수목, 사탕수수, 토양, 사람 등의 포유류에서 발견된다. 포도주 양조에서 알코올발효에 사용된다.

(6) *Saccharomyces italicus* : (자낭균 효모) 식품(포도주, 맥주, 치즈, 과즙), 과실 수목, 사탕수수, 토양, 사람 등의 포유류에서 발견된다. 포도주 양조에서 알코올발효에 사용한다.

(7) *Saccharomyces bayanus* : (자낭균효모) 식품(포도주, 맥주, 치즈, 과즙), 과실 수목, 사탕수수, 토양, 사람 등의 포유류에서 발견된다. Apple wine 양조에서 알코올발효에 사용한다, Sherry 주 양조에서 알코올발효에 사용한다.

(8) *Trichosporon* sp. : (불완전균 효모) 균체 내에 triacylglyceride(지질)을 축

적하여 식용 지방자원으로 사용한다.

3.3 세균의 과학

1) 개 요

세균은 엽록소가 없고 하등미생물의 분열 균에 해당하며, 너비가 1u 이하의 작은

표 7-5. 세균의 형태

세균의 형태는 종류에 따라 다르고 같은 종류라도 고정된 것이 아니며, 배양의 신구, 배양의 조건 및 세포의 영양조건에 따라 다르다. 그러나 기본 형태는 구상(球狀), 간상(桿狀), 나선상(螺旋狀)이다. 그 모양에 따라 구균, 간균, 나선균이라 한다.	
1. 구균(Coccus) 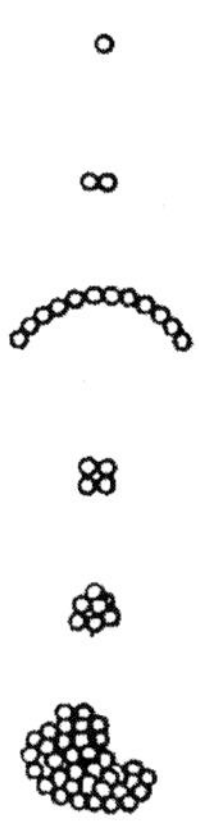	분열 상태에 따라 다음과 같인 나눈다. ① 단구균(Monococcus) : 세포가 1차원 방향으로 분열되어 1개씩 흩어지는 균 ② 쌍구균(Diplococcus) : 세포가 분열 후 2개씩 연결되는 균 (*Diplococcus pneumoniae*, *Neisseria* 속) ③ 연쇄상 구균(Streptococcus) : 세포가 1차원 방향으로 분열하여 길게 연결되는 균(*Streptococcus lactis*) ④ 사련구균(Pediococcus) : 세포가 2차원 방향으로 분열 후 4개씩 연결되는 균(*Pediococcus halophilus*, *Micrococcus luteus*) ⑤ 팔련구균(Sarcina) : 세포가 3차 방향으로 분열 후 8개씩 연결되는 균 (*Sarcina flova*, *Micrococcus luteus*) ⑥ 포도상 구균(Sraphylococcus) : 세포가 불규칙 방향으로 분열 후 무수히 집결되는 균(*Staphylococcus aureus*)
	이외에도 정방형(rectangular form, *Lampropedia*속)과 입방체형(cubical packet, *Sarcina ventriculi*)도 있다.
2. 간균(Bacillus) 	① 단간균(Short rod) : 구균에 가까운 균(*Serratia*) ② 장간균(Long rod) : 막대기 모양의 균 가장자리에 따라 두 가지로 나눈다. - Round ended : *Escherichia*, *Proteus* - Flat ended : *Bacillus* ③ 연쇄상 간균(Rod chain) : 간균이 한 방향으로 연결된 균 (*Bacillus*, *Lactobacillus*, *Streptobacillus*) ④ Trichome형 간균: Trichome 모양을 한 균(*Beggiatoa*) ⑤ Coryne형 간균 : 간균이 한 줄로 서있는 모양이며, 2개가 비스듬히 붙어 V자 모양을 한다(*Corynebacterium*속).

(계속)

3. 기 타 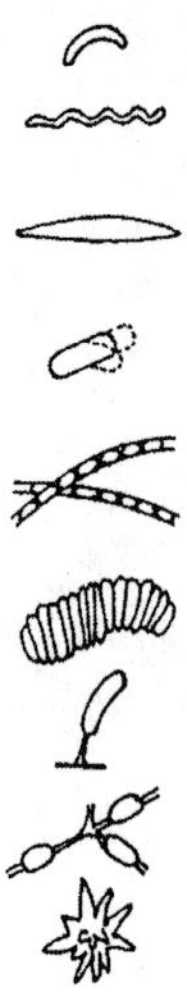	① Vibrio형 : 만곡된 모양(호균)(*Vibrio*) ② 나선형(Spiral form) : 만곡이 심하며, S자 모양 혹은 S자 모양이 연결된 모양(*Spirillum*, *Spirochaeta*) ③ 방추형(Fusi form) : 균체의 가운데가 약간 부룩한 모양(*Fusobacterium*) ④ Flexile form : 균체가 자유로이 휘어지는 모양(*Myxococcus*, *Cytophaga*) ⑤ 유초세균(Sheath bacterai) : 초(鞘)로 싸여있는 세균(*Sphaerotilus-natans*) ⑥ 원판상 균의 trichome(Discoid) : (*Caryophanon*) ⑦ 부속기가 붙은 세균 - 유병세균(Stalked bacteria) : *Caulobacter*, *Gallionella* - 출아세균(Budding bacteria) : *Hyphomicrobium*, *Rhodomicrobium* - 유돌기세균(Spine shaped bacteria) : *Prosthecomicrobium*
4. 이상형태 (Involution form)	세균은 배양조건, 환경 자극물질에 따라 형태가 변하는 수가 있다. ① 생리적 기형 : 어떤 물리화학적 자극으로 모양은 비정상이나, 증식능력을 가지는 것 ② 병리적 기형 : 세포의 노쇠, 영양결핍, 자체 배설물 등의 여러 부적당한 환경으로 생식능력도 없어지는 것 이것들은 균의 퇴화 요인이다.

단세포 생물이고, 대부분은 세포분열에 의하여 증식한다. 여기에는 일반세균 이외에 점액세균, Spirochaeta도 포함된다(표 7-5).

2) 분 류

일반적으로 세균의 분류편람(제7판, 제8판)에 따라 분류한다.

3) 형 태

세균의 형태는 종류에 따라 다르다. 같은 종류라도 고정된 것은 아니며, 배양의 신구, 배양의 조건 및 세포의 영양조건에 따라 다르다. 그러나 기본 형태는 구상(球狀), 간상(桿狀), 나선상(螺旋狀)이다. 그 모양에 따라 구균(球菌), 간균(桿菌), 나선균(螺旋菌)이라 한다.

① 구균(단구균, 쌍구균, 연쇄상구균, 사련구균, 팔련구균, 포도상 구균)

② 간균(단간균, 장간균, 연쇄상 간균, Tricoma형, Coryne형)

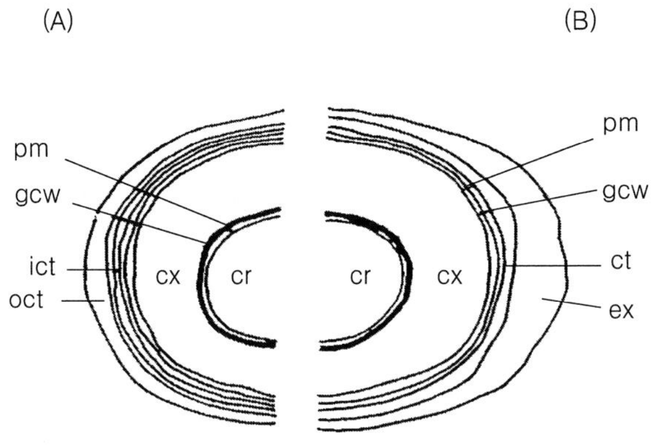

A : *Bacillus subtilis*형, B : *Bacillus cereus*형

cr : core
pm : 포자세포막(plasma membrane)
gcw : 포자세포벽(germ cell wall)
cx : 피층(cortex)
ct : 포자각(coat)
ict : 내포자각(inner coat)
oct : 외포자각(outer coat)
ex : exosporium

그림 7-12. 포자의 단면 모식도

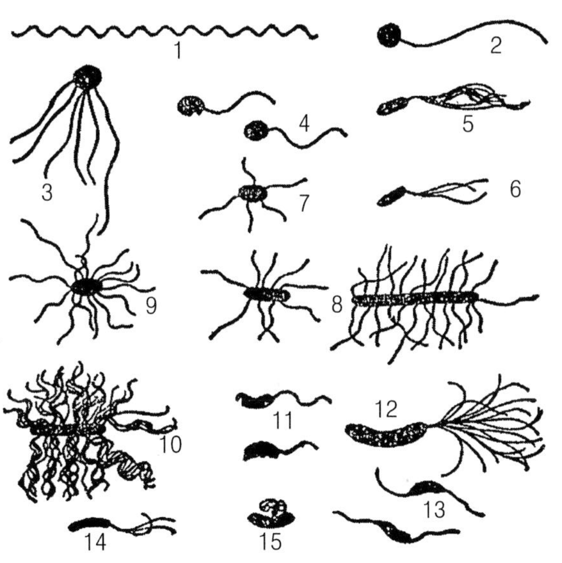

1. *Nitrosomonas*속
2. *Micrococcus gonococcus*
4. *Nitrobacter*
5. *Pseudomonas cerevisiae*
6. *Pseudomonas*속
11. *Vibrio chaolerae*
12. *Spirillum volutans*
13. 수생나선균
14. *Vibrio fischeri*
15. 치분균(齒糞菌)

그림 7-13. 각종 세균의 편모

③ 기타 비브리오형, 나선형, 방추형, 유초세균

④ 특수한 세균 : 유병세균(*Caulobacter*속), 발아세균(*Rhodomicrobium* 속), 점액세균(*Myxobacter*속), 초피세균(*Leuconostoc*속)

⑤ 포자형성 세균 : *Bacillus*속, *Clostridium*속, *Sporpsarcina*속, *Desulfotomaculum* 속, *Sporsarcina*속(그림 7-12)

⑥ 편 모 : 주편모 세균(*E. coli, Bac. subtilis*), 단편모 세균(*Vibrio cholerae*), 양편모 세균(*Spirillum rubrum*), 속편모 세균(*Pseudomonas fluorescens*)(그림 7-13)

⑦ 염색성 : Gram 염색(음성 세균, 양성 세균)

⑧ 운동성 : 유편모 세균(편모로 운동), 무편모 세균(장어 헤엄치기)

4) 생육조건

생육 최적온도(저온세균, 중온세균, 고온세균), 내열성, 생육 최적 수분, 생육 최적 pH, 방사선조사, 산소 요구도(산소성, 조건 무산소성), 삼투압의 영향(식염, 당용액 등)

5) 증식방법

세균은 모두 무성생식이고, 유성생식은 없는 것 같다.

① 분열법(이분법) : 분열법으로 증식을 하기 때문에 증식속도 빠르다.

② 포자형성 : 포자형성 세균은 앞에서 설명한 6속뿐이다

③ 절포자

④ 과립자

⑤ 발 아

⑥ 세균의 분열속도 : 직경 1 u의 구균이 30분에 1회의 분열을 한다고 가정함.
1시간 후 4개, 2시간 후 16개, 3시간 후 64개, 8시간 후에 65,536개
15시간 후 10억 개(부피 1 mm^2), 23시간 후 2^{29}개(65 cm^3),
35시간 후 1,000 m^3로 10 M/T 트럭으로 100대 분량, 며칠 후이면 지구만큼의 부피가 될 것이다.

6) 유익 세균

① 유산 생산 세균 : 유산구균(*Streptococcus*속, *Leuconostoc*속, *Pediococcus*속), 유산 간균(*Lactobacillus*속),

② 유포자 간균(*Bacillus coagulans*)
③ 초산 생산 세균: *Acetobacter aceti, Acet. orleanense,*
④ Acetone-butanol 생산 세균: *Clostridium acetobutyricum, Cl. madisonii, Cl. saccharoacetobutylicum, Cl. roseum, Cl. felsineum*
⑤ Propionic acid 생산 세균: *Propionibacterium shermanii*
⑥ 전분질 분해효소 생산 세균: *Bacillus subtilis, Clostridium*속
⑦ 단백질 분해효소 생산 세균: *Bacillus*속, *Pseudomonas*속, *Proteus*속
⑧ 김치발효 세균: *Lactobacillus mesenteroides, Lac, brevis, Lac. plantarum*
⑨ 우유발효세균: *Lactobacillus acidophilus, Lac. bulgaricus, Lac. lactis, Lac. thermophilus, Lac. cremosus,*
⑩ 내염성 세균 : *Streptococcus halophilus, Pediococcus halophilus*

7) 유산균(젖산균)

① 분류상의 위치: 진정 세균목, 유산 간균과(*Lactobcillus*속, *Streptococcus*속, *Pediococcus*속)

② 형태에 따라
- 유산 간균: *Lactobacillus*속
- 유산 구균: *Streptococcus*속

③ 유산의 생성에 따라
- 정상 유산발효 유산균: *Strepococcus*속 전부, *Pediococcus*속 전부, *Lactobacillus*속 일부
- 이상 유산발효 유산균: *Leuconostoc*속, *Lactobacillus*속 일부

④ 생육온도에 따라
- 고온성 유산균: *Lactobacillus thermophilus*
- 저온성 유산균: 김치에 발효에 관여하는 유산균

⑤ 용도에 따라
- 청주 주모용 유산균: *Lactobacillus sake*
- 청주혼탁 유산균: *Lactobacillus hiochii, Lac. heterohiochii*
- 유산음료용 유산균: *Lactobacillus bulgaricus, Lac. lactis*
- 김치 유산균: *Lactobacillus brevis, Leuconostoc mesenteroides*
- Bioassay용 유산균: *Lactobacillus leichmanii*

8) 식중독 세균

① 감염형 식중독세균: *Clostridium butyricum, Cl. perfringens, Cl. welchii, Staphylococcus aureus*

② 독소형 식중독 세균: *Salmonella parathphus, Vibrio fraecalis, Vibrio paprahaemolyticus*

③ 알레르기성 식중독 세균: *Proteus morganii*

9) 주요 세균의 이용

(1) *Bacillus* sp. : Gram 양성, 간균, 내생포자 형성, 운동성(주편모), 호기성(산소성). 전분을 액화하여 maltose를 생산하는 효소인 β-amylase를 생성하여 β-maltose 제조에 사용한다. 이는 감미료, 식품의 물성개량 바디(body)의 보강제로 사용된다. Glucose 삼량체 생성 amylase를 생성하여 α-maltotriose 제조에 사용한다. 이는 저감미료, 식품의 물성 개량제, 바디(body) 개량제로 사용한다. Hemicellulase를 생성하여 식물성분의 추출에 사용한다.

전분을 cyclodextrin으로 전환하는 효소인 cyclomaltodextrin glucanotransferase를 생성하여 cyclodextrin 제조에 사용한다. 이는 불안정한 물질의 포접에 의한 안정화, 탈취, 식품 텍스쳐의 개량에 사용한다. Inulin에서 효소적으로 inulotriose를 생산하여 감미료로 사용한다. Cellulase의 가수분해 효소의 하나인 alkaline cellulase를 생성하여 합성세제로서 사용한다.

(2) *Bacillus subtilis*(枯草菌) : Gram 양성, 간균, 내생포자 형성, 운동성(주편모), 호기성(산소성). 자연계에 널리 발견된다. 단백질 분해효소를 생성하여 납두제조에 사용한다. Sucrose의 fructose에 다른 sucrose의 fructose를 절단 결합하는 효소 β-fructofuranosidase를 생성하여 fructooligo당 제조에 사용한다. 이는 감미료, 건강보조식품으로 사용된다.

전분의 액화효소 α-amylase를 생성하여 maltose 제조의 액화, 제과, 제빵, 과즙의 청징 보조제로 사용한다. 전분의 액화효소 α-amylase를 생성하여 전분의 액화공업, 물엿 등의 감미료 제조에 사용한다. 이 균의 액화 amylase(α-amylase)는 내열성으로 변성되지 않으므로 105～107℃에서 순간 액화가 가능하다. 이들 α-amylase로 dextrin제조에 사용한다.

단백질의 분해효소인 protease를 생성하여 제과, 제빵. 유제품 제조에 사용한다. 단백질 분해효소를 생성하여 된장제조에 사용한다. 필리핀의 전통 어패류 간장인 Patis 숙성과정에 사용한다. 태국의 전통 어패류 간장인 Nampla 숙성과정에서 발견된다. 생선을 절이고 남은 소금물을 발효하고 이것으로 염장한 생선을 건조한 일본 전통 Kusaya 숙성과정 중에서 발견된다. Phenylalnine을 발효 생산한다. 이는 aspartame 원료, 식품첨가물(강화제), 의약(아미노산 수액)으로 사용한다.

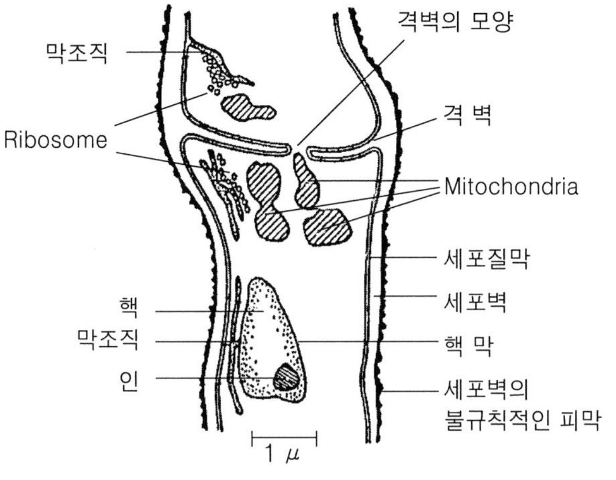

그림 7-14. 균사의 미세구조

C.W. : 세포벽, F. : 섬유층, M. : Mitochondria,
N. : 핵, S.P. : 격벽의 구멍, S. : 격벽, R. : 소포체,
N.m. : 핵막, N.P : 핵막의 구멍, C.m. : 세포막

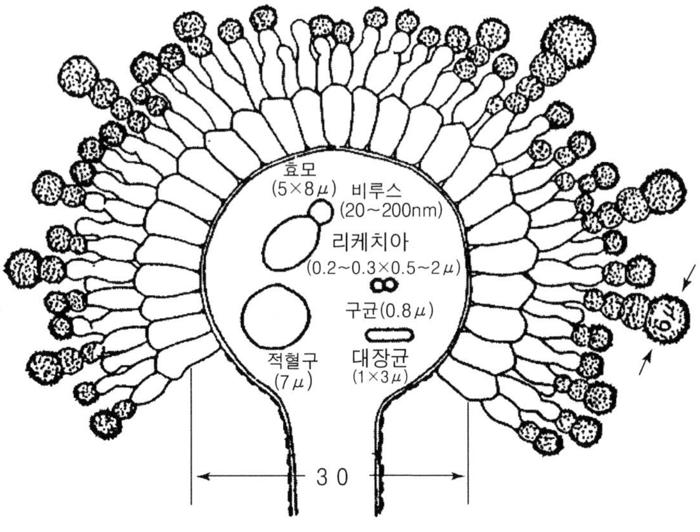

그림 7-15. 각종 미생물의 크기

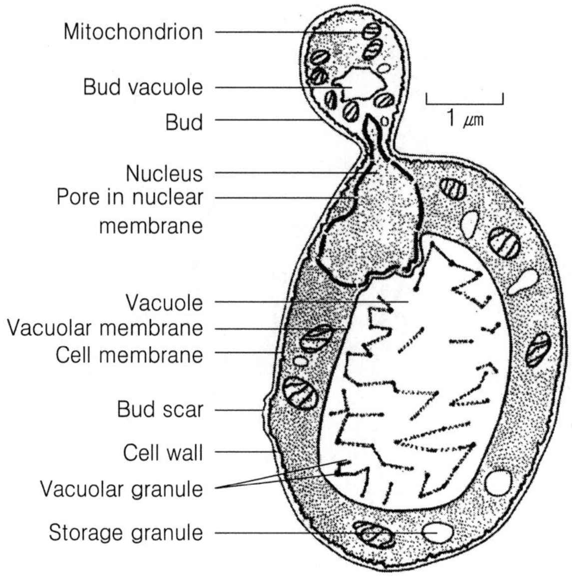

그림 7-16. 출아하고 있는 효모의 단면도

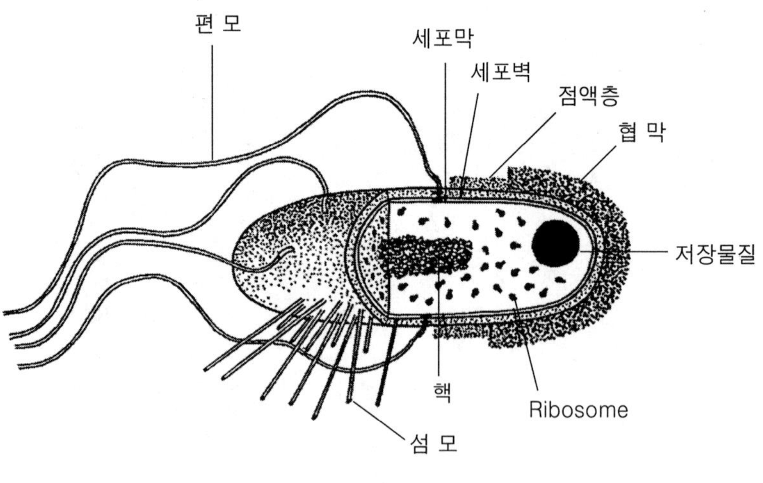

그림 7-17. 세균의 구조모형

Anthranilic acid를 원료로 하여 L-tryptophan을 발효 생산한다. 이는 사료첨가제, 식품첨가물(강화제, 항산회제), 의약으로 사용한다. 직접발효법으로 inosine을 생산한다. 이는 inosionic acid의 원료가 되고, 이는 조미료로서 사용한다. 직접발효법으로 guanosine을 생산한다. 이는 guanylic acid의 원료가 되고, 이는 조미료로 사용한다.

(3) *Bacillus natto* : Gram 양성, 간균, 내생포자 형성, 운동성(주편모), 호기성(산소성). 자연계에 널리 발견된다. 단백질 분해효소를 생성하여 납두제조에 사용한다. 단백질 분해효소와 지방분해효소를 생성하여 itohiki natto(糸引 納豆) 제조에 사용한다.

(4) *Micrococcus varians* : Gram 양성, 구균, 비운동성 호기성(산소성). 7.5% 소금용액에 생육, 포유동물의 피부, 모래언덕, 물에서 발견된다. 간장 숙성 중 유산을 생성하여 숙성에 기여한다. 브릭치즈 제조 시 향미 부여에 기여한다. 필리핀의 어패류 전통간장인 Patis 숙성에 기여한다.

지금까지 곰팡이, 효모 그리고 세균의 특성을 설명하였으나 마지막으로 이들의 미세구조를 그림 7-14, 7-15, 7-16, 7-17에 나타내었다.

4. 누룩 중에서 생성된 효소

우리나라의 누룩 중에 어떤 종류의 효소가 있으며, 어떤 특성을 가지는지는 알기 어려운 문제이다. 그 이유는 누룩 중의 미생물 분포가 다양하고 그 제조법이 통일되지 않아 각종 효소의 종류와 특성을 알기는 어려운 실정이다.

우선 효소학에서는 일반적으로 ① 산화환원효소, ② 전달효소, ③ 가수분해효소, ④ 탈리효소, ⑤ 이성질화 효소, ⑥ 합성효소 등으로 분류하고 있으나 술 양조에서 널리 이용되고 있는 가수분해 효소만을 설명한다. 가수분해효소를 그 작용하는 기질의 구조를 잘 알 필요가 있다.

녹말(starch)은 식물의 영양원으로서 탄산가스와 물, 광선, 엽록소에 의하여 합성된 저장물질이다. 녹말의 구조는 화학적으로 amylose, amylopectin으로 구성된다. Amylose는 glucose가 α-1,4-결합으로 된 긴 사슬 분자이고, 이 amylose의 사슬은 glucose가 6분자마다 한 번씩 휘감으면서 길게 이어져 전체적으로는 나선상의 구조를 이루고 있다. 그리고 amylopectin은 amylose chain의 곳곳에 α-1,6-결합으로(약간의 1,3-결합이 있다)된 가지가 있고, 여기에다 α-1,4-결합이 붙어 있다. Amylose의 glucose 직쇄는 300～400이며, 분자량은 약 60,00 정도이다. Amylopectin은 amylose 보다 분자가 커서 분자량이 약 200,000이나 되고, glucose 수가 1,300개 이상이 되는 것도 있다.

실제로 녹말 입자는 amylose와 amylopectin이 micelle로 형성되어 있다. 이 micelle은 일정 방향으로 배열된 β-starch의 상태이나 이것을 물과 같이 가열하면 amylose와 amylopectin의 분자가 풀려 micelle의 배열이 그물모양으로 팽윤, 보수성의 증가, 전분분자의 용해, 점도 상승, 투명도 증가, 결정구조의 손실, 효소에 의한 소화성이 높다. 그래서 쌀을 당화하는 데는 가열 증자하여 녹말을 호화시켜 α-starch 상태로 하여 amylase로 당화한다. 그러나 자연계에 존재하는 미생물 중에는 생 녹말, 즉 β-starch를 당화하는 효소를 분비하는 곰팡이도 있다. 생 녹말을 당화하면 원료의 생취가 술로 옮겨져 천연의 맛을 느낄 수 있고 그리고 가열 증자하지 않으므로 술 제조 생산비를 30% 절약할 수 있는 이점이 있다.

단백질(protein)은 화학적으로 약 20여 종의 아미노산이 peptide 결합으로 연결된 생체 고분자이다. 즉 단백질은 여러 아미노산으로 된 고분자 polypeptide나 그 아마노산 조성은 분류의 기준이 될 수 있는 만큼의 특수성은 없다. 그러나 염기성 아미노산이 아주 많은 protamine, histone은 그 아미노산의 특수성에 따라 염기성 단백질이라 하여 다른 단백질과 구별한다. 이외의 단백질은 화학적 성질로 구별하기가 곤란하고 단백질을 여러 종류로 나누고 있으나 정확한 분류는 곤란하다.

일반적으로는 용해도에 따라 단순단백질, 복합단백질, 유도단백질로 분류되고, ① 분자의 크기와 형태에 따라서, ② 단백질의 조성에 따라서, ③ 단백질의 화학적 조정에 따라서, ④ 생화학적 활성도에 따라서, ⑤ 출처에 따라서 분류되나 세밀한 분류는 곤란하다. 식물성 단백질은 조미료로서 중요하여 옛날부터 우리나라에서는 간장, 된장의 발효식품으로 이용하여 왔다. 뿐만 아니라 술 원료 중의 미량의 단백질은 분해하여 술 맛에 큰 영향을 주고 있다. 그러나 때로는 혼탁의 원인 물질이기도 하다. 단백질의 분해방법은 염산 분해법, 알칼리 분해법, 미생물 효소분해법이 있으나 미생물 효소법을 이용한 것이 장류 양조이고 술에서 중요하다

지방질(lipid)은 지방산과 glycerol의 ester인 acylglycerol이며, 이는 불휘발성, 불에 불용, 유기용제에는 냉시에도 잘 녹는다. 산, 알칼리, 효소로 가수분해하여 지방산과 glycerol로 된다. Acylglycerol 중 세 분자의 지방산이 같은 경우를 단순 acylglycerol이라 하며, 분자가 다를 때를 혼합 acylglycerol이라 한다. 천연의 acylglycerol은 대개 혼합 triacylglycerol이다. 실온에서 고체를 지(脂 : fat)라고 하며, 액체의 경우를 유(油 : oil)라고 한다. 이들은 저장지방이며 에너지원으로 중요하다. 또 oil을 구성하는 지방산의 포화도에 따라 건성유, 반건성유, 불건성유로 구별한다.

지방질은 누룩 제조공정 중이나 양조공정 중에서 지방질의 분해물인 지방산은 술의 향미 형성에 중요하다.

4.1 당질(전분질) 가수분해효소(amylase)

Amylae는 녹말의 α-1,4-결합 또는 α-1,6-결합을 가수분해하는 효소이다. 그러나 작용양식에 따라 α-amylase, β-amylase, glucoamylase, isoamylase, debranching amylase로 분류할 수 있다. α-Amylase는 endo type 효소로 녹말의 α-1,4-glucoside 사슬을 임의로 가수분해하고 α-1,6-결합은 거의 분해하지 못한다.

그 결과 점도는 급속하게 떨어지고 요오드 용액의 반응은 청 → 자 → 적 → 황으로 변한다. 최종 분해산물은 maltose와 dextrin과 소량의 glucose이다. 또 생성된 환원당은 광학적으로 α-형이기 때문에 이를 α-amylase라고 부른다. 이 효소는 동물계(타액, 췌장액), 식물계(맥아, 겨자)와 미생물계에 널리 분포되어 있다. 특히 누룩 중 분포하고 있는 곰팡이로는 *Aspergillus. oryzae*, *Asp. niger*, *Rhizopus*속, 그리고 세균 *Bacillus*속이 α-amylase를 많이 분비하고 있다.

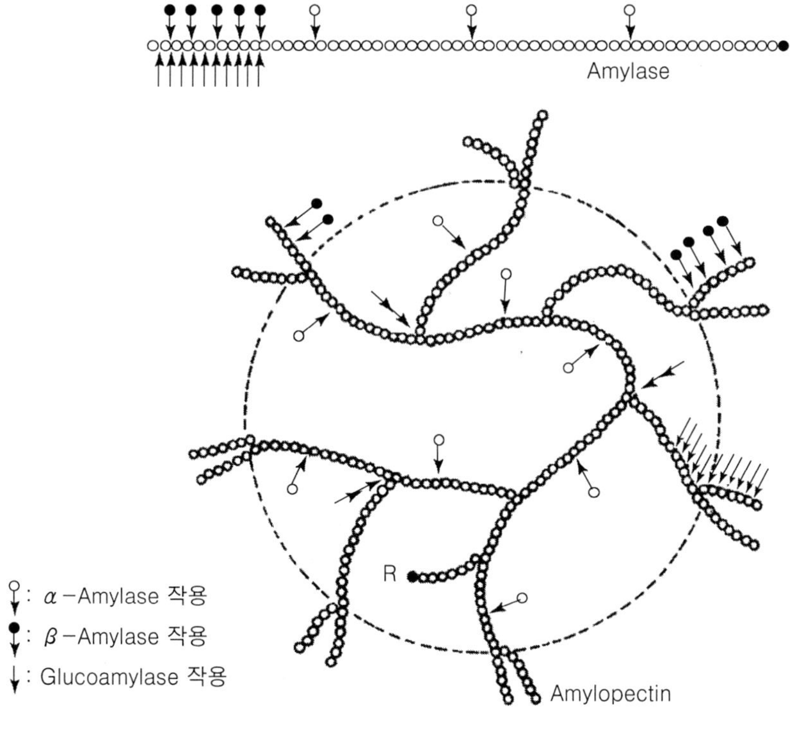

그림 7-18. Amylase, amylopectin의 구조와 amylase의 작용 특이성

β-amylase는 exo type 효소로 녹말의 α-1,4-glucoside 사슬의 비환원성 말단에서 순차적으로 분해하여 β-maltose를 유리한다. Amylopectin과 glycogen의 α-1,6-glucoside 결합에 이르면 분해는 끝난다. 이때 남는 부분을 β-limit dextrin이라 한다. 이 효소는 주로 맥아, 발아되지 않는 보리, 고구마, 콩 등에 존재하며, 이들의 특성은 급원에 따라 다르다.

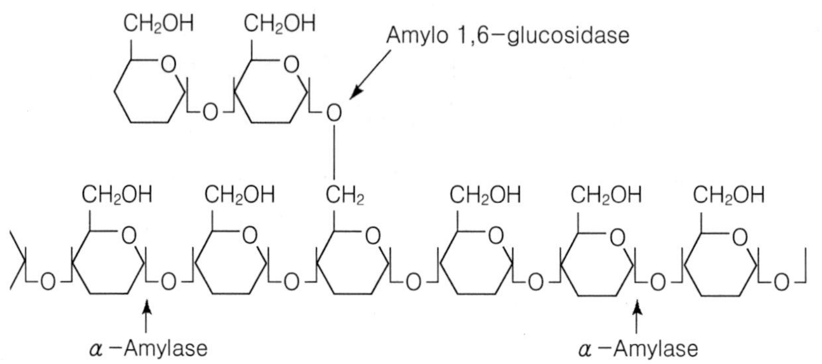

그림 7-19. α-Amylase의 작용

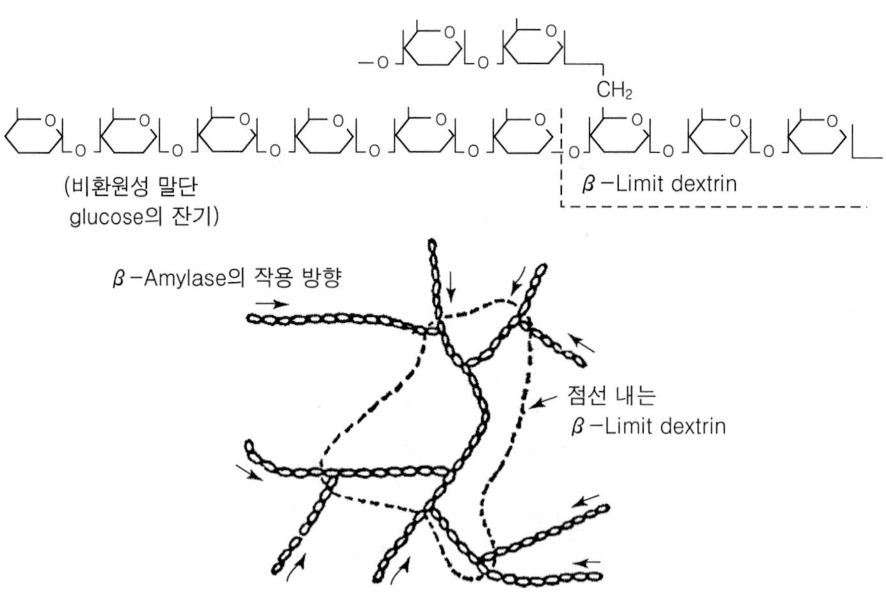

그림 7-20. β-Amylase의 작용

Glucoamylase는 exo type 효소로 α-1,4-glucoside 사슬의 비환원성 말단에서 순차적으로 glucose 단위로 분해한다. Amylopectin과 glycogen의 α-1,6-glucoside 결합도 가수분해한다. 이 효소는 주로 곰팡이에서 분비된다. *Rhizopus delemar. Asp. awamori kawachii, Asp. niger*의 glucoamylase는 녹말을 거의 100%까지 포도당으로 분해할 수 있다. 그러나 *Asp. usamii*는 약간 뒤진다. Isoamylase, debranching amylase도 있으나 누룩곰팡이에서는 좀처럼 발견되지 않는다.

4.2 단백질 가수분해효소(proteinase)

Proteinase에는 종류가 많아 여러 가지 분류방법이 있다.

1) Peptide 결합의 위치에 따른 분류

Protease라 함은 peptide 결합을 가수분해하는 효소이지만 peptide 중의 내부의 결합을 분해하는 효소를 endopeptidase(proteinase), 말단 peptide 결합을 가수분해하는 효소를 exopeptidase라고 한다. Endopeptidase는 pepsin, trypsin, chymotrypsin, papain, 그리고 미생물 기원의 효소는 endopeptidase에 속하고 aminopeptidase, carboxypeptidase는 exopeptidase에 속한다.

2) 최적 작용 pH에 따른 분류

효소반응의 최적 pH에 따라 산성 protease, 중성 protease, 염기성 protease로 분류하는 수도 있다.

3) 효소 단백질 자체의 성질에 따른 분류

Cysteine proteinase, serine proteinanse, aspatic protainase, metalloproteinase 등으로 분류하기도 한다. 누룩 중에 분포하고 있는 곰팡이 중에서는 *Aspergillus oryzae, Asp. saitoi, Asp. niger, Pen. varianus, Rhizopus nivius, Rhizopus chinensis, Mucor piusillus*, 세균류에서 *Bacillus subtilis* 등이다.

4.3 지방질 가수분해효소(lipase)

Lipase는 triglyeride에 작용하여 gylcerin과 지방산으로 가수분해하는 효소이고, 역으로 합성작용도 촉매하는 효소이다. Lipase는 동물, 식물, 미생물에 널리 분포하고 있다. 동물체내에서는 췌장, 지방질 조직, 혈액, 젖 등에서 발견되고, 식물에서는 지방질 함량이 많은 피마자 종자, 소맥배아, 쌀겨 등의 lipase가 많이 연구되고 있다.

Lipase 작용과 기질의 구조는 다음과 같이 나타낸다.

$$
\begin{array}{lcl}
CH_2O\text{-}COR & & CH_2OH \\
| & & | \\
CHO\text{-}COR + 3H_2O & \rightleftharpoons & CHOH + 3RCOOH \\
| & & | \\
CH_2O\text{-}COR & & CH_2OH \\
\text{Triglyceride} & & \text{Glycerol}
\end{array}
$$

$$
\begin{array}{lcl}
RO\text{-}OCR' + H_2O & \rightleftharpoons & ROH + R'COOH \\
\text{monoester} & & \text{알코올} \quad \text{지방산}
\end{array}
$$

누룩 중의 곰팡이 중에서 *Aspergillus niger*, *Asp. flavus*, *Pen. glaucum*, *Pen. roqueforti*, *Rhizopus delemar*, *Rhizopus archizus*, *Mucor mucedo*, *Mucor javanicus* 등이 lipase를 많이 분비하고 있다.,

1910년 이후 1945년까지 일본의 통치로 한국의 전통주는 획일화된 상태로 답보되고 말았다. 건국 이후에도 6.25동란, 식량 부족으로 쌀 술을 만든 것은 엄두도 못 내었다. 1960년대 극심한 식량난으로 그 원료가 밀가루로 대체(1963년)되고 말았다. 세계에서 밀가루로 술을 만드는 나라는 한국밖에 없었을 것이다. 그러나 밀가루 술은 약간 반발도 있었으나 차차 정착이 되어 왔다. 그러던 중 1970년대에 들어와서 식량사정이 더욱 어려워져 밀가루에 옥분(강냉이가루)을 혼용하도록(1971년)하였고, 드디어는 보리쌀까지 섞도록(1974년)하였다.

다행히 원료 사정에서 다소 벗어난 것은 1977년도부터 쌀 풍작으로 탁주(막걸리)도 쌀을 사용할 수 있도록 정부의 허가가 나게 되었으나 일시적인 흥분이었고, 10여 년간 밀가루 술에 소비자의 입맛에 젖어 쌀 막걸리는 기호를 충족시키지 못하였다. 그 후 원료로 밀가루가 전용되다가 1989년 말 다시 쌀의 이용이 허가되었으나 판매 실적은 미미하였다. 그러나 최근에는 막걸리가 인기를 얻어 생산량이 늘고 수출도 많아지고 있다.

제 8 장

1900년 이후 전통누룩의 미생물 연구

1. 전통누룩의 미생물 개요

누룩에 관한 미생물의 연구는 1892년 Calmette에 의하여 시작되었다고 할 수 있으며 1905년 Ueno 씨가 조선누룩에서 3종의 *Mucor*속을 분리한 것이 최초일 것이다. 전통누룩의 특징을 미생물학적 측면에서 보면 생전분 원료를 사용하므로 원료에 부착된 미생물과 누룩을 띄우는 과정에서 자연계에 존재하는 미생물이 증식되므로 여러 종류의 미생물이 누룩 중에 존재한다는 것이 쉽게 이해할 수 있다.

1968년 충남대학 김 교수는 대학에서 만든 누룩과 시판 누룩에 서식하고 있는 미생물 균수를 조사한 결과는 표 8-1과 같다. 표에 나타낸 바와 같이 *Aspergillus*속, *Penicillium*속, *Rhizopus*속의 곰팡이와 유산균과 호기성 세균, 그리고 효모류 등 다양한 미생물이 서식함을 알 수 있었고 이들의 수도 많았다.

그리고 1996년 유 교수 등은 시판누룩의 미생물 생태를 조사한 결과를 보면 표 8-2와 같이 분리된 미생물은 다수의 곰팡이와 세균 그리고 소수의 효모가 존재함을

표 8-1. 1968년 시판누룩과 제조누룩의 미생물 균수

균 구	제조누룩(충남대)	시판누룩(전통시장 누룩)
Aspergillus group	240×10^5	836×10^5
Black Aspergilli	163×10^5	268×10^5
Rhizopus	20×10^5	623×10^5
Penicillium	143×10^5	264×10^5
Aerobic bacteria	$90 \sim 200 \times 10^5$	$50 \sim 90 \times 10^5$
Lactic acid bacteria	0.3×10^5	0.3×10^5
Yeast	0.6×10^5	1.4×10^5

표 8-2. 1996년 시판누룩의 미생물 상태

시판누룩	곰팡이(× 105/g)	효 모(× 105/g)	세 균(× 105/g)
철원누룩	1,800	0	28,880
포천누룩	3,600	18	24,300
춘천누룩 1	36	0	810
춘천누룩 2	126	0	840
연기누룩	144	0	57,870
대구누룩	196	0	27,900
경주누룩 1	18	20	8,100
경주누룩 2	90	0	270
현풍누룩 1	180	0	6,300
현풍누룩 2	513	0	460
고령누룩	65	0	144
진주누룩	662	0	5,400
충무누룩	3,600	0	14,400
통영누룩	10	0	24,570
보은누룩	58	0	540
상주누룩	1,500	10	150

표 8-3. 1996년 시판누룩의 미생물 상태

시판 누룩	곰 팡 이				효 모	세 균
	Absidia	*Rhizopus*	*Aspergillus*	*Penicillium*		
광 주	2.0×10^{5}	2.0×10^{7}	4.0×10^{4}	8.0×10^{3}	3.0×10^{5}	1.0×10^{8}
남 원	6.0×10^{7}	2.0×10^{7}	1.2×10^{7}	2.0×10^{4}	2.0×10^{9}	
별 교	4.0×10^{8}	2.0×10^{6}	4.0×10^{7}	-		1.0×10^{8}
장 성	2.0×10^{8}	2.0×10	4.0×10^{3}	-	6.0×10^{8}*	1.0×10^{6}
대 구	2.0×10^{8}	2.0×10	1.2×10^{6}	-	-	1.0×10^{4}
상 주	2.6×10^{6}	2.0×10^{3}	2.0×10^{5}	-	1.0×10^{2}	1.2×10^{7}
김 천	6.0×10^{8}	2.0×10^{4}	2.0×10^{4}	-	2.0×10^{5}	1.0×10^{8}
진 주	2.0×10^{8}	-	8.0×10^{4}	-	3.0×10^{6}*	-
제 천	2.0×10^{8}	2.0×10^{5}	2.0×10^{7}	8.0×10^{4}	1.8×10^{5}	-
미 지	2.0×10^{8}				2.0×10^{8}	

누룩 1 g에 대한 콜로니 수

* : 가균사 혹은 진정균사

알았다. 표 8-1과 같이 전체적으로 세균 수가 곰팡이, 효모보다 많고 특히 효모는 분리되지 않는 누룩도 있었다. 그리고 지역에 따라 균수가 심한 차이가 있는 것으로 보아 술 양조에 크게 영향을 줄 것으로 생각된다.

그리고 같은 해에 김 등은 전통누룩에 서식하는 미생물을 조사하여 역시 많은 종류의 미생물을 분리하여 표 8-3의 결과를 얻었다. 표 8-3에 나타낸 바와 같이 벌교 누룩과 대구 누룩에서는 효모가 분리되지 않았고 남원 누룩, 진주 누룩과 제천 누룩에서도 세균이 분리되지 않았다. 그러나 모든 누룩에서는 여러 종류의 곰팡이가 많이 서식하고 있음을 알았다.

일반적으로 곰팡이는 액화력과 당화력을 가지므로 술 담금 시 전분을 가수분해하여 발효성 당류를 생성하며, 효모는 알코올 발효력을 가지므로 당류(포도당)로부터 알코올을 생성하는 역할을 한다. 한편, 세균은 산 생성 곰팡이와 함께 알코올 발효가 원만하게 이루어질 수 있도록 약산성 pH를 유지시켜 준다.

1.1 누룩곰팡이

1905년 Ueno 씨가 전통누룩으로부터 3종의 *Mucor*속을 분리하였으며, 1906년 Torii 등은 조선산 곡자의 당화력은 *Rhizopus*속에 기인되는 10여 종의 미생물을 분리하여 홍국균의 일종인 *Monascus pullulans*와 2종의 흑색 국균 중 1종은 *Mucor mucedo*로 동정하였다. 분리된 *Mucor*속은 전분 당화력이 강하고, 당화 최적온도는 50℃로 다량의 산을 생성하는 것을 알았다.

1910년 Matsuda 씨도 역시 조선곡자로부터 11종의 곰팡이와 3종의 효모를 분리하였고, 1911년 Shibugawa 씨는 경성곡자 2종류로부터 *Endomyces hordei* 군집을 확인하고, 1929년 Naganishi는 당화력이 강한 곰팡이 37균주, 효모 9균주 그리고 세균 4균주를 분리하였고, 특히 빈도가 높은 곰팡이는 *Absidia* sp., *Aspergillus oryzae*, *Asp. glaucus*, *Rhizopus* sp.이며 그 다음으로 *Mucor*속이 분리되고 *Asp. glaucus*는 분리 총 균수의 약 50% 이상을 차지하였다.

1930년 Sato 등은 인천 곡자로부터 *Monascus*속을 분리하고, 같은 해 Torii 씨는 *Monascus pullulans*와 *Mucor mucedo*를 분리하였다. 1933년 Saito 씨는 *Asp. oryzae*, *Asp. glaucus*, *Monascus purpureus*, *Penicillium glaucum*, *Rhizopus tritici*, *Rhizopus tamari*, *Mucor circinelloides*, *Mucor plambeus*, *Absidia* sp. 그리고 불완전 곰팡이 *Saccsia*속 등 11종의 곰팡이를 분리하고 조선 누룩의 우점종(憂點種)의 곰팡이라 하였다.

1935년 Takeda 등은 *Rhizopus*속 곰팡이를 집중적으로 연구하고 그들의 효소학적 연구를 하였다. 그 결과 *Rhizopus tritici*, *Rhizopus chinensis*, *Rhizopus formosensis*, *Rhizopus oryzae*, *Rhizopus thermosus*, *Rhizopus peka* 등 23종을 분리 동정하였다. 이상에서 보는 바와 같이 1945년에는 일본인에 의하여 누룩에서 많은 곰팡이를 분리 동정하고 이들의 배양학적 특성과 효소학적 특성을 연구하였다. 해방이 되고 나서 국가의 어려움이 겹쳐 20년간 누룩은 물론 술의 연구도 거의 없었던 것은 안타까운 심정이다.

1971년 김 등은 전통누룩으로부터 *Aspergillus pulverulentus*, *Asp. niger*, *Asp. flavus*, *Asp. ochraceus*, *Asp. fumigatus*, *Asp. versicolor* 그리고 *Asp. sydowi*를 분리 동정하였다. 1990년 Uchimura 등은 한국산 누룩으로부터 분리되는 *Absidia*속을 표적으로 하여 *Absidia corynebifera*와 *Absidia ramosa*를 동정하였다.

1995년 박 등은 전통누룩으로부터 *Absidia*, *Rhizopus*, *Circinella*, *Actinomucor*, *Aspergillus*, *Cladosporium* 그리고 *Botryotrichum*속 등 7속, 17종의 곰팡이가 분리 동정되었다. 특히 *Absidia*속은 전국 모든 누룩에 분리되었고, 그 다음이 *Aspergillus oryzae*, *Asp. conididus*, *Rhizopus cohini*가 비교적 고른 분포를 나타낸다고 하였다.

1996년 양 등은 부산 소재의 산성막걸리 곡자의 곰팡이 분포는 *Aspergillus*속이 가장 높았고, 그 다음으로 *Mucor*속, *Rhizopus*속, *Penicillium*속이라 하였다. 이외 *Saccharomyces*속의 효모와 *Micrococcus*속, *Bacillus*속의 세균도 검출되었으나 산생성 균은 검출되지 않았다 한다.

누룩 중의 곰팡이를 다 정리하지 못하였으나 이상의 연구 결과를 종합하여 볼 때 한일합병 이후 1945년까지 전통누룩의 곰팡이 분리 현황은 *Aspergillus coreanus*, *Asp. penicilloides*, *Asp. oryzae*, *Asp. terreus*와 같이 대부분이 *Aspergillus*속이 가장 많이 분리되었고 *Rhizopus tritici*, *Rhi. formosensis*, *Rhi*, *delemar*, *Mucor mucedo* 등의 12속, 63종이 보고되었다.

1945년 이후에는 *Aspergillus flavus*, *Asp. penicilloides*, *Asp. usamii*와 *Asp. kawachii* 등의 14종이 분리되었고, *Pen. expansum*, *Pen. purpurogenum*과 *Pen. fellutanum* 등의 9종이 분리되었다. *Rhizopus*속은 3종뿐이고 *Mucor*속은 거의 없었다. 그리고 1945년 이후에 *Neurospora*, *Actinomucor*, *Memmoniella*, *Cephalosporium*, *Geotrichum*, *Curvularia* 그리고 *Botrytrichum*속 등은 1종씩만 분리되었다. 이와 같이 1945년 이후 12속, 38종이 분리된 것으로 집계되고 있다.

현재까지 우리나라 전통누룩으로부터 분리된 곰팡이의 총수는 24속, 101종으로 분리된 것으로 집계할 수 있다.

1.2 누룩 효모

1911년 Kamoto 씨는 누룩으로부터 *Saccharomyces tomentosus* Kanoma를 분리하였고, Nagnishi도 조선산 곡자로부터 효모 9종을 분리하기도 하였다. 이들 중 출현 빈도가 높은 균주는 *Mycoderma* sp.와 *Saccharomyces* sp.이었으며, 특히 당을 발효시켜 초산 에스터를 생성하는 *Mycoderma*속이 비교적 많이 분리되었고, 산막효모인 *William anomara*도 분리되었다. 그리고 Shibukawa도 경성곡자로부터 처음으로 *Endomyces hordei*를 분리 동정하였다.

1930년 Takeda씨는 119개소에서 수집한 곡사로부터 *Saccharomyces*, *Torula*, *Willia* 그리고 *Monilia*속 또한 *Monascus*속과 *Oidium*속도 분리 동정하였다. 1933년 Sato 등은 조선산 곡자로부터 4종류의 효모를 분리하여 *Saccharomyces coreanus* nos. sp., *Saccharomyces coreanus forma*와 *Mycoderma*속으로 동정하였다. *Saccharomyces coreanus*는 한국산 주정음료의 중요한 균주라고 하였다.

1970년 신과 조 등은 시판 누룩으로부터 *Candida melinii*, *Candida solani*와 *Hansenula anomala*를 분리하였으며, 곡자 중에 존재하는 효모는 탁주 발효과정에서 전혀 발견되지 않았다. 그리고 같은 해 김과 이 등은 시판 누룩으로부터 *Saccharomyces*, *Pichia*, *Candida*, *Torulopsis*와 *Hansenula*속을 분리하였고, 특히 *Candida krusei*, *Candida macdoniensis*, *Candida rugosa*와 *Hansenula anomala*, *Hansenula augusta*와 *Hansenula canadensis*를 동정하였다. 그리고 내산성 효모인 *Sacch. acidifaciens*와 $CaCO_3$ 분해능이 있는 *Sacch. acidifaciens*도 쉽게 분리되었다.

1989년 하 교수 등은 누룩으로부터 자화성 효모를 분리 동정한 결과 *Hansenula anomala*, *Hansenula sydowi*, *Saccharomyces fibuligera*, *Schawanonimyces occidentalis*, *Candida fabianii*, *Candida famata*, *Candida hydrocarbofumarica*, *Candida silvicola*, *Candida steatolytica*, *Candida tropicalis*의 4속, 10종을 분리 동정하였다. 이상의 결과를 종합하여 보면 1945년 이전에 분리된 효모의 특징은 주류의 알코올 발효에 직접 관여하는 *Saccharomyces*속의 효모의 분리에 집중되어 있으며 *Endomyces*속이 32종, *Torula*, *Mycoderma*, *Willia*와 *Monilia*속이 각각 2종씩 분리되어 8속의 효모에서 34종의 효모가 분리됨 셈이다

1945년 이후에는 *Saccharomyces*속의 효모뿐만 아니라 *Candida*속 효모도 많이 분리되었으며, 분열효모인 *Schizosaccharomyces*속이 분리되었고, 산을 생성하는 피막효모인 *Candida*, *Hansenula*와 *Pichia*속의 효모도 분리되었다. 결국 전통누룩으로부터 10속, 31종의 효모가 새로 분리 동정되었고, 현재까지 전통누룩으로부터 분리된 효모 수는 합계 18속, 65종의 효모이다.

1.3 누룩 세균

1930년 Naganishi 등은 곡자로부터 특별한 목적으로 유산균, 낙산균 그리고 고초균을 분리하였으나 이외도 상당수의 세균류가 증식하고 있는 것을 알았다. 그리고 동년 Torii 등은 곡자로부터 많은 종류의 세균을 분리하였고, 1935년 박 박사는 누룩 곡자로부터 *Micrococcus*속 4종, *Mycoplasma*속 1종, *Bacillus*속 3종과 *Erwinia*속 2종의 세균을 분리 동정하였다.

1968년 김 등은 직접 제조한 누룩과 시판 누룩의 세균수를 조사한 바 제조누룩 1 g 중에 호기성 세균은 $9 \times 10^6 \sim 2 \times 20^7$세포이며, 유산균은 3×10^4 세포가 존재하고, 시판 누룩에는 호기성 세균은 $5 \times 10^6 \sim 9 \times 20^6$세포이며, 유산균은 3×10^4 세포가 존재하였다. 그리고 누룩 제조 중에 호기성 세균은 80～90% 이상이 *Bacillus subtilis* 또는 그 외에 유산균이 확인되었고, 시판 누룩 중의 유산균은 70% 이상이 구상구균이었다고 하였다.

1970년 신 등은 곡자에서 분리 동정된 세균은 젖산균인 *Lactobacillus casei*, *Leuconostoc mesenteroides*와 호기성 세균인 *Bacillus subtilis* 그리고 *Bacillus pumilus*라고 하였다. 같은 해 김 박사는 탁주발효에서 누룩에서 유래되는 유산균인 *Leuconostoc mesenteroides*와 *Lac. casei*를 분리하였고, 1995년 조 등은 누룩으로부터 *Leuconostoc mesenteroides* subsp. *mesenteroides*, *Pediococcus acidilactici*, *Lactobacillus plantarum*, *Lac. murinus*와 *Enterococcus gacium*을 분리하였다. 그리고 1995년 안 등은 *Pediococcus pentosaceus*, *Pentococcus damnosus* 그리고 *Lactococcus lactis* subsp. *lactis* 등의 유산균을 분리하였다. 그리고 같은 해 조 등은 전국에서 수집한 누룩 27종에 대하여 총 균수와 유산균 수를 조사한 바에 의하면 총 균수와 유산균수의 평균치는 각각 2.08 × 108 cfu/g 및 2.1 × 107 cfu/g이었으며, 누룩의 종류에 따라 총 균수는 큰 차이를 나타내지만 유산균 수는 큰 차이가 없었다.

유산균 중 구균이 70～95%를 차지하고 분리된 32균주는 11균주가 *Leuconostoc mesenteroides* subsp. *mesenteroides*이며, 7균주가 *Pediococcus acidolactici*, 3균주가 *Lactobacillus plantarum*이며, 4균주가 *Enterococcus fecium*이었다고 하였다.

2007년 배 등은 자가 누룩으로 제조한 술덧으로부터 7종류의 세균류를 분리한 결과 Gram 음성 호기성 간균인 *Acinetobacter iwoffii*와 *Bergeyella zoohelcum*과 Grm 양성 호기성 세균인 *Bacillus pumilus*, *Bacillus cereus*, *Bacillus amylo-liquegaciens*, *Enterobacter cloacae*로 동정되었고, *Bacillus amyloliquefaciens*의 전분 분해력이 가장 높았고, 80℃에서 내열성이 유지되었으며, 최적 pH와 온도는 각

각 8.5와 55℃ 정도였다.

1945년 이전 전통누룩으로부터 *Bacillus*속 세균 5종과 *Micrococcus*속 세균 4종을 비롯하여 총 9속, 17종이 분리되었고, 1945년 이후 누룩으로부터 여러 종류의 유산균과 *Leuconostoc*와 *Pepdiococcus*속 등 7속, 22종의 세균이 분리되었다. 그러나 이들의 술덧 발효 중에 어떤 역할을 하는지는 밝혀지지 않고 있다. 현재까지 세균의 분리 동정된 균 종은 16속, 39종이 분리되었다. 우리나라 전통누룩은 원료인 곡물의 전분질을 가수분해 당화효소를 생산할 뿐만 아니라 알코올 발효제로서 역할을 담당하는 250여 종의 많은 미생물이 서식하고 있음을 알 수 있었다.

2. 전통누룩의 성분

2.1 일반 성분

누룩은 19세기 초기까지 민속주와 약주의 주된 당화제(효소원)로서 분곡(가루누룩)과 증류주용 조곡자(덩어리 누룩) 등이 사용되었으며, 1903년에 한국에서 수집한 누룩으로부터 일반적 특성과 화학성분 등을 조사하여 1905년에 일본인 Ueno 씨가 처음으로 발표하였다. 그에 의하면 한국 고유의 소맥 누룩은 원반형으로 수분 14.32%, 전분 57.28%, 질소화합물 14.87%, 지방 1.28%, 회분 5.28%, 섬유 2.94%, 기타 성분이 4.04%였다고 하였다.

여기에서는 연구년도 순으로 중요한 결과만을 소개한다.

1929년 Naganishi가 전국에서 수집된 분곡자와 조곡자 중의 전분 함량은 71%와 80%, 수분함량은 13.06%, 16.80%였다. 1929년 이후부터 제조법이 개량되기 시작되어 분리한 황국균(*Aspergillus oryzae*)을 접종한 쌀가루 누룩과 전통누룩 제조법으로 1963년에 제조한 옥천 누룩과 금산 누룩의 일반 성분은 표 8-4와 같다.

1967년 이(李) 연구원은 각 지방에서 시판되는 탁·약주 공장에서 직접 사용하고 있는 *Asp. kawachii*로 만든 소백분 백국의 수분함량은 9.72%, 전분가는 69.6%

표 8-4. 1963년도 누룩의 일반 성분

	총 당	환원당	총 산	휘발산	수분함량
쌀가루누룩	82.53	3.38	1.73	0.01	12.00~28.3
옥천누룩	52.81	1.29	0.46	-	13.70
금산누룩	57.84	1.04	0.42	0.06	14.20

이고, 한국곡자식회사 누룩의 수분 11.5%, 전분가 65.4%, 액화력 43WV, 당화력 421SP이었다.

현재 전국적으로 시판되고 있는 누룩의 형태는 일반적으로 16～17 cm의 직경에 4～5 cm 두께와 600～700 g의 무게인 원반형이며, 경상북도 현풍군과 고령군에는 사각형 누룩도 시판되고 있다. 특이한 시판 누룩은 충남 연기군에는 국화잎이 혼입된 누룩과 많은 양의 쑥을 혼합한 한약제 누룩도 있다.

2.2 당 류

누룩은 생전분으로 제조하기 때문에 누룩 중에 여러 종류의 미생물이 서식하여 누룩제조 과정에서 이들 미생물 유래의 amylase에 의하여 전분으로부터 여러 종류의 당류가 생성될 수 있다. 누룩에 존재하는 당류로서는 xylose, glucose, fructose, kojibiose, maltose isomaltose, pentose 등이 존재하고, 그리고 fructose와 glucose는 거의 같은 양이 존재한다. 미국(米麴)에는 glucose, isomaltose, kojibiose, sakebiose가 함유되어 있어 이들 당은 누룩으로 술을 양조할 때 효모 등의 미생물의 초기 영양 공급원으로 이용된다.

2.3 유기산

누룩은 자연접종법으로 많은 종류의 미생물이 서식하므로 전분을 당화시키는 곰

표 8-5. 탁주, 입국, 누룩, 분국 중의 유기산 함량(unit : mg%)

시 료	Lactic	Oxalic	Malonic	Fumaric	Succinic	Maleic	Malic	Citric
탁주 1	45.24	0.22	0.20	0.12	12.79	0.54	0.83	0.96
탁주 2	27.18	trace	0.06	0.08	20.21	0.26	1.06	0.78
탁주 3	18.40	0.12	0.06	0.08	15.66	0.14	5.28	1.84
탁주 4	14.62	trace	0.06	trace	16.44	0.30	7.24	2.02
탁주 5	89.78	trace	0.50	trace	16.92	0.43	0.71	0.70
탁주 6	30.27	0.17	0.13	0.13	12.81	0.18	0.38	10.80
탁주 7	trace	trace	-	1.07	16.12	-	trace	0.22
입국	trace	trace	-	0.35	2.75	-	1.60	156.89
누룩	40.71	7.11	0.97	3.04	7.13	0.19	47.71	36.64
분국 1	25.71	25.28	0.29	trace	15.15	trace	3.01	200.0
분국 2	10.89	10.89	0.56	3.65	9.23	trace	49.87	991.17

출전 : 유대식 저. 『누룩의 전통성과 우수성』에서 인용

팡이 특히 *Aspergillus niger* 등으로부터 유기산인 구연산이 생성될 수 있다. 생성된 유기산은 술의 맛에 큰 영향을 미치는 중요한 성분의 하나이며 산도를 조정한다. 시판 막걸리와 입국, 누룩 및 분국 중의 유기산 함량은 표 8-5와 같다.

2.4 아미노산

누룩 중에는 소배분이나 쌀누룩에 존재하는 단백질이 누룩 띄우는 과정에서 미생물 유래의 단백질 가수분해효소(protease)에 의하여 아미노산이 생성된다..

표 8-6. 누룩 중의 아미노산 함량

아미노산	경주	통영	삼천포	안동	의성	대구	옥천	기타
Leucine	+++	++++	++++	++++	++++	+++	+++	+++
Valine	++	++	++	++	+	++	++	+
Arginine	+	++	+	+	+	+++	++	++
Lysine	++	++	+	+	-	++	+	+
Glutamic	+++	+++	+++	+++	++	+++	+++	++
Alanine	++	+	+	+	+	++	+	++
Histidine	+	+	++	+	+	+	+	++
Tyrosine	++	++	+	+	+	++	+	+
Phenylalanine	++	++	+++	++	++	++	+	+
Tryptophan	+	++	++	+	-	+	+	+
Proline	++	+++	+	++	++	++	++	-
Aspartic	+++	+++	+++	+++	++++	++	++	++
Cystine	-	++	++	+	++	+	+	-
Serine	++	++	++	++	+	+++	++	++
Threonine	+	+	+	++	+	++	+	+
Methionine	++	+	-	+	-	+	+	+
Hydroxyproline	+	-	-	+	-	+	-	-
Unknown A	-	+	++	-	+	+	-	-
Unknown B	+	-	-	+	-	++	+	-

* Showed as color intensity
- : Non-color, + : Weak color, ++ : moderat color,
+++ : Strong color, ++++ : more strong color
출전 : 『유대식 저. 누룩의 전통성과 우수성』에서 인용

1960년에 누룩 중의 아미노산의 조성을 조사한 바 17종의 아미노산이 검출되었으며, 미지의 아미노산 2종을 합하면 19종이 존재한다(표 8-6).

3. 전통누룩의 효소

3.1 전통누룩의 효소 활성

누룩 중에는 여러 종류의 미생물이 존재하며, 이들 미생물이 분비하는 당화효소 역시 미생물의 종류에 따라 성질이 다를 것이다. 또 누룩의 원료 자체가 가지는 당화효소의 성질도 관계되어 당화 최적온도 그리고 최적 pH도 한 종류의 미생물에 대하여 연구하여 전체 효소의 특성을 규정한다는 것은 매우 어려운 일이라 하겠다.

1905년 Ueno 씨의 전통누룩의 효소학적 연구 결과에 따르면 누룩의 당화력은 1.39이며, 이 값은 맥아의 당화력 1.5보다 다소 낮았으나 중국의 방국(方麯)은 11.1로 이에 비하면 아주 낮은 당화력을 나타내어 누룩의 품질이 낮았다는 것을 알 수 있다.

1963년 이(李) 교수는 전통 민속주인 탁주와 약주 양조에 사용되는 효소발효제인 누룩과 국(麴)에 대한 효소학적 특성을 조사하여 누룩은 호정화력이 60이며, 당화력은 860으로 비교적 낮았고, 국(麴)인 효소제의 호정화력은 600이며 당화력은 1,300으로 곡자보다 높았다고 하였다.

1968년 김 교수는 충남대학교 실험실에서 제조한 누룩과 시판되고 있는 한국곡자주식회사 제품의 누룩의 곰팡이 수는 제조누룩이 월등히 많았으며, 당화효소는 시판누룩이 3배 정도 높고, 액화형 효소는 제조누룩이 약 9배 높았다고 하였다. 또한 이(李) 등은 각 지방에서 시판되는 누룩과 약·탁주 공장에서 사용하고 있는 *Aspergillus kawachii*로 제조한 소백분 백국과 *Asp. oryzae*로 제조한 백미황국의 효소역가를 다각적으로 분석한 결과는 표 8-7과 같다.

1996년 유 교수 등은 시판 민간제조 누룩 16점의 액화력과 당화력을 비교한 결

표 8-7. 백국, 황국, 누룩과 분국의 효소활성

	당화력(SP)	액화력(WV)	전분가(%)	수분함량(%)
소맥분 백국	195	27	68.6	9.7
백미황국	226	54	67.5	24.3
시판누룩	421	43	59.6	11.5
분 국	791	284	31.4	6.4

과는 표 8-8과 같다. 특히 액화력이 강한 누룩은 연기, 현풍 2, 고령, 진주, 현풍 1 그리고 경주 1이고, 당화력이 강한 누룩은 경주 1, 포천, 현풍 2의 순이었다.

1973년 이(李) 등은 당화효소의 생산수율을 높이기 위하여 밀기울 배지에 전분, 황산암모늄 그리고 casein의 비율을 달리하여 *Aspergillus oryae*, *Asp. kawachii*, *Asp. usamii*, 그리고 *Rhi. javanicus* 등 4균주에 대한 액화효소와 당화효소의 생산을 비교하였다. 이 결과에 의하면 *Asp. oryaze*는 다른 실험 균주보다도 α-amylase 역가 높았으며, *Rhi. javanicus*는 전분 51%에 황산암모늄과 casein을 첨가한 배지에서 β-amylase의 역가가 757 units로 다른 실험구보다 높았다. *Asp. usamii*는 α-amylase, β-amylase의 두 효소가 평균적으로 우수하였고, α-amylase는 전분 47%의 밀기울 배지에 다른 첨가물 없이 배양했을 때 694 units이며, β-amylae는 435 units로 가장 우수하였다고 하였다.

1997년 진흥청 양조연구소 김 등은 효소력과 내산성이 강한 *Rhizopus*와 *Aspergillus*속 균주를 분리 선별한 배양종균을 생 분쇄 밀에 접종 후 가락 누룩형태로 발효시켜 개량 누룩을 제조하여 이를 사용한 전통 약·탁주는 시판 개량 누룩으로 만든 술보다 주질과 색깔이 우수하였다고 하였다.

표 8-8. 1996년 시판누룩의 효소활성

시판누룩의 종류	액화력(units/g)	당화력(units/g)
철 원	610	81
포 천	800	480
춘 천 1	375	78
춘 천 2	617	132
연 기	1,960	129
대 구	885	81
경 주 1	1,095	750
경 주 2	395	87
현 풍 1	1,200	69
현 풍 2	1,275	450
고 령	1,255	150
진 주	1,220	86
충 무	855	129
통 영	1,125	129
보 은	665	62
상 주	402	90

출전: 유대식 저. 『누룩의 전통성과 우수성』에서 인용

표 8-9. 누룩곰팡이의 혼합배양으로 제조된 누룩의 액화력, 당화력 및 향기의 생성 능력

누룩곰팡이	액화력 (units/누룩)	당화력 (units/누룩)	향기성분 생성능력
Aspergillus oryzae 3-6 + *Pen. expansum* 7-7	730	1110	GF, WAF
Aspergillus oryzae 3-6 + *Aspergillus* sp. 15-3	810	750	AF
Pen. expansum 7-7 + *Aspergillus* sp. 15-3	675	660	AF
Pen. expansum 7-7 + *Aspergillus oryzae* 17-6	565	1170	
Aspergillus sp. 15-3 + *Aspergillus oryzae* 17-6	60	540	

GF : Good flavor, WAF : Weak alcoholic flavor, AF : Alcoholic flavor

1997년 김 등은 시판누룩에서 분리한 곰팡이 중 당화력과 액화력, 향기 생성력이 우수한 균주를 혼합 배양하여 액화력, 당화력 그리고 향기성분 생성력을 비교한 결과는 표 8-9와 같다. 이 표에서는 보는 바와 같이 액화력은 *Aspergillus oryzae* 3-6 + *Aspergillus* sp 15-3 과 *Aspergillus oryzae* 3-6 + *Pen. expansum* 7-7이 우수하고, 당화력은 *Pen. expansum* 7-7 + *Aspergillus oryzae* 17-6 그리고 *Aspergillus oryzae* 3-6 + *Pen. expansum* 7-7이 우수하였다.

3.2 생전분의 분해력

누룩 제조 시 주된 원료가 생밀 전분인 점에서 전통누룩의 당화력은 액화효소와 당화효소 뿐만 아니라 생전분 가수분해 효소의 역할도 중요할 것으로 사료된다. 이러한 관점에서 1998년 김 등은 선별 균주를 생밀기울 배지에서 7일간 배양하여 추출한 조효소액의 생전분 분해력을 glucoamylase 활성을 지표로 하여 측정한 결과는 표 8-10과 같다.

*Aspergillus*속이 *Penicillium*속, 그리고 *Rhizopus*속 보다 *glucoamylase* activity가 높고, *Rhizopus*속은 그 활성이 낮았다. *Aspergillus* 15-1은 *Aspegillus coreanus* NR 15-1로 동정되었다. 이 균주에서 생성되는 glucoamylse는 생전분 분해력이 강하므

표 8-10. 전통누룩으로부터 분리한 곰팡이의 생전분 분해력

Strains	GA*(units/g)
Aspergillus sp. No.	
2-5	2.59
3-6	2.59
7-6	2.63
12-1	2.76
15-1	2.12
17-1	1.98
17-6	2.47
Penicillium sp. No.	
7-1	2.16
7-7	2.39
Rhizopus sp. No.	
18-1	0.56

GA* : Glucoamylase activity units
Selected strains were cultivated at 28℃ for 7days

로 생전분을 당화하면 곡물 고유의 생취를 술로 이행될 수 있고, 자비 등의 과정이 없으므로 성력화 할 수 있는 균주로 생각한다.

4. 전통누룩의 향기성분

전통주의 발효에 관한 미생물학적 연구는 여러 편의 논문에서 발표되어 있으나 휘발성분에 관한 연구는 거의 없는 실정이다. 그 이유는 옛날에는 분석기기가 없었기 때문이다. 전통주를 대표할 수 있는 탁수 술덧의 향기성분은 1967년 이교수가 알코올과 ester 등 모두 55종을 검출하였고, 또 1997년 한 등은 72종의 휘발성 향기성분을 검출하였다. 이와 같이 양조주의 향기성분은 분석, 동정되었으나 양조에 사용되는 누룩의 향기성분에 관한 연구는 전무한 상태이다. 여기에서는 생 소맥과 누룩의 휘발성 향기성분을 나누어서 설명하기로 한다.

4.1 생 소맥의 휘발성 향기성분

2000년 김 등은 소맥이 가지고 있는 향기성분을 조사한 결과를 소개하면 다음과 같다. 전통누룩의 원료로 가장 많이 사용되고 있는 소맥분을 ethylene oxide 가스로

살균한 소맥에 질소가스를 약하게 불어 넣으면서 휘발성 향기성분을 입자 활성탄(Merk Co.)에 흡착시키고 ether-pentane(2 : 1) 용매로 용출시켜 농축한 다음 GC/mass로 분석하였다.

동정된 향기성분 중 극성 화합물은 diethyl phthalate, 2,4-diphenyl-4-methyl-2(E)-pentene, 2,6-bis(t-butyl)-4-(dimethyl benzyl)-phenol 등 3종, 그리고 비극성 화합물은 2-ethyl 1-decanol, 1hindene, 2,3-dihydro-1,1,3-trimethyl-3-phenyl, 1-methyl-4-(methylethyl)-benzene, coctadecane, 2,4-diphenyl-4-methyl-2(E)-pentene(1,1-dimethylethyl)-2-methoxy-4-methyl-3-benzene, 2,6-bis(t-butyl)-4-(dimethylbenzyl)-2-phenol, docosane, hexanedioic acid, dioctyl ester, 2,4-bis(dimethylbenzyl)-phenol, 2,4-bis(dimethylbenzyl)-6-t-butylphenol 등 11종으로 총 14종의 향기성분이 분리되었다.

특히 극성화합물 중 diethyl phthalate와 2,6-bis(*t*-buthyl)-4-(dimethyl benzyl) phenol이 주성분이었으며, 주된 비극성 화합물은 2,4-bis(dimethylbenzyl)phenol, 2,4-diphenol-4-methyl-2(E)-pentene과 hindene, 2,3-dihydro-1,1,3-trimethyl-3이었다. 소맥분의 향기성분 중 docosane은 탁주의 향기성분이며 hexanedioc acid, dioctyl ester는 보리쌀 탁주의 향기성분으로 알려져 있다.

4.2 전통누룩의 휘발성 향기성분

Ethylene oxide 가스로 살균한 조분쇄 소맥분의 누룩에서 분리된 *Asp. oryzae* NR 3-6과 *Pen. expansum* NR 7-7을 접종하여 자연 상태에서 7일간 상온에서 제조된 극성과 비극성 향기성분을 GC / mass분석으로 분석한 결과는 극성 향기성분은 3-methyl-1-butanol, dodecamethyl-cyclohexasiloxane, 1종 미동정 등 3종이고 그리고 비극성 향기성분은 undecane, decamethyl cyclohexasiloxane, 2,6-11-trimethyl dodecane, tridecane, 4,7-dimethyl undecne, dodecnamethyl cyclohexasiloxane, 3,8-dimethylundecane,1-heptadecanamine, tetradecane, 2,6-bis(1,1-dimethylethyl)-2,5-cyclohexadiene-4,4-dione, pentadecne, 3,5-dihydroxy-1,1,7,77-hexamethyl-3,5-bis(trimethylsiloxy)-tetrasiloxane, hexadecane, heptadecane, octadecane, isopropylmyristate, 1,1,1,5,7,7,7-heptamethyl-3,3-bis(trimethylsioxy)-tetrasiloxane, 1,2-benzenedicaoxylic acid, butyl 2-methoxy-propyl ester, bis(2-ethylhexyl)-phthalate 등 20종이 검출되었다.

Octadecane, 2,5-cyclohexadiene-1, 1,2-benzenedecarboxylic acid, hexadecane, tridecane, tetradecane, pentadecane, heptadecane과 dodecanmethylcyclohexasiloxane이 주된 향기성분이다.

생 소맥분에서 검출된 dodecamethylcyclohexasiloxane은 전통누룩의 극성과 비극성 획분에서 모두 검출되었으며 undecane, dodecane, 2,5-cyclohexadiene-1,4-dione은 간장과 된장의 향기성분으로 알려져 있다. Dodecane은 탁주의 향기성분이고, 특히 tridecane은 카쓰오부시의 향기성분이고, hexadecane은 홍차의 향기성분이다.

전통누룩의 휘발성 향기성분의 특징은 tritecane, tetradecane, pentadecane, hexadecane, heptadecane, octadecane, undecane, dodecane과 nonadecane 등의 alkane 화합물이 주성분으로 구성되었다.

제 II 편

일본 국(麴: koji)

제 1 장

종국(種麴)

1. 역 사

1.1 종국이 자라난 역사

대륙에서 전래된 술, 된장, 간장의 제조기술은 일본의 기후 풍토나 민족성 등의 영향 등으로 독자의 길을 개척하였다. 그 최고의 것이 국(麴)에 국균(麴菌)만이 사용하게 된 것이다.

국(麴)은 옛날에는 자연접종에 의한 것은 쉽게 상상할 수 있다. 자연접종을 거듭하는 사이 국에 번식하는 미생물군은 인위적 환경 중에서 도태되었다. 이때 남은 미생물의 주체는 곰팡이라는 것은 찐쌀이 수분 활성으로 보아 세균보다 효모, 효모보다 곰팡이에 알맞은 사실에서 미루어 생각할 수 있다. 또 곰팡이 중에서 중국을 중심으로 한 병국(餅麴)이 *Rhizopus*나 *Mucor*류의 곰팡이에 의하고, 일본의 산국(散麴)은 국균(麴菌)에 의한 증거로서는 무증자 곡류에서는 *Rhizopus*가, 증미(찐쌀)에서는 국균이 잘 번식한다는 보고가 있다. 자연접종법에서의 제국(製麴)은 현재에서도 다이토쿠지(大德寺)에 있어서 당납두(唐納豆)의 제조공정에서 볼 수 있다.

자연접종법에서 만들기 좋은 국(麴)에서의 우(공)종국[友(共)種麴] 으로 옮겨진 것은 당연의 추이이다. Kato는 『연희식(延喜式)』(10세기) 중의 「糵 一石三斗料, 米 一石 白米 加 二糵 一豆一」이라는 얼(糵)은 미국(米麴)으로, 미국(米麴)의 일부를 종국으로서 사용한 것으로 해설하고 있다. 이 우국(又麴)은 국균을 중심으로 한 접종균이고 종균의 일종이라 한다. Sakaguchi는 이보다 오랜 『령집해(令集解)』에 기록된 국자미(麴子米)를 종국(種麴)으로 추찰하고 있으나 그 제법에 관하여는 언급해지 않았다.

초기의 우종(友種)은 불안정하였으나 무로마치(室町時代, 1338～1573년)에 목회(木灰)를 찐쌀에 첨가함으로써 보다 종국분생자의 내구성을 높이는 획기적인 기술로 개발되어 현재의 종국의 기초가 구축되었다. 목회의 사용에 관하여는 『화한삼재도회(和漢三才圖會)』(1712년)에 미국(米麴)의 제조법으로서 조릿대 잎이나 짚(藁)을 재로 하여 그 소량을 사용한 것으로 기록되어 있고, 또 『일본산해명산도해(日本山海名産圖解』(1799년)에는 종국의 제법에 대하여 「국얼(麴蘖)만 아니고 묵은 쌀을 사용하여 쪄서 밥을 만들고 한 되에 떡갈나무 재 두 홉 정도를 합쳐 가마니로 겹겹이 싸서 곳간의 시렁에 얹어 두는 일을 십일 정도로 하여 털곰팡이(毛醭)를 생기는 것을 보고 이것을 국분(麴盆)의 한 가운데 꼭 담은 후에 분 하나에 긁어모으는 것을 두 번 정도 한다.」라고 상세히 기록하고 있다.

1.2 메이지(1868년) 이후의 종국

종국의 제조판매가 독립된 것은 메이지(1868～1912년)가 되고 나서이다. 국균이 분리 명명된 것은 1876년으로 이 시기에서 종균에 관한 전문적, 학술적인 기술이 내외의 여러 사람들에 의하여 이루어졌고, 이것으로 그 당시의 제법이나 품질을 상당히 정확하게 엿볼 수가 있다.

1878년(메이지 11년)에 발표된 Atkinson의 「일본의 양조」나 Korschelt의 「술 : 일본사람의 알코올 음료에 대하여」 등에 의하면 당시의 양조장에서의 자가제 종국의 제법은 「계절의 끝 무렵에 주조장의 국실에서 방(곳간)의 온도를 보유하기 위하여 국과 함께 만든다. 국용의 찐쌀의 일부에 떡갈나무(櫸), 동백나무(椿), 졸참나무(楢)의 가지를 태워서 생긴 재를 부피로 쌀의 20% 정도 혼합한다. 접종은 오래된 종국을 가하거나 방(곳간)의 공기 중의 자연접종에 의한다. 배양기간은 10일간으로 기간의 말기에는 쌀의 표면이 분생자가 가득 덮어져 있다. 만들어진 종국은 다음 계절까지 자루에 담아 석회나 목회를 같은 양을 섞은 것을 사이에 끼우고 나무상자에 넣거나 항아리에 넣어 뚜껑을 석회로 발라서 보존한다.」라고 소개하고 있다.

앞에서의 『일본산해명산도해』의 기술과 거의 변하지 않는다. 또 국실에서의 종국은 「작은 쌀을 사용하여 만들고, 종이를 밑에 깐 국개를 위에 덮어 씌어 가볍게 두들겨 아래의 종이에 포자를 떨어뜨린다. 포자의 수량은 1～1.5%(용량)로 된다.」라고 하였고, 분상의 종국이 옛날부터 사용된 것을 알 수가 있다.

이 분말 종국[세말종(細末種)] 제조에는 나뭇재를 사용하지 않고, 또 다른 책에 의하면 현미를 약간 도정하고 그 쌀겨와 함께 쌀의 뜨물에 담가 물 빼기 때나 찔 때에도 쌀겨가 없어지지 않게 다루는 것이 비결로 되어 있고, 나뭇재의 보존에 노력을 하고 있다. 나뭇재를 사용하지 않고 건조도 하지 않으며(수분이 42.5%라는 분석결과가 있다), 옛날의 우종(又種)과 마찬가지로 보존성에 문제가 있고, 연중 국을 만들고 있는 국실이었으므로 이 방법이 존속된 것으로 생각된다.

메이지 20~30년(1887~1897년)대의 문헌에 따르면, 종국에는 분상(粉狀)과 입상(粒狀)의 원종이 3종이 있고, 이 중 주로 사용된 것이 입상이었다. 이 시기에는 입상종국을 주조가에서 두시가 부업으로 만든 방법은 대별하면 생취법(生取法), 수취법(水取法), 탕취법(湯取法)의 3종류로 나눌 수 있다. 이 차이점은 찐쌀에 나뭇재를 바르기 전의 처리법에 있고, 생취법은 찐쌀을 끓어 들이고 곧 나뭇재를 바르나, 수취법은 찐쌀을 생수에 담근 후에 나뭇재를 섞는다.

탕취법에는 두 가지가 있는데, 하나는 수취법의 냉수 대신으로 미온의 탕에 담그거나 일정의 온탕을 산포하는 방법이고, 다른 하나는 나뭇재를 섞기 까지는 생취법으로 처리한 후 다음 날 41℃ 내외의 온탕 중에서 2분 정도 담그고 물 빼기 후 담기를 하는 방법이었다.

원종(元種)에 대하여는 「매년 8, 9월경, 벼 이삭 위에 생긴 벼의 꽃을 백미 한 말에 2홉을 혼화하고 이하 입상과 마찬가지 방법으로 만든다.」라고 하나 도국(稻麴 : *Ustilaginoidea virens*)이 국균과 외견이 유사하기 때문에 이것을 국균의 야생종으로 원종으로 한 것으로, 일종의 주술로서 사용된 것으로 생각한다.

종국으로 된 것은 도수(稻穗)에 부착되어 있는 약간의 국균에 의하거나 또는 환경에서의 자연종부(접종)에 의한 것으로 생각한다. 그러나 원종의 제조는 곤란한 것 같고, 이 양상은 『서경대궁(西京大宮)』에 「이 제법을 비전으로 하는 종국실이 있고, 자신의 집에서도 4대째 야고심초(夜苦心焦) 깊이 생각하여 겨우 그 제법을 발명하였다」라고 기록된 문헌에서도 짐작할 수 있다. 따라서 그렇게 널리 이루어지지 않은 것 같다.

종국의 건조는 지금까지 옥외에서 국개를 늘어 넣고 천일건조를 3~4일간 행하였으나 그 시기부터 일부에서는 온실 건조가 이루어지기 시작하였다. 종국의 저장에 대하여는 종래의 짚이나 대패 밥을 넣은 상지에 넣어 이것을 화붕(火棚)에 매다는 방법이나 목회의 사이에 파묻는 방법으로 염화칼슘을 넣은 용기 중에 밀폐하여 저장하는 것으로 발전되었다.

Takamime 박사의 종국의 분생자를 취하여 건조제와 같이 통조림하는 방법을 전매특허로 하고 있다. 종국의 품질 검사법으로서는 관능적인 방법(색, 분생자자가 붙은 상태, 향기, 건조 정도, 맛 등) 외에 검경에 의한 방법이나 당화력의 측정을 권장하고 있다.

메이지시대(1868년)가 되고 나서 점차로 전업 종국 제조가에 의하여 공급되는 종국을 사용하는 주조가가 늘어나고, 메이지 40년대(1907년)에는 교토, 오사카를 중심으로 전업자에 의한 종국이 전국적으로 널리 사용하게 되었고, 특히 나다(灘)에서는 자가제의 종국 사용이 없어지게 되었다. 그러나 지방에서는 자가 제조도 아직 하고 있다.

오사카 외 교토에서의 종국 제조법은 다르다. 나뭇재는 오사카에서는 단바타키(丹波多紀) 지방제가 사용되고 있으나 교도에서는 여러 자가 제품을 사용하고 있다. 배양 중의 국개의 포개는 방법도 오사카에서는 젖은 돗자리를 걸어서 삼나무쌓기나 벽돌쌓기로 하나 교토에서는 공개(共蓋)로 벽돌쌓기로 하고 있다. 기타 품온 경과나 건조 정도의 차이나 국균이 다른 것도 있으므로 일반적으로 교토제는 전급후완(前急后緩), 오사카제는 전완후급(前緩后急)의 경향이라고 한다.

국균의 균학(菌學) 발자취를 보면 Korschelt(1878년) 국균의 균사가 술덧 중에서 분해하여 효모로 되는 것으로 생각하였고, Oomori(大森, 1879년)나 Ashimichi(足達, 1902년)는 도국(稻麴)은 천연효모이고, 종국은 인조효모이라 *Aspergillus oryzae*보다 찐쌀이 당화되어 생성되는 것으로 생각하고 국균 분생자를 건조 효모로 기재하고 있었다.

이들은 극단의 예이나 국종(麴種)의 역할에 대하여서도 당시의 주조 지도서에는 국균의 아포(분생자)를 공급하는 것으로 기재한 것과 국균의 효모의 공급원으로서 기재한 것, 또 주모용은 국균, 효모, 유산균이 존재하는 것이 좋은 것으로 지도하는 것 등이 발견된다.

한편, 메이지 초기에는 Ootani(大谷, 1902년)는 종국(種麴) 중의 미생물의 분리동정을 행하여 주체는 국균의 분생자이나 기타의 곰팡이나 세균이 검출되는 것을 보고하고, Yamamoto(山本, 1910년)는 종국 중 효모는 *Torula* 또는 야생효모이고 종국 중의 청주효모의 원천이라는 것은 의심스럽다고 하였다. Takahashi(高橋, 906~1911년)는 종국이나 국보다 여러 국균 균주를 분리하여 국균에 변종이 많다는 것을 보고하였다.

이와 같은 혼란한 시대에 있었으나 국균의 순수 배양을 원종으로 한 종국의 제조는 메이지 28년(1895년) 「일본주 양조법전」에 Yagi(矢木)에 의하여 제안되었다. 메이지 44년(1911년)에는 Takedo(竹堂)가 순수 종국의 원종의 배양법과 종국의 제조방법에 대하여 상세히 보고하였으나, 이 시대에는 이미 순수배양이 전업 종국업자의 일부에서 채용되고 있었다(그러나 일반으로는 우종(友種)에 의한 곳이 많은 것 같았다).

1.3 현재의 종국 산업

현재(1995년) 전국 종국조합에 가입된 회사는 15개 회사이고, 이 중 전국 규모로 판매하고 있는 회사는 6개 회사뿐이다. 종업원 수는 각사 50명 이하이다. 이들 6개 회사는 각각 연구실을 가져 원 균의 관리, 일상의 품질관리, 신제품의 개발 등을 하고 있고, 또 대학이나 양조시험소, 기타의 공적 연구기관에 연구원을 파견하여 기술을 연마하고 있다. 업계의 총 생산량은 금액으로 약 20억 원(1984년)이라 한다.

제조 품종은 형상으로 입상(粒狀 : 배양 물을 그대로 건조한 것으로 국균 분생자와 다른 균사나 곡립을 함유한다)과 분상(粉狀 : 분생자 만의 것)으로 대별되고, 일부에서는 입상을 분쇄한 것을 다루고 있다. 용도별로는 청주용, 된장용, 간장용이 중심이고, 기타는 미린용(味醂用), 판화용(買糀用 : 판매용), 소주용 등이 있고 또 이들을 몇 종으로 세분화 하고 있다. 이들은 각기 다른 국균 균주의 단일 균 또는 여러 가지 섞인 혼합 균으로 되어 있고, 각사의 균주의 차이가 이들의 특징을 나타내고 있다.

2. 제조법

2.1 공 정

종국제조의 기본공정을 그림 1-1에 나타내었다. 국의 제조법과 유사한 점이 많으나 목적이 효소생산이 아니고 분생자(分生子) 생성이고, ① 원료의 도정비율이 높

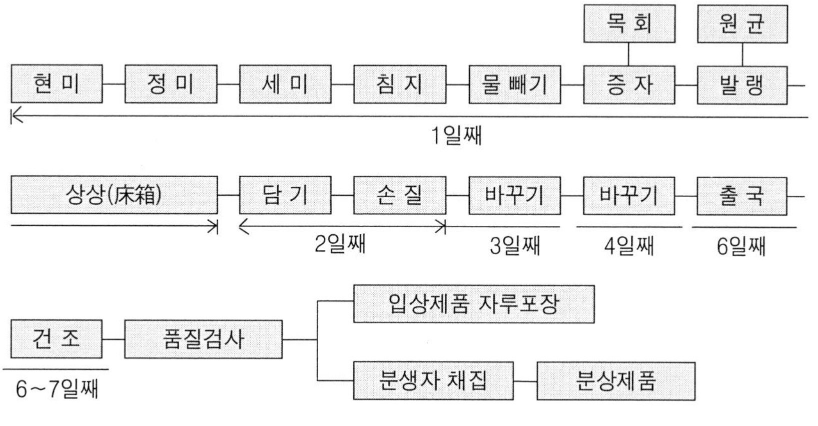

그림 1-1. 종국의 제조공정

고, ② 증자 후에 석회를 첨가한다. ③ 배양기간이 5~6일로 길고, 그 사이 고습도의 환경에 두고, ④ 출국한 것을 건조하는 등의 점에서 국과 다른 공정상의 특징이 있다.

1) 원 료

쌀을 97% 전후로 도정하여 사용하는 것이 일반적이다. 일본 식량청에서 고미(古米)를 구입하는 수가 많으므로 제2차 세계대전과 같이 브랜드 명을 지정할 수는 없다. 다른 곡물에서는 도정비율이 낮은 보리가 사용되고 있다.

소맥을 볶아 할쇄(割碎)한 것, 볶은 대맥 가루와 볶은 대두의 가루를 혼합한 것은 간장용 종국의 제조에 사용되고 있다. 기타 이외 제2차 세계대전 동안 원료 부족이 되면서 쌀가루, 밀기울, 옥수수, 그리고 간장박, 고구마 줄거리도 검토되었으나 세균오염, 분생자(分生子) 수량, 체제의 면에서 지장이 있어 어느 것이나 보급에 이르지는 못하였다.

특수한 예로서는 천에 액체배지나 호(糊), 한천으로 고화시킨 반고체배지를 침입시켜 이것을 헌수하여 배양하는 방법의 검토도 있었으나 실용에는 이르지 못하였다. 가정용으로서는 곡류, 밀기울에 분생자 생성에 적절한 공간을 얻기 위한 것과 수분 보급을 위하여 왕겨, 톱밥, 펄프 편, 발포 스틸로플 조각 등을 보조 원료로 하여 혼합하는 경우도 있다.

주조미의 알맞은 성질은 아래와 같은 것을 기본으로 한다.

① 형 상 : 쌀 알갱이가 크고 내용이 충실할 것
② 외관과 숙도 : 회백색 또는 회갈색이고, 납질모양의 광택으로 과숙한 것보다 미숙한 것이 좋다.
③ 강 도 : 쌀을 쪘을 때 연한 것이 좋다.
④ 심백(芯白)과 복백(腹白) : 쌀 알갱이가 중심부에 흰 반점이 있는 것이 복백이고, 그것이 배 쪽으로 치우친 것이 복백이다. 심백(芯白)이 많은 것이 큰 알갱이 쌀과 마찬가지로 좋다.
⑤ 건조도 : 과도한 건조는 좋지 않으며, 건조 부족도 역시 불리하다.
⑥ 수 분 : 12~17% 내외가 좋다.
⑦ 탄수화물 : 녹말이 72~73% 정도일 것이다.
⑧ 지 방 : 1.3~1.5% 전후이다.
⑨ 조섬유 : 1.3% 전후이다.
⑩ 회 분 : 1.0~1.5% 사이일 것

⑪ pH : 중성의 증류수로 처리할 때 현미는 5.5～6.0, 백미는 6.0～6.8로 나타날 것

2) 원료처리

쌀 등의 표면에 가까운 쌀겨 층은 국균의 장기배양 중의 영양원으로서 중요하므로 도정은 표면에 상처를 내어 균사의 침투를 도울 정도로 멈춘다. 이때 제거된 쌀겨에는 세균이 많이 부착되어 있으므로 도정공정은 다음의 공정과 격리하여 원료의 이동도 공기수송에 의하지 않는 것이 바람직하다. 세미, 침지, 물 빼기, 증자는 국에 있어서의 조작과 변하지 않는다. 증자(찌기)에는 시루에서 가압증자관 등 여러 가지 종류의 것이 사용된다.

(1) 도정(정미)

도정의 목적은 현미의 외층부에 존재하는 단백질, 지방, 회분 등의 조주상의 유해물질을 제거하기 위한 것이다. 특히 이들이 다량으로 존재하면 분해되어 청주의 색깔이 진하고, 이미가 많아지고 부패되기 쉬운 원인이 되기도 한다.

양은 작으나 양조에 영향이 많은 국(麴)용과 주모(酒母)용의 쌀은 술덧(醪 : 요)쌀보다 도정도가 높은 것이 보통이다. 보통 전자는 약 7분, 후자는 약 8분 정도이다. 도정의 정도를 표시하는 데는 이전에는 2할 5분 도감 등의 표현을 사용하였으나 현재는 도정비율(쌀을 표준으로 하여 94% 정도)과 도감비율(쌀겨를 표준으로 하여 6% 도감)이었으나 전자가 보통 사용된다. 현미 그대로가 백미로 된 것이(원형백미) 좋으나 75% 이상으로 도정될 때 원형에서 배아가 남기 어려워 약간의 원형이 허물어지면서 배아가 완전히 제거된다(표 1-1).

표 1-1. 도정 중의 성분 변화

도 정 도	수분(%)	조단백질(%)	조지방(%)	회분(%)
현 미	14.483	8.621	2.2590	1.1499
1분 도미	14.015	7.429	0.5963	0.4255
2분 도미	13.243	-	0.1531	0.1989
3분 도미	12.085	6.583	0.1224	0.1896
4분 도미	11.887	6.138	0.1036	0.1727
5분 도미	10.577	5.644	0.0671	0.1668
6분 도미	10.538	-	0.0856	0.1501

(2) 세 미

도정(정미)이 끝난 쌀에는 쌀겨가 부착되어 있으므로 이것을 제거하기 위하여 쌀은 씻는다. 도종 후 상온까지 냉각시켜 세미를 하지만 흰 뜨물이 나오지 않을 때까지 씻는다. 만일 쌀을 완전히 씻지 않으면 흡수는 빠르나 깨어지기 쉽다. 씻는 시간은 도정도가 낮은 쌀이나 경질미에서는 문제이지만 고도의 도정 미에서는 흡수가 빠르므로 30분을 기준으로 한다. 세미 중 9～17% 중량의 물을 흡수한다.

(3) 침 지

세미가 끝난 쌀은 곧 물에 담가 좋은 국(麴)을 만들기 위하여 찐다. 침지 중의 쌀은 다시 15% 정도의 물을 흡수하고 25～30% 증량된다. 수분의 흡수 속도는 경질미, 고도 도정미, 정미 후 식히는 시간이 짧으며 수온이 높을수록 빠르다. 일반적으로 도정미는 수온 14～15℃, 3～4시간으로 충분히 흡수하고, 이후에는 흡수량에는 변화가 없다. 그동안 1～2회 물을 바꿔주고 건져내는 시간은 8～14시간으로 한다.

경질미에서는 수온을 높여 단물을 사용하여 침지시간을 길게 하고, 건지는 시간을 30～80분으로 한다. 연질 고도 정백미(세미 중 12～17% 흡수)는 5～10분 흡수시켜 건져서 방치하면 부착수가 흡수되어 23～25%가 된다. 염산, 인산, 알칼리, 파파인, 과산화수소들을 사용하는 화학적 침지법이 있으나 좋지 않다.

(4) 증 강

증강의 목적은 백미 녹말을 호정화시켜 국균의 번식을 쉽게 하여 효소작용을 쉽게 하고, 살균의 목적도 있다. 한편으로는 양조의 난이와 주질에도 영향을 주는 중요한 공정이다.

〈설 비〉

① 솥 : 철제나 알루미늄 제를 사용한다. 가열은 중유 버너를 많이 사용하나 대규모 경우에는 보일러도 사용한다. 규모는 1시간에 400 ℓ 정도의 증발이라면 된다.

② 시 루 : 일반적으로 밑바닥 직경보다 구경이 약간 좁고, 높이는 직경에 비하여 시루 밑바닥 중앙에 5～6 cm의 구멍이 있다.

③ 시루 밑 : 시루 구멍에서 올라오는 증기를 균등하게 분산시키기 위하여 8각형의 홈을 판 시루 밑을 사용한다. 크기는 시루 밑 직경의 1/4～1/5이다.

④ 증 강 : 증기가 솥 위의 시루에서 힘차게 나오기 시작하면 쌀을 얹고 잠시 후에 쌀 층에서 증기가 나오면 그 위에 다시 쌀을 얹어 찐다. 근래 연속증미장치가

고안되어 큰 공장에서 설치되고 있다. 찌는 데 필요한 증기량은 백미 중량의 약 10%이나 시루의 경우에는 아주 많이 필요하다. 즉 백미 100 kg을 침지하면 26～30%가 흡수되어 126～130 kg로 되고, 찌면 136～140 kg 정도이다.

⑤ 냉 각: 증미(찐쌀)는 용도에 따라 적당한 품온까지 냉각한다. 냉각방법은 송풍기에 의하여 연속적으로 하거나 또는 면포나 깐 대발 위에 증미를 펴고 자연방랭하기도 한다. 최근에는 증미냉각기를 사용하여 기계적으로 냉각하는 수도 있다.

3) 나뭇재 첨가

찐쌀을 방랭하기 전 또는 방랭 후에 원료의 1% 상당의 나뭇재를 첨가하는 공정이 있는 점이 종국제조의 큰 특징이다. 나뭇재의 효용에 대하여는 여러 연구 보고가 있다. 이 중에서도 Eda 등의 인산칼리의 발육촉진 작용에 주목하고 있다.

Kurono 등은 나뭇재의 알칼리도가 방부효과를 있는 것을 강조하였고 이어 pH조

표 1-2. 재의 성분과 그 수용성

(a) 성분(%, 건조 시료당)

	동백나무 재	잡목나무 재
Ca	11.37	7.03
mg	4.31	2.77
Zn	0.07	0.05
Ni	0.02	0.02
mn	0.70	1.10
Cu	0.14	0.14
Na	1.90	0.50
Fe	0.74	0.89
K	8.50	9.69
Co	흔적	흔적
총 인산	4.15	4.59
수용성 인산	0.015	흔적

(b) 수용성

	동백나무 재	잡목나무 재
수 분	3.0%	0.09%
잔 사	68.0%	93.0%
여액 고형분	27.0%	5.0%

절(산 성생성물의 중화), 물리적 효과(미립상호의 격리), 영양효과(칼륨과 인산 등의 공여)를 들었다. Miwa는 나뭇재 중의 미량성분인 구리, 아연, 만강, 알루미늄 등이 국균의 생육, 분생자의 형성, 분생자의 색상을 좋게 한다고 보고하고, 또 분생자의 색상에 관하여는 Takaki 등이 구리, 할로겐, pH, C/N비의 영향에 대하여 상세히 검토하였다. Matsura는 나뭇재 성분 중 칼륨과 인산에 주목하여 이것이 국균을 분생자 형성형으로 하여 생성된 분생자의 내구성에도 기여하는 것을 보고하였다.

나뭇재는 동백나무의 것을 최량으로 하나 그 성분 분석결과는 하급품이라는 잡목재와 차가 인정되지 않는다. 그러나 나뭇재의 수용성을 비교하면 동백나부 재는 잡목의 5배 이상의 수용성 성분이 많고, 그 수용성 성분의 차가 동백나무 재를 좋다고 하는 이유로 생각한다(표 1-2).

4) 원 균

나뭇재를 바른 후 30℃ 정도로 냉각한 찐쌀에 국균을 접종한다. 접종용의 원균은 미리 플라스크 중에 순수 배양한 것으로 그 배지는 종균과 마찬가지로 쌀에 나뭇재(또는 인산칼리)를 첨가한 것을 사용하는 것이 일반적이다. 접종 양은 1/1,000~1/3,000 정도로 국의 표준 접종 양(1/1,000)보다 적다. 접종 양이 적을 때는 원료가 국의 경우보다 영양풍부로 국균의 증식이 빨라짐과 동시에 접종 양이 적은 쪽이 분생자 착생이 빨리 시작한다고 한다.

접종 균의 원명은 종국업자의 생명이고, 그 보존에 대하여는 각 회사에서 여러 가지가 연구되어 있다. 일반적으로 배지를 때때로 바꾸는 계대배양법, 유동 파라핀 중층법(重層法), 토양보존법, 동결건조법 등이 이루어지고 있다. Nara의 경험에서 냉동고 보존법이나 분생자만을 건조한 냉동 보존하는 방법이 간단하고 유효하다고 하였다(단, 정전에 유의). 따라서 장기간의 생존율 보존이 가능하고, 변의 발현율이 적은 보존법을 채용할 필요가 있다. 그런데, 만일의 사고에 대비하여 2곳 이상으로 분산하여 보존해야 안전하다.

5) 배 양

접종이 끝난 찐쌀은 1일째는 상상(床箱)에 넣어 28~30℃의 실온에서 고층 배양한다. 2일째는 품온이 38℃까지 상승하여 국균의 증식이 육안으로 인정되는 경우에는 국개(麴蓋)에 담기를 나눈다. 담는 양은 분생자를 찐쌀 전체의 표면에 생성시키기 위하여 소량으로 넓힐 때에 엷은 층으로 하는 것이 바람직하다. 그러나 엷은 층일수록 건조가 빨라 이에 걸맞는 것은 일반적으로 1되(1.8 ℓ)담기의 국개(麴蓋 :

koji tray)에 5홉(0.9 ℓ)이 표준이라 한다.

2일째에서 6~7일째까지의 배양기간 중에는 전반이 국균의 증식, 후반이 분생자 생성에 알맞은 조작이 행해진다. 즉 품온(品溫)을 3일째까지 약 35℃로 유지하고, 그 이후는 약 30℃로 내린다. 또 균사에 의하여 단단해진 찐쌀을 작은 덩이로 깨는 손질이나 온도조절을 위한 조작을 한다.

습도는 증식, 분생자 생성 공히 98% 정도가 최적이다. 찐쌀은 제국 중에 수분의 감소와 환원당의 축적에 의하여 수분활성이 저하되어 국균의 증식과 분생자 생성을 맞지 않게 한다. 그래서 수분의 일산을 방지하기 위하여 상대 습도를 포화도 가까이까지 높이기 위한 가습이나 국개(麴蓋)를 습한 천으로 덮어주어 천의 수분 일산에 의하여 대사열의 방출을 행하거나 빈 국개에 배양 중 국개 위를 거꾸로 덮어 배양환경을 밀폐상태로 하여 기벽에서의 열의 방출로 수분의 일산을 막는 연구가 필요하다.

6) 건 조

분생자가 충분히 착생한 종국은 출국 수분이 28%에 가깝고 그 분생자는 약 36%의 수분을 함유한다. 분생자의 생존율을 장기간 높게 보존하는 데는 건조한 수분을 분생자에서 15% 이하, 입상에서 10% 이하로 유지할 필요가 있다(그림 1-2).

건조는 분생자의 사멸을 방지하기 위하여 40℃ 이하의 통풍으로 하는 것이 일반적이다. 통기법으로는 종국 층을 통과시키거나 박 층의 표면을 이동시키는 방법이 이루어지고 있다.

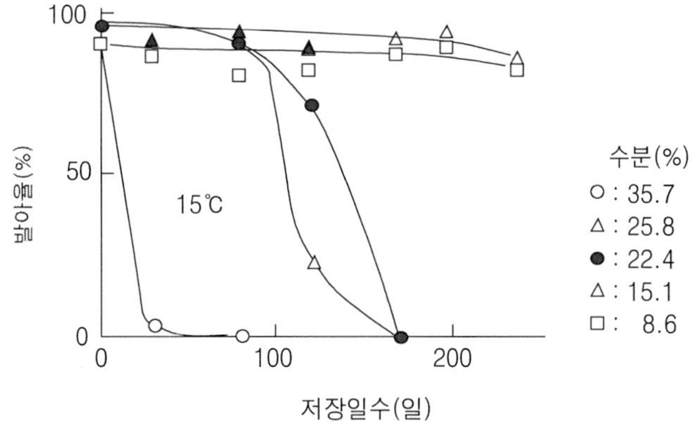

그림 1-2. 국균 분생자의 수분과 생존율 *Asp. oryzae* WO-3 균주의
분생자를 건조 도중에 sampling하여 앰플에 융봉하여 보존한다.

어느 쪽이나 다량의 공기가 필요하다. 여기에서 공기에 의한 제품의 오염을 방지하기 위하여 외기를 사용하지 않고 필터와 제습기를 설치하여 공기를 순환시켜 건조하는 방법을 채택하는 수도 있다.

7) 사 별

분상의 제품으로 하기 위하여 입상의 종국을 체에 걸어 균사나 곡립을 제거하고 분생자만을 회수한다. 사별하는 방법으로서는 80 mesh와 150 mesh 정도의 2단 진동체로 우선 곡립을 제거하고 다음에 균사를 제거하여 분생자만을 얻는 방법을, 그리고 회분식이나 연속식으로 하는 경우와 150 mesh 정도의 회전하고 있는 체면에 종국을 불어넣어 통과한 분생자는 주머니 필터로 회수하는 방법이 있다.

8) 품질검사 · 제품

건조 후의 종국은 로트마다 분자 수, 발아율, 세균수의 검사를 행한다. 또 정기적으로 여러 성질의 검사를 행하여 균이 변이되지 않는가를 확인한다. 회사 내 규격에 합격한 것은 표준국 원료당의 사용단위로 포장한다.

2.2 기타 제법

1) 인공 재

나뭇재 대신으로 인공재를 사용하는 것이 옛날부터 행하고 있었다. 인공재로서는

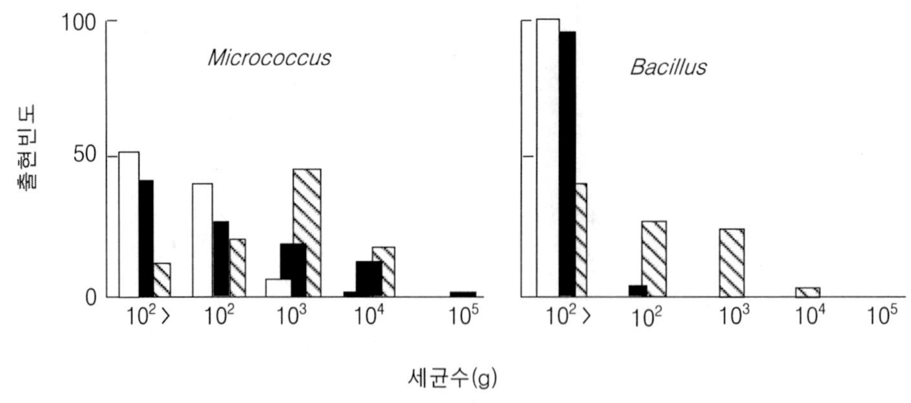

그림 1-3. 인공재에 의한 종국의 세균오염 억제

▨ : 목 회, ■ : 인산일칼륨 + 유산

□ : 구연산 침지 + 인산일칼륨 + 유산

인산칼리를 중심으로 재의 색조를 개량하기 위하여 탄산칼슘을 가한 것, 분생자의 색을 녹색으로 하기 위하여 구리나 망간을 첨가한 것, 세균 오염을 방지하기 위하여 pH를 알칼리로 조정한 것, 역으로 산성으로 조정한 것 등이 있다. 한 예로서 인산칼리를 중심으로 유기산 첨가로 pH를 내리는 인공재를 사용하여 세균오염 억제에 현저한 효과가 얻어진 예를 그림 1-3에 나타내었다.

2) 용기 · 방법

(1) 금속 트레이(tray)

국개의 대신으로 알루미늄, 함석, 스테인리스 강 등의 뚜껑 있는 용기를 사용하는 방법이 검토되어 일부에서는 공업화되고 있다. 이 방법의 장점은 무균적인 배양도 가능한 한 손질을 하지 않는 경우에는 성력화가 가능하고, 용기 내가 고습도로 유지되어 분생자 수량이 많아지는 것 등이다. 결점은 밀폐성이 좋으므로 국균이 질식되지 않게 통기조절의 연구가 필요하고, 용기 내에 결로하여 제품이 부분적으로 얼룩과 세균오염이 현저히 진행되는 수가 있는 점, 전분 소비량이 많고 입상종국을 만들기 어려운 점 등을 들 수 있다.

(2) 밀폐식 다단표면통풍 배양방식

트레이(tray)의 뚜껑을 없애고 공간을 취하여 다단으로 쌓고 이것을 밀폐용기 내에 수납하여 살수한 원료를 담아 가압증자, 감압냉각, 감압 원균접종, 배양, 건조를 순차로 행하는 것으로 배양 중의 온도, 습도, 공기량은 자동제어 되게 설비되어 있다. 제조규모는 작고 1회의 원료 처리량은 수십 kg이 고작이다.

(3) 밀폐식 고층강제통풍 배양방식

대규모인 국 제조에 사용되고 있는 원반식 제국기(고층 강제 통풍식)의 밀폐성을 높인 것으로 국 층의 투께, 통풍을 국 층을 통과시키는 점을 제외하고 밀폐식 다단표면통풍 배양방식과 아주 유사하다. 1회로 입상종국이 0.5~1톤이 얻어진다.

3. 품질과 판정

종국의 품질의 판단의 제일의 조건은 목적으로 하는 양조식품 제조에 알맞은 특성을 가진 균주를 선정하는 것이다. 그 선정은 국균의 형태면의 특성과 생리특성을 제조상의 작업성이나 국의 관능적, 생화학적 측정데이터와 대조하여 이루어지고 있다. 종국에는 국균 균주의 우수한 특성 이외에도 접종 균으로서 갖추어야 할 몇 가지의 조건이 있다. 미생물학적 순도가 높은 것과 장기간의 보존이 될 수 있게 건조하는 것 등이다. 이들을 포함하여 종국의 양부를 판정하는 방법이 속속 발표되고 있다. 그 검사법을 대별하면 세 가지로 나눌 수 있다.

3.1 품질과 판정

외모로 분생자의 착생상태를, 색으로 국균의 종류와 노약을, 향기로 제조방법이나 건조정도, 그리고 입에 넣어서 경도와 풍미로 건조나 제조방법, 세균오염을 조사하는 방법으로 옛날부터 이 방법들이 주체로 되어 왔다.

3.2 검경법

관능적 방법과 겸하여 1890년대부터 행해져 왔고, 종균을 그대로 조사하는 방법과 수국(水麴)으로 하여 수일 후에 검경하는 방법이 있고, 그 목적도 국균의 분생자 수나 발아율의 측정과 세균오염을 조사하는 경우가 있다.

3.3 분석법

수분, 세균 산도, 평판배양에 의한 발아율, 세균수의 측정, 국을 만들어 그 효소역가 등의 측정을 행하는 방법으로 앞의 두 가지의 방법과 함께 행한다.

이들 방법 이외에 실제 현장에서 제국(製麴)하여 만들기 쉽고, 국의 성상, 분석데이터, 그리고 담금을 하여 양조제품의 품질을 판단 재료로 하는 것도 행하고 있다. 일본 식량청의 요청에 따라 검사법을 정리한 Nakano의 보고에는 당시의 된장, 간장용 종국의 상세한 데이터가 발견되나 이 중에서 검사의 중심은 분생자 수와 발아율에 두고 있다.

4. 사용법

4.1 종국의 혼합

종국은 그 자신, 단균(單菌)과 복균(複菌)의 제품이 있으나 이것을 사용자 측에서 다시 혼합하여 사용하는 수가 있다. 복균의 종국은 균주에 혼합에 의한 국의 특성의 변화를 충분히 검토하여 배합하고 있으나 사용자 측에서의 혼합의 경우는 이 검토가 불충분한 것이 많다. 혼합에 의한 특성의 변화에 대하여는 국의 색상, 효소

표 1-3. 접종 시와 출국에서의 혼합비의 변화
(증식이 빠른 WO-3 균주와 증식이 느린 DF 비생산 균주와의 혼합접종에 있어서)

변이균주	초발혼합비(A) WO-3/변이균주	출국 DF (ppm)	출국에서의 혼합비 (B)*	변화율 A/B
FN-16	0	0	0	-
	0.0015	51.12	0.178	15.5
	0.0293	10.28	0.471	16.1
	0.0618	165.99	0.965	15.6
	0.139	222.05	1.915	13.8
	0.371	307.79	10.18	27.4
	0.835	319.34	17.10	20.5
	단 독	338.02	-	-
	-	-	-	평균 18.2
A-27	0	0	0	-
	0.118	18.69	0.0592	5.0
	0.0305	41.77	0.143	4.7
	0.0642	68.70	0.259	4.0
	0.144	117.07	0.539	3.7
	0.385	205.59	1.599	4.2
	0.867	282.72	5.495	6.3
	단 독	334.17	-	-
	-	-	-	4.7

$$* \ B = \frac{\text{DF(혼합배양)}}{\text{DF(WO-3 단독배양)} - \text{DF(혼합배양)}}$$

** Ferrichrome 비생산성 변이균주(*Asp.* oryzae var. *viridis* RIB 203)
Aspergillus oryzae WO-3 균주에 비하여 유도기가 A-27에서 2시간, NF-16에서 7시간 지연된다.
주) DF는 deferrichrome의 약자

역가, 갈변성, aflatoxin 생성 능에서 검토되고 있으나 혼합에 의한 균주의 증식데이터의 충실과 함께 금후 일층의 연구가 요된다. 표 1-3은 ferrichrome 비생산성 변이균주와 생산균주를 사용한 Nara 씨의 검토 예가 있다. 증식의 유도기에 차이가 있는 균을 혼합하면 유도기가 짧은 균의 특성만을 나타나고 혼합비에서 기대되는 결과가 얻어지지 않는다.

4.2 접종법

종국의 접종법은 ① 종국 원료의 일부를 미리 섞어놓고 이것을 남은 원료에 산포

표 1-4. 100 g 시료와 한 알갱이 시료의 분생자 수의 분포

접종법 No.	100 g 시료 중의 분생자 수($\times 10^4$/g)					한 알갱이 시료 중의 분생자 수($\times 10^2$)				
	시료 수	최대	최소	평균	최대/최소	시료 수	최대	최소	평균	최대/최소
1	4	12.6	4.8	8.8	2.6	40	148.0	3.0	17.9	49
1’	4	8.0	3.8	5.6	2.1	40	96.7	0.3	7.0	322
2	5	30.9	7.3	16.4	4.2	50	353.0	7.8	70.4	45
3	10	13.7	4.6	8.7	3.0	100	269.6	4.3	29.0	63
4	10	14.8	5.2	9.7	2.8	50	68.5	6.5	20.2	11
4’	9	3.1	2.0	2.6	1.6	90	20.6	2.1	5.8	10

주) 접 종
1, 1’은 종국을 미리 일부의 쌀에 도말하고, 이것을 산포하고 손으로 혼합하는 방법,
2는 상(床)에 재운 찐쌀에 체등으로 산포하고 손으로 혼합하는 방법,
3은 연속증미기의 출입구에서 사람이 체 등으로 산포하는 방법,
4, 4’는 연속증미기에 의하여 산포하는 방법에 의한다.

하는 방법, ② 회분적(回分的)으로 국 원료의 위에 체 등으로 산포하는 방법, ③ 연속적으로 통과하는 원료 위에 사람이 체 등으로 산포하는 방법, ④ 연속적으로 통과하는 원료 위에 기계에 의하여 자동적으로 산포하는 방법 등이 있다. 이 접종법의 차이에 따라 국균에의 분생자의 부분적인 얼룩, 미립 한 알갱이씩 붙는 부착 분생자의 얼룩이 차이가 나타난다(표 1-4). 기계적 산포법이 얼룩이 가장 적고, 이 차가 국의 상모(狀貌)를 크게 좌우하는 것으로 생각한다.

접종의 시기에서 보면 세 기지의 방법이 있다.

① 재우기 시에 종국의 전량을 사용하는 것

② 재우기 시에 일부를 사용하고(이것을 버리는 종국, 강국(岡麴)이라 한다), 섞기 시에 나머지를 사용하는 것

③ 섞기 시에 전량을 사용하는 방법이 있으며, 또 종국의 형상에서는 분상, 입상을 분쇄한 것을 사용하는 방법 등도 있다.

제 2 장

국균(麴菌)

1. 균 주

일본의 양조에 이용되고 있는 국균(麴菌)(Fungi, 5,100속, 45,000종)를 체계적으로 분류한 Ainsworth에 의하면 진균문(眞菌門, Dision Eumycoa(Eumycetes) → 부정자낭균강(不整子囊菌綱, Class Plectomycetes → Order Eurotiales(목) → Family Eurotiaceae(과)에 포함하는 것 중 유성 생식환을 가지지 않는 것(불완전세대)의 일부에 설치된 Genus *Aspergillus*에 속하는 미생물이다. 그런데 유성생식 환을 가진 것으로는 Genus *Eurotium* 속하는 많은 속이 있다.

*Aspergillus*속의 세 분류에 대하여는 약간 오래이기는 하나 Raper and Fennel이 제안한 18그룹이 대표적인 것이다. 여기에서는 불완전세대의 *Aspergillus*속과 완전세대의 *Eurotium*속 등을 구별하지 않았으나 이 분류서는 같은 출판사에서 거의 20년마다 간행한 『The Aspergilli(1926년)』와 『Manual of the Aspergilli(1945년)』에 이어지는 명저이다. 이것에 의하면 국균은 일단 *Asp. flavus* 그룹과 *Asp. niger* 그룹에 포함되는 것이 된다.

한편 일본의 국균은 이용 면에서 청주・미린・감주・된장・간장・Tamari(溜)・식초용 등의 것은 외관이 황록색이므로 황국균(黃麴菌), 소주(燒酒)・알코올용의 것은 흑갈색이므로 흑국균(黑麴菌)이라 부르고 있으나 이들 국균 중에는 전기의 그룹명을 대표하는 명칭의 균주 *Asp. flavus* Link나 *Asp. niger* van Tieghem에 상당하는 것은 하나도 존재하지 않는 않고 해당 그룹 중에는 국균과는 상당히 다른 것이 많이 포함되어 있다.

지금으로는 인위적으로 색이 다른 변이균주가 조성되었으나 기타의 여러 성질에 있어서도 이 양 그룹의 차이는 명백하므로 위의 그룹별은 무의미는 아니고 따라서

표 2-1. 황국균과 흑국균의 비교

	황 국 균	흑 국 균
균초(분생자두)의 색조	균종에 의한 차가 크다. 미량원소의 영향을 받기 쉽다.	균종에 의한 차이가 적다. 미량원소의 영향을 받기 어렵다.
색의 종류 (변이균주 포함)	황색・황록색・녹색・다갈색・등갈색・백색	흑갈색・올리브색・갈색・회갈색・담홍색・색갈・육계색・희백색
거대 콜로니 상모	균종에 의한 차가 크다.	육종에 의한 차가 적다.
거대 콜로니 이면의 주름	유・무는 균주의 고유	있으나 균종에 의한 차가 적다.
균 핵	거대 콜로니로 나타나기 쉽다.	사면배양에 나타나기 쉽다.
NO_3염의 난자화성 균주	균주 수위 약 5%	없다.
NO_3염의 난자화성 균주	없다.	균주 수의 약 25%
기균사	분생자병이 두에 얽히지 않다.	분생자병이나 두에 얽힌 것이 많다.
분생자두의 형상	방사・분열・빗자루・원주	방사・이방형・부정형
분생자병의 성질	벽은 일반으로 거칠다 : 무색	벽은 평활 내지 거칠고 색소가 있다.
정낭의 형질	준구・주걱	구・준구 : 변이균주에서는 벽이 엷다.
Metulae	있고, 없고	일반으로 있고 대형의 것.
분생자 표면	거칠고・소돌기・혹	가시
Anisaldehyde 착색	균종에 따라 핑크(분생자)	착색하지 않는다.
구체(球体)	없다.	변이균주 있다.
국산 반응	있고, 없고	없다.
구연산	적다.	많다.
산 생성력	약하다.	강하다.
α-Amylase	강하다.	약하다.

이들의 균주(strain)를 논술하는 경우에는 다음과 같은 용어를 정리하면 편리하다.

*Aspergillus*속(Genus *Aspergillus*)

- 황색 *Aspergillus*류(Yellow green Aspergilli)

- Flavus 그룹(*Asp. flavus* group)
- Oryzae 그룹(*Asp. oryzae* group)

• 흑 *Aspergillus*류(Black Aspergilli)

- Niger 그룹(흑곰팡이, *Asp. niger* group)*
- Awamori group (흑국균, *Asp. awamori* group)

* Raper and Fennel의 그룹과는 다르다.

다음에 황국균과 흑국균의 중요 성질의 차이를 나타낸다(표 2-1).

1.1 형 태

사상균(곰팡이)이라 하는 것과 같이 여러 곳에 격벽이 있는 다수의 균사는 서로 인접하는 균사의 간극을 메울 수 있게 분지하여 균사 세포벽이 접합하면 문합(吻合, anastomosis)하여 복잡하게 그물코모양으로 서로 얽히어 균사의 mat를 형성한다.

균사의 일부는 배지에 접하여 영양분을 섭취하는 기저균사(基底菌絲)로 되고, 일부는 공기 중으로 향하여 산소를 섭취하고 수분 등을 발산하는 기균사(氣菌絲)로 된다. 이것은 고등식물에 있어서 뿌리와 줄기, 측근과 가지의 관계에 대비된다. 기저균사나 기균사의 일부는 병족세포(柄足細胞)로 되어 어느 길이까지 수직으로

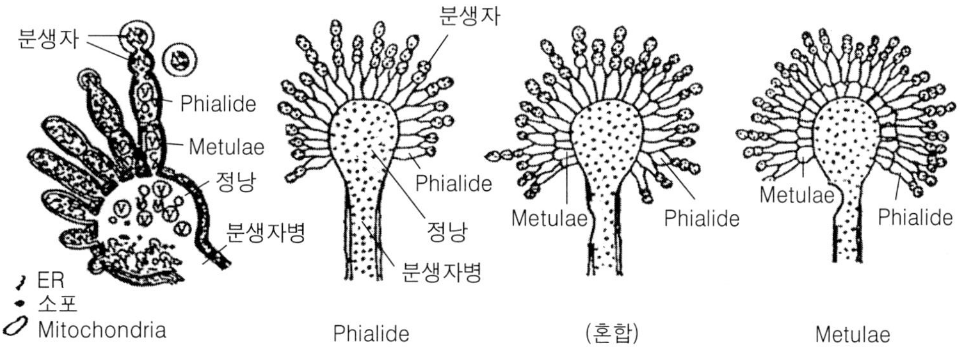

그림 2-1. Phialide와 분생자의 형성

- 좌단은 phialide, metulae, 분생자의 형성 진행의 모식도
- 정낭 내부는 처음에 다수의 핵, mitochondria, 소포로 충만되어 있으나 이들은 점차로 metulae나 phialide를 거쳐 분생자 내로 이행하여 정낭과 분생자병은 최종적으로 공포화 되어 내부는 완전히 비게 된다.
- ER, endoplasmic reticulum : 오른쪽 세 개는 완성된 정낭이다.

신장하여 분생자병으로 되고 그 정점은 구상으로 팽대하여 정낭으로 된다.

정낭의 표면에서 일면으로 술병모양의 돌기가 나와 phialide로 되고, 그 선단에서 차차로 염주모양으로 분생자(分生子 : conidium)를 만들고, 분생자는 선단 쪽일수록 숙성되어 있다. 또 균의 종류에 따라 phialide가 약간 신장하여 두 개로 나누어져 기저 쪽을 metulae, 선단 쪽을 phialide라고 한다. Metulae의 위에는 phialide가 2개 늘어서서 생기는 수도 있다(그림 2-1). 정낭부를 포함한 복잡한 부분을 일괄하여 분생자두(分生子頭)라고 하나 이것이 소위 자실체로 그 모양은 여러 가지이다.

균사는 간혹 심하게 분지하여 융합을 되풀이하여 점액을 생성하여 아주 밀집하게 집합하여 후막의 소립 괴를 형성하는 수가 있다. 이것은 균핵(菌核 : sclerotium)이라하며, 직경 1～3 mm 정도로 고유한 착색을 하여 그 수도 수개에서 무수에 이른다. 균핵은 일반적으로 식물병원성균 등에서 엄한 자연환경 중에서 살기 위하여 조직 전체로서 분생자와 마찬가지의 기능을 가진 것으로 만들어진다.

균을 자연계에서 분리한 당초는 다수의 균핵을 형성하는 것으로 배양을 반복하는 사이 소수로 되고, 국균에서는 거의 형성하지 않는다. 균핵 형성을 시작하는 데는 3～4일 걸리고, 성숙이 끝나기까지는 7～10일을 요한다. 외측에서 두터운 착색 세포로 되는 피질, 얇은 투명세포의 층, 두텁고 짧은 세포층으로 된 수질로 되어 적당한 수분과 산소가 있으면 출아한다.

균핵의 형성에는 배지성분의 C/N비가 영향하여 N이 적으면 형성은 촉진되어 N으로서의 무기염보다 유기물(aspartic acid, glutamic acid, alanine, serine)이 적합하다. 그러나 같은 배지에서도 황록 Aspergilli류에서는 페트리 접시 중의 원형 콜로니 중에 흑 Aspergilli류에서는 시험관 사면의 하단에 형성되기 쉽고, 야생균주에서는 균사 mat상 전면으로 밀생하는 수도 있고 형성의 조건은 불명한 점이 많다. 최근 균핵이라고 생각되고 있는 것 중에 포자를 함유하지 않는 것이 발견되는 수가 있으나 이것은 완전세대로 되어 *Aspergillus*속은 아니므로 주의를 요한다.

분생자의 모양은 구형～타원형으로 직경 3～8 μ, 표면은 색소를 동반하고 적고 거친(rough) 것에서 소돌기상(echinulate)까지 여러 종이 있으나 국균에는 평활(smooth)인 것은 없다. 내부에는 보통 3～4개의 핵이 있으나 야생균주 중에는 10개 이상의 것도 있다. 분생장의 색은 황록 Aspergilli류에서는 배양의 초기는 백색이나 점차 황색을 띠고, 곧 녹색으로 되고 드디어 황갈색으로 변하는 것이 일반적이다. 물론 배양의 조건을 바꾸면 그 변화가 한층 복잡하고 온도가 높으면(35℃) 녹색, 낮으면(25℃) 황색이 진하고(반대의 균종도 있다) 기타 형태의 변화도 있으므로 마치 변이가 일어난 것은 아닌지 의심되는 수가 있다. 또 배지의 pH를 변하면 알칼리 쪽에서는 황색, 산성 측에서는 녹색이 진한 경향을 나타내나 이것도 배지 중의 종의 성분에 따라 다르다.

미량의 무기질의 영향에 대하여는 Cu와 Zn은 분생자의 형성과 녹화를 빠르게 하고 Mn은 균사의 발육에 알맞고, Al은 분생자의 색상을 좋게 하며 또 녹색을 유지하는 데는 Cu 이외 할로겐(Cl, Br, I)이 필요하고, K는 분생자의 내구성을 증가시

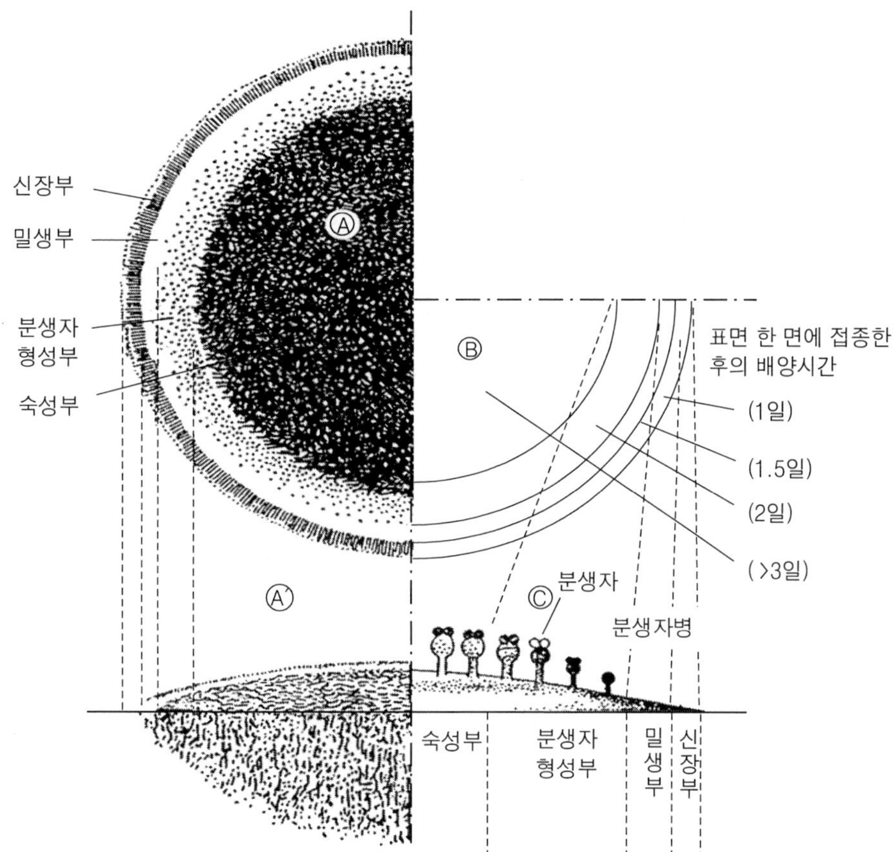

그림 2-2. 표면콜로니 증식경과를 나타내는 모식도

A, A″: 균의 증식에 따른 콜로니 구조의 변화. 각 평면 및 종단면.

B: 분생자를 배지 표면에 한결같이 도말 접종한 후 어느 시간(괄호 내) 배양하여 얻어진 균사 mat의 생리적 성상의 원형 콜로니 상 각 부위의 그것과 대응.

C: 콜로나 단면의 호염기성 부위(검정 혹은 점 각 부위)의 분포와 분생자 형성과정과의 관계

켜 분생자병을 짧게 한다. 이외에 분생자 형성에 알맞은 배지도 여러 가지 연구되어 있으나 anisic acid나 anisaldehyde의 첨가에 의한 황록색 분생자의 일시적 핑크 차색의 현상은 분류에 이용된다.

다음에 자외선 조사 등에 의하여 생긴 변이균주(mutant)의 분생자에는 여러 종의 색조가 있으나 친 주의 색조와는 무원칙은 아니고 변이에 따라 결코 녹 → 흑 또는 흑 → 녹의 변화는 일어나지 않고 황은 녹색에서만 생기고, 백은 어느 색에서도 생기므로 백에서는 백색만이 생긴다. 황은 녹색에서만 생기고, 백은 어느 색에서도 생기나 백에서는 백만 생기고, 황색균주와 백색균주를 교잡하면 녹색균주가 생긴다.

다음으로 소량의 세포집단(clone)을 페트리접시 내에 넓혀 고체배재의 중심점에 접종배양하면 점차 원 환상으로 넓혀진 거대 콜로니를 형성한다. 그 색은 분생자의 색이나 형상도 극히 균주 고유이고, 마치 사람의 지문에 닮은 균주의 개별 인식상 중요한 것이다.

이 원형 콜로니의 외주 변은 단일 층의 표면균사(기저균사)에서 생긴 시장부에 있고, 중심을 향하여 점차로 기균사가 밀접하게 불거져 나와 콜로니의 두께를 늘려 균사조직은 빈틈없는 균사 mat를 형성, 기저균사도 배지 내에 깊이 신장한다. 그리고 나아가서 분생자 형성부에서는 기균사 층도 충분히 발달하여 분생자 형성을 위한 기관을 형성한다.

중심의 숙성부에서는 분생자의 형성은 완료하여 분생자는 숙성상태로 된다. 그런데 콜로니 각 부위에 있어서 생리적 성질을 연구하는 데는 다음과 같은 배양법이 행해지고 있다. 다수의 세포 분생자를 배지 상 전면에 도말배양하면 거의 1일에서 신장부의 균사와 같은 성질을 갖춘 균사집단을 얻을 수가 있고, 마찬가지로 1.5일 배양에서 밀생부, 2일 배양에서 분생자 형성, 3일 이상의 배양에서 숙성부에 해당되는 mat를 다량으로 얻을 수가 있다. 이상의 콜로니의 모양과 각부의 관계를 모식도(그림 2-2)에 나타내었다.

국균 등을 검경하면 간혹 볼 수 있는 비정상의 형태는 분생자병이 도중에서 분지하여 다른 분생자와 분생자두를 만들어 북두(複頭)를 나타내는 것과 phialide에 착생하여 또 분생자를 발아하는 것이 있으나 그 외에는 세포벽의 엷은 정낭이나 여러 인위 변이균주 등에서 볼 수 있는 액포(液胞)로 된 대소의 구형 체, 액체배양에서 침생(浸生)하는 균사에 생기는 연쇄상 세포 등이 있다. 이들은 배지의 성분, pH, 배양온도, 산소량, 미량의 무기질(Mn, Zn, Cu, Fe 등)의 상대 양과의 관계에 따라서 생기는 것으로 생각한다.

1.2 배지와 배양

다수의 균주를 비교할 때는 배양의 조건을 일정 공통하지 않으면 안 된다. 배지는 Czapek액(Czapek-Dox액이라 하여 CD배지로 약한다)을 한천으로 굳히는 것이 보통이나 황록 Aspergilli류의 경우는 분생자의 황록색의 발현에 대하여 종종의 미량원소가 영향하여 여러 시약의 순도에 따라 다른 결과를 나타내는 수가 있으므로 다음 조성의 CDm배지를 사용한다.

CDm배지 조성 :

$NaNO_3$ 3.0 g, $mgSO_4 \cdot 7H_2O$ 0.5 g, KCl 2.0 g, $CuSO_4 \cdot 5H_2O$ 0.02 g, $FeSO_4 \cdot 7H_2O$ 0.01g, $ZnSO_4 \cdot 7H_2O$ 0.001 g, $mnSO_4 \cdot 5H_2O$ 0.01 g, $AlCl_3$ 0.01 g, sucrose 30.0 g, K_2HPO_4 1.0 g을 녹이고 agar 25 g을 녹여서 굳힌다.

한편, 황록색 Aspergilli류에서도 $NaNO_3$를 싫어하는 균주 nitratophobe에서는 $NaNO_3$ 3.0 g의 대신으로 그 0.5 g와 peptide 1.0 g을 가한 CD배지의 변형(CDP 배지)을 사용한다. 또 분생자벽에 소돌기의 현저한 황록 Aspergilli류의 분류에는 anisaldehyde배지[anisaldehyde 0.05 g을 묽은 NaOH 용액에 녹여서 가하고 가열용해하여 pH 6.0로 한 CDm배지(또는 CD배지, CDP배지도 좋다)]를 시험관 사면하여 30℃에서 배양하고 경일적으로 분생자의 핑크색 소성을 검사하고 또 aflatoxin 검출에는 APA배지[$(NH_4)H_2PO_4$ 10 g, K_2PO_4 1 g, $mgSO_4 \cdot 7H_2O$ 0.5 g, KCl 2.0 g, $FeSO_4 \cdot 7H_2O$ 0.01 g, $ZnSO_4$ 0.01 g, $HgCl_2$ 0.1 g, glucose 30%, corn steep liquor 0.5 g, agar 25 g, 물 1 ℓ, pH 5.5]를 페트리접시에 넓혀 26～28℃에서 7～10일간 배양의 콜로니에 3,650Å UV ray를 조사하여 콜로니 주변의 청색형광의 유무를 검사한다.

흑색 Aspergilli류에서는 CD배지 이외에 Sakaguchi-Oo 배지(CD배지의 $NaNO_3$ 3.0 g 대신으로 $NaNO_2$ 2 g을 사용한 것)를 사용하여 30℃ 7일간 사면배양을 행하여 아질산염 자화성을 판정하는 것도 필요하다. 배양온도는 특히 주의하여 콜로니의 관찰에는 35℃, 25℃ 각 7일간의 2종의 배양, 또 그 관찰에는 10일 이상 배양한다.

균초(菌草 : 분생자)의 색(분생자두의 색)은 30℃에서 3～5일간의 사면배양의 관찰이 좋고, 색소 생성은 10일 정도가 좋다. 콜로니의 표면과 이면의 특징은 25℃에서는 유사하지만 35℃에서는 심히 다른 것이 많고, 이것은 극히 균주 고유인 것이다. 각부 기관의 측정에는 35℃에서는 소형화되어 특징이 적으므로 25℃에서 2주간의 배양이 적당하다.

분생자병이나 분생자 등의 표면상태의 현미경 관찰은 슬라이드 글라스상에 일체의 액체를 사용하지 않고 살아있는 그대로 행한다. 여기에 대하여 정낭의 크기나 metualae 유무를 관찰하는 데는 lactophenol 용액(석탄산 10 g, 유산 10 g, glycerin 20 g, 물 10 mℓ의 혼합용액)을 적하 사용하거나 그 시료를 상기의 표면(벽)의 상태의 관찰에 병용하는 것은 금물이다. Metulae는 균종에 따라 있는 균주와 없는 균주가 있다. 있는 균주에도 1개의 분생자두에 몇 개 정도에서 수십 개 정도(평면 시야상)까지 있고, 또 시야에 나타나는 복수의 분생자두의 중에 metulae가 있는 것과 없는 것이 혼재하는 것이 보통이다. 그래서 metulae(다소를 불문)를 가진 분생자두의 수가 전체의 분생자두의 수에 대하여 수% 이상이 있는 경우에는 이 균주를 metulae 균주로 판정한다.

국균은 metulae가 없는 균주가 많으나 있는 균주에도 20% 전후를 한도로 하고 있다. 분생자의 anisaldehyde에 의한 핑크색 생성은 일과성이 있어 착색할 때까지의 시간이나 착색하고 나서 소실될 때까지의 시간차가 있으므로 빠뜨리지 않게 경일적으로 관찰하여 착색을 나타내는 것을 핑크균주로 판정한다. 또 벽에 소돌기가 있는 분생자는 동일 균주의 시료의 동일시야 상에 있어서도 소돌기의 미발달의 것과 공존하는 수가 있으므로 시야상의 모든 분생자벽에 소돌기가 있는 것을 소돌기 분생자 균주로 판정한다.

1.3 성 분

균사는 외측에 있는 세포벽과 그 내측에 있는 세포막에 의하여 내용물을 보유하고 있다. 세포벽은 두께 150～250 nm로 미세 섬유(microfibrils)와 그 사이를 메우는 부정형 물질 matrix로 구성되나 그 외층과 내층은 다당류 glucan으로 그 중간층이 chitin질이고, 인산염 4.5%, lipid 2.7%, 단백질 5.3%, chitin질 43.5%, glucan 48.5%, 핵산 1.6% 등으로 구성된다.

일반 식물체의 섬유소는 아니고 chitin 등에 주목하여 그 구성성분인 glucosamine을 정량하여 국 중의 균체 량을 측정할 수 있다. 분생자, 균사 등 각 기관의 휴지기, 성장기에 있어서 내부구조의 변화와 이외에 대하여는 Tanaka 등이 우수한 주사현미경 사진을 가지고 설명하고 있다.

균체의 일반성분에 대하여는 Damiya 등이 국균의 호흡상(CO_2/O_2)에서 추정한 값, 지방 그리고 유사물질(유기염기, lipid, 핵산 등의 연소율이 적은 것을 포함) 20%, 단백질과 유사물질 30%, 탄수화물과 유사물질 45%, 그리고 회분 5% 정도가 옳은 것으로 생각한다. 또 Saito 등은 다음과 같이 정리하였다.

총 성분	조단백질	조지방	조섬유	조회분	가용무질소물
균 사 분생자	36.5 39.8~65.7	1.9 0.3~1.0	8.6 8.8~13.5	8.0 5.1~6.4	44.4 45.6~13.0

회 분	Na2O	K_2O	MgO	CaO	Fe_2O_3	P_2O_3	SO_4	Cl	SiO_2
균 사 분생자	11.2 4.1	28.1 45.9	3.8 4.3	1.9 1.0	1.6 4.9	48.5 39.6	0.1 2.0	0.0 미량	- 0.4

이외에 oleic acid, linoleic acid, nucleic acid, amines, phosphatide, ergosterol, fungisterol, mannitol, trehalose, glucose, glycogen, amylose, glucosamine, chitin, peptone, phosphoprotein 등이 있고, 그 후의 연구에 의하여 viatmin B_1, B_2, B_6, adenosine tripohosphate, choline, sulfate, lipoic acid, ribosome, DNA, asperopterin, aspryellone, aurasperone A, laminaribose, betain, 종종의 중성지질, 효모의 식을 촉진하는 proteolipid, 또 분자 내 성분으로서 5~10%의 D-mannitol, 1~2%의 trehalose, 소량의 polyol, 1%의 폴리인산, S-화합물로서 1.2~1.5%의 choline 황산염, 기타 glutamic acid나 alanine을 주로 한 아미노산 풀, nucleotide 풀 등이 알려져 있다.

다음에 콜로니의 내부구조를 보면 단위 단백질당의 RNA나 DNA의 함량은 주변부, 특히 밀생부에 많고 반대로 세포벽 탄수화물 양은 주변부, 특히 신장부에는 적고 콜로니 내부에 들어감에 따라 증대한다. 콜로니가 점차 커짐에 따라 중심부 저층은 O_2의 공급이 부족하여 CO_2가 축적하여 일부 세포는 자가 용해하여 세포형태를 바꾸어 호염기성을 잃게 된다. 콜로니 내부에 있어서 물질의 이동에 대하여는 수평방향에는 적고, 수직방향에 많으며 amylase는 중심부에서 상당 깊게 분포한다.

1.4 학 명

자연계는 여러 가지 종류의 곰팡이가 존재하나 국의 균으로서 역할을 하는 것은 일부이고, 그 중 한 균이 종국(種麴)으로 양조에 이용된 것은 12~13세기경이다.

1876년 5월 일본 도쿄의학교(도쿄대학 의학부의 전신) 박물학 객원교수로서 온 Hermann Ahburg는 일본의 미국(米麴)에서 일종의 곰팡이를 분리하고 그 모양이 닮아 있는 *Asp. flavus* Link는 압엽(押葉) 표본에서 갓 분리된 형과 현저히 작으므로 이것과 다른 곰팡이이고 또 본 균주가 쌀에 잘 번식한다는 특징에서 *Eurotium oryzae*라고 명명하고, 일본에서 미생물의 분리 동정이라는 위업을 최초로 성공하였다. 이 사람은 유명한 독일의 식물생리학자 Julius von Sachs 교수의 제자로 일본에서 식물병리학의 강의를 하였고 1878년 8월 닛코(日光)에 식물채집에 가서 이질에 전염되어 객사하였으며, 연구업적은 객원 교수 Korschelt와 의학부 조교 Matsubara에 의하여 발표되었다.

1880년대에 들어와서 여러 나라에서 많은 연구가 이루어져 이 곰팡이가 자낭각(peritherium)을 형성하지 않는 것이 확증되었으므로 *Aspergillus oryzae* Ahlburg Cohn으로 개명되어 비로소 간장, 된장의 국도 이 유연 균이 주체로서 된 것을 알게 되어 19세기 말에 Hannover대학(독일)의 Wehmer는 코마바(駒場)농학교(도쿄대학 농학부의 전신) 농화학과 객원 교수 Oskar Kehmer에서 일본의 미국(米麴)을 우송받아 잡균을 제거하고 하나의 유력한 곰팡이를 분리하고, 처음으로 식물학적으로 모아 완전하다고 생각되어 기재를 행하고 이것을 같은 *Asp. oryzae*(Ahlburg) Cohn으로 명명하여 발표하였다.

이것이 Wehmer의 균주로 후에 네덜란드의 CBS(Centraalburreau voor Schimmelcultures)에 보내져 No. 102.07균주, 미국에서 Thom No. 113 균주, NRRL(Northern Regional Research Laboratory)의 447균주, RIB(국세청 양조시험소)의 1013균주로 되어 각각 보관되고 있다. RIB 1031은 1966년에 Wisconsin 대학 K. B. Paper 교수로부터 WB 447균주(Thom No.1130)로서 Muragami로 보내진 것이다. Muragami는 Ahlburg의 균주의 흐름에 대하여 조사하여 이것은 1918년에 일본양조공업주식회사가 마루후쿠 유키지루(丸福雪印)라는 상품명의 종국으로서 판매하기 위하여 양조시험소 Matsumoto(松本)로 보내져 이후 이곳에서 RIB 430 균주로서 보관되어 온 것으로 결론 내렸다.

세계적인 규모로 미생물의 보관을 하고 있는 ATCC(American Type Culture Collection)에는 현재 Thom No. 113균주는 1011, RIB 430균주는 2286으로서 보관되고 있다. 이 양 균주는 모양이나 생리도 아주 닮아 있으나 전혀 꼭 같은 것은 아니다. 공히 백색장모로 부분적으로 담황녹색을 띠고 20% 정도 metulae를 가지며, 국산을 생산하지 않고 그 미국(米麴)은 갈변하여 분생자 형성능력에 다소의 차이가 발견되고, 공히 정 기준 표본(holotype)으로 할 수 있다.

그런데 국을 자연개방에 가까운 상태로 만들어 짐으로 외부의 *Aspergilus*속, *Mucor*속, *Rhizopus*속 기타의 곰팡이류도 번식하는 수가 있고, 이들 국에 부착한 곰팡이류와 국의 주력을 하는 유용균과 같이 볼 수는 없다. 즉 국의 유력한 균의 과학명이 정해지면 이것을 구별하는 일본 이름이 필요한 것은 아니나 당시의 일본 이름은 Matsubara의 미종(黴種), Atkinson 저서의 일본 이름은 심균종(蕈菌種), 그 후 1895년에 도쿄대학 농학부 교수 Huruzai(古在)와 제자 Yaki(矢木)는 국균을 기재하여 국균에 존재하는 잡균은 물론 일체의 곰팡이류와 구별하였다. 현재에 이르러 국균을 이외의 이름으로 부르는 것은 과거의 혼란을 재현하는 것이 될 것이다.

1.5 분 류

분류란 종(species)으로 나누는 것이다. 종은 생물의 기본단위로 일반식물에서는 하나의 개체를 의미하고 있으나 미생물에서는 개체가 세포 그 자체의 것이고, 하나의 세포를 기본 단위로 하는 것은 현실적은 아니다. 그래서 한 개의 세포에서 출발하여 무성적으로 영양을 섭취하여 증식한 것을 clone(배양세포 집단)으로 칭하여 분류의 기본 단위로 하고 있다. 그러나 같은 clone 내에 있는 세포도 모두 균일한 것은 아니고 배양이라는 인위가 가해져 현저한 이형(異形)으로 변하는 것도 있으므로 분류군(taxa)의 의의도 일반식물에 있는 것과는 근본적으로 다르다.

미생물에는 화석이 없고 현존하는 미생물만이 증거이므로 그가 나타나는 다양성에 주목하여 점차로 절차를 붙여 가 계통을 추정하여 조립하게 되어 앞서 분류가 있고, 후에 계통이 논해진 것으로 되므로 그 사이에 연구자의 주관에 의한 감별적 요소가 개입되기 쉽다. 한편 최근에는 세포의 증식 방식만이 아니고 세포 자체의 내용에서도 변하는 것 같은 여러 종의 기술이 발달하여 인간의 생활목적에 첨가하여 미생물이 만들어져 자연분류의 의의가 문제되는 반면 많은 양의 정보를 정리 분류하는 것의 필요성은 점차 높아질 뿐이다.

미생물의 분류에 관하여 종종에 대한 국제규약이 정해진 분류의 정의를 상세히 설명하는 것은 전문서로 넘기기로 하고, 아래에 각 clone의 표현형 phenotype의 여러 성질을 간단히 설명한다.

어느 미생물이 어떤 종류에 속하는 가를 정하는 것을 동정이라 한다. 그 방법에는 이미 학명에 대하여 표본과 비교하는 것에서 정해진 방법으로 실험하여 많은 데이터를 모아 이미 정해진 분류표(체계) 중의 일정의 성질, 즉 분류규준(criteria) 또는 key에 맞추어 이동(異同)을 밝히는 것이다. 전자의 경우 만일 옳은 표본을 사용하지 않으면 분류가 전혀 다른 방향으로 갈 위험성이 있다. 후자의 경우 일정의 성질이 균종 간에서 조금씩 연속적으로 변화 할 때는 전체 균주를 동종으로 인정하기가 어려운 수도 있으므로 다수의 균주를 수집하여 올바른 평가를 할 수 있게 노력하지 않으면 안 된다.

20세기 초에 도쿄대학 농학부 Kakahashi 교수는 술, 간장, Tamari(溜)의 종국에서 모양도 생리도 상당히 다른 16균주(A～P)의 균을 분리하여 모두가 *Asp. oryzae*

의 변종이라 하였다. 이 중 간장과 Tamari(溜)의 K균주는 *Aspergillus oryzae* var. *fulvus* Yamamoto로 동정되고 또 다른 *Aspergillus tamarii* Kita도 분리 동정되었다.

Kakahashi의 균주는 후에 미국의 Thom and Church의 연구에 위탁되어 그들은 그들이 보관하는 여러 종의 곰팡이류와 비교하여 F균주는 *Asp. oryzae* Thom No.112에 일치하나 C 균주는 *Asp. flavus* Thom No. 108에 일치되므로 이들을 *Asp. flavus-oryzae* series로서 종합하고, 한편 *Asp. tamarii* series와 합하여 일본 국균을 대표하는 것으로 하였다.

여기에서 플러스 균주로서 사용한 것은 *Asp. flavus* Brefeld and Wehmer이고 1809년 Link가 압엽(押葉) 표본에서 분리 명명한 것을 아니다. Link는 자신의 곰팡이를 황색을 나타내지 않는 *Asp. glaucus*에 비하여 황색이 강하다는 특징에 따라 *Asp. flavus*라고 명명하였다. 그러나 기재가 오래 되고 불충분하므로 Thom 등은 이 환상의 균주를 구하여 압엽 표본에서 다시 분리를 시도하였다. 그러나 성공하지 못하고 다음으로 De Bary(1865년) 등은 널리 분포하고 있는 황록색의 균주에까지 확대하여 이 종명을 사용하게 되었다.

Wilheln(1877년), Schrooeter(1893년), Wehmer(1895년) 등도 Rabenhorst(1875년)의 No. 2,135균주로서 송부된 Rrefeld의 균주에 종명을 사용하여 Thom이 1905년 Wehmer에서 얻은 균주(Thom No.108)도 같았고, Constantin and Lucet(1905년)는 균주를 보았다는 기록은 없으나 마찬가지 결론에 달하였다. 그리고 Thom 등은 자신의 추적조사를 포함하여 많은 변화의 역사를 기록하고 있다.

Kakahashi에 의한 변종의 개념은 아마도 정 기준 표본에 비하여 모양 또는 생리상 특별히 다른 종으로 할 정도의 차가 없어도 명료한 다소의 차가 있는 것을 변종으로 하고 약간 생리가 다른 것을 품종(form)으로 하는 일반 개념에 기초한 것이다. 자연이건 인공이건 국균에는 여러 가지 변이균주(mutant)가 있고, 그 균주 명은 종명 다음에 mut와 종형용어(specific epithet)를 붙여서 기재하는 것으로 하고 있으나 현실로 분리된 균주가 자연균주인가 변이균주인가를 구별하는 것은 그렇게 용이한 것은 아니다. 즉 *Aspergillus*속의 분류에서 분생자의 색을 key로 하는 경우에는 이미 설명한 것과 같이 황·흑·백·(녹)의 기본 색과 형태와의 관계도 고려하지 않으면 안 될 것이다.

1) 분류법

미생물의 분류는 지금까지 감별적 인위 분류가 주가 되었으나 1950년 내에 들어와서 전자계산기의 발달에 따라 여러 가지 수치해석법이 발전하여 기호분류법 이외에 유전해석법(교잡법), GC함량 비교법, DNA 교잡법, 단백질 비교법, 그리고 세포의 화학적 성분의 일부 또는 전부를 비교하는 방법 등이 있다. 그러나 *Aspergillus* 속의 분류법에 대하여는 전통적인 감별적 분류가 주가 되었고, 기타 방법에 대하여는 겨우 초보단계에 머물고 있다.

(1) 미생물의 전통적 분류

국균의 분류에 있어서 그 분류법을 만든 것을 제일로 하면 그 역사는 오랜 것은 아니다. 1921년 Thom and Church는 Takahashi에서 부쳐온 균주를 정리하여 국균을 두 계열(series)로 나누고, 1926년에 그의 저서에 있어서는 이것을 합쳐서 *Aspergillus flavus-oryzae* group로 하였다. 1933년 Sakaguchi는 분생자병의 길이 등으로 또 Oodani 등은 형태와 효소 생산력이나 산·색소와의 관계에서 그룹화를 시도하여 1944년 Sakaguchi와 Yamada는 앞의 정리에 기초하여 신종 *Asp. sojae*를 포함한 분류표를 발표하였다.

그런데 Sakaguchi 박사는 1933년에 분생자벽에 소돌기(echimulate)가 있는 균주에 주목하여 분생자병 벽이 거칠고(rough) *Asp. parasiticus*에 닮은 균주와 평활(smooth)하여 지금까지 기재가 없었던 균주가 있다는 것을 기록하였으나 분류표에는 후자만을 다루어 신종 *Asp. sojae*로서 발표하였다(표 2-2).

여기에서는 metulae나 phialide는 기재하지 않았으므로 만약 metulae가 있으면 소생자의 *Asp. oryzae* 균주는 *Asp. flavus*일지도 모른다(후에 설명). 또 이 분류표에는 *Asp. oryzae*의 key로서 분생자병 벽의 평활(smooth)이 기재되어 있지 않으므로 *Asp. oryzae* var. *fulvus*와 혼동되기 쉽고 또 *Asp. tamarii*를 넣지 않았으므로

표 2-2. Sakaguchi와 Yamada의 황국균 분류표(1744년)

분생자에 작은 돌기를 착생한다. ----------------------	*Asp. sojae* nov. sp.
분생자에 작은 돌기를 생성하지 않는다.	
정낭은 모두 구상으로 크다. ----------------------	*Asp. oryzae* var. *globosus* nov. var
정낭은 구상으로 되지 않는다.	
균개의 이면 등적색 ----------------------------	*Asp. oryzae* var. *fulvus*
균개의 이면 등적색으로 되지 않는다.	
분생자, 대(8~10μ, 드물게 14~15μ) --	*Asp. oryzae* var. *magnasporus*
분생자, 중(6~7μ, 보통은 7μ) ----------	*Asp. oryzae*(Ahlburg) Cohn
분생자, 소(6μ 이하, 보통은 4~5μ) ----	*Asp. oryzae* var. *microsporus*

Asp. oryzae var. *flavus*를 넣었으나 그 key가 균개의 이면이 등적색만으로는 충분하지 않다. 이 분류는 일본의 국균에 한정되어 있기 때문에 널리 국제적으로 비교하면 불편하지만 그러나 일본 최초의 체계적 분류로서 중요시 되고 있다.

1945년은 제2차 세계대전이 종전의 해이나 Thom and Raper는 처음으로 색채사진이 들어간 저서를 발행하여 황록 Aspergilli류를 *Asp. oryzae* group으로서 그 분류법을 발표하였으나 그 분류에 대하여는 Saito는 결코 근본적인 아니고 *Parasiticus effusus*와 같기는 어려운 것이나 *Asp. flavus*와 너무 많이 닮았으므로 Linne종에 정리하여 *Asp. flavus*의 변종으로 하여도 지장이 없다고 하였다.

그 후 Ohara는 생리적 성질을 중요시하여 sucrose · fructose · galactose에서의 국산 생산능력이라는 key를 더하여 분류하고 국을 *Asp. tamarii-oryzae* group으로서 정리하였다. 국산의 생상능력은 같은 당을 사용하여도 종종의 조건에 따라 좌우되기 쉽고 또 소돌기 분생자 균주를 분생자병 벽의 평활(smooth)한 *Asp. sojae* Sakaguchi *et al* Yamada와 저친(rough) *Asp. sojae* var. *gymnosardae*(Yukawa) Oohar로 나누고서 sucrose에서 국산 비생산성으로서 같은 소돌기 분생자 균주인 *Asp. parasiticus*를 분생자병 벽이 거의 평활(smooth)한 *Asp. parasiticus Speare* (sucrose에서 국산 생산, galactose에서 비생산)와 그 거친(rough) *Asp. parasiticus* var. *rugosus* Ohara(sucrose · galactose에서 국산 생산)로 나누는 등 약간 복잡한 분류표로 하였다.

이어 지금까지 여러 가지로 명명되어 온 황색 Aspergilli류의 종명을 *Asp. flavus* Link, *Asp. parasiticus* Speare 그리고 *Asp. tamarii* Kita의 3종명으로 대표될 수 있게 정리표가 발표되었으나 이 중에서 *Asp. oryzae*를 *Asp. flavus* Link var. *oryzae*(Ahlburg) Saito로 한 것은 뒤에서 설명되는 것과 같이 Thom No.108균주를 *Asp. flavus*로 잘못된 것으로 귀결되고 또 분생자벽에 소돌기를 가진 국균을 *Asp. parasiticus f. sojae*(Sakaguchi *et al* Yamada) n. Comb.으로 한 것은 분생자병 벽이 거친가 평활한가를 구별하고자 함에 있다.

이들의 여러 연구를 잘 조사한 Rper와 Fennel은 1965년까지의 *Asp. flavus*나 *oryzae*에는 보이지 않았던 신 균주를 더하여 18그룹 132종 18변종으로 되는 *Aspergillus*속의 분류표를 발표하였다. 이 중 *Asp. flavus* group에 대하여 표 2-3에 나타내었다.

이것은 *oryzae*를 종명으로 하여 남긴 그룹명에서는 예외이고 또 분생자벽의 소돌기에는 언급하지 않고 *sojae*를 무시한 것이다. 영문에서는 쓰여 있고, 1960년에 독일에서 알려진 발암물질 aflatoxin이 *Asp. flavus*의 생산물이라는 것에 많은 사람이

표 2-3. Raper와 Fennel의 황록 Aspergilli류의 분류표(1955년)

Ⅰ. 분생자두는 회색 내지 진한 황색 혹은 젊을 때는 황색・녹색・회색이다.
A. 콜로니는 Czapek 한천 위에서 갈색으로 변하지 않는다. 분생자는 한정적으로 소돌기를 갖는다.
1. 경자는 뒤에는 우세하여 단조나 혹은 복조로 된다.
경자 두는 사출하거나 혹은 대단히 느슨한 원주상이다. *Asp. flavus* Link
2. 경자는 전형적인 단조이다.
a. 경자 두는 원주상이고, 경자는 일반적으로 단조이다.
Asp. flavus var. *columnaris*, n. var.
b. 경자 두는 사출하거나 경자는 단조이다. *Asp. parasiticus* Steare

B. 콜로니는 Czapek 한천 위에서 연한 갈색・녹색으로 변한다.
1. 분생자는 커서 대개 4.5～7.0μ이나 혹은 8.0～10.0μ의 것도 있고, 처음은 타원이고 그리고 나서 원형 평활에서 불규칙으로 거칠어진다.
a. 분생자병은 기질에서 처음부터 나온다. *Asp. oryzae*(Ahlburg)
b. 분생자병은 기균사에서 짧은 가지로서 처음부터 나온다.
Asp. oryzae(Ahlb) Cohn var. *effusus*(Tiraboschi)(Ohara)
2. 분생자는 작고 난형에서 타원이고, 대개는 2.4～3.0μ에서 3.0～3.5μ이고 평활하거나 여기에 가깝다.
a. 생육은 Czapek 한천에서 자라지 않는다. 분생자 구조는 풍부하고 맥아한천 위에서는 띠 모양으로 신장하다. 포자낭병은 원활하고 혹은 여기에 가깝다.
Asp. zoanatus Kwon & Fennel, n. sp.
b. 생육은 Czapek 한천이나 맥아한천 위에서 뻗어나간다.
분생자 구조는 때때로 균일한 송이를 형성하고, 포자낭병은 눈에 뜨이게 거칠어진다.
Asp. clavato-flavus, n. sp.

Ⅱ. 분생자두는 젊을 때 심 황색・녹색에서 올리브 갈색으로 변한다. 분생자는 눈에 뜨이게 거칠어진다.
A. 분생자두는 Czapek 한천에서 처음에는 심 황색・녹색에서 갈・녹 혹은 갈색으로 변한다.
Asp. tamarii Kita
B. 분생자두는 빨리 올리브 갈색으로 되었다가 암갈색으로 변한다.
Asp. flavofurcatis Batista & maia

Ⅲ. 분생자두는 묽은 황 올리브 혹은 회색 올리브로 변색된다. 분생자는 평활 혹은 여기에 가깝다.
A. 분생자병은 소생자가 눈에 많이 뜨인다. *Asp. subolicaceus*, n. sp
B. 분생자병은 평활 혹은 여기에 가깝다. *Asp. avenceus* Smith

이 분류법에 주목하게 되어 내외로 보급되었다. Muragami는 이 중의 신 균주(*Asp. avenaceus*, *Asp. clavato-flavus*, *Asp. flavofurcatis*, 카버 할 수 있는 그룹명으로서 *Asp. flavus*라는 종명을 사용하는 것은 좋으나 여기에 *oryzae*를 넣은 것에 대하여는 의문을 품고 있다.

(2) 미생물의 통계학적 분류

Aflatoxin의 문제 생기고 나서 Muragami는 국립예방위생연구소를 개입시켜 미국 Massachusetts 공과대학에서 보내온 aflatoxin 강력 생산균 ATCC 1557을 조사하여 *Asp. parasiticus* var. *globosus*, nor. var로 동정(이 균주는 후에 *Asp. toxicarius*, nor. var로 개정하였다), 1947년에 214균주의 국균의 액체배양 그리고 미립배양에 대하여 비생산성을 증명하고 그리고 미국 북부농업연구소 C. W. Hesseltine 박사와 국립위생연구소 London시 Tropical Products Institude 등의 30균주를 비교하여 생산균의 균학적 공통성을 지적하였다.

국세청 양조연구소에서는 1950년 이래 시판 종국 등의 시료에서 균주를 분리하여 연구를 시작하였으나 총 균주 수는 국내외의 여러 연구기관에서 부쳐온 것을 합하여 총 1,200균주를 넘었다. 그러나 입수의 형편에 따라 25℃와 35℃의 배양의 거대 콜로니의 특징, 기타에서 동일 균주로 인정되는 것을 배제하여 결국 693균주를 정리하여 다음에 이들의 여러 성질을 통계학적 수법에 따라 비교 조사하는 데는 동일 균주의 중복을 피하지 않으면 안 되므로 이 중에서 다시 406균주를 선발하고 후에 다시 32균주를 추가하여 다변량(多變量) 해석법의 하나인 성분분석을 행하였다. 이 방법은 상사의 균주 동지 끼리를 상사의 정도에 따라 각각 집단화하고 다시 이 때문에 필요한 각 균주 공통의 특성(key)을 객관적으로 꺼내는 것이다.

한 균주의 성질은 형태 11종, 생리 9종의 합계 20종류에서 각 성질은 차이 정도에 따라 1 → 6의 grade를 첨부하여 상관관계를 구하고 5개의 성분에 대하여 고유치와 고유 스펙트럼을 구하고 이것을 기준화하여 기여율을 구하였다. 상사한 균주가 많기 때문에 5성분을 합하여도 누적 기여율은 53.8%로 지나치지 않으나 비교적으로 기여율이 높은 것은 제1, 2, 3성분으로 이들의 고유 스펙트럼을 XY 그림 상에 plot하여 각 성질간의 상관관계를 검토한 결과, 가장 상관도가 높은 성질은 다음과 같다.

분생자벽의 소동기 - anisaldehyde 배지상의 분생자의 핑크 불착색 : 균핵 - metulae - aflatoxin : 노배양(老培養, 30℃) 균초(菌草 : 분생자)의 녹색 - 소분생자 : 여기에 이어 노배양 균초(분생자두)의 녹색-국산 : 소분생자 - metulae 등도 상당한 관계가 있고 : 또 긴 분생자병 - 강한 anylase 역가의 관계도 있다. 또 이와 같은 연구에 의하여 실험에 따라 측정치가 달라 불안정으로 보이는 성질의 사이에는 어떤 상관도 인정되지 않는 것이 밝혀졌다.

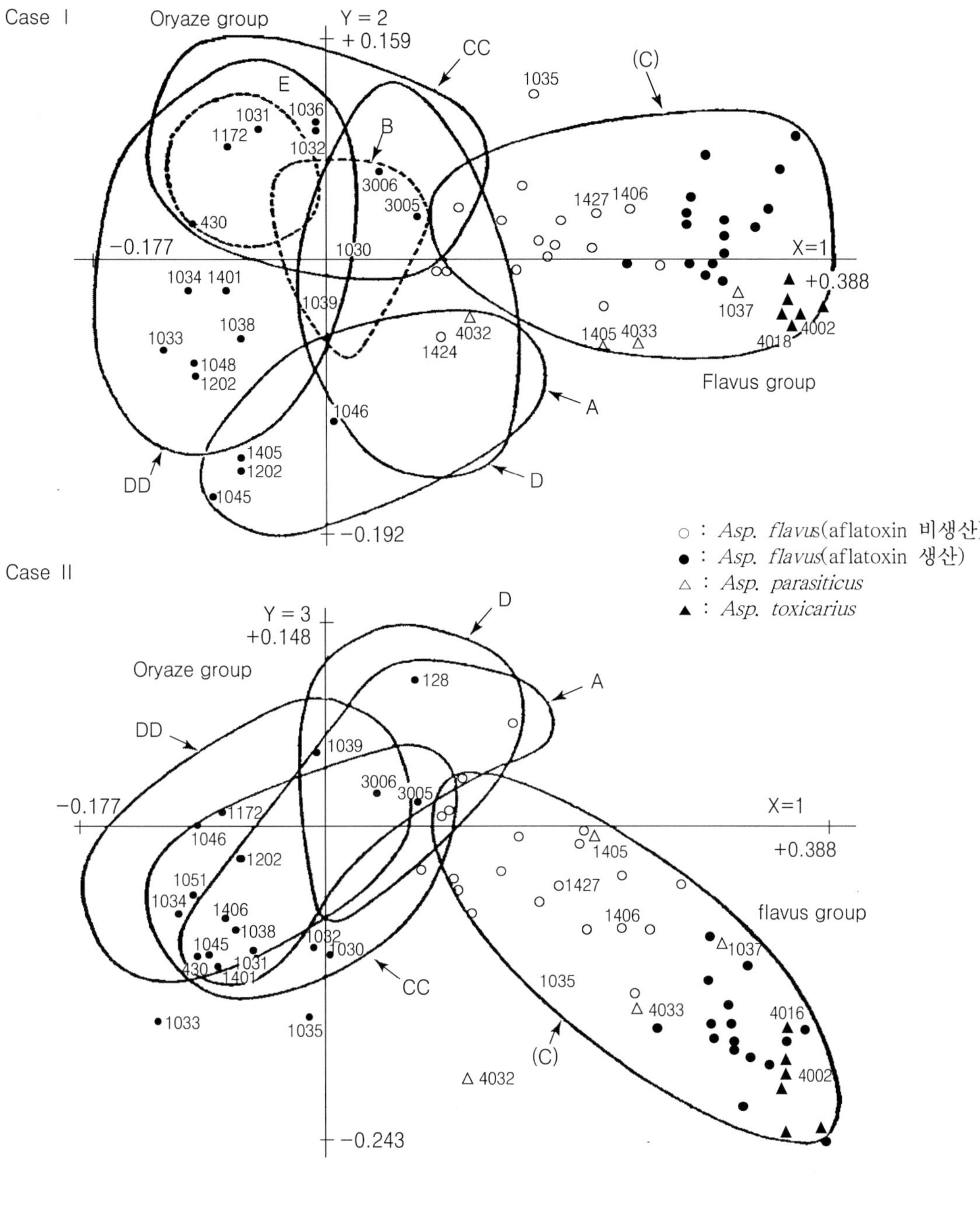

그림 2-3. 황록 Aspergilli류의 집단화

A : 분생자에 작은 돌기가 있다.
CC : Metulae 있고, 분생자는 5~6μ 이상
B : 노배양 분생자두는 녹색미가 있다.
DD : 노배양 분생자두는 녹색미 없음
C : 분생자는 갈색 소립 때문에 혹 모양 .
E : *Aspergillus oryzae*의 type strains
[C] : Metulae 있고, 분생자는 4~5μ 이하, 단 소돌기 분생자는 6μ 이상도 있음

(3) 분석도와 분류표

각 균주의 각 성분에 있어서 고유의 스펙트럼을 XY축 상에 plot한 경우에 균주의 분리가 좋은 것은 X축에 제1성분, Y축에 제2성분(case I), X축에 제1성분, Y축에 제3성분(case II)이 있으므로 이 두 개의 케이스에 대하여 전체 균주 분포도를 만들고 이것을 상기의 key를 사용하여 약간의 집단(cluster)에 구분이 되는 주요 균

표 2-4. Muragami의 황록 Aspergilli류의 분류표(1982년)

분생자두의 색은 황·녹·황갈·적갈·백색을 띠고 metulae는 있는 것과 없는 것이 있다. 분생자는 벽이 거칠고, 소돌기·혹 모양 등이 있고 평활하지 않다. 국산 반응은 있는 것과 없는 것이 있다.

oryzae group(황국균)

A 분생자는 모두 벽에 소돌기가 있고 anisaldehyde 배지사면 상 핑크로 착색하지 않는다.
분생자 벽은 거친 모양이고 간혹 평활하거나 여기에 가까운 것도 있다.
분생자두는 metulae가 없고 황록색을 띤다.
Asp. sojae Sakaguchi et Yamada ex murakami

AA 분생자 벽은 거의 소돌기가 없으나 거친 모양이다.

B 분생자벽은 갈색 색소가 있고 혹 모양. *Asp. tamarii* Kita*-*Asp. sojae* group

BB 분생자벽은 혹 모양이다(거칠다).

C 분생자두에는 metulae가 없다.

D 균초(菌草 : 분생자두)의 색은 배양이 오래 되어서도 녹미를 띤다.
Asp. oryzae var. *viridis* Muragami

DD 균초(菌草 : 분생자두)의 색은 오래 되면 모두 녹미(綠味)를 잃는다. 또 젊을 때부터 녹미가 없는 균주도 있다. *Asp. oryzae* var. *brunneus* Muragami

CC 분생자두는 metulae가 있다. 분생자는 크고 직경 5~6 ㎛ 이상이다.
Asp. oryzae(Ahlburg) Cohn var. *oryzae*-*Asp. oryzae* series

* Takabashi의 K균주인 *Asp. oryzae* var. *flavus* Yamamoto, Raper-Fennel의 *Asp. flavus-furcatis* Batista et Maia 등도 편의적으로 포함된다.

flavus group**

[A] 분생자는 모두 벽에 소돌기가 있다. 분생자병 벽은 거친 모양이다.

[B] 분생자두는 metulae가 없다. 분생자두는 암녹색이고 분생자가 anisaldehyde 배지사면 위에서 핑크로 착색된다. 균핵은 간혹 있다. *Asp. parasiticus* Sapeare

[BB] 분생자두는 metulae가 있다. 균핵은 간혹 있다. *Asp. oxicarius* Murakami

[AA] 분생자는 벽에 그의 소돌기가 없으나 거친 모양이고, 작고 직경 4~5 ㎛ 이하.
분생자병 벽은 거친 모양이다. 분생자두는 metulae가 있다.
균핵은 간혹 있고 때로는 콜로니 전면을 덮는다. *Asp. flavus* Link ex Fries

** Raper-Fennell(1965년)의 *Aspergillus flavus* group와 다르다

표 2-5. 종국과 국 중의 균주분포

종균·국 / 종 명	청주용 159균주(%)	된장용 43균주(%)	간장용 125균주(%)	총 균주 수 327
Asp. sojae	0	1(2.3)	29(23.)	30
Asp. tamarii *	0	2(4.6)	1(0.)	3
Asp. oryzae var. *oryzae*	17(10.8)	12(27.9)	8(6.4)	37
Asp. oryzae var. *viride*	65(40.8)	16(37.2)	41(32.8)	122
Asp. oryzae var. *brunneus*	75(47.1)	10(23.4)	43(34.4)	128
*Asp. flavus***	2(1.3)	2(4.6)	3(2.4)	7

주 명(RIB-No)을 그림 2-3에 나타내었다. 이것에 기초가 되는 전체 균주의 분류표는 황록 Aspergilli류를 *oryzae* group(황국균)(*Asp. oryzae* group)과 *flavus* group (*Asp. flavus* group)으로 대별하거나 다시 집단의 외주변의 균주를 개개로 재검토하거나 한 균주 RIB 4018(NRRL-A 12353)의 재분류 등을 거쳐 최종적으로 표 2-4와 같이 개정하였다. 갈색계의 균주 *Asp. oryzae* var. *fulvus*와 *Asp. tamarii*는 금일의 국에서 분리되지 않으나 표에는 후자만을 남겼다.

다음에 분류표의 득실을 여러 가지로 고찰하여 표 2-4에서 분류된 각 균주가 현재의 양조용의 종국이나 국 중에 어떻게 분포하고 있는가를 표 2-5에 나타내었다.

2) 분별법

적절한 key에 따라 정리 분류하는 것은 다수의 균주가 필요하나 소수의 균주에서도 그 중요한 성질의 차이를 분별하는 필요가 있고, 또 최근에는 다른 생각 방법에 의한 분류학적 연구도 시도되고 있다.

야생균주에는 metulae를 50~60% 이상 갖는 균주(*Asp. flavus*)가 있고 전자현미경에 의하여 *Asp. sojae*의 분생자병 벽의 평활(smooth)이 인정되어 분생자가 그 벽의 성질에 따라 분류되어 분생자의 소돌기가 인위변이에 의하여도 변하지 않는 것 등이 이미 밝혀져 있다. 새로운 것으로는 균체를 연소하여 생성물을 분석하는 PGLC법이 있으나 재현성에 문제가 있다. 기타 효소활성의 disk 전기영동에 있어서 위의 차이나 정제 알칼리 protease 단백질의 분해에 의한 peptide map의 차이 등에서 *Asp. oryzae*와 *Asp. sojae*의 차이 그리고 기타 다른 것 등이 밝혀지고 또 황산아연 함유 Czapek용액의 배양여액의 황색 색소 생산에서 aflatoxin을 생산하지 않는 *Asp. sojae*와 생산하는 *Asp. parasiticus*와 *Asp. toxicarius* 등을 구별하는 것도 가능하게 되었다.

최근에는 효모나 세균에서 사용되는 핵 DNA의 근사성이라는 견지에서 *Asp. flavus*, *Asp. oryzae*, *Asp. paraticus*, *Asp. sojae* 등을 연구하여 이들을 이종으로 인정하지 않고 모두 *Asp. flavus*의 아종(subspecies)으로 하자는 논의도 있다. 그 외에 백색 국균과 *Asp. candidus*의 구별법, metulae를 거의 90% 이상이나 갖는 대표적 *Asp. toxicarius*의 동정, 지금은 *Asp. oryzae* var. *riridis*의 정 규준 표본으로 된 RIB 128에 metulae를 가지는 것이 밝혀졌으므로 *Asp. oryzae* var. *oryzae*로 변경되어 대신으로 RIB 72가 표준균주로 되었다.

그 외에 종명이나 변종 명에 대하여는 Raper and Fennelll(1965년) 이래 발표된 90균주(taxa)의 *Aspergillus*속을 재검토한 결과 34균주가 승인된 것만으로 *Asp. flavus* group의 개정이 급선무라 하여 또 이 그룹의 16균주의 평가를 행하여 *Asp. sojae* 등은 명백한 종이기는 하나 *Asp. oryzae-parasiticus* 등은 배양균주를 포함한 광범위하고 또한 중복하는 균군이라 하여 이 중에서 *Asp. toxicarius*를 *Asp. parasiticus*의 biseriate form(metulae형)으로 하면서도 후에 그 특징을 현저히 갖는 신균주를 발견하여 이것을 타당한 종으로 한 것이다.

이상 여러 사람이 많은 차이를 생각하는 방법과 서로 다른 방법으로 불행하게도 적절하지 않는 표본을 사용한 것도 있어 여러 연구가 이루어져 왔다. 균주 보관기관은 기탁된 사람의 등록자명으로 보관하나 그 균명이 올바른가는 별개의 문제이다. 따라서 어떠한 기관에서도 그곳에서 발행하는 보존균주 카탈로그에 등재한 균명을 바꾸는 것은 드물다. 이러한 의미에서 ATCC가 *Asp. parasiticus*로 게재되어 있는 균주의 일부를 일본의 여러 연구 성과를 기초로 하여 1980년 이래 *Asp. sojae*로 개정한 것은 획기적인 것이다.

1.6 흑국균

분생자두가 흑색의 곰팡이는 널리 자연계에 분포하고 있어 세간에서 널리 흑색(검은) 곰팡이(*Asp. niger*)라 하고 외국에서는 구연산, 수산, 타닌산을 생산하는 연구에 사용되어 왔으나 일본에서는 옛날부터 Okinawa의 포성(泡盛 : Awamori)이나 Hacho(八丈)섬의 고구마소주의 제조 등에 흑갈색이나 올리브색의 곰팡이(흑국균)가 사용되어 그 강한 산 생성력 때문에 술덧이 부패되지 않는다고 한다.

일본 국내의 소주는 황국균을 사용하고 있으나 20세기 초부터 점차로 남규슈 지방에서 흑국균을 사용하게 되어 특히 제2차 세계대전 중 자원의 핍박에서 이것이 보급되었다. 이 균으로서 국을 만들면 작업 중에 기구류·옷 등을 검게 오염하는 결점이 있으므로 1918년경부터 백색에 가까운 변이균주가 사용하게 되어 전국으로 보급되고, 전쟁 후에는 알코올 제조공업에 사용하게 되어 변이균주의 조성과 연구가 성행되고, 최근에는 품질의 다양화를 꾀하여 청주의 양조에도 흑국균을 이용하는 수가 있다. 변이균주의 사용은 전국적이고, 흑색계의 흑국균은 현재 Okinawa의 포성(泡盛 : Awamori)에만 사용되므로 전통적인 일본의 흑국균을 보존하기 위하여 특별한 배려가 필요하다. 역시 흑 Aspergilli류는 흑갈색이 강하고, 균종 간의 미묘한 색조의 차이가 Aspergilli류의 경우와 같이 특별하기 어렵고 동물이명(同物異名) 또는 이물동명(異物同名)의 균주가 많다.

1) 분 류

흑국균은 1901년 Inui씨에 의하여 처음으로 포성주에서 분리하여 *Asp. luchuensis* Inui로 명명되었다. Usami 씨도 마찬가지로 이 균을 분리하였고, 계속하여 Saito는 Hacho(八丈)섬의 소주국에서 *Asp. batatae* Saito를 분리 동정하고, Nakazawa는 포성 국에서 균을 분리하여 Inui가 기재한 균주와 다른 metulae를 갖는 균주(복열경자 균주)인 것을 강조하여 *Asp. lichuensis*를 폐기하고 새롭게 *Asp. awamori* nov. sp 또 황금색 색소를 많이 생산하는 균주를 *Asp. aureus* nov. sp로 하였다.

이것이 일본의 분류학에서 말하는 소위 metulae 유무에 주목한 것을 강조한 최초의 연구이다. 그러나 Inui의 균주는 양조시험소를 위시하여 대학의 연구실 등으로 전해져 보관되고 있고, 각 기관에 현존되는 이들의 균을 보면 젊을 때의 분생자두가 올리브색(황록색)을 나타내는 점에서 *Asp. awamori*와는 명백하게 다르므로 이 종명을 전혀 없앨 수는 없다. Nakazawa는 다시 연구를 진행하여 새롭게 10변종 1신종을 기재하였다.

이 중에서 가장 많이 출현하는 것은 *Asp. awamori* var. *minimus*, var. *piceus* 등이 있으나 이상의 것 외에 *Asp. parasiticus*, *Asp. fumigatus*도 분리되었다. 이들의 특징은 표시되어 있지 않으나 이 중의 *Asp. awamori* var. *fuscus*나 var. *fumeus*, *Asp. aureus* var. *brevius*와 같이 뒤에 가서 중요시 된 균주도 있다. 특히 *Asp. awamori* var. *fuscus*는 알코올 공업상 유용한 균주로서 중용되어 내산성의 α-amylase의 급원으로 된 것이다.

다수의 균주를 분류하여 분류표를 나타낸 것은 1926년 Thom and Church와 1945년 Thom and Raper이다. 즉 흑 Aspergilli류를 정리하여 *Asp. niger* group로 하고 metulae가 있는 *Asp. niger* series에 *Asp. foetidus*, *Asp. awamori*, *Asp. miyakoensis*, *Asp. niger* 기타를 넣어 metulae가 없는 *Asp.* l*uchuensis* series에 *Asp. japonicus*, *Asp. luchuenesis* 등을 넣었다. *Asp. foetidus*라는 것은 *Asp. aureus*

표 2-6. Nehara에 의한 흑 Aspergilli류의 정리(1945년)

1. *Aspergillus niger* var Tieghem
2. *Aspergillus awamori* Nakazawa
   분생자두는 회백에서 희갈색으로 변한다. 경자는 2단이고, 분생자는 직경이 5μ(4~6μ)의 분생자 직경이 *Aspergillus niger*의 분생자보다 약간 크다. 벽은 활면 혹은 흑색 입자 없이 섬세한 소돌기가 있다.
3. *Aspergillus carbonarius*
   분생자두는 흑색, 경자는 2단이고, 분생자는 직경이 6~10μ이다.
4. *Aspergillus japonicus* Saitoi
   분생자두는 바이오렛, 흑색이고 경지는 1단이고, 분생자는 직경이 4~5μ, 벽은 가시가 있다.

Nakazawa의 것으로 강한 취기를 방출하므로 개명된 것이다.

분류의 오랜 역사를 통하여 여러 종과 변종이 동물이명(同物異名)으로 되어 분류표에서 제외되고 또 일단 누락된 것이 다시 종이나 변종으로서 분류표에 들어왔으나 특히 흑색계의 균주에서는 이것이 현저하다. 예를 들면 황갈색 내지 흑색의 균주의 종명이 그 문헌이나 전공서에 정리된 것은 98균주의 종명 중 46균주는 동물이명이고, 겨우 25균주가 독립한 종명이라고 하였다. 이 점을 고려하여 Nahara는 60균주에 대하여 분생자두의 색, metulae의 유무, 분생자의 크기, 분생자벽의 성질 등에서 4그룹으로 정리하였다(표 2-6). 여기에서는 *Asp. aureus*와 *Asp. luchuensis*는 함께 *Asp. awamori*의 변종으로 되어 있다.

Sakaguchi 등은 Okinawa, 남 Kyushu(九州), Hacho(八丈)섬의 시료 409에서 1,108균주를 분리하고 균학적으로 다른 228균주의 흑색균에 대하여 분생자벽의 성질을 중요시 하여 평활(smooth) 내지 거친(rough) 흑국균군은 현저한 색소 소돌기를 가지는 niger group(*Asp. niger* group)과는 다르다고 하여 그 분류표를 발표하였다(표 2-7). 흑국균은 분생자두의 색에 따라 흑·올리브·갈색으로 나누지만 각각은 아질산염의 자화성 유무, metulae의 유무나 크기에 따라 다시 나누고 있다. 그 후가 되어 5년 전의 분리시료에서 다시 균을 분리한 바 *Asp. saitoi* var. *kagoshimaensis*에도 강한 것이 있었다. 그 후 Okinawa현 각지 지역 양조장의 시료에서 균을 분리한 바 *Asp. saitoi*, *Asp. awamori*가 가장 많았다.

Sakaguchi 등의 분류법에서 중요시 되고 있는 아질산염 자화성을 검사하는 데는 Sakaguchi-Oo배지의 사면이 사용되지만 균이 사면전체에 번식하는 데는 균종에 따라 3~4일에서 2주간을 요하고, 3주간을 지나는 시기에 균도 잘 번식하고, 황록 Aspergilli류가 질산염을 함유한 CD-agar 상에 번식하는 경우도 마찬가지로 발견된

표 2-7. Sakaguchi의 흑국균 분류표(1950년)

A 분생자벽은 숙성되면 유색의 띠를 가진다. *Asp. niger* group
AA 분생자벽은 평활, 거칠거나 혹은 드물게는 소돌기를 가진다. Kuro-koji mold group
B 콜로니는 흑색이다.
C 아질산염을 동화한다.
D 1단 경자는 30μ 이상이다. *Asp. batatae* Saito
DD 2단 경자는 13~25μ이다.
E 황색 색소를 생성한다. *Asp. usamii*, nov. sp.
EE 황색 색소를 생성하지 않는다. *Asp. usamii* var. R17 nov. var.
CC 아질산염을 동화하지 않는다.
F 1단 경자는 15~23μ, 포자낭병은 2~3 mm 혹은 그 이상 *Asp. saitoi* nov. sp.
FF 1단 경자는 16 mm, 콜로니는 약간 암갈색이다. *Asp. saitoi* var. R16 nov. var.
FFF 1단 경자는 10~13μ, 분생자병은 1.5 mm 이하, 분생자두는 모여 있다. *Asp. saitoi* var. *kagoshimaensis* nov. var.
BB 콜로니는 어두운 올리브색이고 질산염을 동화한다.
G 경자는 대부분이 2단 경자이나 간혹 같은 경자 두 1단 경자와 혼합된 것도 있다. 경자는 5μ이다. *Asp. inuii*, nov. sp*
GG 경자는 일반적으로 2단 경자이다. *Asp. inui* var. K-17 nov. var.
BBB 콜로니는 어두운 갈색이다
H 아질산염을 동화한다.
Asp. aureus Nakazawa
Asp. aureus var. *minor* Nakazawa *et* Shimo
Asp. awamori var. *fumeus* Nakazawa *et* Shimo
HH 아질산염을 동화하지 않는다.
Ⅰ. 황~오렌지 색소는 균사에서 생성되고, 분생자두는 볼 수 없다. 분생자두는 보통 콜로니에서 생성된다. *Asp. nakazawa*, nov. sp.
Ⅱ. 황 오렌지 색소는 균사에서 생성이 안 된다.
Asp. awamori Nakazawa et Shimo
Asp. awamori var. *minimus* Nakazawa *et* Shimo
Asp. awamori var. *pieus* Nakazawa *et* Shimo
Asp. awamori var. *fuscus* Nakazawa *et* Shimo
Asp. awamori var *acidus* Nakazawa *et* Shimo
Asp. awamori var *murinus* Nakazawa *et* Shimo

다. 그러므로 배양일수를 7일(30℃)로 정하여 심중하게 판정한다. 역시 Sakaguchi의 연구에 의하면 각각 *Asp. niger* NRRL 330은 *Asp. kagoshimaensis*, *Asp. niger* NRRL 337(LAm 3008, ATC 10254)은 *Asp. aureus* var. *brevius*에 속하는 흑국

균이었다고 하였다. Sakaguchi등의 분류는 흑국균을 주로 한 것이기 때문에 niger group는 일단 분생자 벽에 색소 소돌기를 가진 것으로 하여 구별하였다. 그러나 올바른 *Asp. niger* var. Tieghem의 분자자벽이 그렇지만 niger group의 모두의 균주가 그렇다고는 말할 수 없다

계속하여 Iitsuka 등은 일본산 자흑색 Aspergillus 50균주에 대하여 metulae를 가지는 것의 3 group(*Asp. carbonarius*, *Asp. niger*, Kuro-koji mold)과 가지지 않는 1 group(*Asp. japonicus*)으로 나누고 후자에 신종 *Asp. aculeatus*를 기재하였다.

내외의 보고를 조사한 Raper and Fennel은 그 막대한 데이터를 정리하여 여러 동물이명을 제외하고 흑 Asprtgilli류를 *Asp. niger* group로 정리하여 그 분류표를

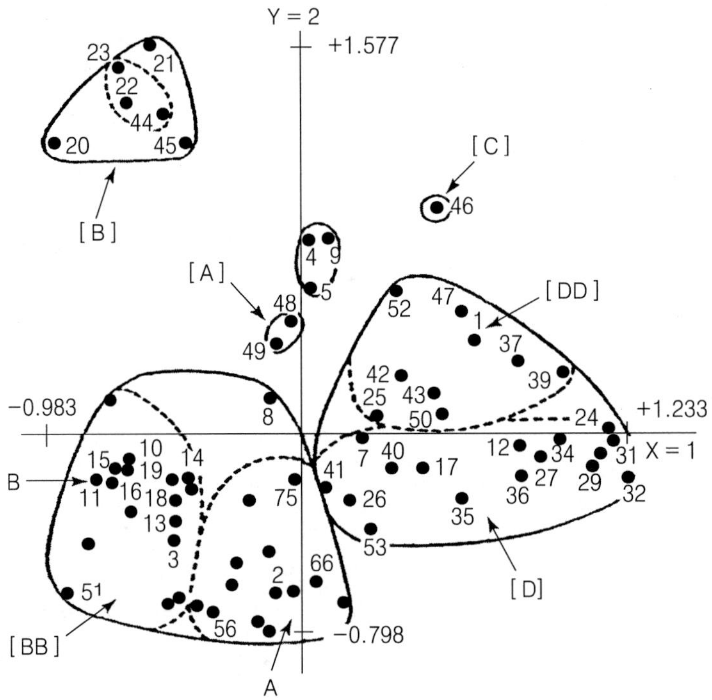

그림 2-4. 흑 Aspergilli류의 집단화

A : *Asp. aureus* series, B : *Asp. luchuensis*, BB : *Asp. awamori* series
[A] : *Asp. heteromorphus* series, [B] : *Asp. japonicus* series,
[C] : *Asp. carbonarius* series, [D] : *Asp. niger* series,
[DD] : *Asp. pulveruleutus* series

그림 중 균주번로는 NJK-No.에서 2000을 생략하고 나타내었다.

표 2-8. Murakami에 의한 흑 Aspergilli류의 정리표(1982년)

분생자두는 색이 흑·자흑·갈·회갈·담홍갈·육계·올리브·회백색 등을 띠고 기균사가 얽혀 거미줄 모양을 하는 것이 많다. 분생자벽은 벽이 평활 또는 평활에 가깝고 거친 것이라도 거친 정도가 낮다. 분생자는 벽이 소돌기·가시·혹·벽·무늬 등의 거친 모양을 띠고 평활은 없다. 국산 반응은 없다. 기타 균주에 따라 정낭이 벽이 얇고, 깨지기 쉽고, metulae가 대형화되고 또 구체(球体)가 보인다.

awamori group(흑국균)

35℃에서도 생육한다. 분생자병은 짧고 보통은 0.9~1.1 mm 이하이다. 분생자두는 방사상으로 metulae가 있다. 분생자는 직경 6~7 ㎛ 이하, 벽은 소돌기가 없다.

A 질산염을 자화하지 않는다.* *Asp. aureus* series

AA 질산염을 자화한다.

B 분생자두의 색은 올리브 갈색이다. 분생자병은 1.1 mm 이상의 것이 있다. *Asp. luchuensis* Inui

BB 분생자두의 색은 올리브 갈색은 아니다. *Asp. awamori* Nakazawa - *Asp. awamori* series

* 원보의 분생자두의 크기에 따라 key를 변경하였다.

niger group(검정균)**

분생자병은 길고 보통 1.0~1.2 mm 이상이다. 분생자두는 방사상이 많으나 간혹 이방향상(異方向狀), 약간의 분상의 것도 있다.

[A] 35℃에서 생육하지 않는다. *Asp. heteromorphus* series

[AA] 35℃에서 생육한다.

[B] 분생자두에는 metulae가 없다. *Asp. japonicus* series

[BB] 분생자두에는 metulae가 있다.

[C] 분생자는 크고, 직경이 8~10 ㎛ 이상 *Asp. carbonarius* series

[CC] 분생자는 직경이 6~7 ㎛보다 작고, 보통 4.8~5.4㎛ 이하

[D] 분생자두는 크고, 가로 직경이 170~200 ㎛ 이상 *Asp. niger* series

[DD] 분생자두는 작고, 가로 직경이 160~180 ㎛ 이하 *Asp. pulverulentus* series

** Raper-Fennel(1965년)의 *Aspergillus niger* group과 다르다.

발표하고 그 중에서도 *Asp. batatae*는 *Asp. ficuum*의, *Asp. saitoi*는 *Asp. phoenicis*의, *Asp. miyakoensis*, *Asp. aureus* var. *murinus*, *Asp. inuii*, *Asp. luchuensis*, *Asp. usamii* 등은 *Asp. awamori*의, *Asp. aureus*, *Asp. nakazawai*는 *Asp. foetidus*의 각 동물이명으로 하였다.

이상과 같이 전통적 분류법에 대하여 Muragami는 황록 Aspergilli류에 사용된 마찬가지 통계적 수법을 시도하였다. 그 여러 성질을 조사하여 대표적 69균주를 선정하여 20종의 균학적 성질을 사용하여 다변량 해석을 하여 전체 균주분포도(그림 2-

4)에 기초하여 하나의 정리표를 발표하였다(표 2-8). 이 분석법에 따라 전체 균류는 Y축을 끼고 좌에 *awamori* group(흑국균)과 우에 *niger* group(흑국균) 등의 그룹이 대립하여 metulae가 없는 균주와 또 상방에 다른 소그룹을 형성하여 전자의 2그룹은 다시 다른 성질을 key로 하여 세분된다.

이외에 amylase 역가는 좌의 *awamori* group이 강하고 산 생산력은 우의 *niger* group이 강하는 경향이라고 판단하였다. 역시 *awamori* group을 다시 나누는 원보에는 분생자두의 대소를 key로 하였으나 본서의 정리표에서는 아질산염 자화성을 key로 하였다. 균주의 분포는 적게 변하나 이쪽이 Sakaguchi 등의 분류와 비교하는데 편리하다. 즉 *Asp. aureus*에는 Sakaguchi 등의 *Asp. saitoi* 그리고 *Asp. nakazawai* : *Asp. awamori*에는 같고 *Asp. batatae* 그리고 *Asp. usamii* : *Asp. luchuensis*에는 같고 *Asp. inuii*가 포함된다.

이 분류는 metulae의 대소를 무시하여 주로 분생자병의 길이에 따라 2그룹으로 나누고 또 분생자두가 올리브색의 균주를 모두 *Asp. luchuensis*로 하였다. 또 다른 연구기관의 authentic인 종명의 균주이라도 여기에서는 이명의 집단으로 나누는 것이 적자 않으므로 series로서 구별하여 분류표에서는 없이 정리표로 하였다. 결과적으로는 Nehira에 가까운 것이 되고 있으나 금후 흑 Aspergilli류의 객관적 분류법과 종명·변종명의 정리가 바람직하다.

2) 변이균주

흑국균이라고 하는 것은 분생자두의 색이 흑색으로 보이기 때문이지만 탄 흑색은 아마 약간 올리브색·갈색 등이 진하게 된 흑색을 띠는 것이 많다. 그 변이균주에는 차·담홍색·육계·회색 등의 각색이 있으나 백색이라 하여도 순백색은 아니다. 이와 같이 분생자두의 색은 여러 가지 있으나 흑국균과 황국균이란 다른 여러 성질에 있어서도 명백히 구별되는 것이다.

흑 Aspergilli류의 흑색에서 다른 색으로의 변이에 대하여 1912년 Schiemann이 *Asp. niger*를 농후한 금속염용액에 있어서 담육계 색의 *Asp. cinnammomeus*(*Asp. niger* mut, *cinnamomeus*(*Asp. niger* mut *cinnamomeus*) 등 4종의 변이균주를 얻은 것이 최초로 흑국균에 대하여는 Kawachi가 Okinawa에서 얻은 중산성 흑국균을 보존 중에 우연히 그 중에 흑색을 잃은 백색~황토색을 띠는 sector를 인정하고 그 부분에서 분리한 것을 moriga균(森賀菌)라 칭하여 실용을 꾀한 것이 최초이다.

이 균은 연구자에 따라 *Asp. kwachii*, *Asp. awamori* var. *kawachii*, 혹은 *Asp. awamori* var. *kawachii* 혹은 *Asp. awamori* mut. *kawachii* 등으로 여러 가지로 부

르고 있고, 본서에서도 이들을 그대로 기술하고 있으나 변이균주 명명법의 법칙에 따라 또 이것을 연구한 Kitahara에 의하여 *Asp. luchuensis* mut. *luchuensis* mut *kawachii*라고 부르는 것이 옳다고 생각한다. 그 후 흑색을 잃은 변이균주는 여러 사람의 연구로 *Asp. shirousami* 등은 실용적으로 이용되고 있고, 이들의 변이균주를 사용하여 생전분을 당화하는 것도 시도되고 있다.

2. 생장과 효소

2.1 생 장

국균의 생장의 특색은 선단생육(apical growth)에 있다. 이것은 부간 생육(intercalary growth)이라는 말과 대조되는 것이나 그 전형적인 관찰은 국균의 근연종의 *Asp. niger*의 분생자에 대하여 이루어지고 있다. 분생자(3.5 ㎛)를 30℃에서 물에 담그면 수분을 흡수하여 6～7 ㎛으로 팽윤된다. 이어서 발아관아 생성된다. 생육의 적당한 시기에 배지 중에 방사선 동위원소를 조사하면 이것으로 표지된 세포벽 구성성분은 발아관의 선단부에 모인다.

그런데 *Asp. niger*의 분생자는 44℃에서 배양하면 30℃에서 배양할 때에 팽윤하는 6～7 ㎛보다 그 이상으로 큰 거대세포를 만든다. 거대세포는 발아 관을 만들지 않는다. 44℃에서 30℃로 옮기면 발아 관을 만들어 정상 균사로 생육되는 대신으로 분생자병의 정낭부의 형성이 곧 생긴다. 분생자의 팽윤, 발아관의 형성, 정상균사의 형성과 이어지는 선단생육에는 온도의존성이 있는 것을 알 수 있다.

오히려 실제에는 다수의 국균 분생자를 취하여 시험관 사면배양 등으로 접종하여도 발아하는 것은 보통 수 %에 지나지 않는다. 이것은 분생자가 형성되어 있으므로 일정 기간(10일간) 정도의 숙성기간을 거치는 것을 필요로 하는 것으로 원형 콜로니의 각부를 비교하여도 주변보다 중심부의 쪽이 발아율이 큰 것으로 알 수 있다.

국균생장에 있어서 환경적응성은 극히 강하고 또한 예민하여 산소호흡에 있어서도 표면배양의 균체는 공기 중의 O_2에, 액내배양의 균체는 액 중의 용존 O_2에 강한 친화력을 나타난다. 이 성질은 거의 분생자 발아전의 세포 팽윤기에 나타나는 것이므로 액 중에서 발아시킨 균체를 증미 상에 이식하여도 제국 총시간을 단축시키지는 못하고 국은 분생자를 증미 상에 산포하여 제국한 경우와 마찬가지 것이 된다.

분생자에서 발아한 1본의 균사의 신장에는 일정의 방향성이 있고 처음은 성장 속도가 빠르나 길이 80～100 ㎛를 넘으면 일정 속도로 되므로 이것은 절단된 균사가

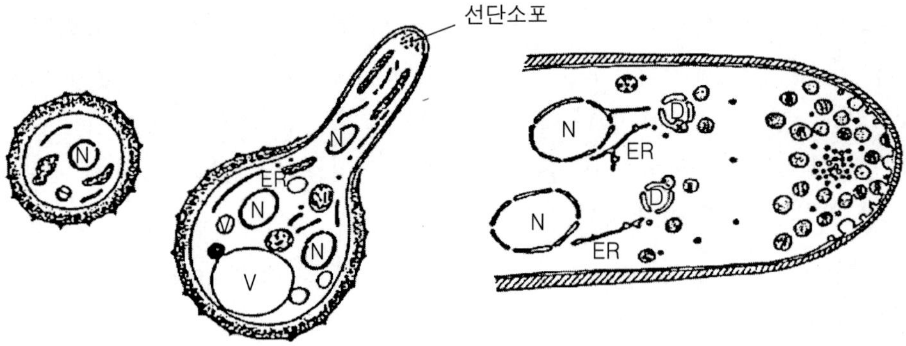

그림 2-5. 분생자의 발아와 성단세포의 도식도

균사 선단부에 있어서 선단소포의 분포와 차단부에 있어서 ER
그리고 dictiosome(D)에서의 소포형성을 모식적으로 나타내었다.
N : 핵, V : 액포, S : 저장과립, ER : endoplasmic reticulum

신장을 계속하기 위하여 적어도 하나의 격벽과 그보다 100 ㎛ 정도 후 계속부분(균사)이 필요한 것을 나타난다.

활발하게 성장하고 있는 균사의 선단에는 다수의 소포(apical vesicle)가 있고, 그 일부는 선단세포막과 융합하고 있다. 균사 내에는 핵이 있고, 긴 선단세포 내에는 다른 세포보다도 많이 존재하여 왕성한 핵분열을 행하여 식물의 성장점의 양상을 띠지만 기부에 가까워짐에 따라 핵분열은 쇠퇴하고 드디어 휴식 핵으로 되나 원형질 유동 등에 의하여 이들의 노약 핵이 혼합되는 것은 적다. 균사의 성장과 핵분열의 속도와의 관계는 밝혀지지 않았다(그림 2-5).

균사 세포 내의 물질농도는 굴절률의 차이 등에 따라 잘 조사되어 있고, 선단부는 적으나 선단에서 떨어질수록 많아져 세포질이 세포벽의 뒤 쪽에 엷게 발라지는 것 같은 상태로 되어 간다. 영양물질의 흡수는 기질균사의 선단에서 이루어지고, 단백질이나 핵산 등의 생합성은 선단부의 세포에서 왕성하고 기질부에 있어서는 단백질의 대사회전(turn over)이 왕성하다.

선단에 가까운 부분에서 효소는 생산되나 물론 선단 성장부 이외의 부분에서도 형태 형성과 같은 특수 기능을 발휘하는 데 필요한 효소(단백질) 등의 합성이 이루어진다. 발아에 있어서는 배지 성분으로서 L-alanine, L-proline, guanine(흑 Aspergilli류), HH_4NO_3, L-alanine, adenine(황록 Aspergilli류)류 이외에 다른 glucose, 인산염 등이 필요하고 또한 기상 중의 CO_2가 0.1%가 필요하다고 한다. 이 농도는 보통의 공기 중 0.03%v/v에 비하여 3배 이상이다.

기균사는 이것을 배지에 접종하여도 곧 바로 영양흡수를 행하여 수시간 후에 이루어지게 되어 기저균사로 된다(균사전환). CO_2는 호흡으로 생산되나 생장에 있어서는 이것을 세포합성 소재로서 활용하여 그 활성은 기균사 쪽이 현저히 높다. 국균의 증식을 둘러싼 일반적인 환경은 다음과 같다. 국균의 증식속도는 균종에 따라 28～38℃의 사이에서 크고, 일반적으로 32～36℃℃에서 최대를 나타내나 각부 기관의 크기나 형은 24～26℃의 배양 쪽이 크고 충실하다. 흑 Aspergilli류는 35℃ 이상에서는 전혀 증식이 없는 균주도 있다(*Asp. heteromorphus*, *Asp. ellipticus* 등).

배지의 pH의 허용영역은 넓고 2.1～8.7에서 생육하나 일반적으로 4.9～5.7의 영역을 최적으로 하여 균종에 따라서는 조금씩 변동된다. 수분에 대하여는 수분활성(water activity : *Aw*로 약함, 생육하기 위하여 이용되는 형의 수분(자유수)의 양으로 용액의 증기압 P를 그 온도에 있어서 용매(물)의 증기압 P^o로 나눈 값)으로 나타내나 이것을 각종 곰팡이에 대하여 나타내면 그림 2-6과 같이 국균은 0.94 이상이다. 분생자의 내열성은 건조상태에서는 대개 100℃에서 60～90분의 열처리에 의하여 사멸하고, 습열에서는 100℃에서 20～30분에서 사멸된다.

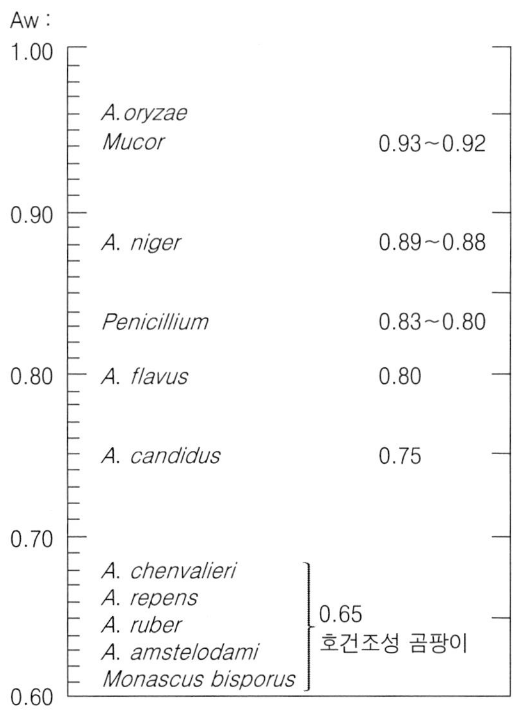

그림 2-6. 주요 곰팡이의 생육에 요하는 최저 *Aw*

배지의 일반 성분과의 관계에서는 황록 Aspergilli류, 흑 Aspergilli류에는 아질산염을 첨가하면 증식이 심히 늦어지는 것이 있다. 국균을 이용하는 양조에서는 종종의 원료 상에 있는 국균의 증식 특성이나 효소생산에 대하여 연구되고 있으나 이들에 대하여는 약기한다.

2.2 호흡과 발효

세포내에 있어서의 호흡기능을 갖는 0.5～1.0 ㎛의 미소한 과립(mitochondrion)은 선단균사에는 없으므로 호흡은 선단부 이외의 세포에서 이루어진다. 생물이 생명을 지지하기 위한 가장 중요하고 효율이 좋은 ATP생산의 형식이 호흡이므로 호흡은 glucose 1mole을 완전히 연소하여 38mole의 ATP를 만들고, 종말 전자수용체는 산소이다.

$$C_6H_{12}O_6 + 6\ O_2 + 38\ ADP + 38\ Pi = 6\ CO_2 + 6H_2O + 38\ ATP$$

*Asp. oryzae*의 젊은 균체에서 얻은 mitochondria 획분은 저온 스펙트럼으로 해석하면 cytochrome a, 2종의 b형 cytochrome과 cytochrome c를 함유한다. 이 cytochrome c은 소의 cytochrome c와는 반응하지 않으므로 동물의 것과는 현저히 다른 것이다. *Asp. niger*의 mitochondria에 대하여도 연구가 있다.

호흡 대사계에 있어서는 다른 생물의 것과는 거의변하지 않는다(그림 2-7).에너지 생산 경로가 대사의 중심이고, 다음 세 기지의 양식이 있다.

① ATP 생산

② 환원형 보효소 NAD(P)H의 형으로 생합성 반응에 환원력을 공여한다.

③ 특정 범위의 생합성 경로에 중간체를 공여한다.

에너지 생산 시에 당 혹은 당 유도체가 대사되는 경로는 다음 세 가지 중의 하나를 통한다.

EmP경로는 발효 그리고 호흡상에 사용되는 가장 일반적인 당대사 경로이다. 각종의 당대사 경로에 있어서 ATP와 NADPH의 생산을 표 2-9에 나타내었다.

HmP경로는 일반적으로 그렇게 이용되지 않으나 진균의 분화 시에는 NADH 대신으로 HADPH를 공급하는 데서 중요하고 또 핵산의 ribose를 공급하는 데서 중요하다. 한편 ED경로는 진균에서는 거의 한정된 경우에만 한한다.

Mitochondria가 없는 균사의 선단부에서는 에너지 획득은 발효에 의존한다. 국균이 ethanol을 생산하는 것은 옛날 Damiya가 연구하여 미리 발육한 균체에 O_2를 보

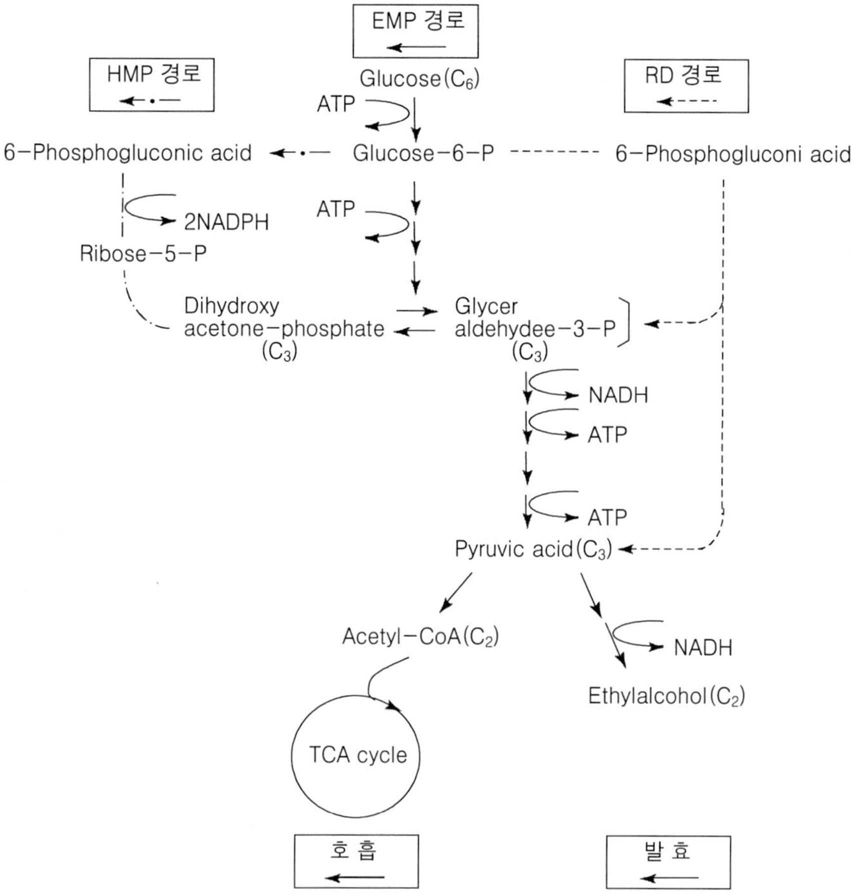

그림 2-7. 진균의 기본적 대사경로

(C_6 : 탄소 6개 화합물
C_3 : 탄소 3개 화합물
C_2 : 탄소 2개 화합물)

←— : EMP공정 ←·— : HMP경로
←- - : ED 경로 ←— : 호흡

표 2-9. 당대사 경로에 의한 ATP와 NADPH의 생산

형 식	경 로	ATP mole/mole · glucose	NADPH mole/mole · glucose
발 효	EMP	2	
	HMP		2
호 흡	EMP, TCA	38	

내면 왕성하게 소비(호흡)되어 균체 중량을 증가시키고, O_2를 두절하면 ethyl alcohol을 생산(발효)하여 균체 중량이 감소되는 것을 발견하였다.

호 흡 : $C_6H_{12}O_6 + 6\ O_2 = 6\ CO_2 + H_2O$

$$\Delta G'_o = -2{,}872\ \text{kJlmol(glucose)}$$

발 효 : $C_6H_{12}O_6 = 2\ CO_2 + 2\ C_2H_5OH$

$$\Delta G'_o = 1177\ \text{kJ/mol(glucose)}$$

이 변화를 CO_2 : C_2H_5OH(mole 비)로 비교한 결과 배지의 pH가 영향하여 pH 5.5~6일 때만 1 : 1에서 균체량을 감소하지 않으나 pH 6.5~8.6 또는 2.2에서는 다량의 CO_2를 생성하여 자기소화를 일으켜 체중을 감소한다.

당의 대사는 EmP경로에 의한 해당과 발효에 의하여 이루어지나 ethyl alcohol의 생산량은 균종에 의한 것보다 배양법에 의하여 큰 차가 있고 또 균령에 의하여도 변한다(표 2-10). 오히려 국균의 alcohol발효의 메커니즘은 아직 분자적으로 명확한

표 2-10. 액체표면배양에 의한 국균의 ethyl alcohol생산(상대비)

배 양 법	일 수		
	1	2	3
무산소적 배양	5.1	7.9	16.6
산소적 배양	1	1	1

표 2-11. *Aspergillus*속 균주에 의한 유기산 발효

유 기 산	생산균주	수율%(원료)
Itaconic acid	*Asp. itaconicus* *Asp. terreus*	60(glucose)
Citric acid	*Asp. niger*	85(glucose)
Gluconic acid	*Asp. niger*	95(glucose)
Kojic acid	*Asp. oryzae*	50(glucose)
Malic acid	*Asp. flavus*	30(glucose)
Mevalonic acid (hiochic acid)	*Asp. oryzae*	20~30 ㎍/국 1 kg)

해석이 되어 있지 않으나 그 근연종인 *Asp. niger*에서는 EMP경로의 각종의 인산화합물 중간체의 배양경과에 동반하는 변동이 실칙되어 HMP경로의 효소인 glucose-6-phosphate dehydrogenase, 6-phosphogluconate dehydrogenase, transketolase, transaldolase 등이 발견되고 있다. 또 *Asp. niger*에서는 분생자 형성 시에 HMP경로의 증가가 관찰되어 그 경로가 핵산의 구성성분인 ribose의 생성에 중요하다는 것을 뒷받침하고 있다.

이외에 Zn^{2+}의 결핍에 의하여 6-phosphogluconate dehydrogrnase의 증가와 aldolase 활성의 저하가 일어나고 HMP경로가 우세하게 되어 EMP경로가 억제된다. *Asprgillus*속에 의한 발효공업에 실시되고 있는 것은 적으나 학술적으로 연구되고 있는 주된 것을 표 2-11에 나타내었다. 그리고 *Asp. oryzae*가 생산하는 2차 대사산물의 주된 것의 참고서는 많다.

2.3 국균효소

국균의 효소를 크게 나누면 그 하나는 균체 내에 있어 국균의 생명을 지탱하기 위한 필요한 대사경로, 즉 1차대사에 직접 관계하고 있는 효소 군이고, 다른 하나는 국균의 영양획득 효소로서 알려져 있는 amylase나 protease 등과 같은 국균의 균체 외로 비정상으로 다량으로 생산 분비되는 효소 군이다. 후자는 고분자의 대사물이라 하여도 좋을 것으로 소위 2차 대사산물에 상당되는 효소 군이다.

국균의 균체에 체류하고 있는 효소를 균체 내 효소, 균체에서 유리하여 배양물 중에 존재하고 있는 효소를 균체 외 효소라고 한다. 국균 등의 균주의 경우에는 균사의 선단부는 젊은 세포이나 균사의 원근부는 노화된 세포이기 때문에 균체세포의 자기소화라는 현상이 있으므로 복잡하게 되고 균체외의 배지 중에 존재하는 효소가 반드시 분비되는 효소만아니라는 것이다. 국균의 효소의 기능의 면에서 보면 대사효소와 생체방어 효소라는 범주로 나눌 수 있다.

국균은 「효소의 보고」라고 한다. 국균의 효소는 『Enzyme Nomenclature』에 기재된 효소가 모두 함유되어 있는 것으로 추정하였으나 섭섭하게도 국균이 관계하는 발효공업의 분야가 GNP의 약 1%를 차지하고 있는데도 불구하고 국균효소에 관한 연구의 범위는 그렇게 넓지 않다. 그러면서도 국균의 효소의 연구는 효소학의 순정 그리고 응용의 분야에서 세계의 효소의 연구의 첨단을 차지하는 것이 있으므로 이를 특기한다. 특히 biotechnology의 분야에 있어서 세계의 흐름을 바꾸는 연구가 몇 가지 있다.

여기에서는 그 많은 국균의 효소의 연구 중에서 분자 수준에 있어서 명확한 것에 초점을 갖추어 효소의 제1의 기능인 촉매소자 기능과 그리고 제 2의 기능인 제어소자 기능에 대하여 설명한다. 그런데 황국균은 엄밀하게는 *Asp. oryzae*, *Asp. sojae*를 가리키나 여기에서는 이외에 흑국균 *Asp. awamori*, *Asp. saitoi*, *Asp. usamii*, 흑국곰팡인 *Asp. niger* 등의 균주에서의 효소를 다루었다. 따라서 엄밀하게는 여기에서는 「Aspergilli류의 효소」라는 것이다. 그래서 우선 효소공업의 원류로서 국균의 의의를 설명한다.

1894년 Takamine는 diastase를 발견하였다. 도쿄대학 공학부의 전신의 하나인 공부(工部)대학교를 졸업한 Takamine는 미국으로 가서 미국의 위스키 제조를 보고 맥아에 의한 당화공정을 국으로 당화공정으로 바꾸는 공장을 만들기로 하였다. 이 사업이 성공되면 미국의 위스키 제조는 국균의 효소에 의한 당화공정이 가해짐으로 현재의 일본의 소주가 약 100년 전의 미국에서 만들어진 것이 아닌가? 불행하게도 공장은 전소되고 이 방법은 성공하지 못하였다.

Takamine는 이 불행에 망그러지지 않고 일어서 다음으로 발명한 것이 빵가루를 얻고 남는 박인 밀기울에 국균을 생 종국, 국을 만들어 이것을 추출한 후에 효소를 분리한 소화제 Taka-diastase이었다. 여기에 근대 효소공업의 서광이 있었으며, 그래서 현재의 biotechnology의 원류의 하나가 되었다. Taka-diastase 제조의 기술은 현재에도 건재하고 있다.

1) 핵산 가수분해효소

핵산을 대별하면 유전자의 본체인 deoxyribonucleic acid(DNA)와 DNA를 주형으로 하여 이것을 전사하는 ribonucleic acid(RNA)로 된다.

DNA를 가수분해하는 효소는 deoxyribonuclease(DNAase), RNA를 가수분해하는 효소는 ribonuclease(RNase)라고 부르고, 기질인 핵산의 구조에 대하여 언제나 당 특이성이 엄밀하고 핵산의 당 사슬을 구성하는 deoxyribose의 2′ 위치의 H 혹은 ribose의 2′ 위치의 OH기를 명확하게 식별한다. 이 두 효소에 대하여 C-2′ 위치의 OH를 명화하게 식별한다. 이 양 효소에 대하여 C-2′ 위치에 특이성을 가지지 않는 효소가 nuclease이고, 따라서 또 nuclease는 DNA에도 RNA에도 작용할 수가 있다. *Aspergillus*에서 얻은 핵산 분해효소의 개략을 표 2-12에 나타내었다.

(1) Deoxyribonuclease K_1(EC 3.1.22.2)

Deoxyribonuclease K_1(DNase K_1)는 2본쇄 그리고 1본쇄의 DNA의 G-C 사이와 G-C 사이의 phosphodiester 결합을 가수분해한다.

표 2-12. *Aspergillus*에서 얻은 deoxyribonuclease, ribonucelase, nuculease의 비교

Nuclease	분자량 × 10^3	최적 pH	내열성	금속요구	기질의 분해성			말단인산의 위치	Nucleo-tide 주생성물	염기 요구성
					RNA	변성 DNA	DNA			
Deoxyribonuclease K_1	50~60	8.5~9.0	없음	Mg, Mn	-	+	+	3′	oligo	G-G, G-A
Deoxyribonuclease K_2	~40	8.0	없음	Mg, Mn	-	+	+	5′	oligo	G-G, G-A
Ribonuclease T_1	11	7.4~7.5	있음	없음	+	-	-	3′	oligo	G-X
Ribonuclease T_2	36	4.5	있음	없음	+	-	-	3′	mono	없음
Ribonuclease M	38	4.0	있음	없음	+	-	-	3′	mono	없음
Nuclease S_1	36	4.4	없음	Zn	+	+	-	5′	mono	없음
Ribonuclease O	64	7.4~8.2	없음	Mg, Mn	+	+	+	5′	oligo	없음

$$\cdots\cdots\ \mathrm{GC}\ \cdots\cdots \xrightarrow{\text{DNase } K_1} \cdots\cdots\ \mathrm{Gp}\ +\ {}_{\mathrm{HO}}\mathrm{C}\ \cdots\cdots \qquad (1)$$

$$\cdots\cdots\ \mathrm{GA}\ \cdots\cdots \xrightarrow{\text{DNase } K_1} \cdots\cdots\ \mathrm{Gp}\ +\ \mathrm{A}_{\mathrm{HO}}\ \cdots\cdots \qquad (2)$$

생성 당은 3′-말단을 갖는 oligonucleotide이다.

1) pG－Y－Y－G－G－A ………… Y－G－G－G－Y－C－C－A

↓ RNase T_1

pGp + Y－Y－Gp + 3 Gp + A …… Y－Gp + Y－C－C－A

2)

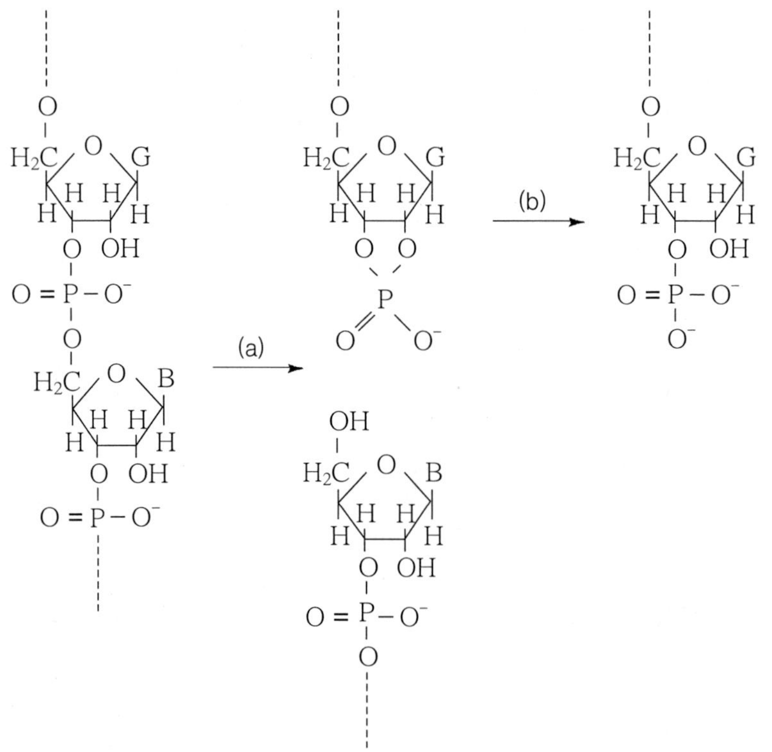

그림 2-8. Ribonuclease T_1의 특이성

1) RNase T_1은 guanosine-3′-monophosphate와 5′-hydroxyl group 사이의 phosphodiester결합을 가수분해하여 몇 개의 3′-guanylic acid(3Gp)를 생성한다. Oligonucleotide의 말단은 … Gp와 한 곳에 pGp를 생성한다.

2) RNase T_1의 가수분해의 반응의 중간산물로서 환상 인산화합물을 생성한다.

(2) Ribonuclease T_1(EC 3.1.27.3)

Ribonuclease T_1(RNase T_1)은 guanoribonuclease 라고도 한다. 염기 특이성은 guanine에 있다(그림 2-8). 과잉의 효소 존재하의 nucleotide 결합의 상대 분해속도는 G-N 〉 A-N 〉 U-N 〉 C-N의 순이다.

…… G-N ……의 결합의 분해속도는 …… A-N ……의 15배이다.

Ribonuclease T_1의 물리화학적 성질은 다음과 같다. 분자량(MW) 11.1만, 등전점(pI) 2.9, 침강정수 1.6, 편비용 0.71(mℓ/g), 마찰비 1.2, 평형정수 12.0, 자외 흡광도 19.1, Ribonuclease T_1의 제1구조는 Takahashi에 의하여 결정되었다. 그림 2-9에 나타낸 것과 같이 1본의 polypeptide 사슬이 접어져 α-helix 구조 11%, β-helix 구조 38%로 된다. Ribonuclease T_1의 활성부위는 His-40, Glu-58, Arg-77, His-92의 잔기로 된다.

RNA의 구조결정에는 Ribonuclease T_1의 역할은 대단히 크다. 국균의 Ribonuclease에는 ribonuclease T_1과는 특이성이 다르고 bibonuclease T2(EC 3.1.27.1)도 있다.

(3) Nuclease S_1(EC 3.1.27.1)

Nuclease S_1은 당 특이성이 없고, 열 변성된 1본쇄 DNA나 RNA의 1본쇄 부분에 특이적으로 작용하여 5′-mononucleotide와 소량의 dinucleotide를 생성한다. Nuclease S_1은 2본쇄 DNA에는 작용하지 않는다.

Nuclease S_1의 분자량은 3.6만, 최적 pH 4.5～5.0, 1 mm Zn^{2+}에서 활성화된다.

1 10 20
Ala - Cys - Asp - Tyr - Thr - Cys - Cly - Ser - Asn - Cys - Tyr - Ser - Ser - Ser - Asp - Val - Ser - Thr - Ala - Gln -
21 30 40
Ala - Ala - Cly - Tyr - Gln - Leu - His - Glu - Asp - Gly - Glu - Thr - Val - Gly - Ser - Asn - Ser - Tyr - Pro - His -
41 50 60
Lys - Tyr - Asn - Asn - Tyr - Glu - Gly - Phe - Asp - Phe - Ser - Val - Ser - Ser - Pro - Tyr - Tyr - Glu - Trp - Pro -
61 70 80
Ile - Leu- Ser - Ser - Gly - Asp - Val - Tyr - Ser - Gly - Pro - Gly - Ser - Gly - Ala - Asp - Arg - Val - Val - Phe -
81 90 100
Asn - Glu- Asn - Asn - Gln - Leu - Ala - Gly - Val - Ile - Thr - His - Thr - Gly - Ala - Ser - Gly - Asn - Asn - Phe -
101 104
Val - Glu- Cys - Thr

그림 2-9. Ribonuclease T_1의 제1 구조

S-S-결합 : 2-10, 6-103 활성부위 잔기 : his - 40, Glu - 58, Arg -77, His - 92

[아미노산 조성] Ala 7 Arg 1 Asn 9 Asp 6 Cys 4 Gln 3 Glu 6 Gly 12 His3 Ile 2
Leu 3 Lys 1 met 0 Phe 4 Pro 4 Ser 15 Thr 6 Trp 1 Tyr 9 Val 8

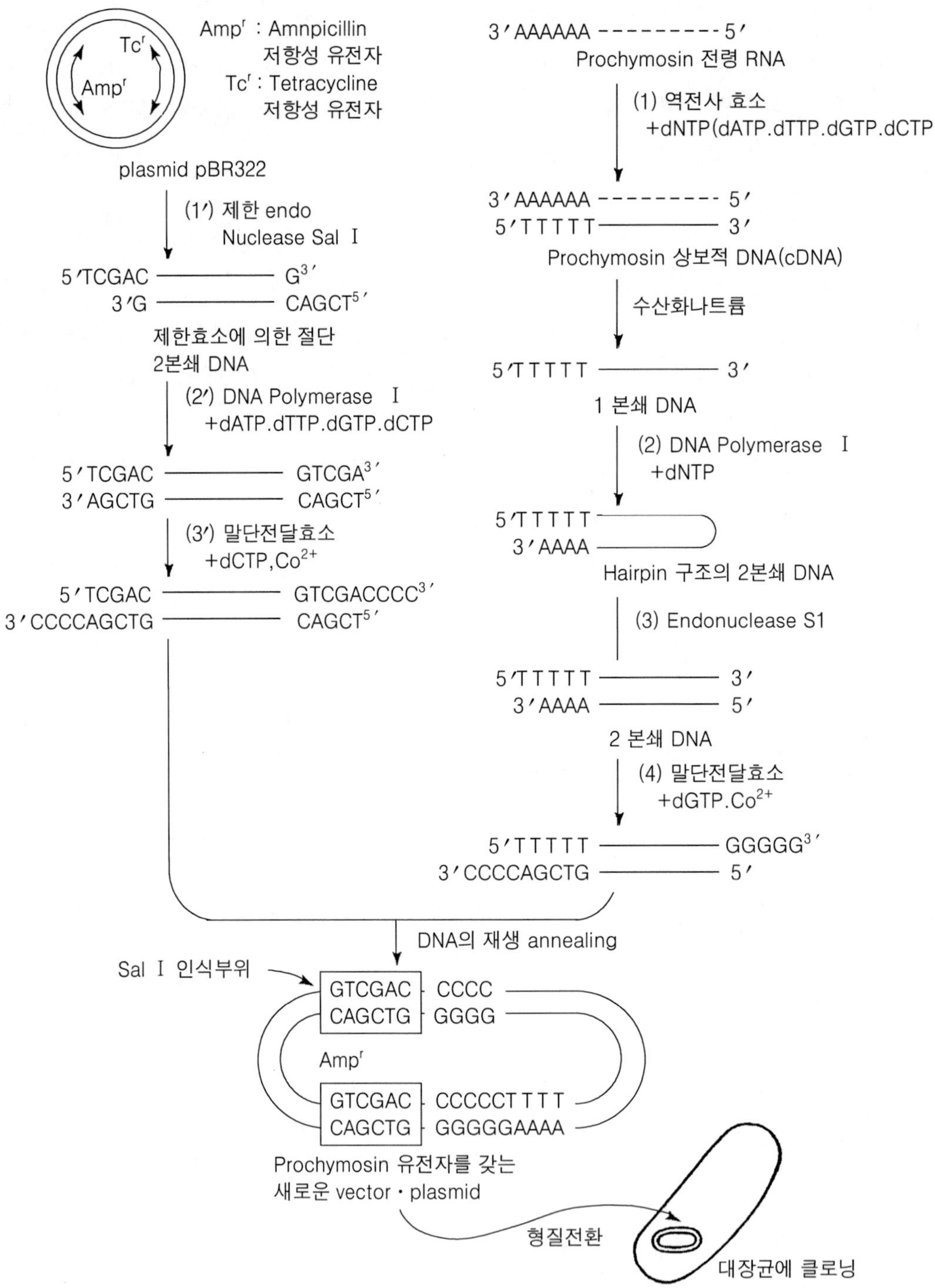

그림 2-10. Nuclease S_1의 유전공학에 응용

(응유효소 전구체 prochymosin 유전자의 대장균에의 clong화의 예)

1본쇄 DNA에 우선적으로 작용하는 유사의 효소로 *Asp. oryzae* nuclease, *Penicillium* nuclease P_1이 있다. Nuclease S_1은 유전자 조작상 중요한 효소이다. mRNA에서 역전사효소를 사용하여 상보적인 DNA(CDNA)를 합성하고 다음으로 DNA polymerase에 의하여 2본쇄의 헤어핀구조의 DNA를 합성한 후 1본쇄 DNA 부분을 Nuclease S_1으로 분해하여 완전한 2본쇄 DNA를 작제하기 때문이다. 그림 2-10에 Nuclease S_1을 이용한 유전자 조작법의 예를 나타내었다.

(4) Phosphatase

Alkalin phosphatase(EC 3.1.1.3)는 pH 10부근에서 반응(3)을 촉매를 한다. 산성 phosphatase(EC 3.1.3.2)는 pH 5.0부근에서 반응(4)을 촉매를 하는 효소이다.

$$R-O-P(O^-)(O^-)=O + H_2O \xrightarrow[\text{phosphatase}]{\text{Alkaline}} R-OH + HO-P(O^-)(OH)=O \qquad (3)$$

$$R-O-P(O^-)(OH)=O + H_2O \xrightarrow[\text{phosphatase}]{\text{Acidic}} R-OH + HO-P(O^-)(OH)=O \qquad (4)$$

2) 당질 가수분해효소

전분계 당질의 가수분해효소는 다음과 같이 대별된다.

① α-Amylase(EC 3.2.1.1)
② β-Amylase(EC 3.2.1.2)
③ Exo-1,4-α-D-glucosidase(별명, glucoamylase, EC 3.2.1.3)
④ α-Glucosidase(별명, maltase, EC 3.2.1.20)
⑤ Isoamylase(별명, debranching enzyme EC 3.2.1.68)
⑥ Pullulan-4-glucanohydrolase(Isopullulanase EC 3.2.1.57)
⑦ (1→4)-α-D-Glucan : (1→4)-α-D-oligoglucan-6-glucanotransferase(별명, transglucosidase)

국균은 상기 중 ② β-amylase와 ⑤ isoamylase를 제외한 그 외의 녹말계 당질 분해효소를 전부를 생산한다. 이외에도 뒤에서 설명하는 것과 같이 국균은 여러 종류의 가수분해효소를 생산 분비한다. 이들의 당질 가수분해효소는 국균에 있어서는 영양획득 효소로서의 기능을 가지며 아주 중요하다. 국균이나 근연의 균류는 이들의 많은 분해효소를 생산 분비하므로 지구의 생태계에 있어서 분해자로서의 역할을 하고 있다.

(1) α-Amylase(EC 3.2.1.1)

국균의 α-amylasese는 Taka-amylase(TAA)라고 하며, 산업상 국균의 가장 중요한 효소의 하나이다. 연구 면에서도 Taka-amylase A는 1951년 Akahori에 의하여 결정화된 이래 35년의 역사를 가지며, 일본의 대표적인 효소연구의 흐름을 만든 것이다. 최근 생화학 연구의 케이스 히스토리로 하여 잡지 「화학」에서 정리하였다.

국균의 α-amylase의 최적 pH는 5.2부근으로 Cl-의 존재에서 안정화된다. Taka-amylase A는 분자량 53.662, N말단을 alanine, C 말단을 serine으로 하는 478 잔기로 된 1본쇄의 당단백질이고 안전 제1구조가 밝혀져 있다. Taka-amylase A는 1mole당 1 g원자의 Ca^{2+}을 필수로 한다. Taka-amylase A의 용액론적인 연구의 결과 효소분자 중의 4개의 -SS-결합을 환원하여 절단하고 변성제로 처리하여 분자의 고차구조를 완전히 파괴한 후에 변성제를 제거하고 다시 공기 중의 산소로 재 산화하면 고차구조가 원래대로 활성화가 되돌아간다. 제1구조가 입체 공간구조를 구성

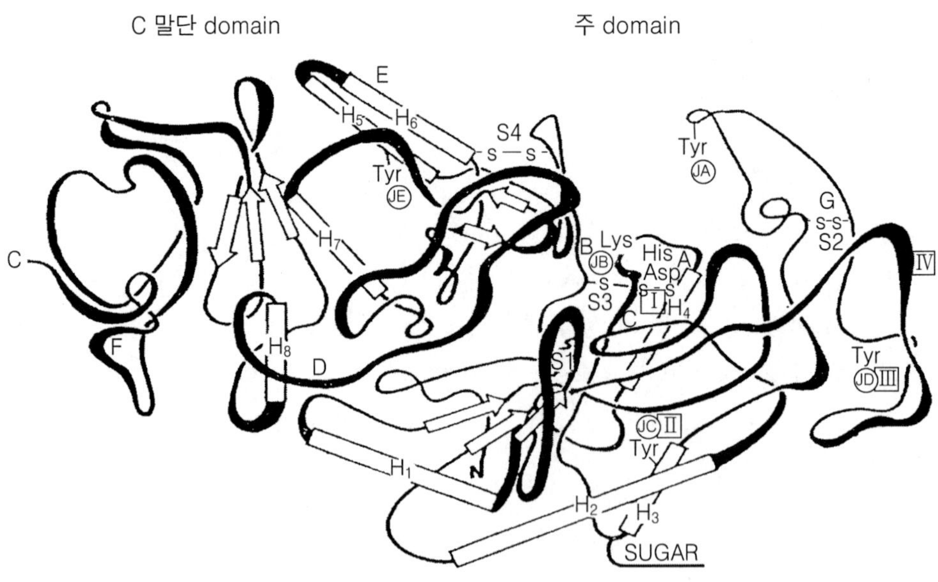

그림 2-11. Taka-amylase A의 입체구조

하고 있는 것이 Anefinsen의 ribinuclease의 연구에 이어 밝혀졌다.

Taka-amylase A는 공간적으로는 약 80 × 45 × 35Å의 크기를 갖는다. Polypeptide 사슬의 접어진 양상에서 두 개의 큰 domain을 갖는다. Ploypeptide 사슬의 접어진 양식에서 2개의 큰 domain으로 나누어져 하나는 활성중심을 함유하는 주 domain이고, 다른 하나는 C말단 잔기를 함유하는 C domain이다(그림 2-11).

역시 Taka-amylase A의 당 사슬은 주 domain의 Asn-197에 man $\alpha 1 \rightarrow 6$(man $\alpha 1 \rightarrow 3$)man $\alpha 1 \rightarrow 6$(man $\alpha 1 \rightarrow 6$(man $\alpha 1 \rightarrow 2$ man $\alpha 1 \rightarrow 3$(man $\beta 1 \rightarrow 4$ GlcNAc $\beta 1 \rightarrow 4$ GlcNAc-Asn의 모양으로 이어져 있으나 활성에는 영향이 없다.

Taka-amylase A를 위시하여 α-Amylase는 호정화 효소라 부르며, 전분 중의 α 1,4-glucoside 결합을 임의로 가수분해하는 효소로 이해하여도 좋으나 Okada 등에 의하여 maltooligo 당에 대한 작용에서 보면 α-amylase는 기원에 따라 특이성이 다르다는 것을 알았다(그림 2-12). 그 후 Suganema 등에 의하여 반응속도론 적으로 확인되었다.

Taka-amylase A는 고분지의 전분이나 amylose에 작용하는 것은 아니고 저분자 화합물인 phenyl-α-maltoside를 pH 5.0 부근에서 상당히 느린 속도이나 가수분해

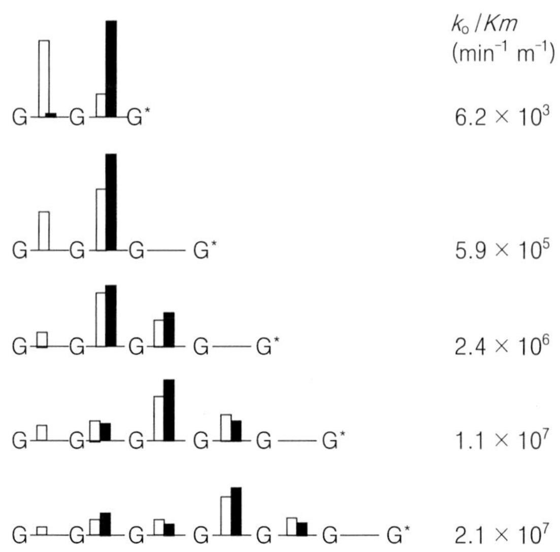

그림 2-12. TAA에 의한 maltooligo 당에 대한 절단양식과 가수분해속도 parameter(k_0 / Km)(25℃, pH 5.3).

검정 막대는 저기질 농도, 흰 막대는 고기질 농도에서의 절단빈도를 나타낸다. G는 glucose 잔기, G*는 방사선 glucose 잔기를 나타낸다.

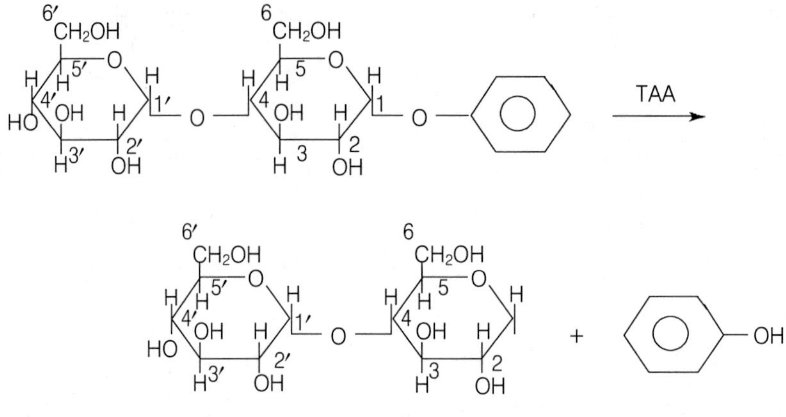

그림 2-13. Taka-amylase A에 의한 phenyl-α-maltoside의 가수분해

한다(그림 2-13).

이 저분자합성 기질의 유도체를 사용하여 조사하여 보면 효소와 기질의 상호작용의 방식을 알 수 있다. C-6 위치의 수산기를 acety화한 6-O-acetyl-phenyl-α-maltoside에서는 Taka-amylase A의 가수분해는 전혀 일어나지 않는다. 따라서 C-6 위치는 효소·기질 복합체 형성의 상호작용에 직접 관련하는 중요한 위치를 차지하는 것으로 생각되어 특히 수산기의 중의 수소원자의 역할이 크다는 것을 나타내고 있다. C-2, C-3, C-6 그리고 비환원말단의 C-2′위치의 어느 것의 수산기를 methyl화하면 Taka-amylase A의 작용은 전혀 일어나지 않는다. C-6 위치만이 아니고 C-2위치, C-3 위치는 다 같이 효소·기질 복합체 형성에 중요한 위치로 생각한다.

C-2′ 위치의 수사에 따라 효소의 기질에 대한 친화상어 손실되는 사실에서 C-2′ 위치는 효소의 활성부위에 기질이 결합하기 위한 가장 중요한 인식부위이라고 한다. C-6′ 위치, C-4′ 위치는 효소와 기질의 결합에는 영향을 주지 않는다.

(2) Exo-1,4-α-D-glucosidase(별명, glucoamylase, EC 3.2.1.3)

일반적으로 이 효소의 이름은 exo-1,4-α-glucoamylase보다는 glucoamylase 쪽이 통하기 쉽다. Glucoamylase는 전분에서 glucose를 제조하기 위한 필수의 효소이다. 따라서 이성화 당 제조공업에 있어서도 필수효소이다.

Glucoamylase는 1947년 Kitahara에 의하여 전분에서 glucose를 생성하는 효소로서 흑국균(Asp. usamii)에서 발견되었다. Kitahara는 glucose의 머리 문자를 취하여 그리스에서 γ-amylase로 명명하였다. 1951년, Kerr와 Cleveland 등은 *Asp. niger*의 당화형 amylase를 amyloglucosidase로 명명하였다. 마찬가지로 1951년 Philips와

Caldwell 등은 *Rhizopus delemar*의 당화 amylase를 glucoamylase로 명명하였다. Fukumoto 등도 *Rhizopus delemar*와 *Asp. niger*의 당화효소를 결정화하였다.

흑국균(*Asp. usamii*)이나 *Asp. niger*(검정 곰팡이 균)은 amylase 외에 trans-glucosidase(EC 2.4.1.24)를 생산하기 때문에 전분에서의 glucose의 생산이 100%에 미치지 못한다. 그런데 *Rhizopus*는 transglucosidase를 생산하지 않으므로 이 효소를 사용하여 전분을 100% glucose로 전환시킬 수가 있다.

공업적으로는 glucose의 제조에는 생산율의 높은 것에서 *Rhizopus*의 효소가 사용되었으나 이 효소는 열에 약하므로 반응온도 60℃에서 42～66시간 반응할 수 있는

표 2-13. *Aspergillus*속이 생산하는 기타의 당질 가수분해효소

효 소 명	EC 번호	생산균명
Cellulase	3.2.1.4	*Asp. saitoi*
Inulase	3.2.1.7	*Asp. niger*
Endo-1,4-β-D-Xylanase	3.2.1.8	*Asp. niger*
Dextranase	3.2.1.11	*Asp. carneus*
Chitinase	3.2.1.14	*Asp. niger*
Polygalacturonase	3.2.1.15	*Asp. niger*
α-D-Glucosidase	3.2.1.20	-
β-D-Glucosidase(Flavonoid)	3.2.1.21	*Asp. niger*
β-D-Mannosidase	3.2.1.25	*Asp. niger*
α, α'-Trehalase	3.2.1.28	*Asp. oryzae*
β-N-Acetyl-D-glucosamidase	3.2.1.30	*Asp. niger*
α-D-Rhamnosidase	3.2.1.40	*Asp. niger*
α-N-Acetyl-D-galactosamidase	3.2.1,49	*Asp. niger*
Cyclodextrinase	3.2.1.54	*Asp. oryzae*
α-L-Arabinofranosidase	2.2.1.55	*Asp. niger*
Isopullulanase	3.2.1.57	*Asp. niger*
Mycotextranase	3.2.1.61	-
1,2-α-D-Fucosidase	3.2.1.63	*Asp. niger*
Quircitrinase	3.2.1.66	*Asp. flavus*
Exopolygalacturonase	3.2.1.67	*Asp. niger*
Exo-1,6-α-D-Glucosidase	3.2.1.70	*Asp. globiformis*
Endo-1,2-β-D-Glucanase	3.2.1.71	*Asp. fumigatus*
Exo-1,3-β-D-Xylosidase	3.2.1.72	*Asp. batatae*
Exo-1,4-β-D-Glucosidase	3.2.1.74	*Asp. niger*
Endo-1,4-β-D-Mannase	3.2.1.78	*Asp. niger*
Exo-1,3-α-Glucanase	3.2.184	*Asp. nidulaus*
1,2-α-Mannosidase	-	*Asp. saitoi*

공업적 사용에는 흑국균이나 검정곰팡이의 transglucosidase 결손 변이균주의 효소나 고정화 담체에 결합한 고정화 효소가 공업적으로 이용하게 되었다. 흑국균 *Asp. saitoi*의 glucoamylase의 활성 중심에는 carboxyl기가 관여하고 있다.

Glucoamylase는 효소와 기질의 결합에 대하여 기질이 생전분의 경우에 흥미 있는 성질이 있다. *Asp. saitoi* var. *kawachii*의 glucoamylase Ⅰ(MW 90,000)은 생전분의 분해 능력을 가지나 protease의 한정분해를 받아 glycopeptide를 손실한 glucoamylase Ⅰ(MW 93,000)이나 protease와 glucosidase의 작용에 의하여 저분자화 된 glucoamylase Ⅱ(MW 57,000)에는 생전분 흡착성은 없다. 생전분 흡착 amylase의 연구는 공업규모에 있어서 무증자 알코올 발효의 기술로 방전되었다.

(3) 기타 효소

*Asapergillus*속이 생산하는 기타의 당질 가수분해효소를 표 2-13에 나타내었다.

3) 단백질 가수분해효소

국균의 단백질 가수분해효소는 국균의 영양획득 효소로서 극히 중요하다. 국균과 균류의 단백질 분해력은 지구상의 질소의 순환의 점에서도 극히 중요하다.

(1) Alkaline proteinase(EC 3.4.21.14)

*Asp. oryzae*나 *Asp. sojae*의 alkaline proteinase는 활성 중심에 serine 잔기를 가지며 diisopropylfluoro 인산(DEP)에 의하여 효소활성이 없어진다. *Asp. oryzae*, *Asp. flavus*의 양 효소 공히 활성 serine 근방의 제1활성구조는 Gly-Thr-Ser-met-Ala로 고초균(*Bacillus subtilis*) alkaline proteinase의 subtilin과 같은 구조를 갖는다.

$$(CH_3)_2-CH-O-\overset{\overset{\displaystyle O}{\|}}{\underset{\underset{\displaystyle F}{|}}{P}}-O-CH-(CH_3)_2$$

국균의 효소가 Creuther에 의하여 처음으로 결정화 되었다(1954년). 효소분자의 물리화학적 성질에 대하여는 *Asp. sojae* 효소가 상세히 연구되었고, MW는 2.26만 정도, *Asp. oryzae*의 분자는 MW 18만이다.

Alkaline proteinase의 기질 특성에 대하여는 *Asp. oryzae* 효소, *Asp. sojae* 효소 공히 특이성이 높고 한정적이다. *Asp. sojae*의 Alkaline proteinase는 Schhechter, Berger 등의 명명에 의한 기질의 P_2 위치와 $P_{2'}$ 위치가 공히 소수성이 높은 아미노

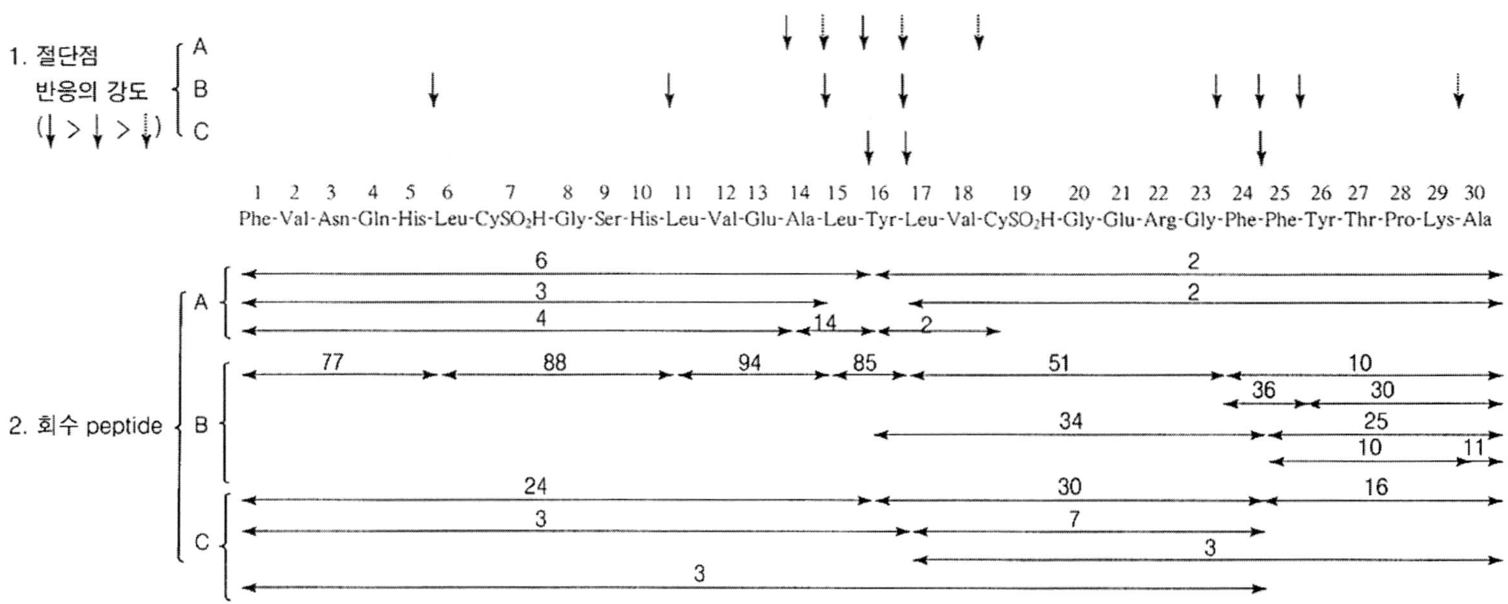

그림 2-14. 간장종국 *Asp. sojae*의 3종의 proteinase에 의한 과의산화 insulin B사슬의 절단

〈반응조건〉

A = Alkaline proteinase 효소/기질 = 1/2674(mole/mole), pH 7.5, 30℃, 90 min.

B = 중성 proteinase 효소/기질 = 1/1203(mole/mole), pH 8.0, 30℃, 80 min.

C = Aspartic proteinase* 효소/기질 = 1/260(mole/mole), pH 3.2, 30℃, 20 min.

〈회수 peptide〉

회수 peptide는 수평의 화살표(← →)로 나타내었다. 상기의 반응조건에 있어서 각 peptide의 회수율(%)을 화살표의 위의 수자로 나타내었다.

* 산성 proteinase와 같이 carboxyproteinase라고도 한다.

산이라는 것이 마음이 드는 것 같고, 그리고 P 위치와 $P_{1'}$위치도 소수성 아미노산 쪽이 마음이 드는 것 같다(그림 2-14).

(2) 중성 proteinase

*Asp. sojae*의 중성 proteinase Ⅰ(MW 4.17만)은 분자 1mole당 활성에 관계가 있는 1g원자의 Zn^{2+}을 갖는다. pH 5.5에서 ethylene diamine 사초산(EDTA)에서 투석하면 불활성의 apoenzyme이 얻어지나 알칼리성 pH에서는 Ca^{2+}의 존재 하에서 Zn^{2+}용액에 투석하면 활성은 완전히 회복된다. 그런데 Ca함량은 holoenzyme, apoenzyme 공히 2 g 원자이다.

*Asp. sojae*의 중성 proteinase의 특이성은 leucine, tyrosine, phenylalanine의 아미노기 측의 peptide 결합을 가수분해한다(그림 2-14). *Asp. sojae*는 중성 proteinase Ⅰ 이외에 중성 proteinase Ⅱ도 생산한다.

(3) Aspartic proteinase(EC 3.4.23.6)

Aspartic proteinase는 이전에는 산성 proteinase 또는 carboxyl poteinase라고도 하였던 것이다. 활성 중심에 aspartic acid 잔기를 가지므로 개명되었다. 균류의 aspartic proteinase에 대하여는 *Asp. saitoi* 효소는 Yoshida에 의하여, *Asp. oryzae* 효소는 Akahori에 의하여 발견되었다. 동물 위 pepsin(EC 3.4.23.1)과 작용 최적 pH가 낮은 점에서 유사하고 있으나 *Aspergillus*속의 aspartic proteinase는 위장 pepsin에는 발견되지 않는 작용이 있는 endopeptidase와 유사한 trypsinogen의 활성화작용을 pH 3.5 부근으로 한다. 흑국균 *Asp. saitoi*의 효소와 *Asp. sojae*의 효소에 대하여는 가장 잘 알려져 있다.

*Asp. saitoi*의 Aspartic proteinase는 MW 3.4～3.5만, 등전점 3.7이다. Aspartic proteinase의 과의산화 insulin B사슬에 대한 특이성(2차 특이성)은 *Asp. saitoi* 효소, *Asp. sojae* 효소에 대하여도 많이 알려져 있다. 양 효소 공히 과의산화 insulin B 사슬에 대한 특이성이 높고 $Leu^{16}-Tyr^{17}-$와 $Phe^{24}-Phe^{25}$를 주로 절단하고 $tyr^{17}-Leu^{18}$에 약간 작용한다. *Asp. saitoi*의 효소는 이외에 $His^{10}-Leu^{11}$과 Ala^{44}와 Leu^{15}의 결합을 약간 정단한다(그림 2-14).

Aspartic proteinase 의 특이성을 기질의 아미노산 잔기의 소수성의 척도에서 보면 *Asp.* saitoi 효소는 $P_{1'}$, $P_{2'}$ 위치가 함께 소수성 아미노산일 때, 한편 *Asp. saitoi*의 효소는 P_1, $P_{1'}$, $P_{2'}$ 위치가 어느 것이나 소수성일 때 $P_1 - P_{2'}$ 사이의 결합을 가수분해하기 쉽다. 여기에 변성기질에 대한 aspartic proteinase의 기질인식의 방식이 있다.

Asp. saitoi 효소에 의한 입체구조를 보유한 native insulin에 대한 특이성(3차 구조)를 pH 3.2에서 조사한 결과 주 절단부위는 B사슬의 $Phe^{24}-Phe^{25}$ 결합(상대강도 1.00)과 Tyr16-Lei17 결합(상대강도 0.74)으로 그래서 A사슬의 $Gln^{15}-Leu^{16}$ 결합(상대강도 0.25)을 가수분해하였다.

Insulin의 입체구조에 대하여는 pH 3.2에서는 상당 당부분이 단량체로 존재하는 것으로 생각한다. 이 때문에 2량체라면 B사슬의 C말단 부위는 다른 insulin 분자와 역평행 β구조를 형성하고 있는데도 불구하고 B사슬의 $Phe^{24}-Phe^{25}$의 peptide결합이 잘 절단된 것이다. 그래서 $Phe^{24}-Phe^{25}$ 결합이 절단되면 지금까지 분자 중에 매몰되어 있었던 A사슬 Leu-16의 측쇄가 용액 면에서 접하게 되어 A사슬의 $Gln^{15}-Leu^{16}$을 절단하는 것으로 생각한다.

(4) 산성 carboxypeptidase(EC 3.4.11.1)

산성 carboxypeptidase는 serine carboxypeptidase라고도 한다. 활성기에 serine을 가지기 때문이다. *Aspergillus*속의 산성 carboxypeptidase는 1969년에 *Asp. saitoi*의 배양물에서 Ichishima에 의하여 최초로 발견되었다. 그 후 *Asp. saitoi*의 균체 표재성(表在性) 효소나 청주 국균 *Asp. oryzae*의 배양물에서도 발견되었다.

*Asp. saitoi*에서 분비되는 효소는 균체 외 분비형, 균체 내 가용형, 균체 내 결합형의 자기소화물 어느 것이나 MW 13.5만이다 이것에 대하여 *Asp. oryzae* 산성 carboxypeptidase O와 같이 MW 약 15만으로 7.5만의 subunit 2개로 된 이량체(二量体)의 형태의 것과 O_1, O_2와 같이 MW 6.3만의 단량체의 형태의 것이 있다. 어느 균의 효소의 경우도 이량체는 각종의 저해제에 대하여 저항성이 강한 것이 있으나 단량체는 약하다.

산성 carboxypeptidase는 pH 2.5～5부근의 산성영역에서 peptide, 단백질에 작용하여 proline을 함유하는 중산성 아미노산, 염기성 아미노산의 어느 것이나 유리할 수가 있다. 특이성은 기질의 C말단에서 제2번째에 위치하는 아미노산의 구조에 따라 지배되어 이 위치에 방향족 아미노산이 있으면 가장 높은 반응속도로 효소반응이 진행하여 이어져 이 위치에 glutamic acid가 있으면 반응은 빠르나 glycine, valine, proline이 위치하면 반응은 늦어진다.

담자균인 *Pcynoporus sanguinensis*의 효소에서는 C말단에서 제1번째의 잔기는 leucine 〉 glutamic acid 〉 valine 〉 glycine 〉 방향족 아미노산 〉 proline의 순으로 반응속도를 지배하고 있다.

Aspergillus 산성 carboxypeptidase의 작용 특성에서 peptide의 C말단 자동분석법도 개발 중에 있다. 산성 carboxypeptidase의 제어소자 기능으로서 항염증작용, 탈

고미작용이 알려져 있다.

(5) 기타 exopeptidase

국균의 aminopeptidase나 dipeptidase의 존재는 알려져 있고, 양조에 큰 역할을 하고 있는 것으로 추정하고 있으나 분자수준에 있어서 지견의 집적은 적으므로 여기에서는 그 존재만을 확인한다.

4) 산화환원효소

국균의 산화환원효소에는 여러 가지 것이 있는 것으로 추정되나 여기에서는 잘 알려져 있는 다음의 세 종류의 효소에 초점을 맞춘다.

(1) Glucose doxidase(EC 1.1.3.4)

*Aspergillus niger*의 glucose doxidase는 MW 18.6만으로 동일의 subunit로 된 이량체이다 한 분자 중 2개의 FAD와 16% 당질을 함유하는 flavoprotein이다. Glucose doxidase는 기질 특이성이 높고, β-D-glucose에 대하여 가장 높은 활성을 나타낸다.

Km = 3.3 mm(glucose)

Glucose oxidase는 식품의 갈변방지에 이용되고 있다.

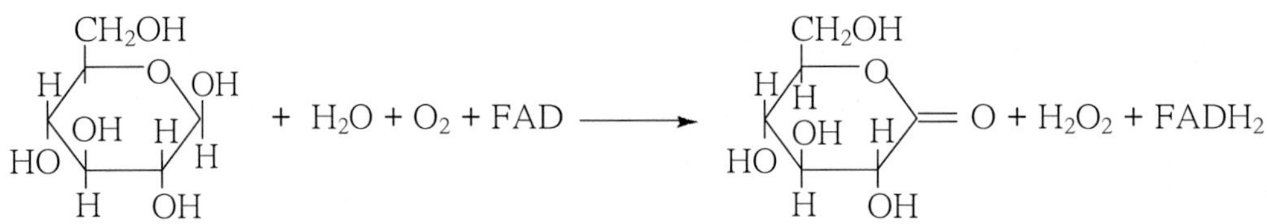

β-D-Glucose D-Glucono-γ-lactone

(2) Amine oxidase

*Asp. niger*의 amine(copper containing)은 MW 25~26만으로 2개의 subunit로 된다. 분자 중 2개의 Cu^{2+}를 함유하여 핑크색을 띠고 있다. Amine oxidase는 monoamine, diamine을 최적 pH 8.5 부근(putrecine)에서 *Km*은 1.2mm(putresin)이다.

(3) Trosinase

Tyrosinae는 monophenol monooxygenase(EC 1.14.18.1)의 반응(a)와 catechol oxidase(diphenol oxidase)(EC 1.10.3.1)의 반응(b)을 촉매한다(그림 2-15).

국균의 tyrosinase는 균체내 효소이다 tyrosinas는 생체방어를 위한 기능을 가진 것으로 안다. 구균의 tyrosinase 활성의 최적 pH는 5～5.6이다. 청주 양조에서는 tyrosinase 활성이 강한 국균은 흑박(黑粕)을 만들므로 좋아하지 않는다. 국균의 균체에 존재하고 있는 효소의 형태는 활성형의 tyrosinase은 없고 불활성형의 전구체 protyrosinase로 있다. Protyrosinase를 pH 3부근으로 하면 단시간으로 활성화되어 tyrosinase로 된다. Monooxygenase의 그룹으로 불활성화형의 전구체가 산성 pH영역에서 활성화하는 것은 알려져 있지 않다.

디스크 전기영동적으로 균일하게 정제된 protyrosinase 표품에는 pH 3처리에 의한 활성화가 나타나는 사실에서 균일하게 정제된 불활성 전구체 표품 중에 aspartic proteinase의 존재를 예상하여 이 불활성 전구체 표품에 proangiotensin을 기질로 하여 pH 3에서 반응 후 반응활성을 고속액체 chromatography로 분석하였다. 그 결과 aspartic proteinase가 특이적으 로 $His^{6}-Pro^{7}$결합을 가수분해하는 사실에서 앞의 disc 전기영동에서 균일로 정제한 표품 중에 역시 proteinase의 혼입이 인정되는 것이다. 이리하여 protyrosinase의 pH 3에 있어서 tyrosinase에의 활성화 반응은 aspartic proteinase에 의한 것으로 결론을 내렸다. Aspartic proteinase는 protyro-

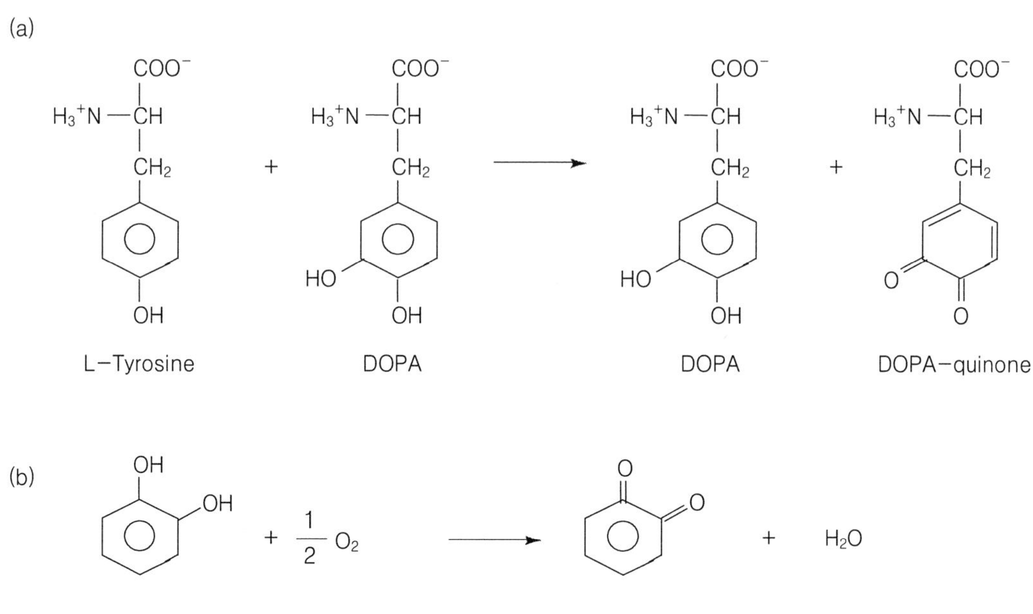

그림 2-15. Tyrosinase 반응식

(a)식 : Monophenol oxygenase(EC 1.14.18.1)의 반응

(b)식 : Catechol oxidase(EC 1.10.3.1)의 반응

sinase의 제어소자로서 작용하는 것이라 한다.

2.4 고정화 효소에서 바이오테크놀로지

물에 가용성의 효소를 물에 불용성의 담체에 결합시켜 고정화 효소로서 산업에의 이용을 세계적으로 선도한 것은 Shibata 등에 의한 국균의 aminoacylase(EC 3.5.1.14)를 사용한 아미노산의 광학 분할이다 이 연구가 시발이 되어 고정화 효소 연구는 폭발적으로 발전되어 bioreactor 연구로 크게 발전되었다.

효소의 작용을 이용하는 양조에서는 그 생산에 관한 연구가 많다. 동종의 고체원료(곡류)에 있어서 효소생산이 액체배양에서 보다도 상당히 용이하고 그리고 다량이라는 국의 특질이 밝혀지고 나서부터 다수의 보고가 발견되고 있으나 이들에 대하여 5절에서 설명할 것이다.

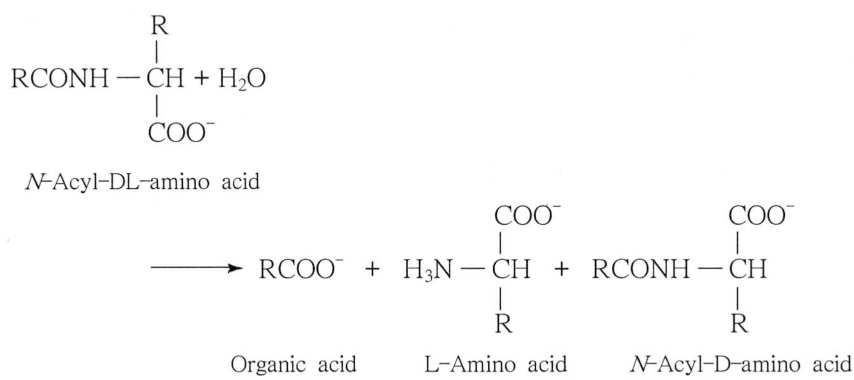

3. 생산물질

▶ 황국균

식물이나 미생물 등의 대사산물 중에서 1차 대사산물(primary metabolites)이란 생명의 유지, 성장 혹은 증식에 필요한 필수의 물질이고, 그 외의 물질은 2차 대사산물(secondary metabolites)이라 한다. 이 개념은 최초 식물생리학자에 의하여 제창되어 점차 미생물 등에도 널리 적용하게 되었다. 양자의 구별은 엄격하게 구분되기 어려운 경우도 있으나 이 장에서 취급하는 물질은 원칙적으로 2차 대사산물에 한정한다. 그런데 국균의 대사산물의 연구에 있어서는 액체배양은 물론, 고체배양도 사용되고 있다.

액체배양에서는 원래 균체 성분이었든 것이 균체의 자기소화 등에 의하여 배지 중으로 침출 혹은 이행된 상태에서 추출, 정제조작을 하여 단리, 구조 결정된 화합물이 균체 성분인가 아닌가의 구별을 하기 어려운 경우가 있다. 고체배양에서는 전체를 추출하고 마는 것이다. 이 장에서는 균체 성분과 명기되지 않는 물질 혹은 어느 보고에서는 균체 성분으로 기록되어 있어도 다른 보고에는 배양액에서 분리된 것 같은 물질에 대하여도 기재하는 수가 있다. 또 생산물이 나열되지 않게 발견의 경위, 생리활성 등에 대하여는 간단한 설명을 하고 있다. 역시 생산물의 화학구조 등에 대하여는 부표를 참조하기 바란다.

3.1 대사관계 생산물질

1) 알코올류

(1) Ethanol

Nakanishi는 ethanol의 생산량이 많은 균주 일수록 배양액의 향기는 좋다고 하였고, Sakaguchi는 종국 유래의 국균이 포도당, peptone을 함유한 배지에서 1.88%의 ethanol을 생성하는 것을 보고하였다. Damiya 등은 *Aspergillus sojae* 그리고 *Asp. oryzae*의 합성배지 그리고 Yoshiki는 *Asp. oryzae*의 합성배지에서 alcohol 생산을 확인하였다.

(2) 고급 알코올

Koisumi는 자당, 황산암모늄을 C, N원으로 하여 *Asp. oryzae*가 isobutyl alcohol, isoamyl alcohol 그리고 ethyl acetate를 생산하는 것을 확인하였다. N원을 amino acid로 또는 죽 배지(액체배지)로 바꾸면 효모의 경우와 마찬가지로 고급 알코올의 생산량은 크게 증가하나 고급 알코올과 여기에 대응하는 ethyl acetate의 생성 비율은 효모에 비하여 약 10배나 높은 것이 특징이었다고 보고하였다. 그래서 이 특징적인 비율이 미국(米麴) 특유의 향기에 관여하고 있을지 모른다고 추측하였다.

(3) Polyol

*Aspergillus*속의 곰팡이는 glycerol, D-mannitol, erythritol 등의 polyol을 생산하는 것은 옛날부터 알려져 있었다. 그러나 국균에서는 Oonishi가 순수 배양한 간장국 중에서 상기의 3종의 polyol의 생산을 보고한 것이 처음이었고, D-arabitol을 곰

팡이의 생산물로서 최초로 발견하였다.

2) Acetaldehyde

Yoshiki는 *Asp. oryzae*의 배양액에서 acetaldehyde의 생산을 확인하였다. 또 Uemura는 *Asp. oryzae*에 의한 L-tyrosine의 대사산물의 하나로서 보고하였다.

3) Acetoin계 화합물

2,3-Butandiol의 효모나 세균에 의한 생산이나 acetoin, diacetyl을 함유한 생성 메커니즘에 대한 많은 연구가 옛날부터 이루어지고 있었다. 국균에 의한 이들 화합물의 생산물의 생산에 대하여는 Shida 등 *Asp. oryzae*를 Henneberg 합성배지에서 배양하고 2,3-butandiol, acetoin 그리고 diacetyl의 생산을 확인한 것이 최초이다.

4) 유기산

국산의 생산물 중 가장 오래부터 연구되어 있는 생산물의 하나이다. 1928년에는 Sakaguchi가 glucose, peptone을 주체로 한 액체배지에 *Asp. oryzae*를 접종하고 구연산, fumaric acid, succinic acid, malic acid, lactic acid, D-gluconic acid의 생산을 확인하였다. 이후 이들의 산 생산량과 배양조건, 생성 메커니즘 등에 대하여 상세히 연구하였다. 이 중 *Asp. oryzae*에 의한 구연산의 생산에 관한 연구는 일본 독자의 업적으로 주목되었다. 그리고 또 Sakaguchi는 포도당, peptone을 주체로 한 액체배양 그리고 미국(米麴) 중에 α-ketoglutaric acid의 생산을 보고하였다. 한편 Uemura는 *Asp. oryzae*의 아미노산 분해물로서 각종 유기산을 동정하였다. 즉 L-leucine에서 2-0xo-4-methylpentanoic acid 그리고 2-hydroxy-4-methylpentanoic acid(leucinic acid)를, L-glutamic acid에서 α-glutaric acid를 단리하였다.

또 Yoshiki는 *Asp. oryzae*를 합성배지에서 배양하여 5-hydroxymethylfuran-2-carboxylic acid(Suniki's acid)의 생산을 확인하였다. Tadema 등은 청주 중의 유기산 중 구연산 다음으로 함량이 많은 α-hydroxy-glutaric acid는 국균과 효모 유래이라는 것을 밝혔다. 동시에 *Asp. oryzae*에 의한 pyruvic acid의 생산도 보고하였다. Origuchi 등은 간장 국균 중의 유기산으로 의산, 유산, 초산, 구연산, propionic acid, malonic acid, succinic acid, fumaric acid, glycolic acid, malic acid, pyruvic acid, α-ketoglutaric acid, pyroglutatric acid의 13종의 유기산을 확인하였다.

다음으로 미동정의 3종도 포함하여 16종의 산의 종국 중의 변화가 특징적이라는 것을 밝혀 주었다.

5) Phenol 등 방향족 화합물

국균이 생산하는 물질에 관한 연구 내용은 양조물의 향미, 색과의 관련, 국균의 대사경로의 해명 등으로 나눌 수 있다. 우선 향미에의 관련에서는 Sue 등이 중요한 간장 향미성분 4-ethylguayacol(4EG), 4-ethylphenol(4EP)의 전구물질로서 ferulic acid, ρ-coumaric acid를 *Asp. sojae*의 생산물로서 보고하고 이들은 valinic acid의 생산도 확인하였다.

Yamamoto 등은 미국(米麴)과 원료미의 온화한 산 당화액 중에 ferulic acid를 발견하고 미립 중에서의 존재 상태는 배당체라고 추정하였다. 또 Yoshisawa는 미립 중에 ferulic acid가 유리형의 유리화형 이외 당, 아미노산, 지방과의 결합형으로서 존재하고 *Asp. oryzae*의 작용으로 유리화되는 것과 결합형의 하나는 2개의 ferulic acid, 3개의 glucose, 2개의 Ca을 함유한다고 보고하였다. Houston은 쌀, 보리 중에 vanilic acid, ρ-coumaric acid의 존재를 확인하였다.

다음으로 청주에 있어서 착색관계는 Nakamura가 일광착색반응 저해물질을 검색 중 미국(米麴) 유래의 물질로서 catechol, hydroquinone, ρ-hydroxybenzaldehyde, ρ-hydroxybenzoic acid, ρ-hydroxyphenylacetic acid, ρ-hydroxyphenyllactic acid, ρ-coumaric acid, procatechuic acid, vanillic acid, ferulic acid를 확인하고 ferulic acid나 vanillic acid는 일광착색반응을 저해한다고 보고하였다. Ooba 등은 미국(米麴)의 갈변이나 흑박의 원인색소의 전구물질로서 *Asp. oryzae*의 생산물인 L-dopa, procatechuic acid를 동정하였다.

Amino acid의 대사에 관하여는 우선 Uemura가 L-phenylanine을 *Asp. oryzae*로 자화하여 2-oxo-3-phenylpropionic acid, 3-hydroxy-3-phenylpropionic acid, phenylacetic acid를 마찬가지로 L-tyrosine에서 4-hydroxyphenylpyruvic acid를 분리하였다.

Uzawa는 *Asp. oryzae*에 의한 phenylalanine의 대사를 연구하여 DL-phenyllactic acid, 2-hydroxy-3-phenylpropionic acid, benzoic acid, ρ-hydroxybenzoic acid, 3,4-dihydroxybenzoic acid, phenylpyruvic acid, phenylacetic acid, o-hydroxy phyenylacetic acid, 2,5-dihydroxyphenylacetic acid의 각 산, 그리고 catechol를, 또 L-tyrosine의 대사산물로서 L-2,3-dihydroxyphenylalanine, 2,3-dihydrozy-benzoic acid, tyramine, ρ-hydroxyphenylacetic acid, L-2,5-dyhydroxypheny-lalanine 그리고 homogentisic acid를 확인하였다.

Kurozawa는 *Asp. oryzae*에 의하여 ρ-methoxybenzoic acid(anisnic acid), ρ-ethoxybenzoic acid를 자화시켜 ρ-methoxyphenol, ρ-ethoxyphenol을 얻었다.

Hara는 국균에 의하여 ρ-anise alcohol이 ρ-asisaldehyde → ρ-anisic acid를 거쳐 산화되어 최종적으로 ρ-methoxy phenol 그리고 ρ-hydroxybenzoic acid에서도 생성되는 것을 각각의 개사산물을 단리하여 증명하였다. 마찬가지로 Hara 등은 isovaniline ⟶ isovanilic acid, isovanilyl alcohol ; vaniline → vanilinic acid, vanilyl alcohol ; o-vaniline → o-vanilinic acid, o-vanilyl alcohol ; 또 Sanoumae 등은 L-dopa → procatechuic aldehyde → procatechuic acid의 대사경로를 증명하였다.

Katagiri 등은 *Asp. oryzae*에 의하여 skimic acid, quinic acid에서 procatechuic acid의 생성을 인정하였다.

6) Amine 등 염기성 화합물

Anine류의 대부분은 국균의 균체성분으로 보고하고 있으나 제국 중의 휘발성분으로서도 검출되는 것을 이 항에서 다룬다.

국균의 amine에 관하여는 Kurono가 국즙에 순수 배양한 국균 균체에서 choline을, Yamada가 *Asp. oryzae*의 두국에서 putresine, cadaverine을, Umetsue는 미국(米麴) 중에 암모니아, cadaverine, ethanol amine, β-phenylethylamine, agmatine, choline을 검출, 주조미 중에도 암모니아, cadaverine, ethanol amine이 존재하여 양적으로는 쌍방 공히 choline이 최대라고 보고하였다.

또 Hayashi는 유기질소를 함유하지 않는 합성배지에 생육한 *Asp. oryzae*의 균체에서 암모니아, adenine, hypoxanthine, histidine, arginine, betaine, stahydrine을, mumetsu는 마찬가지로 하여 얻은 *Asp. oryzae* 그리고 *Asp. sojae*의 균체에서 cadaverine, ethanolamine, isobythlamine, choline, ammonia를 이들의 균체의 자기소화물에서 cadaverine, ethanolamine, β-phenylethylamine, isobythylamine, choline, ammonia를 검출하였다. 그리고 Etienne은 *Asp. oryzae*에서 betaine의 생산을 보고하였다. Windsor는 *Asp. oryzae*의 Taka-diastase 중에 L-α-aminoadiopic acid의 존재를 보고하였다.

한편, Ozumi 등은 제국 중의 미국(米麴)의 향기 성분의 연구 시 휘발성 구분의 포집 농축물에서 ethanolamine, isobutylamine, isoamylamine, putresine, ethylamine, cadaverine 그리고 β-phenylamine을 의 7종을 검출하였다. 이 중 putresine, cadaverine은 밤 냄새의 향기에 유사한 것이라 하였다. Amine은 발효식품에서 필수성분으로 풍미에 복잡성을 부여하고 또 간장의 지미, 고미, 청주의 지미나 농순한 느낌에 관여한다고 한다.

3.2 향미물질

1) 청 주

청주 양조에 있어서는 ① 국(麴), ② 술밑(酒母, 酛), ③ 술덧(교 : 醪)이라 하여 제국은 주조제조에 있어서 가장 중요한 공정의 하나라고 한다. 이 국(麴)의 관능적인 품질평가는 파정(破精), 색, 맛과 함께 밤 냄새라는 향기의 강도도 중요시된다.

우선 Murakami는 밤 냄새의 생산력이 강한 국균은 Czapek 배지 510 ℓ 배양한 배양액의 증류액의 ether 추출물에서 PPC로서 초산, 구연산, 유산, pyruvic acid, phenylpyruvic acid, α-ketoglutaric acid, acetaldehyde, furfual, tyramine, glucosamine, putresine의 계 12개의 화합물을 동정하였다. 그리고 고초균을 국즙에 배양하여도 밤 냄새가 나는 것을 지적하였다.

또 Suzuki 등은 ① 주조공장의 자동제국장치 그리고, ② 국균을 죽(粥)배양(액체배양)에 순수배양한 배기구에 야자활성탄을 달아매어 향기성분을 흡착 후 ether : pentane(2 : 1)에서 추출, ③ 미국(米麴)을 직접 같은 용제로 추출하여 향기 농축물질에서 GC 그리고 TLC에 의하여 alcohol 9, ester 23, carbonyl 9, 유기산 5, amine, 계 53성분을 확인하였다. 이들의 성분 중에는 국이나 술의 향기에 중요한 역할을 하는 것으로 생각되나 밤 냄새를 특정지우는 성분의 구명에는 이르지 않았다고 한다.

한편, Ooba 등은 실험적으로 제국한 미국(米麴)의 휘발성분을 Tenax GC에 흡착 후, GC-MS system에 접속하여 가열 흡착하여 성분의 동정을 행하여 acetaldehyde, butylaldehyde, isobutyladehyde, isovaleraldehyde 그리고 isoamylalcohol의 5성분을 동정하였다. 이들 중 밤 냄새는 isobutylaldehyde에 주된 것으로 추정하고 있다.

Suzuki 등은 미국(米麴) 중에 청주의 방향을 증가하는 성분이 존재하는 것을 발견하여 그 성분의 본체가 leucine 산이라는 것을 증명하였다. Butyl leucine 산이 청주의 방향을 높인 메커니즘은 우선 국균이 국 중의 leucine을 leucine 산을 변환시키고 이어 다음으로 효모에 의하여 butyl leucinate ester화하는 것을 알게 되었다.

IKemi 등은 국균 116균조에 대하여 leucine 산의 생성능력을 비교하여 4.52～32.61 ppm과 생산량으로 7배 이상의 차가 있는 것과 미국(米麴) 중의 leucine 산의 함량이 높아질수록 술덧의 방향도 높아지는 것을 보고하였다.

Koisuymi 등은 국균이 생산하는 mevalonic acid가 효모의 향기생성을 부활시켜 청주 중의 향기를 높이는 한 인자라고 하였다.

3.3 착색물질

1) 청 주

청주의 착색은 ① 원료 유래의 색, ② 철의 혼입에 의한 착색, ③ 숙성에 의한 착색(암소저장 중의 색), ④ 일광 착색의 4종으로 대별된다. 국균의 대사산물은 이들의 어느 것에나 깊이 관계가 있는 것이다. 또 착색물질 혹은 이들 전구물질은 청주의 맛과도 밀접한 관계가 있는 것으로 확인되었다.

다음은 국균의 생산물과 착색과의 관계를 중심으로 하여 설명한다.

(1) 원료 유래의 색

철의 혼입에 의한 착색이 없는 신주(新酒)의 색은 flavin을 주체로 한 매우 맑은 황색이다. 신주에서는 melanoidin 등의 기타 착색이 적기 때문에 원료 유래의 색이 눈에 뜨인다. Flavin류는 현미 중에는 상당량이 함유되어 있으나 도정 검정으로 거의 없어진다.

따라서 청주 중에 존재하는 대부분의 flvavin류, 즉 free riboflavin(FR), flavin mononucloeotide(FmN), flavin adenine dinucleotide(FDA) 그리고 이들의 분해물인 lumiflavin, lumichrome, fourth flavin compound(FFC)는 언제나 제국 중의 국균이나 발효액 중의 효모에 의하여 생산되어 청주 중으로 이행하는 것이 대부분을 차지한다. 그런데 lumichrome에 대하여는 Sasaki 등이 배양액 중에 대부분의 국균에 의하여 공통적으로 생산되는 물질이라는 것을 보고하였다.

(2) 철에 의한 색소

철의 혼입에 의한 착색현상은 옛날부터 문제시되었으나 정력적인 연구에 의하여 그 메커니즘이 상세히 연구되어 있다. 즉 이들은 청주 200 ℓ 에서 분리된 색소를 Fe^{3+}을 함유하는 ferrichryisin으로 동정하였다. 이어 국균이 이 색소의 전구물질인 Fe^{3+}을 함유하지 않는 deferriferrichrysin(DF)을 생산하여 청주 중의 DF 양은 균의 생육과 함께 증가하여 담기 후의 약 72시간에서 최고에 이른다. 최근에 이것을 생산하지 않는 변이균주도 조성되어 실용화되고 있다. 청주 이외에도 미국(米麴)을 사용하고 있는 미린 중의 ferrichrysin의 존재가 확인되고 있다.

Ferrichrysin은 ferrichrome류 또는 Sideramine이라 부르는 일련의 화합물의 하나로 *Asp. melleus*나 *Asp. terreus*의 대사산물로 처음으로 발견되었다. Ferrichrome류는 대부분의 곰팡이에 의하여 생산되어 생장촉진물질, 항생물질 등의 생리활성을 가진 화합물도 많다.

표 2-14. 청주의 착색에 있어서 국균 생산물의 관여

유래 술의 색에 대한 기여율	착색물질		착색반응: 원인물질	착색반응: 청주에 유래원	착색반응저해: 저해물질	착색반응저해: 청주에 유래원	방지법
원료 유래의 색(1~10%)	Flavin		Flavin	쌀, 국균, 효모			활성탄
철에 의한 착색 (10~50%)	Ferrichrysin		Deferriferri-chrysin	국균			Ferri-chrysin 비생산성 균주, Al^{3+}
			Fe^{3+}	물, 쌀			
숙성에 의한 착색 (40~80%)	비효소적 갈변물질 (melanoidin) 효소적 갈변물질		함질소화합물 당류 Carbonyl화합물 Phenol계 물질 Indole계 물질				활성탄
일광에 의한 착색(희망이 없다)	광화학적 갈변물질	반응계 I (20~40%)	Deferriferri-chrysin	국균	Ferulic acid Tyrosol Mn^{2+} (고농도)	국균 물, 쌀	차광 활성탄 Al^{3+} Caffeic-acid 병 내 공기의 제거
			Tyrosine	쌀 단백질 (국균효소)			
			Tryptophan	쌀 단백질 (국균효소)			
			Doxy산	국균, 효모			
			Keto산	국균, 효모			
			Kynurenic acid	효모			
			Flavin	쌀, 국균, 효모			
			Mn^{2+}	물, 쌀			
			산소	병내 공기			
		반응계 II (30~55%)	Tyrosine	쌀단백질 (국균효소)	Ferulic acid		차광 활성탄 Caffeic-acid 병 내 공기의 제거
			Tryptophan	쌀 단백질 (국균효소)			

(계속)

<table>
<tr><th rowspan="3">유래 술의 색에 대한 기여율</th><th rowspan="3" colspan="2">착색물질</th><th colspan="2">착색반응</th><th colspan="2">착색반응저해</th><th rowspan="3">방지법</th></tr>
<tr><th rowspan="2">원인물질</th><th rowspan="2">청주에 유래원</th><th>저해 물질</th><th>청주에 유래원</th></tr>
<tr></tr>
<tr><td rowspan="5">일광에 의한 착색(희망이 없다)</td><td rowspan="5">광화학적 갈변물질</td><td rowspan="3">반응계 II (30~55%)</td><td>Kynurenic acid</td><td>효모</td><td rowspan="3">Ferulic acid</td><td rowspan="3"></td><td rowspan="3">차광
활성탄
Caffeic-acid
병 내 공기의 제거</td></tr>
<tr><td>Flavin</td><td>쌀, 국균, 효모</td></tr>
<tr><td>산소</td><td>병내 공기</td></tr>
<tr><td rowspan="2">기 타* (25%)</td><td>Procatechuic acid</td><td>쌀(국균)</td><td rowspan="2"></td><td rowspan="2"></td><td rowspan="2">차광
활성탄</td></tr>
<tr><td>Indoleacetic acid</td><td>효모</td></tr>
</table>

*일광 착색 전체에 대한 기여율

(3) 숙성에 의한 색소

숙성 착색은 신주(新酒)를 저장하므로 생기는 착색으로 청주의 착색은 차지하는 비율이 대단히 크고(40~80%이다), 옛날부터 연구되어 있다. 그러나 이 메커니즘에 대하여는 많이 알려져 있지 않고 따라서 국균 대사산물의 관여도 밝혀져 있다.

제창되고 있는 메커니즘은 비효소적 갈변, 즉 melanidin에 의한 착색과 효소적 갈변의 두 가지로 대별된다. 비효소적 갈변에는 3- deoxyglucosome(3-DG)을 경유하는 aminocarbonyl 반응의 주원인으로 하는 설과 glucose 비관여의 반응이 주요인으로 된다는 설이 있다. 이 종류의 갈변반응에 관계하는 국균의 생성물질로서는 유기산류를 들 수 있다. 한편 효소적 갈변에서는 국균이 생성하는 tyrosinase에 의하여 tyrosine에서 생긴 L-dopa나 효모 유래의 indole계 화합물의 관계를 보고하고 있다.

(4) 일광 착색

단시간 일광에 빛이면 청주가 급격하게 착색하여 이취를 발생하는 변화이다. 이 착색에는 여러 물질이 관여하여 반응 메커니즘도 복잡하고 세 가지의 반응계로 대별된다. 국균의 대사산물의 관계있는 것을 보면 반응계 I 에서는 deferriferrichrysin을 위시하여 옥시산, keto산, flavin 등이, 반응계 II 에서는 tyrosine, tryptophan, flavin 등이, 제3의 반응계에서는 procatechuic acid 등이 반응의 촉진물질로서 작용한다. 한편 마찬가지로 국균의 생성물인 ferulic acid 등은 반응계 반응, II의 저해물질로서 작용하는 것이 보고되고 있다.

이상 기재된 청주의 착색 그리고 이들에 관여하는 국균의 대사물질과의 관계를 표 2-14에 정리하였다.

2) 국의 갈변과 흑박

Muragami와 Ooba 등에 의하여 상세한 연구가 되어 있으나 이것에 대하여는 제 6장의 미국(米麴)의 갈변과 이상에서 상세히 설명한다.

3.4 비타민

국균은 여러 종류의 비타민을 균체 내에 함유하고 있으나 균체 외로도 생산하는 것으로 알려져 있다. Fukui 등은 국균을 Pfeffer 배지에 배양하여 균체 내만이 아니고 배양액 중에도 pantothenic acid, inositol, biotin, vitamin B_1, B_2를 생산하는 것을 보고하였다. 비타민 B_2에 대하여는 Takada 등이 국균으로서는 처음으로 국균 중에 존재함을 발견하였다. 그 후 국균에 의한 B_2의 생산에 관한 연구보고도 많다. Tachhana는 *Asp. oryzae*의 변이균주가 riboflavin-2-phosphate를 생산하는 것을 알고 추정화학 구조식을 제출하였다.

Sakai는 효모, 곰팡이, 세균, 방선균 기타의 미생물에 대하여 비타민 B_{12}의 생산을 조사하여 *Asp. sojae*, *Asp. oryzae*, *Asp. tamarii*가 언제나 Henneberg 개량배지 중에서 생산하는 것을 확인하였다. 국균은 액체배양에서는 방사선 균에 비하여 미량이기는 하나 국균에서는 *Asp. oryzae* 중에서 생산고가 높은 균주가 존재한 것을 보고하였다.

Ergosterol(provitamin D_2)이 국균에 의하여 생산되는 ergosterol(provitamin D_2)에 관하여 Oshimorimi(鴛見)가 국균 분자 중에서 증명한 것이 최초이다. 그 후 Takada가 국균 균사 중에 그리고 Sasaki 등은 간장국균 균체서 발견하였다. 이외에 ergosterol을 처음으로 수많은 관련 물질이 알려져 있다. 그러나 칼슘 대사조절, 종양세포 증식억제, 세포 분화유도 작용 등의 생리활성으로 최근에 주목되고 있는 1,25-dihydroxycholecalciferol(1α, 25-dihydroxyvitamin D_3)의 전구물질인 5 : 7-cholestadien-3β-ol(7-dehydrocholesterol, provitamin D_3)의 국균에 의한 생산은 보고한 바 없다.

엽산은 녹엽 중에 존재하는 항빈혈성의 비타민이고 미생물에 의한 생합성의 연구는 적다. 특히 곰팡이에 의한 생산에 대하여는 Matsuda가 합성배지를 사용하여 곰팡이 16 균주, 불완전 2균주의 생산능력을 조사 연구하였다. 그 중에서 *Asp. oryzae*가 *Penicillium, Monascus*속의 균에 비하여 미량이면서 균체 중 그리고 배양액 중에 엽산을 생성하고 배양시간이 길어짐에 따라 배양액 중의 함량이 증가하는 것을 보고하였다.

양조과정에 있어서 비타민의 소장은 청주에서는 잘 조사되어 있다. 현미 중의 비타민은 도정미, 세척미 등의 조작으로 손실되지만 제국 중 이후의 효모나 유산균의 증식에 필요한 비타민을 만족한 충분한 양이 생산된다.

간장이나 된장의 제조에 있어서 비타민의 소장에 대한 보고가 그렇게 많지 않으나 국균에 의한 비타민의 생산은 청주의 경우와 마찬가지로 간장 덧 중의 유산균이나 효모의 증식을 재촉하는 데 중요한 의미를 가지는 것으로 생각한다. 특히 inositol은 대두 중에 대량으로 함유되는 phytic acid에서 국균의 phytase에 의하여 또 인지질에서 생성의 가능성도 있고, 미국(米麴) 이상으로 효모나 유산균에의 급원이 되고 있다.

Inositol의 결핍은 효모의 세포 비정상이나 응집을 일으키는 것만이 아니고 효모의 내염성을 부활시키는 큰 역할을 한다고 하며, 제국에 있어서 inositol의 유리의 의의는 크다.

3.5 형광물질

국균이 생산하는 형광물질에 관하여는 그 발단에서 두 가지로 대별한다. 그 하나는 뒤에서 설명하는 aflatoxin 문제에 관련된 연구이고, 다른 하나는 2차 세계대전 직후의 식량사정의 악화로 비타민 B_2의 급원을 국균에서 구하자는 연구이다.

Kaneko 등은 비타민 B_2 다량 생산균주를 검색 중 배양액 중에 riboflavin의 황록색의 형광과는 다른 강렬한 청~자색의 형광을 발하는 물질을 생산하는 균을 발견하였다. 249균주에서 선택한 *Asp. oryzae*의 배양액 약 1000 ℓ 에서 asperopterin A, B로 명명된 황색의 침상결정을 단리(A의 수량은 약 400 mg, B는 약간 미량)하여 각각의 화학구조를 2-amino-3,4,7,8-tetrahydro-8-methyl-4, 7-dioxo-6-pteridinyl-methyl β-D-ribofuranoside, 그리고 2-amino-3, 4, 7, 8-tetrahydro-6-hydroxy-methyl-8-methyl-4, 7-dioxopteridine을 결정하였다.

그 후 asperopterin B에 대하여는 Tayler 등에 의하여 완전 합성되었다. A는 배지와 함께 가열살균 처리할 때 유산균(*Str. faecalis*)에 대하여 엽산 대체작용을 나타낸다고 보고하였다. 2대별한 형광물질 이외 Asaori가 ferulic acid가 형광물질을 발하는 것을 보고하였다.

3.6 Mycotoxin

Mycotoxin(곰팡이 독)이란 곰팡이의 대사산물 중 인축에 생리적, 병리적 장해를 일으키는 물질의 총칭이고, 이미 100종 이상(일설에는 200종 이상)이 알려져 있다. 자연계에서 최강으로 발암성을 가지는 aflatoxin의 발견(1962)은 소수의 연구자에 의하여 착실한 연구가 이루어져 mycotoxin의 연구에 일대전환을 가져 왔고, 세계 중에서 눈부시게 연구된 계기가 되었다.

일본의 양조용 국균과 근연의 *Asp. flavus*나 *Asp. parasiticus*이기 때문에 국균에 의한 aflatoxin의 생산능력에 대하여 강한 의심스러운 일이 있어 양조업계는 존망의 위기에 이르렀다. 재난을 당한 정세 아래에서 일본의 연구자를 중심으로 국균의 aflatoxin 생산능력에 대하여 정력적인 조사가 개시되었다.

우선, Guriizuhara 등은 국균 약 180 균주의 배양액의 추출물의 TLC, UV, 형광스펙트럼, 계배법(鷄胚法) 등에 의하여 어느 균도 aflatoxin 비생산성이라고 보고하였다. Muragami 등은 214균주의 국균의 액체배양액 그리고 미국(米麴)의 chloroform 추출물을 TLC, UV 스펙트럼에서 비교하여 aflatoxin 생산균주는 1균주도 존재하지 않고 그리고 국균과 aflatoxin 생산균주와는 분류학적으로도 판연하게 구별되는 것을 밝혀주었다.

Danabe 등은 238균주의 국균, Hesseltine 등은 일본과 대만의 간장, 된장의 국에서 분리한 53균주, Kinoshita 등은 일본의 카쓰오부시, 된장, 간장 등의 식품 24종에서 분리한 37균주에 대하여 어느 것이나 TLC, UV 스펙트럼 분석의 결과에서 aflatoxin 생산균주는 1균주도 발견하지 못하였다고 결론 내렸다.

Sasaki 등은 126균주에 대하여 aflatoxin의 생산능력을 TLC, UV, 형광스펙트럼에 의하여 정사한 결과, 어느 것이나 afltoxin을 생산하지 않았던 것의 TLC에 있어서 aflatoxin과 유사한 거동을 하는 형광물질이 존재하는 것을 밝혀주었다. 이어서 afltoxin 유사의 거동을 하는 물질로서 일련의 pyrizine환 화합물 7종, isocoumarin환 화합물 4종을, aflatoxin G 유사의 거동을 하는 물질로서 lumichrome을 단리, 동정하였다. 그리고 국균의 대표적인 생산물인 asperillic acid, kojic acid, β-nitopropionic acid, 수산의 생산성에 대하여 상세한 검토를 하여 생산량에서 보면 전혀 문제가 없다는 것을 밝혔다.

단, cyclopiazonic acid에 대하여는 강한 독성을 가지는 것과 공업용 국균 중에도 생산능력이 있는 균주가 존재하기 때문에 사용 시에는 충분한 체크를 행할 필요가 있다는 것을 보고하였다. 아래에 곰팡이 중에서 속칭 국균이라 부르는 것들이 생산하는 대표적인 mycotoxin에 대하여 간단히 설명한다.

1) Aspergillic acid와 diketopiperazine 관련물질

(1) Aspergillic acid 등 pirazine 환화합물

Aspergillic acid 등 pirazine 환 화합물은 항균작용 물질로서 분리된 것이 대부분으로 곰팡이 독 중독으로서의 실제 유해한 보고는 없다. 이 중 Aspergillic acid는 미생물의 대사산물로서는 처음으로 발견된 pirazine 환 화합물이다. 즉 1943년 White 등이 Gram 양성, 음성세균에 대한 항생물질로서 *Asp. flavus*의 배양액에서 분리하고 Dutcher, Dunn 등에 의하여 구조가 결정되었다. 또 menzel 등은 *Asp. flavus*의 배양액에서 Aspergillic acid와 그리고 hydroxyaspergillic acid를 증명하였다. 국균의 대사산물로서는 Nakamura 등이 화락균에 유효한 물질로서 *Asp. oryzae*의 배양액에서 muta-aspergillic acid, hydroxyaspergillic acid를 분리한 것이 최초이다.

Sasaki 등은 야외에서 채취한 *Asp. sojae*로 동정된 균의 배양액에서 형광성의 pirazine 환 화합물 7종과 함께 Aspergillic acid hydroxyaspergillic acid, 2-hydroxy-3-isobutyl-6-isopropylpyrazine-1-oxode, 2-hydroxy-3, 6-di-sec-butylpyrazine-1-oxide 2-hydroxy-6-(1-hydroxy-1-methylpropyl)-3-sec-butylpyrazine-1-oxide의 5종의 동족 화합물을 단리하였다. 또 Ueno 등은 *Asp. oryzae*의 배양액에서 2-hydroxy-3-sec-butyl-6-isopropylpyzazine-1-oxide를 분리하였다.

이상의 외에 Aspergillic acid의 동족체는 대부분의 야생곰팡이류의 생산물로서 수많이 알려져 있다. Aspergillic acid 그리고 동족체의 급성독성은 마우스에 대하여 복강 내 주사로 어느 것이나 LD50 100 mg/kg이고, 측쇄의 구조도 독성의 세기 간에는 관계가 없다. 단 pirazine 환의 제1위치가 N-oxide에서 deoxy 구조로 되면 독성이 소실된다. 생합성에 대하여는 2개의 아미노산의 축합을 거쳐 생성되는 것이 확인되고 있다.

(2) Diketopiperazine과 그 관련물질

*Gliocladium fimbriatum*의 항생물질로서 발견된 gliotoxin과 동족의 함황 diketopiperazine이 국균의 생산물로서 알려져 있다. Sakada 등은 식물병원균 *Phytophthora cinnamomi* A의 균사에 이상형태를 일으키는 물질로서 최초 *Asp. flavus*에서 다음으로 *Asp. oryzae* IAm 2613, *Asp. tamarii* IAm 1465 그리고 *Asp. sojae*의 몇 균주에의 배양액에서도 aspirochlorine을 단리하고 구조를 결정하였다. 탈 Cl-배지에서는 4위치의 Cl이 H로 치환된 동족체를 얻고 있다.

Aspirochlorine은 Berg 등에 의하여 *Asp. tamarii*의 배양액에서 분리된 antibiotic

A 30641과 동일 물질이라는 것과 화학구조는 Sakada 등이 제출한 구조가 옳다는 것이 증명되었다. 또 *Candida albicans*, *Candida utilis* 등 효모에 대한 만의 항균성을 가지는 물질로서 *Asp. oryzae* IAm 2613의 배양액에서 분리하여 구조가 미결정이었던 oryzachlorin은 asperochlorine의 불순 정제물이라는 것도 확인되었다. 이외에 아미노산 유래의 anhydro-lycomarasmic acid 그리고 그 전구물질의 aspergillomarasmin A, B가 *Asp. oryzae*의 배양액에서 얻고 있다.

2) 국 산

국산은 1907년 Saito에 의하여 미국에서 분리, Yabuda에 의하여 국산으로 명명되어 1924년 화학구조가 결정되었다. *Asp. oryzae*, *Asp. sojae*, *Asp. flavus*를 중심으로 하는 *Aspergillus*속이나 *Penicillium*속에 의하여 생산하는 것으로 알려져 있다.

독성에 관하여 Wilson은 마우스에 대한 복강 내 주사에서 LD50 10 mg이라 하였고, 또 Morton 등은 17 g의 마우스의 복강내 주사로 최소 치사량(minimal lethal dose = MLD)은 30 mg이라고 하였다. 한편 생합성에 대하여는 14C를 사용한 연구에서 glucose에서 직접 합성되는 것이 밝혀졌다. 국산은 향미 개량제로서 수요가 늘고 있는 maltose의 원료로서 사용되고 있다. 국산의 이량체가 *Asp. oryzae*의 생산물로서 보고하고 있으나 화학구조는 완전히 결정되어 있지 않았다.

3) β-Nitropropionic acid

미생물 기원의 nitro기를 가지는 화합물은 귀하고 chloramphenicol에 이어 2번째이다. Bush 등은 *Asp. flavus*의 배양액에서 항생물질 flavicin(flavacidin, flavicidin, 3-pentenyl penicillin)을 정제할 때 불순물로서 단리되었다. Nakamura 등은 *Asp. oryzae*의 배양액에서 화락균에 대한 항생물질 oryzacidin(구조 미정)의 정제 중에 단리되었다. 화락균에 대하여는 약간의 항균력이 있다. Sasaki 등은 공업용 국균의 일부에도 생산능력을 갖는 균주가 존재한다고 보고하였다.

독성은 마우스의 경구 투여에서 LD_{50} 160～240 mg/kg, 정맥주사에서 50 mg/kg이라 하였다. β-Nitropropionic acid는 asparate, β-alanine 등의 아미노산의 함질소화합물의 중간대사물질로 생각하고 있다.

4) 수 산

수산은 시금치를 위시하여 식물이나 식품 중에 널리 분포하는 것으로 알려져 있다. 한편 국균을 포함한 여러 곰팡이나 효모에 의한 생산이 확인되고 있다. 독성은 K 또는 Na염으로 마우스에 대한 복강 내 주사에서 LD_{50} 150 mg/kg 이다.

5) Cyclopiazonic acid

Cyclopiazonic acid는 가축의 곰팡이 독 중독의 원인균으로서 의심되어 온 *Pen. cyclopium* Westling에서 Holzapfel 등에 의하여 처음으로 분리된 물질이다. 그 후 *Asp. oryzae*, *Asp. tamarii* Kita, *Asp. flavus* Link 등에도 생산이 인정된다. Sasaki 등은 1980년 시판 국균 중에서도 생산 균이 존재하는 것과 최근에는 Manabe도 마찬가지 결과를 보고하였다. Cyclopiazonic acid의 급성 독성은 강하고 숫쥐에 대한 복강 내 주사에서 LD_{50} 2.3 mg/kg, 경구에서는 숫쥐에서 LD_{50} 36 mg/kg, 암쥐에서 LD_{50} 183 mg/kg이라 하였다. ^{14}C를 사용한 실험에서 초산, mevalonic acid, tryptophan 등에서 생합성하는 것으로 판명되었다.

6) Maltoryzine

Aflatoxin과 마찬가지로 aflatoxin에 의한 가축의 곰팡이 중독사건을 계기로 하여 발견된 물질이다. 즉 1954년 9～11월, 일본 교토와 치바 현에서 유우 약 40마리가 중독을 일으켜 폐사하였다. 이 원인으로서 사료의 맥아근에 번식하고 있던 곰팡이라는 것이 판명되었다. 그리고 추구한 결과 *Asp. oryzae* var. *microsporus* Sakaguchi et Yamada가 생산하는 mycotoxin이라는 것이 판명되었다. 그 독성은 강하고, 마우스에 대한 복강 내 주사에서 LD_{50} 13 mg/kg이었다.

3.7 생리활성 물질

1) 화락산(mevalonic acid)

*Asp. oryzae*가 생산하는 진성 화락균의 생육인자로서 Damura 등에 의하여 발견된 화락산은 그 후 여러 미생물에 의하여 생산되는 것을 알았다. Cholesterol, terpene, polyphenol 등 isoprenoid 화합물의 생합성에 있어서 공통의 중간체로서 아주 중요한 의미를 가진 물질이라는 것이 밝혀졌다. 청주의 화락(火落)에 대하여는 제6장에서 상세히 설명한다.

2) 항생물질

항생물질과 mycotoxin과의 구별은 항생물질은 주로 항균성을 기준으로 하여 검색하는데 대하여 mycotoxin은 인간 또는 가축의 급성 또는 만성의 장해의 발현을 기회로 하여 발견된 것이 많고, 양자의 발견의 경위에 있어서 큰 차이가 있다. 항생물질로서 검색된 것 중에는 약효보다도 독성이 강하고 mycotoxin으로서 다루는 것이 많다. 이미 mycotoxin의 항에서 설명한 aspergillic acid 등의 pirazine 환 화합물, gliotoxin 관련의 oryzachlorin(antibiotic A 30641, aspirochlorine) 등이 해당된다.

이들 외에도 국균이 생산하는 항생물질로서는 antibiotic A 30641과 함께 *Asp. tamarii* NRRL 8101의 배양액에서도 분리된 canadensolide, 화락균에 유효한 물질로서 단리되었으나 구조 미결정의 oryzacidin, 효모에 유효하나 구조 미결정의 yeastcidin 등이 알려져 있다.

3) 곰팡이의 포자형성 촉진물질

Tanaka 등은 *Asp. oryzae* NOY-2가 국균의 phialo형 포자형성을 촉진하는 물질을 생산하는 것을 발견하였다. 배양액 40 ℓ 에서 sporogen-Ao 1로 명명한 유효물질을 얻어 새로이 sesquiterpene인 것을 밝혀 주었다. 본 물질의 실용화 시험에 필요한 시료를 얻기 위하여 합성법이 연구되고 있다.

Whada 등은 sporogen-Ao 1을 얻는 과정에서 2종류의 새로운 sesquiterpene alcohol, Drim-9(11)-en-8 α-ol, 그리고 Drim-9(11)-en-8 α-ol을 분리하였다.

3.8 기 타

Sakaguchi는 국균이 간장 유산균 *Pediococcus halophilus*의 생육을 촉진하는 peptide, P-factor를 생산하는 것을 보고하였다. 또 Dakeuchi 등은 된장이나 polypetptide 중에 내염성 유산균 증식물질이 존재하는 것을 알았고, 중성의 저분자 peptide이라는 것으로 추정하고 있다.

Hayashida 등은 청주제조에 있어서 국균의 proteolipid가 고농도 alcohol 생성인자로서 작용하는 것으로 보고하였다. Nakamura 등은 *Asp. sojae* AJ 7002가 빵효모 그리고 맥주 효모를 강력하게 응집하는 미생물 응집 활성물질을 생산하는 것을 발견하고 활성물질의 정제를 행한 결과 분자량 20만 이상의 고분자물질로 hexosamine, 단백질, 그리고 2-ketogluconic acid를 함유하는 것이 밝혀졌다.

Fischer 등은 *Asp. oryzae*에서 porphyrin 유도체의 하나인 coporporphyrin Ⅰ의 분리를 보고하였다. Tokuyama 등은 간장과 된장에서 분리한 60균주의 국균 중 13균주가 reducton 같은 물질을 생산하는 것을 확인하였으나 활성물질의 단리에는 이르지 못하였다. 또 Oonishiii 등은 *Asp. oryzae* 4290의 균체 성분으로서 ceramide, cerebroicide, sterol류, 중성 지질에 대하여 수많은 물질을 증명하였다.

끝맺음

이상에서 설명한 것과 같이 국균의 생산물은 대부분 연구자의 오랜 노력에 의하여 220여 종의 여러 물질이 밝혀졌다. 이 사실은 양조에 있어서 제국이 단지 효소의 생산 장소만이 아니고 다음 단계의 효모 혹은 유산균의 순조로운 활동을 받으면서 물질이나 향미성분과 그 전구물질 등의 생산의 장으로서도 아주 중요한 공정이라는 것을 나타내고 있다.

한편, aflatoxin 문제는 양조업계에 있어서는 큰 위기라 할 수 있는 일대 사건이었으나 다행히도 aflatoxin은 국균에서는 생산되지 않았다. 분류학적으로 균주의 호칭에 약간의 혼란이 있으나 aflatoxin 이외의 mycotoxin의 생산성에서 보아도 오늘날에는 국균은 아주 안전한 균이 선택 혹은 선택된 것을 알고 있는 이유일 것이나 100년 이상의 양조 역사의 변천을 거쳐 완성된 일본 식문화의 원점에 위치하는 미생물로 칭하여도 과언은 아닐 것이다.

또 한편에서는 종래의 양조만이 아니고 국균이 갖는 미지의 능력의 발견이나 개발, 즉 새로운 생리활성 물질 자원으로서의 견해도 될 것으로 생각된다. 이상 국균 중에서도 가장 용도가 넓은 황국균(*Asp. oryzae*, *Asp. sojae*, *Asp. tamari*)의 생산물에 대하여 그 화합물 명, 분자량, 분자식 등을 표 2-15에 정리하였다.

표 2-15. 황국균 생산물의 일람표

화 합 물	분 자 량	비 고
I . Hydrocarbone(4)	-	
1. *o*-Xylene	106	장유국
2. *m*-Xylene	106	장유국
3. *p*-Xylene	106	장유국
4. *n*-Octane	114	장유국
II . Alcohols(18)	-	
1. Methanol	32	장유국
2. Ethanol	46	oryzae균, sojae균, 주국, 장유국
3. 1-Propanol	60	oryzae균, 주국
(*n*-Propyl alcohol)	-	
4. 1-Butanol	74	oryzae균, 주국, 장유국
(*n*-butyl alcohol)	-	
5. 2-Propanol	74	oryzae균, 주국, 장유국
(*n*-isoprpyl alcohol)	-	

(계속)

화 합 물	분 자 량	비 고
6. 1-Pentanol	88	oryzae균, 주국, 장유국
(*n*-amyl alcohol)	-	
7. 2-Methyl -1-butanol	88	장유국
(act-amyl alcohol_	-	
8. 2-Methyl -1-butanol	88	oryzae균, 장유국, 장유
(isoamyl alcohol)	-	
9. 2,3-Butylene glycol	90	oryzae균
(2,3-butanetriol)	-	
10. 1,2,3-Propanetriol	92	장유국
(glycerol)	-	
11. 1-Haxanol	100	장유국
12. 1-Hexanol	102	oryzae균, 주국, 장유국
13. 2-Phenylethanol	122	oryzae균, 주국
(β-phenylethyl alcohol)	-	
14. 1-Octen-3-ol	128	oryzae균, 장유국
15. 2-Octen-1-ol	128	oryzae균
16. 1-Octanol	130	oryzae균, 주국
17. 3-Octanol	130	oryzae균, 장유국
18. Inositol	180	국균
III. Aldehydes(14)	-	
1. Acetaldehyde	44	oryzae균 주국, 장유국
2. Propanal	58	oryzae균 주국, 장유국
(propionalddhyde)	-	oryzae균 주국, 장유국
3. 2-Methylpropanal	72	
(butylaldehyde)	-	oryzae균 주국, 장유국
4. 2-Methylpropnal	72	
(isobutylaldehyde)	-	oryzae균 주국
5. Pentanal	86	
(n-vaeraldehyde)	-	주국, 장유국
6. 3-Methyl : butanal	86	
(isovaraldehyde)	-	oryzae균 주국
7. Hexanal	100	
(caproic acid)	-	장유국
8. Benzaldehyde	106	
9. Phenylaldehyde	120	장유국
10. 4-Hydroxyphenylaldehyde	122	주국
11. Methoxybenzldehyde4-	136	oryzae균
12. 3,4-Dyhydroxybenzaldehyde	136	oryzae균
(protocatecualdehyde)	138	

(계속)

화 합 물	분 자 량	비 고
13. 4-Hydroxy-3-methoxybenz aldydehyde(vanilline)	- 152	장유국
14. 4-Hydroxy3,5-dimethoxy benzaldehyde(syringaldehyde)	- 182	장유국
IV. Acetal(1)	-	
1. 1,2-Dimethoxypropane	104	장유국
V. Ketones(9)	-	
1. Acetone	58	oryzae균, 주국, 장유국
2. 2,3-Butanedione (diacetal)	86 -	oryzae균, 주국,
3. 2,3-Butanedione (acetoin)	88 -	oryzae균, 주국, 장유국
4. 2-Haxanone	100	장유국
5. 3-Hexanone	100	장유국
6. 4-Methoxy-2-pentanone (isopropylacetone)	100 -	장유국
7. 2-Heptanone	114	장유국
8. 3-Octanone	128	장유국. oryzae균
9. 6-Methyl-2-heptanone	128	장유국
VI. Acids(28)		
1. Formic acid	46	oryzae균, 장유국
2. Aceric acid	60	oryzae균, 주국, 장유국
3. Propionic acid	74	oryzae균, 주국, 장유국
4. Hydroxyacetic acid (Glycolic acid)	76	장유국
5. 2-Oxopropionic acid (pyrivic acid)	88 -	oryzae균, 장유국
6. Butanoic acid (*n*-butyric acid)	88 -	oryzae균, 주국, 장유국
7. 2-Methylpropionic acid (isobutyric acid)	88 -	장유국
8. Oxalic acid	90	국균
9. (S)-2-hydroxypeopionic acid (L-lactic acid)	90 -	oryzae균 장유국
10. Pentanoic acid (*n*-valeric acid)	102 -	oryzae균, 주국, 장유국

(계속)

화합물	분자량	비 고
11. 2-Methylbutanoic acid (isovaleric acid)	102 -	장유국
12. Propanedioic acid (malonic acid)	104 -	장유국
13. Butanedioic acid (fumaric acid)	116 -	oryzae균 장유국
14. Hexanoic acis (*n*-caproic acid)	116 -	oryzae균, 주국
15. Butanedioic acid (succinoic acid)	118 -	oryzae균 장유국
16. Benzoic acid	122	sojae균, oryzae균, oryzae균, 주국
17. 2-Oxo-4-methylpentanoic acid	130	oryzae균, 장유국
18. 2-Hydroxy-4-methylpentanoic acid(leucinnic acid)	132	oryzae균, 장유국
19. Hydroxubutanedioic acid (L-malic acid)	134	oryzae균, sojae균, 주국
20. 2-Phenyllactic acid	136	oryzae균, sojae균, 주국
21. 2-Oxopentanedioic acid (α-ketoglutaric acid)	146	장유국
22. 2-Hydroxypentanedioic acid (2-hydroxygl;utaric acid)	148	oryzae균
23. 4-Methoxybenzoic acid (p-asinic acid)	152	oryzae균
24. 2-Hydroxy-3-phenylpropionic acid	164	sojae균
25. 2-Oxo-3-phenylpeopionic acid(phenylpyruvic acid)	164	oryzae균, sojae균, 주국
26. 2-Hydroxy-3-phenylpropionic acid(phenylpyruvic acid)	166	oryzae균, sojae균, 주국
27. 2-Hydroxy-1,2,3-propane tricarboxylic acid(citric acid)	192	oryzae균 장유국
28. D-Gluconic acid	196	oryzae균
VII. Esters(30)	-	
1. Methyl acetate	74	장유국
2. Ethyl acetate	88	oryzae균, 주국
3. Ethyl propionate	102	oryzae균, 주국
4. Propyl acetate	102	oryzae균, 주국

(계속)

화합물	분자량	비 고
5. Ethyl 2-methylpropionate (ethyl isobutyrate)	116 -	장유국
6. *n*-Butyl acetate	116	oryzae균, 주국
7. 2-Methylpropyl acetate (isobutyl acetate)	116 -	oryzae균, 주국
8. Ethyl 2-hydroxypropionate (ethyl lactate)	118 -	oryzae균, 주국, 장유국
9. 2-Methylbutyl acetate	130	장유국
10. 3-Methylbutylacetate (isoamyl acetate)	130 -	oryzae균, 주국, 장유국
11. Ethyl 2-methylbutanoate	130	장유국
12. Ethyl 3-methylbutanoate (ethyl isOvalerate)	130 -	장유국 oryzae균, 주국
13. Hexanolic acid ethyl este (ethyl caproate)r	144 -	oryzae균, 주국
14. *n*-Hexyl acetate	144	oryzae균, 주국
15. Ethyl benzoate	150	oryzae균, 주국
16. Diethyl malonate	160	oryzae균, 주국
17. Phenylethyl acetate	164	oryzae균, 주국
18. Octanoic acidethyl ester (ethyl caprylate)	172	oryzae균, 주국
19. Henaoic acid isobutyl ester (isobutyl caproate)	172	oryzae균, 주국
20. Diethyl faumarate	172	oryzae균, 주국
21. Diethyl succinate	174	oryzae균, 주국
22. Hexzanoic acid isoamyl ester(isoamyl cproate)	186	oryzae균, 주국
23. Ocranoic acid isobutryl ester(isobutyl caprylate)	200	oyzae균, 주국
24. Decanoic acid ethyl ester (ethyl caprate)	200	oyzae균, 주국
25. Ocanoic acid isoamyl ester (isoamyl caprylate)	214	oyzae균, 주국
26. Ethyl laurate	228	oryzae균, 주국
27. Decnoic acid isoamyl ester (isobutyl cappprate)	228 -	oryzae균, 주국
28. Decanoic acid isoamyl ester (isoamyl caprate)	242 -	oryzae균, 주국
29. Ethyl hexadecanoat (ethyl palmitate)	282 -	장유국

(계속)

화합물	분자량	비고
30. 9,12-Octadecadienoic acid	308	장유국
ethyl ester(ethyl lanolate)		
Ⅷ Lactones(3)	-	
1. 1,4-Butanolide	86	장유국
(butyrolactone)	-	
2. Hiochic acid	148	oryzae균
(mevalonic acid)	-	
3. Canadensolide	208	tamarii 균
Ⅸ. Terpenes(3)	-	
1. Drim-9(11)en-8α-ol	222	oryzae균
2. Drim-9(11)en-8β-ol	222	oryzae균
3. Sporogen-AO1	248	oryzae균
Ⅹ Steroids(9)	-	
1. Cholest-5-en-3β-ol	386	oryzae균
(cholesterol)	-	
2. Ergosta-5,7,22,24(28)-	394	oryzae균
tetraen-3β-ol	-	
3. Ergosta-5,7,22,-trien-3β-ol	396	국균
(ergosterol provitamin D3)	-	
4. Ergosta-5,22-dien-3β-ol	389	oryzae균
(brassicasterol)	-	
5. Ergosta-7,22-dien-3β-ol	389	oryzae균
(5,6-dihydroergosterol)	-	
6. Ergosta-5,24-dien-3β-ol	398	oryzae균
(episterol)	-	
7. 4α-Methyl-8,24(28)-	398	oryzae균
ergostadien-3β-ol	-	
(4α-methylfecosterol)		
8. Lanosta-8,24-dien-3β-ol	426	oryzae균
(lanosterol)	-	
9. 24-Methyllenehydrolanosterol	440	oryzae균
(eburicol)		
Ⅺ. Phenols(23)	-	
1. 1,2-Dihydroxybenzene	110	주국, 장유국
(catechol)	-	

(계속)

화합물	분자량	비 고
XI. Phenols(23)	-	
2. 1,4-Benzenediol (hydroquinone)	110 -	주국
3. Methoxyphenol (guaiacol)	124 -	장유국
4. 4-Methoxyphenol	124	oryzae균
5. 4-Ethoxyphenol	138	oryzae균
6. 4-Hydroxybenzoic acid	138	oryzae균
7. 2-Methoxy-5-vinylphenol	138	주국, 장유국, ryzae균
8. 2-(2-Hydroxyphenyl)-aceticacid	150 -	장유국
9. 2-(4-Huydroxyphenyl) cetcic acid	152 -	장유국
10. 2,6-Dimethoxyphenol	152	주국, 장유국
11. 2- Hydroxy-3-methoxybenzyl alcohol(o-vanillyl alcohol)	154 -	장유국
12. 3-Hydroxy -4-methoxybenzyl alcohol(isovanillyl alcohol)	154 -	oryzae균
13. 2,3-Dihydroxybenzoic acid	154	oryzae균
14. 3,4-Dihydroxybenzoic acid (procatechuic acid)	154 -	sojae균
15. 3-(4-Hydroxyphenyl) propionic acid(*p*-coumaric acid)	154 -	oryzae균, 주국, sojae균
16. 4-Hydroxy-3-methoxybenzoic acid(vanillic acid)	164 -	sojae균, 주국,
17. 3-Hydroxy-4-methoxybenzoic acid(isovanillic acid)	168 -	주국, 장유국, oryzae균, sojae균
18. 2-(2,5-Dihydroxyphenyl) acetic acid(homogentisic acid)	168 -	oryzae균
19. 3-(4-Hydroxyphenyl) pyruvic acid	180 -	oryzae균
20. 3-(4-Hydroxyphenyl) lactic acid	182 -	주국
21. 3-(4-Hydroxy-3-methoxy-phenyl) propeonic acid (ferulic acid)	194 -	sojae균, 장유국, 주국
22. 4-Hydroxy-3,5-Dimethoxy-benzoic acid(syringic acid)	198 -	sojae균

(계속)

화 합 물	분 자 량	비 고
23. 6-(9-Pentenyl)-1.4,5-tri- hydroxy benzene (maltoryzine)	208	oryzae균
XII. Furans(4)	-	
1. 2-Furaldehyde (furfural)	96 -	oryzae균
2. Furfuryl alcohol	98	장유국
3. 2-Acetylfuran	110	장유국
4. 5-Hydroxymethoxyfuran-2- carboxylic acid(skumikis acid)	142 -	oryzae균
X III. Pyrones (4)		
1. 3-Hydroxy-2-2-methoxy-4H- pyran-4-one(maltol)	26 -	장유국
2. 5-Hydroxy-2-methyl-4H- pyran-4-one	126 -	장유국
3. 3-Methoxy-2-methyl-4H- pyran-4-one	140 -	장유국
4. 2-Hydroxymethoxy-5- hydroxy-4H-pyran-4-one	142	국균
X IV. Amino acids and related compounds(10)	-	
1. 5-Oxoproline (L-pyroglutamic acid)	129 -	장유국
2. Histidine	155	oryzae균
3. Amino adipic acid	161	oryzae균
4. Arginine	174	oryzae균
5. β-[2,3(Dihydroxyphenyl] alanine	194 -	sojae균
6. β-[2,5-Dihydroxyphenyl] alamine	197 -	sojae균
7. 3-Hydroxytyrosine(L-Dopa)	197	oryzae균 주국
8. Aspergillomarasmin B (lycomarasmic acid)	278 -	oryzae균
9. Aspergillomarasmin A	307	oryzae균
10. Deferriferrichrysin	744	국균

(계속)

화 합 물	분 자 량	비 고
X V . Amines(13)		
1. Ammonia	17	주국, oryzae균
2. Ethylamine	45	주국, oryzae균
3. 2-Aminoethanol	61	주국,,oryzae균
(Ethanolamine)	-	
4. 1-Amino-2-methylpepane	73	주국, oryzae균
(isobutylamine)	-	
5. 3-Methylbutylamine	87	oryzae균 주국
(isoamylamine)	-	
6. 1,4-Butanediamine	88	주국, oryzae균
(putresine)	-	
7. 1,5-Pentanediamine	102	주국, oryzae균
(cadaverine, pentamethy-	-	
lenediamine)		
8. 2-Hydroxy-*N*, *N*, *N*-trimethyl	104	주국, 국균,oryzae균
ethanaminium(choline)n	-	
9. Carboxy-*N*, *N*, *N*-trimethyl	117	oryzae균
ethanaminium hydroxide inner	-	
salt		
10. 2-Phenylethylamine	121	주국, oryzae균
11. 4-(2-Aminobutyl) phenol	130-	oryzae균
(Agmatine)		
12. 4-(2-Aminoethyl) phenol	137	sojae균, oryzae균
(Tyramine)	-	
13. 2-Carboxy-1,1-dimethyl	143	oryzae균
pyrrolidium hydroxide inner		
salt		
X VI Pyrazines(17)		
1. 2,5-Dimethylpyrazine	108	장유국
2. 2,6-Dimethylpyrazine	108	장유국
3. 2,3,5-Trimethylpyrazine	122	장유국
4. 2-Hydroxy-3-isobutyl-6-	194	sojae균
isopropy pyrazine	-	
deoxymuta-aspergillic acid)	-	
5. 2-Hydroxy-3,6-diisobutyl	208	sojae균
pyrazine(flavacol)_	-	
6. 2-Hydroxy-3,6-di-sec-butyl	208	sojae균
pyrazine(deoxyaspergillic acid)	-	

(계속)

화 합 물	분 자 량	비 고
7. 2-Hydroxy-3,6-disec-butyl	208	sojae균
pyrazine	-	
8. 2-Hydroxy-6(1-hydroxy	210	sojae균
isopropyl)-3-isobutyl pyrazine	-	
9. 2-Hydroxy-3-isobutyl-6-	210	sojae균
isopropylpyrazine-1-oxide	-	
10. Hydroxy-3-sec-butyl-6	210	oryzae국
isopropylenepyrazine-1-oxide	-	
11. 2-Hydroxy-6-(1-hydroxy-1-	224	sojae국
methylpropyl)-3-isobutyl-	-	
pyrazine(deoxyhydroxy-	-	
aspergillic acid)	-	
12. 2-Hydroxy-6-(1-hydroxy-1-	224	sojae국
methylpropyl)-3-sec-	-	
butylpyrazine	-	
13. Hydroxy-3-ispoibutyl-6-sec-	224	국균, sojae국
butylpyrazine-1-oxide	-	
(aspergillic acid)	224	sojae국
14. 2-Hydroxy-3,6-di-sec-	-	
butylpyrazine-1-oxide	-	
15. 2-Hydroxy-6-(1-hydroxyiso	226	oryzae국
propyl)-3-isobutylpyrazine-1-	-	
oxide(muta-aspergillic acid)	-	
16. 2-Hydroxy-6-(1-hudroxy-1-	240	sojae국, oryzae국
methylpropyl)-3-isobutyl-	-	
pyrazine-1-oxide(hydroxy-	-	
aspergllic acid)	-	
17. 2-Hydroxy-6-(1-hydroxy-1-	240	sojae국
methylpropyl)-3-sec-butyl	-	
pyrazine-1-oxide		
XVII. Flavins(5)	-	
1. 6,7-Dimethyl-alloxazine	242	주국, 국균
(lumichrome)	-	
2. 6,7,9-Trimethyl-isoalloxazine	256	주국
(lumiflavin)	-	
3. Riboflavin	376	주국, 국균
(vitamin B_2)	-	
4. Flavin mononucleotide	456	주국
(F_mN)	-	

(계속)

화 합 물	분 자 량	비 고
5. Flavin adenine dinucleotide (FAD)	786 -	주국
X VIII Micellaneous nitrogen containing copounds(13)	-	
1. 1-Methyl-2-pyrrolidone	99	장유국
2. β-Nitropropionic acid	119	국균, oryzae균
3. 1H-Purine-6-amine (adenine)	135 -	oryzae균
4. Purine-6(1H)-one (hypoxanthine)	136 -	oryzae균
5. Methyl nicotiate	137	장유국
6. Pyridoxine(vitamin B_6)	169	국균
7. (R)-N-(2,4-Dihydroxy-3,3-dimethy-1-oxobutyl)-β-alanine (pantothenic acid)	219 - -	국균
8. 2-Amino-3,4,7,8-tetrahydro-6-hydroxymethyl-8-methyl-4,7-dioxopteridine (asperopterin B)	223	oryzae균
9. Cyclopizonic acid	336	국균, tamarii 균, oryzae균, sojae 균
10.-Amino-3,4,7,8-tetrahydro-8-methyl-4,7-dioxo-6-pteridinylmethyl-β-D-ribofuranoside (asperopterin A)	373 - - -	oryzae균
11. Folic acid	441	oyzae균
12. Coproporphyrin I	654	oryzae균
13. Vitamin B_{12}	1355	국균, tamarii균
X IX. Sulfur-containing compunds (3)	-	
1. Dimethyl disulfide	94	장유국
2. 3-(methylthio) pronanal (methional)	104 -	장유국
3. Bis-(2-methylpropyl) disulfide	178	장유국

(계속)

화 합 물	분 자 량	비 고
XX. Nitrogen and sulfur-containing compounds(3)	-	
1. Hexahydro-2-oxo-1H-thieno-[3,4d]-imidazole-4-pentanoic acid(biotin)	244	국균
2. Thiamin(vitamin B_1) hydrochloride	337	국균
3 Aspirochlorin(antibiotic A30641, oryzachlorin)	360	oryzae균, sojae균, tamarii균
XXI. Derivatives of monosaccharides(4)	-	
1. Erythrytol	122	장유국
2. Arbitol	152	장유국
3. 2-Amino-2-deoxyglucose (glucosamine)	179	oryzae균
4. Mannitol	182	장유국
XXII.Unidentified compounds(9)		
1. Reductone	-	국균
2. Riboflavin diphosphate	518	oryzae균
3. Fourth flavin compouds (FFC)	-	주국
4. Mimer of kojic acid (R-2 substances)	296	oryzae균
5. Oryzacidin	203	oryzae균
6. Yeastcidin	-	oryzae균
7. P-Factor	-	sojae균
8. High concentration alcohol producing factor	〉200,000	oryzae균
9. Microbial cell flocculant	-	sojae균
Total 227		

▸ 흑국균

흑국균의 특징 하나는 높은 구연산 생산성에 있고, 소주국에 흑국균을 사용하는 이유의 하나는 그가 생산하는 구연산에 의하여 술덧의 pH를 낮게 유지하여 침입하는 잡균의 증식을 억제하는 것이다. 구연산의 생산은 일반적으로 검정 Aspergilli류에 널리 발견되는 성질이나 *niger*그룹(*Asp. niger* group)의 곰팡이에 대하여서도 잘 연구되어 있으므로 이것을 포함한 검정 Aspergilli류 각종의 생산물을 설명하기로 한다.

3.9 구연산의 생산

검정 Aspergilli류에 의하여 생산되는 주요한 유기산은 구연산과 gluconic acid, 수산이다. 그 평판배양에 의한 거대 콜로니에 대하여 균체 내 구연산 축적량의 분포를 보면 외주변부에 있어서 생산이 활발하고, 이 사실은 예를 들면 protease의 생산이 균사의 선단에 가까운 부위에 있는 사실과 부합하고 있다.

1) 우량 균주의 검색

Nakazawa는 *Asp. awamori*를 찐쌀에 번식시켜 소주국을 만들고, 이것으로 구연산을 분리 동정하였으나 이것이 일본에 있어서 구연산 발효에 관한 연구의 처음 일 것이다. 그 후 Okinawa현의 포성국(泡盛麴)에서 상기 균주에서 다시 구연산 생산능이 높은 균주(*Asp. awamori* var. *fumeus*)를 분리하여 발효시험을 행한 결과, 자당에 대한 구연산 회수율은 64.3%의 높은 수율을 얻었다. 또 일본 전국의 토양 등의 시료에서 산성 여지법으로 균의 분리를 행하여 구연산 생산능이 높은 균주를 검색한 결과 강 생산 균주는 전국적으로 분포하여 특히 산악지대의 시료에서 많이 분리되어 이들 균주의 형태적인 특징은 흑색이 진하고 분생자두는 대형을 밀생하여 분생자병은 긴 것이 많았다.

그 외에 구연산의 공업 생산적 견지에서 폐당밀부터 우량 균주의 검색을 행하여 조제당밀에서 당에 대하여 70%를 넘는 수율로 구연산을 생산하는 *Asp. niger*균 주를 분리하였다. 또 전분질 원료에서 진탕배양에 의하여 구연산의 생산에 알맞은 균주의 검색을 행하여 표면발효법과 액체발효법 별로 우량 균주를 선정하였다.

2) 고생산성 변이균주의 조성

일본에 있어서 인위 변이균주의 조성의 여명적인 연구는 옛날 대만 총독부(현재,

대만성 전매공사) 중앙연구소의 라듐조사에 의한 구연산 생산 균의 육종이다. 즉 *Asp. niger*에 라듐 방사선(γ-선)을 조사하여 인위 변이균주 5균주를 조성하여 이들의 형태적, 생화학적인 성질을 친균주(원종)와 비교한 결과 형태적으로 현저한 변화가 인정되는 외에 구연산 생성능이나 전분 당화력이 현저히 향상된 변이균주가 얻어졌다.

그 후 여러 연구자에 의하여 구연산 고생산성 변이균주가 조성이 되었다.

3) 생산방법

흑국균의 유기산 발효는 호기적(산소성) 조건하에서 이루어져 고체배양법, 표면배양법, 액내발효법으로 대별되고 있으며, 그 장단점을 표 2-16에 정리하였다.

(1) 고체발효법

고체퇴적 발효법에 의한 공업 생산화는 Cahn(1935)에 의하여 시작되어 Terui가 이것을 추진하였으나 Kagoshima현에서는 현 공업시험소의 지도로 감자전분박(수분 65~70%)에 약 5%의 쌀겨 또는 밀기울(무기질소로 대체가능)을 혼합하여 증자하고 흑국균 *Asp. usamii*의 분생자를 살포하여 30℃에서 배양하여 최종적으로 대당 65~70%의 수율로 구연산을 제조하고, 당시 동 현에서는 본법에 의하여 연간 1,500톤을 생산하였다(표 2-17).

표 2-16. 유기산 발효의 방법과 그 특징

방 법	장 점	단 점
표면발효법	- 저압송풍 때문에 노동력이 싸다. - 배양관리는 많이 필요하지 않다. - 잡균오염의 위험성이 적다. - 제품회수의 조작이 간단하다. - 균체의 재사용이 가능하다.	- 넓은 상(床) 면적이 필요하다. - 많은 손질이 필요하다. - 발효일수가 비교적 길다.
액내발효법	- 대규모 조작이 용이하다. - 비교적 단시일에서 발효가 종료된다.	- 통기, 교반 등에 상당한 노력 비용을 필요로 한다. - 주의 깊이 배양관리가 필요하다.
고체발효법	- 건설비가 비교적 싸다. - 아주 단시일에서 발효가 종료된다. - 고농 당도에서 발효할 수 있다.	- 많은 손질이 필요하다. - 불균일계 때문에 완전한 배양관리가 곤란하다. - 배출조작 등의 제품회수의 조작이 복잡하다.

표 2-17. 고체국법에 의한 구연산 발효경과

배양시간(hr)	국 중 수분(%)	국 중 구연산(%)	건물 중 구연산(%)
15	71.6	–	–
24	68.8	0.9	2.9
40	68.3	6.9	21.7
48	66.0	9.5	29.7
65	64.4	13.5	37.9
72	63.6	14.5	39.9
90	61.6	15.9	41.4

(2) 액내 발효법

가. 균체 증식과의 관계

균체의 증식상과 구연산 생성 경과와의 관계를 그림 2-16에 나타내었다. 그림에서 A는 통상의 경과를 나타내고, B는 이상적인 경과를 나타내었다. 즉 ①상(相 : phase)은 분생자의 발아에 요하는 시간으로 약 10～20시간이 걸리고, 이어서 ②상(相 : phase)은 발아한 분생자의 균체 증식을 행하는 시기로 진탕배양법에서는 20～160시간 경과한 사이에 이루어져 ③상(相 : phase)은 ②상(相 : phase)의 단계에서 획득된 균체 내 에너지를 사용하여 기질의 대사산물을 균체 외로 분비하는 시기로 이 기간에 구연산의 생성과 축적이 이루어져 균체의 증식이 일어나지 않는 것이 바람직하다.

구연산 발효를 가장 이상적으로 행하는 데는 ①상(相), ②상(相)과 ③상(相)의

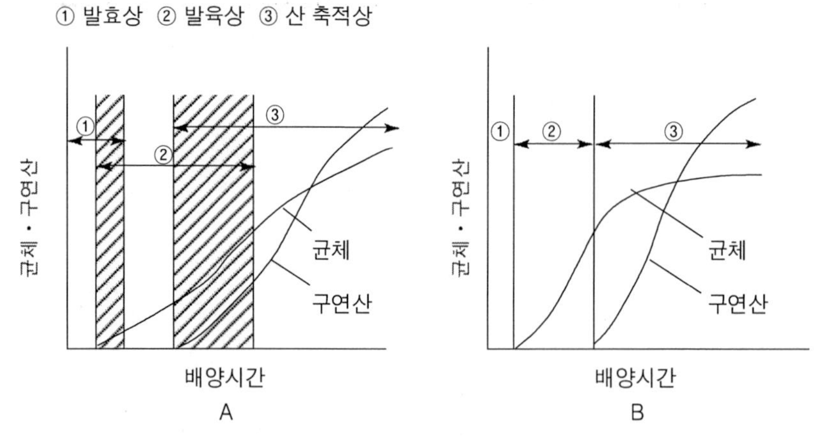

그림 2-16. 균체발육 그리고 산 축적에서 본 배양경과

중복을 없게 하는 것이다. ①상(相)과 ②상(相)을 중복을 없애는 데는 종배양 등으로 분생자, 발아의 동기화를 할 필요가 있고, 또 ②상(相)과 ③상(相) 중복을 없애는 데는 배지양분 조성과 산소 용해량의 적절한 관리가 필요하다.

나. 배양조건

① Methanol 첨가: *Asp. niger*에 의한 구연산 발효에서 Sakaguchi 등은 Mayer가 발견한 methanol의 산 생성 촉진효과는 그 후 여러 연구자에 의하여 확인되어 methanol 농도 3% 전후가 가장 생성을 촉진하였다.

② 배 지 pH: *Asp. niger*에 의한 구연산의 생성에 있어서 배지(초발) pH가 크게 영향하여 pH 4 전후가 최적이고, pH가 중성에 가까우면 수산의 부생이 증대한다.

③ 온 도: 배양온도가 25～33℃의 범위에서는 저온 쪽이 구연산 생성에 알맞고, 특히 배지에 질소함량이 높아질수록 그 경향이 강하게 된다.

④ 무기염: Methanol을 배재에 첨가한 경우에는 철 그리고 망간이 구연산 생성을 촉진하여 methanol 무첨가의 경우는 구리에 촉진효과가 인정된다. 또 배지 중의 인산염의 높을수록 구연산의 생성이 감소되어 수산의 부생을 촉진한다.

⑤ 증식형태: 액내 배양에 있어서 균체 내의 증식 형태에 의하여 구연산 생산량이 크게 달라 균사가 솜털모양(filamentous)으로 증가할 때에 많고, 입상(pellet)으로 증식할 때는 적다. 이 증식 형태는 액에 여러 종의 계면활성제를 첨가함으로써 면상(솜털모양)으로나 입상으로 변화하여 산 생산량을 관리할 수가 있다.

3.10 유기산 전환

*Asp. niger*의작용에 의하여 촉진되는 유기산의 전환반응을 그림 2-17에 나타내었다. 주로 산화반응 ①～⑧에 있으나 다른 탈탄산반응 ⑨나 환원적 methyl화 반응 ⑩ 등도 있다. 균의 이와 같은 성질을 이용하여 보다 필요도가 높은 유기산을 생산할 수가 있다.

3.11 효소류

흑국균이 생산하는 효소류는 황국균의 그것과 비교하여 현저히 내산성이 강하고 생전분을 소화하는 능력도 크다. 이들의 특이성에 주목하여 실용상 그리고 효소학상의 연구가 많이 이루어지고 있다.

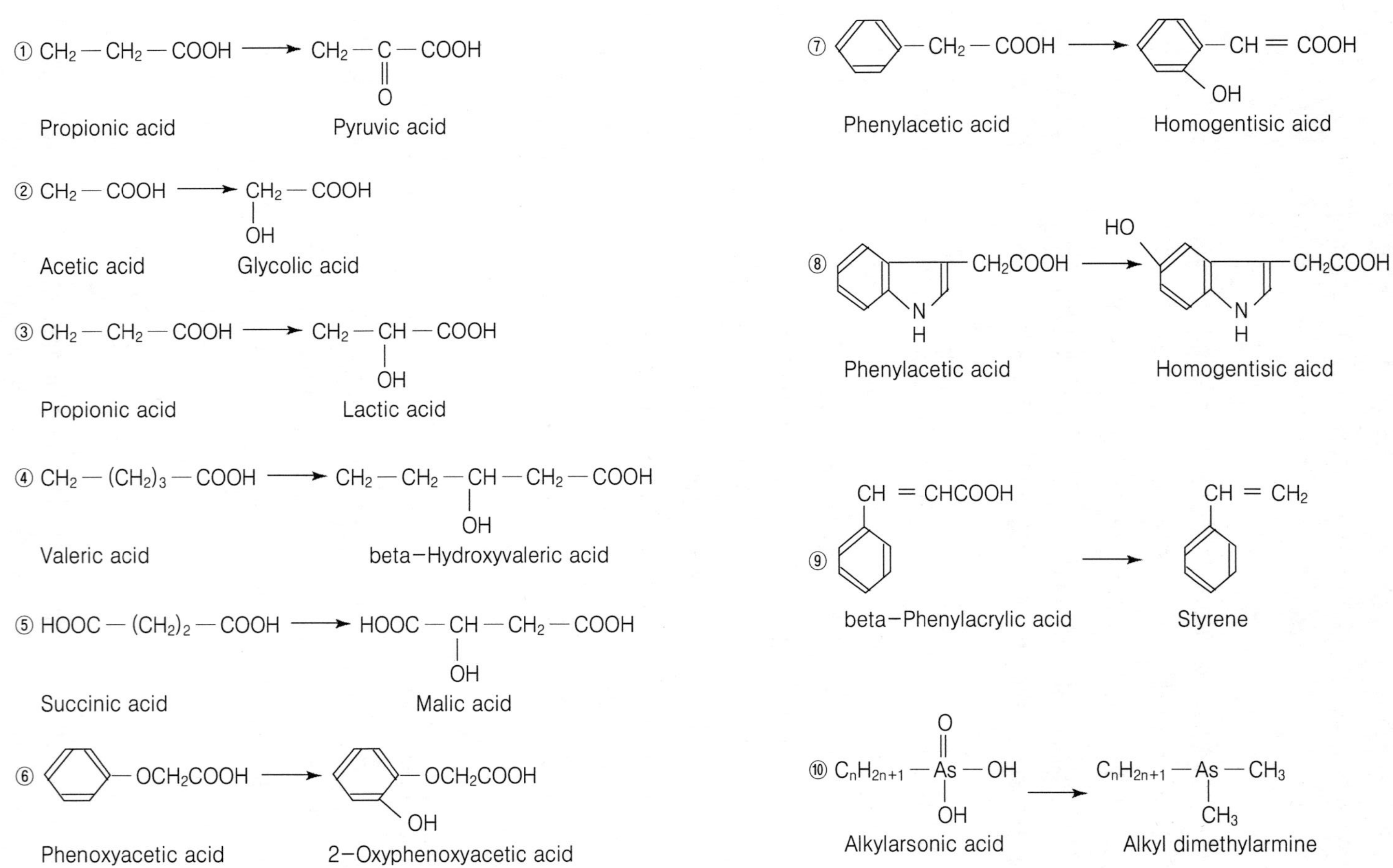

그림 2−17. *Aspergillus niger*에 의한 유기산의 전환

3.12 색소류

흑국균은 분생자병 내에도 담황~갈색의 색소가 있고, 그 분생자벽은 특징적으로 흑갈색 등의 색소로 씌어져 있다. 그 변이에 따라 색조의 변호하는 일반적으로 흑색 → 황갈색 → 담갈색 → 백색이라는 변이 방향성을 나타내나 이것이 또 균주나 사용되는 변이 발색제 등에 의하여 다른 수가 있고, 이것을 그림 2-18에 나타내었다.

(1) Aspergillin : *Asp. niger*의 분생자에서 추출된 색소로 철을 0.26% 함유한 humin같은 물질과의 혼합물이고 분자구조는 불명이다.

(2) Aurasperones : *Asp. niger* 그리고, *Asp. awamori*의 균사 내에서 분리된 황색 색소가 있고, 분자구조가 결정되어 있다.

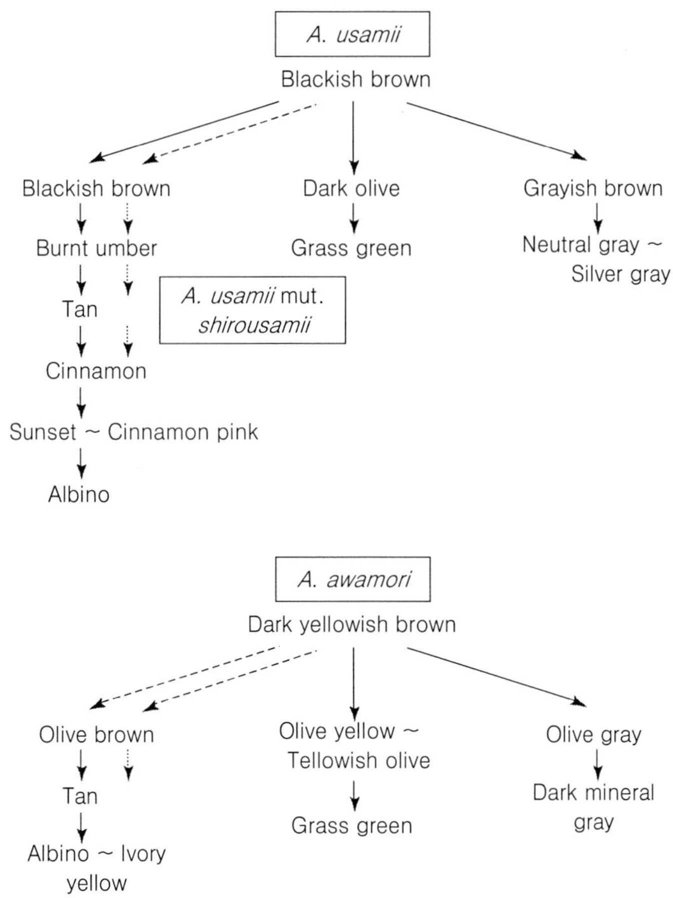

그림 2-18. 분생자두 색조변이의 범위와 경향

┈► : γ 선, ──► : 자외선

(3) Asperyellone : *Asp. niger* 그리고 *Asp. awamori*가 배지에서 분비되는 황색색소로 분자식은 $C_20H_{22}O$이다

(4) Flavasperone : Aurasperones과 마찬가지로 흑국균의 균사에서 분리된 황색색소이고, 분자구조가 결정되어 있다.

3.13 Sterol류

여러 종의 *Aspergillus*속 균주에 대하여 성호르몬 progesterone을 산화하여 11 α-hydroxyprogesterone 그리고 11 β,11 α-dihydroxyprogesterone의 생성능력을 비교하면, 흑국균 군에 그 전환능이 큰 균주가 많고 *Asp. saitoi*를 사용한 탱크 배양에서 상기의 성호르몬의 전환이 이루어지고 있다. 또 종종의 흑국균 균주의 ergosterol 생산능력을 비교한 바 *Asp. usamii*와 그 변이균주에 고 생산능력의 균주가 많았다.

4. 미생물 육종

20세기에 들어와서 일반미생물학의 진보와 더불어 양조용 국균과 그가 생산하는 효소의 역할이 점차 밝혀짐에 따라 양조에 알맞은 국균의 검색이 이루어져 양조에 있어서 그의 관리법・사용법이 확립되었으나 최근에는 변이・교잡・세포융합 등에 의하여 우수한 균주의 육종이 활발하게 되었다.

4.1 변이에 의한 육종

1) 육종의 대상으로서의 국균의 성질

청주・소주・간장・된장의 양조에 알맞은 국균에는 공통적인 성질 이외에 각 양조물에 특징적으로 요구되는 성질이 있다. 그래서 육종의 대상으로 될 각 국균의 성질의 명확화는 육종에 있어서 제1의 필수조건이다.

(1) 청주 국균

유용 청주 국균으로서 구비하여야 할 조건으로는

① 증미 상에서 번식이 양호할 것, ② Amylase가 강할 것, ③ Protease가 비교적 약할 것, ④ Deferriferrichrome(DF)을 생산하지 않을 것, ⑤ Mevalonic acid를 생산하지 않을 것, ⑥ 미국(米麴)을 갈변하지 않을 것, ⑦ Mycotoxin 비생산성일 것, ⑧ 분생자병이 짧고 기계제국하기 쉬울 것, ⑨ 분생자 착생이 좋고, 또한 종국을

만들기 쉽고, 향이 좋은 미국(米麴)이 만들어져 분생자 착생이 좋은 종국을 만들기 쉬울 것, ⑩ 좋은 국이 만들어지는 것 등이 제시되고 있다.

현재 이들의 조건을 모두를 갖추고 있는 종균 균주는 존재하지 않지만 금후의 육종의 대상으로 목표는 명확하다.

(2) 소주 국균

전통적으로 포성제조에는 흑국균이 사용되고 있고, 소주제조에도 이 백색 변이균주가 사용되고 있다. 흑국균의 우수한 점은 제국 시에 구연산을 생산하므로 술덧은 산성으로 되어 변패를 방지할 수 있고, 그 위에 흑국균의 amylase 조성이 소주 술덧 중에서의 당화에 아주 알맞다는 것이다. 원료 중 전분의 분해에는 α-amylase, 당화형 amylase, transglucosidase의 협동작용이 필요하다.

흑국균의 육종에도 이들의 바람직한 특징의 개선이 제1로 고려하지 않으면 안 될 것이다.

(3) 간장 국균

간장 양조에 있어서는 대두, 소맥을 사용하므로 이 분야에 관여하는 효소나 국균의 성질도 청주, 소주 국균과는 상당히 다르다.

간장 국균은 ① 단백질을 분해하는 alkaline protreinase, 중성 proteinase의 생산능력이 높고, ② 아미노 산화를 높이는 aminopeptidase, glutaminase가 강하고, ③ 식물조직 붕괴에 기여하는 pectin lyase 등의 효소의 생산능력이 높고, ④ 적량의 amylase와 산성 protase를 생산하고, ⑤ 생육속도가 크고, ⑥ 제국 중의 당 소비량이 많지 않고 제국 작업성이 우수하고, ⑦ 종국의 분생자 착생이 양호하고, ⑧ mycotoxin 비생산성이라는 것이 불가결의 조건이다. 이들은 간장 제국의 육종 목표이다

(4) 된장 국균

다당소염형(多糖少塩型)의 감미 된장계에는 amylase가 강한 국균이, 소당다염형(少糖多塩型)의 신미 된장에는 protease가 강한 국균이 좋다고 한다. 된장의 향기와 색조에는 국균도 영향하는 수가 있다. 된장국에는 미국·맥국·두국 등 여러 종의 것이 있고, 일정 수준의 amylase, protease 역가는 된장의 숙성에 필요하다. 단 효소 면에서 보면 청주 국균 혹은 간장 국균의 육종의 목표와 큰 차가 없는 것으로 생각한다.

2) 변이균주 조성법

미생물의 돌연변이를 유발하는 수단으로서는 자외선, X선, 초음파의 조사나 염기 analogue, 아질산염, 아황산염, alkyl화제(nitroguanidine 등) 등의 처리가 있다. 변이유발의 과정에는 DNA 염기의 구조 변화에서 일어나는 물리화학적인 염기쌍의 오류만이 아니고 DNA합성, 수복효소 등에 의한 생물적 반응도 관여되고 있다.

국균 변이균주의 조성에는 변이를 일으킬 목표에 맞는 연구가 필수이다. 변이시킬 친균주의 선택, 변이 유발제의 사용법에는 일정의 지침은 없고 목표로 하는 변이의 빈도를 크게 하기 위하여 시행착오는 피할 수가 없다. 특히 변이균주 중에서 목표로 하는 성질을 가진 균주를 효율적으로 선별하는 screening법의 확립이 제일 중요하다.

대표적인 예로서 청주 국균의 유용 변이균주의 유발법과 분리법을 그림 2-19에 나타내었다. 이것은 청주의 착색에 관여하는 DF나 화락균(火落菌)이 균주의 조성에 적합한 screening법이다. 국 갈변성이 적은 국균은 발아가 지연되므로 초자여과기로 농축하는 연구가 있다. 실제의 제국조건에 맞는 현실적인 변이균주 분리법도 알려져 있다.

다른 예를 들면 protease 생산성이 높은 간장 국균 변이균주의 조성에서는 국균 콜로니가 카세인 배지 상에서 만드는 투명 원대와 콜로니의 직경의 비율이 protease 생산능이 높은 상관이 있다는 것을 이용한 효율적인 screening법이 적용된다,

3) 청주 국균의 변이

(1) Deferiferrichrome(DF) 비생산성 변이균주

국균이 생산하는 DF는 술덧 중이나 청주 중의 철과 결합하여 ferrichrome(ferrichrysine)으로 되고, 청주에 적갈색을 주어 청주의 열화를 일으키는 한 원인이 된다. 착색 억제책으로서 DF 비생산성 국균의 조성이 그림 2-18의 방법으로 이루어진다. 분생자의 생존율이 약 2%로 될 때까지 자외선 조사에 의하여 친균주 *Asp. oryzae* RIB 203에서 DF를 생산하지 않는 변이균주 203-27이 얻어졌다. 다른 친균주에서는 DF 생산력이 아주 약한 변이균주 RIB 155-11이나 RIB 647-88, RIB 326-77 등이 조성되어 있다.

이들의 변이균주의 특징과 국의 성질은 거의 같았으며, 이를 표 2-18, 표 2-19에 나타내었다. 변이균주의 형태적, 생리적 성질은 거의 같았다. RIB 203-27과 RIB 155-11의 국의 amylase 역가는 친균주와 거의 같은 정도이고, 다른 변이균주의 amylase 역가는 친균주와 거의 같은 정도이고, 다른 변이균주의 amylase 활력은 현

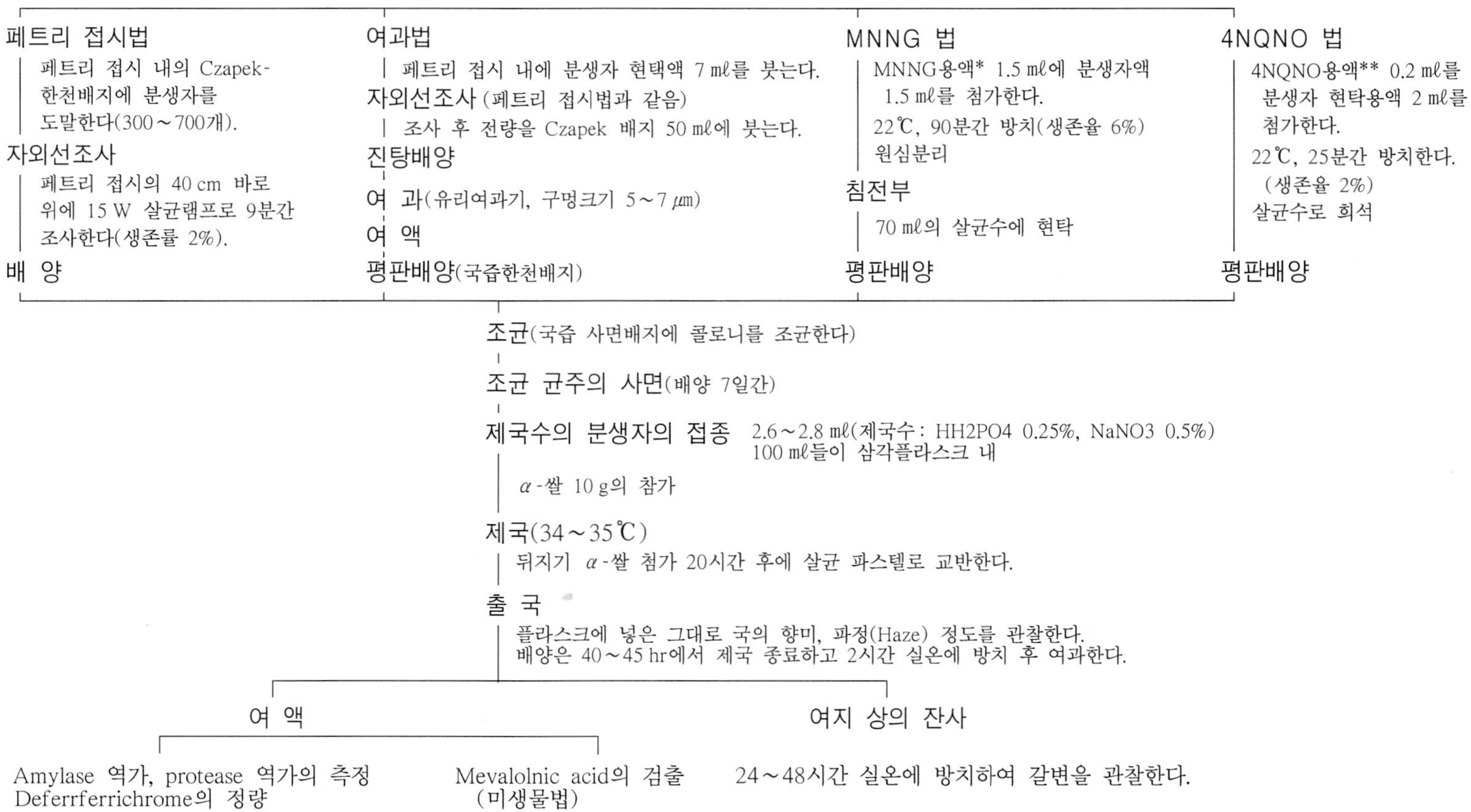

* MNNG용액 : 구연산완충액(pH 5.0) 1 mℓ에 4.5 mg의 *N*- methyl-*N*- nitro-*N*-nitrosoguanidine을 용해한다.

** 4NQNO용액 : 물 100 mℓ에 4-nitroquinoline-*N*- oxoide 20 mg을 용해한다.

그림 2-19. 청주국균 유용 변이균주의 분리법

표 2-18. 분리된 변이균주의 특징

	RIB 203-27 (FN)	FN-16	FN-30	FN-48	RIB 155-11 (BN)	BN-NTG-31	RIB 326-6	RIB 326-77	RIB 647-88	시판종국
Deferriferrichrome 생산	없음	없음	없음	없음	작다	작다	작다	작다	작다	크다
Mevalonic acid 생산능	있음	있음	있음	있음	있음	없음	있음	작다	없음	있음
Amylase 역가	크다	약간 작다	작다	크다	약간 작다	약간 크다	작다	작다	작다	보통
Protease 역가	보통	보통	보통	보통	보통	보통	작다	작다	작다	보통
국의 갈변성	있음	있음	약간 있음	약간 있음	없음	없음	없음	없음	없음	없거나 있음
증미에서의 번식성	좋음	좋거나 나쁨	나쁨	좋음	좋음	좋음	나쁨	약간 나쁨	약간 나쁨	나쁨
분생자의 착생	좋음	보통	약간 나쁨	나쁨	좋음	약간 나쁨	보통	나쁨	보통	좋음
분생자병의 길이	보통	약간 짧음	약간 짧음	약간 짧음	보통	길다	약간 짧음	약간 짧음	약간 짧음	
Aflatoxin 생산능력	없음	없음	없음	없음	없음	없음	없음	없음	없음	없음

표 2-19. DF 비생산성 국균 변이균주로 만든 국의 성질

균 주	제국시간 (hr)	DF의 농도 (ppm)	α-Amylase 역가	산성 protease 역가	당화력	균체량 (mg/g)	미국의 갈변도
RIB 155-11	41	0	60	0.045	12.85	4.4	-
	47	25.0	81	0.079	21.08	4.9	-
RIB 203-27	41	0	118	0.023	33.95	7.6	++
	47	0	156	0.170	36.85	8.0	++
시판종국	41	186	95	0.131	29.91	8.0	-
	47	252	150	0.143	31.47		-

저히 저하되었다. RIB 203-27은 갈색 변성을 나타내나 DF 비생산성으로 amylase 활력이 강하므로 가장 현실적 가치가 있는 국균이라고 생각된다.

DF 비생산성 변이균주에 의한 청주 담금 시험의 결과에서는 RIB 203-77의 국은 DF를 함유하지 않고, 제성주 중에도 DF도 ferrichrome도 존재하지 않으며, 술의 색은 시판 종국으로 만든 술의 반 이하로 밝고 소기의 목표가 달성되었다. 또 RIB 155-11에서는 국과 술 중에는 미량의 DF가 함유되어도 술의 색은 맑았다.

(2) Mevalonic acid 비생산성 변이균주

청주 중의 mevalonic acid는 대부분이 국산으로부터 생성되므로 대부분의 화락균의 증식에 필수 또는 촉진적인 인자이다. 청주 중의 mevalonic acid를 저감시키기 때문에 mevlonic acid 비생산성 변이균주의 조성이 장년에 걸쳐 요청되고 있다.

국균 분생자의 자외선 조사로 98균주의 분리균주 중에서 3균주(m 3,4,5)의 mevalonic acid 비생산균주가 발견되었다. 변이균주의 국은 관능적으로 친균주와 큰 차가 없고, mevalonic acid는 검출되지 않았으며, 종합 당화력은 친균주보다 약간 저하하였다. 그러나 mevalonic acid 비생산균주는 정낭의 크기, 분생자의 크기, 경자의 길이가 친균주보다 커서 증미 상에서의 생육은 늦었다.

청주의 소규모 담금 시험의 결과, 변이균주의 술덧의 상태, 성분치는 친균주와 큰 차가 없고, mevalonic acid 함량은 현저히 저하하여 적어도 hetero형 진정 화락균의 증식은 지연되는 것이 기대된다. 또 앞에서의 DF 생산능이 낮은 변이균주 중에도 우연히 mevalonic acid 비생산 균이 2균주(RIB 647-88, RIB 326-77)가 인정되었다. 이 변이균주의 국은 DF함량이 적고, 갈변성도 없었다. 그리고 mevalonic acid도 생산하지 않거나 아주 적었으나 amylase 활성이 약한 것이 결점이었다. 그 제성 술은 mevalonic acid 양이 대조 균의 1/10로 미량이고, 화락균이 증식하기 어렵고 DF도 적어 담색인 청주가 되었다.

(3) 비갈변성 변이균주

국균 중에는 미국(米麴)의 갈변성(褐変性)을 나타내지 않는 비갈변성 국균이 있고, 이것을 사용하면 흑박(黑粕)으로 되지 않았다. 전술한 DF 비생산성의 국균 변이균주 RIB 203-27(FN로 약기한다)은 친균주와 마찬가지로 미국의 갈변성을 나타낸다.

이 변이균주의 분생자에 자외선을 조사하여 비갈변성 변이균주 FN-16, FN-30, FN-48의 3균주가 조성되었다(표 2-20). 특히 FN-16은 전혀 갈변성이 없고 DF도 전혀 생산하지 않으며 청주 국균으로서 유망한 균주이었다.

FN-48도 미국(米麴)의 갈변성도 약하고 amylase 능력이 약한 반면, 증미 상에서의 분생자 착생이 나쁘고 종국 만들기가 어려웠다. 그냥 장시간 배양하면 분생자 착생은 향상되므로 실용성도 충분하고 관능적으로도 우수한 제성주가 얻어진다.

(4) 저 peptidase 변이균주와 기타

아미노산이 많은 청주는 잡미가 많고 착색되기 쉽다. 청주의 아미노산도와 술덧 중의 산성 carboxypeptidase(ACPase) 역가와의 사이에는 정의 상관이 있고, 이 효소역가가 낮은 국균의 육종의 의의는 크다. 그래서 친균주 *Asp. oryzae* brunneus RIB 333의 분생자에 자외선을 조사하여 변이균주 조성을 행한 결과 ACPase가 친균주의 1/3, glucoamylase가 3/4의 변이균주 333-B가 획득되었다. 생육도 분생자 착생도 양호하고, 국의 ACPase가 친균주의 1/6 이하로 낮은 우수한 변이균주이었다.

이 외에도 초음파조사에 의하여 국균의 *Asp. oryzae*의 효소 생산성이 변화한 변이균주의 조성이 행해지고 있다.

4) 소주 국균의 변이

현재, 일본에 본토에서는 *Asp. luchuensis*의 돌연변이로 생긴 분생자가 담황토색의 백국균(白麴菌) *Asp. kawachii*가 소주제조에 사용되고 있다. 이외에 *Asp. usamii*에 자외선을 조사하여 분생자두의 색조가 담황회색이나 백색의 변이균주가 얻어져 이들은 전분 분해력과 산 생산력이 친균주와 마찬가지다. 그 후 ^{60}Co의 γ-선 조사량 $8 \times 10^4 \gamma$ 에 의한 변이로 *Asp. usamii*의 황갈색 타입 변이균주 중에 당화력이 친균주의 2배의 것(R 1-B 11)과 *Asp. awamori*의 황 올리브색 타입 변이균주로 당화력이 약 2배의 것이 조성되었다.

R1-B 11은 고온제국에 알맞고 당화력, 액화능력이 높고 산 생산력도 충분히 높으며, 실용가치가 있는 변이 균주이었다. *Asp. awamori* 등은 γ-선 조사로 산 생산능이 친균주의 2배로 향상된 변이균주가 얻어졌다. 이 변이균주를 소주제조에 공시한 결과 알코올 수량의 증가와 국 비율의 반감이 가능하게 되는 좋은 성적을 얻었다.

이외에 nitrosoguanidine(mNNG) 처리에 의하여 amyloglucosidase 활성도 2배로 강하고 형태학적으로 친균주와 같은 *Asp. awamori*의 변이균주가 조성되었다. 이 변이균주는 자외선 조사로 변이를 유발하여도 amyloglucosidase 활성은 같았고, 분생자 착생능력은 저하하였다.

5) 간장국균의 변이

(1) Protease 다량 생산 변이균주

간장 양조용이 구비하여야 할 제1의 조건은 그 protease 생산능이 높은 것이다. 국균 균주를 변이에 의하여 개량하고, 실용화를 시도하는 연구는 비교적 일찍부터 정력적으로 이루어져 왔다.

우선 간장 국균 *Asp. sojae* SK의 분생자에 자외선이나 X-선을 조사하거나 혹은 nitrogen mustard 처리로 변이를 유발하여 그 중에서 단백질 분해력, 전분 당화력, 액화능력이 강화된 변이균주가 검색되었다. 그 결과 표 2-20과 같이 형태적으로는 14종의 타입의 변이균주가 얻어져 또한 4개의 변이 방향성이 보였다. 즉 ① 생육이

표 2-20. 변이균주의 protease 활성

	40 이하	40 50	50 60	60 70	70 80	80 90	90 100	100 110	110 120	120 130	130 140	140 이상
Normal		1	6	3	2	5	4	2	1	1		1
Restricted	3	2	8	5	2	6	7	3	1			
Extremely Restricted	2	2			4	9	4	1	4		1	
Albino	1					1	5	1	2		1	
Yellow						3	2	2				
Brown	1						3	2				
Bluish green		1	1					1	1		1	
Olive				1	2		2	2	1			
Light	2	1					5	3	1			
Sterile	2			1		1		3			2	
Floccose	1	1		1	1	1	1	1	1			1
Heavy					1		1	2		1		
Yeast	1											
Nitratophobe			1					2				
Nitrate ion assimilation	12	2	2	4	1	1	5	7	2			
합 계	25	10	18	15	13	27	39	32	14	2	5	2

표 중의 수자는 변이균주 수

억제되는 방향, ② 분생자 착생이 억제되는 방향, ③ 분생자두의 색조만이 변화되는 방향, ④ 영양요구의 방향이다. 다수의 변이균주 중 70% 이상의 것은 효소능력이 친균주보다 감소되는 반면 일부에서는 효소능력이 증가되는 것도 출현하였다. 분생자두의 색조만이 변화된 타입의 변이균주는 효소능력의 변화는 적었다. Sterile, floccose 양 타입의 변이균주에서는 당화력이 증대하는 경향이 있는 외에 변이균주의 콜로니 타입과의 사이에는 명확한 관련성은 인정되지 않았다.

특기할 것은 X-선 조사의 결과 친균주와 외관상 거의 변하지 않는 normal type로 protease, amylase의 생산능력이 친균주의 2배로 증강된 변이균주 X-816의 조성이다. 이 변이균주에 의한 간장 양조시험에서는 원료에 대한 제품의 비율이 친균주보다 7% 향상된 것이 인정되었다. 또 변이균주 X-816의 alkaline protease는 효소 화학적 성질은 친균주 효소와 변하지 않고, 그 효소 양만이 변이에 의하여 증가되는 것으로 추찰되었다. Peptidase계의 성분도 변이균주 간에 차가 없고 amino-peptidase를 제외하고 변이균주는 dipeptidase, carboxypeptidase 등의 생산능력도 향상되었다.

그 후에도 이어 받아 *Asp. sojae*의 변이균주 X-816을 개량하는 연구가 이루어졌다. 자외선 조사 외에 아질산, 4-nitroquinoline oxide, acryflavin으로 전리를 유발하여 alkaline protease 생산능력이 친균주 X-816의 150~190%의 변이균주 20 균주를 얻었다. 이 중 유전적으로 비교적 안정한 7균주는 산성·중성 protease, α-amylase, peptidase, cellulase의 밀기울 국에 있어서의 생산능력도 한결같이 향상되는 것이 인정되었다. 그러나 30℃에서 72시간 배양하면 콜로니당 1~4개의 sector를 생성하였다. Sector의 균주는 생육속도가 크고 분생자 착생도 좋았어도 protease 생산능이 극단으로 저하되는 것이었다.

마찬가지로 자외선 조사에 의한 변이유발에서도 친균주 *Asp. sojae* KS의 4~6배의 protease 생산능력을 갖는 변이균주가 얻어졌다. 이들의 변이균주는 플라스크 중에서 만든 간장국에도 친균주보다 다량의 protease, α-amylase를 생산하였다. 한편 간장 양조에서 중요한 cellulase, pectinase의 생산능력은 변하지 않았다. 변이균주 U 34는 X-816과 대비하여 생장률은 그렇게 저감되지 않고 protease 활성은 4배로, 어느 종의 aminopeptidase도 많은 양으로 생산되었다. 그러나 분생자 착생은 거의 반으로 저하하였다. U-34에서생기는 sector는 protease 생산은 이 친균주 KS의 6배이었으나 생장률과 분생자 착생률이 극단으로 감소된 것이었다.

U 34는 국개(麴蓋, koji tray)에서 만든 간장국에서도 많은 양의 protease를 생산하고 α-amylase, aminopeptidase, carboxypeptidase의 생산능력도 친균주 KS 보

다 우수하였다. 그러나 petinase, cellulase 활성은 떨어졌다. 또 변이에 따라 효소의 촉매적 성질이 변하는 것은 아니고 효소생산의 조절 메커니즘에 변화가 일어나 현저한 효소 생산능력이 획득되는 것도 증명되었다. *Asp. oryzae* 460에서도 pro-tease가 약 2배로, peptidase가 1.5배로 강화된 생산이 높은 균주가 조성되었다.

(2) Glutaminase 생산균주의 변이균주

간장의 지미에 영향을 주는 glutamic acid의 생성에는 구균의 peptidase와 함께 glutaminase가 관여한다. Glutaminase는 균체 내 효소이므로 일반적으로 그 생산량은 균체량에 비례한다. *Asp. sojae* 1112에서 자외선 조사로 조성된 변이균주 No. 262는 glutaminase가 강하고, 실제의 간장양조에서도 친균주 때의 glutamic acid 12.6 mg/mℓ보다 다량의 16.7 mg/mℓ를 생성되는 것이 실증되었다.

6) 된장 국균의 변이

된장 국균은 백색 된장용으로서 amylase 활성이 강한 것에 중점을 두고 있고, 청주 국균과 동일 계통의 것이 사용되고 있다. 적색 된장이나 콩된장용의 국균은 protease 활성이 강한 계통이 사용되고 있다.

된장의 영양 강화와 색조를 좋게 하기 위하여 riboflavin(B_2)을 증가시키는 연구의 일환으로서 국균(*Asp. oryzae* H1)에 자외선을 조사하여 변이균주를 만들기를 시도하였다. 취득된 변이균주는 형태적으로 13 타입으로 나누고, 그 중 4균주가 대두국에서 친균주의 약 3배의 B_2를, 5균주가 미국(米麴)에서 2배의 B_2를 생산하였다. 그 후 *Asp. oryzae*에 nitrosoguanidine, 4-nitrosoquinoloine oxide(4-nNQNO) 처리를 하여 3균주의 변이균주가 조성되었다. RIB 143(E)의 4-NQNO의 처리로 만든 변이균주 E-NO-63은 amylase 역가도 강하고, B_2를 다량으로 생산하여(약 2.2 mg/국 100 g) 친균주의 10배였다. 더욱이 비갈변성이고 된장 양조에 실용 가능성인 국균이었다.

4.2 교잡 · 세포융합에 의한 육종

1) 교잡법

다른 곰팡이와 마찬가지로 *Asp. oryzae*나 *Asp. sojae*는 2종의 균사가 접촉하는 상태에서 생육하면 문합(吻合)이 일어나고, 핵이 한쪽의 세포에서 다른 쪽으로 이동하여 3종류의 핵을 새로운 세포가 되는 수가 있다. 이 세포는 heterokaryon이라 하고, 양친 균주의 중간의 성질을 나타내며 유전적으로는 불안정하다. 분생자 착생시에는 80%의 분생자는 양친형으로 되돌아가고, 일부가 heterokaryon의 분생자로 남는다. 또 핵의 융합은 드물게만 일어나고 조합형은 생기지 않는다.

Heterokaryon의 분생자에 자외선을 조사하면 2종의 핵이 융합하여 이배체로 되는 율이 1만 배 이상으로 향상된다. Hetero 이배체를 조성하기 위하는 한쪽의 친균주에서 만든 분생자가 백색으로 영양요구를 가지는 균주와 다른 쪽의 친균주에서 변이된 분생자가 황색으로 다른 영양 요구성을 갖는 균주와를 교잡시킨다.

핵이 융합하여 hetero 이배체는 녹색으로 영양 요구성이 없고, 최소배지에서 쉽게 선택된다. Hetero 이배체는 안정하고 핵 당의 DNA 함량은 양친균주(일배체)의 약 2배이고 핵 수는 친균주의 약 반수이다. Hetero 이배체에서는 일배체와 이배체의 양족의 재조합형의 자손이 출현한다. 국균은 의사 유성적 생활환을 가지며, 유사분열 중에 염색체 교차하여 양친과 성질일 다른 새로운 재조합형의 이배체를 생성하는 한편 염색체의 분리(segregation)에 의하여 안정한 반수체로 되기 때문이다.

2) Protoplast 융합법

국균의 세포융합에 있어서도 그림 2-20의 보기에서와 같이 교잡할 때와 마찬가지로 double marker의 2종의 세포를 사용한다. 세포융합에서는 우선 국균 균사의 세포벽을 효소로 용해·제거한 알몸세포인 protoplast 끼리를 융합시킨 후 얻어진 heterokaryon의 핵융합과 세포벽 재생을 시도하여 이배체를 조성한다. 이 육종법은

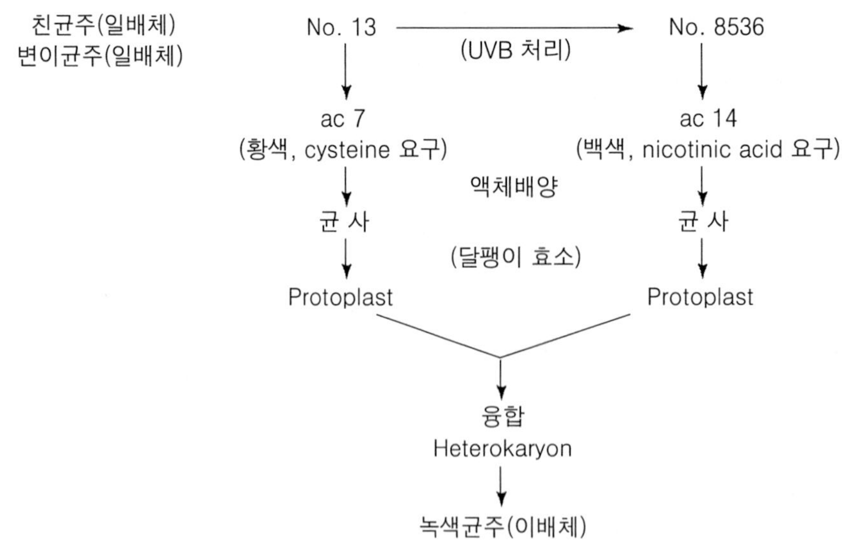

그림 2-20. Protoplast 융합에 의한 국균의 육종법의 개요

곰팡이의 종 내만이 아니고 이종(異種) 간 혹은 이속(異屬) 간의 세포융합에도 적용될 가능성이 있고 응용성이 넓다.

Protoplast 조제에는 대상 국균의 세포벽을 용해하는 적절한 효소를 선택하는 것이 중요하다. *Asp. oryzae*에는 달팽이의 소화효소, *Asp. awamori*에는 *Trichderma viride*의 효소, *Asp. sojae*에는 *Bacillus circulans*의 효소와 시판 chitinase의 조합이 효과적이다.

다음에 공시하는 국균은 세포벽에 melanin등 의 색소가 침착되어 있어 protoplast의 유리가 용이한 젊은 균사가 바람직하다. Protoplast의 분리에는 삼투압 조정제, 효소액의 pH, 효소액 중의 균체 밀도가 중요한 인자로 된다. 즉 삼투압 조정제로서는 NH_4Cl, KCl 등의 무기염류나 sorbitol, mannitol 등의 당류를 사용한다. 최적의 삼투압조건은 각종 시료마다 정해져 있다. 효소용액의 pH는 효소의 최적 pH에 구애되지 않고 가장 활성이 높은 protoplast가 얻어질 수 있게 배려한다. 효소로 세포벽을 용해할 때 균체 양, 특히 효소액 양과 균체 양의 균형도 무시할 수 없다.

Protoplast 융합의 조건은 *Asp. nidulans*의 경우나 *Penicillium*, *Cephalosporium*, *Aspergillus*의 경우가 참고가 되고, 아래의 3조건이 중요하다.

① 응집과 융합에 알맞은 protplast 농도 : 2종의 균종의 protoplast 양은 처리액의 1 mℓ당 5～15백만이 적당하다.

② Polyethylene(PEG)의 타입과 농도 : 응집과 융합에는 20～25%의 PEG가 알맞고 protoplast는 파괴하지 않는다.

③ 융합용액 중의 KCl 또는 NaCl의 농도 : 0.1 m $CaCl_2$, 0.3 m $CaCl_2$, 0.3 m NaCl 또는 KCl을 함유하는 배지가 효적이다.

일반적으로 protoplast의 세포막 표면은 부로 하전하고 있으므로 PEG와 같은 계면활성제로 하전을 덮어 protoplast 간의 반발을 제거하면 접착이 일어가기 쉽게 된다. 그 후 알칼리 pH 고농도 칼슘용액에서 PEG를 제거하면 protoplast 간 융합이 일어난다. 분리된 protoplast 또는 융합된 protoplast는 적당한 배지 상에서 세포융합의 재생을 개시하여 점차로 원형 또는 융합균주로서의 형태・대사를 갖추어 간다. 재생의 단계에서도 삼투압조정제의 선택은 아주 중요하고 더욱이 protoplast 조정 시의 조건이 반드시 최적은 아니다. 일반적으로 세포벽 재생에서 정상한 균사로 되는 과정에는 세 가지의 형태변화가 보인다.

즉 ① 효모와 같은 출아모양의 세포가 염주모양으로 연결된 균사를 생기지 않는 경우, ② 상기의 염주모양 세포에서 균사가 생기는 경우, ③ 재생세포에서 균사가 직접 형성되는 경우 등이다. *Asp. oryzae*에서는 ②와 ③의 경우가 인정되고 있다.

3) 청주 국균의 교잡・융합

국균 *Asp. oryzae* 51의 백색-leucine 요구균주(*w-leu*⁻)와 황색-lysine 요구균주(*y-lys*⁻)와의 교잡으로 만들어진 heterokaryon에 자외선 조사하면 녹색 hetero 이배체가 수%의 고빈도로 생성한다. 그리고 이 이배체에 자외선을 조사하면 염색체 분리가 촉진되어 *w-leu*⁻와 *y-lys*⁻의 조합이 가능한 12종의 표현형 중 10종이 발견된다. 이들 중에는 *w-lys*⁻, *w-leu*⁻*lys*⁻, *w*-비영양요구, *y*-비영양요구, *g*(녹색)-*leu*⁻, *g-lys*⁻, *g-leu*⁻-*lys*⁻와 같은 재조합형의 것도 인정된다. 기타의 반수체와 이배체 간 혹은 2종의 이배체 간에서 삼배체 혹은 사배체가 조성된다.

이 교잡법은 공업미생물의 육종에 이용이 가능하고 보기를 들면 *Asp. oryzae* 51에서 조성된 배수체의 protease 생산능력은 표 2-21과 같이 이배체・사배체의 균주가 반수체의 것보다 상당히 높은 것이 확인된다.

α-Amylase 생산능력의 향상을 위하여 *Asp. oryzase* LM 4001의 영양요구 변

표 2-21. 반수체, 이배체, 삼배체, 사배체의 균체에 있어서 protease 활성의 비교

균 주	Protease 활성(비색계로 읽음)							m	s
No. 51(반수체) 친균주	32	24	25	26	25	25	20	25.3	3.55
No. 23(반수체) 백색, leucine 요구	21	22	26	23	26	20	21	22.7	2.53
No. 22(반수체) 백색, leucine 요구	37	27	32	40	30	31	35	33.1*	4,41
No. 7(이배체) 녹색, 비영양 요구성	50	51	41	45	43	43	47	45.7*	3.79
No. 37(이배체) 백색, leucine 요구	40	30	38	24	28	30	43	33.3	7.05
No. 166(이배체) 녹색, leucine 요구	52	49	46	38	40	40	51	45.1*.	5.79
No. 3(삼배체) 녹색, 비영양 요구	37	23	20	18	23	15	40	25.1	10.28
No. 1(사배체) 녹색, 비영양 요구	59	37	50	46	55	43	56	50.9*	5.93

3일간 배양

* : 유의 차 있음

이균주의 교잡으로 얻어진 이배체는 효소 능력이 강한 쪽의 친균주보다도 다량의 α-amylase를 생산하였다. 또 heterokaryon은 양친 균주의 중간인가 강한 쪽과 같은 효소생산 능력을 나타내었다.

다음에 protoplast 융합법에 의한 청주 국균의 육종으로서는 DF 비생산성 국균의 개량이 있다. 한쪽의 친균주에는 증미 상에서의 생육이 좋고 효소생산 능력도 높으며, 국 갈변성을 가진 DF 비생산성 국균 *Asp. oryzae* FN이 사용된다. 다른 한편의 친균주로서는 효소생산 능력은 떨어지나 국 갈병성이 없는 FN-16이 공시된다. 이 양친 균주 간에서 protoplast 융합을 시켜 양친의 장점을 갖는 신 균주의 조성이 시도되었다.

실제에는 자외선 조사와 MNNG 처리로 double marker 균주를 만들어 방사선균 *Oerskovia citrea*의 국균 세포벽 융해효소로 protoplast를 조제하고 20% PEG 4000 / Ca^{2+}(pH 8.5)의 조건하에서 융합시킨다. 그 결과 최소배지에는 생육하는 융합균주가 3～10%의 고빈도로 생기고 그리고 자외선 조사로 안정한 녹색 이배체가 얻어졌다. 이것은 효소역가, 생육도가 양친 균주의 중간에서 DF 생산성과 국 갈변성이 거의 없었다. 또 융합체는 2-fluorophnylalanine 존재 하에서 염색체 분리를 하여 marker에 관하여 재조합형을 생성하였다. 마찬가지의 방법에 의하여 산성 carboxy-peptidase의 저생산성 국균의 개량도 시도되고 있다

소주 국균이 갖는 구연산 생산능력을 친주 국균에 도입하여 새로운 타입의 청주를 만들기 위하여 양 국균의 protoplast 융합을 시도하였다. 친균주는 *Asp. oryzae* RIB 647의 histidine 요구균주와 흑국균 *Asp. awamori* IFO 4033의 lysine 요구균주 또는 *Asp. kawachii* IFO 4308의 aspargine 요구균주를 사용하였다. Novozyme 234와 cellulase Onozuka로 세포벽을 융해하여 protoplast를 조제하였다. Protoplast

표 2-22. 국균의 증식과 효소활성

	CO_2 생성 (mg CO_2/g) 건조물	(단의/mg CO_2)			
		α-Amylase	Gluco-amylase	산성 protease	산성carboxy peptidase
Asp. awmori	223.2	3.0	4.3	174.2	158.1
F. F 2	52.3	11.0	6.2	69.1	172.2
Asp. oryzae	40.8	19.9	4.0	88.8	144.0
F. F 7	46.2	12.4	4.2	62.6	144.6
Asp. kawachii	26.2	2.7	3.5	179.8	144.2

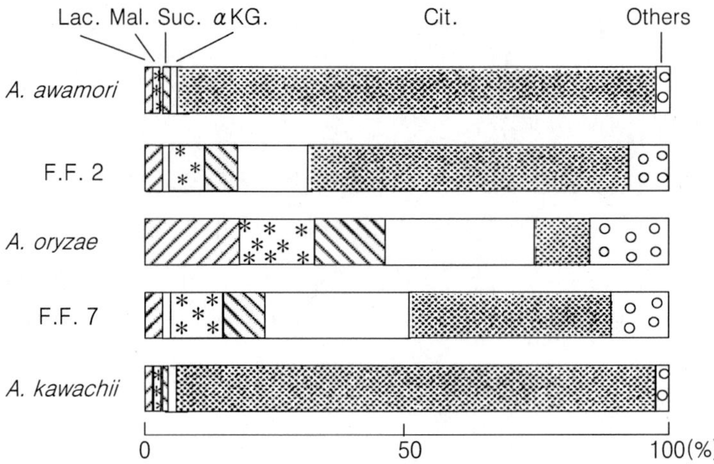

그림 2-21. 유기산의 조성비

Lac. : 유산(乳酸), Mal. : 사과산(malic acid)
Suc. : 호박산(succinic acid), α-KG : α-Ketoglutaric acid)
Cit. : 구연산(citric acid), Others : 기타 유기산

융합은 20% PEG 6000/Ca^{2+}(pH 7.5)에서 하였다. *Asp. oryzae his*⁻와 *Asp. awamori lys*⁻과의 융합빈도는 0.9%, *Asp. oyrzae his*⁻와 *Asp. kawachii asn*⁻와의 융합빈도는 0.5%로 낮았다. 대표적인 융합균주로서 F. F 2, F. F 7을 얻었다.

이들의 융합균주는 표 2-22와 같이 국에 있어서 증식속도(CO_2 생산성)와 효소활성이 친균주의 *Asp. oryzae*에 유사하고 있다. 더욱이 구연산 생산량은 그림 2-21과 같이 *Asp. awamori*나 *Asp. kawachii*에 유사하고 *Asp. oryzae*보다도 증가하고 소기의 목표가 달성되었다. 융합균주의 균학적인 성질은 *Asp. oryzae*의 타입에 아주 유사하였다.

4) 소주 국균의 융합

소주 국균에는 구연산과 amylase 등 관련 효소의 고생산성의 균주가 요구된다. *Asp. awamori* var. *kawachii*의 영양요구 변이균주를 자외선 조사에 의하여 조성하고 *Trichderma viride*의 효소제로 protoplast를 조제하여 35% PEG 4000/Ca^{2+}(pH 7.5)의 존재 하에서 종내 융합이 이루어졌다. 0.9%의 융합빈도로 얻어진 heterokaryon을 0.1% *d*-camphor 함유 최소배지에서 배양하면 안정한 이배체가 2.9%의 빈도로 출현되었다. 이배체의 분생자는 최소배지에서 발아・생육하여 그 직경은 친균주의 1.4배에서 DNA함량도 약 2배이고, 이배체의 특징을 가지고 있었다. 이배체 균주는 친균주와 마찬가지의 구연산, amylase 생산능력을 가지고 있었다.

5) 간장 국균의 교잡 · 융합

우수한 균주를 얻기 위하여 *Asp. oryzae*와 *Asp. sojae*와의 종간 잡종의 조성이 이루어져 있다. *Asp. oryzae*의 백색-methionine 요구균주와 *Asp. sojae*의 황색-lerucine 요구균주와의 교잡에 의하여 영양 제한배지 상에서 갈색-영양요구 없는 콜로니가 2～8/10^8의 비율로 생겼다. 2종의 균사의 융합이 현미경 하에서 관찰되어 취득된 갈색균주는 hetero 이배체가 그 분리균주로서 추정된다. 분생자 당의 핵 수는 *Asp. oryzae*의 핵 수와 같고, 형태적 성질이나 효소활성은 *Asp. sojae*에 아주 흡사하였다.

종내 교잡법에 의한 *Asp. sojae*의 육종도 보고되고 있다. 친균주에 X-선을 조사한 고 protease 생산 변이균주 X-816과 안정한 생육도, 분생자 착생능력을 가지는 친균주 KS와를 교잡하여 양친 균주의 장점을 겸비하는 hetero 이배체의 조성이 시도되고 있다. 이배체 형성의 빈도는 친균주의 유전적 배경에 때문인지 교잡시의 조합이 달랐다. 또 조합 빈도는 met 좌(座)와 thi 좌(座) 간에서 높은 것이 인정되었다. Hetero 이배체는 protease 생산능력과 분생자 착생능력이 양친 균주의 중간치를 나타내었다.

또 변이법의 간단성과 이배체 조성의 방향성의 이점을 조합시켜 국균 육종을 행하였다. 우선 *Asp. sojae* H균주의 자외선 조사로 protease 생산성이 높은 균주 m을 얻었다. m균주는 생육속도가 H균주의 80%로 총 protease 활성이 2.5배로 높았다. 유전적으로는 약간 불안정으로 H균주와 유사의 B균주에의 자연변이를 일으키는 경향이 있었다. 다음에 m균주 유래의 2종의 double marker 변이균주의 교잡에 의하여 이배체가 조성되었다.

이들 중에는 alkaline protease 생산능력이 m균주보다도 약간 높은 m균주 이배체 TH 타입이 발견되었다. 동시에 m균주와 B균주의 hetero 이배체 D-15와 같은 생육이 양호하여 효소능력도 강한 우수 균주도 취득되었다. 그리고 다시 hetero 이배체 D-15 타입의 균주에 자외선 조사하여 변이시키면 생육이 양호한 alkaline protease 생산능력도 m균주의 1.3～1.5배의 우량 균주가 고빈도로 얻어졌다.

Protoplast 융합에 의한 *Asp. oryzae*의 육종에서는 생육의 양호한 균주와 protease 생산성이 높은 균주와의 사이에서 세포융합을 행하여 양방의 우수한 성질을 갖는 균주가 조성되었다. 한편의 친균주에는 그림 2-23과 같이 *Asp. oryzae* No.13의 이중 변이균주에서 황색-cystine 요구성 ac 7이라는 생육이 좋은 것이 공시되었다. 다른 한편의 친균주는 No.13에서 자외선 조사로 조성되어 생육속도는 떨어지나 No.13의 약 8배의 protease 생성능력을 갖는 No. 8536의 이중 변이균주로

표 2-23. 녹색균주의 성질

균 주 No.	생 육 (mm)	Protease (× 10^2 단위 / g)	국 중 균체량 (%)
g 201	76.1	9.69	24.9
g 344	76.9	9.85	25.0
No. 8536	49.5	33.38	13.8
No. 13	78.5	4.30	25.9

생 육 : 국즙 한천 상, 5일간 배양시의 직경
Protease : 간장국 중의 활성
국 중 균체량 : Glucosamine 양에서 산출

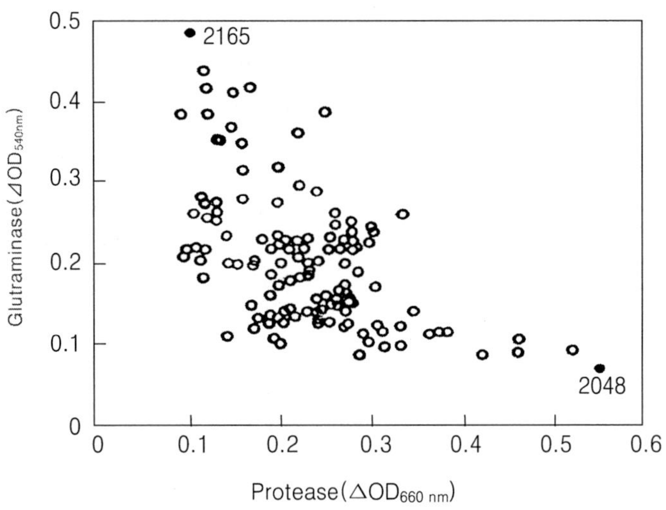

그림 2-22. 녹색 융합균주의 protease 활성과 glutaminase 활성의 분포

백색-nicotinic acid 요구 ac 14이었다.

이들의 변이균주를 18시간 액체 배양하여 균체에 달팽이 소화효소를 작용시켜 protoplast를 조제하였다. 다른 marker를 갖는 2종의 protoplast를 protoplast 20% PEG 0.01 m glycine 함유 용액(pH 7.5) 중에서 30℃, 10분간 처리하여 약 %의 빈도로 heterokaryon을 얻었다. 최후에 ac 7과 ac 14 간의 heterokaryon에 자외선을 조사하여 녹색 이배체가 조성되었다. 그 중의 g 201균주나 g 344균주는 표 2-23과 같이 protease 생산은 No. 13의 약 2배, 생육속도는 No. 8536의 1,5배, 균체량은 약 2배로 No. 13과 같은 정도로 개선된 균주이었다.

*Asp. sojae*에 대하여는 기원이 다른 이균주(異菌株) 간에서의 protoplast 융합에 의한 hetero 이배체의 조성과 그 반수체화 등에 의한 육종을 보고하고 있다. 즉 고 protease 생산균주 *Asp. sojae* No. 2048과 고 glutaminase 생산성이 높은 균주 *Asp. sojae* No. 2165와의 사이에서 융합이 이루어졌다. 먼저 이중변이 균주 W-19-7(고 protease, 백색-histidine 요구)과 m12-2-61(고 glutaminase, 황색-nicotinic acid 요구)을 조성하였다. 이들의 분생자를 30℃, 12시간 배양한 젊은 발아균체에 Bacillus circulans의 시판 chitinase를 가하여 높은 수율로 protoplast를 조제하였다.

다음에 20 PEG 4000/Ca^{2+}, glycine(pH 7.5) 하에서 융합 후 얻은 heterokaryon에 자외선을 조사하였다. 그 결과 취득된 다수의 안정한 녹색 융합균주는 protease와 glutaminase의 생산능이 그림 2-22와 같이 양친주간의 중간형이 많고 그 중심도 낮은 수준이었다. 이들의 녹색 융합균주는 분생자의 핵 수가 2개로 반수체의 양친균주의 4～5개의 약 반분이고 이배체이라는 것도 발견된다.

다음에 이들의 녹색 융합 이배체에 자외선을 조사하여 protease 형성과 glutaminase 활성의 양쪽이 동시에 크게 향상된 균체가 고빈도로 조성되었다. 한편 녹색 융합이체를 5ppm 이하의 베노밀 함유 배지 상에서 배양하면 반수체화 처리에 의하여 protease 활성과 glutaminmase 활성의 양쪽이 동시에 상당히 향상된 우수한 균주가 발견되었다.

4.3 자연계에서의 분리

목적에 알맞은 우수한 국균을 자연계에서 분리・선택할 때는 실제상 아주 중요한 과제이고, 지금까지 몇 가지 실례가 있다. 대표적인 예로서는 미국(米麴)을 갈변시키지 않는 균주 RIB 647이 시판 종국에서 분리되어 aminopeptidase 생산능력이 높고 대두에서의 glutamic acid 생성능이 우수한 *Asp. oryzae* 640이 공기 중에서 분리된 것을 들 수 있다. 또 간장국의 제조에 있어서 원료 중 glutamic acid의 소비를 저감하여 그 결과, 생 간장 중의 glutamic acid를 증가시키는 국균이 자연계에서 분리・선발된 것도 특기할 만한 예이다.

제 3 장

제국법

1. 청주국

1.1 총 설

1) 제국의 의의

청주국이란 찐쌀에 국균을 번식시킨 것으로 보통 흰 균사가 뻗어나갈 정도, 즉 균사의 침투가 될 정도로 분생자가 거의 생기지 않는 시기를 목표로 하여 끝마무리한 것이다. 여기에서 Haze(破精)라는 말로 일본 양조학에서는 많이 쓰고 있다. Haze란 영어로 번역하면 growth of koji myceria라고 한다. 국을 만드는 공정에서 국균 균사가 원료(쌀, 보리, 콩 등)의 표면과 내부로 신장하는 것이다.

국균의 포자는 접종 후 물을 흡수하여 약 5시간 후에는 발아한다. 균사는 신장하여 성장한다. 이때 원료의 조직이 거친 공극이 있는 부분에는 균사가 신장하여 간다. 백미의 경우 심백(芯白)의 부분은 Haze가 잘 된다[이것을 Hazekomi(破精込)라 한다] 국균 균사가 원료의 표면에 신장하는 것을 Hazemawari[파정회(破精廻)라 한다]라 한다. Hazekomi가 좋은 국은 담금 후 내부에서 효소작용이 진행하여 원료의 용해가 되기 쉽다.

대체로 제국의 목적은 크게 두 가지로 나눈다. 그 하나는 증미(찐쌀)를 용해, 당화하는 데 필요한 여러 효소(α-amylase, glucoamylase, 산성 protease 등)를 생성하는 데 있다. 이것으로 증미(찐쌀)의 성분이 분해·용해되어 용출되는 당분은 이어져 술덧 중에서 효모에 의하여 발효되어 알코올로 변하게 된다(병행복발효). 이외 여러 많은 성분은 알맞게 조합되어 청주의 향미를 구성한다. 따라서 이들의 여러 효소를 균형이 있게 잘 생성시키기 위하여 제국관리가 필요하다.

둘째는 청주효모의 증식과 발효촉진에 관여하는 영양소나 청주에 독특의 풍미를 주는 대사산물의 생산이다. Proteolipid, pantothenic acid(발효촉진), leucine 산(풍미성분) 등이 그의 예로서 들 수 있다. 그러나 국을 전혀 사용하지 않는 효소제 담금에서도 청주(일본 주세법상으로는 청주는 아니다)가 된다는 사실에서 이들의 물질이 주질(酒質)에 주는 영향이 극히 큰 것은 사실이고, 국내 축적성분과 주질(酒質)의 관계는 금후 연구를 발전시키지 않으면 안 될 큰 과제이다.

이상과 같이 찐쌀에 구균을 번식시켜 각종 효소의 생성을 축적하는 것이 주목적으로 국균은 가능한 한 순수한 상태로 건전하게 생육시키고, 세균의 오염을 방지하면서 효소역가가 높은 국을 만들어 내는 것이 중요하다. 국 자신도 효소에 의하여 분해를 받아 당분, 아미노산, 방향성분, 색소 등을 생산하여 청주의 향미에 큰 영향을 준다.

국은 사용목적에 따라 제조 경과가 약간 다르다. 주모용에서는 당화력이 강하고 술덧용의 경우에는 방향에 중점을 둔다.

2) 국의 품질과 주질

국의 품질을 생각하는 경우에는 앞에서 설명한 효소역가와 축적물질의 양면에서 행하지 않으면 안 될 것이다. 효소역가가 일반적으로 말하여 제2손질 이후에 있어서 고온경과를 지난 것은 amylase 역가가 강하게 되고 단백질 분해효소 역가는 약하다고 보아도 좋다. 또 제국시기를 연장하여 소위 국을 늙게 하면 그만큼 효소역가가 강하게 되나 접종(섞기, 비비기, 접종) 후 45시간 정도에서의 효소역가가 늘어남은 약하게 되므로 그 이상으로 국을 늙게 하여도 효소역가는 그렇게 강하게 되지 않는다.

국내의 축적물에 관하여는 앞에서 설명한 것과 같이 뚜렷한 견해는 없으나 저온경과를 하게 한 것이 고온경과를 한 것에 비하여 질소함유 화합물이 많고 또 국의 산도도 높아지는 경향이다. 또 습한 국 쪽이 건조국보다 질소함유 화합물이 많은 경향이다. 따라서 맛이 많은 농순 주(濃醇酒)를 만들기 위하여 최고온도를 35℃ 정도로 하고 출국 중량이 큰 국을 만들면 좋으며, 역으로 상쾌한 청주를 만들기 위하여 최고온도를 40℃ 이상으로 하여 출국 중량이 작은 국을 만들면 좋다고 한다.

일반적으로 말하여 습기가 많은 국은 효소역가가 약하여 박이 많아지고, 청주의 색도 진하게 된다. 또 잡균도 많아져서 좋지 않다. 건조하여 균사가 잘 Haze(破精)된 국(국균 균사의 생장이 잘 된 국)은 효소역가가 강하고, 청주의 색도 진하지 않고 맛도 가볍다. 노국(老麴)은 대사산물이 많으므로 맛은 농순(濃醇)하나 지나치면 잡미(雜味)가 많아지고, 산이 많고 착색하여 숙성되기 쉽게 된다.

Haze(破精)란 국균 균사의 번식의 양상과 정도를 나타내는 용어로 습기가 많고 미립의 표면 만에 증식한 상태를 Nurihaze(컷 발림 파정: 도파정: 塗破精), 국이 건조하여 중심부 쪽으로 침투하는 상태를 Tsukihaze(돌파정: 突破情)라고 한다. 술 제조에는 Tsukihaze(突破精) 국이 좋다고 하나 기계제국에 있어서는 Tsukihaze 형의 국을 만들기가 어려워 여러 연구가 이루어지고 있다. 그러나 Haze(破精)와 주질(酒質)에 관한 견해는 경험적인 것으로 만들어진 국의 건조 정도 쪽이 주질에 크게 영향을 하는 것으로 생각한다.

도정비율은 곧바로 국균의 번식의 양상에 영향되고 나아가 주질(酒質)에 영향을 주므로 중요하다. 쌀이 검으면(도정비율이 높다) 회분이나 단백질, 비타민이 많고 균의 번식이 완성한 반면, glucoamylase의 생성이 낮아진다. 또 쌀이 검으면 흡수되기 어렵고 푹신한 증미(찐쌀)를 만들기 어려우며 Nerihaze(연파장: 練破精)의 심(芯)이 단단한 국으로 되기 쉽다. 또 도정비율이 60% 이하로 되면 앞에서 설명한 역의 의미로 국을 만들기 어렵다. 일반적으로 75～70%의 도정이 보통이다.

이상의 품질과 주질(酒質)의 관계는 일정의 국균, 즉 종국을 사용한다는 전제가 앞선 것이고, 이들의 조건 외에 다른 국균의 종류가 주질에 크게 영향을 미치는 것은 논의의 여지가 없다.

이상 설명한 것을 염두에 두고 목표로 하는 주질에 맞추어 원료미의 도정 비율, 증미 흡수비율, 종국의 성질과 사용량, 국실의 건습, 품온 경과, 재국시간, 출국비율을 관리한 국균의 생육대사를 조정하여 좋은 국을 만든 것이 제국의 기본적인 생각으로 생각한다.

1.2 국균의 증식 특성

미국(쌀 고지, rice koji)의 제조는 국균 분생자(종국)를 증미에 접종하고 30℃에서 40℃에 걸친 온도경과를 거쳐 약 40시간의 배양에 따라 이루어진다. 이 사이 종종의 손질을 하여 주조에 알맞은 품질의 국을 끝마무리 하는 것이나, 관리의 요점은 어떻게 대사산물을 적게 하여 유용한 효소를 많이 생산하는가이다.

증미에 접종한 국균 분생자는 수분을 흡수하여 팽윤되고 싹을 내어 균사를 신장하여 번식한다. 알맞은 조건에서는 접종 후 1～2시간에서 약 반수가 발아한다. 이 호적환경의 조건은 품온 30～35℃, 관계습도 97% 이상, 탄산가스 농도 0.7%, 산소 농도 20%이다. 국미(麴米)의 도정비율이 높을수록 또 증미의 흡수비율이 16～38%의 범위에서는 수분이 많을수록 빨리 발아한다. 실제로는 접종 후 약 20시간 정도에서 비로소 육안적으로 국균이 살아있는 것을 인정할 수 있다.

균사 생육의 최적온도는 37~38℃와 발아조건과 비교하여 높고, 최적온도 범위도 좁아지나 한편 환경의 관계습도는 75% 이상, 산소농도는 0.2% 이상이면 생육속도에 영향되지 않고, 환경조건에 대한 허용범위가 넓혀서 제국하기 쉽게 된다. 탄산가스 농도는 10%를 넘으면 생육속도가 지연되고, 국균은 알코올 발효를 시작하게 된다.

균사의 생육과 호흡 그리고 효소생산의 관계를 그림 3-1에 나타내었다(국에 있어서 국균의 증식량은 균체에 일정 비율로 함유되는 glucosamine 양을 지표로 하여 측정된다). 정상기(定常期)에는 균체 증식과 최대 산소 흡수속도의 비가 거의 일정하므로 최대 산소 흡수속도가 균체 증식량의 지표로 된다. 증미의 흡수비율은 24% 이상이면 거의 생육속도에 영향을 주지 않는다.

Tsukihaze(돌파정 : 突破精) 국을 얻기 위하여 가능한 한 빨리 미립 표면을 건조시키고 균사가 내부의 수분을 구하기 위하여 미립 내로 늘어나게 하면 좋다. 실험

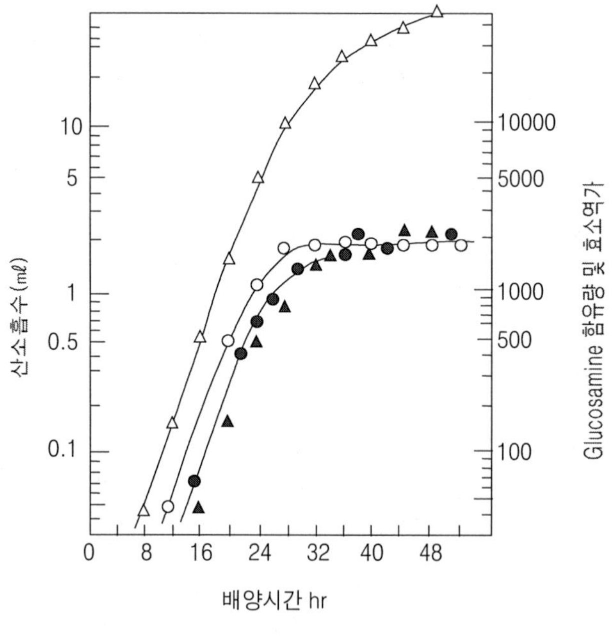

그림 3-1. 국균의 미립에서의 증식

-△- : 산소호흡량(mℓ/g · 쌀)
-○- : 산소호흡속도(mℓ/g · 쌀 · hr)
-▲- : Glucosamine 함량(μg/g · 쌀)
-●- : α-Amylase(역가 /g · 쌀)

실적인 데이터에서는 증미수분, 환경습도보다도 종국의 사용량에 따라 더욱 영향이 되고, 국미(麴米) 1 g당 10^2개 이하의 분생자 접종량의 경우 Tsukihaze(돌파정 : 突破精)가 된다고 한다. 그러나 이것도 국균의 증식에 비하여 미립 표면의 건조가 빨리된다는 결과를 내는 것으로 생각한다. 결국 국 만들기의 요점은 증미의 건조속도와 국균의 발육속도와의 조화를 꾀하는 것이라 할 수 있다. 제국 도중의 손질도 품온 조절과 증미의 건조정도의 조절에 있다고 이해하여도 좋을 것이다. 국은 제국과정에서 국균의 생육에 따라 발열한다. 국미 1 kg마다 최고 시 7 kcal/hr, 총 공정(44시간)으로 약 100 kcal의 열량이다.

1.3 제국설비

1) 국 실

대개의 경우 청주는 겨울철 한랭한 시기에 양조하는 것에 대하여 국균의 발육에는 적당한 온도(30～40℃), 습도(75% 이상)를 필요로 하기 때문에 외기와 차단, 보온한 특별한 배양실(麴室)이 필요하다.

국실의 벽면, 천정 그리고 상(床 : 마루) 밑의 보온은 옛날부터 볏짚, 왕겨 등을 단단하게 밟아 넣어서 사용하여 왔다. 잘 건조할 때는 볏짚, 왕겨 등도 열전도율은 비교적 적고 결코 나쁜 보온 재료는 아니나 종래의 국실은 내면에 방습의 설비가 없었으므로 이들의 재료가 습하기 쉽고 일단 흡습하면 보온효과가 급격하게 저하된다. 또 볏짚, 왕겨 등은 세균학적으로 극히 불결한 것이므로 오늘날에는 표 3-1에

표 3-1. 새로운 단열재료

명 칭	내열성	내습성[③]
초자면	크 다	작 다
암면(암면)	크 다	작 다
발포 스티로플	작 다	작 다
비닐스펀지	작 다	작 다
스타일 폼[①]	작 다	크 다
폴리우레탄 폼[①, ②]	작 다	크 다

① 1 kg/cm^2 정도의 압축 하중에 견디는 것

② 현장에서 발포되어 임의의 모양으로 주입하면 거품모양으로 하여 내뿜어서 시공하는 것 등이 있다.

③ 재질은 수분을 빨아들이지 않으나 섬유상의 것이나 스펀지상의 것은 수증기가 통과하므로 벽 구조 내부에 결로되는 수가 있어 단열효과가 저하된다. 여기에 반하여 발포의 각 기포가 독립하고 있는 것은 습기에 강하다.

있는 것과 같은 단열재가 사용되고 있다. 물론 충분한 방수, 방습 공사를 하지 않으면 안 된다.

국실의 소요면적은 국개법(麴蓋法), 상국법(箱麴法 : 상자국법), 상국법(床麴法 : 마루국법의 어느 것을 채용하는가에 따라 다르게 된다. 종래의 국개법에서 종국접종, 뒤지기를 하는 상(箱 : 상자)과 국개(麴蓋 : tray)를 쌓기 위한 붕(棚 : 선반)이 필요하다, 재우기 양 100 kg당 3 m^2의 상(箱 : 상자) 면적과 안길이 60 cm의 붕(棚 : 선반) 6 m를 요한다. 더욱이 종균 접종을 하지 않고 종균 접종기계 혹은 냉각기로 접종한 것을 재우기, 절반기(切返機)를 설치하면 상(箱 : 상자) 면적은 약 1/2로 줄어진다. 상(箱)과 붕(棚)의 가격은 2.5 m 정도로 되게 한다. 그림 3-2에 재우기량 400 kg의 국실의 약도를 나타내었다.

상국법(床麴法)에 있어서 상(箱 : 상자)을 쌓는 방법을 채용하면 붕(棚 : 선반)의 면적을 축소할 수 있고, 상국법(箱麴法)에서는 붕(棚)은 불필요하나 상(箱) 면적은 4～4.5 m^2, 즉 약 1.5배를 요하는 것으로 된다. 천정의 높인 2 m 이상으로 한다. 국실의 환기에 따라 탄산가스 농도와 동시에 습도의 조절도 하지 않으면 안 된다. 환기는 천창을 사용하는 자연환기, 송풍환기에 의한 강제 환기가 있다. 천창은 2개 설치하고 환기 측을 높게 한다. 또 천창 내부는 결로가 되기 쉬우므로 이것을 방지하기 위하여 여러 가지 방식이 고안되어 있다(그림 3-3). 내부에 히터를 설치하는 등의 처리를 하는 것이 좋다.

여기에서 소요 환기속도를 구하여 본다. 국미(麴米) 1 kg마다 최대 발열량은 앞에서 설명한 것과 같이 약 7 kcal/hr이다. 이것은 탄산가스 발생속도로 고치면 약 1.5 ℓ/hr이다. 발열과 동시에 국에서는 수분이 증발한다. 발열 중 80%가 수분 증발에 사용된다고 하면 10 g/kg의 증열은 수반하게 된다.

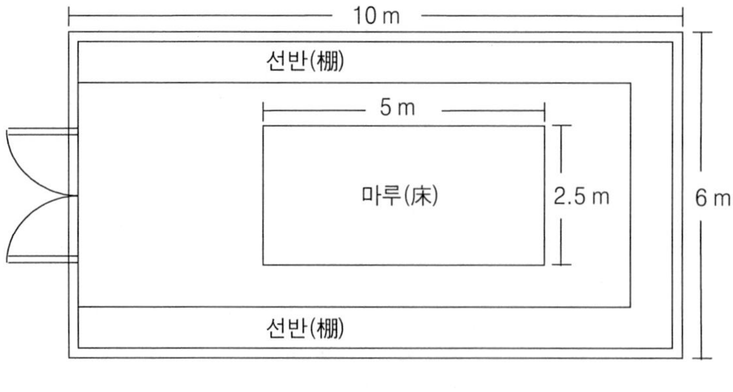

그림 3-2. 재우기 양 400 kg/day의 국실, 천정높이 2.5 m

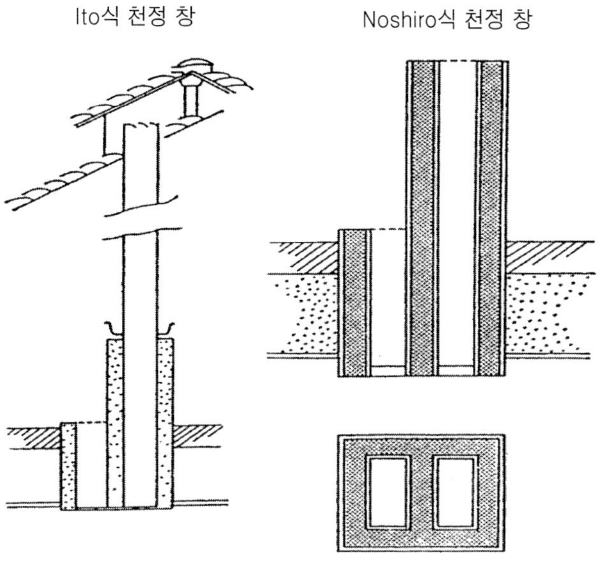

그림 3-3. 천 창

이들의 숫자를 기초로 하여 그림 3-3에 나타낸 국실(천정 높이 2.5 m : 실내 용량 150 m^3)에 대하여 실내 탄산가스 농도를 1%로 억제하는 것을 목표로 계산하여 본다. 여기에는 탄산가스 발생속도를(m^2/hr)의 100배의 환기속도로 하면 좋다. 탄산가스 발생속도는 1.5(ℓ /kg/hr) × 400(kg) = 600 ℓ / hr)이니까 그의 100배의 60m^2/hr로 된다.

다음에 습도조절의 면에서 계산하여 본다. 실내를 25℃, 습도를 80%로 유지하는 것으로 하여 외기는 5℃, 80%로 가정하면 실내공기 1 m^{3}를 배출하여 그 분량의 외기를 도입하면 14.5 g의 수증기가 제거되는 것으로 계산된다. 수증기 발생속도는 400 kg마다 4 kg/hr이므로 소요 환기속도는 276 m^3/hr로 된다. 탄산가스의 면에서 구한 계산치보다 약간 커진다.

제국실(製麴室)이 독립하고 있는 자동제국기의 경우에는 국과 같은 온도에서 습도 100%의 공기를 배출하여 수분량 만큼의 신선 외기를 도입한다고 생각하면 좋다. 국 온도를 40℃로 하면 환기속도는(외기 5℃, 80%) 100 m^3/hr로 되어 탄산가스 농도는 약 0.6%가 된다.

다음에 난방 소요량을 구하지 않으면 안 된다. 환기에 의한 열 손실은 3,820/hr로 된다. 또 실의 벽 등에서의 열 전도 손실이 약 2,000 kcal/hr로 견적되므로 합계

5,820 kcal/hr이므로 공급하여야 할 열은 그의 차 3,020 kcal/hr이다. 전력으로 환산하여 3.5 kW로 된다.

2) 제국기

제구기계에도 국실의 중에 설치하는 간이형에서 완전 자동형까지 여러 가지 기종이 개발되어 있다. 예로서 그림 3-4에 천막식 제국기를, 또 그림 3-5에는 후자의 보기로서 Nagada식 자동제국기를 나타내었다. 다시 완전 자동형으로서 KOS식인 자동제국기가 고안되어 있다.

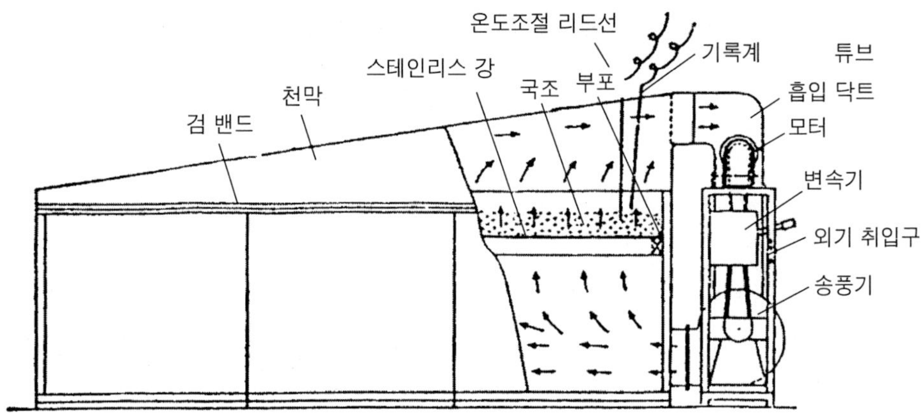

그림 3-4. 국실 내에 설치하는 형식의 제국기

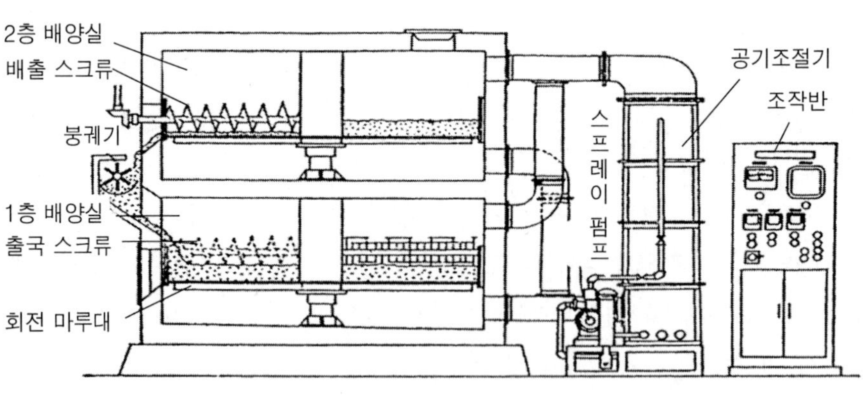

그림 3-5. 자동제국기

온도제어 방식으로서는 온도조절 습도조절 공기를 국 층으로 통과시켜 강제통풍을 행하는 것이 대부분이다. 이 경우의 통풍속도는 국균의 산소를 공급하기 위하여 요하는 것보다도 현저히 크다. 따라서 국 층의 위쪽으로 불어나오는 공기(층의 상부의 국과 거의 같은 온도의 포화에 가까운 습한 공기)를 재순환 사용한다. 이때의 닥트(duct)에서의 열 손실 그리고 신선공기의 혼입에 의하여 공기온도를 내려 사용한다. 닥트 내에는 언제나 고온다습 공기가 흐르고 있으므로 내부에는 쉽게 결로가 생긴다.

결로 방지책이라도 소형 제국기계(그림 3-4)는 국실 중에 설치하는 것이다. 실내부는 25℃, 습도 80%(습구온도 22.4℃) 정도로 관리하고, 필요량의 환기도 하고 있다. 미리 온도, 습도가 제어된 실내 공기를 신선공기로서 공급하기 위하여 조작하기 쉽게 되어 있다. 국 층을 불어나온 공기는 상(箱 : 상자)의 상측에 펴 놓은 목면의 천막과 접촉하여 결로되어 따라서 약간은 건조된 닥트로 유입되므로 닥트 내의 결로가 적어지게 된다. 천막의 결로는 천을 통과하여 실내로 증발하여 천막을 저온으로 유지하는 작용도 겸하고 있다. 이 형식은 제국량 최대 1,000 kg(총 길이 10 m, 폭 1.8 m)까지이다.

대형의 제국기계에서는 제국실이 독립하여 닥트계는 그 부속 설비로 되어 있다. 그림 3-5의 기종에서는 국실에는 제국실이 상하 2단으로 나누어져 있고, 상단은 제국의 전반 상기간(箱期間), 하단은 후반(담기~출국기간)으로 각 사용하고 있다. 국균의 반입, 반출 그리고 손질을 위한 스크루가 부속되어 있다, 상단에는 거의 손질을 하지 않고 하단으로 이동할 때 이 스크루로 물료를 교반한다. 하단에서는 손질을 요하는 경우가 있으므로 손질의 설비가 설치되어 있다.

이와 같은 기종에서는 닥트의 결로 방지를 위하여 단열재를 감고, 닥트는 열선을 감은 위에서 단열하는 대책도 세워둔다. 또 닥트계를 둘레 싼 작은 실을 만들어 이것을 고온, 건조 상태로 해두는 연구도 있다.

순환공기를 일정 온도의 물과 접촉시켜 과잉의 열을 제거한다. 플로어의 후방, 제국실과의 중간에 샤워실을 설치한다. 샤워실의 온도는 국 층 하측의 온도와 거의 같게 한다. 종래의 국개법에서는 최고와의 이념에 기초하여 완전 자동화를 목표로 하여 설계된 것이 KOS식 제국기이다. 기본 원리는 엷게 담기(5 cm 이하) 다단과 표면 통풍에 의한 제어이다. 위생에 중점을 주고, 재실은 스테인리스 스틸이다. 조(槽) 내벽에서 결로가 없게 조(槽) 본체의 골격만은 그 자체 보온 수(40℃)가 통하는 각 파이프로 만들어져 있다. 상 시기(床 時期)에 해당하는 1차 배양조 상개(위 뚜껑)에는 내부 전기식 표면 발열체가 발라져 있다.

조작은 물론 완전자동이고 재우기, 뒤지기, 출국의 세 작업을 행하는 상제국기가 설치되어 1차, 2차 조(槽) 공히 완전 밀폐계이고, 타이머 제어(programming)에 의한 통풍 시스템으로 되어 있다.

1.4 증미의 조정

Tsukihaze(突破精)의 양질의 국이 되었는가는 증미(찐쌀)의 조화 여하에 달려 있다 하여도 과언이 아니다. 증미의 흡수율은 보통 35∼40% 정도이고. 이 정도의 흡수율에서 국균의 번식은 왕성하고 또 효소 생성도 강하다. 효소능력 만을 착안하면 흡수량이 적은 증미 쪽(약 33% 정도) 효소역가가 높다는 보고가 있다.

증미(浸漬 米)의 흡수율은 찐 후(침지 물 빼기 후)의 중량 증가를 함께 한 백미(도정 미) 당의 비율로 산출하는 것이다.

$$\text{증미(침지 미)흡수율} = \frac{\text{증미(침지 미) 중량(kg)} - \text{백미 중량(kg)}}{\text{백미 중량 (kg)}} \times 100$$

균질한 증미를 얻기 위하여 도정미(白米) 수분을 일정으로 하고, 침지 후의 흡수율을 일정하게 할 필요가 있다. 증자에 의한 중량 증가는 약 10% 전후이다.

침지에 의한 도정미의 흡수비율을 좌우하는 요인은 도정미 수분으로 그림 3-6과 같이 도정미 수분과 흡수비율의 사이에는 직선관계가 성립된다. 즉 백미수분이 1% 감소되면 흡수비율은 약 3% 높아지고, 역으로 도정미 수분이 15% 증가하면 흡수비율이 3%로 낮아진다. 수분 15%의 현미를 상온에서 75∼70%의 도정비율로 도정하면 도정미 수분은 13.5∼13%로 되고, 침지 후의 흡수비율은 28∼30%로 되어 양호한 증미(흡수율 38∼40%)가 얻어진다.

다시 조정을 더 진행시켜 50% 도정미까지 하면 도정미는 건조하여 수분이 10% 정도로 된다. 이와 같이 흡수비율은 38%에 달하고 너무나 연한 증미로 된다. 음양용(吟釀用) 국에는 50% 도정미를 사용하는 것이 보통이다. 과잉의 흡수를 막기 위하여 종래는 아주 단시간(1∼5분)의 침지로 한정 흡수를 하여 왔다. 그림 3-6의 견해에서 얻어짐으로서 도정미의 수분을 조절하므로 흡수비율을 자유롭게 조정할 수 있게 되었다. 즉 50% 도정미에서도 어떤 수단으로 수율 13% 정도로 가습하면 보통의 세척미, 침지조작으로 흡수비율 30%의 침지미, 나아가 흡수비율 40%의 증미가 얻어지는 것이다.

같은 흡수비율에서도 미질(米質)이나 증자의 정도에 따라 증미의 상태가 변한다. 양조 호적미는 일반 쌀에 비하여 외경내연(外硬內軟)의 증미로 마무리하기 쉽다고

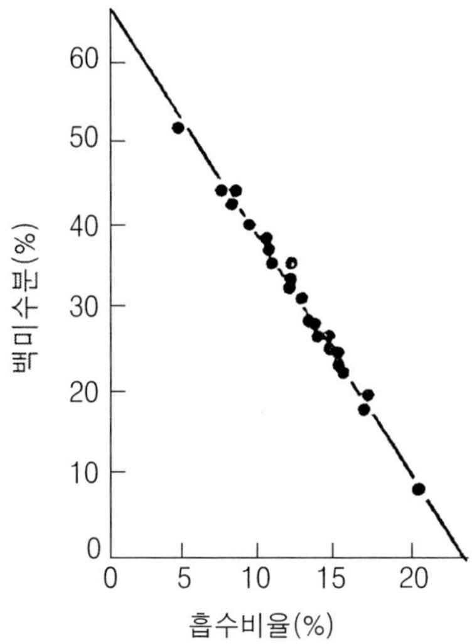

그림 3-6. 도정미 수분과 흡수비율과의 관계

회기식 $y = -2.8x + 66$(日本晴의 예)
y: 흡수비율(15℃, 60분 침지)
x: 백미 수분(도정미 수분)

하나 도정미, 흡수, 증자 등 원료처리의 여하에 따라 일반 쌀에서도 마찬가지의 증미를 만들 수 있다.

외부가 단단하여 있고 내부가 연한 소위 외경내연(外硬內軟)의 증미는 표면이 마르기 쉽고, 균사가 쌀 알갱이의 내부에 깊이 들어가는 Tsukihaze(突破精 : 돌파정)의 국으로 되기 쉽다.

1.5 제국조작

1) 조작의 기본적인 생각

제국조작은 국균의 증식과 효소생산을 최고 행하기 위한 품질 관리라 할 수 있다. 앞에서 설명한 것과 같이 국균은 제국기간 중에 그 증식에 따라 증미(찐쌀) 1 kg에 대하여 약 100 kcal의 열량을 낸다. 또 재우기 후 약 30시간 전후의 최성기의 발열량은 증미 1 kg, 1시간에 이어서 7 kcal이고, 만약 이것을 발열량이 유지되면 국의 품온은 거의 1시간에 7℃ 상승하게 된다.

재우는 증미는 도정미 1 kg 당의 약 350 g의 물(건조중량 kg당으로는 500 g의 물)을 함유하고 제국 중에는 이 수분의 증발에 의한 열이 빼앗겨져 품온(品溫)의 지나친 상승이 방지된다. 이 원리는 국개법이건 기계제국법이건 변하지 않는다. 온도조정, 습도조정의 수단으로서 국개(麴蓋 : koji tray)를 사용하는가, 제국실(製麴室)을 사용하는가의 차이이다.

물의 증발잠열은 약 580 kcal/kg이므로 제국기간 중의 발열량 100 kcal/kg · koji의 열을 제거하기 위하여 필요한 물의 증발량은 175 g이다. 재우기 시의 증미수분이 35%이라면 출국의 수분은 17% 감소된 18%로 계산된다. 국균의 대사에 의하여 수분이 생기는(약 1.5%) 반면, 여분의 증열도 있으므로 거의 이 계산 치에 가까운 출국 수분으로 된다. 결국 제국 중의 손질은 공기의 보급과 탄산가스의 배출이라기보다는 수분발산을 위한 것으로 생각한다.

2) 국개법(麴蓋法 : koji tray method)

▸ **국개**(麴蓋 : tray)

국을 배양하는데는 다수의 국개(麴蓋)를 사용한다. 국개에는 약 1.5 kg 담기(내측 세로 450 mm, 가로 300 mm, 깊이 51 mm)나 2.5 kg 담기(깊이 60 mm)가 보통 사용되고 있고, 밑판은 엷고(3 mm의 투께), 하부에 3개의 가로대를 지르고 있다. 국개의 필요 개수는 재우기 양 100 kg마다에 1.5 kg 담기의 것으로 270～300개, 2.5 kg 담기에서는 190～200개가 필요하다.

▸ **조 작**

(1) 재우기

재우기란 증미를 적당한 온도로 냉각하여 국실에 재우는 작업을 말한다. 국실의 상(箱 : 상자) 위에 넣고 이것을 퇴적시키고서 천으로 싸서 종균 접종까지 방치한다. 옛날에는 다루는 곳에서 가마니로 사용하였으나 이것은 고초균의 소굴이기도 하여 불결하므로 현재에서는 거의 사용하지 않는다. 재우기 온도는 35～36℃가 표준이다. 증미온도가 균일이라면 곧 다음의 조작, 종균 접종과 섞기로 옮겨야 한다. 일반적으로 재우기 예정온도의 1～2℃ 높은 온도에서 재우기로 상(箱)의 위에 퇴적하여 둔다.

증미가 수분이 많아 연할 때는 재우기 온도는 낮아 32～34℃로 하여(냉각 중에서 그만큼의 수분을 빼앗긴다) 재우기 후에 8～10시간에서 뒤지기를 한다. 이렇게 하면 국균의 번식이 지연되어 제국시간이 길어짐으로 그 만큼 국미(麴米)는 건조하게 된다. 또 증미를 상(箱 : 상자)에 퇴적하는 경우도 수분의 방산을 용이하게 하므로 상면이 평평하게 낮고 너르게 최적하여 실의 건습구의 차를 5° 정도로 하는 것이 좋다. 실온은 28℃로서 건습구의 차를 3～4°로 하는 것이 좋다.

요점은 증미의 상태를 파악하여 이것을 건조시킬 것인가 아닌가에 따라 조건을 결정하는 것이다.

(2) 접종과 섞기(inoculation of mold seed)

섞기란 재우기 증미에 종국을 접종하는 작업을 말한다. 재우기 후 2～3시간을 경과하여 증미의 온도, 수분이 균일하게 될 때 섞기를 행하는 것이 보통이다. 그러나 이것은 어디까지나 눈가림이고 일의 순서로 보아서 재우기 직후에 곧 하여도 상관없다. 또 최근 증미방랭기의 보급과 더불어 섞기의 수고를 줄인다는 생각에서 방랭기의 단계에서는 종국을 섞은 직후에 재우는 주조장도 많아졌다.

증미가 점질성이 있을 때는 재우기 시 종국의 일부(1/2～1/3 양)를 정종(庭種)이라 하여 가하는 수가 있다. 증미는 40～50℃까지는 보송보송한 손으로 느끼는 촉감이 있으나 40℃ 이하로 되면 점성이 나와 굳어지는 경향이 있다. 따라서 보송보송한 시기에 종국을 가하면 잘 혼합할 수 있다.

고도 도정미가 때에 따라서는 지나치게 연하여 곤란할 때가 있다. 이때는 섞기의 시기를 늦추어서 상(箱 : 상자) 위에서 바래거나 일단 싼 것을 중도에서 틈을 만들거나 혹은 재우기 후 10시간 정도에서 섞기를 한다. 증미를 상(箱) : 상자) 위에 넓히거나 혹은 일단 쌀겨를 가하여 증미를 흩어지게 한 후 이것을 종국(분생자)을 뿌린다(분생자 수 약 8 × 10^8/g). 도정미 100 kg당의 종국의 사용량은 주모 국(酒母麴)에서 100～120 g, 덧국(掛麴 : 괘국)에서 60～90 g이 표준이다. 도정미 100 kg에 100 g의 종국이 균일하게 산포된다고 하면 쌀 한 알갱이에 약 2,000개의 분생자가 부착되는 계산이 된다.

최근에 이르러 분말상의 종국도 시판되고 있으나 이곳은 분생자만을 모아 증량제를 가한 것이고 1 g당 약 10억 개의 분생자를 함유하고 있다. 주로 증미기에 붙은 종국 산포기(種麴散布機)에 의하여 산포하기 위하여 조정된 것이다. 보통 도정미 200 kg당 70 g을 사용하고 있다.

국균의 균체가 일정량으로 도달할 때까지의 소요시간과 분생자 접종량과의 관계는 35℃의 경우 국미 100 kg당 입상 종국(粒狀 種麴) 100 g을 사용한 경우에 비교하여 3배량 사용하면 소요시간은 약 1～2시간 단축되고, 1/3 사용에서는 역으로 약 2～3시간 지연된다. 분생자 접종량은 국균의 발아속도, 균사의 생육속도에는 영향이 없으나 증미상의 콜로니 수의 차이에서 겉보기 상 균의 생육에는 영향하고 있는 것 같이 보인다.

이와 같이 생각하면 극단의 경우를 제외하면 접종량의 다소의 차는 그렇게 국이 되는 데는 영향이 없는 것 같다. 반면 앞에서 설명한 것과 같이 극단으로 접종량을 줄이거나(실험실적으로 1/1,000) Tsukihaze(突破精 : 돌파정) 국을 만드는 데 중요하므로 접종량은 국의 상황에 영향되는 것으로 생각하고 있다.

종국 사용량의 요령은 총 Haze(總破精 : 총파정) 국을 희망하거나 증미가 건조하여 있을 때는 많게 실은 Haze국(破精麴) 희망의 경우 습기가 많아 점조성이 있는 증미일 때는 적게 사용하는 것으로 한다. 국균은 건조한 증미에는 살기 어렵고 습한 증미에는 발육하기 쉬우므로 이와 같이 하여 증미의 건조속도와 국균의 발육속도와의 균형을 계산하여 목적으로 하는 국을 만드는 것이다.

섞기 온도는 31～33℃라고 하나 국균의 발아·증식의 최적온도는 35℃ 전후이므로 제국시간의 단축이나 역가가 높은 국을 목적으로 하는 경우에는 이것보다 높게 섞기를 하여도 좋다. 섞기 후 뒤지기까지는 국균의 증식에 의한 발열이 거의 없으므로 수분증발에 의한 품온의 저하, 증미 표면의 건조에 주의할 필요가 있다(천 또는 비닐로 싸서 극력 품온의 저하를 막는다.)

재우기 양이 적거나 도정비율이 높을 때는 약간 높게 섞기를 하는 것이 좋다. 단 고도 도정미는 여하간 증미가 연하게 되는 수가 많고, 건조를 꾀하는 데 시간을 요하므로 균의 발육을 특히 늦출 필요상 저온으로 섞기를 하는 경우가 많다. 조온에서는 반대로 되는 것도 염두에 두어야 할 것이다.

국실의 온도는 28℃ 내외. 건습구의 차 4°, 특히 도정비율 50% 전후의 음양주(吟釀酒) 만들기에 있어서는 실온 30℃, 건습구의 차 7～10°로 한다.

(3) 뒤지기

상(箱 : 마루)에 퇴적한 증미를 헤쳐 덩어리를 풀어주는 조작을 뒤지기라 한다. 섞기 후 14～15시간 경과하여 증미에 축축함이 생기는 경우에 하는 것이 보통이다. 최근에는 축축함을 볼 수 없는 섞기 후 10～12시간째에 뒤지기를 하는 수가 많게 되었다. 뒤지기 전의 품온은 섞기 온도와 같거나 0.5℃ 정도 올려 있다.

뒤지기는 균의 발육속도와 증미의 건조속도에 큰 관계를 가지고 있고, 증기의 손질이 많은 정도의 균의 발육이 늦어져 증미의 건조를 진행시키자는 생각도 있다. 따라서 증미가 연한 경우 Tsukihaze형(突破精型 : 돌파정형)을 바라는 경우 혹은 음양국(吟釀麴) 등에서는 섞기 후 8～10시간으로 뒤지기를 한다.

증미(찐쌀)를 잘 비벼서 덩어리가 없어질 때까지 흩어준다. 이것은 대단한 노력을 요하고, 이 작업이 국 만들기의 가장 중노동으로 되어 있다. 이 때문에 뒤지기 기계가 개발되어 작업이 즐겁게 되고 노력도 종래의 1/3로 마무리하게 되었다(3명으로 30분 내로 450kg의 처리). 이 경우 뒤지기에 의하여 품온의 저하가 2～3℃(보통은 1℃ 전후)로 크므로 뒤지기 시간을 섞기 후 14～18시간으로 늦추고 뒤지기와 동시에 담기 조작으로 들어가는 예가 많다.

뒤지기에 의하여 품온이 너무 내려가지 않게 실온을 높게 한다. 온도는 종균 접종과 마찬가지로 주의해야 한다.

(4) 담 기

뒤지기 한 후 적당한 시간 후 상(箱 : 상자)에 있는 증미를 국개에 넣어 붕(硼 : 선반)에 쌓는 조작을 담기라고 한다. 담기의 시기에서 국은 새로운 환경에 주어지므로 균의 발육이 왕성하게 된 것을 소구분으로 하여 품온 관리를 쉽게 하기 위해서다. 담기를 상시대(箱時代 : 상자시대)라고 하며, 담기 이후를 붕시대(棚時代 : 선반시대)라고 한다.

뒤지기를 일찍하면 담기까지의 시기가 오래 걸리고, 반대로 뒤지기가 늦어져 상황이 진행되고 있으면 담기까지의 시간은 짧게 된다. 대체로 종 접종(섞기) 후 18~20시간 전후가 왕성한 시기이다. 품온은 섞기 온도와 마찬가지로 하고 1~2분의 Haze(破精 : 파정)가 보일 수 있게 된 시기이다. 담기를 하면 수분이 증산하게 되므로 Tsukihaze(突破精 : 돌파정)이 희망이라면 빨리 담기를 하여 표면을 건조하게 하고, 총 Haze(總破精 : 총파정)가 희망이라면 역으로 상태(균의 번식)를 진행시키고 나서 담기를 하는 것이 좋다.

상(箱 : 상자) 위에 증미를 잘 펴고서 덩어리를 깨고 1.5~2.5 kg을 작은 떡 모양 또는 오목한 모양으로 국개(麴蓋)에 담는다. 이와 같이 담기를 한 국개를 실개(實蓋)라고 하나 이것을 6~8장 쌓고 그 위에 같은 수의 빈 국개를 쌓아서 일렬로 하고, 이와 같은 열을 붕(棚 : 선반)의 위에 병열한다. 담기 시에 국개의 가장자리에 국립은 균이 번식하지 않는 Hazeochi(破精落 : 파정락)로 되고, 이것은 술덧 중에서도 용해되지 않고 그대로 남아 박으로 되므로 Hazeochi((破精落)가 되지 않게 주의해야 한다.

품온이 31~33℃가 표준이지만 증미가 단단할 때는 약간 높게, 연할 때는 약간 낮게 한다. 또 담기시기가 지나치게 이르면 증미가 경화하여 단단한 국으로 되기 쉬어 Hazeochi(破精落)가 많다. 역으로 늦어지면 품온이 상승하기 쉽고 후의 작업이 서두르게 된다. 실온은 뒤지기 전의 때와 변하지 않는다.

(5) 뒤바꾸기

담기 후 3시간 정도 지나면 상부와 하부의 국개의 국에서 온도 차이와 상태의 불균형을 일으키므로 이것을 뒤바꾸기를 한다. 이 방법은 6장 쌓인 상하 3장씩을 뒤바꾸고, 또 국개의 방향을 전후로 바꾸고 붕의 가장자리에 쌓인 것은 중앙으로, 중앙의 것은 가장자리 쪽으로 바꾼다.

품온의 상승은 1∼2℃이나 국개에 따라 품온은 달라 위에서 2번째의 국개의 품온이 제1 높다. 검온은 위에서 2번째의 국개에서 하는 것이 보통이므로 뒤바꾸기 후는 온도가 낮은 5번째의 것이 위에서 2번째로 오므로 마치 품온이 내려간 것 같이 보인다.

(6) 제1손질

담기 후 5∼8시간에 국개 중의 국을 손으로 뒤섞어 품온 상태의 평균을 조사하고 품온을 1∼2℃ 강하하여 동시에 뒤바꾸기를 한다. 이 조작을 제1손질 또는 낮일이라고 한다.

품온 35℃ 내외 Hazemawari(破精廻 : 파정회)는 3분(30%) 정도이다. 이 시기는 국 제조 경과 중에서도 미립이 경화되고 있는 시기이고, 엉킨 것이 잘 풀리고 까칠까칠한 소리가 나는 상태의 것이 좋다. 찌고 나서 출국까지 증발하는 총 수분의 약 75%가 제2손질까지 손실된다. 향기는 약간의 감취(甘臭)를 가지는 일종의 청취(青臭 : 풀냄새)가 있으나 이것을 종국 냄새라고 한다.

각 국개 1개씩 꺼내어 온도를 내림과 동시에 수증기와 탄산가스를 배제하기 위하여 손으로 국을 잘 교반한 다음 다시 국개의 중앙에 아호리를 걸어 모은다. 구상으로 모은 산의 중앙은 오목하게 파고, 한 개마다에 빈 국개를 두어 공개(共蓋)로 하여 6∼8개를 쌓는다.

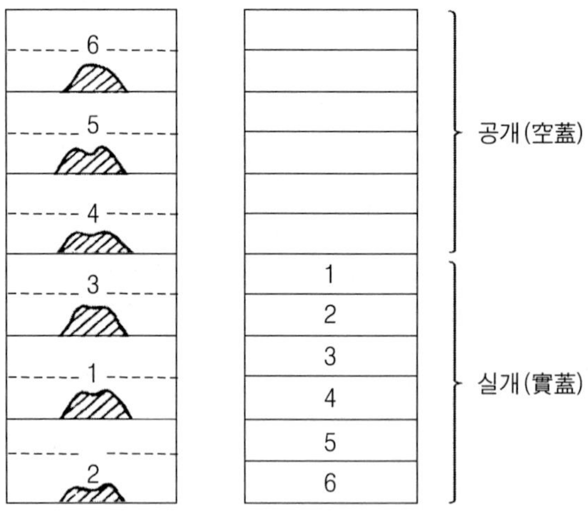

그림 3-7. 제1손질 후의 국개의 바꿔 쌓기

공개(共蓋)의 방법은 보통 하향으로 실개(室蓋)와 방향이 맞게 하나 온도의 상승이 이르다고 생각될 때는 위 방향으로 한다. 공개(共蓋)를 아랫방향으로 하면 상하의 국개가 빈틈없이 맞으므로 수증기의 방출이 나쁘고, 위 방향으로 하면 위의 공개(共蓋) 밑에 있는 창살 때문에 약간의 틈이 생겨 수증기가 빠져나간다.

국개의 위치 변경은 그림 3-7과 같이 온도가 높은 것을 낮은 곳으로 가지고 간다. 국개를 위에서 헤아려 1, 2, 3, 4, 5, 6으로 한 경우 가장 고온은 2이고 이어서 1, 3, 4, 5, 6의 순으로 낮아지는 것이 통례이므로 손질 후에는 5, 6, 4, 3, 1, 2와 같이 쌓고 바꾸어서 이후의 온도를 조절한다.

(7) 뒤바꾸기와 제1손질

제1손질 후 3시간째에 온도의 여하에 관계없이 상하 3개씩 뒤바꾸기를 한다. 온도의 발생과 상태의 진도가 격심한 때는 뒤바꾸기 대신으로 제1손질과 마찬가지로 손질을 할 필요가 있다. 증미의 건조를 도와서 국균의 발육을 억제하는 결과가 되므로 제1손질에서 제2손질까지는 뒤바꾸기를 하는 것보다 늘리는 것으로 한다.

(8) 제2손질

제1손질 후 5～7시간째에 국개 중을 손으로 교반하여 품온, 상태의 조절을 꾀하는 조작을 제2손질이라고 한다. 제1손질에서 국은 급속으로 Haze(破精 : 파정)가 진행되어 번식이 왕성하여(온도도 오르고 6～7시간에서 품온 37～39℃, 6～7분(60～70%) 정도로 Haze(破精 : 파정)로 된다.

제1손질에 경화된 증미를 통례상 제1손질시 약간 연화된다. 이것은 국균의 번식이 왕성하게 됨에 따라 대사에 의한 수분생성이 촉진되기 때문이다. 제1손질에 일단 Hazemawari(破精廻 : 파정회) 쪽은 결정되어 그 이후에는 Hazekomi(破精込 : 파정입)가 깊이 되나 표면에 Haze(破精 : 파정)의 확대가 되는 것은 그렇게 없다. 이 시기에 이르면 밤 냄새는 대체로 소실되고, 국 특유의 향이 나타나기 시작한다. 증미의 맛은 소실되고 특별한 감은 없으나 지미가 생긴다.

각 국개의 국을 손으로 교반하여 주걱으로 중앙으로 모으고 국개 일면에 넓혀 내천자모양으로 오목하게 만든다. 국개의 쌓기는 제1손질과 마찬가지로 공개(共蓋)를 놓는다. 또 각 열의 간극은 그때의 상태에 따라 가감한다. 이 시기는 가장 수분의 발산이 크므로 이불을 사용하거나 한 장 정도로 하여 자력으로 온도가 오르게 한다. 실온은 높아(28～30℃) 건습구의 차도 많아진다. 손질 후의 품온을 내리는 것은 1.5℃ 정도로 한다.

(9) 뒤바꾸기(최고 뒤바꾸기), 출국

제2손질에서 3~4 시간 지나면 국은 점차 품온이 올라 상하가 불균일하게 되므로 또 뒤바꾸기를 한다. 국은 대체로 이때의 최고온도를 취하여 이후 출국까지 품온을 내릴 수 있게 관리하므로 최고 뒤바꾸기라고 한다.

온도의 상승 방법은 심한 경우에는 그림 3-8과 같이 벽돌쌓기를 하고, 온도가 내려가면 겹쳐 쌓는다. 상하 반반씩 뒤바꾸기를 하는 것은 다른 경우와 마찬가지이다 제2손질에서 품온의 경과를 보면 대체로 3~4시간의 후에는 최고 뒤바꾸기로 되고, 뒤바꾸기 후 1℃ 정도 온도가 올라(겉보기 상) 그로부터 3~4시간에서 제2의 최고온도가 온다. 그 이후는 최고의 지속 혹은 상당히 내린다. 제2의 손질 후 6~8시간에서 밤 냄새(밤을 구울 때 나는 냄새)가 생기고, 이 향이 나게 되면 밤 냄새를 느끼고 그리고 상급 품질에서 담백한 감미를 느끼게 된다.

출국시기의 표준은 주모 국에서 제2손질 후 10~12시간, 덧국(掛麴 : 괘국)에서는 8~10시간, 품온 39~41℃ 정도이다. 그러나 국의 효소역가나 노약(老若)은 아마 종국 접종(섞기)에서 출국까지의 총 제국시간을 기준으로 하여 생각하는 쪽이 합리적이다. 제국시간의 표준은 주모 국에서 48시간, 덧국(掛麴)에서 43시간 내외이다.

출국은 곧 한랭의 장소에서 빨리 냉각한다. 이 장소는 가능한 한 습기가 없고 통풍이 좋은 곳이 좋다. 국을 놓는데 격자 봉을 만들어 각 격자 위에 천을 펴고 식히는 것이 좋다. 최근 출국 방랭장치를 사용하여 강제통풍에 의하여 국을 냉각하는 것이 있다.

3) 상국법(箱麴法 : 상자국법)

이 방법은 국개 대신으로 15~45 kg의 물료를 담을 수 있는 큰 상(箱 : 상자)에서 국을 만든 것이다. 1개에 담는 양이 많아짐으로 상(箱 : 상자)의 수는 적어도 되

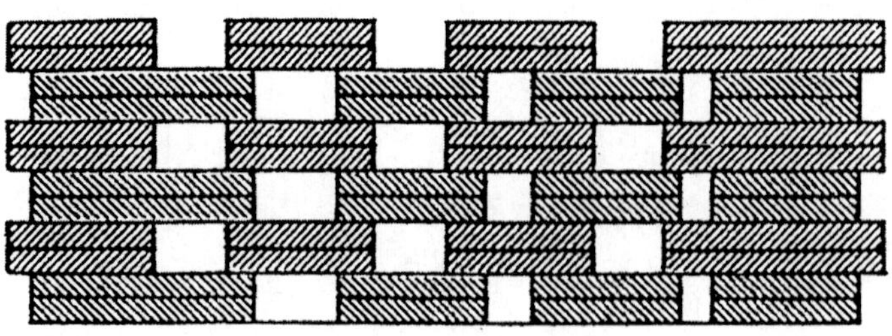

그림 3-8. 국개의 벽돌쌓기

고 공간, 노력이 절약되고 작업시간이 단축된다. 단 품온 관리에는 국개법과는 다른 연구가 필요하다.

▸ **상(箱 : 상자)**

상(箱)은 장방형으로 밑에 나무나 대나무의 발, 스테인리스 스틸을 붙여 통기를 돕는다. 또 대발의 간격이 조절이 될 수 있는 것이나 대발의 밑에 인출판을 설치하여 보온, 통기의 조절이 이루어지게 고안되어 있다. 담기 양이 50 kg 이상에서는 취급이 불편하다. 일반적으로 사용되고 있는 크기를 표 3-2에 나타내었으나 국실의 조건에서 결정할 일이다.

▸ **조 작**

(1) 재우기, 종균접종과 섞기, 뒤지기

이들 조작은 국개법과 마찬가지이다.

(2) 담 기

뒤지기 후 8～10시간 정도에서 품온은 섞기(종균 접종) 온도와 같이 하고 1～2분(10～20%)의 Haze(破精 : 파정)가 보이게 될 때 행한다. 조작은 상(箱 : 상자)의 대발 또는 쇠그물 위에 삼베나 화학섬유의 천을 깔고 그 위에 덩어리를 깬 증미를 일정량씩 옮긴다. 증미는 6～8 cm로 퇴적하고 상(箱 : 상자)밑의 판을 걸어둔다. 그런데 뒤지기 때에 상(箱 : 상자) 옮기기의 조작을 하는 수가 있으나 이때 약간 두껍게 담고, 담기의 시기에 손으로 교반하여 두께 6～8 cm로 퇴적한다(제1손질).

(3) 뒤바꾸기(제2손질)

담기와 제1손질의 사이, 제1손질과 제2손질의 사이에 뒤바꾸기를 한다. 일반적으

표 3-2. 국상(麴箱)의 크기와 담기 양

	세로(cm)	가로(cm)	깊이(cm)
45 kg	85	163	13
30kg	75	150	13
20kg	70	120	11
15kg	60	100	10
7.5kg	60	90	9

로 상(箱 : 상자)을 2～3단 쌓아 두지만 이때 상부일수록 품온이 높아지게 되므로 상하로 뒤바꾼다.

(4) 제1손질

담기 후 7～9시간에서 품온이 35～36℃, Hazemawari(破精廻 : 파정회) 3분(30%) 정도일 때 제1손질을 하여 1～1.5℃ 품온을 내린다. 홑이불의 양단을 두 사람이 들어 올려 흔든다. 손으로 교반하면서 덩어리를 깨트리고 품온의 조정을 한다. 증미는 손질 후 6～7 cm의 두께로 한다. 면포를 한 장 씌어 인출판은 반쯤 연다.

(5) 제2손질

제1손질 후 6～7시간으로 품온이 38～39℃, Hazemawari(破精廻 : 파정회) 7～8분(70～80%), 국 특유의 밤 향기를 느끼게 되고 감미가 난다. 폼온을 37℃로 조정하고, 증미는 4～5 cm의 두께로 한다. 홑이불은 마포 한 장으로 하여 인출판은 전부 연다. 표면은 마(면)포 한 장을 씌운다.

(6) 출 국

출국 시기는 국개법과 마찬가지이다

4) 상국법(床麴法 : 마루국법)

국개(麴蓋)나 상(床 : 마루)을 사용하지 않고 모든 조작을 상(床 : 마루)에서 행하는 방법으로 상국(箱麴)의 상(箱 : 상자)을 다시 크게 한 것으로 생각하여도 좋다.

▸ 상(床 : 마루)

상국법(床麴法)에는 재우기에서 출국까지 하나의 상(床 : 마루)에서 행하는 경우와 재우기에서 담기까지를 재래의 상(床 : 마루)을 사용하여 담기 이후의 출국까지의 상(床 : 마루)을 별도로 설치하여 사용하는 경우가 있다. 후자의 경우는 붕(棚 : 선반)을 떼어내고 새로운 상(床, 新床)을 만들지 않으면 안 되나 이 신상(新床)의 면적은 재우기 양 100 kg당의 약 4～4.5 m^2가 필요하다.

신상(新床)의 구조는 종래의 상(床 : 마루)의 보온재를 떼어내고 위의 판은 떼어낼 수 있게 판과 판 사이를 거리를 두어 공기가 통할 수 있게 한다. 혹은 상(床 : 마루)의 위에 5～10 cm 정도로 거리를 두고 대나무나 나무로 만든 발을 설치한다.

새로이 만든 경우는 상국법(箱麴法)의 상(箱 : 상자)과 마찬가지 구조로 크기만을 크게 하고, 높이 70 cm 정도의 다리를 붙인 상(床 : 마루)을 만든다. 인출판이나 개호식의 밑판으로 하면 온도 조절이 편리하다. 또 상(床 : 마루)에서 증미가 흘러나오지 않게 틀을 붙인다.

▶ **조 작**

재우기에서 뒤지기까지는 상국법(箱麴法)과 같은 요령이다. 섞기 후 20시간 정도 경과하여 품온이 32~34℃로 되었을 때 증미를 신상(新床)에 옮겨 두께 10 cm 정도로 펴고 면포, 마포를 걸어 보온한다(담기 상당). 담기 후 8~9시간 경과하여 품온이 35~36℃, Hazemawari(破精廻 : 파정회) 4분(40%) 정도에서 제1손질을 한다. 증미를 교반하면서 증미 층을 넓혀 6 cm 정도로 엷게 하고 수분의 발산을 촉진한다.

상국법(床麴法)에서는 손질 정도로 증미의 두께를 엷게 하고 있으므로 상(床 : 마루) 위의 칸막이 판의 위치를 옮기면서 두께를 조절한다. 제1손질 후 7~8 시간 경과하여 품온이 38℃에서 제2손질을 한다. 증미의 두께는 5 cm 정도로 하고, 재래법의 제2손질과 마찬가지로 표면에 홈을 만들 수가 많다. 제2손질 후는 이불이나 인출판의 조작으로 품온의 조절을 하여 8~9시간에서 출국한다. 제국시간은 상국법(箱麴法)과 큰 차가 없다

이상 요약하면 상국법(床麴法)이나 상국법(床麴法)이거나 간에 국개(麴蓋)의 대신으로 대량 처리 가능한 상(箱 : 상자) 혹은 상(床 : 마루)을 사용하여 제국의 합리화, 성력화를 시도하려는 것으로 제국경과는 국개법과 거의 변하지 않는다. 이와 같이 품온·습도 관리 때문에 특별한 연구를 상(箱 : 상자)이나 상(床 : 마루)에서 다량의 물료를 취급하여도 종래법과 같은 경과를 거칠 수 있게 한 것이다.

5) 기계제국(機械製麴)

제국의 합리화·성력화의 극치가 기계제국이다. 기제국법이란 적당한 온도, 습도를 조절한 공기를 큰 용기에 수용한 증미 중에 보내어 국균의 증식에 따르는 발생열을 증미수분의 증발잠열에 따라서 밖으로 내보내고 품온·습도를 적당하게 제어하므로 국을 만드는 방법이다. 큰 용기 중에는 상당한 두께로 다량으로 증미를 퇴적하므로 재래의 방식보다 단위 면적당의 제조량이 많아진다. 또 품온은 자동 제어되어 통기에 의하여 증미의 품온이 목적 온도까지 저하된 것이 검출되면 통기가 정지하여 품온이 상승되면 다시 통기가 행해진다.

제국조작은 당연 종래와는 변하고 있으나 국 자체는 종래와 변하지 않는 우량한 것이 아니면 안 된다. 국 제조의 근본 원리는 증미의 건조와 국균의 번식과의 균

표 3-3. 보통국과 기계국의 성분 비교

	수 분	Amylase		Protease		아미노산 (%)	직당(%)	호흡상	
		액화	당화	pH 3	pH 6			QO_2	RQ
보통국	299.3	391.4	93.4	1.33	1.16	1.14	104.4	331.5	1.19
기계국	30.8	368.4	102.2	1.52	1.40	1.17	107.7	477.5	1.10

3-4. 제국 중의 화학적 성분의 변화

	수 분	당 분(%)	녹말 및 호전(%)	총 산(%)
원료미	13.70	0.09	79.77	0
침지미	28.60	0.08	65.79	0
재우기	33.38	0.19	60.77	0
섞 기	33.32	0.16	60.93	0
뒤지기	32.23	0.96	60.40	0
담 기	32.28	2.45	59.60	흔적
제1손질	32.18	5.85	56.10	0.018
제2손질	31.91	9.67	53.40	0.033
출 국	29.64	15.85	49.65	0.014
담금 전	29.60	17.64	47.88	0.023

형을 취하는 것에 있으므로 이 때문에 통기방식, 통기의 온습도 조절, 국의 품온 경과, 손질조건 등 모두를 잘 알고 검토가 가해져 있다. 특히 Tsukihaze(突破精 : 돌파정)국을 만들기 위한 연구가 상세히 이루어져 있다. 그래서 설사 종래와는 다른 제국경과가 생기는 수가 있을 것이다.

제국기계는 앞에서 설명한 것과 같이 간이형에서 완전 자동형에 까지 여러 기종이 고안되어 있다. 기계의 도입에 있어서는 다른 설비, 제조량과의 균형, 도입에 의한 성력 정도, 가격 등을 종합적으로 생각해야 할 것이다. 장치 내는 상대습도 100%에 가까운 공기가 흐르기 때문에 결로하여 잡균에 의한 오염이 쉬어짐으로 주의가 필요하다. 또 닥트, 제국조(製麴槽) 등은 세정하기 쉬운 구조의 것을 선정하고 증기 또는 약품에 의한 살균을 장려하고 있다.

(1) 간이형 제국기에 의한 제국

종래와 같은 상 기간(床 期間)을 두어 담기시기에 제국조로 옮기는 방식의 것이다. 이것은 상국(箱麴 : 상자국)의 상(箱 : 상자)을 크게 한 것으로 생각하여도 좋고, 손질도 종래와 같이 행하는 경우가 많으나 도중의 품온 관리를 통하여 자동적으로 행하는 것이다. 따라서 제국경과는 상(箱 : 상자), 상(床 : 마루) 제국법과 거의 변하지 않는다.

작업의 한 예를 나타내면 다음과 같다. 국실의 상(床 : 마루)에 재두기, 종균 접종을 하여 30～31℃로 하고 10～12시간 후에 가볍게 뒤지기를 한다. 그리고 다시 10～12시간 후에 뒤지기 기계에 걸어 국실 내에 설치한 제국조(製麴槽)에 평평하게 담기를 한다. 담기 후 품온이 30℃ 이하이다. 제어기의 온도 설정을 35℃로 하여 8시간 정도에서 설정온도까지 유지한다. 이 사이의 통풍은 거의 없다. 이후 37, 39, 40℃로 순차 온도를 설정하여 5～6시간 정도에서 40℃에 달하여 8～9시간 최고온도를 유지시켜 출국한다. 이상 가능한 한 통풍이 적어도 마무리 되게 품온, 층의 두께를 고려할 것이다.

이 방식은 종래의 국실을 이용하여 또 국의 발열, 발산수분을 이용하므로 통풍공기의 가열, 가습장치는 없는 것이 많다.

(2) 완전자동 제국기계에 의한 제국

그림 3-9에 나타낸 장치를 사용하는 경우의 보기를 나타내었다. 본 장치의 이점은 완전 자동화임으로 손질(기계에 붙은 장치로 행하지만)을 가능한 적게 하고(1회만), 또 통풍을 극력 억제한다는 요지로 검토를 하였다. 그 결과 Tsukihaze(突破精 : 돌파정)형의 우량한 국을 만드는 종래와 같이 재우기 온도에서는 높다는 것을 알았다. 결국 26.5℃로 상당히 낮게 한다는 것이다.

종국을 접종하여 26.5℃로 냉각시킨 5톤의 증미를 상부의 배양조(培養槽 : 마루에 상당)에 20～22 cm의 두께로 평평하게 퇴적한다. 14시간 후에 뒤지기를 한다. 이때의 품온은 거의 오르지 않는다. 21시간째 손질을 하면서 물료를 하부의 배양조에 이동시킨다(담기 상당). 품온은 27℃까지 오르나 이 조작에 의하여 섞기 온도까지 내린다.

이후는 전연 손질하는 것이 없고 통기도 없이 35시간째 까지 방치한다. 이 사이가 늦어지면 균의 번식이 왕성하게 되고 품온도 직선적으로 상승하여 41℃에 달한다. 여기에서 처음으로 통풍장치가 작동하여 품온이 39℃로 하강하면 정지한다. 이와 같은 단속통풍을 계속하여 품온을 39℃ → 41℃ → 39℃로 파도형으로 유지하면서 배양을 계속하여 재우기 후 44시간째에 출국한다. 증미의 건조와 국균의 증식의 균형을 잘 취하여 전연 손질을 하지 않는데도 불구하고 훌륭한 Tsukihaze(突破精 : 돌파정) 국이 된다. 기계제국기의 구조는 그림 3-9와 같다.

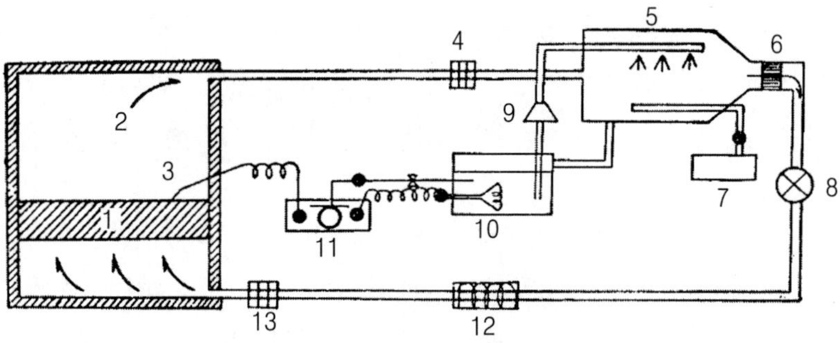

그림 3-9. 기계제국기의 구조

1. 국층(麴層), 2. 온도계, 3. 제국실, 4. 댐퍼, 5. 샤와
6. Eliminator, 7. 보일러, 8. 변속기가 달린 팬, 9. 펌프
10. 온수조, 11, 자동온도 제어기, 12. 히터, 13. 댐퍼

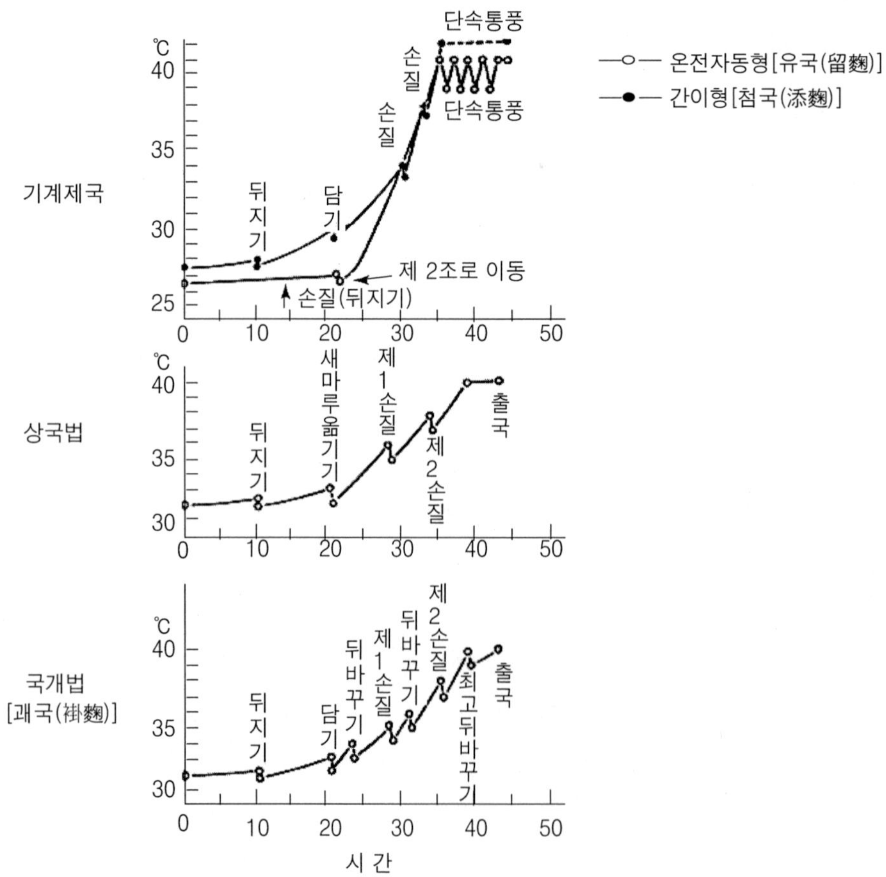

그림 3-10. 제국경과 예

6) 제국조작의 정리

이상 고전적인 제국법에서 기계제국에 이르기까지 그 조작방법을 구체적으로 설명하였다. 이들의 제국경과를 정리하여 그림 3-10에 나타내었다. 이들은 어디까지 표준적인 것이고 실제 제국에 있어서는 여러 가지의 부대조건에 따라 변경할 것은 물론이다. 부대조건으로서는 종국의 종류, 쌀의 품질, 도정비율, 증미의 상태 등이다. 특히 증미의 상태는 큰 요인으로 되고, 고도 도정미(도정비율이 낮다)의 음양

표 3-5. 지나치게 연하거나 지나치게 단단한 찐쌀에 대한 처리법

조 작	지나치게 연한 찐쌀	지나치게 단단한 찐쌀
재국기 온도	낮다(32～34℃)	높다(32～34℃)
접종온도	낮다(32～34℃)	높다(32～34℃)
실 온	높다(32～34℃)	낮다(32～34℃)
건습차	크다(32～34℃)	작다(32～34℃)
섞기까지의 상태	퇴적하지 않고 마루 위에 넓힌 그대로 1시간마디에 섞기를 한다.	마루(床)에 반구형으로 높이 쌓아올린다.
상(床) 섞기에서 뒤지기까지의 상태	뚜께 10 cm, 넓은 형으로 퇴적한다.	높게 쌓아올린다.
상(床) 섞기에서 뒤지기까지의 시간	짧다(8～10시간)	길다(24～27시간)
뒤지기 조작	뒤지기를 정성들여 한 경우에 따라서 섞기와 뒤지기 사이에 뒤지기를 한다.	뒤지기는 시속하게 한다. 극단의 경우에는 뒤지기를 할 때 열탕을 분무하는 수도 있다. 240～250 mℓ/kg
상(床) 섞기에서 담기까지의 시간	짧다(18～21시간)	길다(24～27시간)
담기조작	담기의 퇴적의 두께를 표준보다 엷게 한다.	담을 때 한쪽 잠기를 한다.
담기 온도	낮다(32～34℃)	높다(32～34℃)
인출(引出)판의 조절설비	건조를 촉진할 수 있게 미리 세트한다.	건조를 방지하기 위하여 미리 세트한다.
목 표	저온경고를 택하여 제1손질까지 찐쌀을 경화시킨다.	고온경과를 취하여 제1손질까지 봉우리를 모은다.

주 등의 경우 연한 증미가 된다. 지나치게 연하거나 지나치게 단단한 증미가 되는 경우의 처리에 대하여는 표 3-5에 나타낸 것들이 있다.

또 기계제국에 있어서도 제국조작의 기본적인 생각인 증미의 건조속도와 국균의 증식속도의 균형을 꾀한다는 방법은 모두 통하는 것이므로 이 생각도 함께 조작법을 조립할 것이다. 더구나 효소의 생산성을 고려한 제국경과의 변경도 당연하고, 이것에 관하여는 제4장 청주국 효소에서 설명한다.

1.6 국의 품질기준과 관리

1) 색과 향기

국의 색은 순백한 것이 정상으로 왠지 색이 검고 선명하지 않는 것은 증미가 지나치게 연하였거나 제국 중의 수분 발산이 충분하지 못한 것에 많다. 향기는 특유의 방향(밤 냄새)이 있는 것이 보통이다. 국을 깨물었을 때 감미를 깊이 느끼는 것은 다습 국으로 알맞게 건조한 좋은 국에서는 감미라기보다는 오히려 밤과 같은 맛을 느낀다.

2) 상모(상태)

국균이 증미에 번식하여 균사가 희게 육안으로 보이게 된 상태를 Haze(파정, 破精)라고 한다. 즉 Haze(파정)는 국균 균사의 생육을 말한다. 균사가 미립 표면에 번식한 상태를 Hazemawari(파정회, 破精廻)라 하고, 균사가 미립 내부로 파고 들어간 상태를 Hazekomi(파정입, 破精込)라고 한다.

Haze(파정, 破精)의 상태를 나타내는 말에는 총 Haze(총파정, 總破精), Tsukihaze(돌파정, 突破精), Nerihaze(점조성 파정, 粘稠性破精), Bagahaze(바보파정)가 있다. 총파정과 바보파정은 국균의 번식이 좋고 증미 표면, 내부 어느 쪽에 미치고 있는 경우를 말하나, 바보파정은 출국 수분이 과다한 것을 말하고, 총파정에 비하여 효소역가가 약하다.

Tsukihaze(돌파정, 突破精)는 Hazemawari(파정회, 破精廻)는 좋지 않으나 Hazekomi(파정입, 破精込)가 좋은 것, 역으로 Hazemawari(파정회, 破精廻)는 좋으나 Hazekomi(파정입, 破精込)가 나쁜 것을 Nerihaze(점조성 파정, 粘稠性破精)라고 한다. Haze의 의의에 대하여는 아직 밝혀지지 않는 것이 많으나 일반적으로 Hazekomi(파정입, 破精込)가 좋은 Tsukikomihaze(돌입파정, 突込破精)형의 국이 좋다고 한다.

3) 잡균 오염

국을 만드는 과정에서 목적으로 하는 국균 이외의 미생물(잡균이라 총칭한다)에 의한 오염은 끊을 수가 없다. 효모[청주 효모균 $0 \sim 10^2(10^5)$/g · koji, 산막 효모균 $10^2 \sim 10^5$/g · koji)]나 세균[유산균 $10^1 \sim 10^6$/g · koji, micrococus $10^4 \sim 10^6$/g · koji, 고초균구 $\sim 10^7$/g · koji]의 혼입이 적지 않다. 제국 중에 증식한 잡균은 당연한 것으로 효모, 술덧으로 가져온 그 결과 잡균의 종류에 의하여 최악의 경우에는 술덧의 부조(腐造)의 원인이 된다.

잡균의 오염 요인으로서 생각되는 것은 그림 3-11과 같으며, 국미(麴米)에 직접 접촉되는 것이 오염되고 있는 경우에는 모두 오염원으로 된다. 이들의 오염원을 정기적으로 조사하여 온도가 높은 부분에서 중점적으로 살균하므로 국의 오염을 보다 적게 되게 노력을 해야 할 것이다.

(1) 점조성국(粘稠性麴)

담기 때부터 국의 표면이 끈기가 있고 손에 붙어 떨어지지 않는 미끄러운 국이 되는 수가 있다. 이것은 제국 중에 고초균(납두균)이 번식하였기 때문이다.

(2) 세균산도가 높은 국

제국 중 유산균 등의 산 생성 균이 다수 번식한 국으로 많은 것은 10^7/g 이상이 된다. 이와 같은 국 5～10알갱이를 YAS배지 10 mℓ에 넣어 실에서 2일간 배양하면 산도가 상승한다. 배양액 10 mℓ당의 산도를 세균산도라고 하고, 산 생성 균에 오염된 국에는 2 mℓ 이상이 된다(1/10N NaOH용액 적정 수). 정상의 국에서는 이것이 1 mℓ 이하이다. 이들의 세균산도가 높은 국으로 만든 술덧은 부조(腐造)가 쉽게 일어나므로 주의를 요한다.

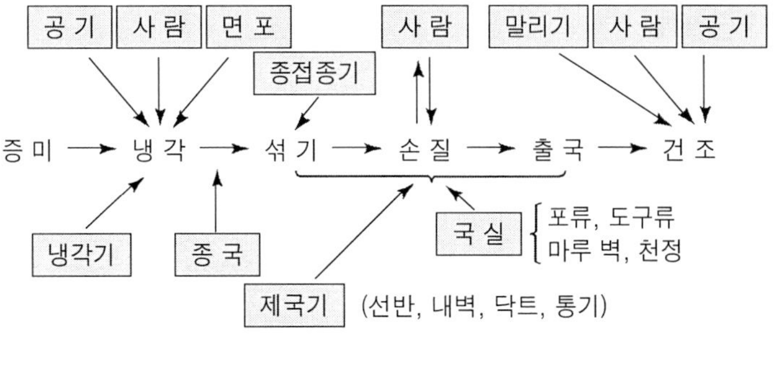

그림 3-11. 국의 오염 개요

(3) 야생효모에 의한 오염

제국 중 야생효모가 대량으로 증식되는 수가 있다. 이것은 당연 주모, 술덧의 오염원이 된다. 보메도의 살균 국즙(麴汁 : pH 4) 15 mℓ에 국균 1 g을 넣어 유동파라핀을 1~2 cm의 두께로 중층하고 국실 등에서 수일간 배양한다. 국이 야생효모로 오염된 경우에는 배양액이 혼탁하여 시험관 저부에서 왕성한 가스가 발생한다.

(4) 작업환경의 살균

국 관계의 작업환경으로서 다음의 장소에서 살균을 표 3-6에 따라 실행한다. 작업원은 청결한 작업복을 입고, 작업 전에 손을 씻고 신발을 살균한다. 천류, 기구류는 열탕으로 삶아서 수세하고 일광 건조한다.

표 3-6. 작업환경의 살균

작업환경	살 균 제	사용용도	사용방법	사용상의 주의
손 씻기	오스반액 (염화벤잘코늄)	100~200배	침 지	30초 이상 침지하고서 수세한다.
	요오드제	200~700배	침 지	갈색~담황색주에는 효력이 있다.
국 실	포르말린(약 37%)	100~150 g/10 m³	물에서 2~3배로 묽게 하여 가열증발	점막을 침범한다.
	황	100~150 g/10 m³	훈 증	금속을 부식한다.
	PPS	100~150 g/10 m³	훈 증	금속을 부식한다.
	역성 비누용액 (dimethyl · benzyl · alkyl · ammonium 액	500~800배	분무 · 닦기 청소	미리 세정하여 오염을 떨어뜨려 사용한다.
제국기	차아염소산나트륨용액 비누용액(식품첨가용)	5%의 것을 4 mℓ/ ℓ (200 ppm)	분무 · 산포 침지	충분히 수세 후 사용한다. 특히 퇴적층의 금망 아래는 오염되기 쉬우므로 200 ppm 액으로 직접 닦거나 산포한다.

국실은 제조 개시 전 그리고 재우기를 중단할 때는 미리 청소 후 살균한다. 제국실 내에도 수세 후 생 증기로 때때로 살균한다. 그리고 증미 방랭기의 컨베이어 부분 그리고 종국 접종기 부분도 오염되기 쉬므로 제국기계에 준하여 살균을 한다.

4) 출국 비율에 의한 판정

일반적으로 부품이 있고 정연하며, 손으로 쥐었을 때 두둥실 하게 탄력을 느끼고, 손을 열면 산산이 흩어져 덩어리가 없는 국이 좋다. 출국 비율은 17～19%가 표준이나 이보다 많은 것은 일반적으로 팽연하고, 작은 것은 비율이 높다.

표 3-7. 제국조건과 출국 그리고 제성주의 성질과의 관계

제조요인 / 출국・청주의 소화		제국조건									
		시 간		온 도		찐쌀의 경연		환경의 건조		국균의 종류	
		길고	짧고	높고	낮고 (중)	단단하고	연하고	건조	습하고	호흡형	발효형
국의 성질	액화력	O		O		O			O	O	
	당화력	O		O		O			O	O	
	단백질 분해력	O			O	O			O	O	
	정미성분	O			O		O		O	O	
	갈변도	O		O		O			O	O	
	Deferriferrichrysin 함량	O		O		O			O	O	
	세균 산도	O			O		O		O		O
	Hazemawari	O		O			O		O	O	
청주의 성질	착색도	O			O		O		O	O	
	맛의 농도	O			O		O		O	O	
	맛의 선명도		O	O		O		O			O
	산 도	O	→O		O		O		O	O	→O
	아미노산도	O			O	O			O	O	
	박 비율				O		O	O			O
	흑 박	O		O		O			O	O	
	철에 의한 착색	O		O		O			O	O	
	노화되기 쉬운 것	O					O		O	O	
	단백질 혼탁성	O		O		O			O	O	

$$\text{출국 비율} = \frac{\text{출국 kg 수} - \text{도정미 kg 수}}{\text{도정미 kg 수}} \times 100$$

출국 비율의 대소와 손의 접촉감이 일치하지 않는 경우가 있다. 예를 들면 아주 왕성하게 국균의 번식이 진행된 총파정(總破精) 국 등에서는 균의 작용에 의하여 쌀 전분이 분해하여 혹은 발열 때문에 수분도 발산하여 출국 비율이 13% 혹은 그 이하로 되는데도 불구하고 손 접촉감은 연하게 느껴진다. 그러나 출국 비율은 일반적으로 국 판단의 중요한 지표가 된다.

5) 효소역가

청주 양조에 관계가 깊은 효소로서는 α-amylase, glucoamylase, 산성 protease-(aspartic proteinase), 산성 carboxypeptidase 등을 들 수 있으나 각 효소의 작용, 제국조건과 역가의 관계 등에 대하여는 제4장 청주국에서 설명한다.

6) 출국 품질과 주질과의 관계

출국의 품질이 겉보기는 같아도 원료 미, 담금 배합, 술덧의 경과 등이 다르면 주질(酒質)도 달라지고, 역으로 국의 품질이 달라서도 현실적으로는 의식적으로 국의 성질에 맞추어 관리를 하는 것으로 주질에 차가 나오기 어렵다. 따라서 상기와 같은 것이 없는 일정의 조건이라는 전제로 출국의 품질과 주질과의 관계를 생각하면 표 3-7에 나타낸 것과 같다. 표에서 나타낸 국의 성질 이외에 야생효모, 세균에 오염된 국을 사용하면 주질은 열화 되는 것은 당연하다.

1.7 국의 저장

출국한 국은 곧 담금에 사용되는 것이 있으나 대체로 다음 날까지 한랭의 장소에 보존하여 사용한다. 이것을 1일 말리기라 하고 있으나 작업순서의 형편에 따라 수일 말리기를 한다.

최근에 이르러 주조의 합리화가 큰 테마로서 다루어지게 되어 그 일환으로서 국의 저장법도 여러 가지 검토되고 있다. 제국은 주조의 번망기(繁忙期)를 벗어 봄에서 가을의 기간에 한다. 이것을 안전 저장하여 겨울의 주조에 사용하자는 생각이다. 이와 같이 하면 노무의 평균화, 작업인원의 감소가 이루어질 수 있다. 또 국의 전문 메이커에 넘겨 주조가는 그곳에서 국을 받아 전용 술덧의 담금, 청주의 제성을 행한다는 방법이다. 도정미에 있어서는 이미 위탁 도정미의 방식이 일부에서 실용화 되고 있다.

국을 안전히 장기보존하기 위하여 그 수분의 함량을 6% 이하로 하지 않으면 안 된다. 국의 저장에 관한 연구 실적을 소개하면 다음과 같다.

1) 알코올 탈수 국

국 30 kg에 ethyl alcohol(80%)을 18 ℓ 의 비율로 가하여 때때로 교반하면서 30분간 침지한다. 국을 알코올 용액에서 분리하여 증미 방랭기 등에서 열풍 건조한다. 건조 후 비닐주머니에 넣어 밀폐 저장한다.

효소역가의 변화도 적고, 잡균이 거의 도태된다는 이점이 있다. 10~ 20℃의 저장으로 1년간은 품질의 변화는 없다고 한다.

2) 열풍건조기

통풍건조기를 이용하여 온도 50~60℃의 열풍을 보내 국을 건조한다. 건조시간은 재우기 양, 통풍량, 온도, 출국 비율에 따라 현저히 좌우되어 통풍량의 크기, 온도의 높기, 출국 비율이 낮은 경우에는 짧다. 건조 종료 후에는 도정미와 같은 중량이거나 이보다 10% 정도 가벼운 점을 목표로 한다. 건조 종료 후 상온이 될 때까지 통풍을 한다. 열풍건조국은 효소역가의 감소는 없고 실온에 방치하여도 상태(상모)의 변화, 흡습도 없고 탱크 등에 퇴적하여 보존한다.

이 시험에서는 1개월간 보존을 하였으나 이것에 의하여 감금한 것은 대조와 큰 차가 없이 양조할 수 있었다.

3) 진공건조기

붕단식(棚段式)의 진공 제국기계에서 국의 품온을 30℃ 이하로 억제하고 수분 10~20%까지 진공기에서 행한다. 건조시간은 수분 10% 정도의 국에서 6시간 정도이다(1 pach 국 50 kg). 폴리에틸렌 쌀 포대에 밀폐 저장한다. 저장환경이 좋은 장소(온도 15℃)에서 1년간의 장기 저장하여도 20% 이하의 국에서는 각 효소활성은 90% 이상 유지되어 산 생성 균도 전부 사멸되고, 실제 양조에 의하여 얻어지는 제성주는 대조와 손색이 없었다. 1년간 저장에서는 국의 수분을 10%까지 건조하면 주박 비율은 약간 높으나 아미노산이 적은 제성주가 얻어져 색도 활성탄 처리에 의하여 쉽게 대처되었다.

한편 환경이 나쁜 조건(온도 30℃, 습도 95%)에서의 1년 저장에서는 수분 10% 이하의 국에서도 효소활성이 60~70% 정도로 되고, 국의 갈변은 크지 않고 산 생성 균은 사멸되고 술덧이 순조로운 발효경과를 하고 주질 문제는 적었다.

이상의 사실에서 국의 진공건조는 장래 충분히 실용화 될 방법으로 생각된다.

2. 소주국

2.1 연구조사

1912년 초기(다이쇼 초기)까지의 남 규슈의 제국법은 청주의 종국법에 유사하였다. 즉 증자한 현미에 목회를 살포하여 상(床 : 마루) 또는 목통 중에 퇴적한다. 중국은 특히 사용하지 않거나 혹은 우종(友種 : 전회의 출국을 노화시킨 것)을 사용하여 번식되는 국균은 청주와 마찬가지로 황국균이고 품온이 상승되어 오면 국개에 담아 품온이 40℃을 넘지 않는 시점에서 손질을 하여 국개를 벽돌쌓기 하여 4～5일째에 분생자가 충분히 착생한 시기에서 출국을 하였다.

한편, 1911년 말기(메이지 말기)에 오키나와에서 도래한 흑국균에 의한 제국법도 Kagoshima현에서 서서히 보급하여 그 제국법은 국개에 의한 4일국으로 되었다. 역시 종국의 사용은 다이쇼 초기(1912년)경부터 보급하기 시작하였으나 우종(友種)에 의한 제조장에서 종국이 대부분이고, 본격적으로 보급한 것은 1945년대부터였다. 한편 오키나와 현에서 종국이 보급한 것은 1955년대부터이다.

소주국의 기계국은 회전식 드럼(원료처리～담기의 기간)과 자동통풍식 제국상(담기～출국의 기간)의 한 대열에서 이루어지는 방식으로 960년 전후에서 제작, 시작되어 이후 급속하게 보급되고, 소주제조의 합리화와 국 품질의 안정화에 크게 기여하였다.

1965년 이후 Kumamoto 국세국 감정 감실 등의 공적시험기관이 중심이 되어 제국방법과 국의 성분 그리고 폼질과의 관계, 제국조건과 소주의 수량 그리고 주질과의 관계에 대하여 시험을 행하여 본격소주의 제조와 품질에 관하여 지금 목적하는 기술기반이 확립되었다.

2.2 소주국의 미생물 상

1) 국균 종의 변천

일본의 소주의 원조는 포성(泡盛)이나 이것이 오키나와에서 제조가 시작된 것은 15세기에 들어와서라고 한다. 오키나와에서는 포성의 발생 이래 지금까지도 일괄하여 흑국균이 사용되어 왔으나 Ami(庵美) 여러 섬들을 제외한 규슈에서는 1908년 이전에는 전부 황국균이 사용되었다. 흑국균이 Kagoshima에 도입된 것은 1912년경이고, 1913년대 들어와서부터 급속하게 보급하여 소주의 수량도 현저히 향상하였다. Kuma(球磨) 소주에 흑국균이 도입된 것은 1922～1943년이었다.

표 3-8. 남 규슈 4현에 있어서 종국균의 종류와 변천 (%)

종류 / 연도	황국균	흑국균	벡국균	백·흑 혼용균
메이지 40년(1908) 이전	100%	0%	0%	0%
쇼와 25년(1950)	10	74	16	-
쇼와 30년(1955)	16	26	40	18
쇼와 45년(1955)	흔 적	흔 적	약 100	흔 적

1919년에 종국 메이커인 Kawauchi(河內) 상점에서 흑국균의 자연변이 균주인 백국균의 분리를 성공하여 이 균에 의한 제국이 1950년경부터 Kagoshima, Moyazaki 두 현을 중심으로 급속하게 보급되어 표 3-8에 나타낸 것과 같이 1970년 이후는 오키나와 현을 제외한 남 규슈의 소주는 거의 백국균(완전한 백색은 아니다)에 의하여 만들어지게 되었다.

2) 국의 곰팡이

오키나와의 포성 국의 국균상(麴菌相)은 1940년의 조시로서는 *Asp. awamii*, *Asp. saitoi*를 위시하여 여러 종류의 국균으로 구성되어 있었으나 1971~1974년의 조사에서는 상기 두 균주의 흑국균에 가까운 균상(菌相)이었다(표 3-9). 이 사실은에 1974년 이후에 사용되고 있는 종국은 *Asp. awamori*가 40%, *Asp. saitoi*가 60%의 비율로 된 혼합이라는 것이 판명되었다.

표 3-9. 포성 국에 있어서 흑국균의 분포 (%)

조사년도 / 균주	1935년	1971년 1974년	분리균주 수		합 계
			1971년	1974년	
Asp. awamori	40	40.0	43	128	171
Asp. saitoi	32	57.6	85	164	249
Asp. aureus	10	0	0	0	0
Asp. nakazawa	8	0.4	2	0	2
Asp. innui	8	0	0	0	0
Asp. usamii	0.8	0	0	0	0
백국균	0	0.7	3	0	3
기 타	0	1.6	7	0	7
합 계			140	292	432

표 3-10. 포성 국 중의 오염미생물

오염균의 종류	검출시료 수		
	20℃	30℃	40℃
황국균	27(60.0%)	23(51.1%)	21(46.7%)
푸른곰팡이	23(51.1)	14(31.1)	2(4.4)
거미줄곰팡이, 솜털곰팡이	5(11.1)	4(8.9)	7(15.6)
세 균	5(11.1)	20(44.4)	17(37.8)
효 모	6(13.3)	0	0

한편, 남 규슈에 있어서는 백국균을 사용하여 제국하므로 출국의 국균상이 백국균에서 차지하는 것은 당연하다. 이 균주는 전부 백색이라 할 수 없고 담홍색~담황갈색을 띠고, 학명은 *Asp. luchuensis* mut. *kawachii*가 옳다고 하였다(제2장, 흑국균 참조).

3) 국의 오염미생물

1974년에 오키나와의 모든 포성 제조장에서 채취한 국의 오염미생물을 조사한 결과 표 3-10에 나타낸 것과 같이 황국균이 전체 시료의 60%에서 또 푸른곰팡이가 51%에서 분리되어 세균도 44%의 시료에서 분리되었으나 시료의 세균산도의 분포(세균산도 1.0 이하가 64%, 1.1~2.0이 36%)에서 판단되어 부조성(腐造性)의 유산균 등은 적고, 산소성의 세균이 대부분을 차지하는 것으로 생각한다. 그러나 현장적으로는 황국균이나 푸른곰팡이의 발생 가능성이 상당히 높으므로 제국의 품온 경과에 충분히 유의할 필요가 있다. 한층 포성 국에서 aflatoxin을 생성하는 곰팡이는 검출되지 않았다.

2.3 제국 온도 경과

1) 을류(乙類) 소주국

그림 3-12에 을류 소주국의 표준 품온 경과를 나타내었다. 국개(麴蓋) 국에 비하여 기계국은 제국 전반에 걸쳐 저온에서 경과한다.

2) 갑류(甲類) 소주국

제국 혹은 amylo 국 절충법에 사용되는 피국(麩麴)의 개국법(蓋麴法)에 의한

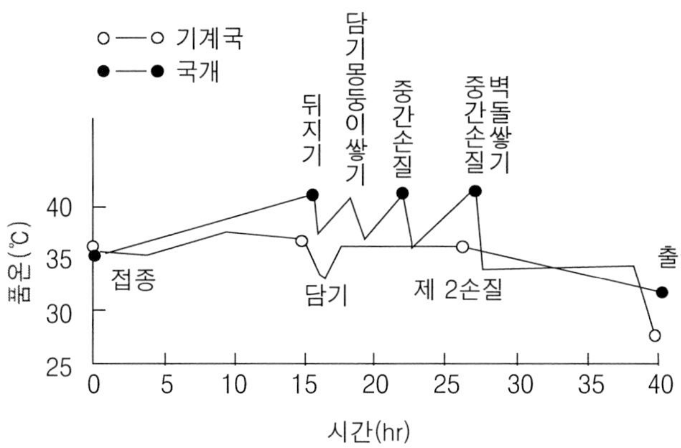

그림 3-12. 제국 경과(을류 소주)

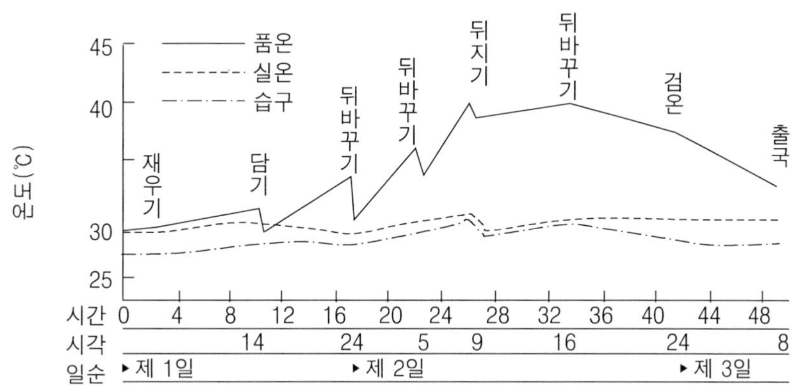

그림 3-13. RI-B 11균주의 제국 경과(갑류 소주)

온도 경과 예를 그림 3-13에 나타내었다. 을류 소주국의 품온 경과에 비하여 제국 전반이 저온에서, 후반이 고온에서 경과하는 점이 다르다. 역시 여기에 나타낸 제국의 원료처리 성적은 다음과 같다.

▸ **원료배합**: 국 9.0 kg, 인각(籾殼) 50 kg, 원료처리: 0.1% 염산용액 500 ℓ 에 23시간 침지, 물 빼기(흡수율 97%)하여 인각(籾殼)에 밀기울을 가하여 혼합, 약 20 ℓ 의 살수를 충분히 뒤지고(흡수율 47%), 40분간 증자(찐 상태의 흡수율 65%), 35℃에 냉각하면서 종국(*Asp. awamori*의 변이균주인 RI-B 11균주, 원료 중량에 대하여 0.3%를 균일하게 접종하여 국실에서 재우기를 한다.

2.4 제국 중의 성분 변화

1) 을류 소주국

제국에 있어서 국의 산도와 당화력의 변화를 표 3-11에 나타내었다. 이 표에서 알 수 있는 바와 같이 출국 시의 산도 그리고 당화력을 각각 100%로 할 때의 제2 손질의 시점의 당화력은 70%에 달하고 있으나 산도는 약 30%에 이르지 못한다. 따

표 3-11. 제국 중의 상도와 당화력의 변화(을류 소주)

조 작	시 각	품온(℃)	산 도		당화력	
			A	B	A	B
재우기	오후 2.00	36	–	–	–	–
뒤지기	오전 4.30	42	–	–	–	–
뒤지기	오전 7.30	42	–	–	–	–
담 기	오전 8.30	41～43	0.1	0.2	7.1	7.5
제1 손질	오전 11.00	42	0.7	0.8	14.3	14.7
제2 손질	오후 4.00	40～41	1.7	1.8	15.1	15.5
–	오후 7.00	38	3.8	3.7	16.7	18.9
–	오후 11.00	–	4.3	4.3	16.9	21.4
–	오전 4.00	–	5.8	5.8	20.3	21.4
출 국		33～31	5.8	5.9	20.3	21.7

표 3-12. 국 개국법에 의한 피국의 효소역가(갑류 소주)

사용균주	pH	당화력(SP)	액화력((WV)	산 도	출국수분(%)
B-403	4.4	280	500	2.00	20.5
B-403+RI-B11 (1:1혼용)	4.4	486	750～1,500	1.25	–
RI-B 11	4.4	411	750	1.90	35.0
〃	4.4	441	750	1.50	20.0
〃	3.4	414	1,500	4.00	12.0
〃	5.6	459	1,500	1.20	20.5
〃	4.4	320	750～1,500	2.10	40.0
〃	4.2	396	750～1,500	2.50	30.0
〃	5.6	560	1,500	0.09	41.0
〃	5.6	519	1,500	1.10	32.0
〃	4.2	354	750	2.30	22.0

라서 제2손질 후의 제국관리가 출국의 산도에 크게 영향하고 있는 것이다.

2) 갑류 소주국

구균 *Asp. uasamii*에 조사하여 조성한 *Asp. usamii* mut *shirousamii*(B-403)과 γ-선 조사로 조성된 이 균주(RI-B 11)를 사용한 피국(麬麴, 출국)의 성분 내용을 표 3-12에 나타내었다. 이 개량 육종 균주는 액화력, 당화력 공히 친균주의 수배의 역가를 나타내고, 이들 효소의 최적 pH는 3.0~4.0이었다. 따라서 생고구마를 원료로 하는 알코올 제조에 본 균주의 피국(麬麴)을 사용하므로 국 사용 비율은 크게 줄일 수가 있었다.

3. 액체국

3.1 알코올 제조법의 발전 역사

일본의 고유의 알코올 제조법은 다른 외국에서 볼 수 없는 독창의 제법으로 청주 양조에서 배운 국을 당화제로서 사용하는 방법이나 이 방법에서 국에서 기인되는 잡균이 발효 중에 증식하기 때문에 알코올의 수량이 낮은 것이 큰 결점이 되고 있다. 그래서 일본의 알코올 제법은 amylo법, amylo 절충법으로 변하고, 제2차 세계대전 후는 피국(麬麴, 밀기울 국)으로 바뀌어 액체국을 채용하는 제법으로 바꾸고 알코올 수량도 거의 이론 치에 가까운 정도까지 향상하게 되었다.

Amylo법은 19세기 말 Calmette에 의하여 개발되어 새로운 알코올의 제법으로 당화와 발효를 동시에 행하는 *Mucor rouxii*(*Amylomyces rouxii*, 소위 아밀로 균)를 증식한 술덧에 무균적으로 직접 액내 배양하여 알코올을 얻는 방법으로 알코올 수량이 높은 것이 큰 특징이다. 그러나 이 방법은 다른 외국에서는 그렇게 행하지 않고 일본에서 성과를 내고 보급한 방법이다.

본래의 amylo법은 효모를 사용하지 않는 것이 특징이었으나 그 후의 연구에 의하여 Amylo균 이외에 효모를 무균적으로 접종하여 배양하는 방법으로 바꾸어 Amylo균도 *Rhizopus*속 곰팡이가 사용하게 되었다.

Amylo법에 의한 쌀 술의 제조가 대만의 전매 국에서 개발되고 나서 일본 본토에 있어서는 고구마를 원료로 하여 amylo법에 의한 알코올의 제조가 시험되어 공업 알코올의 전매제가 1937년에 실시되는데 이르러 대장성 양조시험소에서 시험 연구된 amylo법이 전매 알코올의 제조법으로서 채용되어 amylo법이 일반으로 보급하게 되었다.

Amylo법에도 여러 가지 결점은 있었으나 가장 큰 결점은 농후 담금이 되지 않는다는 것이었다. Miyazaki 등은 amylo법에서 주모를 만들고 국균으로 당화술덧을 만들어 이것을 상기의 주모에 단계적으로 넣는 소위 amylo법 절충법을 개발하였다. 이 방법에서는 농후 담금은 해결이 되나 소량이기 때문에 피국을 사용하므로 전기와 같은 잡균의 때문에 간혹 알코올 수량이 떨어지는 결점을 가지고 있었다.

피국의 제조에는 넓은 면적과 많은 사람의 손이 필요하므로 이것을 해결하기 위해서는 제2차 세계대전 중에 *Asp. awamori*나 *Asp. oryzae*를 사용하여 이것을 액내배양하여 이것을 사용한 알코올 제조시험은 이루어 지 않았으나 불행하게도 전쟁 때문에 중단되어 액체국에 의한 알코올 제조법이 미국에서 확립된 것은 매우 유감된 일이다.

제2차 세계대전 후 여러 가지 사정에 의하여 밀기울이 부족하게 되고 입수를 한다하여도 양질의 것이 못되어 피국을 제조하여도 당화력이 약하고, 알코올 생산에 악영향이 나타났다. 1948년에 전국합성청조협회에서 미국에서 성공을 본 액체국에 주목하여 당시의 어려운 입장을 타결하기 위하여 이 연구를 진행하는 방침을 세웠다.

그 결과 합성청조협회 산하의 공장에서 1950년경부터 일부의 공장에서 피국을 하지 않고 액체국을 채용하기 시작하였다. 그 후 액체국을 채용하므로 알코올 수량의 증가가 되는 것이 확인되어 전국적으로 액체국을 사용하는 알코올의 제조가 행해져 전쟁 후의 알코올업계에 공헌을 하였다.

액체국이란 국균을 무균적 조작에 의하여 밀폐탱크 내에서 통기 교반하여 증식시킨 액상의 당화제로서 고체국인 피국과는 구별되는 것이다. 미국에서는 제2차 세계대전 때문에 알코올의 대 증산의 필요에 강요를 당해 전쟁 중에서도 생산 과잉인 곡류에 의한 알코올 제조법의 연구가 성행하여 Underkofler 등에 의하여 피국의 당화제로서의 가치가 재인식되어(당시 맥아를 당화제로 하였다) 피국의 기계적인 제조법으로 발전되었다. 액체국의 연구는 약간 늦게 시작되어 그 성과는 전후에 나타났다.

Erb 등은 *Rhizopus*를 알코올 증류 폐액에 액내 배양하여 당화제로서 Van Lanen 등은 *Asp. niger*를 마찬가지로 증류 폐액에 배양하여 액체국이 탄생하였다. 그 후 Lemense 등은 많은 당화균을 사용하여 액내 배양에서 amylase의 생산능력을 비교하여 NRRL 337 균주를 선택하여 옥수수의 알코올 생산시험에 있어서 맥아 대용물로 하여 이 균주의 액내 국을 만족시킨 결과를 주었다고 보고하였다. 또 Adams 등은 같은 균주를 사용하여 액체국의 제조 그리고 알코올 제조의 중간시험을 행하여 Lemense 등은 다시 공업 규모의 알코올 생산시험을 행하여 피국보다 많은 maltase 역가를 가진 액체국이 얻어져 맥아보다 값싸게 제조할 수 있다고 보고하였다. 그 후 미국 농산성에 있어서 장래 알코올의 증대 대책으로서의 방법을 채택하여 상업규모의 시험을 행하여 그 성과가 확증되었다.

앞에서 설면한 것과 같이 액체국에 있어서의 연구는 미국보다 앞에서 일본이 행해졌으나 성공에 이르지 못한 이유는 전쟁의 영향도 있었다는 것을 생각하나 배양장치 그리고 공기 여과 등에 대한 무균배양이나 무균조작 기술이 뒤늦은 것도 있었다는 것도 잊어서는 안 될 것이다. 제2차 세계대전 후 일본 학자들에 의하여 액체국용 균주의 선택, 배양방법 그리고 이것을 사용하여 알코올 제조시험이 활발하게 이루어져 중국양조(주)(Hiroshima)에서 액체국을 사용한 amylo 절충법법과 계속하여 Muto(武藤)양조(주)(Gihu)에서 액체국을 당화제로 하는 알코올 제조법이 개발되어 이후 액체국에 의한 여러 종의 알코올 제조법이 확립되었다.

역시 액체국은 당화효소 생산만을 목적으로 하는 것은 아니고 사용하는 균주, 배지, 배영조건 등의 변화에 따라 단백질 분해효소, poectin 분해효소, glucose oxidase 등의 여러 효소의 생산법이 연구되었다.

3.2 곰팡이 carbohydrase

곰팡이 carbohydrase는 균체 외 효소로 주된 것은 α-amylase, maltase, limit dextrinase, cellulase, inulase, invertase, lactase 등이나 이 중 알코올 발효를 위하여 녹말의 액화 그리고 당화에 필요한 효소는 α-amylase, amyloglucosidase (maltase) 그리고 limit dextrinase이다.

α-Amylase는 전분의 α-1,4-결합을 임의의 위치에서 절단하는 효소로 저분자의 dextrin을 생성하고 또 최종적으로는 maltose를 생성하는 효소로 이미 결정화되어 분리되어 있다. Amyloglucosidase(amylo-1,4-dextrinase)는 녹말이나 dextrin의 α-1,4- 결합의 말단에서 glucose 단위로 한 개씩 절단하는 효소로 glucose와 저분자의 dextrin을 생성하고 또 maltose에 작용하여 급격하게 glucose를 생성하는 maltase 작용을 가지는 효소이다.

곰팡이의 당화효소는 종래부터 관습상 β-amylase(amylo-1,4-glucosidase)라고 불러 왔으나 본래의 β-amylase의 존재는 곰팡이에서는 의문시 되어 있었다. 이 효소에 대한 연구는 옛날 Hida(喜多)에 의하여 Glucose-forming amylase라고 불리고, 그 후 Corman 등은 *Rhizopus*속에 glucogenic enzyme system의 존재를 보고하고, Kitahara(北原) 등은 *Asp. awamori*의 효소용액에서 γ-amylase를 정제하였다.

Philips 등은 *Rhizopus delemar*의 효소용액으로부터 glucoamylase를 정제하고, 또 Okazaki(岡崎) 등도 Taka-diastase를 정제하여 Taka-diastase B를 분리하였으며, Yomigane(富金)도 Taka-diastase 중에 glucongenic emzyme이 존재하는 것을 확인하였다.

Limit dexrinase(amylo-1,6-glucosidase)라 불리는 효소는 maltolimit dextrin를 가수분해하여 발효성 당을 생성하는 것으로 Underkofler에 의하여 *Asp. oryzae*의 액내 배양액에서 결정하여 분리된 것으로, 일반적으로 곰팡이는 이 효소역가를 가진 것이 증명되어 있으나 이 효소의 작용 메커니즘은 밝혀지지 않았으나 α-1,6-결합에 작용한다고 한다.

또한 곰팡이에는 transglucosidase가 존재하여 인산을 개재하여 maltose를 절단하여 생성한 glucose의 일부가 기질 중에 기존의 glucose의 6위치에 α-결합하여 올리고당을 생성되는 것이 밝혀졌다. 이 효소는 아직 정제되어 있지 않으나 효소용액을 여지 상에서 전기영동 시키면 maltase와 거의 같은 위치에 transglucosidase가 영동되는 것과 이 효소는 균체 내 효소로 균체의 자기소화에 의하여 이 힘을 나타내고, 또 maltose에서의 올리고당의 생성반응은 가역반응이라는 것도 보고하고 있다.

3.3 곰팡이 효소와 알코올 발효와의 관계

곰팡이 효소에 의하여 녹말이 당화효소를 받는 과정을 보면, 전기의 각 효소가 각자의 단독작용을 하는 것은 아니고 이들의 효소가 혼재하여 협동적으로 작용하여 녹말이 분해하여 발효성 당으로서 주로 glucose를 생성하고, 이것이 효모에 의하여 알코올로 변하고 잔당으로는 비화원성 당이 남는다.

α-Amylase는 술덧의 점도를 내리는 작용이 있고 농후 담금을 가능하게 하는 것으로, 뒤에서 설명하는 것과 같이 알코올의 수량을 좌우하는 것은 아니다. 곰팡이의 α-amylase는 usamii형의 균주를 제외하고 대부분은 비 내산성이 있고, 발효가 됨에 따라 pH가 낮아지기 때문에 이 amylase의 작용역가는 불활성화되어 파괴된다.

액체국 사용균주의 선택에 있어서 *Asp. oryzae*와 같이 α-amylase역가의 강한 균주보다 *Asp. awamori*나 *Asp. usamii*에 의한 maltase 역가가 강한 균주가 알코올 수량이 높다고 보고하고 있다. 또 Orman 등은 알코올 수량(옥수수 원료)은 α-amylase의 역가보다 glucogenic enzyme system의 역가(maltosed의 가수분해도로 표시)에 상관성이 있고 그리고 α-amylase가 적량 존재하는 경우에는 maltase의 양에 관계한다고 보고하였다.

Pan 등은 곡류의 주발효 후의 제2차 발효의 속도는 dextin의 가수분해 속도를 지배시키는 것과 dextrin의 당화하는 α-amylase나 limit dextrinase의 역가보다도 오히려 maltase의 역가에 의하는 것으로 설명하고 있다. Yomigane(富金) 등도 알코올 수량과 maltase 역가는 상관성을 가지는 것을 확인하고 그리고 잔존 dextrin(평균 glucose 중합도 12)의 분해도에 밀접한 상관성이 있는 것을 인정하고 알코올 수량을 예측하는 당화효소의 측정법으로서 제창하였다.

Glucose 수량을 내리는 비발효성 당의 생성 주원인은 두 가지로 생각한다. 하나는 녹말 또는 한계 dextrin의 분해로 생기는 glucoamylas의 역가가 강하면 생성량은 소량으로 된다. 또 하나는 α-amylase가 강하면 maltose가 되어 glucoamylase의 역가가 약하면 올리고당(비발효성 당)이 전달 합성될 가능성이 있다. 이것은 maltose에 국균의 배양액을 작용시키면 미량이기는 하나 비발효성 당이 생성되는 것으로 알 수 있다. 또 청주 술덧에 있어서도 비발효성 당이 maltose에서 전달 합성되는 것이 관찰된다.

녹말의 알코올 발효에 사용된 당화제의 효소조성은 maltase 역가는 강하고, α-amylase는 술덧의 점도조절에 필요한 정도의 역가로 너무 강하지 않는 것이 좋고, transglucosidse는 가능하면 함유하지 않는 것이 좋다고 결론을 내린다.

3.4 액체국의 제조법

1) 균 주

액체국의 효소조성은 앞에서 설명한 것과 같이 적량의 α-amylase를 생성하고 amyloglucosidase(maltase, glucoamylase)를 많이 생산하여 transglucosidse는 함유하지 않는 것이 바람직하다. Lemense 등이 선택한 *Asp. niger* NRRL 337의 액체국의 효소조성은 상기에 합치하므로 Iizuka(飯塚) 등의 균학적 연구에 대하여 본균은 전형적인 *Asp. uasamii*형에 속하는 것으로 *Asp. aureus* var. *brevius* Nakazawa et al이라는 것이 판명되었다.

Tomigane(富金) 등이 국균 중에서 액체국 적성 균주로서 선택한 *Asp. awamori* var. *fumeus*(NP. 39 = AF-1)는 액체배지에 있어서 비교적 강하게 α-amylase를 생산하여 또한 강한 maltase 역가를 가지며, 본 균을 사용한 알코올 생산의 공업적 시험에 있어서도 양호한 결과가 나타내어 Muroda(室田), Ikemi(池見), Doi(土井) 등에 의하여 본 균이 다른 국균에 비하여 우수한 성적이 얻어졌다고 보고하였다. 그 후 균주의 개량이 AF-1 균주를 친 균으로 하여 여러 종이 이루어졌으나 획기적인 개량 균은 발견하지 못하였다.

2) 배 지

일본에서의 액체배지의 주원료는 고체국과 마친 가지로 밀기울과 쌀겨이고, 이들은 살균이 불충분하면 감염을 일으키므로 가산(加酸) 증자가 행해지고 있다. 이것만으로는 특히 질소가 부족하므로 무기질소원으로서 질산나트륨, 질산암모늄, 황산암모늄, 염화암모늄, 요소 등의 첨가시험이 이루어졌으나 그 중에서 질산나트륨의 첨가가 양호한 결과가 얻어지는 것을 알았다.

무기염류의 첨가는 합성배지를 사용하는 경우에는 필요하나 밀기울이나 쌀겨를 사용하는 천연배지에 있어서는 거의 필요하지 않다.

3) 배양조건

▶ **pH :** α-Amylase와 maltase의 생성의 최적 pH가 다르기 때문에 배양 중의 pH의 차이에 따라 생성되는 amylase계는 질적 · 양적의 차이가 일어나는 것이 알려져 있다. AF-1균주의 경우 배양의 초발 pH는 4.4～4.8의 범위가 좋고, 배양 말기에 있어서 pH가 약간 상승되게 앞에서도 설명한 것 같이 질산나트륨을 첨가하여 둘 것이 요구된다.

▶ **온 도**: 국균의 번식의 적온은 균주에 따라 다소 다르나 대체로 35℃ 부근이다. 국균을 30～35℃의 범위에서 액내 배양하여 amylase의 생성량을 조사하여 보면 이 범위 내에서는 그 정도 생성량의 변화는 없고, 이 범위 외에서는 amylase의 생성량은 저하한다. 겨울철에는 열의 소비를 경제적으로 하기 위하여 30± 1℃ 정도의 온도관리가 좋은 것으로 생각한다.

▶ **통기교반** : 항생물질과 같이 단가가 높은 것을 제조하는 경우와 달라 액체국의 배양에 사용되는 배양조는 신성탱크에서 하는 경우가 작고, 기존 유휴 탱크의 활용이나 개조하여 배양하고 있어 이상적인 배양조에서 행하는 예는 적고, 배양조의 형식도 통기 교반형, 통기 교란형, air lift pump형 등의 여러 형식의 것이 사용되고 있다.

일반적으로 통기 교반배양조의 scale up에 있어서 가장 중요시 되는 인자는 기상(氣相)에서 액상(液相)으로 산소의 이동계수에 있다고 한다. Oldshule은 통기량과 교반동력은 밀접한 관계가 있어 통기량이 커지면 교반동력은 작아도 되고, 교반날개의 설계는 생산물의 수량에 중점을 두는 것은 물론이나 배지의 물리적 조건에 잘 적합하게 할 것을 설명하였다.

AF-12균주의 액내배양에 있어서 *Kd*[산소 흡수속도]는 적어도 22×10^{-7}[g · mol O_2/atm. min. cm^3] 이상이 되게 배양조를 설계할 필요가 있다고 설명하고 있다. 또

Ozaki(尾崎) 등은 *Kd*에 배양조 중의 평균 산소분압 *Pav*[atm]를 곱한 값은 대체로 1분간에 1 mℓ의 배양액을 녹이는 산소 공급량이라 할 수 있는 값으로 되고, 이 값이 AF-1균주의 액체국의 경우, $Kd \cdot Pav = 10 \times 10^{-8}$ 이하에서는 효소생산이 낮고, 30×10^{-8}로 되면 효소생산도 빠르고 또한 효소역가도 높게 되어 이와 같은 조건을 주면 통기와 교반의 조합이 가장 경제적이라고 설명하였다.

한편, 미생물의 호흡속도와 용존산소와의 관계에 대하여는 *Penicllium chyrsogenum*의 임계용존산소 농도는 0.7ppm으로 그 농도 이상에서는 호흡속도는 일정하다고 한다. AF-1균주의 임계용존 산소농도는 대체로 0.8～1.0ppm로 측정되고 있으나 그 농도 이상에서는 배양 관리하는 것이 바람직하다.

4) 증식법

액체국의 증식법에서는 균사접종 그리고 포자접종에 의한 두 가지의 증식법을 하고 있으나 전자는 액체배지에 균사를 접종하여 진탕배양, jar배양을 행하여 seed tank에서 액내배양을 되풀이 하는 증식법으로 효소의 생산을 단시간에 행할 수가 있어 항생물질의 제조에 준한 방법이다.

후자는 고체배지에서 포자를 형성시키고 이 포자를 직접 탱크에 접종하는 방법으로 amylo법에 준한 증식법으로 전자에 비하여 효소의 생성에는 시간을 요한다. 그러나 설비도 간단하고 배양관리도 비교적 용이하여 균사 증식법에 의한 균사 접종법은 대체로 5～10%의 범위가 적당하여 이 보다 적어도 효소생산에 현저한 영향은 나타나지 않는다. 포자증식법에 의한 술덧에 대한 포자 접종량은 보통 술덧 20석에 대하여 감자배지를 사용한 1 ℓ 들이 삼각플라스크 한 개 정도이다.

3.5 액체국에 의한 알코올 제조법

1) 액체국 · amylo 주모법

본법은 amylo 절추법에서 사용하는 피국 대신으로 액체국을 사용하는 방법으로 총 담금량에 대한 amylo 효모량은 15～35%, 액체국 양은 1.5～9.5%의 범위에서 배양관리의 양호한 공장에서는 총 담금량에 대하여 amylo 효모량이 20%일 때는 액체국 양은 1% 정도, amylo 주모량 10%일 때는 액체국 양의 2% 정도로 되어 있다.

본법은 amylo 절충법이 갖는 결점은 거의 대부분 개선되어 알코올 수량도 안정하여 90% 이상이 얻어진다. 농후 담금일 때는 또한 각종의 녹말원료가 사용되어 대공장에서 알맞은 방법이다.

2) 액체국 첨가 · amylo법

Amylo법의 결점은 증자된 술덧의 점도가 낮지 않으면 amylo균의 포자가 발아하기 어려우므로 이것을 해결하기 위하여 액체국을 사용하는 방법이 개발되었다. 증자 술덧을 총 당으로 13~15% 정도로 되게 원료를 증자하여 이것을 무균적으로 amylo tank에 보내고 55℃까지 냉각하여 다른 배양탱크에서 액체국을 제조하고, 이것을 amylo tank에 무균적으로 첨가하여(술덧에 대한 액체국 양 1~2%) 냉각하고 37℃로 되었을 때 amylo균의 포자 현탁액을 무균적으로 가하여 이하 amylo법과 마찬가지로 관리하는 방법이다.

자영의 알코올 공장은 많은 amylo법이 채용되어 있으므로 그 개량법으로서 본법이 개발되었다. 본법은 술덧의 액화에 주목적이 있으므로 α-amylase의 생산이 높은 균주가 좋다.

3) 액체국 주모법

본법은 amylo 효모를 만드는 방법과 대체로 같으며, amylo균 포자 대신으로 AF-1균주의 포자 현탁액을 접종하고 amylo균의 경우보다 강한 통기교반 배양을 48시간 정도를 행한다. 여기에 알코올 효모를 무균적으로 접종하여 24시간 정도 배양하면 당화력과 발효력을 가진 효모가 얻어져 이것을 증자한 술덧에 첨가하는 방법이다. 소규모의 공장에서 행해지는 것으로 효모의 사용량은 총 담금량에 대하여 10~20% 정도이다.

4) 액체국 · 액체국 주모법

본법은 미국에서 공업화된 액화국에 의한 알코올 제법으로 가장 가깝고 Kyowa 발효(주)에서 공업시험이 이루진 것으로 원료의 증자 그리고 냉각에는 미국에서 행하고 이는 관식연속증자 냉각방식이 채용되고 있다.

연속 증자된 flash 냉각 중의 술덧에 액체국이 당화제로서 첨가되어 그 일부는 효모조(탱크)에 넣고 효모가 증식되어 주모로 되고, 이것이 알코올 발효조로 보내져 대부분은 당화 냉각되어 전기의 알코올 발효조 중의 효모에 연속적으로 더해져 알코올을 제조하는 방법으로 액체국의 사용량은 총 담금량에 대하여 10% 정도로 90% 이상의 알코올 수율이 얻어진다는 보고가 있다.

본법은 사용하는 균주가 국균 만이므로 배양관리도 액체국 · amylo 절충법보다 경감되어 amylo균은 병해 고구마에 대한 번식저해가 현저하나 amylo균을 사용하지 않으므로 이 문제가 해결되고, 또한 농후 담금도 가능하여 고구마에서 알코올의 조법으로서 우수한 방법이라 한다.

끝맺음

일본은 제2차 세계대전 후 상당기간 발효알코올의 주원료는 고구마였으나 고구마의 생산이 감소되고 나서 당밀을 많이 사용하게 되어 수입당밀의 양이 증가하였다. 한편, 알코올 증류폐액은 BOD가 극히 높아 환경오염 원인으로 되기 때문에 BOD를 극단으로 내리지 않으면 알코올 제조가 불가능하게 되어 이것을 해결하기 위하여 직접 알코올을 조류(粗溜) 알코올의 형태로 수입하게 되어 조류(粗溜) 알코올의 수입량이 매년 증가하는 경향이 되었다.

녹말에 의한 알코올의 제조는 한정된 공장에서만 행하였으나 1973년의 석유 쇼크 이래 여러 연구가 되어 특히 옥수수 원료를 대상으로 한 각종의 분해효소를 사용하여 저온 증자 혹은 무증자 발효법이 개발되게 이르렀다. 최근에는 생 녹말 분해효소의 개발이 이루어져 Charara paroxdox균의 생 녹말 분해효소를 사용하여 생 녹말에서의 알코올의 발효가 시도되었다.

액체국에 의한 알코올의 제조도 이미 과거의 것이 되고, 녹말에서 알코올의 제조는 시대의 추이에 따라 변화되는 것으로 생각된다.

제 4 장

청주국의 효소생성

1. 청주국의 효소생성

1.1 청주국 중에 생성되는 효소

제국의 주된 목적은 청주제조에 필요하고 유용한 여러 효소를 생산하는 것이다. 미국(米麴) 중에 생산하는 효소류는 지금까지 많은 것이 알려 있으나 이들을 주조에 있어서 역할별로 정리하면 아래와 같다.

술덧의 병행발효에 관여하는 효소로서는 α-amylase와 glucoamylase가 있다. 이것을 기질변화의 면에서 보면 단 증미(찐쌀)의 용해, glucose의 생성이 있고, 그 용해 그리고 생성속도는 각각 α-amylase, glucoamylase의 관수로서 다음 식과 같이 나타낼 수 있다.

$$-ds/dt = k \cdot E_0^{\alpha} \cdot S$$

$$dG/dt = k_1 \cdot E_G \cdot e_{-k2t}$$

S : 증미 기질량, G : glucose 양, E_0^{α} : 초발 α-amylase 양,
E_G : 초발 glucoamylase 양, t : 시간(일), k : 증미용해속도.
k_1 : glucose, 생성속도 정수, α : 1/3～1/5, k_2 : 정수 양

Glucoamylase가 55, α-amylase가 100단위/g・백미의 청주 술덧에 있어서 15℃의 발효를 행한 경우의 증미용해, glucose 생성의 초속도는 각각 0.17, 0.048 glucose/g・백미/day로 계산된다. 그런데 알코올의 생성속도는 glucose로 환산하여 0.057g/g・백미/day로 되고, glucose 생성속도 정수는 glucose로 환산하여 각각 0.187, 0.048 g glucose/g・백미/day로 되고, glucose의 생성속도보다 크고 보통의 경우는 발효가 glucose의 생산에 의하여 율속된다.

최근 술덧의 발효에 산성 protease(aspartic proteinase)가 크게 영향하는 것을 알았다. 산성 proteinase는 직접적으로 증미(전분)의 용해에는 관여하지 않으나 간접적인 용해를 조장하는 작용이 알려져 있다. 청주 성분과 그 생성에 있어서 각종 효소의 관계는 그림 4-1과 같다.

청주 중에는 isomaltose, pannose, kojibiose, nigelose 등 소위 비발효성 당 그리고 α-ethylglucoside가 존재하고 감칠맛으로서 중요시 된다.이들은 transglucosidase에 의하여 maltooligo 당에서 생성되는 것이 밝혀졌다. 술덧 중에 있어서 아미노산은 주로 국의 산성 carboxypeptidase의 작용에 의하여 증미 단백질(산성 protease의 작용을 받은 뒤에)에서 생성된다. 생성된 아미노산의 대부분은 그 일부가 효모에 의하여 섭취되지만 그 정도는 아미노산의 종류에 따라서 다르다.

Dextrin이나 peptide도 중요한 정미 성분이고, 이들은 amylase나 protease 작용에 의하여 생성되는 것이나 그 조성은 생성 메커니즘 등에 대하여는 거의 연구의 손이 미치지 않았다. 흑박(黑粕)의 원인이 되는 tyrosinase, 백탁의 원인의 glucoamylase도 국의 효소이다.

청주 미국(米麴)의 주된 효소의 활성 분포를 표 4-1에 나타내었다. 이것은 몇 개의 양조장에서 수집한 25시료에 대한 활성 분포이므로 전국적으로 널리 조사하면 더 넓은 범위에서 효소활성은 분포하고 있는 것으로 생각된다. 참고를 위하여 표준

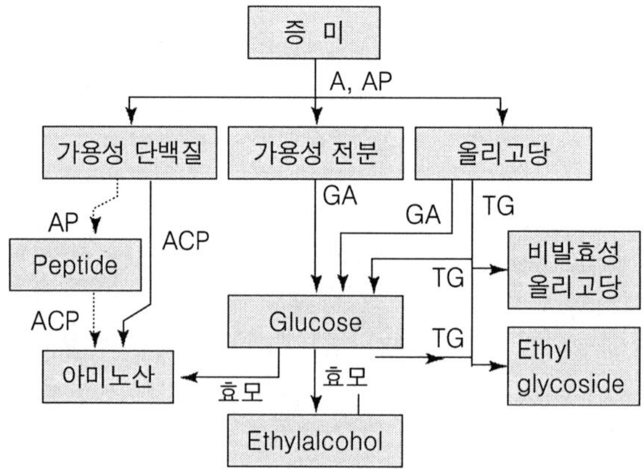

그림 4-1. 청주양조에 있어서 각종 효소의 역할

A : α-Amylase
GA : Glucoamylase
AP : Aspartic proteinase
ACP : 산성 carboxypeptidase
TG : Transglucosidase

표 4-1. 청주 미국(米麴)의 효소역가

역가 \ 효소	역가의 범위	평 균	표준 역가
α- Amylase	780～1,710	1,225	1,000
Glucoamylase	125～305	201	250
Transglucosidase	200～390	286	-4,000
상성 protease	2,686～4,316	3,674	-
산성 carboxypeptidase	3,265～7,550	5,109	

역가 표시

α-Amylase : Wholgemuth가 $D^{40}_{30}/g \cdot koji$

Glucoamylase, transglucosidase : μg tyrosine 생성량/hr/g · koji

산성 protease, 산성 carboxypeptidase : μg tyrosine 생성량/hr/g · koji

* : 국 비율을 20%로 한 경우에 대하여 계산하였다.

이 되는 역가도 함께 나타내었으나 특히 glucoamylase 그리고 산성 protease가 이보다 적으면 발효가 늦어지고 혹은 증미의 용해가 나빠지는 것으로 생각하여도 좋을 것이다.

1.2 제국조건

제국과정에서 효소생산은 국균(종균)의 성질에 의존되는 수가 많으나 제국조건에 따라서도 크게 좌우된다. 미국(米麴)의 제조는 국균 분생자(종국)를 찐쌀에 접종하여 30℃에서 40℃ 사이의 온도경과를 거쳐 약 40시간의 배양에 의하여 이루어진다. 이 사이 품온, 수분함량의 기타 관리를 하면서 주조에 알맞은 품질의 국을 끝마무리 하는 것이나 관리의 요점은 어떻게 국균의 대사산물을 적게 하고 유용한 효소를 적량 생산시킬 것인가이다.

1) 제국시간

앞에서 설명한 것과 같이 제국과정에서 국균이 생산하는 각종 효소의 양은 거의 증식량에 비례하고 국 균체가 최대 증량에 달하는 시점에서 최고치에 달한다. 그 도달되는 시기는 배양온도에 따라 다르나(37.5℃가 최적), 32～40시간 후이다. 따라서 각 효소의 양은 제2손질 이후 급격하게 증가하여 현행의 제국시간의 범위에서는 시간이 길수록 증대하는 것으로 보아도 좋다. 단 tyrosinase는 다른 효소와 달라 36시간 근처에서 생성이 최대이고, 그 이후는 급격하게 감소된다. 또 제국 중에 국균으로 생성되는 물질, 예로서 deferriferrichrysin(청주의 철 착색물질), mevalonic acid(화락균의 생육 촉진물질) 등 청주 양조에 있어서 유해한 것에 대하여는 마찬가지이다.

2) 제국온도

효소의 생산은 또 배양온도에 따라 좌우된다. 표 4-2에서 보는 바와 같이 α-amylase, glucoamylase는 국균 증식의 최적온도 37.5℃에서 생산이 좋고 aspartic proteinase(산성 protease)나 산성 carboxypeptidase는 35℃ 이하에서 잘 생산된다. 단 이들의 결과는 증식 균체가 일정량에 달하였을 때 비교한 것이다. 현실의 제국에 있어서는 온도가 내려가면 국균의 증식이 늦어질 뿐이고, 제2손질 후 몇 시간이라는 동일의 배양시간에서 비교한 경우는 반드시 저온경과의 것이 protease가 높다고는 말할 수 없다. 배양시간을 늘려 균체량을 늘리면 역가도 상승된다.

표 4-2. 효소활성에 미치는 배양온도의 영향

배양온도 (℃)	비증식 속도(μ)	O_{2max} (mℓ/g/h)	α-Amylase 활성[a]		Guaniamilase 활성[a]		Aspartic protease		산성 carboxy peptidase	
			(1)	(2)	(1)	(2)	(1)	(2)	(1)	(2)
30.0	0.22	1.52	375	1,360	104	41	1,290	5,990	35,960	17,900
32.5	0.24	-	822	-	221	-	2,100	-	5,900	-
35.0	0.28	1.98	857	1,490	207	437	1,900	3,870	6,410	17,900
37.5	0.28	-	923	-	237	-	1,680	-	4,790	-
40.0	0.20	2.00	750	2,030	189	488	1,290	3,710	3,520	11,400

활성단위는 언제나 단위/국 건조물
(1) O_2 소비량에 10 mℓ/g에 달하는 시점의 역가
(2) 최대 균주량에 달하는 시점의 역가

표 4-3. 산소농도와 효소생산(산소흡수량 15 mℓ/g · α미로 출국)

산소농도 (%)	배양시간 (hr)	α-Amylase 활성[a]	Glucoamylase	Aspartic protease	산성 carboxy peptidase	Tyrosinase
20	30.8	910	172	2,096	6,409	14.0
4	33.3	980	233	2,339	5,794	3.4
2	36.2	940	199	2,165	6,222	1.8

3) 산소 및 탄산가스 농도

산소농도는 국균 분생자의 발아속도에 영향하나 비증식 속도에는 영향이 없고, 또 표 4-3에 나타낸 것과 같이 효소생산에도 영향이 없는 것이 인정된다. 단 tyrosinase는 산소농도가 높을수록 잘 생성된다고 한다. 이것은 국의 갈변성에 대하여서 산소공급이 많고, 건조 국이 보다 강하게 갈변된다는 현상에도 관계하고 있는 것 같다. 탄산가스의 영향에 대하여는 그렇게 확실한 데이터는 없으나 그 온도가 30% 정도까지는 효소생산에는 그다지 영향이 없다고 한다.

4) 습 도

환경습도의 영향에 대하여 조사한 결과를 보면 출국 중량은 습도가 낮을수록 그만큼 가볍게 되나 효소역가는 그렇게 영향이 없었다. 따라서 국을 기본으로 가져가도 효소역가의 상승은(tyrosinase를 제외하고) 그다지 효과는 나타나지 않는다고 한다. 단 국내 축적물(대사산물)은 환경습도가 높을수록 많이 생산되는 경향이다.

5) 분생자 접종량

분생자 접종량은 국의 상태(상모)에 따라 크게 영향되고, 분생자 접종량을 적게

표 4-4. 분생자 접종농도와 효소생산(산소흡수량 5 mℓ/g · α-rice)

원료미 품종	분생자 접종	배양시간(hr)	α-Amylase 활성	Glucoamylase	산성 carboxy peptidase
Yamadakoshiki	5×10^2	37.5	447	171	1,763
	5×10^3	31.0	536	165	1,886
	5×10^4	26.24	575	155	2,178
원료 Haze	5×10^2	37.7	530	135	1,484
	5×10^3	30.6	682	130	1,646
	5×10^4	24.7	632	110	1,465

분생자 접종농도와 효소생산(산소흡수량 10 mℓ/g · α-rice)

산소농도	배양간 (hr)	α-Amylase 활성	Glucoamy-lase	Aspartic protease	산성 carboxy peptidase	Tyrosinase
5×10^2	44.8	909	168	1,949	7,676	99.2
5×10^4	30.3	968	191	1,985	6,129	7.5

할수록 Tsukihaze(돌파정, 突破精)형의 국이 얻어진다. 분생자 접종량과 효소역가의 관계는 표 4-4에 나타낸 것과 같이 접종농도는 거의 영향이 없고 Tsukihaze(突破精)형의 국도 효소역가의 점에서 큰 차가 없다. 단 tyrosinase는 접종량이 적은 Tsukihaze(突破精)형 쪽이 역가가 높고, 이것은 같은 균체량이 되기까지의 제국시간이 길어지고 그만큼 산화상태로 오래 두었기 때문으로 생각된다. 실제의 제국에 있어서 Tsukihaze(돌파정, 突破精)형 국은 체량이 적을 뿐이고, 따라서 위의 결과는 다소 수정된 것은 앞에서 설명되었다.

1.3 기질조건

1) 증미 흡수율

증미(찐쌀) 흡수율이 33% 이상에서는 흡수율이 높아짐에 따라 국균 분생자 발아의 유도기간이 단축되어 24% 이하에서는 발아의 유도기가 길게 되어 비증식 속도가 저하된다. 효소생성의 영향에 대하여는 표 4-5에 나타낸 것과 같이 증미 흡수율이 높을수록 효소역가는 저하된다. 특히 glucoamylase, 산성 carboxypeptidase에 주는 영향이 크다. 현실의 국에 있어서는 국균의 번식속도와의 균형도 있고, 재우기 시의 증미 수분을 30%(찌기 직후에서 38%) 전후로 조절하는 것이 바람직하다.

2) 원료미의 도정비율

원료 쌀의 도정비율과 효소생성의 관계를 조사한 것이 표 4-6이다. 이 표에 의하면 동일 원료 쌀 품종에서 도정비율이 낮을수록 glucoamylase 역가가 높아지고 aspartic proteinase 역가가 저하된 것을 알았다. 이것은 증미 흡수율과도 관계가 있고 흡수량이 많아지면(침지 쌀의 총수량 약 30%(도정비율에 의한 차이는 거의 없어진다는 결과고 얻어지고 있다.

표 4-5. 증미수분과 효소생성(산소흡수량 10 mℓ/g · 쌀에서 출국)

제국수 첨가량 (mℓ/g · α-rice)	찐쌀 흡수율 (%)	배양간 (hr)	α-Amylase 활성	Gluco-amylase	Aspartic protease	산성 carboxy peptidase	Tyrosinase
0.7	51.1	25.0	743	100	700	4,733	2.9
0.6	42.2	25.8	723	122	1,274	4,173	3.6
0.5	33,3	26.9	920	198	1,934	6,036	10.4
0.4	24.4	29.5	845	244	2,443	8,123	32.5

표 4-6. 도정비율과 효소생성(산소흡수량 10 ㎖/g・쌀에서 출국)

원료미 품종	도정비율(%)	배양간(hr)	α-Amylase 활성	Gluco-amylase	Aspartic protease	산성 carboxy peptidase
Natsumae	95	23.7	723	167	3,741	7,047
	85	25,3	712	225	3,218	6,237
	75	28.3	602	277	3,195	7,096
	65	29.3	368	239	2,671	8,149
Nihonbare	95	22.6	880	117	3,876	6,820
	85	25.2	713	170	3.007	6,853
	75	26.7	630	238	2,624	6,367
	65	27.7	584	226	2,777	5,913
Yamadakoshiki	95	23.2	729	138	4,041	8,813
	85	25.0	735	178	3,582	8,132
	75	27.4	657	235	3,319	6,269
	65	28.5	409	228	1,718	7,339

한편, 극단으로 적은 흡수량에 있어서는 도정비율이 낮아짐에 따라 glucoamylase(S-amylase)의 역가가 높아진다. 음양국(吟醸麹)과 같이 도정비율이 작은 쌀에서는 더욱이 한정 흡수된 증미를 사용한 경우 확실히 glucoamylase 역가는 높아져 있다. 실제 제국에 있어서는 도정비율이 작은 쌀일수록 국균의 번식량이 적어지는 것을 고려하지 않으면 안 된다.

3) 염류 첨가효과

찐쌀에 무기염류를 첨가하여 제국하므로 protease나 amylase의 생성이 증식되는 것으로 알려져 있다. 특히 현저한 효과를 내는 것은 $CaCO_2$, $CaSO_4$, $MgSO_4$ 등을 들 수 있고, 그 첨가량은 백미(도정미)에 대하여 0.5% 정도이다. 이들 염류가 제국 중 찐쌀의 물리적 성능을 양호하게 하고 pH를 조절하는 작용이 있으며 또한 영양의 급원으로 되는 등이 효과의 원인으로 생각되고 있다. 또 이들의 염류를 첨가하여 제국된 미국(米麹)의 추출액은 착색하여 경이적으로 그 색도가 증대한다. 이것은 염류첨가에 의하여 제국이 빨라지고 tyrosinase나 peroxidase의 생성이 많아진다고 생각한다.

미국(米麹)의 alkaline protease 생성은 또 질산염, 산성아미노산 나트륨 등의 함질소화합물을 첨가하여 제국하면 더욱 촉진된다. Alkaline protease 생성 촉진효과는 KH_2PO_4를 공존시키므로 다시 높아지고, 첨가량에 따라 미국(米麴)의 protease 조성을 어느 정도 조절할 수가 있다. 질소를 함유하지 않는 유기산 나트륨이나 염기성 인산염과 같은 염기성 화합물을 첨가하여 제국하여도 alkaline protease의 생산은 증강된다.

2. 소주국의 효소생성

2.1 제국온도

제국의 제2손질 후의 온도의 영향을 보기 위하여 품온 경과를 달리한 2종류의 국을 만들고, 각각의 효소역가 등의 성분을 비교한 결과를 표 4-7에 나타내었다. 즉 당화력은 고온경과[표 4-7(A)]가 강하고, 산도는 저온경과[표 4-7(B)]가 높으며, 전분소화율은 양자 거의 차가 없었다. 이들의 성분 중 당화력에 대하여는 현재의 국 비율은 과다하다는 것이 확실하게 되어 있으므로, 소주국의 제국에 있어서는 산도를 높이는 것이 주안을 둔 방침을 취하는 것이다. 이 때문에 다음의 점을 고려한 국을 할 필요가 있다.

① 증미 흡수율을 40~45%로 한다. ② 제2손질까지에 충분히 국균을 증식시켜 총파정(總破精) 경향으로 이끈다. ③ 제2손질 이후는 35℃ 이하로 하여 점차 온도

표 4-7. 제국 중 품온 경과와 국 성분

(A) 제2손질 후 고온경과를 한 것(최고온도 39℃)

12점	산도(mℓ)	직당(%)	당화력	녹말소화율(%)	출국수분(%)
평 균	3.65	10.95	14.75	12.67	16.18
최 대	5.0	13.9	20.7	21.4	24.0
최 소	1.3	7.4	9.0	4.4	10.0
편 차	1.11	1.80	3.45	5.71	4.78

(B) 제2손질 후 저온경과를 한 것(최고온도 39℃)

9점	산도(mℓ)	직당(%)	당화력	녹말소화율(%)	출국수분(%)
평 균	7.04	7.34	11.13	13.30	17.83
최 대	8.8	10.0	14.0	18.2	28.0
최 소	5.1	5.4	9.3	5.7	12.0
편 차	1.11	1.55	1.50	4.34	4.54

를 강하시켜 건조를 꾀한다. 국의 산도는 초발의 증미수분이 적으면 작아진다.

2.2 포성주의 효소역가

흑국의 효소역가 분포는 표 4-8에 나타낸 것과 같고 황국균에 비하여 amylase 역가는 겉보기 상 산성 protease 역가, 산성 carboxypeptidase 역가, transglucosidase 역가 그리고 생전분 분해력은 현저히 높은 것이 특징이다.

백국균(흑국균의 변이균주)과 황국균을 사용하여 각각 증미를 단단히 조제한 경우와 연하게 조제한 경우의 국의 성분을 비교하면 표 4-9와 같다.

최근 청주양조장에서 소주를 부업으로 만드는 수가 많아졌다. 이 경우 청주용의 황국균을 사용하는 경우가 많으나 황국에 의한 술덧은 산을 보급할 필요가 있고, 가령 술덧이 건전한 발효를 하였다 하더라도 알코올 수량이 낮은 결점이 있다. 이 원인은 황국의 amylase가 소주 술덧의 온도 그리고 pH 하에서 실활되기 때문이다(그림 4-2 참조).

표 4-8. 포성 국의 각종 효소활성

효 소	최 대	최 소	평 균	표준편차
α-Amylase	155	63	102	19.6
Glucoamylase	178	103	145	19.5
산성 protease	24,210	13,021	17,529	2,889
산성 carboxypeptidase	6,706	2,932	4,447	937
Transglucosidase	1,390	590	1,004	182
생전분 분해력	6.1	2.7	4,6	0.6

표 4-9. 증미의 경연에 의한 국의 성분

국	산 도	직 당	총 당	직당/총당	녹말 소화율	당화력	액화력	단백질 분해력
백국 경(硬)	9.2	9.1	72	16.6	6.0	9.7	9.4	0.80
연(軟)	9.5	12.3	64	19.2	14.2	10.6	9.8	0.84
황국 경(硬)	0.1	19.5	25.0	25.0	4.6	73.7	14 ·	0.72
연(軟)	0.1	21.5	33.1	33.1	12.8	72.1	131	0.44

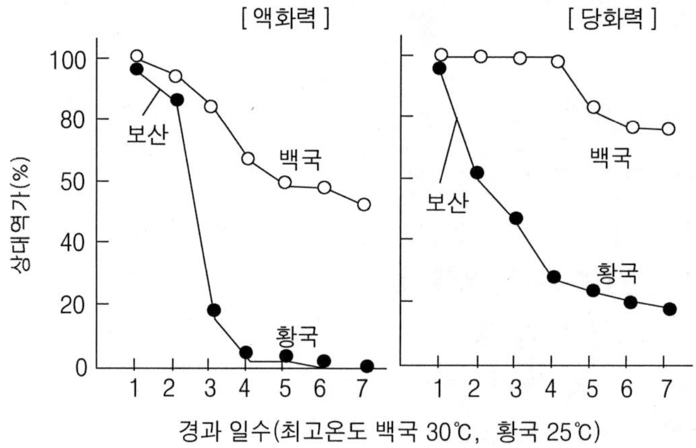

그림 4-2. 1차 술덧 중에 있어서 효소역가의 변화

표 4-10. 각종 첨가제의 국 성질 그리고 지방산 생성에 대한 효과(A)

첨가제	농 도	CO_2발생량	산 도	α-Amylase
철(삼가)	50 ppm	59	2.50	6.5
타닌산	250 ppm	53	2.13	8.3
질산나트륨	0.6%	55	3.75	6.8
탄산칼슘	0.1%	57	1.13	13.7
무첨가	0	50	2.50	8.6

* mg/g · rice

각종 첨가제의 국 성질 그리고 지방산 생성에 대한 효과(B)

첨가제	농 도	생성 지방산*				
		$C_{16:0}$	$C_{18:0}$	$C_{18:1}$	$C_{18:2}$	총 계
철(삼가)	50 ppm	21	27	62	48	158
타닌산	250 ppm	12	17	55	47	134
질산나트륨	0.6%	1	8	49	53	111
탄산칼슘	0.1%	11	3	46	52	112
무첨가	0	32	28	84	84	228

* mg %

2.3 각종 첨가제의 영향

지방산의 생성을 억제하기 위한 제조법으로서 표 4-10의 (A)에 나타난 첨가제의 용액으로 침지한 쌀로 제국한 결과 대조(무첨가 침지)에 비하여 어느 첨가제 그룹의 국도 균체 증가량(탄산가스 발생량), 구연산 생성량(산도) 그리고 α-amylase 역가에 있어서 손색이 없었다. 또 탄산칼슘 첨가구분(국의 pH저하 방지)의 국은 생산된 구연산이 중화되기 때문에 국의 산도가 낮고, 역으로 비 내산성의 α-amylase는 실활도 되지 않고 남아 있기 때문에 α-amylase 역가는 높다.

한편, 국의 지방산 함량은 표 4-9의 (B)에 나타나 있으며, 대조 국에 비하여 어느 것에서도 첨가제 구분도 적었고 총지방산 함량으로 보아도 질산나트륨 첨가 국(찐쌀의 C/N비의 저하) 그리고 탄산칼슘 첨가 국의 지방산 생성이 특히 억제되어 대조 국의 약 50%의 함량까지 억제되었다. 또 소주의 기름 냄새의 원인물질인 linolic acid의 함량으로 보면 철과 타닌산을 첨가한 국이 그 생산을 억제하였다.

표 4-11. 제국방법별 효소역가 등의 평균

구 분	종국의 사용량	증자 흡수율	제국 시간	최고 온도	적산 온도	수 분	산 도	색 도	녹말 소비량	정합 당화력	α-Amylase	pH 3.0 protease (-log T)
개(개) (8점)	101	44	41.5	41.5	1,502	30.8	8.1	0.045	10.8 (12.6)	9.7	5.4	0.74
기계 (16점)	95	39	39.5	38	1,411	28.5	8.5	0.051	11.6 (13.6)	14.4	7.6	0.83
전체 (24점)	97	41	40	39	1,436	29.3	8.4	0.049	11.4 (13.4)	12.8	6.9	0.80
개(개) (8점)							11.7	0.064		13.9	7.8	1.07
기계 (16점)							11.9	0.072		20.1	10.6	1.16
전체 (24점)							11.8	0.069		18.0	9.7	1.13

( ) 내의 숫자는 녹말 소비율

2.4 개국(蓋麴)과 기계국의 효소역가

개국(蓋麴)과 기계국을 소주 제조장에서 수집하여 그 효소역가, 성분 등을 비교하여 표 4-11에 나타내었다. 표의 값에서 아는 바와 같이 산도는 거의 차가 인정되지 않으나 당화력, α-amylase 역가는 기계국 쪽이 높았다.

제 5 장

국의 성분

1. 청주국의 성분

만들어진 국의 일반성분 분석에 대하여 Ando 등이 보고가 있을 뿐이고, 그 후 거의 검토가 이루어지지 않았다. 표 5-1에 그 분석치를 나타내었다.

1.1 탄수화물과 질소성분

제국과정 중 탄수화물의 변화에 대하여는 표 5-2에 분석치를 나타내었다. 이 표는 건조물에 있어서 성분조성을 나타낸 것으로 제국 공정 중에 있어서 탄수화물의 절대 소실량은 알 수 없으나 이것은 원료 백미 1 kg마다 70 g 정도이다. 한편 국의 발열량에서 계산된 손실 양은 약 30 g 정도이므로 탄수화물의 반분 이상은 탄산가스까지 분해하지 않으므로 그렇게 에너지의 손실이 크지 않는 반응에 의하여 탄수화물 이외의 물질인 것으로 생각된다.

제국과정 중의 물 가용성 질소성분의 소장은 표 5-3에 나타낸 것과 같고, 배양조건에 따라서도 다르나 총질소로서 0.2% 전후, formol 질소로서 0.1% 전후 출국에

표 5-1. 국의 성분

	수 분	단백질	지 방	무질소 유기물	당 분	회 분	총산 (유기산으로서)
주모국	25.6550	3.6277	0.5896	69.8024	18.9025	0.3071	0.0182
1단 첨가국	30.0280	4.7276	0.5470	74.4050	16.2430	0.2522	0.0402
2단 첨가국	19.2700	4.8497	0.7809	73.9001	14.2544	0.2154	0.0339
3단 첨가국	20.6700	4.590	0.4675	74.0275	12.2096	0.2180	0.0380

표 5-2. 제국 중의 탄수화물의 변화

주모국	수 분	녹 말	Dextrin	직접환원당	포도당	맥이당
재우기	34.4	90.4	5.0	0.2	-	-
뒤지기	33.8	92.9	2.0	0.5	-	-
담기	32.8	90.7	2.1	1.7	-	-
제1손질	31.7	88.0	2.7	4.2	1.9	2.5
제2손질	30.3	79.0	2.4	13.1	7.5	7.8
최 고	29.9	77.3	2.5	16.2	11.2	7.7
뒤바꾸기	27.2	73.7	2.6	16.5	11.5	12.9
출국	25.7	69.9	2.7	21.4	14.7	14.3

상기 성분 중 수분 이외는 건조물에 대한 %를 나타낸 것이다.

표 5-3. 제국 경과 중의 가용성 질소성 질소성분의 소장

배양시간	가용성 총 질소				Formol 질소
	단백태 질소 (제1구분)	Peptide태 질소 (제2구분)	아미노태 질소 (제3구분)	합 계	
40시간	1.9~2.8	1.8~10.0	11.2~14.8	18.0~23.1	7.0~8.4
50시간	2.5~3.0	2.0~10.2	11.6~16.5	19.8~24.3	7.8~9.6
60시간	2.8~3.6	2.0~10.5	11.6~17.1	21.1~25.7	8.4~11.9

함유하게 된다.

제국 온도의 관계를 보면 formol 질소는 저온 국(30℃ 배양)이 제일 많고 또 총 질소는 고온 국(40℃ 배양)이 제일 적었다. 단백질태 질소는 고온 국, peptide 질소는 저온 국, 아미노태 질소는 중온 국 (35℃ 배양)으로 제일 많다는 결과를 얻었다. 제국과정 중의 유리아미노산의 소장을 조사한 것이 표 5-4이다. 개개의 아미노산에 의하여 다소의 차이가 있으나 전체로서 보는 경우 제1손질에서 제2손질에 걸쳐 거의 대부분의 아미노산은 나오고 만다. 출국 경에는 오히려 감소된다는 경향이 보인다. 질소량으로서 국 1 g 당 0.8 mg 정도의 축적이 있고, 1% picric acid 가용성 질소의 대부분이 유리아미노산까지 분해하는 것 같다.

한편, 미국(米麴) 중의 총 질소량은 0.8% 전후이고, 그 중의 반 분량이 청주 술덧의 액 중에 녹아서 나온다. 이것은 또 술덧 중의 가용성 총 질소의 약 25%를 차지하는 것으로 된다. 또 아미노산 함량은 총 질소의 10%의 0.08% 전후이고, 이 아

표 5-4. 제국 경과 중의 유리아미노산의 소장 (μmol/g · koji)

아미노산	담 기	1단 첨가국	2단 첨가국	출 국
Tryptophan	trace	trace	0.290	0.10
Lysine	0.400	1.405	2.65	2.15
Histidine	0.320	0.350	0.45	0725
NH_3	2.206	4.613	6.60	1.020
Arginine	0.510	2.325	4.98	2.65
Aspartic acid	0.389	1.525	2.75	2.93
Threonine	0.113	0.435	0.78	1.38
Serine	0.279	1.065	2.65	2.15
Glutamic acid	0.490	1.845	3.33	2.75
Proline	0.218	0.880	2.60	2.23
Glycine	0.230	0.970	2.38	2.90
Alanine	0.590	2.050	5.13	4.60
Cysteine	0	0	0	0
Valine	0.244	0.880	2.13	2.233
Methionine	0.159	0.440	0.70	0.5
Isoleucine	0.164	0.708	1.53	1.3
Leucine	0.423	1.673	3.98	2.25
Tyrosine	0.181	0.780	2.15	1.25
Phenylalanine	0.235	0.968	2.03	1.15
합 계	7.155	22.912	46.52	43.45
N(mg)	0.136	0.448	0.06	0.87
가용성 총 N(mg)	0.816	0.800	0.50	0.28
아미노산 N / 가용성 총 N	16.67%	56.00	95.7	9.05
미국 중의 총 N(mg)	6.39	-	-	7.8

미노산은 전부 녹아 나오는 것으로 생각되므로 미국(米麴)에서의 술덧에의 총 용출 질소량(미국 중 총질소의 반량)의 1/5을 아미노산이 차지하는 것으로 된다. 따라서 청주 중 총 질소물의 5%, 즉 미국(米麴) 유래의 질소물량 20%의 1/5이 미국(米麴) 중에 축적된 아미노산이라는 것이 된다.

미국(米麴) 중에는 또 아미노산류가 함유되어 있다. 그 함량은 미국 100 g 중 염산염으로서 cadaverine 0.7~1.4 mg, ethanol amine 0.4~0.8 mg, β-phenylethyl amine 0.1 mg, agmatine 0.5~1.0 mg, choline 7~14 mg 정도이다.

현미 중에는 암모니아, cadaverine, ethanolamine, choline 등이 검출되나 도정미 중에는 인정되지 않으므로 상기의 amine류는 제국 중에 국균의 작용에 의하여 생성되는 것으로 생각된다.

1.2 유기산과 비타민

청주 중의 유기산의 약 70%가 술덧 중에 효모에 의하여 생성되어 효모에서 유래하는 산은 약 17%로, 나머지의 약 10%가 국에서 유래되는 것이다. 표 5-5에는 국 중에 있어서 각종 유기산의 함량을 나타내고 있다. 총 유기산 함량은 미국(米麴) 100 g당 70 mg 정도이다.

최근 leucine 산이 미국(米麴) 100 g당 4 mg 정도 함유하는 것으로 알려져 있다. 이것은 국균의 작용에 의하여 leucine에서 유도된 것이고, 그 생성량은 기질인 leucine 함량과 국균 균주의 차이에 따라 좌우된다. 또 leucine 산은 효모에 의하여 청주의 중요한 향기성분의 하나인 leucine 산 ethyl로 유도된다. 또 ferulic acid나 sinapic acid가 미국(米麴) 중에 발견되고 있고, 미국 중에는 지질이나 당과 결합한 phenol화합물이 각각 10, 40 ppm 정도 함유된다. 이것이 국균의 작용으로 분해하여 ferulic acid나 sinapic acid가 생긴다. 이들은 술덧 발효 중에 효모나 국균에 의하여 소비되나 ferulic acid는 청주 중에 이행하여 향기성분의 하나로서 역할을 한다.

화락균의 생육인자의 하나인 mevalonic acid는 국균에 의하여 미국(米麴) 중에 생성 축적된다. 미국 중의 mevalonic acid 국균에 의하여 미국 중에 생성 축적된다. 미국(米麴) 중의 mevalonic acid 양은 균종에 따라 현저한 차이가 있고 6～170 γ/g의 생성량이 있다(제6장의 청주의 화락균 참조).

표 5-5. 미국 중의 유기산량(mg/100 g · koji)

	1단 첨가국	2단 첨가국	3단 첨가국
Propionic acid	-	0.7	-
미확인 산(1)	-	0.3	-
Acetic acid	5.0	6.7	4.1
미확인 산(2)	-	0.6	-
Fumaric acid	4.6	15.6	8.1
α-Ketoglutaric acid	0.7	1.6	0.6
Lactic acid	3.9	2,0	1.3
Succinic acid	14.7	8.7	7.9
Acotinic acid	0.44	0.9	H.4
미확인 산(3)	-	2.1	0.1
Glycolic acid	4.7	8.3	3.6
미확인 산(4)	0.8	1.3	1.7
Malic acid	4.5	6.4	4.7
Citric acid	29.0	20.5	41.9
미확인 산(5)	1.9	1.8	2.3

표 5-6. 제국 공정에 있어서 비타민의 소장(mg/100 g · koji)

제국경과	Pantothenic acid	Inositol	Biotin	B_6	Niacin
0시간 재우기	4,430	100,000	26.2	93.8	0
4시간 접종	10,000	192,000	38.3	125.0	-
23시간 뒤지기	8,430	292,000	50.4	125.0	-
30시간 제1손질	8,230	442,000	54.2	214.0	-
39.5시간 제2손질	12,080	425,000	56.0	687.0	-
57시간 출국	13,330	300,000	60.0	1,437.5	160
생성량	8,900	200.000	33.8	1,343.7	160
증가율	200.9%	200%	12.9%	1,432.5%	-

* 유리형이므로 총 thiamin 양은 이 값을 상회한다.

증미 조정과정으로 감소된 비타민은 제국 중 국균에 의한 생합성의 결과 증가한다. 표 5-6에 제국 경과 중의 비타민 소장을 나타내었으나 B_6 그리고 niacin의 생성은 특히 현저하다. 또 유기질소원 배지에 있어서 청주 효모의 증식에 필수인 pantothenic acid도 제국 중 2배로 증가한다. 청주 중의 pantothenic acid, inositol, 그리고 biotin의 약 2/3은 찐쌀에, 약 1/3은 미국(米麴) 유래된 것으로 생각한다.

1.3 착색물질

1) Flavin 화합물

미국(米麴) 중에는 flavin 화합물이 1 kg당 340 γ 정도 함유되고 있다. 그러나 도정미 중에는 모두 300 γ/kg 정도 함유되고 있으므로 제국에 의하여 생성되는 양은 약간이라고 생각한다. 따라서 청주 중의 flavin은 거의 쌀, 효모에서 유래된 것으로 알려져 있다.

2) Ferrichrysin

청주 중에는 철 함유 무색물질인 ferrichrysin 외에 무색의 비함철 ferrichrysin-(deferrichrysin)이 존재한다. 이들의 ferrichrysin, deferrichrysin 그리고 ferrichrysin 유사물질(ferrichrome류)은 어느 것이나 미국에서 유래된다. Arnitine에서 γ-N-hydroxyornitine을 거쳐 γ-N-acetyl-γ-N-hydroxyornitine이 생성되어 여기에 glycine, 철이 더해져 ferrichrysin이 생성되는 것으로 생각한다. 이것이 술덧이나 청주 중에서 철과 결합하여 ferrichrome을 생성하여 비정상으로 착색하는 것이

다. 최근에는 deferriferrichrome을 생산하지 않는 국균이 보통의 국균에서 인위변이에 의하여 얻어져 이미 몇 균주가 실용화되고 있다.

3) 갈변물질

흑박과 미국의 갈변과의 사이에는 밀접한 관계가 있고, 갈변하는 국을 사용한 술덧의 주박은 흑박으로 되기 쉬운 것이 밝혀져 있다(제6장, 청주국 참조).

4) Melanoidin

식품의 일반의 갈변과 마찬가지로 aminocarbonyl 반응에 의하여 생기는 것으로 생각된다. 미국(米麴) 중에는 trosinase나 *o*-polyphenol oxidase가 존재하므로 효소적 갈변물질의 존재도 예상된다. 미국 중의 함량은 조사되어 있지 않으나 청주의 저장 중에 증가하는 착색물질의 대부분은 이 aminocarbonyl 반응에 의하여 3-deoxyglucosone 중간체를 거쳐 생기는 것으로 알려져 있다.

1.4 형광물질

청주 중의 형광물질로서는 현재까지 확인된 물질은 ferulic acid, Harman, YS(염기성 황록색 형광물질, HmFC), flavin류이다. 제국경과 중의 형광의 변화를 조사한 결과 피크 Ⅲ(E_x 335～354, E_m 397～410 mu) V'(E_x 452～454 mu, E_m 521 mu) 그리고 V(E_x 468 mu, E_m 521 mu)의 형광도(RE)가 재우기에서 출국까지의 사이에 각각 496에서 \1920, 0에서 352, 그리고 0에서 352로 증가하였다. 그런데 피크 Ⅰ(E_x 290～300, E_m 343～354 mu)는 처음부터 1,400정도이고, 제국에 의하여 증감은 없었다.

1.5 기타 성분

1) Carbonyl 화합물

Carbonyl 화합물은 aminocarbonyl 반응에 관여하는 물질로서 또 청주의 향기성분으로서 중요하다. 미국 중의 aldehyde 함량은 0.0073%로 담기 시 0.0023%인 것이 제국 경과 중에 증가한다.

2) 핵산관련 물질

제국 중의 핵산 관련 물질의 변화를 조사한 결과가 있다. 핵산성분은 핵산 염기, nucleoside가 주체로 점차 증가되어 ATP, ADP는 감소하고 UMP, IMP는 40시간

경에 최고로 된다. 그런데 청주 등의 핵산 염기는 80 ppm 함유되고 있으나 그 중 미국(米麴)에서 유래되는 것은 약 25%로 쌀에서 술덧기간 중 녹아나는 것이 약 45%, 효모에서 유출되는 것이 약 30%이다.

3) 무기성분

제국공정 중에 소실되는 무기성분으로서는 인을 들 수 있다. 제국공정 중 백미의 유기인은 점차 무기인으로 변환된다. 담기와 제1손질 사이에 무기인은 약간 감소되나 제2손질에서 출국까지 증가된다. 재우기 시 건물 100 g 중 3.42 mg인 것이 출국에는 9.63 mg로 된다.

2. 소주국의 성분

2.1 일반 성분

소주국은 제국 중에 수분의 증발이나 성분의 분해 의하여 표 5-7에 표시한 중량의 변화를 볼 수 있다. 또 용적은 돈을 치른 원료 쌀 1용에 대하여 출국에서 1.49~1.55용을 차지한다.

출국의 각 성분의 분포에 대하여 흑국균에 의한 미국의 제국온도(재우기에서 출국까지 일정 온도 유지하여)와 국개와 기계국을 비교하면 당화력이나 α-amylase 역 등은 기계국 쪽이 높은 경향이 있고(제5장 국의 성분, 소주국 참조), 또 소주의 수량에 직접 영향하는 제국과정에 있어서 전분의 소비율은 양 구의 평균치 사이로 차이가 인정되지 않으나 최대치와 최소치의 폭이 아주 크다(표 5-8). 따라서

표 5-7. 제국 중의 중량 변화(단위 : kg)

인 출	재우기 시	출국 시	사용 시
100	138~142	117~122	115~120

표 5-8. 제국과 기계국의 전분 소비율

	최 대	최 소	평 균
개국(蓋麴)	21.2	9.4	12.6
기계국	21.2	10.4	13.6

제국관리의 요령에 따라 소주의 수량이 상당 변동하는 수가 있다.

2.2 산 생성과 그 의의

흑국균에 의한 미국(米麴)의 제국온도(재우기에서 출국까지 일정 온도로 유지)와 산도의 관계는 그림 5-1의 (A)에 나타난 것과 같이 중온 경과(34℃)의 쪽이 고온 경과보다 높은 값으로 분포하고 있다. 또 국균 균주에 따라서 다르고, 현재의 종국에 혼합하여 사용하고 있는 *Asp. awamori*와 *Asp. saitoi* 각각 단일 균으로 제국한 미국을 비교하면 *Asp. saitoi*쪽이 산 생성력이 높다고 하였다[그림 5-1의 (B)].

소주양조는 1차 담금으로 (쌀)국과 물을 혼합하여 효모의 증식을 시킨 후 2차 담

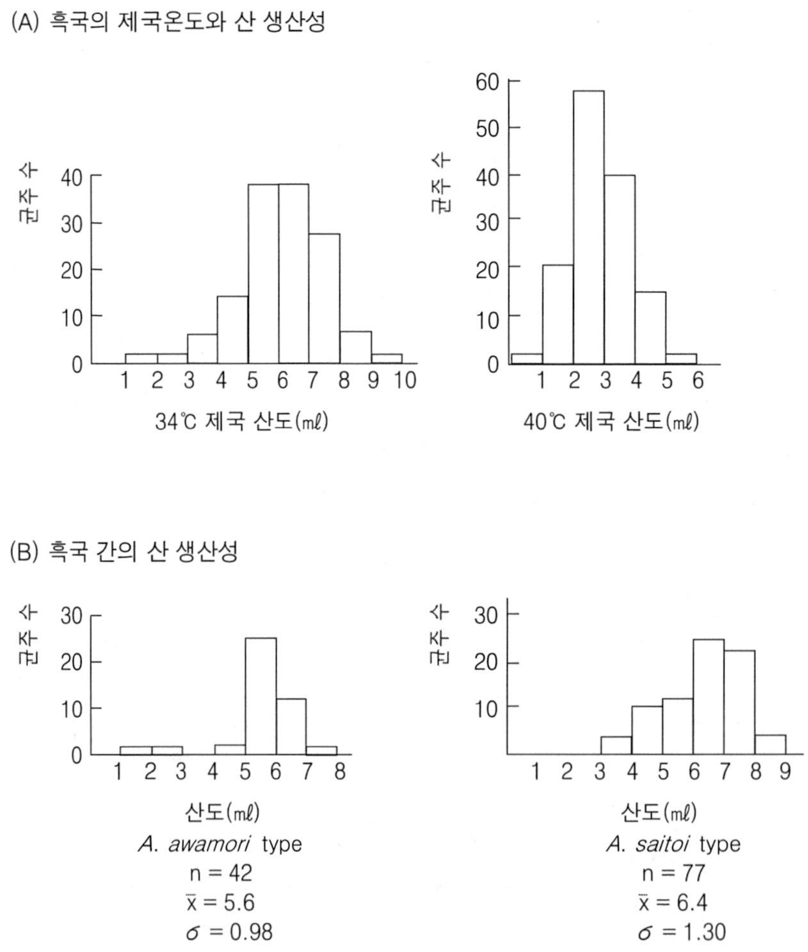

그림 5-1. 흑국균의 산 생산성

금에서 쌀과 고구마 등의 주원료를 가한다. 이때 1차 술덧의 pH는 3.2∼3.5, 술덧 산도 20∼25이고, 2차 술덧의 pH는 3.8∼4.3, 술덧의 산도는 6∼10으로 된다. 이 정도의 pH에서 증식 가능한 세균은 존재하나 첨가된 효모가 왕성하게 증식하여 알코올 발효가 진행하는 환경에서는 효모 이외의 미생물 증식에 있어서는 극히 불리한 상태로 된다. 따라서 보통의 환경에서는 상기 술덧 내용에서도 잡균이 침입하여 번식하는 위험성은 거의 없다.

2.3 지방산

1) 흑국균체의 지방산 조성

Czapek 배지에 30℃에서 진탕 배양할 때의 흑국균, 황국균 등의 지방산 조성을 표 5-9에 나타내었다. 총 지방산 양에서는 소주용의 흑국균 쪽이 청주용의 황국균보다 낮은 값이다.

표 5-9. 흑국균 등의 균체 지방산 조성

균 주 / 지방산		흑국균 등				황국균 균주		
		Asp. awamori	*Asp. saitoi*	*Asp. kawachii*	*Asp. niger*	RIB-128	RIB-127	NF-48
총 지방산*	기호	43.91	21.23	33.32	43.37	78.56	63.56	49.60
Palmitic acid	$C_{16:0}$	14.4%	23.7%	19.7%	14.2%	15.0%	15.8%	14.3%
Palmitoleic acid	$C_{16:1}$	+	+	+	+	+	+	+
Stearic acid	$C_{18:0}$	5.6	4.5	4.9	5.6	4.3	4.5	7.3
Oleic acid	$C_{18:1}$	35.0	29.5	32.0	33.7	26.0	23.4	19.5
Linoleic acid	$C_{18:2}$	43.3	41.2	41.7	45.0	53.2	55.3	56.8
Linolenic acid	$C_{18:3}$	1.7	1.1	1.7	1.5	1.5	1.0	2.0
합 계	–	100	100	100	100	100	100	100
포화지방산	S	20.0	28.2	24.5	19.8	19.3	20.3	21.7
불포화지방산	U	8.0	71.8	75.5	80.2	80.7	79.7	78.3
불포화도	U/S	4.00	2.55	3.08	4.05	4.18	3.93	3.61
분생자 색		흑갈색	흑색	담갈색	흑색	녹색	녹색	심녹색
용 도		포성	포성	소주	구연산 제조	청주	청주	청주
구연산 생산성		++	+++	++∼+++	+++	–	–	–

*mg/g 건물 균체

표 5-10. 소주제조과정에 있어서 지방산 함량 변화

지방산 \ 원료		백 미(도정미)①			증 미(찐쌀)			국(국)			국/증미증가율②		
	기호	조지방	결합지질	계	조지방	결합지질	계	조지방	결합지질	계	조지방	결합지질	계
Palmitic	C_{16}	47	335	382	35	310	345	78	399	477	2.23	1.29	1.38
Stearic	C_{18}	5	13	18	5	11	16	18	26	44	3.60	22.36	2.75
Oleic	$C_{18:1}$	62	110	172	50	124	174	112	95	207	2.24	0.77	1.19
Linoleic	$C_{18:2}$	104	336	440	100	331	431	157	294	441	1.47	0.89	1.02
Linolenic	$C_{18:3}$	4	13	17	5	12	17	5	11	16	1.00	0.92	0.94
합 계	T	222	807	1,029	195	788	983	360	825	1,185	1.85	1.05	1.21
불포화도③	U/S	3.3	1./3	1.5	3.9	1.4	1.7	2.8	0/7	1.3	0.72	0.50	0.76

주) 표 중의 수치는 지방산함량 mg/100 g 건물시료로 나타냄.

① 백미 : 소주제조에 널리 사용되고 있는 파쇄 도정미 갑(甲)(도정비율 90～93%)

② 국/ 증미 증가율 $= \dfrac{\text{지방산 함량}}{\text{증미의 지방산 함량}}$

③ 불포화도 $= \dfrac{C_{18:1} + C_{18:2} + C_{18:3}}{C_{16} + C_{18}}$

또 흑국균 간의 비교에서 구연산 산 생성 능력과의 사이에 역 상관관계가 인정된다. 소주용 국균으로서는 기름 냄새의 원인으로 되는 불포화지방산의 함량이 낮고 또한 구연산 생산능력이 높은 균주가 사용된다.

지방산의 조성을 보면 흑국균은 황국균에 비하여 oleic acid 비율이 높은 반면 linoleic acid 비율이 낮다. 이것은 양 국균의 생육온도와의 관련으로 생각하면 흥미 갚다. 즉, 고온(35～40℃)에 생육적성이 있는 흑국균의 linoleic acid보다 융점이 높은 oleic acid의 비율을 높게 하여 생체막의 유동성을 조절하고 있는 것으로 생각할 수 있다.

2) 제국 중의 함량 변화

백미에서 증미를 거쳐 국에 이른 과정에서 지방산 함량의 변화를 표 5-10에 나타내었다. 제국과정에서 지방산이 약 20%증가한다. 이것은 흑국균에 의하여 생성 그리고 소비된 수지의 값이다. 흑국균은 미립의 비교적 표층에 증식하므로 생성된 지방산의(분석 상) 구분은 지방산 구분이다.

또 생성된 지방산은 stearic acid 그리고 palmitic acid 등의 포화지방산의 증가율이 크고 oleic acid 그리고 linoleic acid 등의 불포화지방산의 증가율은 비교적 적다. 그런데 청주 양조에 있어서 효모의 ester등의 향기성분의 생성은 술덧 중에 불포화지방산이 많이 존재하면 현저히 억제된다고 하나 이 점에서 흑국균에 의한 지방산의 생성 내용은 발효과정에서 있어서 향기 성분 생성의 관점에서 유리하다고 한다.

제 6 장

국 유래의 이상(비정상)

1. 미국의 갈변과 흑박

1.1 현 상

제2차 세계대전 종말 후 수년 후에 청주 박을 짜고 자루에서 분리하여 공기 중에 두면 수시간이나 혹은 수일 후에 박의 표면이 반점모양으로 갈변하고 점차 흑갈색으로 변하는 현상이 발견된다. 이것을 흑박(黑粕)이라 하여 상품가치를 해치게 되어 주목되고, 그 원인이 특수한 곰팡이의 번식에 의한 것이라 한다. 그러나 한 종류만의 국균(단일 주)을 사용하여 주조의 시험을 행하는 사이에 호기적(산소적) 생육형의 균주에서는 청주 화입(살균) 후의 단백질 혼탁이나 흑박으로 되기 쉽고 동시에 이와 같은 술덧을 사용한 국을 저온에서 공기 중에 두면 수일 후 혹은 1~2주간 정도에서 착색(갈변)하여 그 물 추출액이 농색으로 되는 것을 알았다.

이어서 이 현상은 시판 종국(복합균주)을 사용하는 일반 주조공장의 국에서도 발견되는 수가 있고, 국의 갈변은 국을 물에 담그고 나서 물 빼기를 하면 빨리 일어나고 종종의 품을 첨가가 이것을 촉진 또는 저해하는 것을 알고 이것이 국균의 효소 tyrosinase 내지 *o*-polyphenol oxidase에 의하여 일어나는 것으로 생각하고 있다.

국의 갈변에는 국균이 호기적(산소적) 생육형이라는 것과 amylase나 밤 냄새의 생성이 강하다는 것이 필요하고, 이것으로 국을 만든 경우에는 공기의 공급이 많고(습도가 적은 상태에서의 제국), 제국온도가 높고 제국시간은 40시간 정도가 최적으로 분생자를 형성할 수 있게 되면 갈변될 수 없게 되고, 또 국균의 액내 배양이나 합성배지 한천과 같은 배양에서는 일어나지 않는다.

흑박의 반점은 그 부위에 미국(米麴) 알갱이가 남아 있기 때문에 일어는 수가 있으나 갈변할 수 있는 국으로 담금을 한 청주술덧의 주박이 모두 흑박으로 되는 것이 아닌가는 아직 논의의 여지가 많다. 어느 것에서도 공장실험에 의하여서도 유의의 상관관계는 인정되지 않았으나 갈변할 수 없는 국 균주를 사용하여도 결코 흑박을 생기지 않으므로 이외 요인이 있을 것으로 생각한다.

1.2 Dopa

갈변물질 혹은 전구물질을 분리하여 그 성질을 조사할 필요가 있어 색소의 종이크로마토그래피(PCC)에 의하여 이것이 국균 이외의 특수한 곰팡이의 생산물이 아니라는 것과 phenol성의 3종의 spot의 존재가 확실시되었다. 또 갈변국의 수용구분에서 박층크로마토그래피(TLC)에 의하여 대, 중, 소의 3종의 spot가 인정되고, 이 중 큰 것은 dopa, 중간 것은procatechuic acid로 동정되어 dopa의 함량은 미국(米麴) 100 g 중 2.8～3.5 mg, 청주 1 ℓ 중 0.1 mg, 흑박이 아닌 정상의 주박 100 g 중 0.8～2.2 mg이었다.

이들의 반응은 tyrosinase에서 산화효소의 작용에 의하여 dopa의 생성이 기본으로 되나 이 메커니즘은 미국(米麴)에서 잘 갈변하는 국균 *Asp. oryzae* var. *oryzae* RIB 128(ATCC 22788)과 결코 갈변하지 않는 국균 RIB 647(ATCC 22787) 등이 시판 종국에서 분리되어 연구가 촉진되어 tyrosinase는 버섯의 그것과는 다르다는 것이 밝혀졌다.

이 측정법도 정해져 dopa는 다시 반응성이 풍부한 dopa quinone으로 되고, 이것이 미국과 주박 중의 종종의 phenol류, 아미노산, 단백질, 기타와 반응하여 차차 흑갈색의 melanin 색소로 되는 것은 일반의 갈변반응과 마찬가지이다. 흑박은 청주 술덧의 말기에 소량의 메타칼륨(5～10g/100 ℓ)을 첨가하므로 방지할 수가 있으나 또 미국의 갈변과 흑박과의 인과관계는 밝혀지지 않았다.

주박을 짜고 주머니에서 분리하여 공기 중에 두어 경시적으로 분석하면 주박에 흑점이 나기 시작하면 그 TLC상에 dopa와 procatechuic acid의 spot가 소실되고 또 하나의 미지의 spot가 현허하게 보이게 된다. 이것이 흑박의 성인(成因)으로 되는 것으로 생각되어 새로이 imino acid의 하나로 L-3-carboy-6,7-dihydroxy-1-methyl-1,2,3,4-tetrahydroisoquinoline(CDMT)이라는 물질이고 주박 중의 dopa와 acetal-dehyde가 저온에서 반응하여 생기는 것이 밝혀졌다. 이상의 갈변국과 흑박의 생성의 화학적 메커니즘을 그림 6-1에 나타내었다

이보다 앞에서 acetaldehyde와 tryptophan의 광화학반응 물질 harman이 청주의 가장 강한 청색 물질이라는 것이 알려져 있으나 그 후 aldehyde와 아미노산류의 반응생성물은 연달아 발견되고 있다. 여하간 미국의 갈변과 흑박이라는 새로운 현상

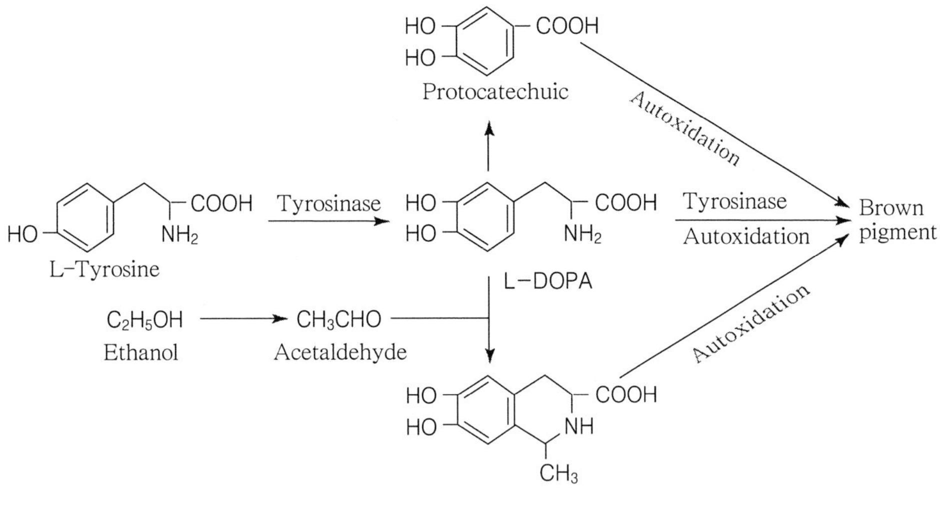

L-3-carboxy-6,7-dihydroxy-
1-methyl-1,2,3,4-tetrahydro-
isoquindoline(CDMT)

그림 6-1. 국의 갈변과 흑국 생성의 화학 메커니즘

은 처음에 양조시험소에서 발견되어 4반세기를 소비하여 겨우 해결된 문제이었다. 현재에는 종종의 방법으로 비갈변성의 국균의 인위균주가 얻어져 실용화되고 있다.

2. 청주의 백탁

청주를 화입(火入)하여 저장하여 두면 점차로 투명도가 나빠지고 약간 흐리게 되는 경우가 있다. 이것을 청주의 단백질 혼탁이라 하고, 보통 백탁(白濁 : 탁하고 흐리고)이라고 통용하고 있다. 향미에는 이상이 없으나 화락(火落)으로 오인하여 상품가치를 떨어뜨리기 때문에 1950년대에 급히 문제화되어 관(官)과 산업(産業)이 일체가 되어 백탁의 성인(成因)의 해명과 대책에 정력적으로 이루어졌다. 상세한 것은 생략하기로 한다.

백탁의 성인(成因)은 Suda 등이 일찍 지적한 바와 같고, 미국(米麴)이 효소단백질(당화 amylase가 주체)이 화입(火入)에 의하여 변성, 불용화 하여 생기는 것으로, 청주는 본래 정도의 차이는 있으나 백탁이 되는 것이다. 따라서 시판에 있어서는 앙금질로 청징화의 필요가 있고, 오늘날 각 회사마다 그 기술이 정착되어 청징한 청주로 되었다. 이 장에서는 그 후의 새로운 기술개발 등을 더하여 설명한다.

2.1 백탁의 실태 조사

1) Turbidity 측정법의 통일

청주가 병조림으로 판매하게 되어 백탁이 눈에 뜨이게 되었다. 1955년경까지는 그 성인(成因)은 알코올 첨가를 행하게 되어 술덧이 미숙하고 미분해물이 많았기 때문으로 해석되었다. 여기에서 백탁 연구를 위하여 우선 백탁도의 측정법을 통일하여 백탁의 정확한 실태를 알기로 합의하였다.

Mori는 silica sol을 표준액으로 하는 방법으로 통일하여 백탁도는 turbidity로 나타내기로 하였다. 그 후 Toshiba에서 유탁(乳濁) 글라스 표준 셀로 하기로 하였다.

Suda 등은 광범위한 조사로 다음 세 가지 형, 즉 백탁은 화입에 의하여 생기고 곧 흐려지는 것, 점차로 입자가 성장하여 가을경에 흐려지는 것, 그렇게 혼탁하지 않는 것 등이 있고, 음양(吟釀)이나 삼증양 주(三增量 酒)는 백탁이 적다는 것을 알았다. 1959년도의 도쿄 국세국 감정 감실의 조사에서는 시판주의 turbidity는 2～140(평균 65.7), 저장 고주(古酒)에서는 모두 평균 turbidity 45로 아주 맑기가 좋게 되어(turbidity는 80 이하로 청명으로 50 정도가 바람직하다) 당시의 Nada, Hushimi의 업계의 의욕을 엿볼 수 있다.

2) 양조조건과 백탁

Suzuki 등은 제국조건과 백탁도의 관계를 검토하여 저온보다 고온경과의 국일수록, 또 노국(老麴)일수록 백탁이 커진다는 곳을 실증하였다. 오사카 감정관실은 양조공정과 백탁과의 관계를 조사하여 국으로서는 국실에 있는 시간이 길수록, 적산시간이 클수록, 국 비율이 클수록 백탁 하고, 술덧 일수나 알코올 첨가량에 관계없다는 것을 밝혀 주었다.

2.2 백탁물질

일본의 여러 연구자들은 각기 백탁 물질을 분리하고 그 특성의 해석을 하였다. 고분자 단백질로 분자량은 4～11만 혹은 15～18만으로 추정되고, 입자의 크기는 50～100Å(침전 정치하면 500～1,300Å의 입자 크기가 혼재한다)로 추정한다. Nemogawa 등은 원심분리법으로 검토하여 10배 정도의 크기로 하고 있다. 이 단백질은 약 25%의 당류(mannose, galactose, glucose)를 함유하고 아미노산 조성은 aspartic acid, glutamic acid가 보다 많고 염기성 아미노산이 적은 것이 특색이었다.

이들의 결과에서 맥주나 미린의 단백질 혼탁물질과 다르고, 원료 쌀이나 균체 유래의 단백질은 아니며, 효소 단백질에 유사한 조성이고, 혼탁물질에서 얻은 혈청은 당화효소와 반응되는 것도 증명하였다.

생주(生酒) 중의 효소량과 백탁과의 관계에 대하여는 생주의 종합 당화력과 백탁이 높은 상관관계를 나타내는 사실에서 생주(生酒) 중의 효소량에 대하여 α-amylase와 당화 amylase를 순도 역가와 대비하여 계산하면 단백질량으로 하여 α-amylase는 청주 100 ℓ 중 0.06～1.9 mg, 평균 0.4 mg, 당화 amylase는 2～7 mg로 측정되어 청주 중에는 당화-amylase가 주체로 α-amylase의 10배에 달한다. 또 양효소를 합성청주에 가하여 화입(火入)하면 α-amylase의 혼탁은 단시일 사이에 침전되는 데 대하여 당화 amylase는 청주에 가까운 turbidity와 안정된 혼탁을 나타내고, 앙금 제거제 clalin S로 침전 정지되었다.

이상 설명한 여러 사실에서 청주의 백탁의 본체는 미국(米麴)의 당화 amylase를 주체로 하는 효소 단백질로 이것이 화입되면 열 변성으로 백탁으로 변한다는 것으로 증명하였다.

2.3 청징법

이와 같이 청주는 본래 백탁하기 쉬운 것으로 시판품은 어디까지나 광택이 필요하다. 청징법으로서는 다음과 같은 세 가지 방법이 있는데, 즉 옛날부터 행하고 있는 것이 감의 떫은 성분(시삽, 柹澁)과 단백질을 사용하여 백탁물질을 흡착 포함하여 침전시키는 물리적 청징법과, Gawazaki 등이 개발한 효소 청징법과, Spitase와 Yamada 등의 생주(生酒)에서 효소 단백질을 제거하는 방법 등 세 가지가 있다.

앙금 침강제에는 주류의 보존을 위하여 혼화할 수 있는 물품으로서 국세청 장관의 고시에 지정된 한정된 첨가제이다.

1) 물리적 청징법

① 감 떫은 성분(시삽, 柹澁)과 공용하는 물품으로서 gelatin, 소맥분, 난백 등 각종 품종이 개발되어 시판되고 있다.

② Sake light, Orinoneis 등 carageenan, alginic acid를 성분으로 하는 것, 이산화규산이나 celite 등에 의한 여과법도 있다.

이들의 방법은 단시간에 효과가 있으나 시삽(柹澁)의 경우는 예비 시험을 하여 시삽과 젤라틴 등이 적량을 정해 둘 필요가 있다. 과부족이 있으면 보호 콜로이드를 형성하여 침전하기 어렵게 된다. 시삽-젤라틴 청징법의 이론에 대하여는 Nunogawa 등이 백탁 입자에 단백질이 결합 침전하여 큰 입자로 되고, 이 반응을 합리적으로 진행시키기 위하여 콜로이드 적정법에 의하여 시삽(柹澁)의 역가를 정하고 정량적으로 행할 것을 제창하였다.

2) 효소 청징법

단백질 분해효소의 Clarin S, Rabitase, Molsin, Newrase가 지정되어 있다. 이 방법은 단백질 분해효소가 백탁 단백질에 작용하여 그 일부를 분해하므로 분자 내의 균형이 허물어져 응집하여 침전 정지하는 현상으로 해석된다. 잔손은 걸리지 않으나 효소작용과 응집의 완결에 일수가 걸리는 것이 불리하다. 내열성 protease를 화입(火入) 시에 사용하여 청징화 하는 방법이 고안되고 있으나 실제에서의 화입온도와 효과의 관계에서 실용화에는 이르지 못하고 있다.

3) 생주에서 효소 단백질을 제거하는 방법

Nunogawa 등은 백탁의 본체가 효소라는 사실에서 cellulose에 결합한 타닌을 칼럼화하여 생주(生酒)를 통과시켜 용존되어 있는 효소를 흡착 제거하고 화입한 후 백탁하지 않는 방법을 고안하였다. Sato 등은 한외여과법으로 제거하는 방법을 제시하였다. 이들 신기술의 도입은 백탁만을 제거하는 것이 아니고 청주의 저(低)알코올화나 생주화(生酒化)의 견지에서도 주목될 기술이다.

이상과 같이 백탁에 대하여는 1950년대의 정력적인 연구의 성과에 의하여 그 성인(成因)이 밝혀지고 앙금침강 촉진법이나 정밀여과의 진보에 따라 백탁은 지금이야 과거의 것이 되고 말았다.

3. 청주의 화락

3.1 화락(火落)

청주의 알코올 농도는 보통 15% 이상이며, 일반 미생물은 증식되지 못하나 특수한 세균은 증식하여 백탁이 되는 수가 있다. 이 형상을 화락(火落 : hiochi)이라고 하고, 그 원인이 되는 세균을 화락균(火落菌 : hiochi 균)이라 한다.

청주가 화락(hiochi)하면 백탁 외에 산의 증가와 향미가 열화를 일으켜 청주는 상품가치를 잃게 된다. 이 때문에 화락(hiochi)은 청주 양조 가에 큰 공포의 대상이었으나 1879년에 방부제 salicylic acid가 사용하게 되고 나서 주조기술과 더불어 화락은 급격하게 감소되었다. 그러면서 1961년의 FAO・WHO의 합동회의에 의하여 salicylic acid에 대하여 식품위생상의 재검토가 요구되고 나서 식품첨가물에 대한 사회적 비판이 높아졌다. 이어 1973년에는 주세법의 일부 개정에 따라 주류에 사용하는 것이 금지되어 1975년에는 식품위생법에서 제외되고, 거의 100년으로 일체의 방부제가 없는 청주가 시판되게 되었다.

지금까지 이런 과정에 대하여는 이미 여러 해설이 많이 나와 있고, 그 중에서는 화락균에 대한 연구가 가장 많고 방부제에 대하여도 80종에 가까운 화합물이 시험되었으나 다음에서는 주로 화락균과 국균의 생산물로서의 화락산(mevalonic acid, MVA)과의 관계에 대하여 설명한다.

3.2 화락균

1911년경에 Takahashi는 50종류의 화락주에서 화락균 24균주를 분리하여 상세한 연구를 행하여 2종류의 화락균이 있다는 것을 발견하였다. 그 하나는 부욘(bouillon) 등의 보통의 천연배지에도 자라는 균이고, 또 하나는 청주 또는 청주를 함유한 산성 배지에서 자라는 균이다. Takahashi는 전자를 화락성 유산균, 후자를 화락균(광의로 화락균과 구별하기 위하여 후에는 진성 화락균이라 불렀다)으로 명명하였다.

1925년에 들어와서 Yamasaki는 화락균을 CO_2발생의 유무에 따라 hetero발효균과 homo발효균으로 나누고, Kitahara 등은 화락균 46균주를 모아 형태, 생육인자로서의 화락산, 간 엑기스의 요구성, 가스발생의 유무, 당의 발효성, pH, 유산의 선

표 6-1. 균군별로 본 화락균의 특징

균군별 (균종명)	생육 pH		발효성 당류	생육에 있어서 알코올류의 영향	Mevalonic acid 요구성	생육한계 ethanol 농도	내열성 (화락균 중에서 상대치)
	최 적	최 고					
Hetero 발효형 진성 화락균	4.5~5.0	5.5	Glucose fructose	생육촉진	필수	20~21*	대
Hetero 발효형 화락성 유산균	6.0~7.0	8.0	다 수	생육저해	불요	17~18	소
Homo 발효형 진성 화락균	4.5~5.0	5.5	Glucose mannose	생육촉진	필수~불요	21~25 이상	중
Homo 발효형 화락성 유산균	6.0~7.0	8.0	다 수	생육저해	불요	17~18	소

광성을 조사하여 하나의 분류표를 발표하였다. 그 후 Shirase 등은 호산성(pH 5.0), 호 알코올성(7% ethanol), 발효성 당류를 key로 하여 새로운 화락균의 균군별 표를 발표하였다(표 6-1).

그런데 화락균이라는 것은 일반적으로 ethanol 15% 정도에서 견디며 생육하는 세균이라고 하나 22.5%에 내성의 것도 있다. Homo형 진성균이 가장 강하고 hetero형 진성균, 화락성 유산균이 그 다음이다. 또 내열성에 대하여는 청주에서 65℃, 45초에서 사멸되지 않고 hetero형 진성균이 가장 강하다고 한다.

3.3 화락산

진성 화락균이 그 생육 필수인자로서 청주를 요구하는 이유는 오랫동안 수수께끼의 상태로 방치되어 있었으나 2차 세계대전 이후 미생물의 영양요구에 대한 연구가 발전하여 bioassay의 기법 개발과 더불어 Damura 등은 이것을 사용하여 이 인자를 추구하였다. 그 결과 청주 중의 이 인자가 황국균에 의하여 생산되는 것을 알고 *Asp. oryzae*의 배양 여액에서 이 인자를 키니네이트 염으로서 결정상으로 분리하여 화락산(hiochic acid)으로 명명하고 그 유리 lactone의 구조식을 결정하였다.

표 6-2. 각종 미생물에 의한 MVA의 생성

	μ/mℓ		μ/mℓ		μ/mℓ
Asp. oryzae A	100	*Asp. niger*	5	*Sacch. formosensis*	10
Asp. oryzae C	20	*Asp. flavus*	10	*Torula utilis*	5
Asp. oryzae E	20	*Pen. purpurescens*	120	*Schizosacch. pombe*	7
Asp. oryzae K	70	*Pen. citrinum*	60	*Zygosacch.*	5
Asp. oryzae N	30	*Rhi. delemar*	7	*Willia anomala*	70
Asp. oryzae P	40	*Mucor pusillus*	15	*Bac. subtilis*	〈5
Asp. oryzae S1-1	70	*Monascus anka*	40	*Esh. coli*	〈5
Asp. oryzae var. *magnasporus* A 1-5	50	*Absidia archidis* *Monilia formosa*	7 70	*Lact. casei* *Lact. arabinosus*	70 60
Asp. sojae SH 88-3	40	*Sacch. cerevisiae*		*Lact. bulgaricus*	10
Asp. awamori var. *microsporus*	30	Rasse II OC-2	30 10	*Leuc. mesenteroides* *Str. faecalis*	40 30

* 1μ는 활성은 MVA 0.12μg에 상당된다.

즉 β-hydroxy-β-methyl-γ-valerolactone으로 활성을 가지는 것은 좌선성 만이고, lactone은 알칼리 용액 중에서 개환하여 유리형으로 되나 lactone형은 유리형의 70～80%의 활성만 나타낸다. 같은 시기에 미국의 Merk 연구소의 Folkers 박사도 유산균의 초산 대체 인자를 위스키 증류주 중에서 정제하여 mevalonic acid (MVA)로 명명하였으나 후에 이 양 물질이 동일이라는 것이 확인되었다. 그리고 Damura는 화락균이 황국균 이외에 여러 미생물에 의하여 생산되는 것도 발표하였다(표 6-2).

3.4 국균의 MVA 생산능력

진성 화락균은 생육 필수인자로서 MVA를 요구하나 MVA가 2 ug/mℓ 이하가 되면 균의 생육이 나쁘게 되므로 청주용 국균의 MVA 생산능력 그리고 제국 중의 MVA 생산성에 대하여 조사가 이루어졌다. Nara 등은 주조용 종국균 30균주를 사용하여 총파정(總破精 : 총 haze) 미국(米麴)을 만들고, 그의 MVA 함량을 조사한 결과, mVA 생산능력은 균주보다 현저히 차가 있고, DL-lactone으로서 6.3～172 ug/g, 평균 45.8 um/g이었다(이후 MVA 양은 특히 사절을 하지 않는 한 모든 DL-lactone으로서 나타낸다). 그래서 황국균 중에서 다음의 생리적, 형태적 성질을 가진 것은 MVA 생산량이 적은 것을 알았다.

즉 출국 상모의 장모(長毛) 균, anisic acid에 의하여 분생자가 변색되는 균, 비갈변성 균, 분생자 단위 중량당의 분생자 수가 적은(분생자 경이 크다.) 균(1% 수준으로 유의의 상관관계, 당화력이 강한 균(5% 수준에서 유의 상관관계) 등이 있다. 그런데 제국 중의 mevalonic acid는 담기에서 제2손질을 거쳐 균의 증식이 왕성한 시기에 급증하여 최고치에 달한 다음에 감소되는 것을 알고 제국 조건에 따라 MVA 함량이 변화하는 것을 알았다.

Noshiro 등은 제국 중의 MVA의 증가를 조사하여 종합 당화력의 증가와 병행하여 상승하는 사실에서 균의 증식에 따라 축적되는 것으로 하였다. 또 세 가지의 술덧의 주모, 제1차 담금, 2차 담금, 3차 담금의 각국(동일 종국 사용) 합계 12점의 mVA 함량이 41.6～88.0 ug/g인 사실에서 제국조건의 변경에 의하여 MVA 함량을 감소시켜 얻은 것으로 생각하였다.

Koizumi도 황국균 11균주 그리고 시판 종국의 6종류에 대하여 MVA 생산능력을 조사하고 전자에서는 20.6～89.2 ug/g, 후자에서는 15～65 ug/g로 균종에 따라 큰 차가 있는 것을 알았다. 또 MVA 함량을 적게 하는 제국조건으로서는 도정비율의 저하, 출국 수분의 감소(건조상태)를 들어 제국온도는 30～40℃의 범위 내에서는 무관계라고 하였다.

미국(米麴)에는 50 ug/g 정도의 MVA가 함유되어 있고, 청주 중에는 5～6 ug/mℓ 존재하는 것으로 되나 진성 화락균의 MVA 요구량은 미량이기 때문에 국균의 MVA 생산능력, 제국조건 등에 관련하는 연구는 그 후 이루어지지 않고 연구자의 관심은 MVA 비생산 국균 균주의 조성으로 기울고, 비생산성 국균 변이균주가 몇 개인가 조성되었다. 이들의 조성 균주는 아무래도 미립상에서의 번식이나 효소력, 분생자 형성에 관하여 실용상 난점이 있고 널리 일반으로 사용하기에는 이르지 못 하였다. 그런데 MVA 유리의 국을 사용하여도 청주효모도 이것을 만드는 데 청주 중에 MVA는 없앨 수는 없다.

제 7 장

효소제 산업

1. 효소제

1.1 서 론

효소제 생산에 있어서 관련된 기술체계를 정리하면 그림 7-1과 같다.

생체내의 화학반응에 관여하는 각종 효소의 작용 중에서 어느 효소반응을 어떤 목적으로 이용할 것인가 그 이용 목적에서 생각하여 기질 특이성을 가지고 작용조건, 구조상의 특성이 어느 범위의 효소를 생산할 것인가의 목표의 설정이 첫째이다. 이 때문에 이용자 측에 있어서 요구되고 있는 여러 조건을 미리 조사하고 잘 이해하여 두지 않으면 안 된다. 이들은 기질 특이성, 동시에 생산되는 다른 종류의 효소의 존재 가부, 작용온도, 작용 pH, 작용 저해인자, 제제로서의 순도, 형상 등의 요구이다.

둘째는 상기의 목적에 적합한 효소를 생산하는 급원의 선택이다. 효소는 생활세포에 의해서만 생산되므로 생산기원으로서는 동식물체에서 추출을 하거나 미생물 배양에서 의지하지 않을 수 없다. 의약용 등의 면역학적 견지에서 포유동물체를 기원으로 하는 것이 안전하다는 것과 같이 특별한 요구가 있는 경우를 제외하고 공업목적의 효소제 생산에는 미생물 배양이 적합하다. 따라서 상기 목표에 알맞은 효소 생산 균주의 선발이 둘째가 된다. 그래서 색소 생산성, 점질물질 생산성, 포자착생 능력의 개량 등의 미생물학적 기술이 중요한다. 이 분야에서는 종래의 변이, 선발기술에 더하여 최신의 유전공학기술이 활용된다. 그리고 공업생산에서는 그 균주의 효소 생산성의 유지, 안정화가 중요한 기술이다.

셋째는 대량 배양기술이다. 여기에는 국식(麴式) 고체배양법과 액체배양법 등이 있고, 후자에는 정치식(靜置式), 통기식(通氣式) 심부배양, 혐기식(嫌氣式 : 무산

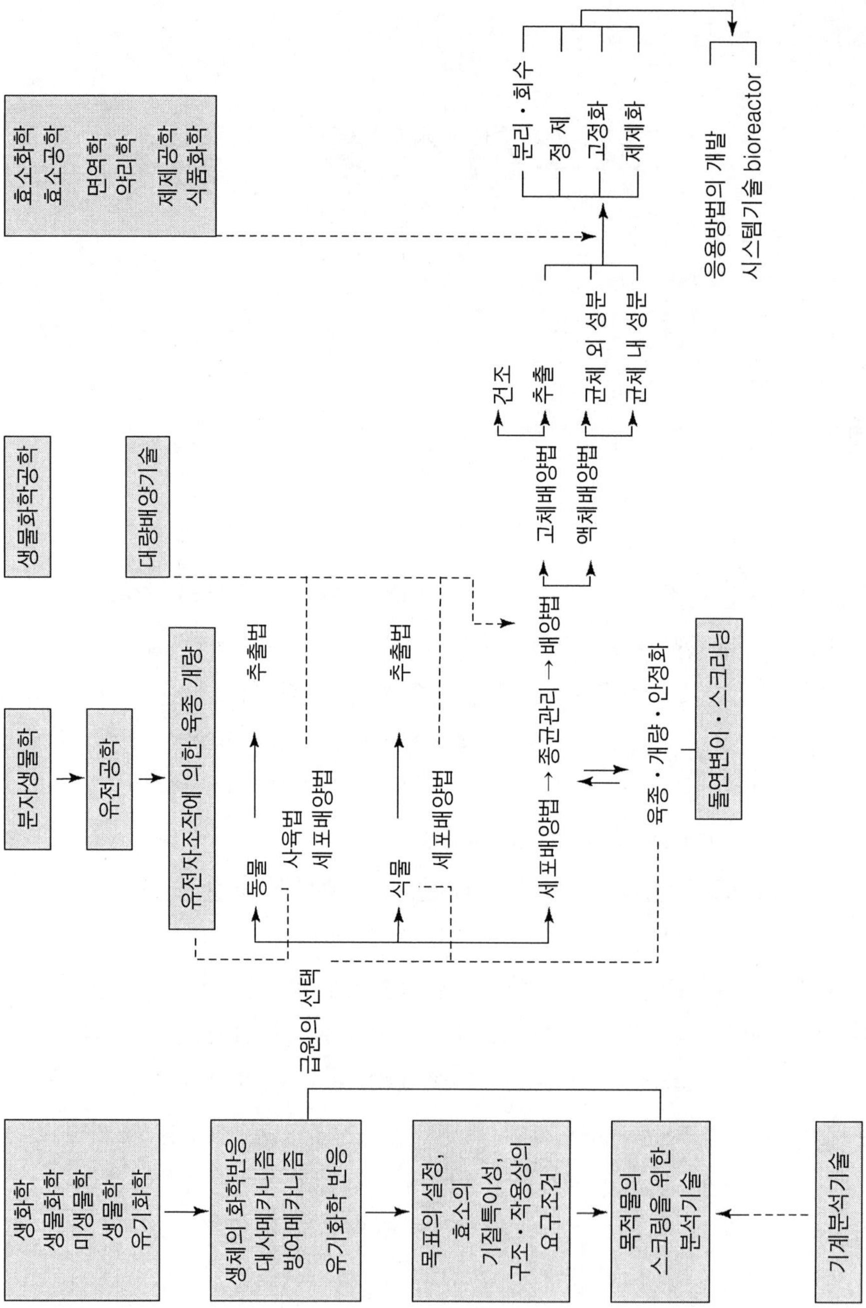

그림 7-1. 효소의 생산기술

소식) 심부배양법이 있다. 이 어느 것을 선택할 것인가는 균주의 성질, 그리고 목적으로 하는 효소제의 특성에 대한 요구에 따라 다르다.

미생물이 자연계에서 번식하고 있는 상태는 말라진 식물체나 식품 폐기물 등의 생명을 잃은 동식물체의 표면에 부착하여 생활하여 증식하는 것이 많다. 이것으로 생각하면 국이나 곡류의 배양기로서 고체 표면법으로 표면 배양하는 국법(麴法)이 자연의 이치에 맞는 것으로 생각된다.

국식(麴式) 배양법과 액체배양법과를 비교한 경우의 특징은 배양온도에 있어서 영양성분, 수분, pH, 산소량, 온도 등의 여러 조건이 미생물의 측에서 미시적으로 생각하면 국부적으로는 각각 다르다고 생각하지 않으면 안 된다.

그림 7-2에 *Rhizopus niveus*의 국 배양에 있어서 효소생산의 한 예를 나타내었으나 이들의 어디에서 국식(麴式) 배양법에는 그 미생물이 가지고 있는 효소생산 유전자의 대부분이 활약하여 생산량의 다소는 별도로 하고 각종의 효소를 동시에 생산하는 이질 환경배양법이라 할 수 있다.

이것과 역으로 액체배양에서는 배양환경을 균일하게 좁은 범위에서 쉽게 억제되는 점이 특징이다. 이 사실은 특정의 효소만을 효율적으로 생산하는 데 알맞다는 것이다. 또 배양환경의 제어가 용이하기 때문에 대형 배양조(培養槽)를 사용하여 대량 생산형으로 적합하다(동질 환경배양법). 단일의 효소만을 생산하는 것을 목적

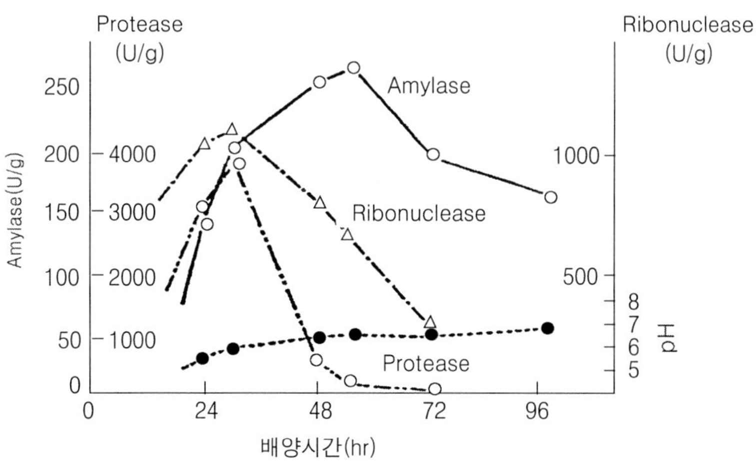

그림 7-2. *Rhizopus niveus*의 피국(麬麴)배양에 의한 효소 생산

(4 g/3.3 mℓ 증류수/100 mℓ 플라스크, 수분량의 가감에 따라 각 효소의 생성경과는 다르게 된다.

으로 하여 공업목적의 α-amylase, glucoamylase, glucose isomerase, alkaline protease의 생산 등은 통기액체배양법이 취하고 있다. 한편 의학용 소화제나 식물조직 용해 등과 같이 각종의 가수분해효소가 동시에 생산된 것이 좋을 때는 국식(麴式) 배양법이 응용되고 있다.

1.2 연 혁

미생물 효소의 공업생산은 일본의 Takamine 박사에 의하여 황국균의 피국식(麬麴式) 고체배양법을 사용한 Taka-diastase의 생산이 세계에서 최초이다(1894년).

Taka-diastase의 생산은 오늘에도 Sankyo(주), 미국의 마일루스회사, 인도의 Unichem 회사 등에서 계속하고 있고, Amano 제약의 Biodiastase도 마찬가지의 생산방식의 제품으로 α-amylase가 주체이나 각종의 효소(30종 이상)가 함유되어 있고, 췌장효소 pancreatin과 함께 의학 소화제의 주류를 차지하고 있다.

공업용 효소의 주역을 오래 지키고 있는 세균α-amylase는 1908년 Boidin과 Effront에 의하여 발견되어 독일, 프랑스에서 액체정치배양법으로 공업생산이 시작되었으나 일본에서는 Ootani 박사의 지도로 1939년에서 피국식(麬麴式) 고체배양법으로 공업생산이 되었다(Nagase 산업). 이 시기에 Fukumoto 박사의 지도로 Ueda화학, 그리고 도쿄에서서 공업생산이 시작되었다.

세균 α-amylase는 섬유 가공공업에 있어서 면포 견사의 전분 풀의 호발제로 시작되었으나 세균 α-amylase가 발견된 이전에는 유럽에서 맥아 추출액이 사용되어 이것을 수입하여 일본에서는 1905년경에 교토 Sato상회에서 황국 배양물에서 얻은 호발제(糊拔劑) 『Amyladin』가 제조 판매되었다. 당초는 피국 배양물을 건조한 제품으로 하였으나 다음에는 이 배양물을 물로 추출하여 이것을 진공농축건조기에서 농후한 점조용액으로 하여 다시 당밀을 가하여 방부된 것을 제조하였다.

제2차 세계대전 후 농작물 가격 안정법(1953년)에 기초하여 정부에서 매상되어 대량 재고된 감자녹말의 이용대책으로서 결정 포도당 공업육성정책이 이루어져 여기에 대응하는 *Rhizopus*속의 피국식(피국식 : 밀기울 국식) 고체배양법에 의한 glucoamylase 생산이 시작되었다(1959년, Nagase 산업). 이 균의 경우 glucoamylase가 주체이나 α-amylase와 산성 protease도 생산하여 이것도 이용되었다.

계속하여 celluase의 생산 목적으로 *Trichderma viride*의 피국식 고체배양이 시작되고(1962년), 소화제(meiji 제과), 식품가공용(Nagase산업, Ueda 화학, Kingi Yakult)으로 이용하게 되었다. 이 경우에 cellulase만이 아니고 세포막질 분해효소에 관련하는 효소군이 생산되므로 macerating 효소제가 조제되어 시판되었다

(Yakult 회사).

이외에도 *Coniothyrium diphodiella*의 pectinase(Sankyo)가 생산되어 과즙의 청징제로서 이용되었다. 또 *Aspergillus niger*(검정곰팡이)의 국 배양으로 cellulase, pectinase의 생산이 이루어졌다(Ueno화학). 1968년경에는 *Mucor*를 배양하여 rennet형의 protease의 생산이 시작되고, 송아지의 rennet 대신으로 치즈제조용의 응유효소로서 사용하게 되었다(Meido산업, Shinnippon화학).

최근에는 옥수수를 원료로 한 무증자(無蒸煮)로 알코올발효를 하는 것이 실용화고 있으나 이 경우 비교적 전분소화력이 강한 *Rhizopus*의 glucoamylase를 사용하고 있다. 이 경우 피국식 배양물이 그대로 생전분 당화제로 되고 있으나 이 배양물 중에는 pectinase나 hemicellulase, cellulase 등이 함유되어 있다. 이들의 효소가 세포막질을 용해하므로 생전분 소화를 돕는 것만이 아니고 발효 덧(醪 : 요)의 점도를 내려 증류시의 열효율을 좋게 하는 역할이 있고 곡류, 고구마류의 무증자 알코올 발효에서는 피국 배양물이 효소계 면에서 좋다고 하여 피국(麩麴) 배양법의 가치가 재평가되었다.

1.3 기술적 문제

효소 생산에 있어서 배양기 1 g 또는 1 mℓ당의 효소 생산량이 가장 중요한 지표이고, 직접적으로는 효소제 생산 코스트에 영향한다. 이것을 지배하고 있는 것은 사용하는 균주의 성능과 배양조건 등이다. 이 때문에 균주의 개량 기술이 효소생산의 업적에 크게 기여하고 있다. 방법으로서 자외선 조사나 각종의 돌연변이 유기제가 사용되고 있다.

여기에서는 배양법이 주제로 되어 있으므로 육종 개량에 대하는 생략한다.

피국(麩麴) 배양법에서 중요 인자는 ① 배양기 성분, ② 배양기의 물리성, ③ 배양기 수분, ④ 살균조건, ⑤ 배양 중의 온도관리, 그리고 ⑥ 통기량 등이다.

1) 배양온도 관리

이 중에서 가장 어려운 것이 온도 관리이다. 통기식의 탱크 배양법에서는 온도관리는 기계적으로는 용이하고 통기와 그 분산방식의 방법이 중요하나 피국식 배양에서는 품온의 유지, 관리가 어렵다.

효소 생산의 최적온도는 극히 좁은 범위에 있다고 생각하지 않으면 안 된다. 이것은 우리들이 욕탕에 들어갈 때의 온도가 사람의 습관이나 기후환경 등에 따라 다르나 ±2℃의 온도범위 내에 있다는 것과 마찬가지로 생각할 것이다.

미생물 그리고 목적효소의 종류에 따라 최적온도는 다르나 일반적으로 세균류는 높아 38～40℃, 곰팡이는 30～32℃이다. 배양 중의 품온 관리에서 어려운 점은 균의 증식에 따른 열량이 많아져 이 열량을 어떻게 방열, 냉각시키는가이다. 발열에 대하여는 배양기의 성분과 물리성, 수분 그리고 통기정도 등이 상호로 관련된다.

미국(米麴) 배양에서는 온도, 습도를 제어한 공기를 미국 층에 불어 넣어 보온과 방열, 냉각을 시도하는 퇴적배양법이 이루어지고 있으나 발열량이 많은 균의 피국(麬麴) 배양의 경우에는 온도제어 때문에 통기량이 많아지고, 배양기의 수분증발에 의한 건조가 일어나므로 통기량이 많아질수록 과잉의 산소공급의 결과로서 균은 호흡률만 상승되고 효소 생산 능력이 저하되는 수가 많다.

이 때문에 퇴적비 양에서는 배양 중에 교반하여 방열시키거나 수분으로 산포하여 건조방지를 꾀한다. 그리고 배양장치 내의 공기를 내보내어 온도와 습도만을 제어하여 순환 사용한다. CO_2 가스를 혼입하는 등의 수단이 연구되어 있으나 기대만큼 성적이 얻어지지 않는 것 같다.

효소 생산만의 면에서 생각하면 국개-tray식의 배양이 가장 좋은 것으로 생각된다. 이 경우도 뚜껑 없는(無蓋) 배양실 전체의 온도, 습도를 제어하는 방법과 뚜껑 있는(有蓋)-tray를 사용하는 방법이 있다. 노력으로 보아 뚜껑 없는 것이 유리하나 배양기의 건조, 과잉 통기, 배양실의 잡균오염 등의 문제를 포함하고 있어 유개법(有蓋法)이 좋다.

유개법의 경우에는 방열방법이 문제가 된다. Tray(국개, 麴蓋)의 재질, 배양기의 충전량, 수분, 배양실내의 냉각방법, tray 놓는 선반(붕, 棚) 설계 등의 연구가 필요하다. 기계화가 어렵기 때문에 많은 노력을 필요로 하고, 양산에 적합하지 않는 근본적인 문제를 포함하고 있다. 발열이 시작된 배양실내의 온도를 제어하고 하단부분의 품온을 적당히 유지하면서 중단, 상단부를 균일하게 적온을 유지하는 것은 극히 어렵다.

Tray(麴蓋)를 놓는 선반(붕, 棚)을 1단마다 역방향으로 경사지게 하여 적당한 온수를 최상단 tray(麴蓋) 뚜껑 위에 산수하고 그 온수가 다음 단의 tray(麴蓋) 뚜껑 위로 흘러내려 점차 하단으로 흘러내리게 하므로 품온을 조절하는 방법도 연구되어 있다.

2) 배양기의 살균

배양기의 살균도 문제의 하나이다. 고체이기 때문에 전열이 나쁘고 보통 120℃, 30～60분의 살균이 되고 있으나 일반적으로 고온증자 살균은 균의 발육 저해만이 아니고 효소생산 능력을 저하시킨다. 특히 곰팡이는 그 경향이 크다. 액체배양의 경우는 당질과 질소원과를 별도로 살균하여 냉각 후에 혼합하여 melanoid 반응을 줄이는 방법이 취해지고 있다. 배양기의 밀기울을 과열수증기 중에서 살균, extruder 살균, ethylene oxide 가스 살균 등의 응용이 시도되고 있다.

중국의 소흥주 생산의 국은 소맥분에 물을 가하여 이긴 다음 벽돌 모양으로 하고, 가열하지 않고 배양실에 재우며, 자연 세균의 증식으로 상당히 고열로 되고, 세균이 약하여 자연 낙하의 *Mucor*, *Rhizopus*가 번식하여 국으로 된다고 한다. 그러나 발효역가는 일본의 청주국보다 상당히 낮다고 한다.

3) 수 분

배양 시의 수분도 중요하여 최적수분은 균의 종류 그리고 목적으로 하는 효소의 종류에 따라 다르며 35～60%의 범위이다. 일반적으로 균종 간의 차로서는 Bacteria 〉 *Rhizopus*, *Mucor* 〉 *Asp. niger* 〉 *Asp. oryzae* 〉 *Penicillium*의 순으로 수분을 좋아한다. 수분량은 많을수록 발열량도 많아지는 경향이 있다. 수분량은 살균 전의 가수량 그리고 종균 접종 시의 액량에 따라 조절한다.

4) 배양기의 조성

배양기 조성으로서 밀기울이 주체일 때는 밀기울의 성질에 따라 결정적인 경우가 많다. 이것은 성분만이 아니고 형상, 입도분포 등의 물리적 요소가 크게 영향 한다.

배양시의 방열성, 가수, 살균 시의 물성 등의 점에서 약간 거친 입상의 것이 좋다고 한다. 세분의 경우에는 살균 시에 덩어리가 되기 쉽고, 높이가 낮으므로 방열성이 나쁘고, 품온 관리가 어렵다. 배양 호적의 밀기울의 손질은 어렵기는 하나 중요한 점이다. 다른 성분을 혼합하는 방법으로서 가수하는 물 중 질소원이나 다른 필요한 성분을 가하는 경우와 세균 배양의 경우는 탈지대두, 옥수수가루, 탄산칼슘 등을 밀기울과 혼합하는 수도 있다.

1.4 세균에 의한 α-amylase의 생산

전술과 같이 세균에 의한 α-amylase의 피국식(麬麴式) 배양에 의한 생산은 1939년부터 행해져 왔으나 심부배양기술의 향상과 더불어 점차 적어져 1973년경에서는 거의 하지 않고 있다.

1) 공 정

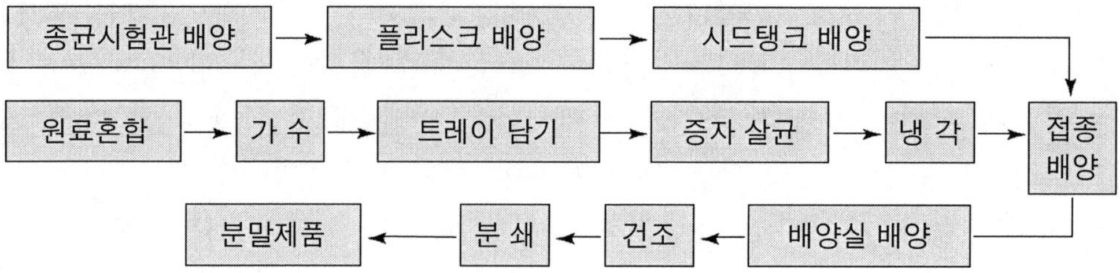

그림 7-3. 세균의 피국식 배양공정

그림 7-3에 나타낸 것이 일반적이다.

사용되는 균종은 *Bac. subtilis, Bac. amyloliquefaciens*이다. 이들의 균주는 주로 α-amylase와 중성 그리고 alkaline protease의 생산이 주체이고, 이들을 이용하는 목적으로서 방직공업의 전분 호발제, 물엿, 포도당공업의 전분 액화제, 피혁공업에의 탈회제(proteinase에 의한 원피 표면의 청정화), 견사, 견포의 정련 등에 사용되어 왔다. 또 배수관, 정화조 등의 biocleaner의 성분으로서도 사용되고 있다.

세균의 피(麩 : 밀기울) 배양의 특징으로서는 ① 수분의 요구량이 크고, ② 질소요구량이 크고, ③ 증식속도가 빠르고 발열량이 크며, ④ 산소요구량이 커서 자기소화가 빠르다는 점이 있고, 이들 중에서 배양공정에 몇 가지 것의 제한이 있다. 예를 들면, 곰팡이의 경우(그림 7-3)와 같은 원통형 증기관에 의한 증자살균, 접종, 전 배양 등의 공정을 적용하기 어렵고, 퇴적 통기배양 등도 극히 어려워 효소 생산성 면에서는 유개박형(有蓋薄型) tray(麴蓋)에 담기하고 나서 tray(麴蓋)마다 증자살균, 냉각, 접종 혼합이 좋고, 배양 중의 온도, 수분 관리 면에서 담기 두께 등도 제한이 있다. 이러한 사실에서 상당한 노력과 소요면적을 필요로 하여 대량생산 방식에는 난점이 많다.

2) 배양기 조정과 tray(麴蓋)

밀기울 단독보다도 탈지대두분말, 옥수수분말, 유당, 탄산칼슘 등을 적당 배합하는 경우가 많다. 수분 요구량이 커서 약 60%를 필요로 하므로 가수량은 원료에 대하여 1.21배량 정도로 한다. 균의 증식과 함께 성분이 대사되므로 배양 중에 극히 연하게 되고 수분함량도 증가한다. 따라서 사용하는 밀기울은 약간 거친 것을 사용하는 것이 좋다.

유개 tray(麴蓋)의 담기 양은 자연퇴적 상태에서의 두께가 10 mm 이하이다. Tray(麴蓋)마다 증자관에 넣어 살균한다. 살균은 120℃, 40분한다. Tray(麴蓋)의 크기는 0.1～1 m^2로 클수록 배양 중의 온도관리가 어렵고 또 뚜껑하기 혹은 배기 등의 조작의 어려움으로 일반적으로 소형의 것이 사용된다. 너무 얇으면 취급 중에 변형이 생겨 뚜껑의 밀폐 등이 변화하므로 주조물이 사용된다.

3) 배양관리

살균이 끝난 배양기에 적량의 종균수를 접종하여 혼합한 다음 국실에 재운다. 배양실의 온도를 조절하여 제어하나 당연히 여름철과 겨울철에서 현저한 차가 있다. 이상적으로는 38℃ ±2℃로 유지하는 것은 대단히 어렵다. 앞에서 설명한 것과 같이 발육속도가 빠르고 발열량도 크므로 배양의 초기는 증식에 의한 발열상승이 시작하는 시기를 살펴서 알고 이보다 약간 빠르게 배양실온을 제어하지 않으면 안 된다. 발열상승 개시 시기는 종균 접종 시 그리고 그로부터 배양실로 도입될 때까지의 기온이 현저히 지배되나 접종 후 6～8시간이다. 이 시기까지는 배양실온을 약간 고온으로 유지하여 증식개시가 늦어지지 않게 하지 않으면 안 된다. 발열이 시작하면 발열이 빨리 커져 품온이 현저히 상승되므로 이보다 약간 앞서서 배양실온을 내리기 시작하지 않으면 안 된다.

급격한 실온의 변화가 일어나면 유개(有蓋) tray(麴蓋) 안은 포화습도 상태로 있으므로 뚜껑의 안쪽에서 응축이 일어나서 응축수가 배양기 상에 낙하하여 그 부분은 과수분 상태로 되고 목적 균의 번식도 나빠지며, 역으로 구상균 잡균에 의한 오염이 생겨 pH 저하, 이취발생과 더불어 과수분 상태로 되므로 배양 중의 손질 등은 절대로 좋지 않다.

세균의 amylase 생산은 Non-growth association 형으로 균의 대수증식기보다 약간 늦게 포자형성의 초기단계에서 amylase 생산이 시작되고, 균의 증식이 정지기에 들어가도 효소생산이 계속되므로 발열이 적게 되고 나서의 온도관리도 극히 중요하다. 배양 온도의 제어관리는 증기, 히터에 의한 가온, 외기의 도입, 공기 교반기, 송풍기 등을 조합하여 하고 있으나 배양실 내의 각 부위를 균일하게 하는 것은 상당히 어렵다. 과도한 공기교반이나 송풍은 배양물의 과도한 건조가 동반되고, 효소생산의 신장이 나쁘게 된다.

한편으로는 배양의 진행과 더불어 배양물 중의 영양분이 소비되어 과수분 상태로 되므로 배양 중기 이후는 서서히 배양물 수분이 적당량 증발될 수 있는 조건이 좋다. 배양물 중의 수분 증발은 tray(麴蓋)의 구조에 따라 크게 지배되므로 배양 중의 온도, 습도관리는 다분히 숙련이 필요하다.

배양 종료물의 건조는 열풍통풍건조기에서 행하나 tray(麴蓋)에서의 꺼내기, 건조 선반에 담기 등의 작업 시에 배양물이 덩어리로 되어 다공성을 잃게 된 상태로 되면 좋지 않다. 건조 중에 덩어리의 외측만이 건조되어 내부의 수분이 증발하기 어렵기 되면 손질을 하여 덩어리를 허물어 줄 필요가 있다. 수분이 증발 후에는 효소는 안정하게 되므로 함수상태에서 온도가 오르면 효소는 실활이 되기 쉬우므로 주의하지 않으면 안 된다. 건조물의 수량은 원료 중량의 45～55%이다.

1.5 곰팡이에 의한 효소제 생산

곰팡이 중에는 국식(麴式) 배양법이 절대 유리한 균종이 있다. *Rhizopus*속과 같이 막이 없고 균사의 부류에 따라서 노약(老若)이 있고, 이것으로 인하여 생리기능이 상당히 다르다. Glucoamylase는 노령 부분에 의하여 생산된다고 한다. 따라서 탱크배양법에서 생산하기 위하여 균사가 절단되지 않게 작은 pellet를 만들 수 있게 배양환경을 해줄 필요가 있다.

이러한 점에서 국식(麴式) 배양이 적합하여 공업 생산되고 있다. 가장 옛날부터 이루어지고 있다는 것은 전술한 황국균의 배양에 의한 α-amylase를 주체로 한 의약 소화제의 제조이다. 기타 검정곰팡이, *Trichoderma*속을 이용한 cellulase, pectinase, *Aspergillus*속에 의한 naringinase, hesperiginase, lipase, protease, *Mucor*속을 사용한 rennet 같은 응유효소(탱크배양도 있다) 등이 있다.

1) 공 정

그림 7-4에 일반적인 방법을 나타내었다. 곰팡이의 경우는 세균에 비하여 수분 요구량이 적고 증자살균, 냉각, 종균접종 그리고 배양의 초기를 원통형 증자관에서

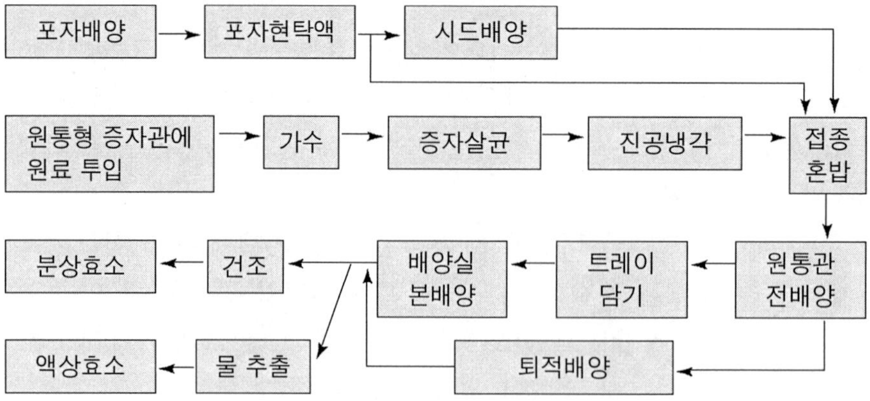

그림 7-4. 곰팡이의 피국식 배양공정

행하는 수가 많다.

균의 종류, 배양기 생산량 등의 관계에서 그림 7-4과 같이 유개(有蓋) tray(麴蓋)에 담고 tray(麴蓋)와 함께 증자 살균하는 경우가 있다. 전자는 배양의 초기단계의 온도관리, 잡균감염의 방지 그리고 노동력 등에서 유리하다. 후자는 배양기가 증자 살균 중에 덩어리가 되지 않고 다공성을 유지한다. Tray도 증자 살균되는 이점이 있다.

배양방법으로서 유개 tray,무개(無蓋) tray(麴蓋) 그리고 퇴적 통기배양법이 있다. 퇴적 통기배양법이 가장 성력적이고 배양환경의 제어의 기계화가 용이하나 균종, 배양기에 따라 난이도가 다르고, 장모(長毛) 균종은 단모(短毛) 균종에 비교하여 어렵고, 분요구량이 많아지는 균도 어렵다.

일반적으로 말할 수 있는 것은 유개 tray(麴蓋) 배양실법이 효소 생산성 점에서 가장 우수하다고 한다. 그러나 노동력, 대량 생산 점에서 문제가 있고, 피국식(麬麴式) 배양방법의 기계화, 장치화, 자동화 등에 대하여는 보다 일층의 연구가 필요하다. 이 경우 종균의 육종개량(예를 들면 포자 착생, 균사 길이)에 따라 적합시키는 것도 생각하지 않으면 안 된다.

2) 배양기 조제

배양원료로서는 밀기울 단독 또는 필요한 성분을 물에 가하여 첨가하는 것이다. 따라서 밀기울의 성질에 따라 크게 지배된다. 특히 물리적 성상과 전분 함량이 중요하다. 그러나 밀기울은 어디까지나 소맥분 생산의 부산물이고, 소맥분 생산성이 최우선되므로 호적품질의 것을 항상적으로 입수하는 것은 용이하지 않다. 전부 함량의 분석은 밀기울 물 현탁액을 가압 증자하여 α-amylase를 작용시켜 가용화한 다음에 가용성 당류를 측정하거나 glucoamylase로 당화하여 glucose 양을 측정하여 산출한다.

가수량은 균종 그리고 목적으로 하는 효소의 조류에 따라 다르므로 각각 이것에 대한 최적의 조건을 이미 결정하지 않으면 안 된다. 가수량은 증자 살균 시의 가수량, 증자 중의 응축수량 그리고 종균 접종 시의 수량을 고려하여 결정하지 않으면 안 된다. 그리고 배양방법에 따라서는 배양 초기에 건조를 겸하는 경우에는 수분량도 고려해야 할 것이다.

배양기의 조성, 성질에 따라서는 살균 시의 가수량을 적게 하여 증자 살균 시의 형태의 변화를 방지하여 종균 접종 시의 수분으로 조절하는 방법이 좋다. 다음에 증자 살균조건으로는 고온, 장시간으로 되면 발육저해, 효소생산의 저해가 일어나는 수가 많으므로 살균 목적에 맞는 한 저온, 단시간이 좋다. 또 어느 종의 균에 의한 protease의 생산은 발육저해가 인정되는 조건의 쪽이 좋다고 하는 경우도 있다.

원통 증자관에서는 110℃ 정도가 좋다. 원통 증자관도 직경보다도 동(胴)의 길이가 길고, 그 안에 리본모양의 교반날개를 가진 형식이나 직경과 통 길이가 큰 차 없이 관 체의 회전에 따라 내용물이 교반되는 형식이 있다. 증자가열에 의한 결점을 줄이기 위하여 과열수증기 중에서 분무하여 살균하는 방법이나 ethylene oxide 가스에 의한 살균방법도 검토되고 있다.

3) 배 양

그림 7-4에 나타낸 것과 같이 살균한 배양기에 포자현탁액을 접종하는 경우와 미리 seed tank에 배양하여 발아시킨 것을 접종하는 경우가 있다. 전자의 경우는 발아까지에 15～20시간이 필요하나, 후자에서는 적온에서 보유하면 6～7시간에서 증식이 왕성하게 된다.

밀기울 배양에 있어서 가장 어려운 점은 온도의 관리이다. 최적온도도 균종과 목적효소에 따라 약간 차가 있으나 32℃ 부근에 있고, 35℃ 이상으로 되면 효소합성의 효율은 나빠진다. 효소생성에는 온도, 수분, 산소량이 상호 관련하고 있고, 이들을 최적 환경으로 유지하는 연구가 필요하다. Tray(麴蓋)식 배양시간도 각각의 효소에 따라 다르고 장시간, 다(多)수분 배양하므로 효소역가가 저하되는 수가 있다.

4) 퇴적 배양

그림 7-5는 미국용(米麴用) 퇴적배양법의 경험에서 설계되어 피국(麬麴) 퇴적배양에 사용되고 있는 장치의 약도이다. 미국(米麴)에 비교하여 피국(麬麴)은 형상, 물리성에 있어서 통기성이 나쁘기 때문에 퇴적층은 100～150mm로 상당히 얇게 하지 않으면 안 되는 점이 문제이다.

이 장치에서는 원반상 위에 국 층을 천지 붕괴하여 내부 밀도는 거칠고 수분증발, 통기를 쉽게 하기 위하여 붕괴기를 설치하고 있다. 배양실 내의 공기는 국 중에서 발산되는 열량을 흡수할 수 있게 언제나 온도와 습도를 제어하고 있다. 이 때문에 실내의 고온공기를 꺼내어 제습, 냉각하여 품온보다 2～3℃ 낮게 하고, 또 배양 후기에서 출국을 건조시킬 때는 각각에 따라 습도를 저하시킬 수도 있다.

품온이 상승하기 시작하면 실내공기를 국 층의 하부에서 통기하여 방열한다. 한편에서 국이 지나치게 건조되는 경우도 있으므로 붕괴기의 운전 시에 물을 분무하는 수도 있다. 실내공기를 순환시키기 위하여 공기 중의 CO_2농도는 약간 상승된다.

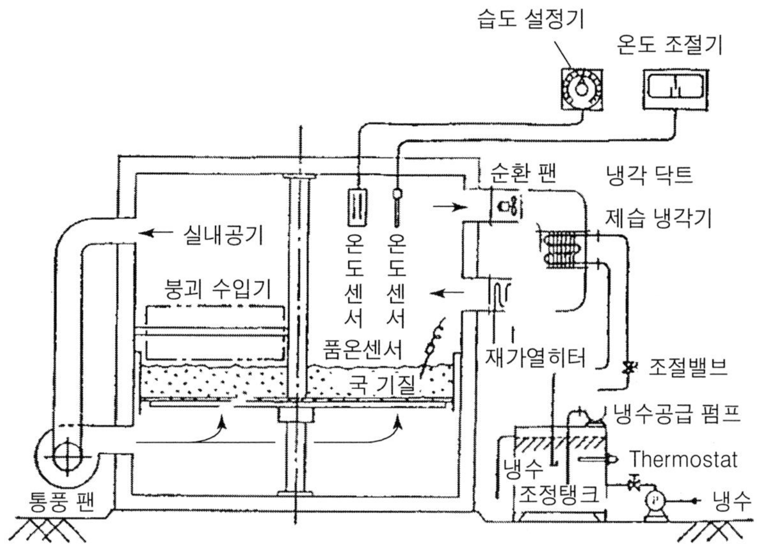

그림 7-5. 퇴적 배양장치

필요에 따라 외기 도입, 그리고 다시 CO_2 보급도 가능하다. 전술과 같이 너무 통기량이 많아지면 미생물의 호흡률만 촉진되어 효소생산이 낮아지는 경우가 많다. 효소생산을 목적으로 한 미생물 배양에서는 배양물 1 g당의 효소활성을 보다 높게 하는 것이 중요하다. 이 의미에서 미생물의 생리를 충분히 연구하여 여기에 알맞은 engineering에 따라 효소역가가 높은 배양물질을 목적으로 한 성력형의 합리화적인 피국(麬麴)의 배양장치의 연구는 더욱 발전될 과제로 생각한다.

1.6 효소제의 이용

1936년에 국의 물 침출용액을 국의 대신으로 사용하는 청주의 효소용액 담금법이 개발되어 좋은 주질(酒質)을 얻는 방법으로서 중요시 되었다. 1963년에는 국의 역가를 조성한다는 것에서 전분분해 효소제에 한하여 백미 중에 전분(백미의 80%)의 1/2000(중량)의 사용이 공인되었고, 다시 1968년에서는 모든 종류의 제제가 사용하게 되어 1985년부터는 원료 곡류의 1/100(중량)까지의 사용이 인정되어 비약적으로 그 양이 증가하게 되었다.

청주 양조에 사용되는 효소는 주로 α-amylase, glucoamylase, protease, peptidase, transglucosidase, 기타의 lipase, cellulase를 들 수 있다. 이들 중에서 α-amylase, protease는 증미의 용해에 관여하여 lipase는 청주의 향을 높이고 cellulase

표 7-1 당화효소제 성분 규격

수 분	15%		
착색도(흡광도)	0.2 이하	중금속(Pb)	10ppm
액화력	40,000U/g 이상	비소(As_2O_3)	1ppm 이하
당화력	40,000U/g 이상	세균수	105/g 이하
철(Fe)	40ppm	세 균	산 생산균은 불검출

는 주박의 보장을 방지하는 역할을 하고 있다. Lipase제와 cellullase제는 원료 백미의 수침공정 중에 사용하지만 효소제는 소량의 물에 녹여서 다시 물을 가하여 녹여 술덧에 사용한다. 당시 사용한 효소제의 성분규격은 표 7-1과 같다.

제 8 장

기타 국

일본에서 국(麴)의 개념은 *Asp. oryzae*, *Asp. sojae*, *Asp. awamori*, *Asp. lichuensis*(mut. *kawachii*) 등의 곰팡이를 곡류에 번식시킨 것이다. 중국의 국은 옛날부터 지방에 따라, 제조의 방법에 따라 또 곡류에 따라 여러 가지 명칭이 있었고, 「국(麴)」은 이들의 통어로서 사용되어 온 것이며 그 미생물의 종류도 많았다. 본장의 기타의 국이라는 의미도 이와 같은 점에서 이해해 주길 바란다.

1. 홍 국

홍국균(紅麴菌 : Monascus균)은 독성이 없는 선명한 적색계 색소를 생산하는 것에서 옛날부터 중국, 대만 그리고 말레이시아 등에서 홍주(紅酒), 노주(老酒), 홍두부(紅豆腐), 육류 담금 등의 식품이나 혈행(血行)을 좋게 하는 한방약으로서 사용되어 왔다. 이 균이 생산하는 색소는 Nishigawa 등에 의하여 적색 혹은 황색의 색소가 처음으로 결정화 되고, Salmon 등에 의하여 monascin으로 증명되었으며, 이들의 화학적 성질이나 유도체의 합성 등이 검토되었다. 1070년대 들어 와서 일본에서 소비자의 식생활에 관심은 급속하게 높아져 식품첨가물의 독성, 더욱이 합성 식용인 타르계통 색소의 발암성의 표면화에 의해 적색 103호 등이 타르계 색소의 사용이 금지되어 이들 대신으로 천연 식용색소가 재평가되었다.

1.1 균 주

홍국균은 Ainsworth에 의하여 Class Ascomycoooot → Order Plectomycete → Family Monascaceae → Genus Monascus로 분류되어 20종(species) 정도 알려져 있으며, 이 중 *Monascus anka*, *Monascus purpureus*가 유명하다.

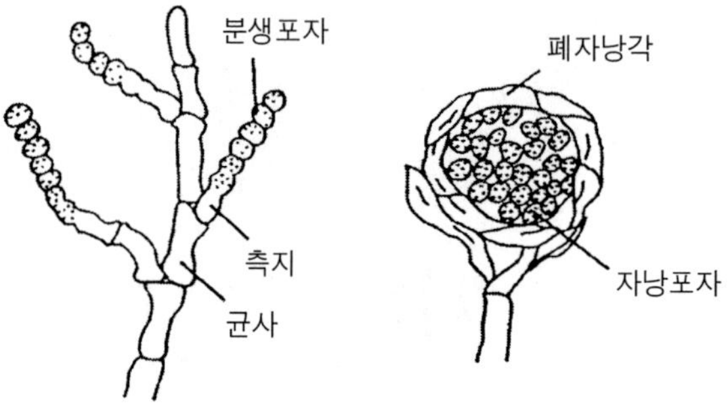

그림 8-1. *Monascus anka*의 형태

이 균에는 4종의 amylase가 발견되고 있으며, 어느 것이나 oryzae형의 gluco-amylase에 가깝다. 현재 IFO(재단법인 발효연구소, 오사카)에 있어서 *Monascus purpureus* Went, *Monascus anka* Nakazawa et Sato, *Monascus anka albidus* Sato 등 21균주가 보존되어 있으며, 이외에 *Monascus ruber* 4681과 같이 monascorin 생산균주나 *Monascus* sp. F-2, *Monascus anka* UN 202-13 등의 색소 고 생산균주가 일본의 대학, 연구기관에 수백 주 이상 보관되어 있다.

균체는 무색, 오렌지색, 등적색 등 여러 가지이다. 이들의 색조는 균주의 종류나 배지조성 등의 배양조건에서 다르다. 일반적으로 색소를 생산하는 균주의 콜로니는 생육 초기에 있어서 백색을 띠나 생육이 진행됨에 따라 오렌지색, 적색으로 된다. 균사는 몇 개의 세포로 된 가늘고 긴 세포의 양단에 색소 침착이 나타나고, 균사가 성숙됨에 따라 증가하고, 결국 균사 전체에 침착한다. 그 균사 내부의 침착 색소는 작은 과립상을 하고 점차로 농도를 증가한다. 생육온도는 30～34℃, pH 4.0～4.5에서 잘 생육한다.

균사의 선단에 폐자낭각(閉子囊殼)을 형성하여 그 중의 자낭에는 2～8개의 자낭포자를 함유한다. 성숙과 더불어 착색이 진행하여 자낭은 소실되고 각내에 다수의 자낭포자가 충만하므로 학명은 mono(단일)와 askos(주머니)에서 유래된 것이다. 한편 무성적으로 균사의 측지에 분생포자를 만든 것도 있다(그림 8-1). 자낭포자 그리고 분생포자의 사멸온도는 균사에 따라 다르나 각각 60～70℃, 20분 그리고 55～60℃, 20분이다.

1.2 제 국

홍국(紅麴)의 생산은 옛날부터 대만, 중국 등에서 행하여 그 제조에 대하여는 몇 개의 보고가 있다. 그러나 제조방법이 극히 번잡하기 때문에 일본에서는 거의 채용되지 못하였다.

Hiroi 등은 성력화 등의 제조경비의 절감을 꾀하여 오염이 적고 양질의 고체홍국을 양산하는 방법을 고안하였다. 즉 액체배양에 의하여 얻은 균체를 찐쌀 등에 접종하여 상자모양의 제국기 내에서 퇴적한 다음 천막을 싸서 공기를 순환시켜 온도와 습도를 조절하여 제국을 하여 좋은 재질의 홍국을 단시간에 만들 수 있었다. 아래에 중국방식과 고안법을 나타내었다.

[중국방식] : 중국방식의 공정은 아래와 같다.

사면배양 → 식빵에 이식 → 곡공(麯公 : 찐쌀에 이식) → 곡공조[麯公槽 : 찐쌀 + 물 + 알코올 + 효모 + 공(麯公)] → 곡종(麯種 : 찐쌀 + 공조) → 곡공조(찐쌀 + 물 + 곡종) → 홍곡[(紅麯), 곡공조 + 찐쌀]

[고안법] : 고안법의 공정은 아래와 같다.

사면배양 → 심부배양 → 홍국(찐쌀 + 균체)

1) 종국의 제조

Glucose 5%, polypeptone 1%, $MgSO_4 \cdot 7H_2O$ 0.05%, KH_2PO_4 0.1%, aspargine 0.2%(pH 4.3)의 배지를 터빈형의 jar fermenter에 넣어 미리 살균한 홍국 균체를 접종한 다음 통기 배양하면서 32℃에서 120시간 배양하여 생육 균체를 분리 후 살균수로 몇 번 씻은 것을 접종한다. 이 경우 균체를 물로 세정하지 않으면 오염이 되기 쉽다.

2) 제국기 내부의 살균

홍국균은 증식이 완만하므로 제국 일수가 길어지고 오염률이 극히 높다. 따라서 제국기 내부의 살균을 충분히 하지 않으면 안 된다. 살균제로서는 과산화수소, ethanol, 차아염소산 나트륨, 염화 benzalkonium용액 등이 있으나 1% 염화 benzalkonium 용액을 도포하는 것이 가장 효과적이다.

3) 종국 사용량

종국 사용량이 적으면 오염이 되기 쉽다. 사용량은 백미 100 kg당 건물로 50 g이상의 종국이 필요하다. 그런데 사용 시의 종국은 수분 그리고 73%의 생 균체를 사용한다.

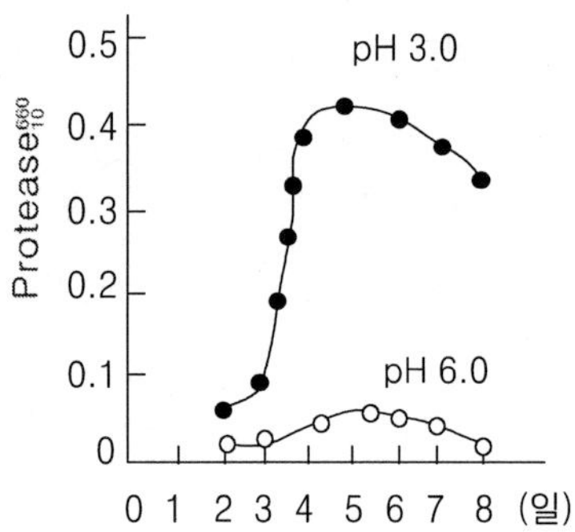

그림 8-2. 제국 중의 protease의 소장

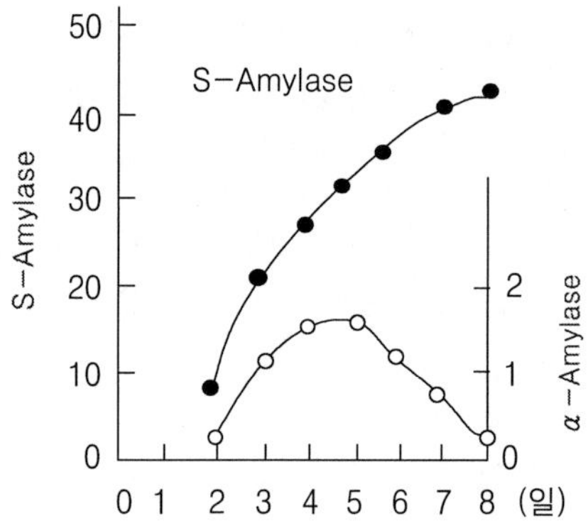

그림 8-3. 제국 중의 amylase의 소장

4) 제국조작 및 관리

홍국균의 최적온도는 30～34℃이나 이 온도에서는 생육이 황국균이 발생하기 때문에 37℃ 부근에서 배양한다. 우선 38℃의 찐쌀에 종국을 접종하여 소복하게 쌓고 모포로 덮어 보온 방치한다. 품온이 서서히 내려 36℃ 정도로 된다. 그 후 균의 증식에 의한 발열로 종국 접종으로부터 약 24시간 후에 38℃로 상승하여 찐쌀 표면에 균사가 희게 보이기 시작한다.

이 때 소복하게 싼 찐쌀을 되지기 기계로서 엉클러진 것을 풀어서 산산이 흩어진 찐쌀을 천막식 통풍장치에 옮겨 두께 15～18 cm로 퇴적하여 37～38℃로 품온 조절을 간헐적으로 통풍국을 한다. 이 경우 증열에 의하여 수분이 증발되므로 살균수를 적당히 살수하여 수분 38～40℃로 유지하게 한다.

그림 8-2, 그림 8-3에 각각 산성 protease, α-amylase 그리고 당화력의 경시변화를 나타내었다. 이 그림에서 알 수 있듯이 α-amylase 활성은 극히 낮고, 이 사실이 제국시간의 지연에 크게 관계하는 것으로 생각한다.

원료의 종류에 따라서 홍국균의 색소 생성성은 다르고, 미국(米麴)은 빵국(소맥분에서 만든 빵 flake의 국)의 약 2배의 색소를 생산한다. 그 원인으로서 빵 flake는 찌기 전의 산수가 불균일로 되기 쉽고, 단자모양의 덩어리를 만들어 균이 중심부까지 증식하지 못한다. 소위 hazeochi(파정락, 破精落)가 되기 쉬운 것과 원료 중의 질소 과다가 생각된다.

1.3 홍국의 성분

황국과 비교한 유기산 조성을 표 8-1에 나타내었다.

표 8-1. 황국과 홍국의 유기산 조성(mg/20g · koji)

산의 종류	황국(*Asp. oryzae*)	홍국(*Mon. anka*)
Pyroglutamic acid	1.0	57.8
Lactic acid	0.3	2.9
Acetic acid	0.8	15.8
Pyruvic acid	-	trace
Formic acid	-	trace
Malic acid	3.9	46.6
Citric acid	31.5	103.7
Succinic acid	1.0	trace
α-Ketoglutaric acid	-	9.0
Glutamic acid	53.6	311.8

이것은 각각의 국 20 g을 100 mℓ의 물에서 3시간 가온 추출하여 여액을 carbonic acid의 분석기로 측정한 값이다. 양자의 비교에서는 succinic acid(호박산)를 제외하고 모든 유기산에 있어서 홍국 쪽이 많고, 특히 malic acid(사과산)이 많다. 양자의 차는 균종의 차이에 의한 것 이외에 제국일수의 장단이 크게 영향하고 있는 것으로 생각한다(황국은 2일간, 홍국은 8일간의 제국).

그런데 홍국균이 생산 색소는 현재 적색의 monoascorubrin, rubropunctatin, 적자색의 monoascorubramine, rubropunctatamine, 홍색의 monascin, ankaflavin의 구조가 각각 결정되어 있다. Hiroi 등은 이외에 새로운 6종의 색소가 존재하는 것을 확인하고 아직 구조를 결정하기에는 이르지 못하였다. 다음으로 홍국에서 얻은 대표적인 3종의 구조를 나타내었다.

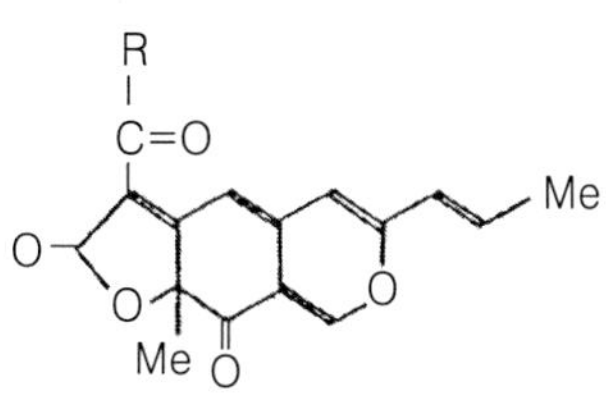

Monascorubrin
R : C_7H_{15}
$C_{23}H_{26}O_5$[15]
(orange needle)

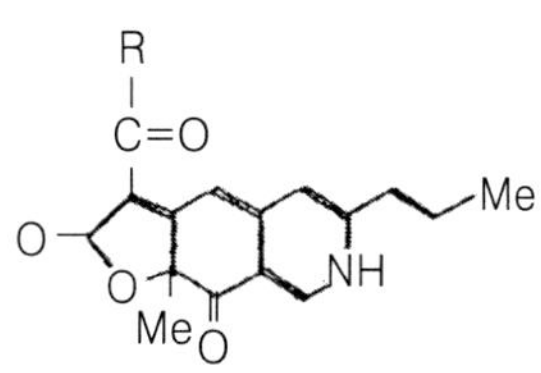

Monascorubramine
R : C_7H_{15}
$C_{23}H_{27}O_4N$[15]
(violet needle)

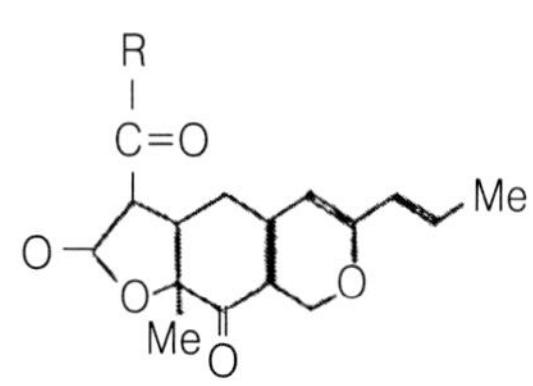

Ankaflavin
R : C_7H_{15}
$C_{23}H_{20}O_5$[16]
(yellow plate)

이들 색소는 광이나 열에 의하여 퇴색된다. 이것을 방지하기 위한 연구는 없으나 비타민 C가 어느 정도의 효과가 있다.

1.4 홍국의 용도

홍국은 단국(丹麴)이라 하여 중국에서는 옛날부터 홍주나 두부유의 제조에 이용되어 왔다. 일본에서는 Okinawa의 두부고(豆腐餻)의 제조에 사용되었으나 최근에는 그 생소가 식품의 착색에 사용되는 외에 구홍(口紅), 염료, 의약 방면에도 이용이 검토되고 있다.

중국에서는 정월(2월)의 식탁에 홍국을 사용한 고기의 담금이 귀중품으로서 귀하게 여겼으나 이것은 찐 찹쌀에 홍국과 미주(米酒)를 가하여 하룻밤 당화 후 돈육, 조육 등을 담그고 5～7일 후에 먹는 것으로 신선한 적미와 독특의 풍미를 가진다.

일본의 주류에서는 상법으로 담근 청주 술덧의 발효 말기에 미리 양조용 알코올에 침지하여 둔 홍국을 알코올과 함께 술덧에 가하여 잘 교반한 후 압착 여과하여(상조, 上槽)하여 홍색의 원주를 만들고, 여기에 보통 청주를 4 : 6의 비율로 브랜드 하여 여과, 제성, 화입을 행한 붉은 색의 청주를 만든다.

이 술은 1970년에 붉은 술이라 부르는 Niigata현에서 발매되었다. 그 외에 홍주, 황주, 미린, 브랜디, 사과산, 식염, 향신료 등을 혼합한 지상(漬床)에 축육, 돈육, 어란, 어육, 오징어, 두부 등의 단백질 소재를 담그고 수개월 숙성시켜서 만드는 육류 등의 지물이 검토되고 있다. 또 홍국을 ethanol이나 propylene glycol로 추출한 색소용액이 1972년경부터 시판되어 미과, 육류가공, 어간장 혹은 된장, 적반, 과자류 등에 일부 사용되고 있다.

이 외에 Endo는 *Monascus ruber* m. 4681이 생산하는 cholesterol 합성 저해물질 monacorin k, J, L을 발견하고, 어떤 독성을 나타내지 않고 노화나 생식 능력의 저하를 지연시키는 경향이 있는 것을 밝혀 주었다. 한편, Iitsuka 등은 홍국균의 균체 내 지방산 조성을 조사하여 linoleic acid, oleic acid가 총 지방산 중 각각 26.8～53.1% 그리고 21.2～44.6% 함유하는 것을 보고하였다. 이들의 결과를 입각하여 고콜레스토롤증의 치료약으로서 또 닭이나 돼지의 사료로서도 용도가 생각되고 있다.

2. *Rhizopus*국

2.1 균 주

*Rhizopus*는 조상균류(藻狀菌類 : Phycomycetes) → 접합균류(接合菌類 : Zygomycetes) → 털곰팡이목(Mucorales) → 털곰팡이과(Mucoraceae)의 거미줄곰팡이속(Genus *Rhizopus*)에 속하는 곰팡이의 일군이고, 발효공업상 중요한 균주는 적다. 포자는 발아하면 포복균사(주출지, 走出枝 : stolon)에 의하여 빨리 번식하여 포복균사가 배지에 접착하는 부분에 고등식물의 뿌리와 같은 가근(假根 : rhizoid)을 만든다. 이 가근에서 포자낭병(sporangiophore)이 발생한다.

그 선단은 팽대하여 반구형의 주축(columella)으로 되고, 이것을 둘러싼 것 같은 포자낭(sporangium)을 만든다. 포자낭은 처음에는 백색이지만 성숙됨에 따라 흑갈색을 띠고, 반구상 또는 구상으로 되며 다수의 자낭포자를 내장한다. 자낭포자는 크기가 부동으로 구형, 타원형 혹은 다각형으로 벽이 두껍고 표면에 주름이 있으며, 회갈색 혹은 회록색이다. 후막포자는 포복균사의 여러 곳에서 잘 형성되나 균사와 균사가 접합하여 생기는 접합포자(zygospore)는 *Rhi. nigricans* 이외에는 그렇게 형성하지 않는다.

*Rhizopus*의 속명은 rhiza(뿌리), 그리고 pus(다리)에서 유래된 것이다. 균사가 마치 거미줄과 같으므로 거미줄곰팡이라고 부른다(그림 8-4). *Rhizopus*는 알코올 제조의 Amylo법에 사용되어 *Rhi. japonicus*, *Rhi. tonkinensis*, *Rhi. delemar*, *Rhi. javanicus* 등의 저명한 균주가 있다(표 8-2). 이들의 균주는 1868년경부터 1926년경에 걸쳐 중국이나 동남아시아에서 병국(餅麴)에서 분리되었다.

중국이나 동남아시아에서는 일본의 미국(米麴)과 같은 흩림 국(산국, 散麴)은 아니고 덩어리로 한 떡국(병국, 餅麴)이다. 병국을 만든 방법은 무증자(살균하지 않는 것)의 곡류를 미리 갈아 두고 물 혹은 초근목피의 침출액을 가하여 벽돌모양, 단

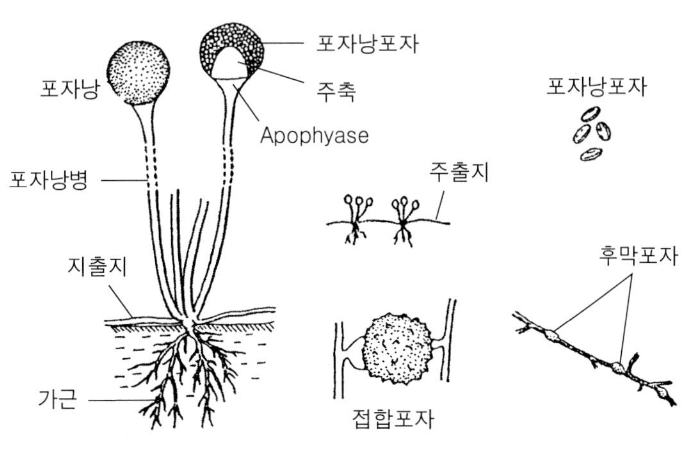

그림 8-4. *Rhizopus*의 형태

표 8-2. 저명한 *Rhizopus*속 균주

균 주 명	분리자	분리원	연도
Rhi. japonicus	Boidin(Vullemin)	일본의 국	1902년
Rhi. tonkinensis	Boidin(Vullendin)	중국의 약주	1902년
Rhi. delemar	Boidin(Hazawa)	중국의 약주	1912년
Rhi. peka I	Takeda	대만산 백곡	1924년
Rhi. javanicus	Takeda	Java의 Ragi	1928년
Rhi. chinensis	Saito	중국의 약주	
Rhi. oligosporus	Saito	중국의 약주	

자모양, 전병모양으로 형성하여 자연으로 곰팡이나 효모를 번식시키는 방법이다. 병국은 중국에서는 주약(酒藥)이라든가 국자(麯子), 태국에서는 룩팡(Look-paeng, luk-paeng, look-pang), 인도네시아에서는 Ragi, 네팔에서는 Chan 등으로 부른다. 병국에서는 원료나 자연환경에 유래하는 여러 종의 균이 분리되고 있다. 주약(酒藥)의 미생물은 곰팡이류에서는 *Mucor*, *Rhizopus*, *Absidia* 등이 주이고, *Aspergillus*, *Penicillium*은 약간이라고 한다.

2.2 대사생산물

▸ **Amylase** : 액체배양에 의하여 생산되는 효소는 당화형의 β-amylase이다. 액화형의 α-amylase는 거의 없고 *Asp. oryzae*보다 약하다. α-Amylase의 작용 최적 온도는 50∼60℃, β-amylase의 최적 온도는 55℃이다. *Rhi. javanicus*의 당화력가가 강한 우수한 균이나 α-amylase가 약하므로 점도가 높은 감자에 있어서 고농도 담금에는 α-amylase가 강한 황국균이 병용된다. 이 합리적인 담금 방법이 알코올 제조에 있어서 Aamylo국 절충법이다.

▸ **Ethanol** : *Rhi. delemar*는 30℃, 5일간의 액체배양에서 약 2%의 ethanol을 생산하나 대부분의 균주에서는 1% 미만이다.

▸ **유기산** : *Rhizopus*는 그가 생산하는 산의 종류에 따라 ① fuamaric acid만을 생산하는 것, ② 유산만을 생산하는 것, ③ fumaric acid 그리고 lactic acid를 여러 비율로 생산하는 것의 3종으로 나눈다.

Fumaric acid를 많은 양을 생산하는 균주로서는 *Rhi. nigricans*가 알려져 있고, fumaric acid 발효에 사용된다. 배지에 $CaCO_3$를 가하여 통기 심부배양법을 행하면 불용성의 fumaric acid 석회가 결정으로서 석출된다. 이 Ca염을 광산으로 분해하면

난용성의 유리 fumaric acid가 석출되므로 이것을 물에서 재결정하면 쉽게 순품이 얻어진다. 당 농도는 10% 전후, 질소원으로서 황산암모늄, 질산암모늄, aspartic acid, peptone 등이 배지로서 양호하고, Fe나 Cu는 fumaric acid d의 축적을 증가시킨다. 그런데 fumaric acid, 유산 이외에 기질 등 배양조건을 바꾸면 malic acid, succinic acid, 초산, 의산을 생산한다.

2.3 제국과 국 성분

청주 양조에 사용되는 미국(米麴)은 증자된 쌀 알갱이에 *Asp. oryzae*를 번식시킨 흩림 국(산국, 散麴)이나 전술한 병국(餠麴 : 떡국)은 무증자(無蒸煮)의 곡물에 *Mucor*나 *Rhizopus*가 번식한 것이다. 왜 이러한 균주가 다르게 생기는 것일까?

그 이유의 하나는 찐쌀에서는 가열에 의하여 쌀 단백질이 열 변성하여 효소작용을 받기 어렵기 때문에 산성 carboxypeptidase, 활성이 낮은 *Rhizopus*가 N원의 공급 부족을 일으켜 현저히 증식이 저하된다. 이것에 반하여 산성 carboxypeptidase 활성이 높은 *Asp. oryzae*는 열변성의 영향을 그다지 받지 않고도 양호하게 증식되는 것을 들 수 있다.

그림 8-5에 곡류를 분쇄한 타불레트 모양으로 성형한 고형배지에 있어서 *Asp. oryzae*와 *Rhizopus* sp와의 증식의 비교를 표 8-3에 효소활성을 나타내었다. *Asp. oryzae*와 비교하면 *Rhizopus*는 발아가 빠르고 우위로 증식한다. 효소의 생산에 있어서는 현미 소맥분(현미 소맥을 분쇄한 것)의 고형물 배지에서 *Rhizopus*는 *Asp.*

표 8-3. 곡분의 타불레트형 배지에 있어서의 증식과 효소 생성

곡분의 종류	현미분				현미 소백분			
	AAase	GAase	APase	ACPase	AAase	GAase	APase	ACPase
Rhi. javanicus RIB 5501	148	119	32,390	1,336	612	284	22,376	1,114
Rhi. chinensis IFO 4737	〈100	15	22,891	1,171	491	90	19,710	469
Rhi. delemar IFO 4730	〈100	38	27,813	835	348	116	22,808	189
Rhi. nigricans IAm 6021	〈100	16	18,081	1,148	445	56	5,856	1,212
Rhi. oryzae var. oryzae RIB 128	1,564	242	24,880	29,670	1,780	433	13,930	26,540

배양 : 직경 11.4 × 두께 5.6 mm에 조제한 타불레트 배지를 사용하였다.
온도 30℃, 상대습도 95%.
효소활성(μ/g · 전분) : 효소흡수량 40 mℓ/g · 전분일 때의 측정치

*oryzae*의 미국(米麴)과 같은 정도의 β-amylase 활성을 나타낸다. 그러나 *Asp. oryzae*에 비교하여 *Rhizopus*의 여러 효소활성은 낮다. 즉 쌀과 곡분 고형배지에 있어서 *Rhizopus*는 *Asp. oryzae*보다 증식은 빠르나 당화효소의 생성은 떨어지는 것이 판명되었다. 이들의 결과에서 일본의 증자 곡물을 사용하면 국에서는 *Asp. oryzae*가 주요 균인데 대하여 중국이나 동남아시아의 무증자의 곡분을 사용하는 병국에서는 *Rhizopus*가 주요 균으로 된 것으로 생각된다. 또 *Asp. oryzae*는 배양일수가 약 2일로 병국보다 짧고 당화형이 강하다는 이점이 있는 것도 한 원인으로 생각된다.

다음에 국 성분을 알기 위하여 Hiroi 등은 *Rhizopus javanicus*를 Cm-한천배지에 배양한 균개(菌蓋) 혹은 액체 배양하여 얻은 균체 mycelium을 블렌더로 파쇄 후 생쌀에 흡수시켜 물에 현탁하였다. 사용한 생 백미의 도정비율은 75%, 흡수비율은 25%이다. 생쌀이 균일하게 흡수 후 30℃의 항온실에서 2~3일간 배양하여 얻어진 *Rhizopus*국은 일본 고래의 제국법의 기술을 향상시켜 만든 것으로 외관은 미국(米麴)과 유사한 산국(散麴)이다. 효소역가를 표 8-4에 나타내었다.

*Rhizopus*국은 *oryzae*국(米麴)에 비교하면 당화계의 효소역가가 낮았다. 특히 α-amylase의 효소활성이 낮았다. 그래서 *Rhizopus*국을 술 제조에 사용하는 경우에는

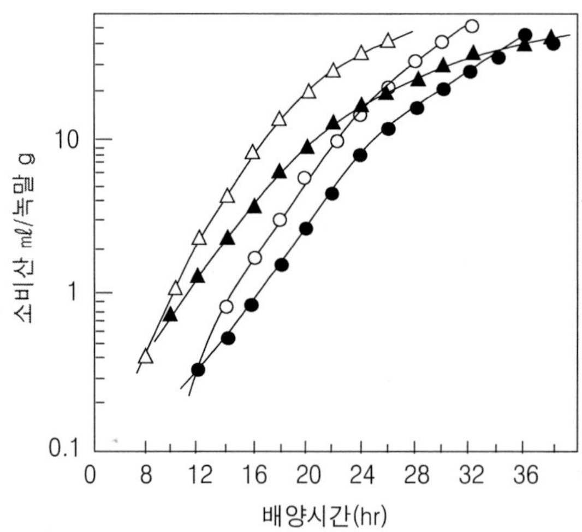

○, ● *A. oryzae* var. *oryzae* RIB 128
△, ▲ *R. delemar* IFO 4730
○, △ 쌀
●, ▲ 밀

그림 8-5. 전분의 타불레트 형성 배지에 증식

표 8-4. 국의 효소역가(U/kg · koji)

	Asp. oryzae	Kawachii 백국균	*Rhizopus*	A/R
α-Amylase	1,225	49	4(0.6~10.5)	306
Glucoamylase	201	111	11(1.9~30.0)	18
산성 protease	3,674	14,595	1,916(557~3,035)	1.9
산성 carboxypeptidase	5,109	3,570	1,511~~(326~3,35)	3.4
Transglucosidase	286	695	251(98~503)	1.3
	n = 25	n = 2	n = 8	

표 8-5. 국의 유기산 조성(mg/kg · koji)

	Asp. oryzae	Kawachii 백국균	*Rhizopus*	
			(a)	(b)
Lactic acid(유산)	300	31.3	485	-
Acetic acid(초산)		15.2	-	-
Pyruvic acid(초성포도산)		25.5	-	-
Malic acid(사과산)		69.8	3,460	1,279
Citric acid(구연산)		17,500	517	-
Succinic acid(호박산)		-	2,316	249
α-Ketoglutaric acid		-	2,134	346
Fumaric acid(푸마르산)		-	3,396	1,890
합 계			12,308	3,764

생산된 산을 유효하게 활용하는 것이 된다. 표 8-5에 국의 유기산 조성을 나타내었다. 소주용 국은 구연산이 주체이지만 *Rhizopus*국은 fumaric acid, malic acid가 많이 생산된다.

2.4 이용법

최근 생활양식 그리고 기호의 변화에 따라 주류의 soft화, light화가 급속하게 진행하고 있다. 그래서 *Rhizopus*국을 사용한 저농도 알코올로서 산뜻하고 산미가 있는 사와혼탁 술이 개발되고 있다. 담금 배합을 표 8-6에 나타내었다. 2단 담금으로 술덧 품온은 22℃, 2단 담금의 술덧 기간은 7일간이다. 술덧을 걸러서 얻은 제성주의 성분을 표 8-7에 나타내었다.

제성주를 탄산수로 알코올 6%로 할수하여 타전 후 60℃에서 살균을 하여 25℃,

표 8-6. 담금 배합(총미 2 kg)

1차 담금(22℃, 30시간)				2차 담금(22℃, 7일간)		
국	급 수	효 모	pH	증 미	급 수	pH
600	960 mℓ	2.08×10^7/mℓ	3.9	1.4 kg	2,240 mℓ	3.7

증미 도정비율 : 70%
효소제 구르크 100 : 2 g(0.1%) 2차 담금 시에 사용
급수 : 160%
협회 : 7호, 효모 : 앰플 1병/1차 담금 급수

표 8-7. 제성주 성분

pH	3.4
산도(mℓ)	4.4
아미노산 도(mℓ)	1.6
일본 주도	-14.5
알코올 분(%)	12.6
직당(%)	3.4

1개월간 보존하여도 변화가 없고, 향미의 열화도 없는 사와혼탁 술이 얻어졌다. 이 술은 어느 메이커에서 DOV라는 상품명으로 시판되고 있다고 한다. 이 술의 특징은 일반 청주에서 검출되지 않는 fumaric acid가 검출되고, malic acid 함량이 극히 많았다. 기타 *Rhizopus*를 이용한 간장, 된장도 시험 양조로 만들어지고 있다.

제 III 편

중국 누룩(麯 · 麴)

제 1 장

중국술의 개요

1. 역 사

술은 당분에 효모가 작용하여 만들어진 것으로 당분, 전분 등의 원료와 효모가 있으면 사람의 손을 거치지 아니하고도 자연적으로 술 같은 것이 된다. 잘 익은 나무의 열매에 천연의 효모가 가해지면 술 같은 것이 됨으로 술은 인류 이전부터 있었다고 생각하고 있다. 한국, 일본 그리고 중국에도 전설로 되어온 원숭이가 술을 만들었다는 원주전설(猿酒傳說)도 이러한 사실에서 온 것이다.

술이 인류보다 먼저 있었다고 생각되므로 술의 기원은 어느 나라에서도 전설로 다루고 있다. 중국의 주조전설로 유명한 것은 두강(杜康)과 의적(儀狄)이 있다. 의적(儀狄)은 하(夏)시대의 우(禹)나라 사람이고, 두강(杜康)은 신농(神農)시대의 요리사라고도 하고 주(周)시대의 사람이라고도 한다.

의적(儀狄)의 술이라는 사실이 최초로 발견된 책은 『전국책(戰國策)』이며, 이 책은 전한(前漢)의 유향(劉向, BC 77～66년경)이 저술한 것이고, 의적의 시대에서 1500년 후의 책이다. 두강(杜康)의 술 제조에 관해서는 송(宋)시대의 『사물기원(事物起源)』이라는 책에 두강이 술을 창제하였다는 것은 『박물지(博物志) : 진시대의 장화(張華)』에 나와 있으나 언제 시대의 사람인가는 전혀 알 수 없다.

두강(杜康)에 대하여는 의적(儀狄) 그 이상은 불명확하지만 술의 이명(異名)을 두강이라 하거나 두강은 유(酉 : 닭)의 날에 죽었으므로 유(酉 : 닭) 날에 술을 담그지 않는다는 이야기가 있다. 일본에서 술 만드는 직업인을 두씨(杜氏)라고 하는 것도 두강에서 유래한 것이라고 한다. 중국에 술이 옛날부터 있었다는 것은 고대국가의 하(夏)의 최후 왕인 걸(桀)과 여기에 이어 은(殷)의 최후 왕의 주(紂)도 술과 여자로 나라를 망하게 하였다고 한다.

전설의 시대를 떠나 제조법을 기록한 최고의 고서는 300년경에 저술한 『남방초목상(南方草木狀)』에는 초국[草麯(麴)]에 의한 술 제조법이 있고, 540년경 산동성에서 저술한 중국이 세계적으로 과시하는 농서 『제민요술(齊民要術)』에는 보다 구체적으로 서술되어 있다. 『제민요술』보다 560년 정도의 후인 1117년에 나온 『북산주경(北山酒經)』은 중국에서 최초로 아주 잘 기술된 술의 전문서이고, 이 책에는 『제민요술』에 없는 술의 살균법도 기술되어 있다.

『제민요술』이란 책은 중국 후위(後魏, 北魏)시대의 사람인 가사협(賈思勰)이 편찬한 농서이다. 이 책은 대체로 530~550년에 간행된 것으로 추정되고 있으나 편자인 가사협이 고양태수로 부임하여 임지의 사람들에게 농업기술과 농가생활 등에 관한 실제적인 지식과 기술을 알리고자 편찬한 농가생활의 백과사전 격인 책이다.

이 책의 내용은 그 이후 중국에서는 수(隨), 당(唐), 송(宋), 명(明), 청(靑) 등 역대를 이어 주요 문헌으로 존중되고 있다. 특히 농산 가공, 저장, 조리 등의 방법까지 설명하고 있다. 내용으로 보아도 오늘날의 농업이나 가공의 기본이 거의 이루어져 있으며 질서정연하게 설명되어 있다.

이 책의 내용 중 술의 항목을 보면 신국(神麴)이 6종목, 산국[散麯(麴)]으로 빚은 술이 2종목, 백료국[白醪麯(麴)]이 2종목, 분국[笨麯(麴)]이 2종목, 분국[笨麯(麴)]으로 빚은 술이 26종목, 법주(法酒)가 9종목으로 술이 얼마나 발달되어 있었는지를 알 수 있다.

그리고 『거가필용(居家必用)』이란 책은 원(元)시대(13세기 말경)에 누가 지었는가는 모르지만 몽고풍이 깃들어 있는 일대 가정백과 사전서로 갑집(甲集)에서 계집(癸集)까지 10권으로 이루어져 있다. 기집(己集)의 전부와 경지(庚集)의 3/4 정도가 조리에 관한 것으로 조선시대(1715년) 『산림경제』에 절대적인 영향을 주었다. 특히 경집(庚集)에는 주국류(酒麴類)가 19조목이 있고, 구황품(救荒品)으로 송순주(松笋酒), 적선소주(謫仙燒酒)도 설명되어 있다.

2. 중국술의 특징

1) 원료가 다양한 것

한국의 양조주(청주)는 원료가 멥쌀이나 중국의 양조주[황주, 노주(黃酒, 老酒)의 원료는 남쪽에서는 찹쌀[나미(糯米)], 고구마[감서(甘薯)] 등이고, 북쪽에서는 쌀을 사용하지만 속(粟 : 조), 서(黍 : 수수), 고량(高粱), 옥미(玉米 : 옥수수), 맥(麥 : 보리), 두(豆 : 콩) 등으로 폭이 넓다.

2) 발효균이 다른 것

중국술이나 한국 술은 다 같이 곰팡이를 이용하여 술을 제조하지만 곰팡이의 종류가 다르다. 한국 술에 사용하는 곰팡이는 국 곰팡이(고지곰팡이, *Aspergillus*)를 사용하나, 중국술은 거미줄곰팡이(*Rhizopus*), 솜털곰팡이(*Mucor*), 붉은빵 곰팡이(*Monascus*) 등을 사용한다.

고지곰팡이(*Aspergillus*)는 전분을 당화하는 작용만 있으므로 술이 되기 위해서는 효모를 가하지 않으면 안 되고, *Rhizopus*속은 전분을 당화하면서 알코올도 생성하므로 *Rhizopus*만으로 만들 수가 있으나 현재는 효모를 가하여 주정발효를 촉진한다. 중국 남부에 많은 술 양조에는 *Rhizopus*만으로 만드는 달고도 주정분이 있는 반액상(半液狀) 식품이 있다. 사천지방에서는 요조(醪糟)라고 한다.

3) 국 모양이 다른 것

한국 술은 쌀 알맹이가 흩어져 있는 산국[散麯(麴)]이나 중국의 술에 쓰이는 국은 고형으로 소위 병국[餠麯(麴)]이다.

4) 풀, 대나무 잎 등의 식물을 가하는 것

한국 술의 원료는 쌀이 주이지만, 중국술은 주원료가 쌀, 조, 수수 등 이외에 10여 종 이상의 식물을 가하여 미묘한 맛을 내고 있다.

5) 약주의 종류가 다양한 것

호골주(虎骨酒), 합개주(蛤蚧酒), 삼사주(三蛇酒, 3종의 뱀을 넣은 술), 행인주(杏仁酒), 인삼주(人蔘酒) 등 약용주가 아주 많다.

6) 붉은 색의 술이 있는 것

홍국[紅麯(麴)]을 사용하여 만든 홍색의 술인 홍주(紅酒)가 있다.

7) 주정음료가 있는 것

한국이나 일본에 없는 주정음료인 주양(酒釀), 사천지방에서는 요조(醪糟)라는 것이 있다.

8) 증류주의 알코올 농도가 높은 것

증류주(소주류)의 알코올 도수는 높다. 분주(汾酒), 대국주[大麯(麴)酒, 모태주

(茅台酒)] 등의 주정분은 60% 전후이고, 한국 소주의 2~3배이다.

9) 주조의 원료가 다양한 것

고량(高粱), 속(粟), 서(黍), 전분박, 사탕수수 박, 고구마류 등으로 다양하다

3. 중국술의 분류

중국의 술은 원료 면으로 보아도 쌀, 옥수수, 조, 옥수수, 콩 등의 곡류 등에서 과실류에 이르기까지 다종다양하고, 양조법도 한국보다 다양하여 국(麯, 麴)의 종류도 많다. 그뿐만 아니라 한국과 비교할 수 없는 각종의 맛을 내는 술(味付酒)과 약용주(藥用酒)가 있어 아주 복잡하다.

일반적인 분류법으로서는 생산방법에 의한 것과 상품 유통상의 분류 등이 있다. 생산방법에 따라 분류하면 다음과 같은 네 가지로 분류한다.

1) 양조주(釀造酒)

재료를 발효하여 양조하는 술로 황주(黃酒), 노주(老酒), 비주(啤酒), 과실주(果實酒) 등이 여기에 해당되는 술이다.

2) 증류주(蒸溜酒)

발효 양조된 술을 증류하여 얻은 술로 백주(白酒), 위스키, 브랜디류가 여기에 해당되는 술이다.

3) 가공주(加工酒)

양조주나 증류주에 과실, 꽃, 짐승 뼈, 뱀 등의 약재를 가하여 만든 술이다

4) 배제주(配製酒)

양조주와 증류주를 원료로 하여 여기에 조미료, 향신료를 가하여 만든 술로서 생산과정에 배합공정이 있는 것이다. 합성주라고 부른다.

이상의 분류에 대하여 홍광주(洪光住) 씨는 다음과 같이 분류하고 있다.

5) 홍광주(洪光住) 씨에 의한 중국술의 분류

현대 중국 주류의 분류방법은 원료별, 제조별의 분류 등이 있으나 일정하지 않고

현재 중국에서 가장 일반적인 방법은 아래와 같다.

(1) 황주류(黃酒類)

원료에 국을 가하여 발효하여 만든 술로 증류하지 않으며 알코올 도수는 낮다. 오래된 것이 좋아서 노주(老酒)라고도 한다. 주원료는 남쪽에서는 찹쌀, 북쪽에서는 수수, 조 등이다. 유명 술은 절강성(浙江省)의 소흥주(紹興酒), 복건성의 홍국주[紅麯(麴)酒], 산동성의 즉묵노주(卽墨老酒) 등이 있다.

(2) 증류주(蒸溜酒), 백주(白酒)

원료에 *Rhizopus*균을 가하여 당화 발효한 술덧을 증류하여 만든 소주, 백주(白酒) 따위로 알코올 도수는 한국의 소주(20～30%)보다 상당히 높아 보통 50～65%이다. 원료의 폭이 아주 넓으므로 곡물 이외에 제당 잔사(殘渣), 서류(薯類)도 이용한다. 사천성(四川省)의 오량액(五粮液), 산서성(山西省)의 분주(汾酒), 귀주성(貴州省)의 모태주(茅台酒), 섬서성(陜西省)의 서봉주(西鳳酒) 등이 유명하다.

(3) 과실주(果實酒)

포도, 사과 등의 과일을 발효한 증류하지 않는 술로 알코올 도수가 낮다. 유명한 술로는 산동의 연태(煙台) 포도주, 요령심양 산사주(遼寧瀋陽 山査酒), 복건의 장주여지주(漳州荔枝酒) 등이 있다.

(4) 비주류(啤酒類)

산동의 청도비주(靑島郫酒), 북경 비주, 상해 비주 등이 있다.

(5) 배제주류(配製酒類)

황주, 증류주류를 기본으로 하여 여러 종류의 보조 재료를 사용한 술, 보통으로 사용되는 보조 재료는 동식물 약제, 건조 혹은 선과, 건조 혹은 선화초(鮮花草)의 3종이 있다. 북경 계화진주(北京 桂花陳酒), 복건 장주여지주(福建 漳州荔枝酒), 광주 오가피주(廣州 五加皮酒), 북경 호골주(北京 虎骨酒), 동북 녹용주(東北 鹿茸酒) 등이 유명한 술이다.

한편 상품 유통상의 분류에는 보통 다음과 같이 나눈다.

① 백주, ② 황주, ③ 배제주와 약주, ④ 비주, ⑤ 포도주와 과실주 등이다.

제 2 장

중국 발효식품의 미생물

1. 미생물의 분류

미생물이라 불리는 것은 원생동물, 조류, 지의류, 균류 등이 있고, 이들 여러 종류의 미생물은 종래의 분류에서는 원생동물만을 동물계에 포함시키고, 다른 종류는 식물계에 속하는 것으로 하여 분류되고 있다. 그러나 현재에는 종류가 많은 미생물을 동물계와 식물계에서 독립시키고 있다. 다시 진핵세포(핵막을 가지며 인(燐)·미토콘드리아 등의 세포내 기관을 가진다)를 가진 고등미생물과 원핵세포(뚜렷한 핵막을 가지지 않으며 미토콘드리아 등을 가지지 않는다)를 가진 하등미생물로 분류한다.

원핵세포(原核細胞)를 가지는 원핵생물에는 대장균 등의 세균과 남조균류가 속하고 원시미생물이다. 이들은 고온성 세균이나 고농도 식염의 극한의 환경조건에 적응하기 위하여 지질막(脂質膜)을 가지며, 고농도 식염 중에 생식하는 호염성이나 내염성의 세균이 속하고, 어장유(魚醬油)나 대두 장유(醬油)에 이용되고 있다. 또 진균(곰팡이, 효모류)는 진핵세포를 가지는 고등미생물이다(그림 2-1).

이들의 미생물은 극히 미소하여 구조는 단세포 혹은 간단한 세포로 되어 있고 자연계에는 세균, 방사선균(방선균), 곰팡이, 스피로헤타, 리케차, 마이코플라스마, 바이러스 등이 존재한다. 대다수의 세균은 오직 현미경 또는 전자현미경을 사용하여 개개의 형태를 관찰하고 그 모양을 확인하고 그 미생물의 기능성이 밝혀지고 있다.

이들의 미생물은 공기, 물, 각종의 유기물 그리고 미생물 내에서 생식하여 그 종류나 수도 극히 많고 자연계의 물질변환에 중요한 역할을 하며, 환경개선에도 역할을 하고 있다. 농업[발효비료(퇴비), 발효사료 등]이나 의약공업(항생물질, 효소제 등), 양조공업, 식품공업 그리고 석유 등에서 미생물이 이용되고 있다. 또 식물이나

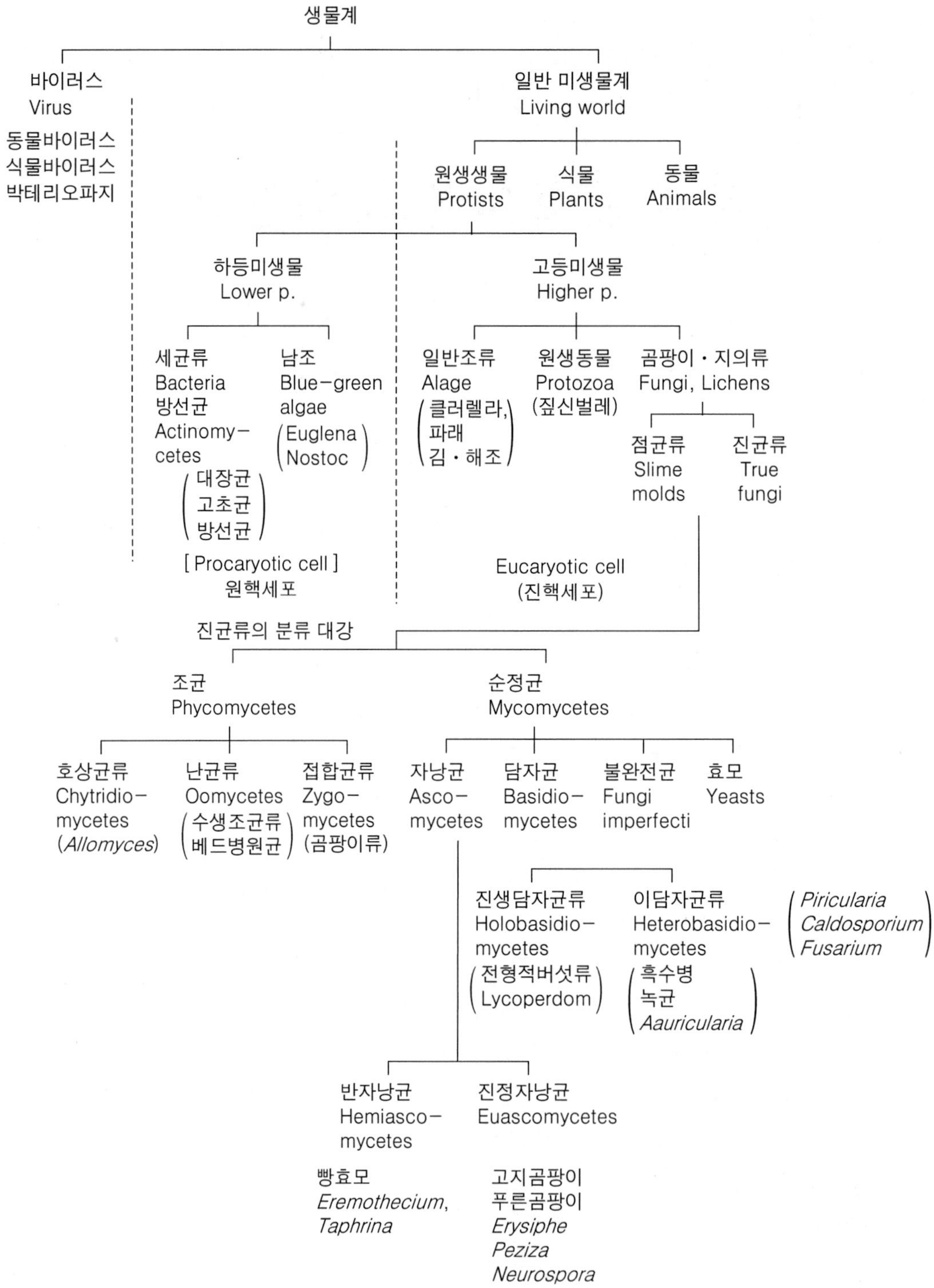

그림 2-1. 미생물의 분류학상의 위치

사람의 병, 식품의 변질이나 부패를 일으키는 미생물도 적지 않게 존재한다.

1.1 진균(眞菌)

진균은 식물로 분류한 경우는 비교적 하등으로 균사체가 많고 뿌리, 줄기, 잎이 있고, 엽록소를 함유한 종류가 있다. 기생, 부생 방식으로 생존하여 소수의 균군(菌群)에는 단세포의 것도 있으나 기타의 것은 오직 분지(分枝)되었거나 분지하지 않는 균사를 내거나 유성 혹은 무성 생식을 하는 것도 있다.

진균에는 식품공업에 응용되고 있는 곰팡이와 효모가 있고, 또 의약품으로서 penicilline을 생산하는 *Penicillium*속이나 cephalosporin계의 항생물질을 생산하는 *Cephalosporium*속의 균이 있다. 또 마고(磨菇 : 몽고 무더기 버섯), 향고(香菇 : 표고버섯), 은용(銀茸 : 흰들 버섯), 목이(木茸), 영지(靈芝), 복령(茯苓) 등의 버섯이 있다. 또 진균의 여러 종류에는 식물과 동물에 병을 주는 것이 있으나 농림산물, 방적품, 전자기계와 광학기기, 피혁 등에 번식하여 해를 주는 곰팡이가 있다.

1) 형태와 증식기관

곰팡이와 효모는 분류상 진균에 포함되고, 진균류는 균사에 격벽(隔壁)이 없는 조균류(Phycomycetes)와 격벽(隔壁)이 있는 순정균류(Mycomycetes)로 나눈다. 다시 유성 생식기관에 의하여 조균류(藻菌類)는 포자를 형성하는 난균류(卵菌類)와 접합포자를 형성하는 접합균류(接合菌類)로, 순정균류(純正菌類)는 자낭포자를 형성하는 자낭균류(子囊菌類), 담자 포자를 형성하는 담자균류(擔子菌類), 유성포자의 형성이 인정되지 않는 불완전균류(不完全菌類)로 나누어진다.

균사는 격벽이 없는 조균류(藻菌類)는 쉽게 다른 곰팡이와 식별된다. 균류는 증식 시에 균사가 접근하거나 기계로 손상되거나 혹은 균사가 노쇠하면 격벽을 생성한다. 균사는 비교적 거칠다. 또 비교적 고등인 균종에는 고체기질 상에 가근(假根)을 생성하는 것이 있다.

부생(腐生) 혹은 기생, 수중 혹은 토양 중에 생육하여 토양 중의 조균(藻菌)의 대부분은 농작물에 위해(危害)를 가한다. 그러나 식품양조에는 언제나 솜털곰팡이, 거미줄곰팡이, 활털곰팡이속의 곰팡이를 응용하고 있다.

곰팡이는 실 모양으로 분지(分枝)한 균사(菌絲, hyphae)의 집합인 균사체(菌絲体, mycelium)와 포자를 착생하는 자실체(子實体, sporophore)로 되어 있다. 곰팡이는 주로 무성포자로 증식하나 유성포자를 형성하는 것이 있고, 그 포자의 형상이나 형성방법은 다양하여 진균류(眞菌類) 분류의 중요한 지표로 된다.

(1) 유성생식(有性生殖)

2개의 세포핵이 융합한 핵을 중심에 만드는 포자로 난포자(oospore), 접합포자(zygospore), 담자포자(basidospore), 자낭포자(ascospore)의 4종류가 있다.

① 접합포자(接合胞子) : 접근한 2개의 균사에서 각각 분지가 나와 접합하고 각각의 세포의 핵이 융합하여 그 접합부분이 부풀어 포자가 된다.

② 자낭포자(子囊胞子) : 자낭(子囊, ascus)이라 부르는 특수한 세포 중에 생긴 포자이다.

(2) 무성포자(無性胞子)

세포핵의 융합이 없이 분열만을 거듭하여 무성적으로 만들어지는 포자로 포자낭포자(sporangiospore), 분생자(conidium), 후막포자(chlamydospore), 분열자(oidia) 등이 있다.

① 포자낭포자(胞子囊胞子) : 배지의 뿌리 근원인 균사에서 분지하여 기중(氣中)에서 신장한 포자낭병(sporangiophore)의 선단에 포자낭(sporagium)을 착생하고, 그 안에 다수의 포자를 생성한다.

② 분생자(分生子) : 배지의 근원이 되는 균사에서 분지하여 기중(氣中)에 신장한 분생자병(conidiophore)의 선단에 착생하는 포자이다.

2) 주된 곰팡이[매균(霉菌), mold]

조균류 중에는 접합균류에 속하는 거미줄곰팡이(*Rhizopus*), 솜털곰팡이(*Mucor*), 활털곰팡이(*Absidia*)가 옛날부터 미주(米酒), 고량주(高粱酒), 소국[小麴(麯) ; 병국(餅麴)] 등에 사용되어 이들의 균류는 양조식품에 중요하다.

(1) 접합균류(接合菌類)

접합균류 Zygomycetes	솜털곰팡이목 mucorales	Syncephalastraceae과	Syncephalastrum
		솜털곰팡이과	거미줄곰팡이(*Rhizopus*, 근매 : 根霉) 활털곰팡이(*Absidia*, 이두매 : 梨頭霉) 솜털곰팡이(*Mucor*, 모매 : 毛霉)

접합균류의 균사체는 다핵성으로 불념성의 균사체에서 포자낭, 접합포자 등의 특수한 기관을 형성할 때만 격벽이 형성된다. 무성생식은 구형에서 서양 배 모양의 포자낭에 내생적으로 생성하거나 혹은 분절포자낭(원통형의 포자낭으로 분열하여 1

열의 분절포자로 된다) 안에 형성되는 포자낭포자(단세포의 부동포자)에 의하여 이루어진다.

자낭과(ascocarp) 단독 또는 연쇄상으로 후막포자나 분열자를 형성되는 종이 있다. 포자낭포자, 후막포자, 분열자는 발아하여 새로운 균사를 형성한다. 유성생식은 2개의 다핵성의 배우자낭이 융합하여 이루어진다. 대개의 경우 침상돌기 또는 기타의 돌기물질로 싸여진 접합자를 생긴다. 접합자의 각 선단에는 2개의 균사 부분이 있어 배우자낭병이라 한다(그림 2-2, 표 2-1).

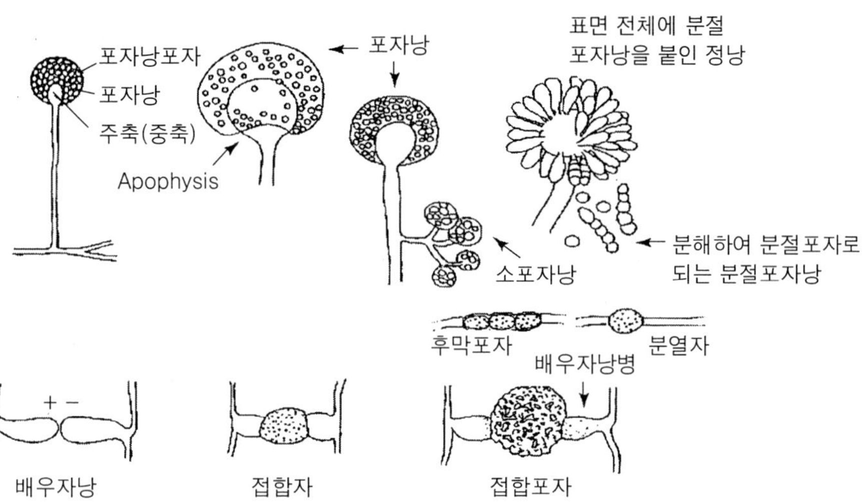

그림 2-2. 접합균류의 형태적 특징

표 2-1. 접합균류의 주요 균 속의 검색표

1a. 포자낭포자는 포자낭병의 팽대한 선단을 덮은 분절포자낭 중에 형성된다.	*Syncephalastrum*
1b. 포자낭포자는 중축이 있는 구형 또는 서양 배 모양의 포자낭 중에 형성된다.	→ 2
2a. 포자낭과 포자낭병은 보통 암색, 포자낭병은 거의 분지하지 않고 일반적으로 집합하여 생긴다. 포자낭은 직경 50～360 ㎛로 여러 가지; 포자에는 간혹 띠 모양의 줄무늬가 있다.	*Rhizopus*
2b. 포자낭과 포자낭병은 착색하지 않거나 혹은 약간은 착색, 간혹 분지한다. 포자낭은 직경이 100 ㎛을 넘지 않고 포자에는 띠 모양의 줄무늬가 없다.	→ 3
3a. 포자낭에는 명료한 apophysis가 있고 서양 배 모양, 직경 10～40 ㎛(선단의 포자낭은 80 ㎛)까지 된다.	*Absidia*
3b. 포자낭은 apophysis가 없고 구형, 대부분은 직경 40 ㎛ 이상	*Mucor*

Apophysis(포자낭 바로 밑에 있는 포자낭병의 팽대한 부분)를 특징으로 하는 속이 있다. 포자낭에는 중축(中軸, 柱軸, 囊軸, columella)를 가지는 것과 가지지 않는 것이 있다. 분절포자낭은 중축을 형성하지 않는다. 포자낭은 중축의 주위에 구상으로 형성된다. 그 안에 포자낭 포자를 생성한다. 포자낭병에 단독으로 신장하여 전혀 분지하지 않는 Monomucor형, 방상으로 분지하는 Racemomucor형 가축상으로 분지하는 Cynomucor형이 있다. Monomucor형이 솜털곰팡이(*Mucor*)이다.

① 거미줄곰팡이[근매(根霉), *Rhizopus*속]

Rhizopus Ehrenb : 콜로니의 생장은 빠르고 격벽을 가지지 않는 균사에서 포복지(葡匐枝, stolon)로 되어 신장되고, 기질과 접합하면 여기에 가근(假根, rhizoid)을 형성하여 부착하며, 가근이 생긴 부분에서 1개 내지 몇 개의 포자낭이병이 분지한다. 포자낭병의 선단은 팽대하여 apophysis를 생성하고, 일반적으로 반구형의 중축으로 되고 주위에 구상의 포자낭을 만든다(그림 2-3).

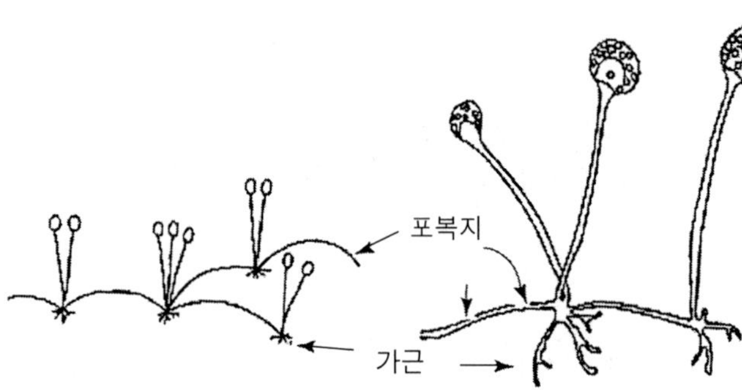

그림 2-3. *Rhizopus*속의 형태

표 2-2. *Rhizopus*속의 분류의 검색표

A. 37℃에서 생육하지 않는다.	
a. 30℃에서 생육하지 않으나 약한 생육. Homothalism의 접합포자를 형성한다.	
	Sexualis section
	1. *R. sexualis*
b. 30℃에서 잘 생육한다. 접합포자는 형성하지 않는다.	Nigricans section
ba. 포자낭병은 곧바로 직립한다.	2. *R. stolonifer* var. *stolonifer*
	(*R. nigricans*)
포자낭병은 직립하고 반대로 하고 있다.	*R. stolnifer* var. *lycoccus*
bb. 포자낭병은 중축이 쏠린다.	3. *R. reflexus*

(계속)

B. 37℃에서 잘 생육한다.	
a. 45℃에서 생육하지 않는다.	Oryzae section aa.
후막포자는 없다. 혹은 드물게 포복지를 형성한다.	Achladorhizopus type
α. 포자낭이나 가근은 드물게 생성한다. 포자낭병은 대부분 굽어지고 거의 무색 혹은 담황색이다.	Niveus series
	4. *R. niveus*
β 포자낭이나 가근은 쉽게 생성한다. 포자낭병은 곧바로 서고 담황갈색, 암회갈색이다.	Formosaensis series
	5. *R. formosaensis*
	Syn. *R. achlamydosporus*
ab. 포복지의 위에 쉽게 후막포자를 형성한다.	Chlamydorhizopus type
α. 포자낭이나 가근은 드물게 생성한다. 포자낭병은 대부분 굽어 있고, 거의 무색 혹은 담홍색이다.	Arrhizus series
αa. 포자낭은 보통 직경 100 ㎛보다 크다	6. *R. arrhizus*
αb. 포자낭은 보통 직경 100 ㎛보다 작다.	7. *R. semarangenesis*
β 포자낭이나 가근은 쉽게 생성한다. 포자낭병은 곧바로 서고 담황갈색, 암회갈색이다.	Oryzae series
βa. Sodium glutamate를 함유하는 질소원의 최소 액체배지에서 균막의 반대측이 거의 무색 혹은 담황갈색이다.	Oryzae-Oryzae subseries
βaa. 표면배양에서 유산을 주로 생성한다.	8. *R. oryzae*
접합포자를 형성하지 않고 포자낭포자가 타원형.	*R. microsprus* var. *microsporus*
접합포자를 형성하지 않고 포자낭포자는 48℃, 120시간으로 콜로니가 10 mm이다.	*R. microsporus* var. *oligosporus*
	Syn. *R. batatas, R. nodosus. R. peka* II, *R. tonkiensis, R. tritici, R. usamii*
βab. 표면배양에서 fumaric acid를 생산한다.	9. *R delemar*, *R. acidus*
	Syn. *R. acidus*, *R. chiuniang*, *R. chungkuoensis*, *R. chungkupensis* var. *isofermenrtarius*, *R. formosaensis* var. *chlamydosporeus*
βac. 표면배양에서 유산과 fumaric acid를 생성한다.	10. *R. japonicus*, *R. orea*, *R. thermosus*
βb. Sodium glutamate를 함유하는 질소원의 최소 액체배지에서 균막의 반대측이 거의 회갈색 혹은 암회갈색이다.	11. *R. javanicus*
b. 45℃에서 잘 생육한다.	12. *R. chinensis*
	13. *R. pseudochienensis*

포자낭은 많은 포자를 내장하고, 대부분은 대형으로 최초는 백색, 후에는 성숙과 더불어 흑갈색으로 된다. 중축은 갈색, 구형~아구형, 포자는 단타원형, 보통은 능형, 간혹 주름이 있고 후막포자 수는 몇 종이 있다. 접합포자는 *Mucor*에 유사하다. 대부분의 종은 heterothallic(자웅이주성, 雌雄異株性)이다.

거미줄곰팡이의 사용 균주 : 두부에 곰팡이를 접종한 두부유(豆腐乳)는 보통은

*Mucor*와 *Actinomucoe*속의 곰팡이가 사용된다. *Rhizopus*속의 균을 사용하는 수도 있다. 미소국{米小麴(麯)]은 *Rhizopus oryzae*(AS. 3866)이나 *Rhi. chinensis*, *Rhi. javanicus*, *Rhi. arrhizus* 등의 곰팡이와 *Saccharomyces cerevisiae*의 K호 효모나 남양효모(南陽酵母)가 자주 사용된다. 이들의 균주(菌株)에는 중국과학원·북경미생물연구소의 균주보관소(Institute of microiology, Academia Sinaca of China : SA)

표 2-3. *Rhizopus*속의 균주와 그 분리원

균 종	분 리 원
1. *R. sexualis*	-
2. *R. stlonifer*(*R. nigricans*)	토양, 곡류, 메주, 백주국(운남사아), 경홍주국[景洪酒麯(麴)]
3. *R. stolonifer* var. *lycococcus*	첨주약(甛酒葯), 귀주뇌산(貴州雷山)
R. stolonifer var. *stolonifer*	주국, 첨주국(雲南景洪), 첨주약(貴州雷山) 백주국(雲南思芽)
4. *R. niveus*	주양(酒葯) 항주(杭州)
5. *R. formosaensis*. *R. chlamydorporus*, *R. achlamydosporus*	Tempe, Peka(대만) Tempe(인도네시아)
6. *R. arrhizus*	Tempe, Ragi
7. *R. semarangensis*	Ragi(인도네시아)
8. *R. oryzae*	소주국(貴州雷山), 주국(雲南昆明) 경홍, 사아, 귀주귀양(대만), 백주국(雲南思芽), Ragi, Usar(인도네시아)
R. microsporus var. *microsporus*	첨주국(雲南思芽)
R. microsporus var. *oligosporus*	첨주국(雲南思芽), 주국(산동성, 대만) Tempe
R. tritici Saito	소흥주국
R. peka II	Peka(대만)
R. tonkinensis	베트남
R. tritici	소흥
R. usamii	일본 Amylo법에 사용되는 중국 주국
9. *R. delemar*, *R. acidus*	상해 주약
R. chiuniang	고량주 주약(安徽省)
R. chungkuoensis var. *isodfermentarius*	인도네시아 장유국
R. formosaensis var. *chlamydospore*	Peka(대만), 소흥주 주약
10. *R. japonicus*, *R. thermosus*	Ragi, 일본의 국(amylo법)
11. *R. javanicus*	Ragi, 주맥(杭州)
12. *R. chinenesis*	병국(소흥, 대만), Tempe
R. liquefaciensis	소흥주 주약, Ragi
13. *R pseudochinensis*	고량주 주약(長春), Ragi

에 등록되어 있는 균과 중국경공업국 북경식품발효연구소(Institute of Food and Fermentation Industry : IFFI)의 공업미생물 보관소 그리고 중국상업국 북경식품양조연구소의 균주 보관실에 보존되어 있는 균이고, 각각 경공업부나 상업국의 산하의 양조장에서 이들의 균을 사용하고 있다. *Rhizopus*속의 형태와 *Rhizopus*속 분류 검색표는 그림 2-3과 표 2-2에 나타내었고, *Rhizopus*속의 균주와 분리원은 표 2-3 나타내었다.

② 솜털곰팡이[모매(毛霉), *Mucor*속]

*Mucor*속(솜털곰팡이)의 균사는 백색 또는 회색, 높이는 2,3 mm ~ 수 cm까지로 여러 가지이다. 포자낭병에는 간혹 분지되어 있고, 그 선단은 spophysis를 가지지 않고 다수의 포자를 내장하는 포자낭을 언제나 형성한다. 포자낭의 크기는 여러 가지이고 중축은 잘 발달한다. 격벽은 파열 또는 용해한다. 포자의 형성은 여러 가지

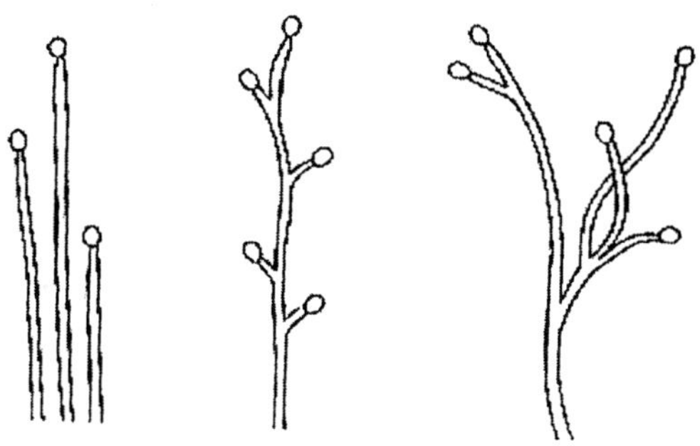

그림 2-4. *Mucor*속의 형태

표 2-4. *Mucor*속의 분류와 검색표

1a.	중축에는 보통 1~수개의 돌기가 있다. 포자낭포자는 약간 활면이다.	*M. plumbeus*
1b.	중축에는 돌기가 없다. 포자낭 포자는 활면이다.	→2
2a.	Colony는 최초는 분지하지 않는다 : 후에 약간 가축형으로 분지하는 포자낭병으로 된다. 후막포자는 보이지 않는다. 분생자는 때로는 기질 중의 균사에서 생기는 수가 있다.	*M. piemalis*
2b.	Colony는 장단 2종류의 포자낭병으로 되고, 병은 가축형과 단축형 양방 혹은 가축형만의 분지를 생성한다. 후막포자는 보이지 않는 경우도 있고, 존재하는 수도 있다.	→3
3a.	후막포자가 포자낭병 중 때로는 중축 중에도 다수 존재한다.	*M. racemosus*
3b.	후막포자는 보통 보이지 않고, 존재하는 경우도 기질 중 또는 기질 상에 소수 형성된다.	*M. circinelloides*

표 2-5. *Mucor*속의 균주와 그 분리원

균 종	분 리 원
M. plumbeus	메주(한국)
M. hiemalis	메주(한국)
M. racemosus	메주(한국)
M. circinelloides	메주(한국), Bubod
sufu	두부유(豆腐乳)
rouxianus Wehmer	노씨모매(魯氏毛霉) 대만주국(臺灣酒麴(麯)
Wutungkiao Fang	오통교(五通橋) 모매두부유(毛霉豆腐乳)
javaicum	조와(爪哇) 모매소국주[毛霉小麴(麯)酒]
Actinomucor elegans	아치방사(雅致放射) 모매부유(毛霉腐乳)
Stncephalstrum racemosum	메주(한국), 귀주뇌산, 운남사아, 홍경, murcha(네팔)
Absidia	누룩(한국), 천진(天津) 중국국[中國麴(麯)]

이고 평활면 또는 몇 가지의 모양이 있다. 접합포자의 배우자는 배우자낭병 위에 생긴다. 부속지(附屬枝)는 없다. 수종의 후막포자를 형성한다. *Mucor*속의 형태는 그림 2-4에, *Mucor*속의 분류와 검색표는 표 2-4에, 그리고 *Mucor*속의 균주와 분리원은 표 2-5에 나타내었다.

③ 활털곰팡이[이두매(梨頭霉), *Absidia* 속]

거미줄곰팡이와 유사하여 포복지(葡匐枝)를 가지나 가근(假根)은 균사의 선단이나 포자낭병의 분지부의 중간부에 생기는 점이 다르다. 또 서양 배 모양의 포자낭이 생긴다. *Absidia*속의 포자낭포자의 모양이나 생육온도, 질산암모늄의 자화성, thiamin 요구성에서 분리되지만 Kozaki 등은 실용적인 면에서 국을 만들고 액화력, 당화력의 활성으로 분류하였다. *Absidia*속의 분류 검색표는 표 2-6에 나타내었다.

표 2-6. *Absidia*속의 분류 검색표

포자낭포자는 난형이다. 영양균사는 잘 발달되어 있고, 성장이 빠르다. 포복지를 형성하고, 가근을 가지며 백색-회색이다.

그룹 A. 40℃에서 생육이 가능하다. NO_3, NH_3를 잘 자화한다. Thiamin을 요구한다.
포자낭포자의 크기는 2.5~3.5 × 5.0~5.3 ㎛. 포자낭의 크기는 5~60 ㎛.
접합포자는 인정되지 않는다. *Absidia. ramosa*

그룹 B. 15℃에서 생육가능. NO_3를 자화하지 않고 NH_3를 자화한다. Thiamin은 요구하지 않는다.
포자낭포자의 크기는 2.5~3.0 × 3.7~5.0 포자낭의 크기는 40~50 ㎛.
접합포자는 인정되지 않는다. *Absidia. corymbifera*
액화력, 당화력의 활성은 없다.

(2) 자낭균류(子囊菌類)의 곰팡이

자낭균류의 균사는 격벽(隔壁)을 가지며, 잘 분지(分枝)되어 있다. 모성포자는 분생포자(分生胞子, 分生子)로 된 자실체에 내생하여 유성생식에 의하여 자낭 중에 자낭포자를 만든 것이 특징이고 *Aspergillus*속, *Penicillium*속, *Monascus*속, *Neurospora*속 등이 있다. *Aspergillus*속, *Penicillium*속에서는 유성생식으로 인정되는 것은 아주 드물고 무성포자만을 생성하는 불완전세대의 것이 대부분이다.

① 국균속[국매(麴(麯)霉, *Aspergillus*속]

균총(菌叢)은 치밀하고 백색, 황색, 황갈색, 갈색~흥색 혹은 녹색을 띠고, 이 속의 형태는 격벽(隔壁) 혹은 기중균사(氣中菌絲)의 일부나 약간 비대한 병족세포(柄足細胞)에서 분생포자병(分生胞子柄)을 직립하여 밀집한 균사층(菌絲層)으로 되었다. 분생포자병은 분지하지 않고 그 선단이 팽대하여 구상, 플라스크 모양, 곤봉 모양을 한 정낭(頂囊, vesicle)을 형성한다. 정낭의 표면에 방사상으로 다수의 경자(梗子, phialide)를 착생하고, 그 선단에 분생자를 연쇄상으로 착생하는 것도 있다.

*Aspergillus oryzae*와 *Penicillium citrinum*의 형태를 그림 2-5에 나타내었고, *Aspergillus*속의 분류검색표를 표 2-7에 나타내었다. Muragami는 *Aspergillus*속의 균의 식별에 분생포자의 표면의 돌기의 유무 등을 사용하여 표 2-8에 나타낸 방법

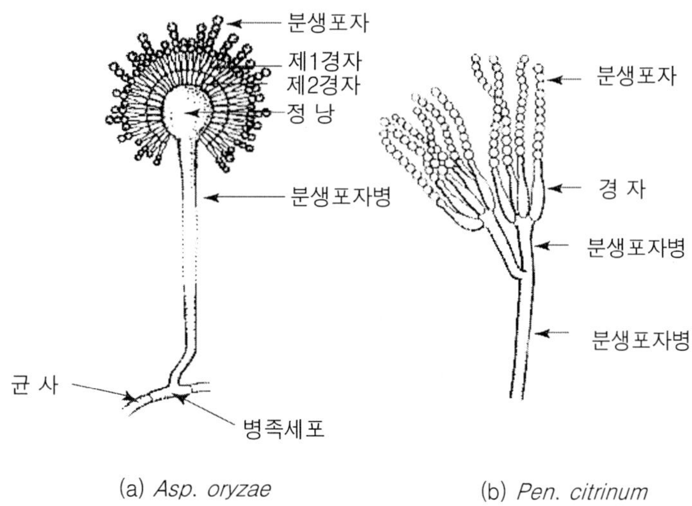

(a) *Asp. oryzae* (b) *Pen. citrinum*

그림 2-5. *Aspergillus oryzae* 그리고 *Penicillium citrinum*의 형태

표 2-7. *Aspergillus*속의 분류 검색표

1a.	균총은 백색, 황색, 또는 흑색	→ 2
1b.	균총은 녹색을 띤다.	→ 6
2a.	분생자두는 백색, 간혹 축축하다.	*Asp. candidus*
2b.	분생자두는 황색, 갈색, 또는 흑색	→ 3
3a.	분생자두는 암갈색~흑색	*Asp. niger*
3b.	분생자두는 황색~갈색	→ 4
4a.	분생자두는 원주모양 혹은 시나몬 갈색~핑크갈색	*Asp. terreus*
4b.	분생자두는 원주모상 되지 않고 황색 또는 갈색	→ 5
5a.	분생자두는 황색, 분생포자는 평활면~약간 거친 면이다.	*Asp. ochraceus*
5b.	분생자두는 갈색, 분생포자는 현저한 무늬가 있다.	*Asp. tamarii*
6a.	분생포자병은 갈색, huelle 세포가 있다.	*Asp. nidulans*
6b.	분생포자병은 갈색으로 되지 않는다.	→ 7
7a.	균총은 맥아엑기스 한천배지에서 생육이 나쁘다(1주간 이내에 직경 1 cm 이하).	→ 8
7b.	균총의 생육은 빠르다.	→10
8a.	균총의 색은 여러 가지, 분생자두는 복열.	*Asp. versicolor*
8b.	균총은 회녹색, 분생자두는 단열, 분생포자는 간혹 무늬가 있다.	→9
9a.	분생자두는 원주모양, 자당 또는 식염을 첨가한 배지 상에서 *Eurotium telemorph*가 보이지 않는다.	*Asp. penicinilloides*
9b.	분생자두는 원주모양으로 되지 않는다. Eurotium telemorph가 오랜 배지 혹은 자당 또는 식염을 첨가한 배지 상에서 형성된다.	*Asp. glaucus*
10a.	분생자두는 황녹색.	→ 11
10b.	분생자두는 청록색~암녹색 .	→ 13
11a.	분생자두는 단열로만 된다.	*Asp. parasiticus*
11b.	분생자두는 단열 또는 복열이 혼재한다.	→ 12
12a.	분생포자는 뚜렷한 밤송이 모양이다.	*Asp. flavus*
12b.	분생포자는 불규칙으로 조면 또는 평활면이다.	*Asp. oryzae*
13a.	분생자두는 원주상, 정낭은 폭이 넓은 곤봉모양, 분생자두는 거친 면 밤송이 모양이다.	*Asp. fumigatus*
13b.	분생자두는 원주모양으로 되지 않고 정낭은 가는 곤봉모양, 분생포자는 활면이다.	*Asp. clavatus*

으로 분류하고 있다.

*Asp. oryzae*의 균총(菌叢)은 분생포자가 착생하면 황색에서 황녹색으로 되고, 오랜 배양으로는 녹갈색 내지 갈색을 띠고, 분생포자의 표면은 거칠다. *Asp. sojae*는 *Asp. oryzae*와 유사하나 metulae를 가지지 않고 분생포자의 표면에 소돌기가 있다. *Asp. tamarii*는 *Asp. sojae*에 유사하나 분생자의 표면에 소돌기가 없고, 다갈색의 색소 입자를 가지며 컵 모양을 하고 있다. 균총은 일반적으로 다갈색으로 띠고 있다. *Asp. flavus. Asp. parasiticus. Asp. toaxicarius*는 야생의 곰팡이로 균총의 오랜

표 2-8. 황록색 *Aspergillus*속의 식별표

분생자			Tetule	균 핵	핑크 분생자	국산	Afla-toxin	균 종
표 면	직 경	진한녹색*						
소돌기	4～6 ㎛	+	+	+～-	-	+	+++	*A. toxicaris*
	4～6 ㎛	+	+	+～-	+	+	++～-	*A. paprasiticus*
	4～6 ㎛	-	-	-	-	+～-	-	*A. sojae*
비돌기	4～5 ㎛	+～-	+～-	+～-	+～-	+	+～-	*A. flavus*
비평활	3～8 ㎛	+～-	+～-	(+)～-	+～-	+～-	-	*A. oryjae*

배양에서도 녹갈색, 녹색, 농녹색을 띠고 언제나 녹색을 잃지 않는다. Aflaroxin을 생성하지 않는다.

② 푸른곰팡이[청매(靑霉), *Penicillium*속]

균총은 생육이 빠르고 녹색을 띠고 때로는 백색이다. 보통 분생자병은 단병(單柄) 또는 속상(束狀)으로 병의 선단에 정낭(頂囊)을 만들지 않고 직접 분지하여 그 선단에 경자가 빗자루 모양으로 분생자두(分生子頭)를 형성한다. 분생자두는 좌우 비대칭의 것이 많다.

1.2 중국에서 사용되고 있는 곰팡이(mold)

중국에서는 전통이 있는 천연국(天然麴)을 사용한 조미식품은 전체의 10～20%를 차지하고, 지방의 특산품으로서 생산하고 있다. 대부분은 각각의 발효식품의 생산에 알맞은 성질로 개량하여 개발한 매균(霉菌 : 곰팡이)을 사용하여 제국을 한 인공국[人工麴(麯)]이다. 현재 중국에서 자주 사용되고 있는 곰팡이류를 표 2-9에 나타내었다.

1) 미매균(米霉菌)(*Aspergillus*속 균)

일본에서는 *Asp. oryzae* 중에서 단백질 분해력이 강한 균을 장유양조(醬油釀造)에 사용하며, 전분 분해력이 강한 균을 청주양조(淸酒釀造)에 사용하고 된장양조(味噌釀造)에는 단백질 분해력과 전분 분해력을 가진 균을 사용하고 있다. 중국에서는 쌀에 대하여 전분 분해력이 강한 장모균[(長毛菌), *Asp. oryzae*(AS. 3800)]을 맥소국[麥小麴(麯) : 黃酒釀造] 이나 또는 첨면장(甛麵醬) 이나 두장(豆醬)의 제미(諸味)에 자주 사용한다.

표 2-9. 중국에서 사용되고 있는 곰팡이

균주		용도
Asp. niger AS. 34309(별명 UV-11) *Asp. niger* var. UV-48 *Asp. awamori* var. 하내백주(河內白酒)		고량, 옥수수 등의 분해력이 강하다. 백주나 알코올 발효에 사용된다. 첨면장(甛麵醬)에도 가용된다.
Asp. oryzae	AS. 3800	쌀의 분해력이 강하다.
	소주(蘇州)16호	미소국[(米小麴(麯)], 중국의 황주
Rhizopus oryzae	AS. 341, AS. 3866	두부유의 제미
Rhi. japonicus	AS. 3249	첨면장(甛麵醬)
Rhi. arrhizus	AS. 32893	-
Asp. oryzae	AS. 3951[호양(滬釀)3042]	장유, 두장
	AS. 32792(별명 두시균)	두시(豆豉)
Asp. sojae	AS. 3494, AS. 3765	첨면장
Mucor wutungkiao	AS. 325	두부유(豆腐乳)
Mucor racemosus	IFFI. 03039	두시
Actinomucor elegans	AS. 32778	두부유
Monascus anka	IFFI. 05028	두부유의 홍국[紅麴(麯)]
	IFFI.05027, IFFI. 05026	홍국[紅麴(麯)]
Monascus ruber	IFFI. 05005	홍국[紅麴(麯)]

AS.: 중국과학원 미생물연구소 등록번호, 상해시의 등록

단백질 분해력이 강한 단모균(短毛菌) *Asp. oryzae*(AS. 3951)를 장유양조(醬油釀造)에 사용하고 있다. 이 균은 상해시(上海市) 양조과학연구소에서 1970년 AS. 3863 균주(菌株)를 자외선 조사법으로 조사하여 장기간 순양한 균으로 생육속도가 빠르고, 24시간에 제국시간이 단축되어 잡균의 억제능력이 강하고 제국하기 쉽다. 또 단백질 가수분해효소의 활성이 약 30%이상 높게 되고, 이 때문에 장유(醬油) 원료의 총질소 이용률이 분명히 높아지고 장유(醬油)나 장(醬)의 양조에 알맞은 균이다. 또 이 균은 배지의 pH를 내려도 생육하고, 중국의 장유양조의 저염(低塩) 고온 고체발효에 적응하여 중국 전체로 보급되고 있다.

이 외에 중국 남방과 서북의 일부의 장유양조공장에서는 UE-336, UV-1229의 장유제국(醬油製麴) *Asp. sojae*(AS. 3311, 서양 8201 혹은 X-13 균주)를 사용한다. UE-336은 상해시 양조과학연구소에서 호양(滬釀) 3042 균주의 원주에 ^{60}Co의 고속 중성자, methylsulfonic acid ester로 변이처리를 하여 얻은 신 균주이다. 이 균주는 원균에 비하여 비교하여 단백질 분해활성은 배 이상으로 높았다. 그러나 이 균은 사멸되기 쉽고 제국의 관리가 어려워서 사용하는 공장은 적다. UV-3811의 장유 국균(麴菌)은 중경시(重慶市) 조미품연구소에서 변이 처리하여 육종한 신 균주

표 2-10. 중국에서 사용되고 있는 *Rhizopus*속의 균주가 생성하는 효소활성

균 주	효 소	효소생산 최적배양 온도(℃)	효소활성이 최대로 되는 배양시간			최대효소활성 (unit/g 국)
			25℃	30℃	37℃	
R. javanicus AS. 3849	α-Amylase	30~37	160	100	120	2.6×10^6
	α-Glucosidase	35~30	180	100	50	9,000
	Proteinase	25~30	160	100	75	9,000
	exo-cellulase	25~30	110	90	60	250
	endo-cellulase	30~37	110	110	110	3,000
R. oryzae AS. 341	α-Amylase	30~37	130	120	60	4.4×10^6
	α-Glucosidase	30~37	10	95	100	13,000
	Proteinase	25~34	50	60	40	3,800
	exo-cellulae	25~34	100	60	50	360
	endo-cellulase	30~37	140	60	50	3,200
R. oryzae AS. 32893	α-Amylase	37	110	95	95	4.6×10^6
	α-Glucosidase	37	140	120	85	7,800
	Proteinase	30~34	130	120	85	7,500
	exo-cellulase	37	110	95	110	440
	endo-cellulase	25	110	110	100	3,700

표 2-11. 중국에서 사용되고 있는 *Aspergillus*속의 균주가 생성하는 효소활성

균 주	효 소	효소생산 최적배양 온도(℃)	효소활성이 최대로 되는 배양시간			최대효소활성 (unit/g 국)
			25℃	30℃	37℃	
Asp. niger UV-48	α-Amylase	30~37	-	65	100	5.8×10^6
	α-Glucosidase	35~34	65	90	-	55,000
	Proteinase	25~30	125	70	-	4,800
	exo-cellulase	30	-	60	65	450
	endo-cellulase	25	110	115	115	2,700
Asp. oryzae AS. 3800	α-Amylase	30~37	78	100	110	4.2×10^6
	α-Glucosidase	30~37	110	990	110	13,000
	Proteinase	25~37	50	42	40	3,800
	exo-cellulae	30	50	60	50	320
	endo-cellulase	25	500		50	2,200
Asp. oryzae AS. 3951	α-Amylase	30	-	80	-	4.6×10^6
	α-Glucosidase	30	-	56	-	7,800
	Proteinase	25~30	120	70	-	7,500
	exo-cellulase	30	-	50	-	440
	endo-cellulase	30~35	130	100	-	2,300

삼각플라스크에서 배양한 밀기울 국의 효소활성

로 사천성(四川省)에서 일반적으로 사용되고 있다.

서양(西釀) 8201과 X-13 균주는 서안시(西安市) 양조공사와 서북대학에서 선별된 신 균주로 장유양조에 사용되어 성장속도가 빠르고 효소활성 역가 등이 높은 특징이 있으며, 현재 서북지구의 일부의 공장에서 사용되고 있다. *Asp. niger*(SA. 34309)는 1970년에 ^{60}Co방사선 조사법으로 변이된 균으로 고량(高粱)이나 옥수수 등의 곡물의 전분 분해력이 강하고, 중국의 대부분의 백주(白酒)와 알코올공장에서 잘 사용되는 균이다. 첨면장(甛麵醬)에도 사용하는 수도 있다.

2) 솜털곰팡이(*Mucor*)·거미줄곰팡이(*Rhizopus*)

중국의 북방에서는 황국균(黃麴菌)을 사용하여 두장(豆醬)이나 장유를 만들지만 남방에서는 황국균의 야생주의 *Asp. flavus* 등의 aflatoxin 생성 균주가 생식되기 쉬우므로 녹색의 곰팡이는 사용하지 않는다. 또 청녹색을 띠는 *Penicillium*속의 곰팡이는 식중독의 위험성이 있는 균주가 존재하기 때문에 사용하지 않는다. 포자의 색이 흑색이거나 회색의 *Asp. niger*, 솜털곰팡이나 거미줄곰팡이 또는 홍국균(紅麴菌)을 사용하고 있다.

종국으로서는 소맥분과 찹쌀가루를 섞어 굳게 한 병국(餅麴 : 직경 2 cm, 두께 3 cm의 떡 모양에서 직경 2～3.5 cm, 두께 1.5 cm의 떡 모양, 작은 것은 완두 알맹이의 크기까지 여러 가지 크기의 것이 있다)을 사용하고 있다. 이 병국은 3종류(생것, 찐 것, 볶은 것)의 소맥분말에 찹쌀가루를 혼합한 것이다. 특히 찌거나 볶은 것은 국균(麴菌)이 잘 번식하고, 생의 곡물에는 거미줄곰팡이, 솜털곰팡이가 증식하기 쉽다. 또 15～20℃에서는 솜털곰팡이가 그리고 25℃ 이상에서는 거미줄곰팡이가 증식되기 쉽다.

병국(餅麴)에는 *Rhizopus*속이나 *Mucor*속의 균주와 효모의 *Saccharomyces*속이나 *Saccharomycopsis*속(동남아시아의 병국이나 인도네시아의 Ragi에 함유되어 있다)이 함유되어 있다. 또 유산균으로서 건조에 강한 *Pediococcus pentosaceus*가 함유되어 두시(豆豉)나 술의 발효에 이용되고 있다.

1.3 국(麴)의 효소(酵素)와 생성조건

국균(麴菌)은 여러 종류의 효소를 생성하여 당화제로서 이용되고 있다. *Rhizopus* 속, *Mucor*속 균이나 *Asp. niger*는 *Asp. oryzae* 보다 amylase, protease 활성이 약하나 cellulase 활성이 강하고, 더욱이 pH 3.5의 산성 amylase나 산성 protease 활성이 강하다.

제 3 장

중국술의 당화제와 중국 국(麯·麴)

중국의 대표적인 민족주인 백주(白酒)와 황주(黃酒)를 알기 위하여 우선 곡(曲)에 대하여 알 필요가 있다. 「曲」은 이전에는 국(麯)이라고 쓴 국(麴)의 간자체(簡字体)로 오늘의 중국에서는 간체화(簡体化)하여 간단히 곡(曲)을 쓰고 있다. 따라서 곡(曲)은 일본에서 쓰는 국(麴 : koji)이라는 것이다. 곡(曲)은 곡류에 곰팡이를 증식시키면 여기에 당화효소를 주체로 한 여러 가지 종류의 효소들을 축적시킨 것으로 원료 중의 전분을 당화시키는 큰 역할을 담당하고 있다.

일본의 국(麴)과 중국의 국(麯 : 간자체로 曲)과는 미생물학적으로 흥미로운 차이가 있다. 일본의 국(麴)은 미국(米麴)이나 대두국(大豆麴), 소맥국(小麥麴)과 같이 증자한 원료에 종국(種麴)을 가하여 그 표면에 국균(麴菌)을 증식시킨 산국(散麴 : 출국 완성된 국은 입상이다)으로 여기에 사용된 곰팡이는 *Aspergillus*(種麴)이다.

이에 대하여 중국의 국(麯, 曲)은 복건성이나 절강성 등의 남쪽 지방에서는 홍주(紅酒)를 제조할 때 쌀에 *Monascus*(紅麴菌)를 생육시킨 산국(散麯, 散曲)의 예만을 보는 데 지나지 않고, 다른 술에서 사용하는 대부분의 국(麯, 曲)은 원료의 곡류를 분쇄하고 여기에 물을 가하여 반죽하면서 *Rhizopus*를 가하여 굳히고 나서 증식시킨 병국(餠麯, 餠曲)이다. 더욱이 병국(餠麯, 餠曲) 원료가 되는 곡류는 일본의 제국(製麴)과 같이 증자하지 않고 그대로 분쇄한 다음 여기에 물을 살수하여 목제의 틀(우리나라의 고지, 즉 누룩 틀)에서 눌러 성형하고 이것을 배양한 것이다.

특히 종국(種麴)을 가하지 않아도 원료에서 유래되는 *Rhizopus*가 왕성하게 증식하여 병국(餠麯, 餠曲)이 얻어진다. 병국(餠麯, 餠曲)은 그 크기에 따라 대국(大麯, 大曲)과 수국(小麯, 小曲)으로 나눈다. 아래에서 이들을 간단히 설명하고 상세한 것은 다음에서 설명하기로 한다.

여기에서 '麴'을 '국'으로 읽고 쓰면서 '麯'을 '곡'으로 읽는 것은 잘 못 읽고 쓰는 것 같아 이는 앞에서 설명하였다. 더욱 麯의 중국의 간자체를 받아 들여 曲으로 쓰는 것은 정서상 받아들일 수 없어서 여기에서 麯과 麴은 다 같이 국으로 읽고 중국의 麯과 일본의 麴은 원리는 같으나 사용된 균이 다르다는 것을 나타내기 위하여 국[麴(麯)]으로 나타내었다. 한국의 누룩에서 이미 설명하였다.

수천 년 전에 중국에서 시작한 발효식품은 동남아시아, 조선반도를 거쳐 일본으로 전해졌다. 중국에서는 각 지방의 원료 사정, 기후풍토 혹은 습관에 따라 지방의 특색이 있는 여러 종류의 발효식품을 만들어 내었고, 이들 식품은 어느 것이나 동양인의 식생활을 풍요롭게 하여 영양을 유지하는 데 중요한 역할을 하였다. 이 발효식품은 미생물의 작용으로 만들어지며, 특히 국(麴)과 밀접한 관계가 있다.

중국에서 국(麴)을 사용하여 국을 만드는 것은 5000년 이전의 용문문화(龍山文化) 시대에 시작하여 후한(後漢)의 고서에서 처음으로 초국(草麴)이 기재되어 기원 300년경의 『방언(方言)』에 국은 원료별로 병국(餠麴), 대맥국(大麥麴), 소맥국(小麥麴), 가는 병국(餠麴) 유의국(有衣麴 : 곰팡이로 싸여 있는 국) 등의 5종류가 기재되어 있다. 그 후 『제민요술(齊民要術)』에는 9종류 즉 신국(神麴), 이국(頤麴), 백료국(白醪麴), 분국(笨麴), 하동신국(河東神麴), 대주백타국(大州百墮麴), 황의(黃衣), 황증(黃蒸) 등의 제국(製麴)과 사용법이 상세히 기록되어 있다.

중국의 전통적인 양조식품은 거의 대부분이 국(麴)을 사용하고, 이들의 국에 함유된 미생물의 종류에 따라 제품이 되는 것이 좌우되고, 현대 중국에서는 전통적인 경험에 기초하여 성질이 다른 국(麴)이 만들어지고 있다.

1. 국(麴)의 종류

국(麴)은 중국 간체자로 곡(曲)으로 쓴다. 제국방법은 각각의 지방, 생산품, 특징 또는 계절에 따라 다르다. 국의 명칭은 백주(白酒), 황주(黃酒), 식초(食醋), 장(醬) 그리고 장유제조업에 따라 다른 명칭과 통속 명을 쓰고 있다. 현재, 국(麴)은 오랫동안 사용되어 온 국실(麴室), 국상(麴床)이나 대나무 광주리 등에 부착한 미생물을 곡물에 착생시켜 제국(製麴)하는 천연국(天然麴)과 순수 배양한 종국(種麴)을 접종하는 인공국(人工麴)의 2종류가 있다.

1.1 천연국[天然麯(麴)]과 인공국[人工麯(麴)]

천연국은 별명으로 노법국[老法麯(麴) : 옛날 방법으로 만든 국(麴)]이라 하며,

- 국(麯, 麴)
  - 천연국(麴)
    - 대국(大麴) : 고온대국[高溫大麯(麴)], 저온대국[低溫大麯(麴)]
    - 소국(小麴) : 맥국[麥麯(麴)], 미소국[米小麯(麴)], 약국(葯麴)
    - 장국(醬麴) : 두국(豆麯(麴), 두부국(豆腐麯(麴), 두면국[豆麵麯(麴)]
    - 피국(麩麴)
  - 인공국(麴)
    - 액체국(液體麴)
    - 미국(米麴) : 백미국[白米麯(麴)], 홍국[紅麯(麴)], 오의홍국[嗚衣紅麯(麴)]
    - 인공 소국(人工小麴) : 맥국[麥麯(麴)], 백국[白麯(麴)], 미분국[米粉麯(麴)], 약국(葯麯(麴)]
    - 인공 장국(人工醬麴) : 두부국[豆腐麯(麴)], 두면국[豆麵麯(麴)], 두부국(豆麩麯(麴)], 유국醬油麯(麴)], 면국[麵麯(麴)]

그림 3-1. 중국의 국의 분류

증자한 원료에 그 반분 이상의 생의 곡물이나 밀기울, 왕겨 등을 적량의 물과 같이 살포하고 장방형 혹은 원형의 떡 모양으로 굳게 한 것으로 옛날의 방법이다. 즉 사용하고 있는 국실(麴室)이나 대바구니(광주리), 멍석(자리)에 부착하고 있는 곰팡이, 효모나 세균류를 배양하여 만든 국(麴)이다.

천연국(麯)에는 곡물을 분해하는 전분 가수분해효소나 단백질 가수분해효소를 생산하는 곰팡이류 외에 좋은 향을 생성하는 효모나 세균이 함유하고 있다. 또 인공국(麯)은 보통으로 찐 곡물이나 밀기울, 왕겨에 순수 배양한 곰팡이류나 효모, 유산균 등을 접종하여 만든 국으로 국의 당화력과 단백질 가수분해력을 이용하고 있다. 또한 국의 원료가 되는 곡물의 종류에 따라 세분할 수가 있다. 이것을 그림 3-1에 나타내었다. 미국[米麯(麴)]에는 증미에 *Aspergillus oryzae*를 배양한 백미국[白米麯(麴)], *Monascus*속 곰팡이를 접종한 홍국[紅麯(麴)] 그리고 *Monascus*속 곰팡이와 *Aspergillus niger*를 혼합한 오의홍국[烏衣紅麯(麴)]이 있다.

이들의 국은 중국 전통의 황주(黃酒), 식초나 두부유(豆腐乳) 등의 생산에 이용되고 있다. 부국[麩麯(麴)]은 곡물, 밀기울을 증자한 원료에 *Asp. oryzae*의 종국(種麴)을 접종하여 배양한 국으로 백주(白酒), 식초(食醋), 된장, 간장 등의 생산에 사용된다. 액체국(液體麴)은 알코올 생산에 사용되고 있다.

중국의 전통인 장유(醬油)는 대두, 탈피 잠두(豌豆), 낙화생과 소맥분말 등을 원료로 하여 *Asp. oryzae*, *Rhizopus*속, *Mucor*속 곰팡이를 접종하거나 혹은 천연배양으로 만든 국으로 특징이 있는 된장과 간장(醬油), 두부유(豆腐乳) 등의 제조에 사용된다. 두국[豆麯(麴)]은 대두, 잠두 등을 원료로 하여 두장[豆醬 : 중국 북방에서는 대장(大醬)이라 부른다]과 두판장(豆瓣醬)의 생산에 사용되고 있다.

두국[豆麯(麴)]에는 일본은 증자한 대두를 굳게 한 미증 덩이[味噌玉, Nagano 지방은 10 × 10 × 10 cm의 입방체 또는 원주형, Aichi(愛知)의 두미증(豆味噌)의 경우 직경 20~40 mm], 한국에는 메주가 있고 된장이나 간장을 만들고 있다. 맥국[麥麯(麴)]은 대맥 또는 소맥을 할쇄하여 볶거나 침맥 후 증자하여 제국한 맥국이다. 면고국[麵糕麯(麴)]은 소맥 분말을 벽돌모양으로 굳히거나 혹은 둥근 떡 모양이나 작은 판형으로 하여 증자하고 냉각 후에 종국을 접종하고 40℃ 이하의 통풍제국(製麴)한 것으로 첨면장(甛麵漿)이나 두부의 부원료로서 사용한다.

국(麴)의 제조법은 사용하는 미생물에 따라 다르다. 일본의 국(麴)은 미국(米麴)이나 맥국(麥麴)과 같이 증자한 원료에 종국(種麴)을 접종하여 그 표면에 국균(麴菌)이 번식한 산국(散麴)이지만, 중국의 천연국[天然麯(麴)]은 원료의 곡류를 증자하지 아니하고 생 그대로 분쇄한 후 살수하여 굳게 하고 성형하여 배양한 것으로 특히 종국(種麴)을 가하지 않고 전회에 사용한 광주리나 국실, 용기 등에 부착한 살아 있는 곰팡이를 이용하거나 또는 병국(餠麴)의 종을 가하여 배양하여 이것을 술이나 두시(豆豉)의 제조에 사용하는 것이다.

생의 원료를 사용하면 *Rhizopus*속의 균이나 *Asp. niger*가 증식하기 쉽다. 중국 남방에서는 *Asp. oryzae*와 같은 녹색의 포자를 형성하는 것 중에 곰팡이 독을 생성하는 *Asp. flavus* 등의 야생균(野生菌)이 서식하여 오염되기 쉬므로 녹~농녹색을 띠는 곰팡이는 거의 사용하지 않는다. 그러나 북방에서는 야생의 곰팡이 독을 생성하는 균이 생식할 수 없으므로 대부분의 발효식품에 *Asp. oryzae*를 사용하고, 대두에서 산국(散麴)을 만들고 장(醬)이나 장유를 제조하고 있다.

또 *Rhizopus*속의 균이나 *Asp. niger*는 단백질 가수분해력이 *Asp. oryzae*나 *Asp. sojae*보다 약하기 때문에 콩 알맹이가 남아 있는 두시(豆豉)가 되어 단백질의 분해력이 강한 *Asp. oryzae*나 *Asp. sojae*를 사용하여 장유국[醬油麯(麴)]이나 부국[麩麯(麴)]을 만들어 담그면 발효 중에 두류의 단백질이 잘 분해하여 콩 알맹이가 남지 않는 걸쭉한 장(醬)이나 제미(諸味)가 된다. 또 벽돌 모양의 대국[大麯(麴)]보다 작은 2~3 cm의 공 모양의 작은 편평 타원형(떡 모양, 작은 판형)으로 형성하여 제국하는 소국[小麯(麴)]이 있다. 소국[小麯(麴)]의 경우는 곰팡이와 효모를 함께 접종 배양하고 있으므로 발효작용도 함께 한다.

2. 대국[大麯(麴)]

대국[大麯(麴)]의 제조에는 우선 대맥이나 소맥에 20~30% 정도의 완두(아니면 대두류)를 가한 다음 이것을 분쇄하여 원료에 대하여 20~30% 정도의 물을 살수한다. 다음에 이것을 잘 교반하여 전체가 균일하게 습하게 된 다음 나무틀(두께 8 cm, 종횡 각각 25 cm)에서 굳게 눌러 성형하고 어느 정도 굳어지면(곰팡이가 증식하기 전의 이와 같은 덩어리를 국병[麯(麴)餠]이라 한다) 나무틀에서 꺼내고 28~30℃의 방에 늘어세우고, 이 방을 양국방[養麯(麴)房]이라 한다.

일본의 제국의 경우에는 반드시 종국(種麴)을 가하지만, 중국의 국[麯(麴)]의 경우에는 가하지 않는다. 이것은 원료의 보리 중에는 이미 *Rhizopus*가 다수 서식하고 있으므로 이것이 국병[麯(麴)餠]에 증식하므로 원료를 증자하지 않는 이유라는 것이다. 일본의 대맥이나 소맥에서 여기에 실제로 중국의 귀주성(貴州省) 귀목시(貴祖市), 강서성 남창시(南昌市)의 백주 공장에서 시료로서 가지고온 백주(白酒) 원료의 맥류에서 곰팡이를 분리한 바 어느 시료에서도 수많은 *Rhizopus*가 분리되었고 다른 곰팡이는 거의 없었다. 일본 미국(米麴)의 예와 같이 쌀에는 *Aspergillus*가 왕성하게 생육하고, 중국의 국[麯(麴)]에서는 *Rhizopus*가 번식하는 현상은 생태학적으로도 실로 흥미 있는 일이다.

양국방[養麯(麴)房]에 들어간 국병[麯(麴)餠]에는 점차로 *Rhizopus*의 증식이 되고 품온은 점차로 상승한다. 이 때문에 양국방[養麯(麴)房]의 실내 온도를 내리거나 대국[大麯(麴)]의 뒤바꾸기를 하여 목적의 대국[大麯(麴)]에 따라 품온 경과를 취하게 한다.

4일경부터는 품온은 45℃를 돌파하게 되어 국[麯(麴)]의 중심에 *Rhizopus* 균사가 침투하게 되므로 정차로 국[麯(麴)]은 굳어진다. 그대로 방치하여 국[麯(麴)]의 최고 온도를 65℃까지 높이는 수도 있다. 이것은 고온에 약한 *Rhizopus* 이외의 균류가 도태되거나 살균시키기 위해서이다. 일본 술의 양조에는 「첫째 국(麴), 둘째 술밑(酛), 셋째 술덧(醪)」라는 말이 있는 것과 같이 주조에서는 국(麴)이 가장 중요한 것이라 한다. 중국의 경우에도 마찬가지로 불순한 국[麯(麴)]이 되거나 당화력이 약한 국[麯(麴)]이 얻어지면 양질의 술을 내는 것은 무리라고 한다.

최고 온도 60~65℃의 국[麯(麴)]을 고온국[高溫麯(麴)], 50~60℃의 것을 중온국[中溫麯(麴)], 40~50℃의 것을 저온국[底溫麯(麴)]이라 한다. 높은 온도의 국[麯(麴)]일수록 술의 풍미는 상급이고, 온도가 낮은 것은 균의 순도가 낮으므로 술의 향미는 약간 복잡하다.

이와 같이 하여 끝마무리 된 대국[大麯(麴)]은 그늘에서 충분히 건조한 다음에 저장하거나 사용 시에 이것을 분쇄하여 사용한다. 대국[大麯(麴)]은 다음의 소국[小麯(麴)]에 비하여 상당히 크고 벽돌 모양의 것이다.

3. 소국[小麯(麴)]

소국[小麯(麴)]은 대맥, 소맥, 미분 등을 원료로 하여 여기에 약재(葯材)라고 하는 한방약의 재료인 여러 가지 생약을 혼합한다. 원료의 곡류[대국(大麯)과 같이 콩은 사용하지 않는다]를 분쇄하고, 여기에 약재(葯材 : 육계, 진피, 감초 등)를 가하고 전회에 만든 소국[小麯(麴)]의 일부를 분쇄하여 가한다. 소국[小麯(麴)]을 가하는 것은 종국(種麴)의 의미를 가지나 대국[大麯(麴)]에서는 이와 같은 스타트를 사용하지 않는 점이 다르다.

다음에 여기에 25% 전후의 물을 가하여 잘 교반한 다음에 2~3 cm의 구상 내지 편평 타원모양으로 성형하고서 양국방[養麯(麴)房]에서 제국[製麯(麴)]한다. 국[麯(麴)]의 제조에 약재를 가하는 것은 특이한 것이다. 이것은 술에 특유한 방향을 주는 것과 약효를 기대하는 것이다. 또한 약재를 사용하는 또 다른 하나의 이유는 약재의 성분에는 잡균의 침입을 억제하는 효과가 있다는 설도 있다. 지금도 이런 생각은 의문시하는 경향이 많다고 한다.

양국방[養麯(麴)房]에서는 대개 대국[大麯(麴)]의 제조에 준하여 제국[製麯(麴)]하고, 대국[大麯(麴)]과 마찬가지로 건조하여 저장하여 사용 시에 분쇄하여 사용한다. 그런데 소흥주와 같이 술 공장에서는 소국[小麯(麴)]을 만들지 않고 우수한 소국[小麯(麴)]을 전문으로 만들어 내는 소국[小麯(麴)] 공장에서 제조를 위탁하는 예도 많다.

4. 국[麯(麴)]에 분포된 미생물과 효소

대국[大麯(麴)]이나 소국[小麯(麴)]에 존재하는 미생물 중 곰팡이는 *Rhizopus*속이 압도적으로 많아 주역을 담당하고 있지만 여기에 약간의 *Mucor*속, *Aspergillus*속, *Monascus*속, *Penicillium*속, *Absidia*속, *Cladosporium*속, *Neurospora*속 존재도 확인되고 있다. 또 효모류로서는 *Saccharomyces*속과 *Hansenula*속이 가장 많고, 이외에 *Pichia*속, *Debaryomyces*속, *Kluyveromyces*속, *Nadsonia*속, *Hanseniaspora*속, *Schizosaccharomyces*속 등이 검출되고 있다. 그리고 세균류로서는 유산균, 낙산균, 초산균, 고초균의 존재가 알려져 있다. 당화효소로서는 glucoamylase와 α-amylase를 주체로 하고 protease는 산성, 중성, 염기성 protease 활성도 있고 *Rhizopus*국[麯

(麴)]의 특성을 나타내는 산성 protease가 강한 경향이다. 이외에도 lipase, catalase, peroxidase 등이 존재하고 있다.

5. 홍국[(紅麯(麴)]

홍국은 쌀에 속의 곰팡이가 증식한 선홍색에서 주색의 국으로 중국에서는 옛날부터 있었고, 단국(丹麯) 또는 홍국(紅麯)이라고 불렀다. 이 홍국(紅麴)의 색소는 독성이 없고 식욕을 증가하며 소화를 돕고 혈행을 좋게 하여 한방약으로써 우수하다. 양조주(釀造酒), 부유(腐乳)나 두판장(豆瓣醬)의 원료로서 좋으며 생선이나 고기 그리고 김치의 조미나 착색, 조미료로 사용된다. 또 홍국(紅麴)에서 추출한 색소는 식품첨가물의 천연 색소로써 사용되고 있다.

홍국미[紅麴(麯)米]는 복건(福建), 절강(浙江), 강서(江西), 사천성(四川省) 등의 특산품으로 이 중에서도 고전홍국[古田紅麴(麯)]이 유명하다. 고전현(古田縣) 평호(平湖), 나화(羅華)나 병남현(屛南縣) 장교(長橋)의 제조법이 중국 각지나 대만으로 학대되어 오키나와의 두부와 같이 중국에서 전해진 홍부유(紅腐乳)의 일종이다.

5.1 홍국(紅麴)의 역사

당 시대의 서견(徐堅)의 『초학기(初學記)』에 기재되어 있는 한말의 왕찬(王粲)의 『칠석(七釋)』에 서방의 양(梁)을 여행하여 숙소에서 '과주[瓜州, 현재의 감숙성(甘肅省) 안서(安西), 돈황(敦惶)지방]의 홍국을 섞어 부드럽고 매끄러워 입에 넣으면 잘 녹는 정진(精進) 요리을 먹었다'고 최초로 홍국의 기록이 있다. 또『초학기(初學記)』 중에 홍국에서 양조주를 만든 것이나 당(唐) 시대의『낙양가람기(洛陽伽藍記)』에 홍주가 기록되어 있다. 또 5대(90~960년)의 도곡(陶穀)의『청이록(清異錄)』에 중국에서 처음으로 홍국과 함께 고기를 삶은 요리의 이야기가 있고, 북송(北宋) 시대의 주익(朱翼)의 『북산주경(北山酒徑)』에는 다른 국균(麴菌)에 비하여 높은 제국온도에서 홍국이 번식하여 빨갛게 달은 불과 같이 중심에 붉게 되었다는 이야기가 있다.

원(元) 시대의 노명선(魯明善)의『농상의식촬요(農桑衣食撮要)』에 홍국에서 초(酢)를 양조하였다는 기록이 있다. 명(明) 시대의 오씨(吳氏)『묵아소록(墨娥小錄)』, 유기(劉基)의『다능비사(多能鄙事)』, 정번(鄭番)의『편민도찬(便民圖纂)』, 송응성(宋応星)의『천공개물(天工開物)』 등에서 여러 홍국의 재료가 있고, 명(明)

시대의 이시진(李時珍)(1518~1593년)의 『본초강목(本草綱目)』의 단계보유(丹溪補遺) 중에 '증미(蒸米)에 종국(種麴)을 가하여 습도, 온도를 가하여 배양하면 홍색이 장기간 변색되지 않는 홍국이 된다.' 등이 있다. 이들은 자연의 기술을 교묘하게 조합시킨 것이다.

5.2 홍국균(紅麴菌)의 분리

1) 홍국균(紅麴菌)의 분리원

고문서에 의하면 복건성(福建省)의 건구현(建甌縣), 송계현(松溪縣), 정화현(正和縣)과 고전현(古田縣) 일대에서 홍국(紅麴)이 만들어졌고, 이 종균의 대부분은 건구현(建甌縣)의 옥산(玉山)이나 양택(陽澤) 일대의 농가에서 생산된 토홍국[土紅麴(麯)]을 사용하였다.

이 토홍국[土紅麴(麯)]은 겨울 추운 날씨에 동굴에서 만든 굴국[窟麴(麯)]과 여름 더운 날에 옥외에서 만든 괴국[塊麴(麯)]이 있다. 제조 시에 쌀을 약간 단단하게 찧고 비벼서 온도를 내리고 노진초(老陳草)를 가하여 잘 교반하고 대발로 싸서

표 3-1. *Monascus*속과 그 분리원

균 종	기 원
M. purpureus	홍국[紅麴(麯)], 국자[麴(麯)子] (중국 대륙, 대만, 한국)
M. anka	홍국(대만), 홍부유 국자[麴(麯)子], 오키나와의 두부고
M. anka var. *rubellus*	홍노주재(紅老酒滓)
M. barkeri	쌈주의 원료 국(麴)
M. albidus	장두부(醬豆腐) [상해(上海)]
M. albidus var. *glaber*	국자[麴(麯)子] [복주(福州)]
M. araneosus	고량주용 국자[麴(麯)子] (중국 동북부)
M. fuliginosus	국자[麴(麯)子] [귀주(貴州)]
M. major	국자[麴(麯)子] [복주(福州)]
M. pilosus	고량주용 국자[麴(麯)子] (중국 동북부 요양)
M. rubropanctatus	국자[麴(麯)子] [복주(福州)]
M. pubigerus	고량주용 국자[麴(麯)子] (중국 동북부 요양)
M. rubinosus	국자[麴(麯)子] (중국 동북부)
M. serorubescens	홍부유(紅腐乳) (홍콩)
M. vitreus	홍부유(紅腐乳) (홍콩)
M. kaoliang	고량주용 국[麴(麯)] (대만)
M. ruber	논 토양, 사일레이지, 부패 과실 등
M. paxi	마른나무 가지

음지의 통풍이 좋은 처마 밑에 매달아 천연의 곰팡이를 생식시킨다. 그 청홍색의 균사에서 주로 흑국균(黑麴菌)이 또는 미홍색의 것에서 홍국균(紅麴菌)이 선별된다. 푸른색을 띤 홍색의 국(麴)은 오의홍국[烏衣紅麴(麯)]으로써 *Monascus*속 곰팡이와 *Aspergillus niger*의 공생한 것이 유명하다(표 3-1).

2) 홍국균(紅麴菌)의 분리배양

(1) 종균의 분리

① 홍조[紅糟 : 홍주(紅酒)의 제미(諸味 : 술덧)] : 홍부유(紅腐乳)나 홍국(紅麴)을 살균수로 희석하고 샬레의 국즙(麴汁) 한천배지와 희석하여 33℃에서 2~4일간 배양 후 포자가 발화하여 증식한 이 홍색의 균사를 시험관 사면배지에 옮긴다. 현재 중국 대륙, 대만이나 한국의 홍국(紅麴), 홍부유(紅腐乳), 홍주(紅酒) 등의 시료에서 20종류가 분리되고 있다.

② 사면배지의 조제 : 3~8 Be'의 미국즙(米麴汁) 100 mℓ에 가용성 전분서 10분간 살균 후 시험관마다 95% 초산 0.02 mℓ를 가하여 사면배지를 조제한다.

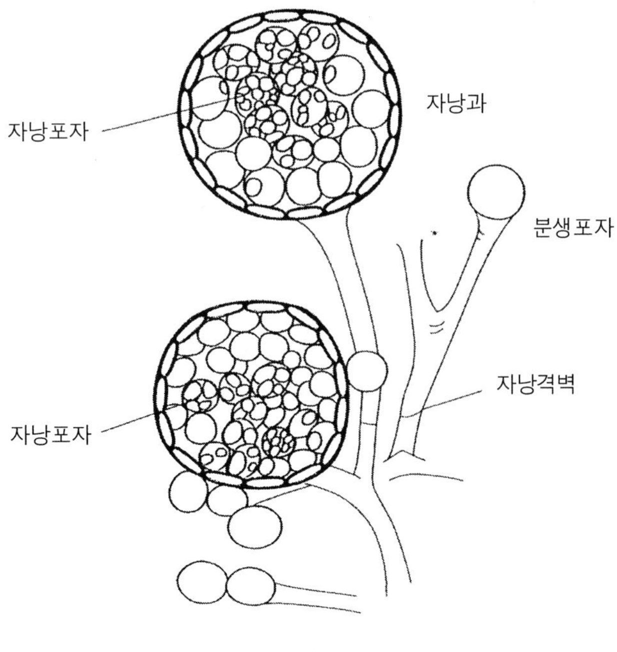

그림 3-2. 홍국균의 자낭과와 분생포자

(2) 종균배양(種菌培養)

① 쌀의 원료 처리: 냉각된 증미 50 g을 건조 살균된 500 mℓ의 삼각플라스크에 넣고 125℃, 10분간 살균 후 38℃ 이하로 냉각한다.

② 접종 배양: 무균상(無菌箱)에서 냉각한 증미에 균액 2 mℓ(홍국의 균사 10%를 함유한 0.4%의 초산용액)을 접종 후 플라스크의 한쪽에 증미를 모아 퇴적하여 약 36℃, 15～17시간 배양한다. 전면에 균사가 신장하여 쌀을 평으로 넓히고 플라스크를 교반하여 벽면의 수적을 쌀에 흡착시킨 후 30～32℃, 5～10시간 배양한다. 균사에 덮인 쌀의 표면이 미홍색이 된 국의 플라스크마다 살균수 2 mℓ를 가한 다음 균일하게 교반하고 평으로 넓혀 건조되기 쉬우므로 물을 분무하여 3회 습도를 조절하고 8～9일간 종균을 배양한다.

③ 검 사: 종균의 외간을 맑은 진한 홍색으로 균일하게 균사가 생육하고 잡균의 오염이 없으며, 특유한 홍국 향을 가지고 증식도 98%, 현미경에서는 비교적 다수의 해바라기 꽃을 닮은 자낭과가 함유된다(그림 3-2). 또한 포자의 발아율을 조사한다.

④ 종국의 건조: 배양 후 종국을 4～45℃로 수분을 7～12%까지 건조하고, 포자를 분말로 하여 종국 분말을 얻는다. 이것을 비닐 주머니에 넣고 건조한 냉 암소에서 보존하여 1년 이내에 사용한다.

3) 홍국균(紅麴菌)의 종류와 성질

홍국균은 홍국균과(Monascaceae)에 속하고, 주로 중국에서는 *Moascus anka*, *M. perpureus*, *M. seroruescens*가 사용되고 있다(표 3-2). 홍국균은 자웅동주성(雌雄同株性)으로 유성 생식기간에 자낭과(子囊果, cleistothecium)를 만든다. 자낭과는 보통 길이 150 ㎛으로 때로는 1000 ㎛에 달하고, 소병의 선단에 형성된다. 균사는 분지하여 선단에 구형 또는 타원형의 자낭(子囊, ascus)을 만들고, 익으면 서서히 팽창되어 그 하부에서 생기는 균사로 쌓여 피자기(被子器, perithecium)의 내부에 다수의 구형 포자를 만든다.

자낭포자는 황색, 난형에서 타원형, 자낭 격벽(子囊 隔壁)은 간혹 무색, 무성생식에서는 균사의 측지(側枝)에 분생포자(分生胞子)를 2～3개 연결하여 생기고, 처음에는 백색을 띠나 후에는 적색으로 된다.

4) 홍국(紅麴) 제조의 요점

홍국은 장시간 제국하기 때문에 건조[국미(麴米)의 중심까지 균사가 증식하지 않

표 3-2. *Monascus*속의 주요 균종의 균학적 성질

균 명	균 사	자낭과	자 낭	자낭 포자	분생 포자	발육 온도
M. ruber (*M. purpureus*)	무색~갈색을 띤 적색, 폭 4.2~7.5 ㎛, 기균사는 밀생	150~1,000 ㎛ 구형, 직경 20~70 ㎛	구형~아구형 황색, 직경 7.5~10 ㎛	난형 ~ 타원형, 5~6 × 3~4 ㎛ 20~40개	정단에서 연속하여 생긴다. 난형~서양배 모양 6~8 × 5~6 ㎛	25~40℃
M. anka	무색~갈색을 띤 적색, 폭 3~5 ㎛, 기균사는 생기지 않는다.	직경 20~40 ㎛	구형	백색, 구형 2~3 ㎛	정단에서 2~3개 연결 5~0 ㎛	33~35℃

는다] 되기 쉽다. 건조를 방지하기 위하여 살수를 하면 습도가 높게 되어 잡균에 의하여 오염되기 쉽기 때문에 여러 연구가 이루어지고 있다.

(1) 원료의 처리조건

① 세정과 침지 : 쌀을 물로 잘 세정하고 쌀에 부착한 겨나 이물을 제거하고 침지하면 쌀 전분이 충분히 물을 흡수 팽창하여 연하게 되고, 세포 입자 사이가 채워지고 증자하면 전분이 호화하여 곰팡이가 번식이 되기 쉽다. 겨울과 봄에는 4~5일간 침지하고, 여름에는 2~3일간 침지하여 흡수량을 28% 정도가 되도록 조절한다.

② 물 빼기 : 침지 후 증미가 끈적거리지 않게 충분히 물기를 빼고 오수를 제거하고, 국의 번식에 알맞은 수분으로 조절한다.

③ 증 자 : 물 빼기 후의 쌀을 시루에 넣어 표면을 펴고 증기를 불어넣어 쌀 표면의 전체에서 증기가 뿜어내면서 0.5기압에서 8~10분간 균일하게 증자하고, 하얀 심(芯)이 없고 표면이 단단하고 내부가 연하고 끈적거리지 않고 풀과 같이 되지 않게 한다. 이것을 펴서 38℃까지 냉각하여 종국을 접종한다.

(2) 제국(製麴)

① 온도제어 : 접종 후의 증미를 국실(麴室)에 재우고 증미의 층을 두껍게 퇴적

하면 품온이 자기발열로 품온이 상승한다. 40℃로 되면 국개(麴蓋)에 담으나 품온이 45℃ 이상으로 되면 국이 타게 된다. 이것을 방지하기 위하여 국의 상하의 위치를 바꾸고 교반 손질을 한다. 굳은 국을 비벼서 부수고 국 층을 엷게 펴고 통기가 좋게 하여 목판에 편다. 손질로 국의 호흡이 왕성하면 발생한 열이나 냄새를 발산시키고 폼온을 내린다. 또 국의 두께가 너무 얇으면 자기발열에 의한 품온이 오르지 않고 균사가 증식하지 못한다. 퇴적과 보온이 필요하므로 38~40℃에서 가장 잘 번식한다. 또 품온은 국에 꽂은 온도계의 위치(국실의 상하, 국의 중심과 끝의 위치)에 따라 다르다. 온도계의 꽂은 위치를 바꾸어 측정하고 온도차를 없애게 손질로 관리한다.

② 습도제어: 홍국은 습도가 많은 중에서 증식하지만 건조하면 떨어지고 전분이나 단백질의 분해가 나쁘고 당이나 아미노산의 생성이 적어진다. 이 때문에 포화 습도를 유지하고, 국미(麴米)를 퇴적하여 국의 표면을 마대로 덮는다. 또한 담기 후 국미(麴米)의 물을 분무하거나 살수 혹은 국을 주머니에 넣어 물에 침지하여 흡수시켜 습도조절을 한다. 그러나 수분이 많아 습도가 높으면 잡균에 오염되기 쉽다.

③ pH의 제어와 잡균의 오염방지: 국실(麴室)은 사용 1일 전에 염소 살균을 하여 용기는 세정, 건조, 살균하여 사용한다. 홍국균(紅麴菌)은 다른 곰팡이와 마찬가지로 산성에서 생육하고 세균은 산성에서는 제어되기 때문에 산성에서 초산으로 pH를 3.5 전후로 하여 국공장[麴(麯)公醬] 혹은 알코올을 함유한 제미[諸味: 국공조(麴(麯)公槽)]를 가하여 잡균을 억제하여 제국을 한다.

④ 잡균의 증식촉진: 홍국은 된장이 미국(米麴)에 비하여 강화력이 약하므로 홍국균의 증식이 늦다. 이 때문에 증미를 *Aspergillus oryzae*나 *Asp. niger* 등의 미국에서 추출한 amylase 용액에 침지하여 전분을 분해하여 당분을 증가시키거나 혹은 증미를 미국의 당화액에 단시간(15~30분) 침지하여 물 빼기 후 홍국균을 접종한다. 이외에 다음과 같은 방법이 있다.

당분을 증가시킨 증미를 가압 살균하여 홍국균을 접종한다. 증미의 중심까지 균사를 잘 번식시키기 때문에 쌀을 팽화시키거나 두 번 찌기를 한다. 혹은 고압으로 증조하기도 한다. 빵이나 찜 빵과 같은 평화된 것을 스펀지로 하거나 곰팡이가 번식하기 때문에 습도의 제어가 용이하다. 또 쌀 등의 전분 원료에 탈지대두를 혼합하면 *Monasucus*속의 곰팡이의 증식이 좋고, 적색 색소의 생산이나 단백질 분해효소 등의 생산이 빠르다.

5.3 종국(種麴)의 제조

현미 종국(種麴)은 포자의 생성이 많고 장기간 보존하는 경우에 적합하다.

1) 현미 종국(種麴)의 제조

현미를 물로 씻은 후 물에 1일 침지하고 증미기로 압력 1.2 g/cm^2, 60분간, 일단 증자를 한다. 40℃로 냉각하여 국상(麴床)에 옮기고 원료 쌀에 대하여 20%의 물을 살수, 물 빼기 후 같은 조건에서 20℃ 찌기를 한다. 38℃로 냉각하여 종균(種菌, *Aspergillus oryzae*, *A. niger*, 홍국균)을 접종 배양하여 종국(種麴)을 제조한다.

2) 국공조[麴(麯)公糟]의 제조

판의 빵 1.5근의 표피 부분을 제거한 내부를 0.7 cm 각으로 절단한다. 이 30 g을 500 mℓ의 면전 플라스크에 넣어 가압살균 후 냉각하여 홍국(紅麴) 종균(種菌)과 알코올 20%를 함유한 효모를 가하고 30℃, 10일간 배양 후 다시 20℃에서 5일간 배양하여 국공조[麴(麯)公糟 : 조(槽)는 종국(種麴)의 물과 효모가 함유된 술 제미(諸味 : 술덧)]를 제조한다.

3) 국공장[麴(麯)公醬]에 의한 제국법

(1) 종균 접종

증미 100 kg에 대하여 국공장[麴(麯)公醬)] 6.2 kg 홍국(紅麴) 종국(種麴) : 물 : 초산 = 1 : 11 : 0.2 을 균일하게 교반 혼합하여 자루에 담는다. 여기에서 말하는 장은 액상의 제미(諸味 : 술덧)를 말한다.

(2) 배 양

국실(麴室)의 상(床)에 가마니를 깐 다음 건조한 청결 마대를 깔아 채우고, 그 후 자루에 채워 굳힌 국 원료를 퇴적하여 다시 표면이나 주위를 천으로 덮고 포화 습도가 되도록 하여 38℃에서 18~20시간 배양한다. 품온(품온)이 40℃에 상승될 때에 국개(麴蓋)에 담고 국의 두께를 5 cm로 펴고 4~6시간 후 손으로 비벼 교반하고 제1번 손질을 한다. 다시 국실에 약 2/3의 면적까지 국을 두께 3 cm으로 펴고 6시간 배양 후 2번 손질을 한다. 두께를 다시 2 cm로 될 때까지 편다. 손질을 한 4시간 후에 증미(蒸米)는 홍국균(紅麴菌)의 미홍색 균사로 덮여진다. 건조될 때에 0.2% 초산 수용액 중에 약 5분간 교반하면서 침지한다.

물 빼기 후 국실에 넣어 국을 퇴적하면 품온이 상승한다. 약 36℃에서 국의 두께를 가능한 낮게 펴고 34℃로 유지, 6시간마다 1회 교반 손질을 한다. 손질마다 두께를 얇게 하여 1회 째의 심지 후 18~20시간 사이에 2회 째의 1분간 침지를 한다. 물 빼기 후 국실에 다시 국을 퇴적하고 35℃에서 국을 두께 2 cm로 펴고 34℃에서 유지한다. 품온이 34℃ 이상으로 되면 교반 손질을 하여 온도를 내린다. 또 실온의 통기 구멍을 열어 통풍을 좋게 한다.

2회 째의 침지가 23시간 후 3회 째의 침지를 하고, 침지할 때마다 초산용액 중에 담가 곧 올리고 물 빼기 후 물방울이 없이 포화습도에 가까운 국을 국실에 넣어 퇴적하고 35℃로 되면 국을 펴고 3시간마다 1회 교반 손질을 한다. 통기구를 열고 통풍하고 3회 째의 심지 후 24시간 균사가 쌀의 중심까지 침입하고 포자가 생기면 습도를 단계적으로 내린다.

국의 품온이 서서히 상승하면 약 6시간마다 1회 교반 손질을 하여 8일간 배양한다. 이것을 건조 보존한다. 제조 후 1년 이내에 사용한다. 7~9일 사이의 기온이 국을 만드는 가장 알맞은 때이다.

5.4 홍국(紅麴)의 제조

1) 토홍국[土紅麴(麯)]의 전통적 제조법

(1) 종국(種麴), 종국분말, 국공분〔麴(麯)公粉〕 제조

증미 100 kg에 대하여 종국분말 80 g(홍국균 함유)과 토국조[土麴(麯)糟 : 홍국균과 효모를 함유하는 제미] 500~880 g를 가하고 40℃에서 국실에 재운 다음 품온이 38~40℃, 4~5일간 배양하여 출국 후 건조한 종국을 분쇄하여 종국 분말로 한다.

(2) 토국조〔土麴(麯)糟〕, 국모장〔麴(麯)母奬〕의 제조

증미 100 kg에 대하여 종국분말 20 g, 토국조[土麴(麯)糟] 1.6 kg을 가하여 40℃에서 국실에 재우고 38~40℃, 4~5일간 배양하고, 출국 후 건조, 분쇄하여 미홍색의 종국분말을 얻는다. 또 쌀에 물을 가하여 죽을 만들고 약 32℃로 냉각하고 쌀 1.5 kg에 대하여 물 7.5 kg, 종국분말 1 kg을 가하여 7일간 배양한다. 주미(酒味)로 하는 토국조[土麴(麯)糟 : 주모제미(酒母諸味)]로 된다.

(3) 배합비율

쌀 100 kg에 종국분말 40 g과 토국조[土麴(麯)糟] 750 kg에서 토홍국[土紅麴

(麯)] 50 kg이 만들어진다.

(4) 제국(製麴)

증미에 종국분말과 토국조[土麴(麯)糟]를 가하여 접종하고, 제국 후 건조하여 토홍국[土紅麴(麯)]을 만든다.

2) 쌀의 고압처리에 의한 토홍국[土紅麴(麯)]의 제조

(1) 원료처리

물에 담근 쌀을 고압증미기에 넣어 압력 4.5kg에서 5～10분간 증자하고, 방랭 후 다시 5～10분간 가압증자 후 증미의 심(芯)이 투명하였을 때에 꺼내어 20℃ 이하로 냉각하고, 여기에 토국조[土麴(麯)糟]를 가하여 혼합 교반한다.

(2) 토국조[土麴(麯)糟]의 배합

2종류의 배합이 있다.

① 쌀 100 kg에 대하여 3년 이상 경과한 고초(古酢) 3 kg와 토국조[土麴(麯)糟] 5 kg의 배합비율로 수회 나누어 식힌 증미에 가하여 증미가 홍색으로 물들 때까지 균일하게 교반한다.

② 쌀 100 kg에 대하여 질게 취반한 미반(米飯)여 균일하게 혼합, 교반한다.

(3) 제국(製麴)

접종한 증미를 국실에 재우고 산 모양으로 퇴적하고, 표면을 천으로 깔고 품온 35～40℃에서 24시간 유지한 후에 상에 널리 펴고 15분간 통기하고 다시 퇴적하여 천으로 덮는다. 35℃에서 6시간 배양 후, 다시 상에 펴고 품온이 40℃ 이하에서 12시간 유지한다. 그 후 통기하여 40℃에서 균일하게 교반하고 1번째 손질을 한다. 이어 8시간마다 상의 위에 균일하게 손질을 하여 배양 2일 후 국의 미립(米粒)이 홍색을 띤 백색 반점이 생기고 돌파정국[突破精麴, 중국에서는 단화국[蛋花麴(麯)이라 한다]으로 된다.

온도 조절방법은 다음과 같다.

① 석회수 중의 침지조습법(沈漬調濕法) : 배양 5일 후 국개(麴蓋)에 넣어 배양 6일 후 국을 희석하여 석회용액에 침지하여 물 빼기를 하고 국실에 넣는다. 7일 배양 후 품온이 40℃ 이상으로 되면 2회 손질을 하여 8일 후에 토홍국[土紅麴(麯)]을 건조한다.

② 침지와 분무의 병용에 의한 습조법: 배양 4일 후, 약 38℃에서 국을 마대에 넣고 물에 약 20분간 침지하고, 다시 국실(麴室)에 재우고 상에 국을 전면으로 깔고 산 모양으로 퇴적한 다음 천으로 덮고 실온을 30℃에서 2일간 배양한다. 그 후에 통기하면서 원료 미 100 kg에 대하여 40~50 kg의 물을 수회 나누어 균일하게 분무한다. 이후 1일마다 1회 뒤바꾸기를 하여 덩어리를 깨고 온도차를 없애고 균일 배양한다. 9~14일간 배양하면 홍국미(紅麴米)가 야무지고 굳어진다. 이 홍국(紅麴)을 대나무방석 위에 펴고 강한 볕에 쪼이고 잘 뒤집어 벌레가 발생하지 않게 봄, 가을, 겨울은 12시간, 여름은 7시간 건조한다. 손가락으로 누르면 홍국이 분말하기 쉽고 선명하고 윤기가 있는 홍색의 것이 좋다. 자루에 밀봉포장 후 장기간 저장한다.

3) 옥수수 홍국(紅麴)의 제조

중국의 동북지방에서는 옥수수가 곡류의 반 이상을 차지하고, 가격도 쌀의 반값으로 이것에서 홍국을 제조하고 있다. 옥수수를 분쇄하여 세 조각을 내고 가루와 껍질을 8 mesh의 체로 체질을 한다. 이 알맹이의 옥수수를 옥미(玉米)라 부르며, 단단하기 때문에 열수에 6~8시간 침지 후 물기를 빼고 상압에서 1.5시간 증자 후에 35℃로 냉각한다.

국공장[麴(麯)公醬]을 접종 한 후 국실에서 퇴적하여 표면을 마대로 덮고 약 30시간 배양하여 자기발열로 품온이 40℃ 이상이 되면 뒤지기를 하여 손질을 한다. 다시 40℃를 넘으면 교반 손질을 하여 48시간 경과하면 표면에 붉은 반점이 생긴다. 이것을 대나무 광주리에 넣어 30℃의 물에 15분간 침지하고 표면을 씻고 다시 퇴적한다. 품온이 40℃로 되면 두께 12 cm로 편다. 1회 째의 침지에서 12시간 배양하면 대부분의 표면이 붉게 된다. 건조하여 수분이 부족하면 2회 째의 침지한다. 다시 12시간 배양하므로 침지를 반복한다. 4회 째의 침지를 하여 배양하면 알맹이의 내부까지 붉게 된다. 만약 내부에 흰 반점이 남을 때는 다시 5회 째의 침지를 하여 40℃ 이하에서 배양하여 내부까지 붉게 된다. 그 후 20시간 계속 배양하면 건조용이 된다.

제 4 장

백주의 주국[酒麯(麴)]

1. 백주의 개요와 일반 제조법

백주(白酒)는 일반적으로 무색투명의 증류주로 알코올 농도가 높고 농욱(濃郁, 진하고 자욱한)한 향기와 잘 조화된 술이다. 백주는 아직 중국산의 술 중에서 최대의 생산량이고 독보적인 지위를 차지하고 있다. 백주는 황주에서 발전된 것이고, 황주에 비하여 역사는 비교적 새롭다. 이시진(李時珍)의 『본초강목(本草綱目)』에서 소주는 고법이 아니고 원(元)시대에 창시된 것이라고 하였다. 백주가 원(元)시대에 창설되었다는 설의 근거는 『음선정요(飮善正要)』(1330년)에 의한다. 최근 중국에서는 시가(詩歌) 등에서 미루어 당(唐)시대 기원설이 제창되고 있으며, 가깝게 보아도 1000년 전후의 역사를 가진다.

백주는 북쪽 지방에서 남쪽 지방에까지 생산되고, 원료도 다양하기 때문에 맛과 향이 한결 같지 않고 수많은 명칭으로 부르고 있다.

① 원료의 종류에 따라 고량주(高粱酒), 오량주(五粮酒), 서간류(薯干酒), 그리고 ② 국의 종류에 따라 대국주[大麴(麯)酒], 소국주[小麴(麯)酒], 부국주[麸麯(麴)酒] 등이 있으며, ③ 술의 특색에 따라 소주, 죽엽주(竹葉酒), 백간주(白干酒), ④ 지방에 따라 모태주(茅台酒), 분주(汾酒) 등으로 부르고 있다. 이 외에 ⑤ 제조상의 특징에서 이과두주(二鍋頭酒), 노교주(老窖酒), 쌍증주(雙蒸酒), ⑥ 명천(名泉)의 이름에서 백사액주(白沙液酒), 와호천주(臥虎泉酒), ⑦ 고인의 이름에서 두강주(杜康酒), 태백주(太白酒), 문군주(文君酒) 등 여러 가지 명칭이 있다.

이와 같이 원료나 국의 종류에 따라 백주는 많은 종류가 있으나 백주 자체에서 보는 경우 아래의 공통점과 특징이 있다.

① 전분 혹은 당분을 함유한 농산 부산물을 주요 원료로 한다.

② 국을 당화제로 하여 당화와 주정발효가 동시에 진행되는 복식발효이다. 즉 다른 증류주는 주정을 취한 다음 남는 술덧[요(醪)]의 박(粕)을 제거하는데 대하여 백주는 술덧에 새로운 원료를 가하여 혼합한 것을 같은 시루(甑)에서 증자와 증류를 동시에 행한다. 이것으로 국의 낮은 당화력과 천연효모에 의한 발효능력이 약한 것을 보완하여 효과적인 당화, 발효, 증류 과정을 계속한다.

③ 고체발효, 고체증류에 의한다. 즉 일반 증류주가 액체발효인 것에 대하여 백주는 당화, 발효의 주원료가 고체에 가까운 상태로 되어 있다.

④ 나무찜통[酒桶, 증과(蒸鍋), 증류기], 과(鍋), 증류기, 석제의 냉각기로 된 특수한 증류기로 증류되는 40% 이상의 고농도 주정의 술이다.

2. 백주의 분류

백주는 증류주로 백주의 제조방법에는 고체발효, 액체발효, 그리고 반고체발효의 세 가지 방법이 있다.

중국의 백주는 역사적으로 오래 되고, 북부에서 남부에 걸쳐 대량으로 생산되고 있으며, 생산 공장도 중국에는 수천 개 이상에 이른다. 지방과 생산 공장에 따라 특징이 있는 백주가 생산되고 있다. 수없이 생산되는 백주 중에서도 모태주(茅台酒), 분주(汾酒), 서봉주(西鳳酒), 오량액(五粮液), 고정공주(古井貢酒), 전흥대국[全興大麯(麴)], 검남춘주(劍南春酒), 양하대국[洋河大麴(麯)] 동주(董酒) 등 10종류 이상의 백주가 중국 전국에서 선정된 명주의 백주이다.

이들 이외에 그 다음으로 유명한 백주로서는 용빈주(龍濱酒), 대련노교(大連老窖), 금주국주[金州麯(麴)酒)] 등 수십 종의 백주가 전국 우량주로 선정되었다. 또 중국에서는 전국 규모로 선발된 명주, 우량주 이외에 지방행정구, 지방(예로서 동북지방) 명주, 우량주, 성(예로서 길림성), 명주, 우량주, 시(예로서 장춘시) 명주, 우량주 등 수백 종이나 된다.

이들 우수한 백주는 제법, 맛, 향 등 여러 가지 특징적인 면도 있으나 반면에 이들 백주에는 여러 가지의 공통적인 면도 있다. 즉 ① 주원료는 옥수수, ② 당화에 사용하는 국은 일반적으로 개국, ③ 고체발효로 만든다. ④ 발효기간은 일반적으로 1~2개월로 긴 것 등을 들 수 있다.

이상의 명주, 우량주 이외의 술은 산백주(散白酒)라 부른다. 산백주로 불리는 보통 등급으로 분류되는 술은 일반적으로 국[麯(麯)]은 부국[麸麯(麴)]으로, 발효법은 고체발효법으로 행하는 것이 있으나 액체발효법도 사용되며, 발효기간도 3~5일로 짧은 것이 많고, 장기의 발효 시의 후숙은 하지 않는 것이 많다.

3. 백주의 명칭

중국의 백주는 수가 많고, 백주의 명칭을 분류하는 것은 아주 곤란하나 분류학적으로 열거하면 다음과 같다.

① 산지에 의한 명칭: 모태주(茅台酒), 용빈주(龍濱酒) 등
② 원료에 의한 명칭: 오량액(五粮液), 고량주(高梁酒) 등
③ 발효 시의 사용 국[麴(麯)]에 의한 명칭: 대국주[大麴(麯)酒], 소국주[小麯(麴)酒], 부국주[麸麯(麴)酒] 등
④ 제법에 의한 명칭: 고체백주, 액체백주, 쌍륜저주(双輪底酒), 이과두주(二鍋頭酒), 노교주(老窖酒) 등
⑤ 역사적인 명칭: 두강주(杜康酒), 고정공주(古井貢酒) 등
⑥ 향에 의한 명칭: 장향형주(醬香型酒), 농향형주(濃香型酒), 청향형주(淸香型酒), 미향형주(米香型酒) 등
⑦ 제조공정에 의한 명칭: 증류주, 양조주 등
⑧ 이들을 결합한 명칭: 대련노교주(大連老窖酒), 계림삼화주(桂林三花酒), 노주특국주[濾州特麯(麴)酒] 등

4. 백주의 종류

중국의 백주의 품질은 여러 가지 요소로 결정된다. 예를 들면 원료, 국, 발효기간, 제조법, 양조 용수, 계절 등이 있으나 그 중에서도 국의 영향이 크다. 그러므로 중국 백주의 분류는 일반적으로 국[麯(麴)]의 종류에 따른 분류가 많다. 즉 백주에 사용된 국[麯(麴)]에 따라 ① 대국주[大麯(麴)酒], ② 부국주[麸麯(麴)酒], ③ 소국주[小麯(麴)酒] 등으로 분류된다.

4.1 대국주[大麯(麴)酒]

중국의 명주, 중국의 우량주, 지방 명주(각 성의 명주)의 대부분은 대국주이다. 대국[大麯(麴)]이라는 것은 소맥, 대맥 이외에 여기에 완두(豌豆)를 가하여 이것을 거친 가루로 하여 이를 2~5 kg 정도의 양을 장방형으로 한다. 이것이 공기 중의 미생물이 번식한 것을 국[麯, (麴)]이라 한다.

대국[大麯(麴)] 중에는 많은 전분 당화 미생물(당화 분해효소, amylase)와 알코올을 만드는 효모균(yeast)이 있으므로 대국주[大麯(麴)酒]를 생산할 때 대국[大麯

(麴)]이 당화제와 발효제의 작용을 하기 때문이다.

대국주[大麯(麴)酒]에 많이 사용하는 원료는 고량(高粱)이 많고, 다음으로 고량박(高粱粕)이다. 대국주의 맛과 향을 잘 하기 위하여 부국주[麩麯(麴)酒], 소국주[小麯(麴)酒] 보다도 발효기간이 길고, 대국주의 발효기간은 대체로 2개월 정도이다. 대국주는 향에 따라 농향형주(濃香型酒), 청향형주(淸香型酒), 장향형주(醬香型酒)의 3종류로 나눈다[이들 3종류 결합한 복합형주(複合型酒)를 4종류로 분류하기도 한다].

- **농향형주(濃香型酒)** : CH_3-$(CH_2)_4$-CO-O-CH_2-CH_3, CH_3-$(CH_2)_2$-CO-O-CH_2-CH_3의 두 반응이 향과 맛에 큰 영향을 준다. 중국 우량 백주로 분류되는 술의 대부분은 이 농향형주로 그 대표적인 백주로서는 노주로교특국[瀘州老窖特麯(麴)]이다. 이 때문에 농향형주는 로형주(瀘型酒)라는 별칭으로 부르고 있다. 노주로교국주[瀘州老窖麯(麴)酒]의 알코올 농도는 60%로 해외로 수출되는 것은 알코올 농도 50%와 38%의 농도의 것도 있다.
- **청향형주(淸香型酒)** : CH_3-CO-O-CH_2-CH_3와 CH_3-(CHOH)-CO-O-CH_2-CH_3의 두 반응이 향과 맛에 큰 영향을 주고, 이 청향형주의 대표로서는 산서성에서 생산되는 분주(汾酒)가 있다. 이 때문에 청향형주는 분형주(汾型酒)의 별칭으로 불리고 있다. 분주의 알코올 도수는 65%이고, 수출 시는 알코올 도수를 낮게 하는 수도 있다.
- **장향형주(醬香型酒)** : 대표적인 것은 귀주성 모태진(茅台鎭)에서 만드는 모태주(茅台酒)로 장향형주는 모태주라는 별칭으로 불리고 있다. 모태주의 알코올 도수는 53%이다.

4.2 부국주[麩麯(麴)酒]

중국에서 생산되는 백주 총 생산량의 80% 이상이 부국주[麩麯(麴)酒]이다. 부곡[麩麯(麴)]이란 소맥의 밀기울에 곰팡이를 배양한 것으로, 이것은 부국주[麩麯(麴)酒]를 제조할 때 전분을 당화하는 작용이 있고, 당화제로 사용하며, 효모를 발효제로 한다.

부국주의 원료로서는 고량(高粱) 옥수수, 고량박(高粱粕), 옥수수박, 고구마를 원료로 하여 이것을 부국[麩麯(麴)]으로 전분을 당화하여 인공적으로 배양한 효모를 가하여 고체발효법 또는 액체발효법으로 발효한 다음 증류하여 만든 증류주이다. 발효기간은 3~5일이다. 부국주는 미생물의 수가 제한되어 발효기간이 짧으므로 좋은 술이 되지 않는다.

4.3 소국주[小麯(麴)酒]

중국의 소국주[水麯(麴)酒]는 일반적으로 쌀을 원료로 하여 소국[小麯(麴)]을 당화제로 하여 반고체배양법으로 제조한 백주이다. 소국주[小麯(麴)酒]는 중국 남부지방에서 생산되는 술로서 그 중에서도 계림삼화주(桂林三花酒)와 상산주(湘山酒)가 중국 우량주로 지정되어 있다. 소국[小麯(麴)]이라는 것은 쌀 또는 쌀에 한방약초(중초약, 中草藥)를 넣어 20～500 g의 덩어리를 만들어 공기 중의 미생물을 번식한 국[麯(麴)]이다. 소국[小麯(麴)]은 일반적으로 황주를 제조할 때에 사용되는 국[麯(麴)]이고, 소국을 사용하여 만든 백주는 대국주[大麯(麴)酒]보다 적다.

4.4 액체백주(液體白酒)

액체 백주란 전분함유 원료(옥수수, 고구마)를 곰팡이 국[麯(麴)]으로 발효시켜 다른 술을 제조하는 것과 같이 효모로 액체발효시켜 이것을 증류한 술이다. 액체백주는 전분을 유효하게 사용하여 제조공정을 간소화한 것이 장점이고, 중국주로서의 맛과 향의 면에서 결점이 있으므로 액체 백주는 부국주[麸麯(麴)酒]로서 블렌드(조합)하거나 후에 향을 가하여 제품화한다.

5. 백주의 주국[酒麯(麴)]과 종류

주국[酒麯(麴)]은 원료 중에 함유되는 전분을 당화하는 것으로 제품의 알코올 농도와 풍미는 주국의 종류와 질에 따라 큰 영향을 받는다. 백주용의 국으로서는 대국[大麯(麴)], 소국[小麯(麴)], 부국[麸麯(麯)], 주조국[酒槽麯(麴)], 홍국(紅麯(麴)]의 5종이 있다(표 4-1).

중국의 전통적 국의 일람표는 홍광주(洪光住) 씨가 작성한 것이다. 사용하는 원료, 작용하는 균, 제국법 그리고 이것으로 생산되는 주명(酒名) 등을 기록하고 있다.

5.1 대국[大麯(麴)]

대맥, 소맥, 완두, 소두 등의 곡류 등이 주원료로 제품의 모양이 벽돌과 닮았으므로 괴국[塊麯(麴)] 또는 저장이 가능하므로 진국[陳麯(麴)]이라 부른다. 해방 전의 중국의 대부분은 대국이었으나 현재에는 소수의 명주가 이를 사용하여 특수한 풍미를 지키고 있다.

표 4-1. 중국의 전통 국(麯, 麹)

<table>
<tr><th>국 명
[麯(麹)名]</th><th>원 료</th><th>국의
종류</th><th>관여 균</th><th>과 정</th><th colspan="2">주요 국명</th></tr>
<tr><td rowspan="2">대 국
[大麹(麯)]</td><td rowspan="2">대맥, 소맥,
완두</td><td rowspan="2">국전
(麹磚)</td><td rowspan="2">국미균
(麹黴菌),
효모</td><td rowspan="2">발효성국</td><td colspan="2">전통 대국(고온발효 제국).
모태주(茅台酒), 분주(汾酒),
고정공주(古井貢酒)</td></tr>
<tr><td colspan="2">순미균 대국(純黴菌 大麹)</td></tr>
<tr><td rowspan="4">소 국
[小麹(麯)]</td><td rowspan="4">도미분
(稻米粉)-
미강,
중초약
(中草葯)</td><td rowspan="4">숙반
(熟飯)</td><td rowspan="4">근미모미
(根黴毛黴),
효모</td><td rowspan="4">발효성국</td><td rowspan="2">첨주국
(甛酒麹)</td><td>전통 소국,</td></tr>
<tr><td>순종 소국, 미분국
(米粉麹), 부피국</td></tr>
<tr><td rowspan="2">황주국
(黃酒麹)</td><td>전통 소국, 소흥주약,
우파백약(宇波白葯),
소흥각화주</td></tr>
<tr><td>순종 소국, 액체국,
미분국, 부피국</td></tr>
<tr><td rowspan="2">맥 국
[麥麹(麯)]</td><td rowspan="2">대맥, 소맥</td><td rowspan="2">국병
(麹餠)</td><td rowspan="2">미국미
(米麹黴),
효모</td><td rowspan="2">발효성국</td><td>전통
맥국</td><td>소흥맥국, 맥괘국
(麥挂麹), 전국(磚麹),
초포국(草包麹)</td></tr>
<tr><td>순종
맥국</td><td>함자국(筶子麹),
통풍국</td></tr>
<tr><td rowspan="4">부 국
[麩麹(麯)]</td><td rowspan="4">보리기울
(麥麩皮)</td><td rowspan="4">국병
(麹餠)</td><td rowspan="4">순종미균
(純種黴菌),
효모</td><td rowspan="4">발효성국</td><td rowspan="2">순종
효모</td><td>고체국</td></tr>
<tr><td>액체국</td></tr>
<tr><td rowspan="2">순종
부국</td><td>액체국</td></tr>
<tr><td>통풍국,
함자국(荅子麹),
염자국(簾子麹)</td></tr>
<tr><td rowspan="3">홍 국
[紅麹(麯)]</td><td rowspan="3">도미
(稻米)</td><td rowspan="3">숙반
(熟飯)</td><td rowspan="3">홍국미
(紅麹黴),
효모</td><td rowspan="3">발효성국</td><td colspan="2">오의홍국(烏衣紅麹) :
복건성 건구토국(建甌土麹)</td></tr>
<tr><td rowspan="2">홍국</td><td>전통 홍국,
고전홍국(古田紅麹) :
복건노주(老酒),
심구주(沈甌酒)</td></tr>
<tr><td>순종 홍국</td></tr>
</table>

5.2 소국[小麯(麴)]

쌀가루나 미강(米糠)을 주원료로 하여 여기에 약재를 가하여 만드는 것으로 약국[藥麯(麴)]이라 부른다. 소국은 기온이 온난한 지방이 알맞고 장강(長江) 이남의 각지에서 보편적으로 사용하고 있다. 소국은 옛날부터 많이 사용되어 왔고, 사용되는 약재에 따라 수많은 종류가 있다. 하문(厦門)의 백국[白麯(麴)], 산두(汕頭)의 강국[糠麯(麴]이 특히 유명하다. 소국에는 당화균과 발효균의 두 가지 균이 함유되어 있으므로 당화와 발효의 작용이 동시에 진행된다. 사용하는 국의 양이 작아도 된다. 단 소국[小麯(麴)]으로 만든 술의 향은 대국[大麯(麴)]으로 만든 술에는 미치지 못한다.

5.3 부국[麸麯(麴)]

밀기울이 주원료로 제국시간이 단축되므로 쾌국[快麯(麴)]이라 부른다. 부국의 이점은 제국시간이 짧을 뿐만 아니라 출주율(出酒率)이 높고 주조 원료를 절약하는 이점이 있다. 부국은 해방 후 제국공정에 각종 개량이 가해져 비로소 대량으로 사용하게 되었다.

5.4 주조국[酒糟麯(麴)]

주조를 원료로 하여 여기에 20～30%의 밀기울을 가하여 제국[製麯(麴)]한 것이다. 부국보다 쌀뿐만 아니라 제조과정의 부산물을 이용할 수 있으므로 각 주조장에서 자급되어 원료의 절약도 된다.

5.5 홍국[紅麯(麴)]

쌀은 원료로 하여 홍국균(*Monascus*)으로 만든 홍색의 국이다. 광동, 복건성에 많으나 보편적인 것은 아니다. 이외에도 최근에는 섬유소 매균(酶菌)에 의한 섬국[纖麯(麴)], 미균(黴菌)을 액체배양한 액체국[液體麯(麴)] 등도 개발되어 사용되고 있다.

6. 백주의 주국[酒麯(麴)] 제조

6.1 부국[麸麯(麴)] 제조

부국[麸麯(麴)]이란 밀기울에 곰팡이류를 번식시켜 만든 국[麯(麴)]이다. 중국에서 자주 사용하는 국균(麴菌)은 *Aspergillus oyzae*의 AS. 3.870과 AS. 3.7580 등(한국, 일본에서는 황국균, 중국에서는 털곰팡이)과 *Aspergillus niger*의 AS. 3.4309(일본, 한국에서는 흑국균(黑麴菌), 중국에서는 흑곡[黑麯(麴) 또는 B호 곰팡이라고 한다]이다. 이 중에서도 흑국균(*Aspergillus niger* AS. 3.4309 국균은 당화력이 강하므로 중국의 대부분의 공장에서 사용되고 있다. 그래서 이 흑국균은 UV-11이라 부른다.

UV-11을 사용하여 부곡[麸麯(麴)]을 만드는 공정은 시험관의 배양균 → 삼각플라스크 배양 → 상자배양 → 통기배양 → 부국[麸麯(麴)]의 순이다.

1) 시험관의 배양

K_2HPO_4, 1 g, $NaNO_3$ 3 g, mgSO4 · $7H_2O$를 0.01 g , $FeSO_4$ · $7H_2O$를 0.5 g, 설탕 30 g, 한천 15~20 g 이상을 1 ℓ 의 증류수에 넣어 이것을 가열하여 녹인 다음 시험관에 7~8 mℓ씩 분주한다. 이것을 면전하여 파라핀 종이로 싸서 0.7 kg/cm^{2}의 증기압에서 30분간 살균하고 사면으로 만든다. 이 사면배양기를 30℃의 온도에서 3일간 방치하여 시험관 중이 무균인가를 확인한 다음 접종하여 30℃의 온도에서 3~7일간 정도 배양하면 시험관 종균이 된다.

2) 삼각플라스크 배양

밀기울에 110~120%의 물을 가하여 잘 혼합한다. 다음에 10 g씩 삼각플라스크에 넣어 면전하고 살균 → 냉각 → 접종한 다음 30℃ 온도에서 6~7일간 배양하면 삼각플라스크 종균이 된다.

3) 상자배양

상자는 일반적으로 목제이다. 밀기울에 0.2% 정도의 황산을 함유하는 물을 90~100% 넣고 잘 혼합하여 살균, 냉각한 다음 35℃의 온도에서 삼각플라스크 종균을 0.3% 가하여 잘 혼합한다. 8시간 정도 퇴적한 다음 상자에 담아 12~24시간 마다 교반하고 온도를 35℃ 이하로 유지하면서 습도가 높은 장소에서 3일간 배양한다. 배양이 끝난 것을 종국이라 한다. 이것을 35℃에서 건조하여 보관한다.

4) 조(槽 : 탱크)배양

밀기울에 대하여 3% 상당하는 황산을 함유하는 물을 80%와 왕겨 5%를 넣어 잘 혼합하고 살균한다. 온도 35℃로 하여 0.3%의 종균을 가하여 잘 혼합한다. 이때의 수분은 56~58% 정도이다. 이것을 배양조(培養槽 : 배양탱크)에 넣고 배양한다. 온도가 35℃를 넘지 않게 통풍하여 수분이 30%가 되면 좋은 부국[麸麯(麴)]이 된다.

6.2 대국[大麯(麴)] 제조

대국제법은 공장에 따라 또 지방에 따라 여러 가지 방법이 있다. 예를 들면, 단지 대국[大麯(麴)]의 크기만으로도 전연 다른 맛이 나는 술이 된다. 다음 표 4-2에 중국의 명주라고 부르고 있는 것을 대국의 크기를 나타내었다. 대국의 제조법은 대국주[大麯(麴)酒]의 분류에 따라 크게 다음의 세 가지로 분류한다. 즉 장향형의 대국주[大麯(麴)酒], 농향형의 대국주(大麯(麴)酒], 청향형의 대국주(大麯(麴)酒] 등이다.

1) 장향형(醬香型)의 대국주[大麯(麴)酒]에 사용되는 대국[大麯(麴)]

장향형(醬香型)의 대국주를 제조할 때 사용하는 대국은 중국어로 고습국[高濕麯(麴)]이라 부르나 그 제조법은 그림 4-1과 같다.

우량 소맥을 수세한 다음 이것을 분쇄하나 그 크기는 전체의 50%가 20 mesh의

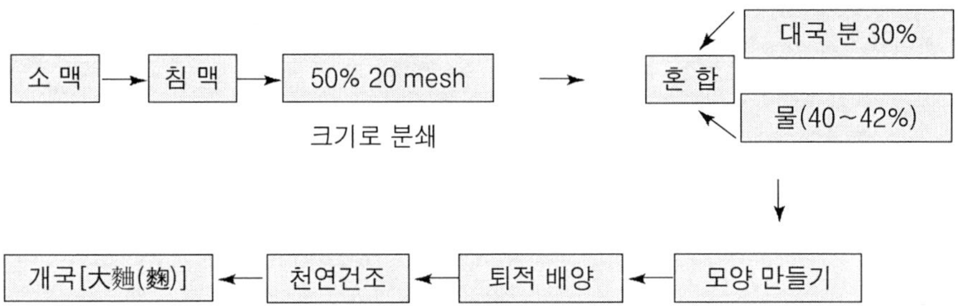

그림 4-1. 장향형의 대국주에 사용되는 대국(고습국)

표 4-2. 중국 명주의 대국[大麯(麴)]의 크기

사용 국[麯(麴)]명	모 양	크기(cm)	무게(g)
오량액주(五糧液酒)	장방형	468 × 17.45(중간 9)	2715
고정공주(古井貢酒)	장방형, 각이 없다.	15 × 12.9 × 5.9	1625
전흥대국주[全興大麯(麴)]	장방형, 각이 없다.	19 × 10.3 × 6.2	3309
모태주(茅台酒)	규칙이 없는 장방형	-	2981
분주(汾酒)	장방형	17.2 × 17.3 × 5.3	1867
여주특국주[瀘州特麯(麴)酒]	장방형	-	320~350

그물코를 통과하는 크기로 하지 않으면 안 된다. 여기에 3～5%(w/w)의 모국분[母麯(麴)粉)]과 40～42%의 물을 가하여 잘 혼합한 후에 장방형의 모양으로 한다[중국어로 이것을 국배[麯(麴)胚라 한다]. 장방형으로 할 때의 크기는 표 4-2와 같다.

▸ **퇴적배양(堆積培養)** : 여러 겹으로 쌀 때 모양이 허물러지지 않게 하기 위하여 성형이 된 다음 3시간 방치하여 굳게 한다. 국[麯(麴)] 늘어놓는다. 또 짚을 7 cm의 두께로 깔고 그 위에 다시 국배[麯(麴)胚]를 늘어놓는다. 이와 같이 하여 4～5단으로 한다. 맨 위에도 짚을 펴고 물을 뿌려 습도를 보존한다. 이와 같이 하면 공기 중의 미생물이 국배에 번식하므로 배(胚)의 온도는 올라가고 6～8일간에서 온도는 61℃에서 63℃ 이상으로 된다. 이 시점에서 국배를 반전한다.

그 후 1～2일 사이는 배의 온도는 50℃ 정도가 된다. 그러나 2～3일이 지나면 온도는 62～63℃로 되돌아간다. 온도가 계속 상승하는 것을 멈추기 위하여 다시 반전하여 창문도 조금 열어주고 40～50일간 방치하면 배의 온도는 실온까지 내린다. 수분이 증발하여 15% 정도 된다. 이것이 장향형의 대국주에 사용되는 대곡으로 고온국[高溫麯(麴)]이라 한다. 보통 이 고온국을 통풍이 잘 되는 장소에 옮기고 장시간 방치하여 만든 국[麯(麴)]을 진국[陳麯(麴)]이라 한다.

고온국 중 황금색의 것이 더욱 좋은 대국[大麯(麴)]으로 흰색과 검은색의 것은 품질이 떨어지는 고온국[高溫麯(麴)]이다

2) 농향형(濃香型)의 대국주[大麯(麴)酒]에 사용되는 대국[大麯(麴)]

농향형(濃香型)의 백주를 제조할 때 사용하는 대국을 중온국[中溫麯(麴)]이라 한다. 제조방법은 고온국의 제조법과 유사하다. 다른 것은 원료의 물 온도가 60℃ 정도이고, 발효온도가 55～60℃ 정도이며, 발효기간이 1개월 정도라는 것이다.

3) 청향형(淸香型)의 대국주[大麯(麴)酒]에 사용되는 대국[大麯(麴)]

이것도 역시 중온국으로 농향형과 다른 것은 원료가 소맥분 60%, 완두(豌豆)가 40%. 발효온도가 55℃ 이하에서 행하는 것과 발효기간이 24～25일이라는 것이다.

4) 특별한 대국[大麯(麴)]

대국[大麯(麴)]의 제조법은 공장에 따라 다소 차이가 있다. 예를 들면 고정공주(古井貢酒)는 농향형의 대국주[大麯(麴)酒]에 속하는 술이나 대국에 사용하는 원료는 소맥 69%, 대맥 20%, 완두가 10%이다. 또 훈주(薰酒)의 국[麯(麴)]을 혼합하여 사용되나 그 대국의 제조에 있어서는 약 40여 종의 한방약이 사용된다.

6.3 특별한 대국[大麯(麴)] 중의 미생물

대국 중의 미생물의 종류와 수는 아주 많다. 공장에 따라 또 만드는 방법과 배양 시간에 따라 다를 뿐만 아니라 제조 중 표면에 가까운 부분과 내부에 따라서도 미생물의 종류와 수도 다르다. 중국의 유명한 미생물학자가 81종류의 대국을 조사한 결과, 대국 중의 주요 미생물은 곰팡이류이고, 그 다음은 효모류와 세균류라 하였다.

대국[大麯(麴)] 중의 곰팡이류는 모매속[毛霉屬 : *Mucor*속(털곰팡이속)], 근속[根屬 : *Rhizopus*속(거미줄곰팡이속)], 국매속[麴霉屬 : *Aspergillus*속(누룩곰팡이속)], 청매속[靑霉屬 *Penicillium*속(푸른곰팡이속)] 등이다. 대국[大麯(麴)] 중의 효모류는 *Saccharomyces*, *Hasenula*, *Candida*, *Trichosporon*, *Geotrichum*속 등이다. 그리고 대국[大麯(麴)] 중의 세균류는 유산균속(*Lactobacillus*), 초산균속(*Acetobacter*), 고초균속(*Bacillus*), *Aerobacter*속 등이므로 당화제와 알코올의 발효제로서 사용할 수 있다.

대국[大麯(麴)] 중에는 이러한 미생물이 존재하므로 곡물의 전분을 당화하고 당

표 4-3. 각종 대국의 생물화학적 성상

대국[大麯(麴)]명	당화력 mg포도당/g 국·hr	α-Amylase I_2 퇴색시간	Protease 0.1N NaOH를 사용한 mℓ수 pH 3.
오량액주의 대국	270	174	0.57
공정공주의 대국	596	67	0.67
모태주의 대국	232	4시간 이상	0.61
서봉주의 대국	506	119	0.59
분주의 대국	488	120	0.65
동주의 대국	523	145	0.48

표 4-4. 대국의 화학적 성분(%)

대국[大麯(麴)]명	수 분	전 분	가용성당	단백질	지 질	회 분
오량액주의 대국	17.91	55.64	-	14.18	0.97	2.38
공정공주의 대국	16.51	50.80	-	16.91	1.00	3.97
모태주의 대국	14.75	57.43	1.78	13.49	1.16	2.16
서봉주의 대국	16.95	42.30	-	18.87	0.85	4.27
분주의 대국	13.95	45.61	-	20.52	1.07	3.86
동주의 대국	14.66	54.93	-	16.85	1.25	2.58

화로 생긴 당분을 다시 알코올로 발효하여 특색 있는 맛과 향이 있는 술이 되는 것이다. 대국주의 생화학적 몇 가지의 성능을 정리하면 표 4-3, 표 4-4와 같다.

6.4 소국[小麯(麴)]의 제조

소국의 별명은 주약(酒藥)이라고도 한다. 원료는 쌀을 주로 하고 한방약이 사용된다. 또 미강(米糠)이나 대두를 사용하는 수도 있다. 원료에 따라 약소국[藥小麯(麴)]은 각 지방과 공장에 따라 다르므로 지방의 이름을 붙인 분류법도 있다. 예를 들면 사천약소국[四川藥小麯(麴)], 선두강소국[仙頭糠小麯(麴)], 하문백소국[厦門白小麯(麴)], 소흥주약(小興酒藥) 등이 있으나 여기의 사천(四川), 선두(仙頭), 하문(厦門) 등은 모두 지방명이다.

소국의 모양도 공장에 따라 다르고 둥근 것, 만두 모양의 것 또는 정형이 아닌 것도 있다. 소국의 제조법은 공장에 따라 특징이 있으므로 대표적인 것만 소개한다.

1) 약소국[藥小麯(麴)]의 제조

계림 삼화주(三花酒)의 소국은 약소국의 대표적인 것으로 이 제조법을 소개하면 다음과 같다.

먼저 쌀을 물에 침지한다. 침지시간은 2～6시간으로 보통 여름은 2～3시간, 겨울은 6시간이다. 그 후 물을 빼고 분쇄한다. 분쇄의 상태는 전체의 25% 정도를 100 mesh 정도로 하여 가루상태로 사용한다. 남은 쌀가루에 한방약 가루 13%와 약소국 가루[藥小麯(麴)粉] 2%, 60%의 물을 가하여 잘 혼합하여 직경 2 cm 정도의 단자를 만든다. 계림 삼화주의 약소국[藥小麯(麴)]에 사용하는 한방약은 계피, 세신(細辛) 등 20여 종류가 있으며, 모두를 광서 계림에서 생산되는 한방약으로만 사용한다.

25%의 100 mesh의 쌀가루에 그 중량의 4%의 약소국 가루를 넣고 잘 혼합한 다음 전기의 단자에 조금 물을 뿌리면서 잘 회전하면서 180 mesh의 가루를 살포한다. 이때의 단자(單子)의 수분은 46% 정도이다. 이 단자를 배양실에 고 92시간 배양하고 온도 60℃ 이하에서 건조하면 약소국[藥小麯(麴)]이 된다.

2) 소국병[小麯(麴)餠]의 제조

소국병은 모양이 조금 큰 것으로 20 × 20 × 3 cm 정도의 정방형이므로 소국병이라는 이름이 붙었다. 이 소국병을 사용하여 만든 대표적인 것은 광동성에서 만드는 시미옥빙소(豉味玉氷燒)이다.

여기에 사용되는 소국병의 제조법은 100 kg의 쌀에 대하여 20 kg의 증자 대두, 9kg의 소길엽분(小桔葉粉), 1 kg의 원래의 국[麯(麴)]을 혼합한다. 이것을 기계에 걸어 미립과 대두립을 으깨면서 20 × 20 × 3 cm의 정방형의 모양으로 한다. 이것을 배양실에 넣고 7일간 배양하고 온도 60℃ 이하에서 3일간 건조하면 소국병([小麯(麴)餠]이 된다.

3) 강소국[糠小麯(麴)]의 제조

신선한 미강분(米糠粉, 쌀겨)에 20%의 쌀가루를 넣고 호화(증자)한 다음 냉각하고 *Rhizopus*속의 곰팡이와 효모균을 접종하여 직경 4 cm의 공을 만든다. 이것을 배양기에 넣어 80～90시간 배양한 다음 건조하면 강소국이 된다.

4) 소국[小麯(麴)] 중의 미생물

소국의 중에 들어있는 미생물은 거미줄곰팡이속과 효모균이나 거미줄곰팡이속 중에서도 *Rhizopus tonkinensis*, *Rhi. oryzae*, *Rhi. javanicus*, *Rhi. peka*, *Rhi. chinensis*, *Rhi. nigricans* 등이 자주 사용된다. 이외에 *Mucor*속, *Aspergillus*속, *Monascus*속이 있고, 효모로서는 *Saccharomyces*속, *Hansenula*속 그리고 세균으로서는 *Acetobacter*속, 유산균(*Lactobacillus bulgaricus*, *Lac. delbrueckii*) 등이 알려져 있다.

제 5 장

황주의 주국[酒麯(麴)]

1. 황주의 개요

황주(黃酒)는 찹쌀(糯米)이나 수수(黍) 등의 곡물을 원료로 하여 주약(酒藥)이나 국(麥麴, 紅麴), 장수[漿水, 침맥수(浸麥水)] 등에 의하여 당화 발효를 거쳐 양조된 주정이 낮은 양조주로 보통 황색이므로 황주(黃酒)라고 부르고 있다. 황주는 중국에서 제일 오래된 역사가 있는 술로 수천 년의 역사를 가지며 『제민요술(齊民要述)』에도 그 술 제법이 기록되어 있다.

중국에서의 1985년의 황주 생산량은 66만 톤 정도이고, 이것은 중국에 있어서 주류 총 생산량의 8%이다. 황주의 생산은 증가 일로에 있고 100만 톤을 넘는 것은 시간문제이다. 황주 중 현재 절강성의 소흥가반주(紹興加飯酒)와 복강성의 침항주(沉黃酒)가 18대 명주 중에 들어간다.

2. 황주의 특징

황주는 당분, 덱스트린, 유기산, 아미노산, 지류(脂類), 비타민 등이 함유된 영양가치가 있는 음료이다. 황주는 또한 약주의 기초주(基礎酒)로서 사용되는 외에 조미료로서 사용된다.

황주는 일본이나 한국의 청주에 상당하는 술로 청주의 경우는 국 제조에서 발효에까지 일관하여 도정미가 사용되기 때문에 전국의 청주는 큰 차이가 없다. 한편, 중국에서는 국토가 넓고 원료의 곡물이나 기후, 풍토, 제법에도 다양하기 때문에 지역 차가 크다. 황주의 이름은 여러 품종이 황갈색이기 때문이라고는 하지만 실제로는 황주가 황갈색이라고는 할 수 없다.

황주는 여러 가지의 종류가 있으나 황주 전체로서는 아래의 공통점이 있다.

① 곡물을 원료로 하는 원주(原酒)이다
② 주약(酒藥) 중에는 반드시 초약(草藥)이 배합되어 있고, 이것이 독특한 풍미를 내고 있다.
③ 다른 종류의 맥국[麥麴(麯)] 혹은 홍국[紅麯(麴)]을 배합하고 있고, 이 때문에 농욱(濃郁)한 국의 맛과 향을 갖추고 있다.
④ 발효과정 중 당화, 발효, 성산(成酸), 성지(成脂)작용 등의 생화학적 반응이 동시에 진행되고, 이것이 특유의 풍미를 갖고 있다. 알코올 농도는 일반적으로 15～20%이다.
⑤ 제품은 열 살균 되고, 도자기의 술독에 넣는다. 장기 저장에 견디고, 시간이 경과할수록 향이 생긴다.
⑥ 소량의 침전물이 생기나 이것은 제품의 주질(酒質)과는 관계가 없다

황주의 품종은 많으나 명명의 기원도 다르므로 여러 이름으로 부르고 있으나 주요한 명명법을 분류하면 아래와 같다.

① 술 색에 의한 것: 호박색(琥珀色)의 원롱주(元紅酒), 암흑색의 흑주(黑酒), 홍황색의 홍주(紅酒) 등이 있다.
② 산지 명에 의한 것: 소흥주(紹興酒), 묵주(墨酒), 난릉미주(蘭陵米酒) 등이 있다.
③ 술의 맛에 의한 것: 단양첨주(丹陽甛酒), 삼동밀주(三冬蜜酒) 등이 있다.
④ 양조방법의 특수성에 의한 것: 가반주(加飯酒), 침항주(沈缸酒), 봉항주(封缸酒) 등이 있다.

3. 황주의 명칭과 종류

황주는 역사가 오래 되고 그 수도 대단히 많다. 황주의 생산방법은 각 지방과 공장에 따라 다르므로 황주의 종류와 명칭은 아주 복잡하다.

1) 맛에 의한 명칭

- 첨황주(甛黃酒): 감미가 강한 황주
- 반첨황주(半甛黃酒): 다소 감미가 있는 황주
- 간황주(干黃酒): 신구(辛口)의 황주

2) 색에 의한 명칭

- 원홍주(原紅酒) : 호박색을 띤 황주
- 죽엽청(竹葉靑) : 엷은 녹색의 황주
- 흑주(黑酒) : 흑색의 황주
- 홍주(紅酒) : 붉은 색의 황주

3) 산지에 의한 명칭

산지 명으로 부르는 황주도 많다. 예로서 절강성 소흥(紹興)에서 만드는 소흥주(紹興酒), 산동성의 즉묵(卽墨)에서 만드는 즉묵노주(卽黙老酒) 등이다.

4) 제조법에 의한 명칭

황주 중에서 가반주(加飯酒), 홍국[紅麯(麴)] 등은 만들 때의 특색에서 이름 붙인 술이다.

5) 복합적 명칭

이상의 명칭을 복합적으로 조합한 명칭도 있다. 보기로서 소흥가반주(紹興加飯酒), 소흥향설주(紹興香雪酒) 등이다

4. 황주의 주국[酒麯(麴)] 종류

황주에 사용되는 국[麯(麴)]은 공장에 따라서 황주의 종류에 따라서 다르나 많이 사용되는 것은 맥국[麥麯(麴)], 부국[麩麯(麴)] 소국[小麯(麴)] 또는 쌀에 곰팡이를 배양하여 만든 홍곡[紅麯(麴)]이다.

5. 황주의 주국[酒麯(麴)] 제조

5.1 맥국[麥麯(麴)]의 제조

맥국은 중국 술 중에서 유명한 소흥주(紹興酒)의 공장에서 많이 사용한다. 그 제조법은 백주의 대국[大麯(麴)]에 아주 유사하다. 먼저 소맥에 10～20%의 대맥을 가하고, 한 알맹이의 보리의 크기가 30～50% 크기로 분쇄한다. 그 후 20% 정도의 물을 가하고 잘 혼합한 후 백주의 대국과 같이 장방형으로 만들어 배양실에 넣어 퇴적배양을 20일간 하면 공기 중의 곰팡이, 효모 등이 번식하여 맥국이 된다.

5.2 부국[麸麯(麴)]

황주에 사용되는 부곡[麸麯(麴)]은 밀기울에 홍국균[紅麯(麴)菌] 곰팡이를 배양한 것이나 그 제조법은 백주의 부국[麸麯(麴)]의 제조법과 같으므로 생략한다.

5.3 소국[小麯(麴)][주약(酒藥)]

황주에 사용하는 소국[小麯(麴)]은 주약(酒藥)이라 부르고 있으나 그 제조법은 백주의 소국의 제조법과 유사하다. 여기에서는 절강성 영파(寧波) 황주공장의 소국를 예로 하여 소국의 제조공정을 소개하면 다음과 같다.

영파소국[寧波小麯(麴)]은 입추 이후의 서늘할 때 조현육도(早玄陸稻)를 원료로 하여 만들고, 이것을 보존하여 1년 중에 사용한다. 먼저 육도(陸稻)의 가루, 수료(水蓼) 가루와 물을 잘 혼합하여 작은 모양으로 만든다. 그 후 오래된 소국[小麯(麴)] 가루를 2~5% 표면에 살포하고 항아리 안에 넣고 30℃의 온도에서 배양한 다음 대나무로 만든 상자나 시렁에 옮겨 배양한 다음 건조하면 소국으로 된다. 소국 중에서 번식한 미생물의 수는 아주 많고, 그 중에서도 중요한 것은 *Rhizopus*속, *Mucor*속, 그리고 효모이므로 당화제와 술의 발효제로서 사용된다.

제 IV 편

국균(麴菌)의 분자생물학

제 1 장

청주용 국균의 유전자 조작기술

서 론

청주용 국균(*Asp. oryzae*)에는 유성 생활환이 인정되지 않고 무성 생활환으로 형성되는 분생자도 다핵이므로 고전 유전학적 수법에 의한 유전해석은 용이하지 않다. 국균에 한정되지 않고 *Asp. niger*나 *Penicillium chrysogenum* 등의 산업적으로 중요한 곰팡이는 일반적으로 유성 생활환이 없기 때문에 유전해석은 준(의사) 유성 생활환을 이용하여 행하기 어렵고, 분생자가 단핵인 *Asp. niger* 이외에는 그 유전학적 연구는 그렇게 이루어지지 않고 있다. 그러나 이와 같은 고전유전학을 적용하여 몇 개의 곰팡이에 대해서도 유전자조작 기술이 구사하게 되므로 소위 역유전학(reverse genetics)에 의한 해석이 가능하게 되고, 분자 수준에서 국균이 나타내는 다양한 생명현상이 해석하게 되었다.

또 국균이 생산하는 유용한 효소 유전자가 클로닝 되어 있고, 유전자 조작에 의하여 이들의 유전자를 multicopy 도입하여 효소 생산성을 높인 국균의 유용균주의 육종이 가능하게 되었다. 그리고 일본에서는 천년을 넘는 오랜 기간에 걸쳐 주류나 간장 등의 양조식품의 제조에 국균이 사용되고 있고, 국균 균체와 그 생산물의 안전성은 아주 높은 것과 또 균체 외에 다량의 효소 단백질을 분비 생산하는 능력을 가지는 실제로 분리 고생산성을 할 수 있다는 유망한 결과가 얻어진다.

국균에서의 유전자조작을 함에 있어서 외래의 DNA를 세포내에 도입하는 것이 불가결이고, 그 때문에 목적에 있어서 국균의 숙주·vector계를 선택함과 동시에 효율 좋은 형질전환법을 사용하게 되었다. 여기에서는 청주용 국균의 숙주·vector계와 형질전환법 그리고 이들에 관련된 응용기술의 최근의 진보에 대하여 개설하기로 한다. 역시 국균의 형질전환의 기본적인 사실에 대하여는 이미 상세히 설명한 총설이나 해설이 있으므로 이들을 참조할 것이나 여기에서는 필요에 따라 약간 이들과 중복된 것도 있다. 또 여기에서 설명한 것은 당연히 간장, 간장 그리고 소주용 국균에서도 마찬가지로 적용되는 것은 말할 나위도 없다.

1. 형질전환법

국균의 형질전환법이란 다른 곰팡이와 마찬가지로 protoplast화한 세포에 DNA를 도입하는 방법이 일반적으로 사용되고 있다. Protoplast법의 상세한 조작 순서에 대하여는 지금까지 나온 총설 등에 설명되어 있으므로 생략하나 요점은 재생률이 높게 DNA 취입능력이 있는 portoplast를 효율 좋게 조정하는 것에 있다. 이 때문에는 국균의 세포벽은 주로 chitin과 glucan으로 구성되어 있으므로 이들을 분해하는 효소를 함유하는 적당한 세포벽 용해효소를 사용할 필요가 있다. 세포융합이나 형질전환의 연구초기의 시대에는 달팽이의 장관 액이나 세포벽 용해효소 생산 균에서 각자가 조제하여 사용하였으나 그 후 protoplast 조제에 적합한 시판효소가 입수할 수 있으므로 현재에는 이들의 고생 없이 형질전환이 이루어지게 되었다.

단, 시판효소에서 가장 많이 사용되고 있는 *Trichoderma* 유래의 Novozyme 234가 제조 중지 되었으므로 이것을 대체하는 효소를 탐색하는 필요가 있었으나 Sigma 회사에서 나오고 있는 Lysing enzyme(L 2265)을 사용하여도 같은 결과가 얻어지고 있다(최근에는 이 효소도 판매 중지되어 그 대체품의 L 412가 사용한다. 제조회사의 형편에 따라 제조·판매 중지되는 수가 있으므로 주의할 것이다).

Trichoderma 유래 이외의 세포벽 용해효소로서는 (주)일본 Takara주조에서 Yatalase가 시판되고 있고, 이 효소도 protoplast 조제에 있어서 만족한 결과가 얻어지고 있다고 한다. 식물세포벽 용해효소인 Cellulase Onozuka(Yakult회사)를 병용하므로 충분한 양의 portoplast를 얻을 수 있다.

얻어진 protoplast는 균체 잔사를 제거한 후에 vector DNA와 혼합하여 polyethylene glycol(PEG)과 $CaCl_2$를 함유한 용액으로 처리하므로 세포융합을 일으키면 동시 DNA가 세포내 취입시킬 수 있다. 국균의 형질전환은 뒤에서 설명하는 것과 같이 *AMA1* 서열을 가진 vector 이외에는 도입된 DNA가 염색체에 끼워 들어가 일어나므로 형질전환 빈도가 낮은 것이 특징이고 유전조작을 하는 데 장애로 되어 있다. 이 때문에 형질전환 빈도의 개량을 노력을 하고 있으나 보편적인 최량의 방법은 발견되지 않는다.

숙주 균주나 protoplast 조제용의 균주 배양조건 등의 차이에 따라서 효율이 변하는 수가 있고, 또 protoplast도 다량으로 얻는 방법이 형질전환 빈도가 높아진다는 것은 말하기 어려우나 자신이 사용하는 균주에서 시행착오에 의하여 최적의 방법을 확립시킬 수밖에 없다. 한 예로 protoplast 조제에 Yatalase를 사용한 경우에는 형질전환 조작을 protoplast를 조제한 그날이 아니고 5℃에서 1일 방치한 후에 행하므로 형질전환 빈도가 수배로 상승되는 것으로 보고하였다. 이 현상도 다른 효소를 사용한 경우나 숙주 균주가 다를 때는 인정되지 않는 수도 있고, 어떤 경우에도 적용이 되는 것은 아니다. 또 저온에서 1일 정도 방치하여도 그만큼 형질전환 빈도는 변하지 않으므로 문제는 없다고 한다.

한편, 세포벽 용해효소를 사용하여도 균주에 따라서는 protoplast가 전혀 얻어지지 않는 수가 있다. 이와 같은 경우에는 다른 방법을 채택할 수밖에 없으나 전기천공법(electoporation)에 의하여 이제 발아된 상태의 분자에 대하여 DNA를 도입하는 것이 가능하다. Electoporation에 의한 형질전환을 *Asp. niger*에서 행한 보고가 있으므로 간단히 설명한다. 분생자를 10^7/㎖의 농도에서 액체배지에 접종하여 25℃에서 15시간 정도 배양하여 발아관이 분생자의 직경과 같은 2배 정도로 신장한 시기에 집균(集菌)한다.

발아 분생자를 electoportion용 buffer(50 mm mannitol, 1 mm HEPES, pH 7)로 세정 후 같은 buffer에 현탁하여 plasmid DNA를 가하여 eletropoation을 한다. 메어커에 따라서는 eletroporation용 장치의 사양이 다르므로 최적조건은 각자 결정하지 않으면 안 되나 50% 정도의 생존율이 되는 조건에서 하면 효율 좋게 된다. 그리고 발아 분생자를 미리 묽은 농도의 세포용해효소로 처리하여 두면 2배 정도 효율이 좋아지고 protoplast법의 경우와 같은 정도의 형질전환 빈도가 얻어진다. 또 발아한 분생자가 얻어지면 좋으므로 배양온도를 37℃로 높이면 배양시간을 수시간으로 단축할 수 있다.

Electroporation로 처리한 분생자는 그대로 보통의 선택배지에 plating 되기 때문에 protoplast법과 같이 배지에 삼투압 조정제를 첨가하거나 연한 천배지에서 매몰할 필요가 없고, 조작상의 간편화가 시도되는 장점이 있다.

2. 숙주 균주와 선택 마커

국균의 숙주 균주에는 형질전환체로서 검출이 되는 영양 요구성 등의 유전자 마커가 부여되어 있을 필요가 있으나 분생자가 다핵인 국균에서 적당한 영양 요구성 변이균주를 실용적인 유용 성질을 보지한 그대로 조성하는 것은 용이하지 않다. 이 때문에 대장균이나 효모균과 같이 항생물질 등의 약제에 대한 내성 유전자를 우성 선택 마커로 한 야생균주에의 형질전환법이 열망된다. 그러나 국균은 다른 곰팡이

표 1-1. 청주용 국균의 형질전환에 이용되는 선택 마커 유전

선택 마커	코드되는 효소・단백질	표현형	기 원
arbB	Ornithine・carbamyltransferase	Arginine 요구성 상보	*A. nidulans, A. oryzae*
pyrG	Tyrosine-5'-phosphate decarboxylase	Uracil 요구성 상보	*A. nidulans, A. oryzae*
niaD	질산환원효소	질산염화	*A. oryzae*
amdS	Acetamidase	Acetamide 자화	*A. nidulans, A. oryzae*
sC	ATP sulfurylase	황산염 지화	*A. nidulans*
ble	Bleomycin 결합 단백질	Aureomycin 내성	*Streptoalloteichu hindustanus*
*benA**	*β*-Tubulin	Benomyl 내성	*N. crassa, A. oryzae*
ptrA	Hiazole 합성효소	Pyrithiamine 내성	*A. oryzae*
met	미동정	methionine 요구성 상보	*A. oryzae*

* Benomyl 내성에 대하여는 국균의 근연종인 *Asp. flavus*에서 이용이 보고되고 있다.

에서 이용될 수 있는 약제에 높은 내성을 나타내는 수가 많고 또 감수성과 내성의 차가 적으로 형질전환 체를 선택하는 데 알맞은 약제농도를 설정하는 것이 곤란한 경우도 있고, 적당한 우성 마커가 거의 없었으나 최근 우성 마커로서 이용 가능한 유전자가 몇 개가 보고되고 있다. 이들의 선택 마커를 지금까지 국균에서 이용되어 온 영양 요구성 마커와 함께 표 1-1에 나타내었다.

Acetamidase 유전자(*amdS*)는 약제내성에 관한 마커는 없으나 multicopy 도입되는 것으로 배지 중에 단일 질소원으로서 첨가된 acetamide를 유효하게 자화될 수 있게 하기 위하여 생육이 왕성하게 됨에 따라 형질전환체의 선택이 가능하게 된다. Acetamide 자화능이 거의 없는 소주 국균(*Asp. kawachii*)에서는 *amdS* 유전자가 아주 유효하게 이용되지만, 청주용 국균(*Asp. oryzae*)에서는 원래 이 유전자가 존재하여 있고, acetamide 자화능력을 나타내므로 이용하는 것은 곤란하다.

그러나 국균에서도 acetamide 자화능이 낮은 균주가 존재하고 있으므로 그와 같은 균주를 숙주로 하려면 형질전환의 선택 마커로서 사용이 가능하다. 이 경우는 배지 상에 backround 생육이 인정되나 형질전환체는 왕성한 생육을 나타내는 분생자도 잘 착생하므로 선택은 용이하다(그림 1-1).

약제내성 마커로서 bleomycin 내성 유전자의 예가 보고하고 있으나 사용하는 농

도가 높은 것과 선택하기 위한 적절한 농도 설정의 어려움으로 일반적으로 이용되기 어렵다. 한편 국균과 분류학상 아주 근연의 *Asp. flavus*에 있어서 항생제의 베노밀(benomyl)에 대한 내성 유전자가 우성 마커로서 이용되는 것이 보고되고 있다.

국균도 benomyl에 대하여 1 ppm 정도와 감수성이 높고 이용되는 가능성이 있으나 *Asp. flavus* 경우와 마찬가지로 내성과의 차이가 수 ppm만 있으므로 clear로 형질전환체를 선택하기가 곤란하다. Benomyl 내성 유전자는 β-tublin의 한 아미노산 치환으로 benomyl 내성으로 된 것이나 β-tublin은 다량체를 향상하여 기능하므로 숙주 유래의 감수성의 β-tublin이 공존하고 있으면 내성이 명료하게 나타나지 않을 염려가 있다. 숙주의 β-tublin 유전자가 치환된 형질전환체에는 benomyl 내성이 높게 되어 형질전환체의 선택이 용이하다고 예상하고 있다.

최근 thiamin의 analogue인 pyrithiamin에 내성을 나타내는 국균변이 균주에서 pyrithiamin 내성에 관여하는 유전자가 단리되어 우성 마커로서 이용되는 것으로 안다. Pyrithiamin 내성 유전자(*ptrA*)는 아미노산 수준으로 *Fusarium solani*의 스트레스 응답성 유전자 *STI* 35와 효모의 thiazole 합성효소유전자 *THI* 4에 높은 homology를 나타내는 단백질을 코드하고 있다.

야생균주와 염기서열을 비교한 바 promoter 영역에 한 염기치환(번역 개시점의

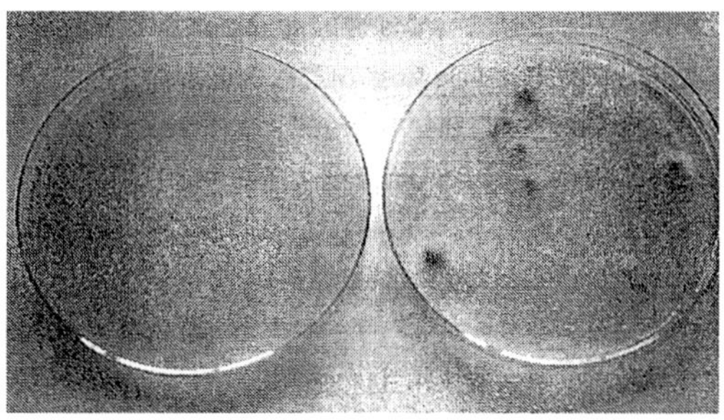

그림 1-1. 국균의 acetamidase 유전자(*amdS*)를
선택 마커로 사용한 형질전환

Control : *Asp. oryzae* FN-16균주의 protoplast를 최소배지(탄소원 : maltose, 질소원 : acetamide)에서 재생하였다. 배지 전체를 균사가 살며시 덮을 정도의 생육이 인정된다.

pUPAMD 1 : 국균의 *amdS* 유전자를 α-amylase 유전자(*amyB*) promoter에 연결한 것을 도입한 형질전환체. 대조의 플레이트에 보이는 배경 외에 왕성한 생육을 나타내 분생자의 착생하는 콜로니가 인정된다.

상류 68bp의 A가 G)이 인정되어 Northern 해석의 결과에서 amine에 의한 비발현 제어가 해제되어 있는 것이 밝혀지게 되었다. *ptrA*의 탈 억제에 의한 고발현의 결과 균체 내 thiamin 양이 증가하여 thiamin analogue의 thiamin에 내성을 나타내는 것으로 생각된다. 흥미 있는 것은 종종의 약제에 내성을 나타내는 국균이 pyrithiamin에 대하여는 아주 높은 감수성을 나타내고 0.01 ppm이라는 저농도에서 생육이 제지되는 것이다. 그래서 이와 같은 높은 감수성을 나타내는 국균의 야생균주에 *ptrA* 유전자를 도입시킨 바 2～10 ppm의 pyrithiamin을 함유하는 배지에서도 생육 가능으로 되고 직접 pyrithiamin 배지에서 형질전환체를 선택할 수가 있다.

Bleomycin나 benomyl 내성의 경우와 달라 형징전환체가 명확하게 얻어지므로 *ptrA*가 국균의 유전자 조작에 있어서 아주 유효한 우성 선택 마커로서 이용될 것으로 기대된다. 단, 균체 내에의 thiamin이 많이 들어가면 비형질전환체도 pyrithiamin 배지에서 생육하게 되므로 참의 형질전환체의 선택이 곤란하므로 형질전환에 사용하는 균주는 접종용의 분생자 형성에서 전 배양을 포함하여 thiamin을 함유하지 않는 최소배지로 배양하여 둘 필요가 있다.

한편 영양 요구성이나 자화성의 변이균주를 숙주로 하여 사용한 경우에는 쉽게 선택・분리하기 위하여 positive selection이 될 수 있는 스크린 방법에 의하여 변이균주를 취득하는 것도 바람직하다. Positive selection에 의하여 uracil 요구성 pyrG 균주, 질산염 비자화성 niaD 균주, 황산염비자화성 *sC* 균주의 3종류의 변이균주가 얻어지고 있다. pyrG 균주는 5-fluororotic acid 내성 균주로서 얻어지고 있으나 사용하는 시약이 고가이고 또한 내성 균주를 선택하는 데는 높은 농도가 필요하다는 것에서 후자의 2종류의 변이균주를 취득하는 쪽이 경제적이다.

*niaD*는 염소산염에 대한 내성균주로 하여 또 *sC* 균주는 셀렌산 내성 균주로서 얻을 수가 있어 시약도 그만큼 고가도 아니다. *niaD* 균주는 국균의 야생균주가 생육되지 않는 농도(0.5 m 정도)의 염소산칼륨과 단일 질소원으로서 10 mm의 glutamic acid를 함유하는 배지 상에 분생자를 파종하여 생육이 왕성한 콜로니를 단리한다.

염소산염 내성을 나타내는 변이는 *niaD*만 아니고 질산염의 균체 내 취입에 관여하는 *crnA*나 전사인자의 *nirA* 등에 변이가 일어난 경우에도 같은 표현형을 나타낸다. 그림 1-2에서의 질산염이나 아질산염 또는 hypoxanthine 등에 대한 자화성을 조사하여 질산염만이 이용되지 않는 균주를 선택한다. 또 *sB* 균주는 황산마그네슘 대신으로 염화마그네슘을 사용하여 황 자원으로서 methionine을 30 ppm 함유 배지에 0.1 mm 셀렌산나트륨을 가하여 UV 처리한 분생자를 파종하여 생육되어 나오는

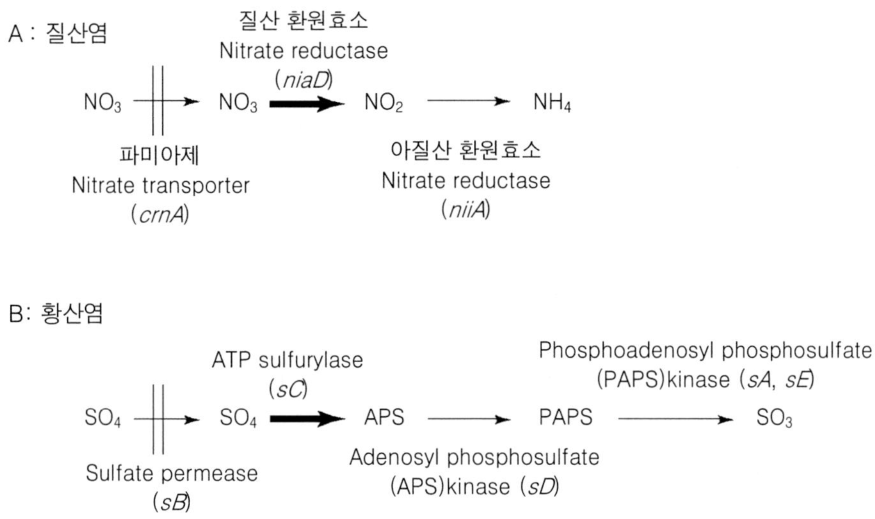

그림 1-2. 곰팡이에 있어서 질산염 그리고 황산염의 자화경로

콜로니를 분리한다. 이 경우에도 취입에 관여하는 *sC*에 변이가 생기는 셀렐산 내성을 나타내므로(그림 1-2) 이것을 구별하기 위하여 크롬산나트륨(0.5 mm)에 대하여 감수성을 나타내는 것을 *sC* 변이균주로서 선택한다.

niaD 균주는 UV조사 등의 변이처리를 행하지 않고 자연 돌연변이를 얻을 수 있으므로 국균 사용균주의 유용 성질을 손상하지 않는 것도 좋은 점이다. 얻어진 *niaD*와 *sC* 균주는 표현형이 leaky 하기 때문에 질산염이나 황산염을 함유한 선택배지에서 전혀 생육할 수 없게 되어 약하기는 하나 겨우 생육되는 것에 유의할 필요가 있고, 더욱이 그 생육상태는 야생균주에 비하여 극단으로 나쁘고 형질전환체에서는 야생균주와 마찬가지 생육을 나타내므로 숙주로서 사용되는 것은 어떤 문제는 없다.

3. Vector

국균의 형질전환에 있어서는 대장균의 plasmid vector를 연결한 염색체에 끼워넣는 형의 vector가 보통으로 사용되고 있고, 이들의 구조나 형질전환의 특징은 이미 총설 등에서 설명되어 있다.

국균을 위시하는 곰팡이는 plasmid 같은 염색체 외에서 자율 복제하는 DNA가 발견되어 있지 않으므로 세균이나 효모와 같은 plasmid형 vector의 구축이 곤란하다. 그러나 *Asp. nidulans*에서 외래 DNA를 염색체 외에서 자율 복제시키는 작용을 하는 AmA 1이라는 DNA 단편이 단리되어 이 서열을 갖는 vector는 곰팡이의 세포내에서 유리의 상태로 존재하는 것이 알려져 있다. 이 vector를 이용하면 형질전환 빈도가 조입형(組込型) vector에 비하여 100배 이상으로 상승하고 그리고 세포내에서 유리로 존재하기 때문에 도입한 vector를 형질전환체에서 쉽게 회수할 수 있으므로 shotgun cloning을 하는 경우에 위력을 발휘한다. 실제로 이 plasmid vector를 기초로 하여 한 shot gun cloning에 의하여 국균의 유전자가 몇 개인가 단리되어 있다.

예를 들면, 위에서 설명한 pyrithiamin 내성유전자 *ptyA*나 α-amylase · glucoamylase 등의 전분분해효소 유전자의 발현에 관여하는 전사인자 유전자 amyR는 이 vector를 이용한 shotgun cloning으로 얻어진 것이다. *ptyA* 유전자의 cloning에는 pyrithiamin 내성을 나타내는 국균변이 균주의 유전자 라이브러리를 *AmA 1*과 *argB*를 가진 plasmid pHHG 25를 베이스로 사용하여 만들고, 이것을 pyrithiamin 감수성이 높은 *Asp. nidulans*에 도입하므로 pyrithiamin 내성으로 된 형질전환체를 얻었다.

또 *amyR*의 경우는 미리부터 전분분해효소 유전자의 promoter 영역에 공통으로 존재하고 maltose/starch 유도에 관여하고 있는 region Ⅲ서열을 multicopy 하므로 전사인자가 도입 region Ⅲ에 titration 되기 때문에 amylase 유전자의 promoter 활성이 현저히 저하된 *Asp. nidulans*의 숙주를 조성하여 둔다.

이 균주에 국균의 유전자 라이브러리를 도입하여 전사인자의 titration이 해소된 amylase 유전자의 promoter 활성이 회복된 균주를 선택한다. 어느 경우에도 유전자 라이브러리를 도입하여 얻은 형질전환체에서 plasmid DNA를 회수할 수가 있으므로 이것을 숙주균주나 국균에 다시 한 번 형질전환 하므로 같은 표현형을 나타내는 것이 확인되므로 plasmid 상에 목적으로 하는 유전자가 존재하는 것이 밝혀졌다.

*AmA 1*을 가진 plasmid형 vector를 promoter 검색용 vector로 하여 이용하는 것도 가능하다. 이 경우에는 reporter 유전자로서 대장균 β-glucosidase(GUS) 유전자를 사용하여 이 직전에 국균이나 *Asp. niger*의 염색체 DNA의 제한효소 부분분해 단편(0.5～2 kb)을 삽입한 라이브러리를 작성하여 둔다. 이것은 국균 숙주균주에 도입하여 GUS plate assay에 의하여 청색을 강하게 띠는 형질전환체를 선발한다. 선택된 형질전환체에서 회수된 plasmid에 삽입된 DNA 단편의 promoter 활성을 조사한 바 *Asp. niger* 유래의 DNA 단편이 α-amylase 유전자의 promoter에 비하여 3배 정도 높은 활성을 나타내었다. 이 단편의 염기서열에는 150bp에 미치는 CT rich 영역을 함유하고 있고, 그 60 bp 하류에 번역개시점이 존재하여 GUS 단백

질과 in frame으로 연결되어 있은 것을 알았다. 이 promoter가 어떤 유전자의 것인지 상세한 해석이 없으므로 불명이나 마찬가지 수법에 의하여 여러 조건에서 발현하는 promoter 서열을 검색하는 것이 가능하다고 생각된다.

이와 같이 *AmA 1*을 가진 plasmid형 vector는 곰팡이에 있어서 shotgun cloning을 가능하게 한 것이나 균체 내에서 도입된 DNA의 재조합이 낮은 빈도로 일어나는 것이 관찰되어 있으므로 단리된 DNA에 대하여는 Southern 해석 등으로 게놈상의 구조와 변하지 않는 것을 확인하여 두는 쪽이 좋다.

한편 이와 같이 세포내에서 재조합이 일어나기 쉬운 성질을 이용하여 간단한 shotgun cloning이 가능하다는 보고가 있다. 염색체 DNA의 제한효소 부분분해 단편(예로서 *Sau* 3 A1)과 *AmA 1* plasmid(환상 DNA에도 cloning 부위(예로서 *Bam*HI)에서 직쇄상으로 한 것도 관계없다)를 단지 섞어서 곰팡이에 도입하는 것만으로 영양 요구성 등이 상보된 형질전환체가 얻어져 그로부터 목적의 DNA 단편을 함유하는 plasmid가 회수된다는 것이다.

보통의 대장균을 숙주로 하는 유전자 라이브러리를 작성하지 않아도 좋으므로 수고를 줄일 수 있으므로 시도하는 가치는 있다. 그러나 보고한 것과 같이 잘 cloning 되었다는 이야기는 있으므로 좀 더 성공 예가 축적되는 것을 기다리는 쪽이 좋을지 모른다.

AmA 1 plasmid를 사용한 공형질전환(co-transformtion)에서는 도입된 DNA 간에서의 재조합(환상 DNA를 사용한 경우)이 세포에서 고빈도로 일어난다고 한다. Gomi는 *amyR* 유전자를 cloning 할 때 분리된 DNA 단편상의 어느 부위에 titration을 억압하는 유전자가 존재하는 것을 조사하기 위하여 pUC 118에 subcloning 한 단편을 pDHG 25와 함께 co-transformation한 결과에서는 대부분의 균주에서 co-trasformation이 일어나 있으므로 적어도 이와 같은 목적에는 이용이 가능하다고 생각된다.

4. 유전자 파괴와 antisense법 등 주변 기술

지금까지 국균에서 많은 유전자가 클로닝 되었고, 현재 진행 중의 국균의 EST (expressed sequence tag) 해석에 의하여 8,000~9,000으로 추정되는 국균 총 유전자의 반수에 상당되는 cDNA 서열이 이미 밝혀져 있다. Cloning화 된 DNA가 목적의 유전자라는 것이라는 확인, 그리고 EST 서열의 homology 검색에 의하여 추정되는 유전자 기능의 해석 등 때문에 염색체 상의 표준 부위에의 상동적 재조합에 의한 유전자 파괴법이 이용된다. 또 상용균주의 육종 등으로 원하지 않는 성질에 관계하는 유전자를 knock out로 행할 필요가 있다.

효모 *Saccharomyces cerevisiae*에서는 상동적 재조합의 빈도가 높고, 유전자 파괴법은 일반적인 기술로서 확립되어 있어 자주 사용되고 있으나 구균에서는 상동적 재조합빈도가 낮으므로 목적으로 하는 유전자 파괴 균주를 취득하는 것은 쉽지 않는 경우가 많다. 그러므로 국균에서의 유전자 파괴의 실례는 아직 없다.

유전자 파괴의 방법으로서는 그림에 나타낸 것과 같이 두 가지의 수법이 있다(그림 1-3). 그림 1-3의 A에서 조사하려는 유전자 단백질 코드영역의 5'측과 3'측을 결실시킨 것을 염색체의 상동부위에 삽입한다(유전자 삽입 파괴). 얻어진 형질전환체에는 염색체 상에 2copy의 N-말단 영역 또는 C-말단 영역이 결실된 불완전 유전자가 생기는 수가 있으므로 언제나 기능하지 않는다.

이 방법을 사용할 때 상동의 유전자 내에 제한효소로 한 곳만 절단하여 직쇄상으로 하여 두면 그 근방 부위에서의 상동적 재조합 빈도가 향상된다.

그림 1-3의 B에서는 목적의 유전자 내에 선택 마커 등의 다른 유전자 단편을 삽입한 변이 유전자를 만들어 양 단에 존재하는 상동 유전자 영역의 재조합에 의하여 염색체 상의 유전자와 치환한다(유전자 치환 파괴). 목적 유전자의 코드영역을 전

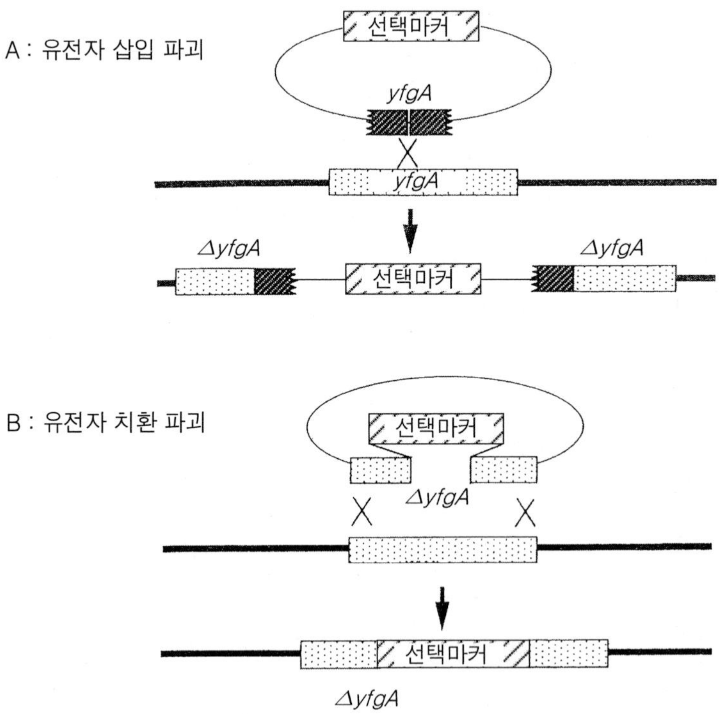

그림 1-3. 유전자 파괴법

부 결실시킨 것에 선택 마커를 삽입한 경우에는 완전한 유전자 결손변이균주를 얻을 수가 있다. 또 이 방법에는 이중교차에 의하여 유전자 치환이 일어나기 때문에 1회의 교차에 의한 그림 1-3의 A에 비하여 재조합 빈도가 상당히 낮아지므로 상동 유전자의 양단을 함유한 직쇄상 DNA로 하여 사용하는 쪽이 좋다.

국균에서는 우성 선택 마커의 항에서 언급한 국균 *amdS* 유전자가 acetamide의 자화에 관여하고 있는 것의 확인 전분 분해효소 유전자 발현의 전사인자 amyR 유전자의 기능해석을 유전자 삽입 파괴법에 의하여 하고 있다. 어느 것이나 양단을 결실시킨 유전자 내에서 한 곳만 절단하여 형질전환에 이용하고 있으나 형질전환체의 20～30%가 상동적 재조합에 의한 유전자 파괴균주로서 얻어진다. *amdS* 유전자를 파괴한 균주에서는 aetamide를 단일 질소원으로 한 배지에서의 생육이 나빠져 있고, 이 유전자가 국균의 acetamide 자화에 관여하는 것이 밝혀졌다. 또 amyR 유전자 파괴 균주는 전분을 탄소원으로 하는 배지에서 생육이 아주 늦어지나 여기에 glucose를 첨가하면 숙주 균주와 거의 차가 인정되지 않는다(그림 1-4).

파괴 균주의 α-amylase와 glucoamylase 활성은 각각 1/100, 1/20로 감소되어 있고, amyR가 이들의 전분 분해효소 유전자의 발현에 바르게 작용하는 전사인자 유전자이라는 것이 밝혀지고 있다. 유전자 삽입 파괴법에서는 N 그리고 C 양 말단이 결실한 불완전 유전자가 생기나 C 말단 영역의 결실의 정도에 따라 기능이 완전

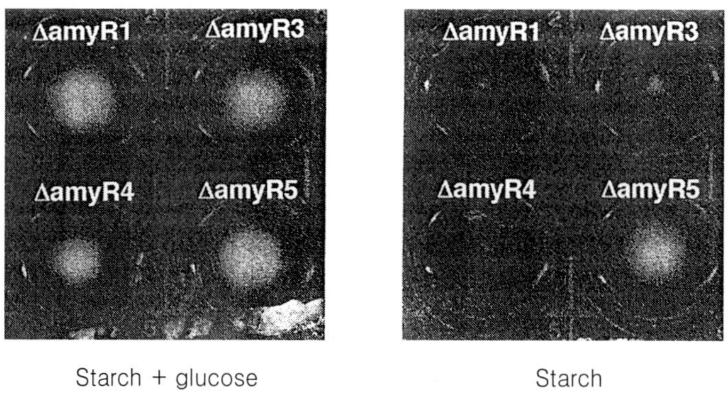

그림 1-4. 전분 분해효소 유전자 발현에 관여하는 전사 유전자에 관여하는 전사인자 유전자 amyR 파괴 균주의 표현형

Southern 해석의 결과에서 △amyR 1, △amyR 3, △amyR 4는 amyR 파괴균주이고, △amyR 5는 파괴되지 않는 것이 판명되었다.
유전자 파괴균주에서는 전분만을 탄소원으로 하는 배지상에서 생육이 아주 나쁜 것을 알 수 있다.

히 결실되지 않을 수도 있다. 또 amyR 유전자가 코드하고 있는 전사인자는 N 말단 영역에 DNA 결합 motive인 zinc finger를 가지고 있고 유전자 파괴 균주에서 in vitro에 있어서 DNA 결합능력을 조사하기 위하여 이와 같은 motive를 가진 불완전 단백질이 만들어 짐으로 적당하지 않다. 그래서 코드 영역을 모두 제거한 sC 유전자를 삽입한 DNA를 작제하여 국균에 도입한 바 빈도는 아주 낮았으나 유전자 삽입 파괴 균주와 마찬가지의 표현형을 나타나는 유전자 치환형의 파손 균주가 얻어졌다.

이와 같이 상동적 재조합 빈도가 낮다고 하는 국균에도 유전자 파괴가 가능하나 목적의 유전자에 의하여 파괴 균주가 얻어지지 않는 수가 있다. Gomi 등은 국균의 산성 protease 유전자(pepA)의 파괴 균주의 조성을 시도한 바 있으나 많은 형질전환체를 조사하였으나 파괴균주가 얻어지지 않았다는 경험이 있다. 형질전환체의 수를 다시 증가하여 샅샅이 조사하면 발견될지 모르나 아주 큰 작업이라는 것은 확실하다.

이와 같은 경우에는 유전자 파괴는 아니고 antisense법에 의한 발현제어를 한다는 것을 검토한 쪽이 좋다고 생각된다. 이것은 promoter의 하류에 목적의 유전자를 역방향으로 연결하여 발현시키므로 정상인 mRNA와 상보적인 RNA를 대량으로 만들어 이 양자 간에서 이중사슬이 형성되기 때문에 번역효율이 저하하는 것이다. 이 antisense법에서 국균의 carboxypeptidase(CPase)의 생산을 억제시키는 것에 성공하였다.

CPase 유전자의 코드영역을 함유하는 서열 1.3 kb를 끊어내어 promoter에 대하여 역방향으로 연결한 DNA 단편을 작제하여 국균에 도입하였다. 얻어진 형질전환체의 모든 CPase 활성이 적어져 있었다. CPase 생산성이 저하된 균주를 숙주로 하여 사람 lysozyme의 분비생산을 조사한 바 친균주에 비교하여 2배 이상의 생산량이 인정됨과 동시에 배양 후기에 있어서 lysozyme 활성의 저하도 억제되었다. 이 사실에서 CPase 활성을 적게 하는 것이 효율적인 이종 단백질 생산을 위하여 중요하다는 것을 시사한다.

이 실험에서는 antisense RNA를 발현시키는 protease로서 CPase 자신의 것을 이용하고 있으나 보다 강력한 promoter를 사용하면 다시 CPase의 생산을 억제시킬 수 있을 것으로 생각된다. Antisense법에서는 유전자 파괴법과 같이 완전히 유전자의 기능을 결손 할 수 없다는 것이 결점이 있으나 역으로 유전자 파괴에 의하여 치사적으로 될 수 있는 유전자의 경우에는 antisense법에 의하여 어느 정도의 기능을 추정한다는 점에서 이점이 될 수 있다.

끝맺음

청주용 국균은 유성 생활환이 없고 다핵이기 때문에 유전 해석이 곤란한 사실에서 산업상의 중요성에도 불문하고 기초적인 유전학적 지견이 부족하다. 그러나 유전자 재조합기술이 국균에도 적용할 수 있게 되어 국균이 나타내는 흥미 깊은 여러 가지의 현상이 유전자 수준에서 해석되고 있다.

국균에 있어서 유전자 조작을 위한 숙주·vector계와 형질전환법은 기반적인 기술이나 Gomi 등이 연구를 개시한 시기는 *Asp. nidulans*나 *Neurospora crassa* 등의 유전학에 이용되고 있는 곰팡이에 있어서 성과를 참고한 것이고 큰 성과는 얻지 못하였다. 그러나 최근에는 국균의 분자생물학에 관여하고 있는 연구자의 수가 증가하게 되었고, 국균의 유전자조작은 상당히 용이하게 되었다. 그래도 양조산업을 담당하고, 한편으로는 중요한 미생물인 효모에 비하면 아직 어려운 부분이 남아 있다.

이것은 국균과 효모와의 물리학적 성질의 차이에 기인되는 것이 많기 때문에 간단히 개량된다는 것은 생각하기 어려우나 연구를 더 함으로써 사용하기 쉬운 유전자 조작방법이 개발될 것을 바라는 바이다. 특히 국균에 있어서도 게놈 생물학의 단서가 열려지고 있고 효율적인 목적의 기술이나 삽입 변이균주 작제 기술의 개발이 요망되는 바이다.

제 2 장

소주용 국균의 분자생물학적 해석

서 론

소주용 국균으로서는 백국균(*Aspergllus kawachii* 혹은 *Asp. shirousami*)가 대표적인 균주로서 알려져 있고, Okinawa에서는 흑국균(*Asp. awamori*)이 포성양조에 사용되고 있으나 기본적인 성질은 거의 동일하다. 소주 국균과 청주양조, 기타에서 사용되는 황국균(*Asp. oryzae*)의 큰 차이의 하나는 구연산 생산성에 있고, 황국균은 거의 산을 생산하지 않는데 대하여 소주 국균은 다량의 구연산을 생산한다. 구연산 생산에 관하여는 소주 국균에 비하여 비교적 가까운 *Asp. niger*로 해석이 진전되어 있으므로 이것을 참고 할 것이다.

소주 술덧은 소주 국균이 만든 구연산으로 낮은 pH(약 3)로 되어 있으나 황국균 유래의 효소가 이와 같은 낮은 pH 조건에서는 빨리 실활되는데 대하여 소주 국균이 생산한 효소는 실활되지 않아 유효하게 작용한다. 또 소주 국균은 황국균에 비하여 cellulose, hemicellulose 분해효소를 많이 생산하여 amylase의 구조에도 특징을 가진다. 이와 같이 소주 국균이 생산하는 효소를 황국균과 비교한 것을 보면 여러 가지가 시사된다. 흑국은 이종 단백질 생산의 숙주로서는 주목되어 많은 생물학적 해석이 되어 있으나 여기에서는 지면 관계상 양조에 밀접하게 관련되는 효소에 대한 결과만을 중심으로 하여 소개한다.

양조용 미생물은 실험실 미생물에 비하여 유용한 형질을 획득한 것이 많고 그리고 양조 미생물 중에서도 여러 가지 다양성이 생기고 있다. 같은 *Aspergillus*속이면서 소주용 국균과 황국균에서는 큰 차이가 있고, 황국균 중에서도 청주용 국균은 간장, 된장용 국균과는 놀랄 정도로 생산성이 다르다. 최후의 항에서는 백국균의 xylanase에 보기를 들어 효소의 다양성과 이들이 태어난 의의를 해설한다.

1. α -Amylase

백국균도 황국균과 마찬가지 복수 copy의 α-amlase 유전자를 가진다. 그러나 황국균 α-amylase 유전자는 동일의 효소(Taka amylase)를 코드하여 1종류의 효소가 생산되는데 대하여 백국균은 2종류의 다른 효소를 생산한다. 중성 α-amylase는 황국균의 Taka amylase는 거의 동일 효소이나 내산성(pH 3에서도 실활하지 않는다)도 없으므로 소주 술덧 중에는 실활되어 기능하지 못한다.

또 소주국 중에서 이미 백국균이 생산된 구연산에 의하여 실활되어 검출되지 않는 것도 많다. 흥미 있는 것은 본 중성 α-amylase 유전자는 전분이나 maltose 등과 달라 glycerin이나 xylose 혹은 황국균에서는 억제적으로 작용하는 glucose를 당원으로 한 경우에도 많은 효소를 생산한다. 이 점이 황국균 Taka amylase 등의 큰 차이가 있다.

백국균 α-amylase의 황국균의 이것과 가장 큰 차이는 pH 3에서 실활하지 않는 α-amylase(내산성 α-amylase)를 생산하는 수도 있다. 유전자 cloning의 결과 본 효소는 촉매 domain에 전분 흡착 domain이 linker를 개재하여 결합하고 있는 것이 밝혀져 있다. 촉매 domain은 Taka amylase와 homology가 있으나 내산성을 가지는 것이 특징이다. 전분 흡착 domain은 효소가 전분에 흡착하여 유효하게 작용하는 것

- 황국균 α-amylase 유전자의 성질
  1. 복수커피의 α-amylase 유전자를 가지거나 동일의 효소(Taka-amylase)를 코드 한다.
  2. 현재에는 전분 등의 유도물질이 필수이다.
  3. Glucose가 억제한다.

- 백국균 α-amylase 유전자의 성질
  1. 3종류의 α-amylase 유전자를 가지나 각각 다른 효소를 코드 한다.
     - Taka-amylase 유사의 α-amylase(중성 α-amylase, 2copy)
     - 내산성 α-amylase
     - 다른 α-amylase(발현하지 않는다)
  2. 중성 α-amylase는 전분과 같은 정도로 gylycerin · glucose 등에서도 발현.
  3. 내산성 α-amylase는 액체배양에서는 발현하지 않고 고체배양에서 발현한다.

그림 2-1. 황국균과 백국균의 α-amylase 유전자의 비교

을 돕고 있으나 겸하여 생전분 분해활성도 부여한다. 흥미 있는 것은 내산성 α-amylase는 액체배양에서는 거의 생산되지 않고 고체배양에서 특이적으로 생산된다. 백국균의 α-amylase 유전자를 황국균의 그것과 대비하면서 그림 2-1에 나타내었다.

2. Glucoamylase

Glucomylase는 전분에서 glucose를 생성하는 작용을 가지므로 양조에 있어서는 α-amylase 이상으로 중요한 효소이다. 소주용 국 α-amylase와 마찬가지로 C 전분흡착 domain을 가진다는 것이다. 전분흡착 domain은 효소가 전분에 흡착하여 유효하게 작용하는 것을 돕고 겸하여 생전분 분해활성도 부여한다.

3. β-Glucosidase

β-Glucosidase는 glucose 배당체를 가수분해하는 효소이나 양조에 있어서는 감

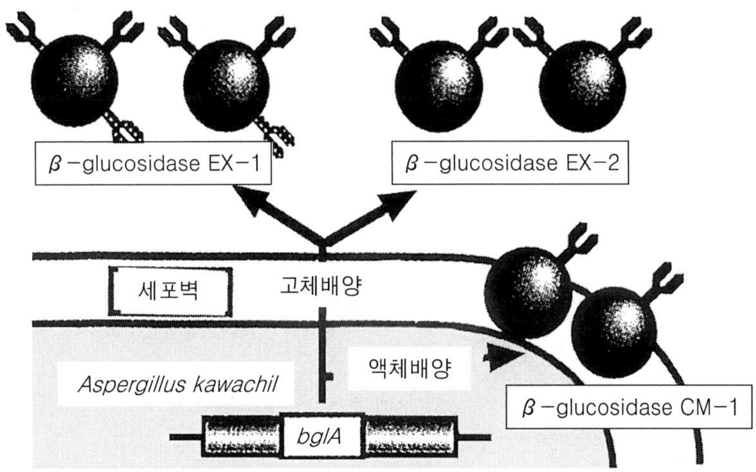

그림 2-2. 백국균 β-glucosidase 와 그 유전자(*bglA*)

백국균의 균체 외에는 유리의 상태로 2종류(EX-1, 2), 세포벽 중에 1종류(CB-1)의 β-glucosidase를 생산한다. 이들 전부는 하나의 유전자 bglA에 의하여 코드된다. 본 유전자 산물은 고체배양을 하면 유리형 효소(EX-1,2)로서 균체 외로 분비되어 액체배양을 하면 결합형효소(CB-1)로서 세포벽에 보유된다.

자 중에도 존재하는 terpene 등의 배당체를 가수분해하여 감자소주의 특징이 있는 향의 발현에 기여하고 있다. 백국균 유래의 본 효소를 정제하면 동시에 유전자 cloning을 하여 검토를 하였다.

β-Glucosidase는 분비형의 효소이고 배지 중에 분비되나 세포에 결합하여 존재하는 것도 있다는 것도 안다. 흥미 있는 것은 액체배양을 하면 유리형의 결합효소의 비율이 증가한다. 고체배양을 하면 유리형의 효소가 증가한다. 결합효소도 세포벽 용해효소로 가용하면 유리되므로 어떤 형으로 세포벽에 결합하고 있는 것으로 생각된다. 유리효소와 결합효소를 세포벽 용해효소로 가용화한 것을 비교하면 분자량이 다르나 endo-glucosidase로 처리하면 동일의 분자량으로 된다. 따라서 양자의 차이는 당 사슬의 차이에 의한 것으로 생각된다. 백국균이 생산하는 여러 가지의 β-glucosidase의 생성 메커니즘을 모델로 그림 2-2에 나타내었다.

감자소주의 특징 향의 발현에는 백국균 β-glucosidase가 큰 영향을 미치므로 발현의 증감을 해명하면 특징 향이 강한 소주가 그리고 발현 억제를 행하면 dry한 소주의 제조가 가능할 것으로 기대된다.

4. Esterase

흑국균(*Asp. awamori*)은 포성양조에 사용되는 국균이나 백국균과 마찬가지로 hemicellulose를 잘 분해한다. Hemicellulose는 β-1,4-결합을 한 xylose의 주 사슬에 mannose 등의 측쇄가 붙고 그리고 다시 mannose에 초산, ferulic acid 등이 ester 결합한 구조를 하고 있다. Hemicellulose를 완전 분해하기 위하여 초산, ferulic acid 등을 가수분해하여 제거하지 않으면 안 되나 여기에서 작용하는 것이 acetyl esterase와 ferulic acid esterase이다. 포성 술덧 중에서 ferulic acid esterase는 쌀의 세포벽에서 ferulic acid를 유리하나 이것은 증류・숙성 중에 vanillin으로 변화하여 포성고주(泡盛古酒)의 특징 향을 구성한다. 흑국균에서 acetyl esterase와 ferulic acid estease가 cloning 되어 있다

5. Xylanase

Xylan은 cellulose와 함께 식물의 세포벽을 구성하는 다당류이고 xylase가 β-1,4 결합한 주 사슬에 arabinose 등이 측쇄를 구성한 구조를 하고 있다. Xylanase는 이 xylan의 주 사슬을 endo type으로 분해하는 효소이고, 미생물에 널리 분포하고 있는 산업상 중요한 효소이다. 또 소주양조에 있어서는 xyalanase가 곡류 세포 중의

hemicellulase를 분해하므로 amylase의 전분입자에 접촉을 촉진하여 주화율(酒化率)의 향상에 기여한다. Xylan과 아주 닮은 구조로 가진 다당류에 cellulose가 있고, 기질에 대한 효소의 작용양식 그리고 효소의 구조도 너무 많이 닮은 것으로 생각되므로 xylanase는 cellulase으로도 논하는 수가 많다. 각종의 xylanase, cellulase는 그의 상동영역의 특성에서 현재 약 15의 family로 분류되어 있으나 xylanase는 그 중의 family 10과 11로 분류되고 있다. Xylanase를 생산하는 균은 동시에 cellulase를 생산하는 수가 많다. 소주 국균도 각종의 cellulase나 hemicellulose를 다량으로 생산하나 이미 cloning된 유전자도 많다.

5.1 백국균의 xylanase

백국균은 3종류의 xylanase(XynA, XynB, XynC)를 분비 생산하나 그 성질을 표 2-1에 나타내었다.

백국균의 효소에는 내산성이 요구되나 3종류의 효소와 함께 내산성 효소이고, 특히 XynC는 최적 pH가 2이고, pH 1에서도 안정한 흥미 있는 산성 xalanase이다.

표 2-1. 백국균 xylanase의 성질

	Xylanase A	Xylanase B	Xylanase C
분자량(Da)	32.731	20.115	19.888
등전점	6.7	4.4	3.5
최적온도(℃)	60	55	50
최적 pH	3.5	4.5	2.0
pH 안정성	3~10	3~10	1~0
Family	10	11	11

* 염기서열을 기본으로 하여 계산하였다. 성숙 단백질의 분자량을 나타내었다.

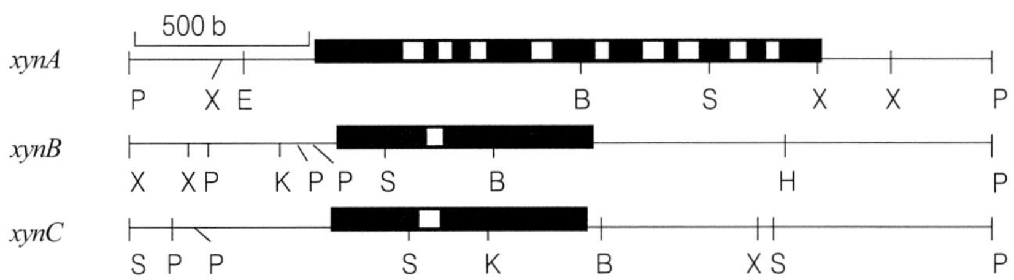

그림 2-3. 백국균 xylanase 염색체 DNA의 구조

그림 2-3에 염색체 DNA의 구조를 나타내었으나 XynA는 비교적 짧은 유전자의 비율은 9개라는 다수의 intron을 가진다. 또 대조적으로 XynB와 XynC는 공히 1개의 intron을 가진 것이다.

XynA는 cellulase family 10에, XynB와 XynC는 family 11에 속하고, 당연히 XynB와 XynC 간에는 높은 homology가 인정된다. XynC와 세균(*Bacillus pumilus*)의 xylase를 비교하면 말단의 2/3의 영역(활성중심은 이들의 영역에 있다)에는 아주 높은 holology가 N-말단 측의 1/3의 영역에서는 대부분의 homology가 인정되지 않았다. 이 경계에 intron의 삽입이 있으므로 이 부분에서 유전자가 재조합이 될 가능성이 생각된다. 백국균의 XynB는 양자의 중간적인 성질을 나타낸다.

구연산을 다량으로 생산하는 백국균 중에는 산성조건이 도태 압으로 되어 XynC와 같은 내산성이 극히 높고 또 최적 pH도 낮은 xylanase가 분자진화의 결과 생긴 것으로 생각된다. 또 XynB는 이 분자진화의 과정에 있어서 유전자 중복의 산물일지도 모른다. 황국균(간장 국균)이나 *Trichderma*속 등의 곰팡이도 XynA나 XynB에 유사의 xylanase를 생산하나 XynC는 소주 국균에 특유인 효소이다.

5.2 Xylanase C의 내산성 그리고 호산성 메커니즘

XynB와의 비교를 그림 2-4에 나타내었다. XynB에는 cysteine 잔기가 전연 없는데 대하여 XynC에는 2개 있다. XynB에는 염기성 아미노산이 많아 산성 아미노산이 적은데 대하여 XynC에는 역의 경향이 있고, 특히 lysine 잔기는 전연 함유하지 않았다. 또 활성 중심 근방에 있어서는 XynB를 위시하여 많은 xylanase에서 일반적인 aspartic acid 잔기가, XynC에서는 aspartic acid로 변이하여 있다.

```
STPSSTGENNGYYYSFWTDGGGDVTYTNGNAGSYSVEWSN--VGNFVGGKGWNPGSAKDITYSG
          SAGINYVQNYNGNLGDFTY-DESAGTFSMYWEDGVSSDFVVGLGWTTGSSNAITYSA

NFTPSG-NGYLSVYGWTTDPLIEYYIVESYGDYNPGSGGTTRGNVSSDGSVYDIYTATRTNAPS
EYSASGSSSYLAVYGWVNYPQAEYYIVEDYGDYNPCSSATSLGTVYSDGSTYQVCTDTRTNEPS

IQGTATFSQYWSVRQNKRVGGTVTTSNHFNAWAKLGMNLGTHNYQILATEGYQSSGSSSITIQ
ITGTSTFTQYFSVRESTRTSGTVTVANHFNFWAQHGFGNSDFNYQVMAVEAWSGAGSASVTISS
```

그림 2-4. Xylanase B와 C의 비교

활성중심 잔기, C : cysteine 잔기, K : lysine 잔기, D : 활성중심 근방의 변이

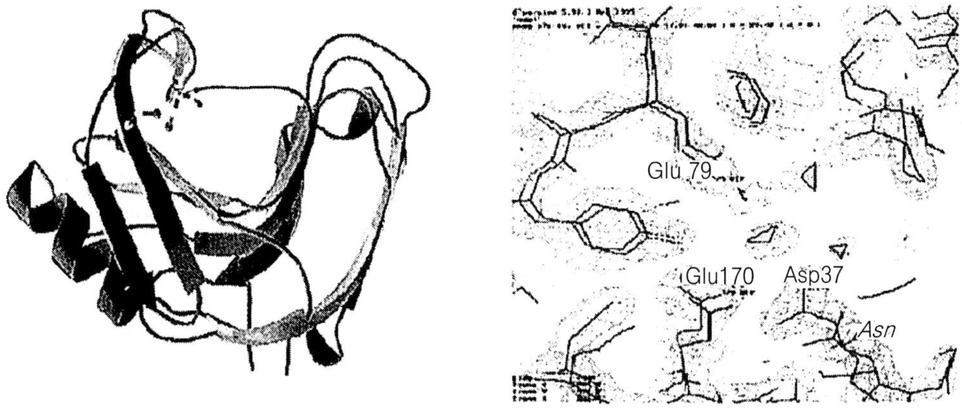

a b

그림 2-5. Xylanase C의 입체구조

a : 전체의 구조. 화살표로 2개의 cysteine 잔기를 나타내었다.
b : 활성 중심(2개의 glutamic acid 잔기) 근방의 구조. XynC와 XynB를 중복하려 쓰고 있다. 대부분의 구분은 겹쳐 있으나 XynB의 asparagine 잔기(이텔릭체)의 위치가 XynC의 aspartic acid 잔기와 크게 다르다.

XynC의 입체구조를 그림 2-5의 a에 나타내었다. 화살표로 나타낸 것이 2개의 cysteine 잔기이고, 이것은 S-S결합을 형성한 것이다. S-S결합의 형성이 산성 영역에서의 효소 단백질의 안정성에 기여하고 있는 것으로 생각된다. XynC 의 효소단백질의 표면에는 산성 아미노산이 많고, 이와 더불어 산성 영역에서의 안정성에 관계가 있다고 생각된다.

활성 중심 근방의 구조를 그림 2-5의 b에 나타내었으나 XynB에서는 멀리 떨어져 있는 aspartic acid 잔기가 XynC에서는 aspartic acid로 변이하고 또한 활성 중심에 가까이 있는 것을 알았다. 이 사실이 활성 중심 잔기인 2개의 glutamic acid 잔기의 해리에 영향을 주어 pKa를 낮은 pH측에 shift되므로 최적 pH가 극단으로 내려간다고 생각한다.

5.3 백국균 xylanase의 발현

백국균은 3종류의 xylanase 유전자를 가지며, 이들로부터 각각 성질이 다른 xylanase 단백질이 생산되나 이들의 발현에는 어떻게 제어되고 있을까.

백국균의 xylanase도 전형적인 유도효소이고 xylan의 첨가에 의하여 유도되나 의외로도 분해산물인 xylan 첨가에 의하여 유도된다. 흥미 있는 것은 발현에 대한 배

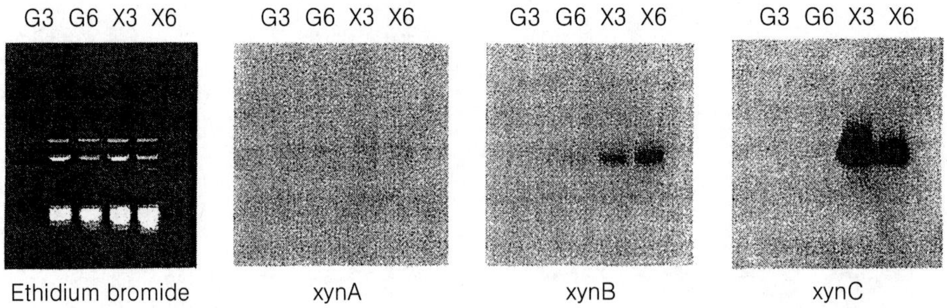

그림 2-6 발현의 Northern 해석

G3는 「glucose를 탄소원으로 하여 pH 3에서 배양한 것」이고 이하 마찬가지로 G6은 「glucose, pH 6」, X3은 「xylose, pH 3」, X6은 「xylose, pH 6」이다. Xylanase A의 발현 수준은 극히 낮으므로 명료한 밴드가 관찰되지 않는다.

지의 pH 영향이고, 최적 pH가 비교적 높은 XynA와 XynB는 배지의 pH가 높을 때 최적 pH가 낮은 XynC는 배지의 pH가 낮을 때에 많이 생산한다. 이들 사실은 합목적성이라는 면에서도 합리적이라 한다. 그래서 Northern 해석이나 β-gluconidase(GUS)를 reporter 유전자로서 해석을 하였으나 이들의 조절은 전사 수분에서 일어진 것이 시사된다.

그림 2-6에 Northern 해석의 결과를 나타내었다. 그런데 pH 제어를 받는 조절인자가 관여하고 xalan 혹은 xylose에 의한 유도에 관하여는 XInR이라는 전사조절인자가 관여하는 것으로 보고하고 있으나 xylanase의 발현에 있어서 유도 그리고 pH 제어도 마찬가지 메커니즘에 의한 것으로 생각된다. 여하간 백국균은 복수의 xylanase 유전자를 갖는 성질이 다른 복수의 효소가 생산되나, 기질의 분해에 있어서는 이들 효소의 상승작용에 의하여 분해효과를 높이는 것으로 알려져 있다.

또 이들의 유전자군은 다른 발현조건을 가져 환경에 맞게 생산되는 것을 알았으나 이것이 복수의 유전자를 가지는 하나의 의미로 생각된다. 이와 같은 메커니즘을 갖춘 과정에는 흥미가 느껴지게 된다.

끝맺음

같은 *Aspergillus*속이면서 소주 국균은 황국균과는 상당히 성질이 다른 효소를 생산하는 것으로 알려져 있다. 소주 국균이 생산하는 효소에는 우수한 특징을 가지는 것이 많으므로 황국균을 분자 육종할 때에도 여러 가지로 이용될 것으로 생각된다. 내산성 효소는 극한 환경에 사는 세균 등에는 많이 알려져 있으나 우리 주위의 국균이 이만한 내산성이 있는 효소를 생산하는 것은 의외이다. 그러나 소주 국균 선발 때의 주요 기준은 구연산의 생산성에 있고, 이들 사실이 결과적으로는 내산성이 높은 효소를 생산하는 균주를 선발할 수 있을지 모른다. 국균 중에서 효소가 내성화된 과정을 탐색하므로 효소를 내산화하는 방책이 얻어진 것으로 생각된다.

효소단백질은 module이라는 부르는 구조단위가 조합되어 있이 module의 경계에 intron이 존재하는 것으로 생각한다. 분자 진화에 있어서는 유전자조합을 만들므로 새로운 단백질이 될 가능성이 있는 것으로 지적되고 있다. 또 당연히 그 사이에 module 자체도 분자진화를 하여 기능이 변화되어 간다. 국균의 효소를 응시하는 것만으로 이와 같은 진화 혹은 다양화의 과정이 실감되는 것은 아주 관계가 깊다.

제 3 장

청주용 국균 amylase 유전자의 promoter 해석

서 론

국균의 청주양조에 있어서 가장 중요한 역할은 증미 중의 전분에서 액화, 당화효소의 작용에 의하여 glucose를 생성하는 것이다. 그 작용은 주로 α- amylase, glucoamylase에 의하여 이루어진다. α-Amylase(TAA)는 불용성의 전분의 α-1,4 결합을 임의로 분해하여 dextrin 등의 작은 분자로 하여 가용화하는 작용을 갖는다. Glucoamylase(GLA)는 전분 dextrin 등의 비환원성 말단에서 glucose 단위로 절단

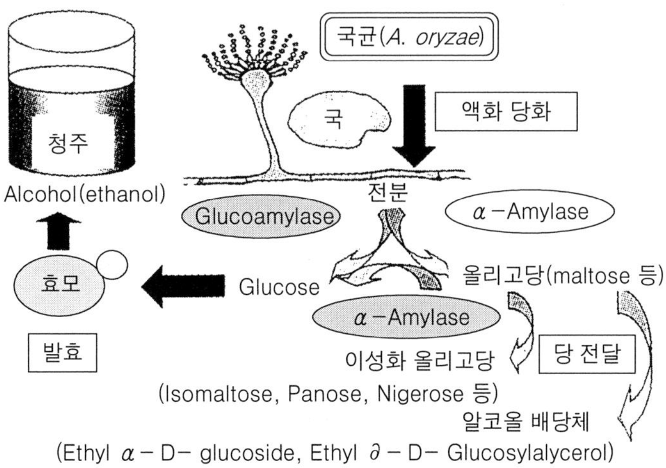

그림 3-1. 청주양조에 있어서 각종의 amylase의 역할

하는 작용이 있다. 여기에서 생성된 glucose를 탄소원으로 하여 효모의 ethanol 발효에 의하여 청주양조가 이루어진다(그림 3-1).

한편 α-glucosidase((AGL) 또는 maltose로 된 올리고당의 비화원성 말단에서의 glucose 생성을 촉매하여 그 기여율은 10~2%이라 보고하고 있다. 그리고 AGL은 생기는 glucose의 당 전달작용에 의하여 isomaltose, panose 등의 이성화 올리고당이나 ethyl α-D-glucoside, α-D-glucosylglycerol 등의 알코올 배당체 생성에 관여하고 있고, 그 청주양조에 있어서 중요성은 높다. 이들의 올리고당이나 배당체는 청주의 지미에 관여하는 중요한 성분의 하나이다.

특히, α-D-Glucosylglycerol은 최근 존재가 밝혀진 신규 배당체이고, 청주 중에서 0.5% 정도 함유하고 있는 것으로부터 정미성, 풍미 등에 미치는 영향 등은 흥미롭고 금후의 해석이 기대된다.

1. Amylase계 유전자의 발현 특성

국균의 amylase계 효소는 탄소원으로서 전분과 maltose 등의 올리고당의 존재 하에서 유도되어 glucose의 존재 하에서는 생산이 제어되는 것이 옛날부터 알려져 있고, 이들의 amylase계 효소의 유전자 수준에서의 발현제어 기구에는 대단히 흥미가 깊은 것이 많다.

여기에서 1989년에 α-amylase 유전자(*amyB*)가 Tada 등에 의하여 국균으로서는 처음으로 cloning되어 그 후 glucoamylase 유전자(*glaA*), α-glucosidase 유전자(*agdA*)가 차차로 cloning되어 각 유전자(*amyB*, *glaA*, *agdA*)의 발현수준이 Northern 해석으로 검토되었다. 그 결과 어느 유전자도 전분, maltose에 의한 전사수준에서 유도 발현하는 것이 밝혀지게 되었다.

다음에 minetoki, Ozeki 등은 *agdA* 유전자를 multicopy 도입한 AGL 고 생산균주에 있어서 각종 amylase 그리고 산성 protease의 효소생산에 대하여 검토한 바 AGL 활성이 높은 형질전환체일수록 TAA와 GLA 활성이 강하게 억제된다는 아주 흥미 있는 현상이 관찰되었다. 또 3종의 amylase계 효소의 glucose 탄소원에서 배양할 때의 활성 비는 AGL의 활성이 높은 정도일수록 저하되는 경향이 발견되었다. 그러면서도 산성 protease 활성은 *agdA* 유전자의 도입 혹은 탄소원의 영향을 전연 받지 않았다.

여기에서 AGL 고생산성 형질전환체에 있어서 *agdA*, *glaA*, *amyB* 유전자의 발현수준을 해석하기 위하여 이들의 유전자의 전사량을 Northern 해석에 의하여 조사하였다(그림 3-2).

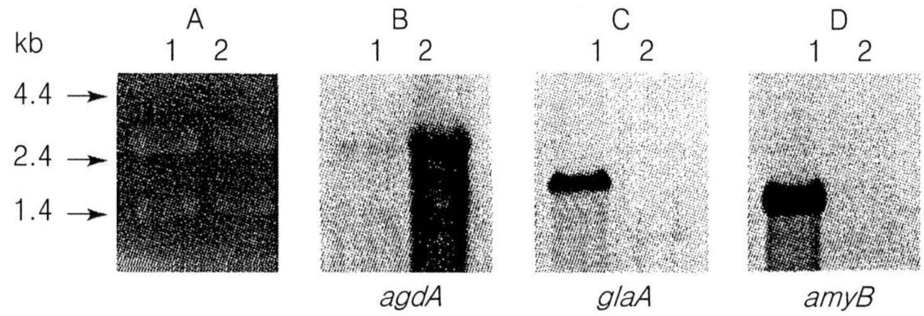

그림 3-2. AGL 형질전환체의 Southern 해석

A : EtBr 염색, B : α - Glucosidase 유전자
C : Glucoamylase 유전자, D : α - Amylase 유전자
Lane 1 : 친균주, Lane 2 : 형질전환체

총 RNA는 단일 탄소원으로서 maltose를 함유하는 Czapek-Dox 개량배지에 균체를 옮기고 다시 12시긴 배양 후의 균체에서 조제하였다. 코드한 RNA양은 ethidium bromide 염색에서 등량이라는 것을 알았다(그림 3-2의 A). 친균주에서는 참으로 약간 *agdA* 유전자의 mRNA가 검출되지 않았으나 AGL 형질전환체에는 아주 강한 시그널이 검출되었다(그림 3-2의 B). 이것은 형질전환체의 발현량의 증가는 *agdA* 유전자의 copy(약 30 copy) 도입에 의하여 생것으로 생각된다. 또 *glaA*와 *amyB* 유전자는 친균주에서는 고발현을 하고 있으나 형질전환체에서는 극적으로 감소하여 각각의 mRNA는 거의 검출되지 않았다(그림 3-2의 C, D).

이들의 결과에서 agdA 유전자의 multicopy 도입에 의한 고발현은 *amyB*와 *glaA* 유전자의 발현의 전사 수준에서의 억제를 가진 것으로 추정한다. RNA추출 시(12시간 배양 후)의 배양 상청 중의 amylase계 3효소의 활성도 또 control 균주와 비교하여 증가한 AGL로 감소된 TAA와 GLA를 반영하고 있고 *agdA*, a*myB*, *glaA* 유전자의 전사수준의 변화와 대응하는 각 효소의 생산수준의 변화는 잘 일치하였다.

이상의 결과는 당질 가수분해효소인 AGL, TAA, GLA의 활성발현에 공통성이 있고 또 어떤 밀접한 상호관계가 있다는 것을 시사한다.

2. Amylase계 유전자의 promoter 해석과 *cis*-element (Region Ⅲ)의 동정

2.1 보존서열의 검색

전사수준에서의 공통성, 상호관련성이 시사된 사실에서 *Asp. oryzae agdA*, *Asp.*

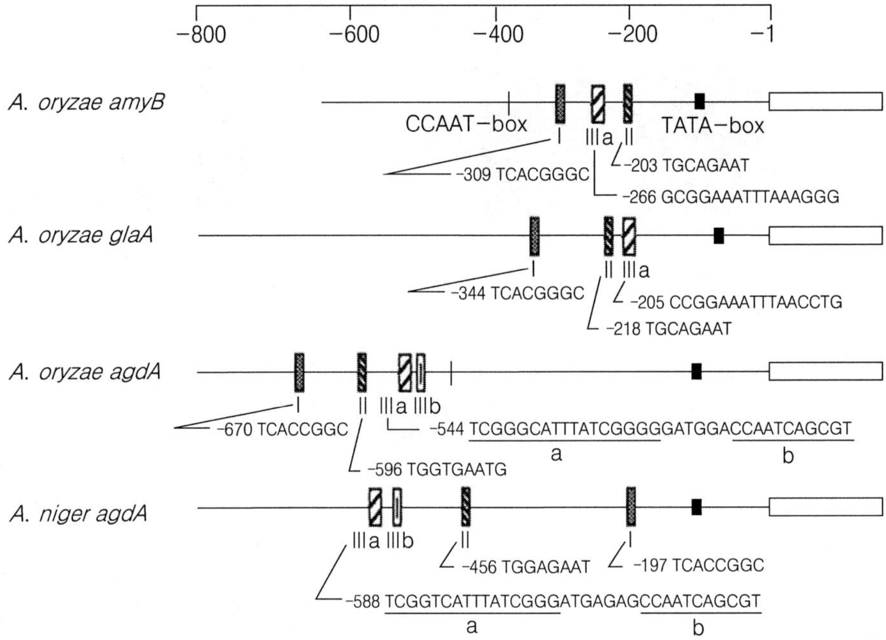

그림 3-3. 국균의 amylase계 유전자의 promoter에 존재하는 보존서열과 위치관계

보존서열의 위치는 번역개시 점을 +1로서 표시하였다.

niger agdA, *Asp. oryzae amyB*, *Asp. oryzae glaA*의 4종 유전자의 promoter 영역의 염기서열을 비교한 바 흥미 있는 것으로 3곳의 보존성이 높은 서열이 발견되었다(그림 3-3). 이 중 2개소는 Harata 등이 보고하고 있는 Region I, II이였다. 그러면서도 또 하나의 보존서열은 새로이 발견된 것이고, 이것을 Reion III라고 명명하였다. *Asp. oryzae agdA* promoter의 Region III는 4 유전자 모두를 보존하고 있는 Region IIIa와 Region IIIa에서 7bp 하류에 존재하여 *Asp. niger agdA* promoter와 11bp가 완전히 일치하는 Region IIIb로 된다. 그러면서도 *Asp. oryzae agdA*의 Region IIIa(-588～-573)의 start codon에서의 거리는 거의 같으나 *Asp. oryzae amyB*(-266～-251)과 *Asp. oryzae glaA*(-205～-290)의 Region IIIa의 1위치에 비하여 상당히 상류에 위치하고 있다. *Asp. oryzae agdA* promoter의 Region I과 II의 위치도 또 *amyB*와 *glaA*에 비하여 상류에 존재하고 있다.

2.2 Promoter의 deletion 해석

이들의 보존 서열의 기능을 확인하기 위하여 질산 환원효소 유전자(*niaD*)를 선택 마커로 하는 상동적 재조합 시스템을 사용하여 β-gluconidase(GUS 유전자(*uidA*)를 reporter로 하여 *agdA* promoter의 deletion 해석을 하였다. GUS활성은 상동적 1copy 형질전환체에서의 균체 추출액을 사용하여 측정하였다.

먼저 상류에서의 결실 시리스를 해석한 결과(그림 3-4의 A), -703(d2)에서 상류 영역의 결실은 GUS활성에 영향을 미치지 않는 사실에서 start codon의 상류 약 700bp까지에 효율적인 발현에 필요한 영역이 함유되고 있는 것이 시사된다. 상류에서 Region I 까지를 결실하고 있는 d3균주는 d1균주에 비하여 GUS활성이 65% 감

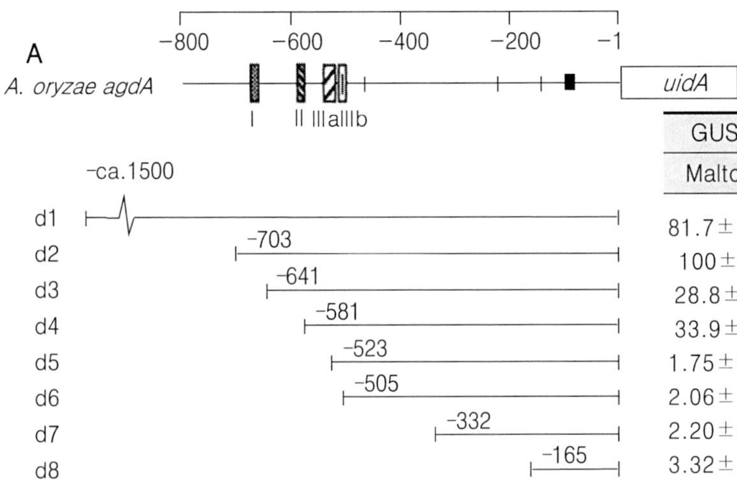

GUS activity(U/mg)		Ratio (M/G)
Maltose	Glucose	
81.7±19.3	18.6±2.4	4.4
100±3.0	26.2±.13	3.8
28.8±1.4	6.69±0.34	4.3
33.9±1.7	7.51±2.19	4.5
1.75±0.50	1.35±0.43	1.3
2.06±0.77	1.68±0.53	1.2
2.20±0.99	1.59±0.38	1.4
3.32±1.11	2.20±0.36	1.5

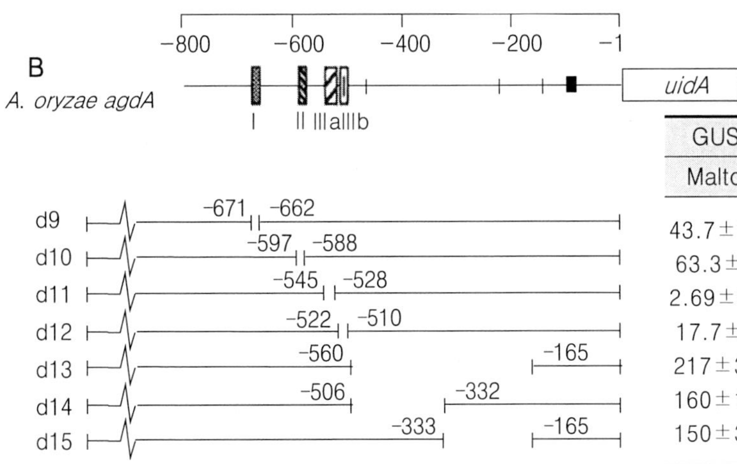

GUS activity(U/mg)		Ratio (M/G)
Maltose	Glucose	
43.7±10.8	7.86±2.35	5.6
63.3±4.7	18.4±6.2	3.4
2.69±0.70	1.83±0.11	1.5
17.7±7.1	5.00±1.82	3.5
217±34.0	95.6±8.4	2.1
160±17.0	85.0±18.0	1.9
150±37.0	64.9±8.7	2.3

그림 3-4. 보존서열 결실 *agdA* promoter에 의한 발현하는 GUS 활성

GUS 활성은 상동적 1copy 도입 균주를 사용하여 탄소원 glucose와 maltose에서 배양할 때의 활성 치를 평균 ±표준오차로 표시였다.

소하였으나 maltose 유도능력은 보유하고 있는 d3균주는 d1균주에 비하여 GUS활성이 65% 감소하고 있으나 maltose 유도능력은 보유하고 있다. 또한 RegionⅡ까지를 결실하여도 활성의 변하는 거의 발견되지 않았다. 그러면서도 -523까지 결실시켜 RegionⅢa까지를 제거(d5)하면 탄소원 maltose일 때에 2%, glucose일 때 7%만 상대 활성을 나타내었다. 이때 maltose의 유도능력도 손실되고 있다. 그리고 이들 이상 결실을 진행하여도 GUS활성은 낮은 수준 그대로 유도능력의 회복도 보이지 않았다.

다음에 각 보존영역만을 특이적으로 결실시킨 결과(그림 3-4의 B), RegionⅠ의 결실(d9)은 양 탄소원마다 약 50%의 활성저하를 하였으나 maltose 유도능력을 보유하고 있었다. RegionⅡ를 제거(d10)하여도 현저한 변화는 발견되지 않았다. 그러나 Region Ⅲa를 결실시키면(d11) GUS활성은 약 1/10까지 격감하여 maltose 유도능력도 잃는다. Region Ⅲb의 결실(d 12)도 또 약 1/4까지 상대 활성의 저하를 가졌으나 maltose 유도능력은 보유하였다.

이상의 결과로부터 Region Ⅲa는 고발현과 유도에 관여하는 아주 중요한 cis-element이고 RegionⅠ과 Region Ⅲb는 Region Ⅲa와 협조하여 고발현에 관여하고 있는 것이 시사하고 있다. 마찬가지로 promoter 해석은 *amyB*, *glaA*에서도 이루어져 있고, 이들 결과에서 국균의 amylase계 유전자 promoter에 보유되고 있는 RegionⅠ, Ⅲa의 중요성은 시사된다.

또 *agdA*의 발현 수준은 *amyB*, *glaA*에 비하여 낮고, 3개소의 보존 영역도 *amyB*, *glaA*보다 상당히 상류에 존재하고 있다. 그래서 *agdA* prompter의 Region Ⅲ와 TATA box 사이의 340bp를 결실시켜 보존 영역을 하류에 shift시킨 바 promoter 활성이 증가하는 사실에서(그림 3-4의 B, d 13), 보존 영역의 promoter상에서의 위치에 따라서도 발현 수준에 영향을 미치는 것이 시사된다.

3. Region Ⅲ의 도입에 의한 promoter의 개량과 발현제어 메커니즘의 해석

3.1 *agdA* promoter에의 Region Ⅲ의 도입에 의한 promoter 활성의 개량

agdA 유전자의 발현이 Region Ⅲ에 의존된다면 promoter에의 Region Ⅲ의 삽입은 다시 발현 수준의 상승을 가져올지 모른다. 그래서 다시 promoter 활성을 높이 위하여 Region Ⅲ 단편의 삽입을 시도하였다. Promoter 활성은 개량 promoter의

제어 하에 있는 β-glucuronidase(GUS) 활성을 지표로 하였다. 그림 3-5에 나타낸 것과 같이 도입된 Region Ⅲ의 copy 수에 따라 GUS활성의 증가가 각각 개량 promoter에서 관찰되었다. Region Ⅲ을 임의로 12copy 도입한 promoter(*PagdA* 142)의 promoter 활성은 도입 전의 promoter(*PagdA* 131)에 비하여 2～3배 증가하였다. 또 본래의 promoter(*PagdA*)에 비하여 탄소원 maltose 때는 5배, glucose 때는 18배 증가하였다.

또 개량 promoter의 탄소원에 대한 영향을, *PagdA* 2와 *PagdA* 142의 제어 하에서 발현하는 GUS활성을 비교하므로 해석한 바 *PagdA* 142 활성은 측정된 모든 조건에 있어서 5배 이상의 증가를 나타내고, 특히 glucose에서 생육한 균체 중의 GUS 활성은 20배 이상 증가하였다. 본래의 promoter 활성은 glucose에 의하여 억제되나 개량 promoter는 glucose 또는 α-glucosylglucose(올리고당)의 존재 하에서는 costitutive인 발현이 가능하다.

다음에 개량 promoter의 제어하의 *uidA* 유전자의 전사수준을 Northern 해석으

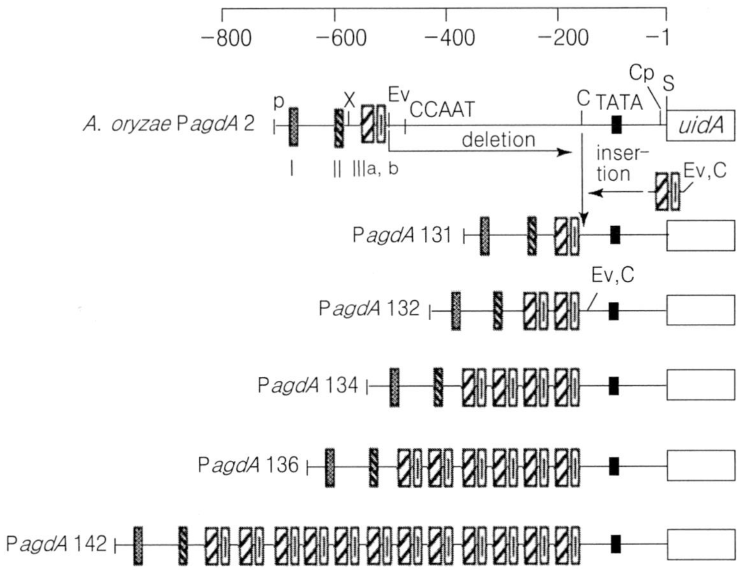

	GUS activity(U/mg)	
	Maltose	Glucose
A. oryzae PagdA 2	243±20	52±12
PagdA 131	462±103	273±42
PagdA 132	705±163	638±84
PagdA 134	954±152	802±130
PagdA 136	1077±264	876±145
PagdA 142	1145±110	954±113

그림 3-5. Region Ⅲ의 promoter의 도입효과(Ⅰ)

agdA promoter상의 *Eco*RV-*Cla*Ⅰ 영역을 제거 후 PCR법으로 취득한 Region Ⅲ을 이 위치에 순차로 넣어 최대 12개 random으로 도입하였다. *C*: *Ckla*Ⅰ, Cp: *Cpo*Ⅰ, Ev: *Eco* RV, P: *Pst*Ⅰ, S: *Sal*Ⅰ, X: *Xho*Ⅰ

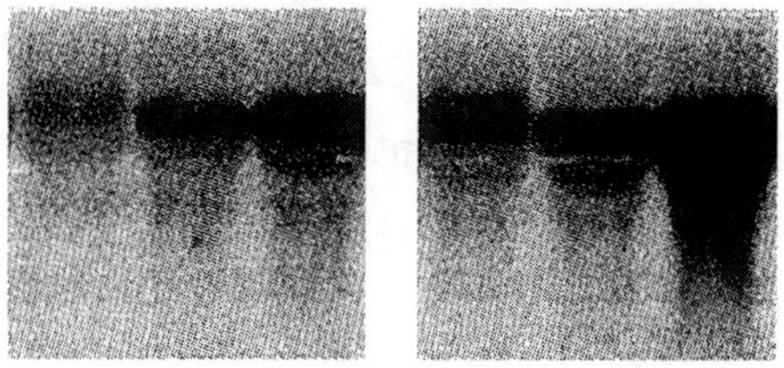

그림 3-6. 개량 promoter의 발현 수준

PagdA(lane1, 4), *PagdA* 131(lane 2, 5), *PagdA* 142(lane 3, 6)

로 조사한 바(그림 3-6) 각 탄소원에서 생육한 균체 중의 *uidA* 유전자의 발현량은 그림 3-5에 나타낸 GUS활성과 정의 상관관계를 나타내고 있고, *agdA* promote는 *Eco*RI-*Cla*I 영역의 제거와 multicopy의 Region Ⅲ의 도입에 의하여 전사수준에서 확실히 개량된 것이 증명되었다. 이 사실은 Regn Ⅲ은 *Asp. oryzae agdA* 전자의 발현에 필요한 전사인자의 목표 서열이라는 것이 명백하게 증명되었다. Punt 등은 또한 *amdS*::*lacZ* 융합 유전자의 상류 영역에의 *cis*-element(gpd-bopx)의 도입은 유전자 발현의 현저한 증가를 한다고 보고하였다. Promoter 영역에의 *cis*-element의 도입은 promoter 활성의 증가를 위해서는 유효한 방법이다.

3.2 개량 promoter에 의한 *agdA* 유전자의 효율적 발현

PagdA 142::*agdA* 융합 유전자와 선택 마커로서 *niaD* 유전자를 가지는 발현 vector pNAGL 142를 사용한 *Asp. oryzae niaD⁻* 균주를 형질전환하였다. AGL 142-72균주는 선발한 약 300균주 중에서 가장 AGL을 고 생산하는 형질전환체이다. AGL 142-72 균주와 임의로 선발된 형질전환체의 *agdA* 유전자의 copy수를 Southern 해석으로 결정한 후 copy 수의 다른 5균주의 GAL 활성을 측정하였다(표 3-1).

1copy 도입된 형질전환에서 마저 glucose 존재 하에서 친균주의 70배 이상의 활성증가를 나타내고, 가장 copy 수가 많은 AGL142-72 균주에서 140배의 증가가 관찰되었다. Maltose 배지에 대한 glucose 배지에서의 상대 활성은 친균주에서는 15%이나 어느 형질전환체도 60% 이상을 나타내고, 개량 promoter 제어하의 *agdA* 유전자는 탄소원에 관계없이 constitutive로 발현하는 것을 시사한다.

표 3-1. 형질전환체의 α-amylase 활성

균 주	Copy 수	α-Glucosidase 활성[a] (U/mg-단백질)		G/m 비(%)
		Glucose	Maltose	
친균주	-	0.038 ± 0.005	0.246 ± 0.012	15
142-95	1	2.68 ± 0.10	4.40 ± 0.03	61
142-142	1	2.89 ± 0.32	4.76 ± 0.23	61
142-25	2	3.81 ± 0.24	5.24 ± 0.86	73
142-158	2	4.25 ± 0.25	6.74 ± 0.51	63
142-72	3~4	15.33 ± 0.39	7.37 ± 0.27	83

(a) : IU는 4-nitrophenyl-α-D-glucoside를 기질로 하여 1분간에 1 umol의 nitrophenyl의 생성량으로서 정의하고, 활성은 평균 ±표준오차로 표시하였다.

3.3 GAL 고 생산 균주의 전사제어

AGL 고 생산 균주에 있어서 유전자의 발현제어 메커니즘을 해명하기 위하여 *agdA*, *amyB*, *glaA* 유전자의 전사량을 Nouthern 해석에 의하여 조사하였다. *PagdA* 142에 제어되는 *agdA* 유전자의 1copy 균주는 mRNA의 현저한 증가가 나타나나 multy copy 균주에서의 분명한 증가는 물론 관찰되지 않았다(그림 3-7의 A).

이 결과는 *agdA* 유전자의 발현은 Region Ⅲ과 결합하는 전사 활성화 인자량에 제약되어 있을 가능성을 나타내고 있다. *amyB*와 *glaA* 유전자는 친균주에서는 고발현하고 있으나 형질전환체에의 전사수준은 억제되었다(그림 3-7의 B, C). Multi-copy 균주의 이들의 유전자의 발현 수준은 1copy 균주에 보다 더욱 강하게 억제된다. 총 RNA 조제시의 배양액 중의 3종류의 amylase계 효소활성을 측정한바 그림 3-7의 E에 나타낸 것과 같이 AGL 활성의 증가와 TAA와 GLA 활성의 감소가 형질전환체에서 관찰되었다.

*PagdA*의 Region Ⅲ은 Ⅲa와 Ⅲb의 두 개의 서브(sub) 영역을 구성하고 있다. 이들의 서브(sub) 영역은 promoter의 deletion 해석(그림 3-3)에서 아마도 다른 *cis*-element라고 추정하고 있다. 만약 Region Ⅲa 관여하는 전사 제어인자가 amylase계 유전자에 공통하고 있다고 하면 *amy*B와 *glaA* 유전자의 전사량의 감소는 Region Ⅲ을 multicopy 가진 *PagdA* 142의 도입에 의하여 다량의 전사인자가 *PagdA* 142와 결합하기 때문에 amylase계 유전자의 고발현에 필요한 전사활성 인자 부족, 소

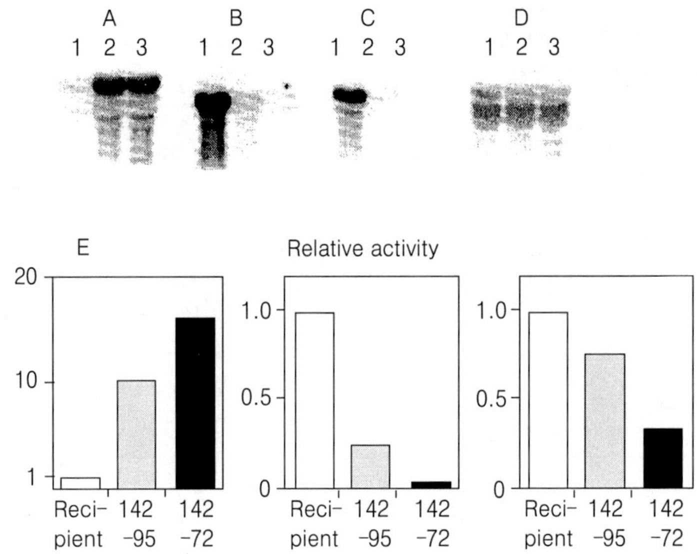

그림 3-7. α-Glucosidase 고 생산 균주에 있어서 amylase계 유전자의 발현 수준

β-Tublin 유전자는 control 유전자로서 검출하였다.
각종 효소활성은 친균주를 1로 한 상대 활성으로 나타내었다.
Lane 1 : 친균주(recipient), Lane 2 : GAL 142-95 균주(one copy),
Lane 3 : AGL 142-72 균주(3～4copy)

위 titration을 일으키기 때문으로 생각한다. 한편, Region Ⅲb는 고등진핵 미생물 유래의 많은 유전자의 promoter 영역에서 발견되는 CCAAT 서열을 함유하고 있고, 기초인 전사 활성화에 관여하는 general인 *cis*-element이라 생각한다. 탄소원의 종류에 의존하지 않는 promoter 활성 증가의 원인 하나는 아마도 region Ⅲb의 multicopy 도입에 의한 것이다.

Region Ⅲa와 Ⅲb의 역할을 보다 상세히 정확하기 위하여 전사 활성화 인자의 단리와 해석이 필용하다. 여기에 관하여 먼저 CCAAT 결합단백질이 *Asp. nudulans*에서 발견되어 그 후에 3종류의 구성 유전자(hapB, C, E)도 차차로 단리되어 현재로서는 CCAAT 서열에의 결합에는 적어도 HAPB, C, E가 subunit를 형성할 필요가 있다는 것까지 해명되어 있다.

또 최근 *Asp. oryzae*에 있어서도 HAP 복합체의 상세한 기능 해석이 이루어지고 있으나 Region Ⅲb의 CCAAT 서열에는 HAP 복합체가 결합하는가에 대하여는 이들에서 검정하지 않으면 안 될 과제이다.

한편, Region Ⅲ의 multicopy 도입에 의한 titration 현상을 해제하는 유전자를 선

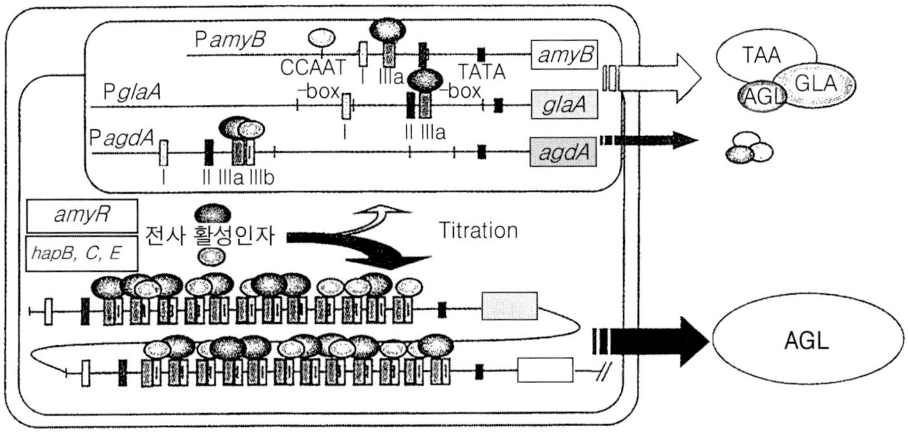

그림 3-8. Amylase계 유전자의 발현제어 메커니즘의 모델

별하므로 maltose 유도를 올바르게 제어하는 전사인자의 유전자(*amyR*)도 또 단리되었다. 그래서 *amyR* 유전자는 구성적으로 발현하고 있고, 그 번역 산물은 zinc finger motive를 가지는 Gal4p family에 속하는 단백질이라는 것이 밝혀져 그 후 gel shift법, DNase Ⅰ foot printing법을 사용하므로 *amyR*가 코드 하는 전사인자(*AmYR*)는 *Asp. oryzae*의 *amyB*, *glaA* promoter와 *Asp. niger*의 *amy* 2 promoter 상의 Region Ⅲa에 결합하는 것이 확증된 사실에서 아마도 *agdA* pomoter의 Region Ⅲa와 결합하는 것으로 추찰하였다.

여기에서 amylase계 유전자가 한 것을 알았다. 최후에 현재까지 밝혀지지 않는 amylase계 유전자의 발현제어 메커니즘의 모델그림을 그림 3-8에 나타내었다.

4. 개량 promoter의 유효이용

4.1 *Aspergillus*속 유래의 promoter에의 Region Ⅲ의 도입효과

*PagdA*에 Region Ⅲ를 도입하므로 promoter 활성에 현저한 증가를 관찰하였다. 그래서 이 Region Ⅲ의 도입효과가 다른 promoter에도 유효하다는 것을 확인하기 위하여 *Asp. oryzae* 유래의 *glaA* 유전자 promoter(*PglaA*)와 *Asp. niger* 유래의 No8 promoter(P-No 8)에 각각 Region Ⅲ를 12개 도입하였다(그림 3-9). 이들의 promoter에 *uidA* 유전자를 연결한 융합 유전자를 *niaD* locus에서 1copy integrate 한 *Asp. oryzae* 형질전환체의 GUS활성을 측정하였다.

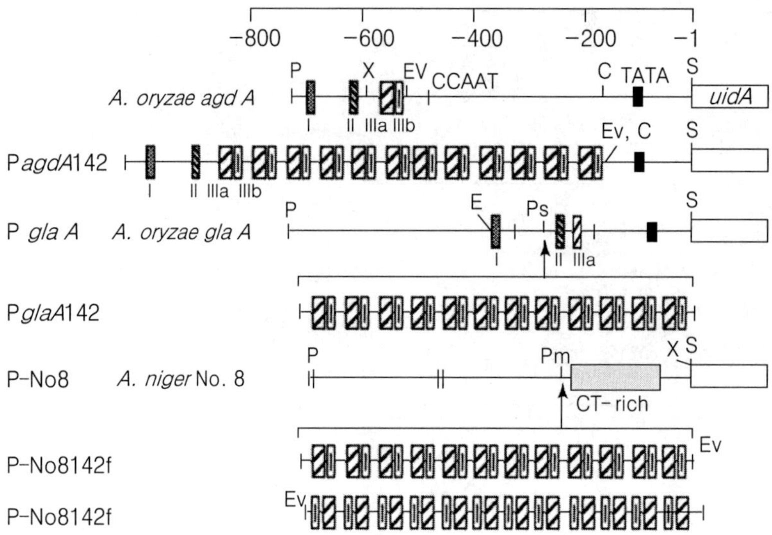

GUS activity(U/mg)	
Maltose	Glucose
119±2.0	33.2±2.2
1195±64	776±26
903±36	371±15
3394±107	1553±108
464±14	518±20
2969±18	2851±112
2777±40	3085±66

그림 3-9. Region III의 promoter에의 도입효과(II)

No 8 promoter는 *Asp. oryzae*의 promoter를 스크린 함으로써 취득한 고발현 promoter이고, 그 특징은 약 200bp에 미치는 CT-rich 영역을 가짐과 동시에 탄소원에 영향하지 않는 constitutive 발현을 나타내는 것이다.

C : *Cla* I, E : *Eco* R I, Ev : *Eco* RV, P : *Pst* I, P : *Pst* I, Pm : *Pma* C I, S : *Sal* I, Sp : *Spe* I, I X : *Xho* I

그 결과 promoter 활성은 *PglaA*에서 약 4배, P-No 8에서 약 6배의 증가가 관찰되었다. 여기에서 얻은 개량 promoter *PglaA* 142와 P-No 8142는 *PagdA* 142보다 다시 약 3배 정도 promoter 활성이 강하였다. 특히 P-No 8142는 탄소원에 관계없고 구성적인 발현을 나타내고 있으며 이용가치는 아주 높다고 생각된다. 또 P-No8 역방향에 12개 도입한 경우도 마찬가지로 활성이 나타내므로 Region III은 amylase계 promoter만이 아니고 널리 *Aspergillus* 유래의 promoter 활성의 개량에 유효한 *cis*-element이라는 것이 시사된다.

4.2 *Aspergillus*속 숙주에서의 개량 promoter의 유효성

지금까지의 결과에서 *Asp. oryzae*를 숙주로 하는 경우에는 Region III을 도입하여 개량한 promoter는 아주 효율적으로 기능하는 것이 밝혀졌다. 그런데 *Asp. oryzae* 이외의 *Aspergillus*속에 있어서도 개량 promoter가 기능하는지를 확인하기 위하여 그림 3-8에 나타낸 P-No.8 :: *uidA* 융합 유전자와 P-No.8 8142f :: *uidA* 융합전자를 *Asp. niger*와 *Asp. usamii*에 각각 도입하여 얻어진 형질전환체의 GUS활성을 측정하였다. 그 결과, 어느 숙주에 있어서도 Region Ⅲ을 도입하여 개량 promoter의 제어 하에서 발현하는 GUS활성은 도입 전의 활성도 2～3배 높으므로 적어도 *Aspergillus*속에 있어서는 개량 promoter는 유효하게 기능하는 것이 확인된다. 바꾸어 말하면 *Aspergillus*속에는 Region Ⅲ-AmYR의 관여하는 amylase계 유전자에 공통하는 발현제어 메커니즘 존재하는 것을 의미하고 있다. 이것을 뒷받침하는 것 같이 *Asp. nidulans*의 *amyR*(accession No. AF 208225)와 *Asp. niger*의 *amyR*(accession No. AF 155808)가 잇따라 데이터베이스에 등록되었다.

끝맺음

이 장에서는 청주양조에 중요한 역할을 갖는 국균(*Asp. oryzae*)의 amylase계 효소 유전자의 maltose, 전분에 의한 유도에 관여하는 발현제어 메커니즘에 관하여 설명하였으나 amylase계 유전자의 제어 메커니즘에는 이 외에도 이 장에서 약간 설명하였으나 CCAAT 서열과 HAP 복합체에 의한 메커니즘 *creA* 유전자가 관여하는 glucose 억제 등의 제어계가 존재하고 있고, 이들이 밀접하게 상호 작용하고 있는 것으로 예상된다. 금후 보다 상세하고 또한 포괄적으로 발현 메커니즘이 해명되므로 국균이 갖는 유용한 유전자 발현 특성을 보다 유용하게 이용될 수 있을 것이다. Mine 등은 그 일례로서 본고에서 소개한 개량 promoter를 이용한 곰팡이에서의 유용 실제 생산 시스템을 구축하고 있다.

금후는 여러 환경조건에서 발현하는 다종다양한 유전자의 제어 메커니즘이 해명됨과 함께 유용 유전자의 발굴 작업도 나날이 가속되어 갈 것이다. 그래서 가까운 장래에 국균의 유전자 수준에서의 기능 해명의 성과는 반드시 실제 생산에 있어서도 유용한 정보를 feedback 하여 줄 것으로 믿어 의심하지 않는다.

제 4 장

청주 국균의 고체배양에서 대량으로 발현하는 glucoamylase 유전자

서 론

청주 국균인 황국균(*Aspergillus oryzae*)은 각종의 가수분해효소를 균체 외로 분비하나, 그 중에서 glucoamylase는 청주양조에 있어서 가장 중요한 효소이다. 병행복발효에 있어서 청주 술덧에서 율속단계는 glucoamylase에 의한 당화공정이라고 생각하고 glucomylase 역가는 국의 중요한 품질 평가 항목으로 되어 있다. 특히 음양주(吟醸酒) 같은 고품질의 청주를 양조하는 경우 α-amylase에 대하여 glucoamylase의 활성이 높은 국을 제조하려고 노력하고 있다.

국균(*Asp. oryzae*)의 glucoamylase 생산의 특징은 미국(米麴)과 같은 고체배양에서 아주 대량으로 생산되는 점이다. 흑국균인 *Asp. niger*나 *Asp. awamori*에 있어서는 액체배양에서도 많은 양의 glucoamylase를 생산하고 산업용 효소의 생산에 응용하고 있다. 더욱이 황국균인 *Asp. oryzae*는 액체배양에서의 glucoamylase 생산은 고체배양에 비하여 약 1/20 정도까지 감소된다.

청주양조에 있어서 액체배양에서의 「국 만들기」가 되지 않는 최대로 큰 장벽은 이 glucoamylase의 저 생산에 있다고 생각되는 것이다. *Asp. oryzae*의 액체배양에서의 glucoamylse 생산성을 상승시키는 시도는 1945년대에서 시작하여 지금까지 균주 육종이나 배양조건의 검토 등에 많은 노력이 있었다. 그러면서도 아직 「쌀 고지 만들기」에 필적되는 액체배양법은 개발되지 않았다.

한편, 최근의 유전자조작 기술의 발전과 더불어 곰팡이의 유용 유전자가 다수 cloning되어 국균에서도 분자 유전자에서의 해석이 가능하게 되었다. 유전자를 해석하므로 효소 단백질의 단백질 구조가 추정되어 있고, 유전자의 발현 조건이 밝혀졌으며, 종래의 생화학적 수법에서는 몰랐던 귀중한 정보가 다수 얻어지게 되었다. 여기에서는 glucoamylase 유전자를 cloning하여 해석하므로 *Asp. oryzae*의 「국 만들기」에서의 glucoamylase 고 생산 메커니즘을 해석할 수 있기 때문에 소개한다.

1. *Aspergillus*속의 glucoamylase 유전자

Glucoamylse는 전분의 비환원성 말단에서 glucose를 1분자씩 절단하는 exo형의 glucosidase이고, 일반적으로 당화효소라고 부른다. Glucoamylase는 청주양조를 위시하여 양조산업만이 아니고 전분을 원료로 한 glucose의 공업적 생산 등의 식품산업상 널리 사용되고 있다. 이들 산업에서 사용되는 glucoamylase는 *Aspergillus*속이나 *Rhizopus*속의 곰팡이 유래의 것이 주체이다. 그래서 최근의 유전자 재조합기술의 발전에 의하여 이들 곰팡이의 glucoamyalase 유전자의 cloning이 가능하게 되었다.

1984년에 Nunberg 등에 의하여 *Asp. awamori*의 glucoamylase 유전자가 cloning되어 그 후 *Asp. niger*, *Asp. awamori* var. *kawachii*, *Asp. shirousamii*, *Asp. terreus*, *Rhizopus oryzae*, *Neurospora crass* 등 많은 곰팡이 glucoamylase 유전자

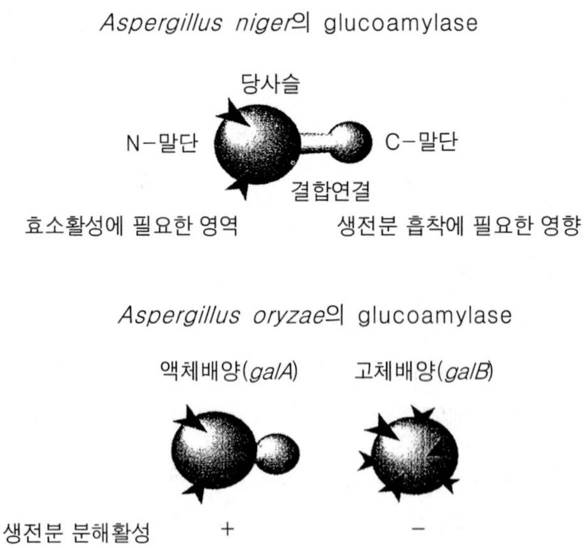

그림 4-1. *Aspergillus niger*와 *Aspergillus oryzae*의 glucoamylase

표 4-1. 곰팡이의 glucoamylase 유전자

균 주	유전자 이름	전분 분해능력
Aspergillus awamori	*glaA*	+
Aspergillus niger	*glaA*	+
Rhizopus oryzae		+
Aspergillus awamori var. *kawachi*	*glaA*	+
Aspergillus shirousami	*glaA*	+
Aspergillus oryzae	*glaA*	+
Neurospora crassa	*gla*$^{-1}$	+
Aspergillus terreus	*gla1*	+
Aspergillus oryzaer	*glaB*	+

가 cloning되었다(표 4-1). 이들의 유전자 해석에서 곰팡이의 glucoamylase의 구조나 기능이 서서히 해명되었다. 중에서도 가장 연구조가 진행된 것은 *Asp. niger*의 glucoamylase에 대한 것으로 그림 4-1에 개요를 나타내었다.

본 효소의 입체구조는 N-말단 측에 효소촉매에 필요한 domain과 C-말단 측에 생전분 흡착에 필요한 domain과 그리고 이들을 연결하는 serine과 threonine이 풍부한 hinge 영역으로 된 것으로 추정한다. 그래서 N-말단 domain에 대하여는 그 활성 중심의 아미노산 잔기(Trp 120, Asp 176, Glu 179, Glu 180)나 기질과의 결합에 필요한 subunit 영역이 동정되어 있다. 또 C- 말단 domain에 대하여는 생전분에 결합하고 있는 아미노산 cluster 등이 결정되어 있다. 그리고 hinge 영역에 대하여서도 serine이나 threonine에 결합하는 O ring 당 사슬이 생전분의 흡착이나 효소의 안정성에 중요하다는 것이 증명되어 있다.

이와 같이 유전자가 cloning 되므로 *Asp. niger*의 glucoamylase는 여러 가지의 기능이 해석되어 현재에는 곰팡이의 효소 중에서도 가장 구조해석이 진행되어 있는 단백질의 하나로 되어 있다.

2. *Asp. oryzae*의 glucoamylase 유전자(*glaA*)의 클로닝

청주 국균에 있어서도 glucoamylase의 분자 수준에서의 해석을 하기 위하여 *Asp. oryzae*에서 glucoamylase 유전자의 cloning을 시도하였다. 우선 정제한 glucoamylase의 내부 아미노산을 함께하여 합성 DNA probe를 작성하여 glucoamylase의 cDNA 그리고 glucoamylase 유전자(*glaA*)를 cloning 하였다.

염기서열을 결정한 결과 glucoamylase 유전자는 4개의 intron으로 분단된 5개의 exon로 존재하여 그 중에는 612 아미노산을 코드하는 open reading frame(ORF)이 함유하고 있다. 이 서열 중에는 probe 합성에 사용한 peptide 서열이나 효소 분비나 필요한 시그널 서열이 함유되어 있다.

다음에 이 cDNA를 효모 발현 vector를 이용하여 *Sccharomyces cerevisiae*에 도입시킨 바 형질전화체의 배양액 중에 glucoamylase가 분비된다. 이상의 결과에서 이 glaA 유전자에는 활성을 가지는 glucoamylse가 코드되는 것이 확인되었다. 다음에 유전자에서 추측되는 서열을 기초로 하여 *Asp. oryzae*와 다른 *Aspergillus*속의 glucoamylase와의 아미노산 수준에서의 homology를 검토하였다.

흑국균으로 분류되는 *Asp. niger*, *Asp. awamori* var. *kawachii*, *Asp shirousamii*의 glucoamylase 중에서는 아주 높은 homology(100～95%)를 나타내었으나 *Asp. oryzae*의 glucoamylase와의 homology는 각각 66～68%이었다. 이와 같이 glucoamylase 유전자에서 본 경우, 황국균 *Asp. oryzae*는 *Asp. niger*와 같은 흑국균과는 유전적으로 거리가 있다는 것을 알았다.

또 *Asp. oyzae* glucoamylase의 구조상의 특징은 N-말단 domain과 C 말단 domain과의 사이의 hinge 영역이 *Asp. niger* glucoamylase에 비하여 아주 짧은 것이었다(그림 4-1). 그러나 *glaA*의 cDNA를 효모에서 발현시키는 경우 생전분 분해활성이 확인되므로 hinge 영역이 짧아도 *glaA*에 코드되는 glucoamylase는 생전분 분해능을 가진 것으로 생각된다.

3. 액체배양과 고체배양에서의 glucoamyase의 차이

glaA 유전자가 cloning 됨으로써 *Asp. oryzae*의 glucoamylase에 대하여는 여러 분자수준에서의 정보가 밝혀지게 되었다. 그러나 동시에 *glaA* 유전자만으로는 설명되지 않는 몇 가지의 현상도 발견되었다.

하나는 *glaA* 유전자를 국균에 도입하여 유전자 copy 수를 증폭시킨 경우의 glucoamylase 생산성이다(그림 4-2). *glaA* 유전자를 증폭시킨 형질전환체는 액체배양에서는 친균주에 비하여 5～8배 정도의 glucoamylase 활성이 상승하나 고체배양(麴)에서는 glucoamylase 활성이 친균주와 거의 변하지 않았다.

또 고체배양과 액체배양에서는 생산되는 glucoamylase의 성질도 달라 있었다. 액체배양에서의 glucoamylase는 생전분을 분해할 수 있고, 수 %의 당 사슬이 함유되고 있는데 대하여 고체배양에서는 생전분 분해활성이 없고 다량의 당을 함유하는 glucoamylase가 생산된다. 이와 같은 배양조건에 따라 *Asp. oryzae*의 glucoamylase

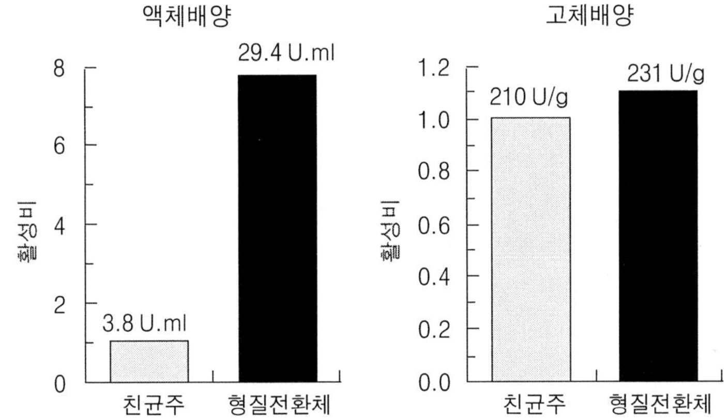

그림 4-2. *glaA* 유전자를 도입한 형질전환체의 glucoamylase 생산성

활성비 : 친균주의 활성을 1로 할 때의 활성비

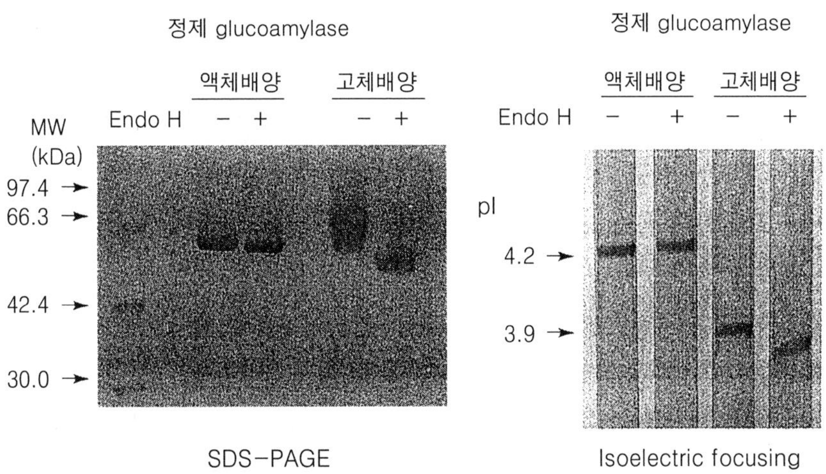

그림 4-3. 액체배양과 고체배양에서 조제한 glucoamylase의 비교

Endo H : Endoglucosidase H 처리

의 차이에 대하여는 *glaA* 유전자만으로 설명할 수 없다.

그래서 액체배양과 고체배양에서 각각 glucoamylase를 정제하고 그 단백질 구조의 차이를 해석하였다. 그 결과 양 glucoamylase는 다른 유전자 산물이라는 것이 시사된다. 그림 4-3에 나타내는 액체배양에서 얻은 glucoamylase는 분자량 65 kDa로 N ring의 당 사슬을 분리하면 분자량이 61 kDa로 저하하였다.

한편, 고체배양에서 얻은 glucoamylase는 분자량이 63～99 kDa와 아주 불균일한 밴드를 나타내고, 당 사슬 제거에 의하여 50～52 kDa의 크기의 분자량이 감소되었다. 그리고 등전점에 있어서도 양자에는 명확한 차이가 인정되고, 이 차이는 당 사슬 제거 후도 변화는 없었다.

이들의 결과는 양 glucoamylase가 분명히 다른 peptide 사슬로 구성되어 있는 것을 시사한다. 그리고 양 단백질의 내부 아미노산 서열을 결정한 바 액체배양에서 얻은 glucoamylase에 대하여는 *glaA* 유전자 산물이라는 것이 확인되었으나 고체배양에서 얻은 glucoamylase는 *glaA* 유전자 서열 중에 발견되지 않는 내부 아미노산 서열이 존재하였다. 따라서 고체배양에서 생산되는 glucoamylase는 *glaA*와는 다른 유전자 산물이라는 것을 알려준다.

4. Glucoamylase 유전자 B(*glaB*)의 클로닝

다음에 고체배양에서 생산되는 glucoamylase의 내부 아미노산 서열을 이용하여 신규 glucoamylase 유전자(*glaB*)를 cloning 하였다. 이 *glaB* 유전자에는 두 개의 intron으로 분단된 3개의 exon 중에 493 아미노산을 코드하는 ORF가 존재하고 있다. 이 중에는 고체배양의 glucoamylase에서 얻어진 8종류의 peptide의 모든 서열이 존재하고 있었다. 또 *glaA* 유전자와의 비교에서 *glaA* 유전자에 코드되는 glucoamylase는 C 말단 domain이나 hinge 영역이 결실하여 N 말단 측의 촉매 domain만에서 형성되는 것으로 추정되고 있다(그림 4-1).

또 *glaB* 단백질의 아미노산 서열의 중에는 당 사슬부가 가능인 aspartic acid 잔기가 6개나 존재하고 있었다. 그리고 *glaB* 유전자를 *Asp. oryzae*에 도입한 형질전환체에 있어서는 고체배양 만에 현저한 glucoamylase 활성의 증가가 인정되었다. 따라서 고체배양에서 주로 생산되는 전분 분해활성이나 당 함량이 다른 glucoamylase를 코드하는 2종류의 glucoamylaase 유전자가 존재하는 것이 밝혀졌다.

다음에 *glaA*와 *glaB*의 2종류의 glucoamylase 유전자의 발현양식을 Northern 해석을 사용하여 검토하였다. Northern 해석은 유전자에서 전사되는 mRNA 양을 검출하는 방법으로 각각의 유전자의 발현량을 비교하는 것이다. *glaA* 유전자는 액체배양, 고체배양 다 함께 거의 동량 발현하는 데 대하여 *glaB* 유전자는 액체배양에서 거의 발현되지 않고 고체배양에서 특이적으로 또한 대량으로 발현하는 것을 알았다(그림 4-4).

따라서 *Asp. oryzae*가 고체배양(麴)에서 glucoamylase가 대량으로 생산되는 이유는 고체배양에서 특이적으로 발현하는 *glaB* 유전자의 작용이라는 것이 증명되었다(그림 4-5). 이와 같은 청주 국균 *Asp. oryzae*가 다른 *Aspergillus*속에서 발견되지 않는 새로운 glucoamylase 유전자(*glaB*)를 가지고 있는 것은 아주 흥미롭다. 특

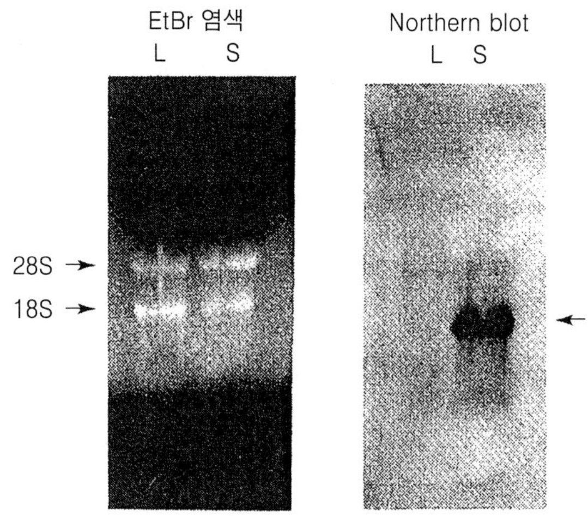

그림 4-4. Northern 해석에 의한 glucosidase 유전자 발현조건의 검토

L : 액체배양, S : 고체배양

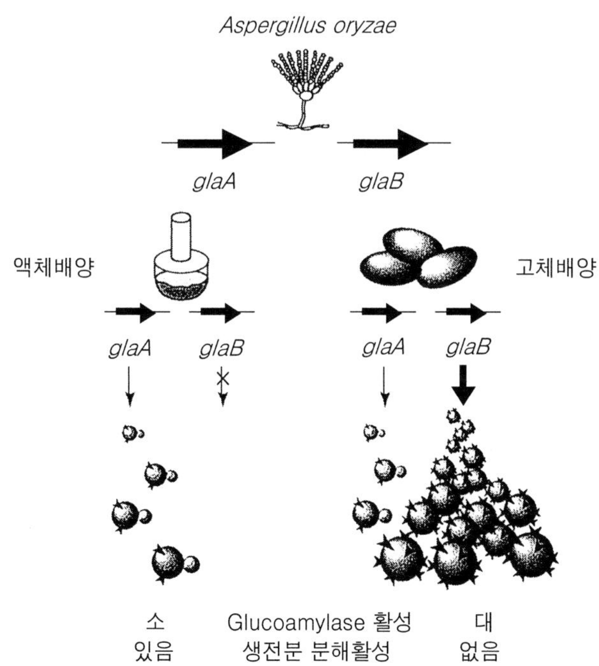

그림 4-5. *Aspergillus oryzae*에 있어서 glucoamylase 유전자 발현양식

히 이 *glaB* 타입의 유전자가 「국 만들기」 시에만 대량으로 발현하는 것은 *Asp. oryzae*가 청주 국균으로서 선택되어 온 이유의 하나일지도 모른다.

5. *glaB* 유전자의 구조와 기원

이와 같이 청주 국균에는 미국(米麴) 배양에 특이적으로 발현하는 glucoamyalse 유전자(*glaB*)가 존재한다. 여기에서 이 *glaB*의 유전자의 기원을 검토하기 위하여 *glaA*와 *glaB*의 유전자 구조에 대하여 비교하였다(그림 4-6).

Asp. oryzae, *Asp. niger* 등 *Aspergillus*속의 *glaA* 타입의 유전자에 대하여는 그 전사물인 glucoamylasse는 모두 동일의 domin 구조(N-말단 측에 촉매활성 domain, C-말단에 생전분 흡착활성 domain)를 가지고 있다. 그래서 양 domain을 연결하고 있는 hinge 영역의 길이가 종에 따라 달라 있다. 특히 *Asp. oryzae*에는 아주 짧고, *Asp. niger*의 glucoamylase가 가장 긴 hinge 영역을 가지고 있다. 다음에 *glaA* 타입의 유전자의 구조상의 특징은 이들 구조 간의 사이에서 intron의 수나 그 삽입위치가 극히 엄밀하게 보존되고 있는 것이다.

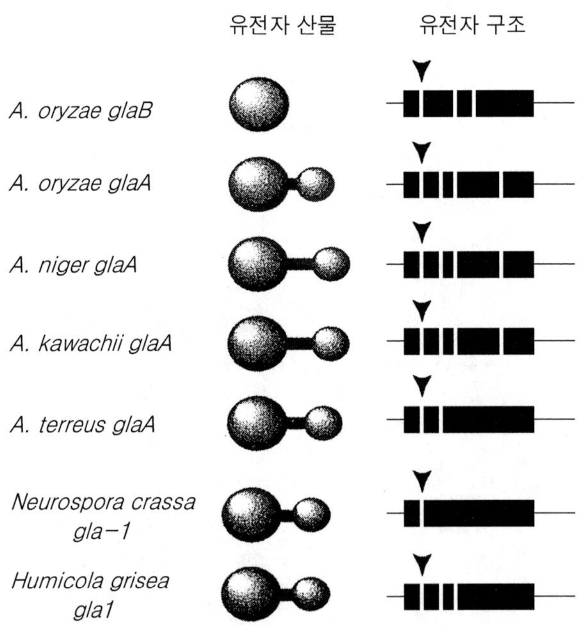

그림 4-6. 곰팡이 glucoamylase 유전자의 구조 비교

■ : Exon

그러므로 이들 glucoamylase 유전자는 DNA 서열 수준에서의 homology는 52~95%로 각각 근종의 유전자가 아닌 것이 함유하고 있다. 아마도 이들의 유전자군은 같은 유전자를 기원으로 한다. 유전자 family(*glaA* family)이라 생각된다.

한편, *glaB* 유전자에 대하여는 앞에서 설명한 같이 코드하는 단백질의 domain 구조만 다른 것이 아니고 그 유전자 구조가 *glaA* 타입은 크게 다르다. *glaA* 타입과 비교하여 최초의 intron의 삽입위치는 보존되어 있으나 2, 3, 4번째의 intron은 존재하지 않고 다른 위치에 또 하나의 intron이 삽입되어 있다. 이들의 결과는 *glaB* 유전자는 *Asp. oryzae* 내에서 *glaA* 유전가 변이하여 생긴 것이 아니라는 것이 시사되므로 *glaA* 외는 다른 새로운 glucoamylase 유전자 family를 형성하는 것으로 추측하고 있다.

특히 *glaA* 타입과 *glaB*에 있어서 보존되어 있는 1st intron은 *Neurospora crassa*나 *Humicola grisea* 등의 다른 곰팡이 glucoamylase 유전자에서도 보존되어 있고, *glaA*와 *glaB*와는 진보의 과정에서 상당히 오랜 시점에서 분리된 유전자는 아닌가 생각하고 있다. 그런데 *glaB* 유전자에 대하여는 금회의 실험에 사용한 *Asp. oryzae* 균만이 아니고 청주용 국균 이외의 *Asp. oryzae* 등에 널리 존재하는 것을 확인하였다.

6. Glucoamylase 유전자의 발현조건의 검토

glaB 유전자는 고체배양에서 특이적이고 또한 다량으로 발현하는 것이 밝혀졌다. 그렇다면 고체배양에 있어서 어떤 인자에 의하여 그 발현을 유도되고 있는 것은 아닐까? 다음에 *glaB* 유전자의 발현 제어인자의 검토를 하였다. 먼저 *glaA*나 *glaB* 유전자의 promoter 하류에 reporter유전자 GUS유전자를 연결한 plasmid를 국균 *Asp. oryzae*에 도입하여 염색체의 동일 위치에 1copy만 도입한 형질전환체를 선택하였다(그림 4-7). 이 방법에 따라 본래 Southern 해석 등의 곤란한 실험이 필요한 유전자 발현의 해석이 형질전환체의 GUS활성을 측정하므로 간단히 정량화할 수 있다. 실제로 *glaA*, *glaB*의 각 promoter 해석 균주의 GUS활성을 측정한 결과 액체배양에서는 역으로 *glaA*가 *glaB*의 약 10배 발현하고, 고체배양에서는 역으로 *glaB*가 *glaA*의 약 200배 강하게 발현하는 것이 밝혀졌다(표 4-2).

이와 같이 각 promoter의 발현량을 측정하는 system이 구축되므로 여러 배양조건에 있어서 *glaA*와 *glaB* 의 발현량의 비교가 가능하였다. 우선 전분을 함유한 한천배지의 표면배양에서는 *glaA* 와 *glaB*의 발현량을 비교하였다. 먼저 전부를 함유하는 한천배지의 표면배양에서는 *glaA*와 *glaB*의 발현 양상은 액체배양과 전연 동일

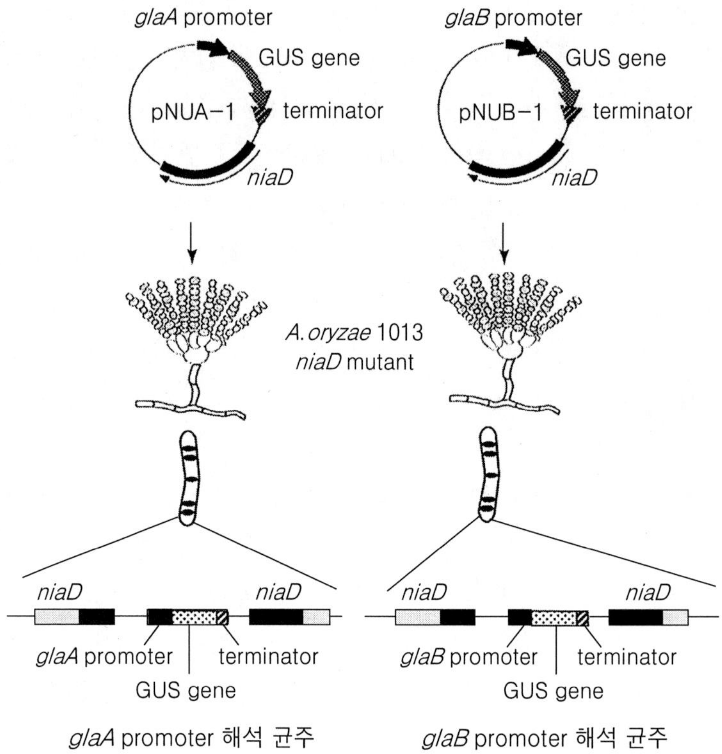

그림 4-7. *glaA*, *glaB* promoter 해석 균주의 구축

표 4-2. Promoter 해석 균주의 GUS 생산량

GUS활성(U/mg-protein)		
형질전환체	액체배양	고체배양
glaA 해석 균주	1379	19
glaB 해석 균주	118	3929
B/A	0.09	207

B/A : glaA/glaA의 해석 균주의 GUS활성의 비

하였다. 따라서 *glaB*의 발현은 균사가 공기에 접촉한 것만으로는 유도되지 않는다. 최근 연구가 진행함에 따라 곰팡이의 포자형성 유전자도 액체배양에서 발현하지 않고 고체배양에서 발현하는 유전자 군이나 이들의 발현은 기중 균사의 생육이 중요하다고 보고하고 있다. 이 점은 *glaB* 유전자의 발현과 다른 점이다.

그리고 고체배양에서의 발현을 유도하는 인자를 여러 가지로 검토한 바 배지의 수분활성을 내리거나 배양온도를 상승시키는 것으로 *glaB*의 발현만이 특이적으로 상승되는 것이 밝혀지게 되었다. 그러면서도 이들의 배양조건 균사 생육을 극단으로 저해하기 때문에 균체 당의 생산량은 높은 것의 그 생산량은 극히 낮은 것이었다. 그래서 균체량을 증가시키기 위하여 배양 초기에는 이들을 스트레스 주지 않고 균사가 생육한 후 배지의 수분활성을 내려 배양온도를 올리는 shift를 시도한다.

그 결과 *glaB* 유전자의 발현만이 20배 이상 유도되었다. 이 shift 배양에 있어서는 배지를 교환하기 위하여 cellulose 막 상에 균체를 증식시켜 균체를 이동시킬 필요가 있다. 이때 *glaB* 발현의 새로운 유도인자를 발견할 수가 있다. 즉 배양에 사용한 cellulose 막(혹은 나이론 막)의 공경이 작아짐에 따라 *glaB*의 전사활성이 상승하는 현상을 발견하였다. 특히 공경이 0.5 ㎛ 보다 작은 막을 사용한 경우에 현저한 *glaB*의 전사유도가 인정된다. 이것은 세공의 막상에서의 생육하므로 받는 균사 신장의 스트레스가 *glaB*의 전사를 유도하는 것으로 생각된다.

최종적으로 수분활성, 배양온도, 균사 생육저해의 세 가지 스트레스를 주는 경우 *glaB* 발현량은 100배까지 상승하여 국 배양과 거의 같은 수준까지 발현량을 증가시킬 수 있다(그림 4-8).

이상의 결과에서 고체배양에서 *glaB*의 전사를 유도하는 인자는 저 수분활성, 고온배양, 균사 신장 스트레스라고 생각한다. 흥미 있는 것은 이들의 조건은 오랜 동안의 경험에 의하여 확립된 청주양조에서의 국 만들기의 조건에 적합한 것이었다. 즉 「국 만들기」는 표면이 약간 건조하고 단단한 외경내연(外硬內軟)의 증미를 사

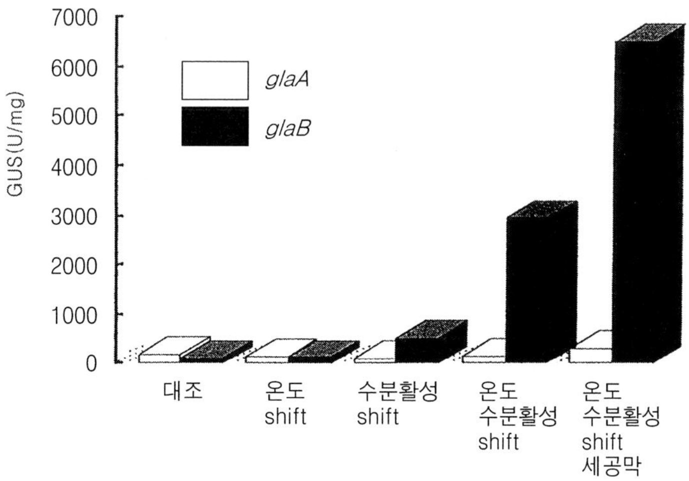

그림 4-8. *glaB* 유전자 발현 유도조건의 검토

용하여(균사 스트레스) 배양 초기는 수분이 증발되지 수분이 발생되지 않게 온도를 조정하거나 배양 중기에서 품온을 40℃ 이상으로 상승시켜(고온배양) 수분의 증발을 촉진시킴으로써 배양조건(저 수분활성)을 행하는 것이 중요하다고 한다. 이러한 사실은 청주양조의 역사 중에서 여러 시행착오를 되풀이 하면서 현재와 같이 아주 높은 glucoamylase를 생산하는 배양방법이 확립된 것이 아닐까?

7. 액체배양과 고체배양에서의 유전자 발현

배양조건에 따라 겉보기 분자량이 다른 다양한 glucoamyalse가 생산되는 형상은 *Rhizopus*이나 *Asp. niger*, *awamori* var. *kawachii*, *Asp. saitoi* 등 여러 곰팡이에서 보고하고 있다. 이들의 다양한 분자 종에서 인정되는 효소화학적 성질의 주된 차이는 생전분의 분해능이다. 그 후의 유전자 수준의 연구에서 이들은 모두 1종류의 glucoamylase 유전자의 전사 산물이 번역 후 protease의 processing에 의하여 C-말단 domain의 부분분해를 받아 생기는 다양성이라는 즉 본래 생전분 분해성을 가진 glucoamylase라는 것이 알게 되었다.

즉, 본래 생전분 분해활성을 가지는 glucoamylase에 proteas e분해에 의하여 생전분 분해능이 없는 분자종이 되는 것이다. 금회의 *Asp. oryzae*와 같이 생전분 분해활성이 다른 glucoamylase가 다른 유전자 산물이라는 것을 보고한 예는 최초로 생각된다.

고체배양과 액체배양에서 생산량이나 성질이 다른 효소는 glucoamylase 이외에도 다수 보고되고 있다. *Asp. oryzae*의 산성 protease는 액체배양에 의하여 고체배양에서는 다량의 당 사슬(50% 이상)이 부가된다. 또 소주 국균인 *Asp. kawachii*에서는 고체배양에서도 특이적으로 생산되는 내산성 α-amylase의 존재를 보고하고 있다. 그리고 *Asp. oryzae*의 산성 protease 유전자로서 cloning 된 *pepA* 유전자는 액체배양에 비하여 고체배양에서 강한 발현이 인정된다.

금후의 고체배양을 중심으로 한 분자생물학의 접근에서 고체배양에서 발현하는 새로운 유전 군이 발견될 가능성은 충분히 기대된다. 그래서 이들의 유전자가 곰팡이의 생육에 대단히 중요한 유전자가 아닌지 추정하고 있다. 왜냐하면 곰팡이에 있어서 액체배양은 아마도 특별하고 인위적인 배양이고, 본래의 자연 배양법은 고체배양에 있다고 생각하기 때문이다.

끝맺음

이상 설명과 같이 청주 국균에는 고체배양(국 만들기)에서 특이적으로 발현하는 glucoamylase 유전자(*glaB*)에도 특히 수분활성을 내리거나 배양온도를 올리는 등 한정된 조건이 아니면 발현하지 않는 유전자에 있다. 그래서 한정된 조건이라는 것이 틀림없이 현재의 청주국의 배양방법인 국 만들기이다.

glaB 유전자는 스트레스에 따라 유도되는 유전자이라는 것에서 아마도 보통의 조건에서는 발현하는 필요성이 없고, 어느 종의 긴급사태(스트레스 환경)에 있어서 어떤 역할을 담당하고 있는 유전자이다. 이와 같은 본래는 긴급사태에만 대응하지 않는 미생물을 발견하여 청주국 만들기에 응용한 선인의 위대함에 이제야 존경하고 남음이 있다.

일반적으로 고체배양이란 배양공학적 · 분자생물학적으로 좀처럼 접근하기 어려운 배양법이다. 액체배양에 비하여 배양조건의 최적화가 극히 곤란하다는 것과 자연물인 효소와 고체와의 분리가 어려운 등 많은 결점을 가진다. 그러나 양조식품상 중요한 효소에 대하여 액체배양보다 고체배양 쪽이 상당히 생산량이 높은 경우가 많고, 액체배양 기술이 발달한 오늘에서도 고체배양의 유효성은 아직도 건재하고 있다. 그리고 구체배양 「국 만들기」는 청주를 위시하여 간장, 된장 등은 한국이나 일본의 전통발효산업에서 오랜 동안 이어져 온 많은 노하우가 집결한 배양법이라고 생각된다.

금후는 고체배양에 있어서 분자생물학적 해석이 진전되어 「국 만들기」의 비밀이 해명되어 보다 고품질의 청주 양조에 공헌하고 동시에 특유한 배양기술이 점차로 발전되기를 바라는 바이다.

찾 아 보 기

ㅅ

ㅇ

Index

누룩의과학

2020년　6월　15일　재판 인쇄
2020년　6월　25일　재판 발행

편　자 : 정동효
펴낸이 : 천승배
펴낸곳 : 도서출판 유한문화사

주소 : (157-801) 서울시 강서구 가양동 146-63
전화 : 2668-2055
팩스 : 2668-2565
http://www.yuhansa.com
E-mail : yuhansa@hanmail.net
등록 : 제 5-31호. 1979. 3. 6.

값 38,000 원

ISBN : 978-89-7722-571-8　93590